Teubner Studienbücher

Mathematik

Ahlswede/Wegener: **Suchprobleme**
328 Seiten. DM 29,80

Aigner: **Graphentheorie**
269 Seiten. DM 29,80

Ansorge: **Differenzenapproximationen partieller Anfangswertaufgaben**
298 Seiten. DM 29,80 (LAMM)

Behnen/Neuhaus: **Grundkurs Stochastik**
376 Seiten. DM 34,–

Bohl: **Finite Modelle gewöhnlicher Randwertaufgaben**
318 Seiten. DM 29,80 (LAMM)

Böhmer: **Spline-Funktionen**
Theorie und Anwendungen. 340 Seiten. DM 32,–

Bröcker: **Analysis in mehreren Variablen**
einschließlich gewöhnlicher Differentialgleichungen und des Satzes von Stokes
VI, 361 Seiten. DM 32,80

Bunse/Bunse-Gerstner: **Numerische Lineare Algebra**
314 Seiten. DM 34,–

Clegg: **Variationsrechnung**
138 Seiten. DM 18,80

v. Collani: **Optimale Wareneingangskontrolle**
IV, 150 Seiten. DM 29,80

Collatz: **Differentialgleichungen**
Eine Einführung unter besonderer Berücksichtigung der Anwendungen
6. Aufl. 287 Seiten. DM 32,– (LAMM)

Collatz/Krabs: **Approximationstheorie**
Tschebyscheffsche Approximation mit Anwendungen. 208 Seiten. DM 28,–

Constantinescu: **Distributionen und ihre Anwendung in der Physik**
144 Seiten. DM 21,80

Dinges/Rost: **Prinzipien der Stochastik**
294 Seiten. DM 34,–

Fischer/Sacher: **Einführung in die Algebra**
3. Aufl. 240 Seiten. DM 21,80

Floret: **Maß- und Integrationstheorie**
Eine Einführung. 360 Seiten. DM 32,–

Grigorieff: **Numerik gewöhnlicher Differentialgleichungen**
Band 1: Einschrittverfahren. 202 Seiten. DM 19,80
Band 2: Mehrschrittverfahren. 411 Seiten. DM 32,80

Hainzl: **Mathematik für Naturwissenschaftler**
3. Aufl. 376 Seiten. DM 34,– (LAMM)

Hässig: **Graphentheoretische Methoden des Operations Research**
160 Seiten. DM 26,80 (LAMM)

Hettich/Zencke: **Numerische Methoden der Approximation und semi-infinitiven Optimierung**
232 Seiten. DM 24,80

Fortsetzung auf der 3. Umschlagseite

Numerische lineare Algebra

Von Dr. math. Wolfgang Bunse
und Dr. math. Angelika Bunse-Gerstner
Universität Bielefeld

Mit zahlreichen Abbildungen und Beispielen

B. G. Teubner Stuttgart 1985

Dr. math. Wolfgang Bunse

Geboren 1949 in Bochum. Von 1969 bis 1975 Studium der Mathematik an der Universität zu Köln und an der Universität Erlangen-Nürnberg. 1975 Diplom in Mathematik in Erlangen-Nürnberg. Seit 1976 wiss. Assistent an der Fakultät für Mathematik der Universität Bielefeld, 1979 Promotion.

Dr. math. Angelika Bunse-Gerstner

Geboren 1951 in Wuppertal. Von 1969 bis 1975 Studium der Mathematik an der Universität zu Köln und an der Universität Erlangen-Nürnberg. 1975 Diplom in Mathematik in Erlangen-Nürnberg. Seit 1976 wiss. Assistentin an der Fakultät für Mathematik der Universität Bielefeld, 1978 Promotion.

CIP-Kurztitelaufnahme der Deutschen Bibliothek

Bunse, Wolfgang:
Numerische lineare Algebra / von Wolfgang Bunse
u. Angelika Bunse-Gerstner. – Stuttgart :
Teubner, 1985.
(Teubner-Studienbücher : Mathematik)
ISBN 978-3-519-02067-7 ISBN 978-3-322-96645-2 (eBook)
DOI 10.1007/978-3-322-96645-2
NE: Bunse-Gerstner, Angelika:

Gesamtherstellung: Beltz Offsetdruck, Hemsbach/Bergstraße
Umschlaggestaltung: W. Koch, Sindelfingen

VORWORT

Die beiden zentralen Aufgaben der numerischen linearen Algebra, die Lösung linearer Gleichungssysteme und die Lösung des Eigenwertproblems, stellen Teilgebiete der numerischen Mathematik dar, welche einerseits eigenständig neben anderen Teilgebieten wie Interpolation, Approximation, Lösung von nichtlinearen Gleichungen und von gewöhnlichen und partiellen Differentialgleichungen stehen, andererseits bei der Behandlung dieser Themen oft auch als Hilfsmittel benötigt werden.
Die Konkurrenz zu diesen anderen wichtigen Teilgebieten führt leider häufig dazu, daß in einführenden Lehrbüchern der numerischen Mathematik nur relativ wenig Raum für die Behandlung der Probleme der linearen Algebra bleibt. Andererseits ist aber in den letzten Jahren die Anzahl der speziellen Methoden in der numerischen linearen Algebra stark angewachsen, wie z.B. die folgenden umfangreichen Monographien über relativ enge Teilgebiete zeigen: Varga [291], Householder [134], Wilkinson [309], [312], Forsythe & Moler [88], Young [317], Schwarz, Rutishauser & Stiefel [258], Ben-Israel & Greville [20], Lawson & Hanson [156], Berman & Plemmons [21], Parlett [206], George & Liu [103] und Hageman & Young [123].
Es ist unser Anliegen, einen kleinen Teil der Lücke zu schließen, die zwischen der notwendigerweise meist knappen Darstellung in einführenden Lehrbüchern der numerischen Mathematik und der umfassenden Behandlung der Probleme in der Spezialliteratur besteht.
Zum Verständnis des Buches werden Kenntnisse der linearen Algebra und elementare Analysiskenntnisse vorausgesetzt in dem Umfang, wie sie üblicherweise in den beiden ersten Semestern eines Hochschulfaches mit Mathematik-Anteil vermittelt werden; es setzt also etwa auf demselben Niveau ein wie die in die numerische Mathematik einführenden Bücher.
Statt einer vorangestellten zusammenhanglosen Auflistung von Begriffen, Definitionen und Sätzen der (theoretischen) linearen Algebra haben wir im ersten Kapitel anhand des Problems der Lösung linearer Gleichungssysteme in - wie wir meinen - kanonischer Weise die wichtigsten Grundbegriffe zusammengetragen. Die über den üblichen Stoff der linearen Algebra für Studienanfänger hinausgehenden Begriffe der Pseudoinversen und der Singulärwertzerlegung haben wir dabei wegen ihrer sonst relativ schlechten Zugänglichkeit ausführlicher behandelt, als es für ihre spätere Verwendung im numerischen Teil unbedingt erforderlich wäre. In großen Teilen dient das erste Kapitel nur der Wiederholung und zur Möglichkeit der Überprüfung vorausgesetzter Kenntnisse.
Die drei anderen Kapitel beschreiben die wichtigsten Verfahren zur Lösung linearer Gleichungssysteme und zur Berechnung von Eigenwerten und Eigenvektoren,

ihre mathematischen Grundlagen und ihre Analyse (die lineare Optimierung, welche man ebenfalls zur numerischen linearen Algebra zählen könnte, wird nicht betrachtet). Die Verfahren zur Lösung linearer Gleichungssysteme werden dabei getrennt nach direkten (Kap. 2) und iterativen Verfahren (Kap. 3) behandelt, während eine solche Aufteilung bei Eigenwertverfahren, die sämtlich iterativen Charakters sind, nicht auftritt. Sie werden in Kapitel 4 behandelt.
Die Algorithmen werden so beschrieben, daß sie relativ leicht in eigene Programme umzusetzen sind; Benutzer von Bibliotheksprogrammen sollen Verständnis für deren Auswahl, Möglichkeiten und Grenzen gewinnen. Literaturhinweise auf Monographien über spezielle Themen und auf Zeitschriftenartikel ermöglichen den Zugang zur weiterführenden Beschäftigung mit der numerischen linearen Algebra.

Wir danken Herrn Dr. C. Nahrgang für die Anfertigung von Abbildung 3.5.7, Herrn Dipl.-Math.H.-H. Frese für die Anfertigung von Abbildung 2.7.7 und Herrn Dr. V. Mehrmann und Herrn Prof. Dr. L. Elsner für das Korrekturlesen von Teilen des Manuskripts. Herrn Professor Elsner als unserem Lehrer verdanken wir viele Anregungen, die sich meistens implizit in unseren Ausführungen niedergeschlagen haben.
Frau W. Blenski gebührt unser Dank für die sorgfältige Anfertigung der reproduktionsreifen Vorlage. Dem Verlag B.G. Teubner danken wir für die Aufnahme des Textes in die Reihe der Studienbücher und für die stets freundliche Zusammenarbeit und das Verständnis für die Verzögerungen bei der Fertigstellung des Manuskripts.

Bielefeld, im September 1984

Angelika Bunse-Gerstner
Wolfgang Bunse

INHALTSVERZEICHNIS

VERZEICHNIS VON VERWENDETEN SYMBOLEN UND BEZEICHNUNGEN

Es bezeichnet

$\mathbb{R}$	den Körper der reellen Zahlen,
$\mathbb{C}$	den Körper der komplexen Zahlen,
$\mathbb{K}$	entweder $\mathbb{R}$ oder $\mathbb{C}$ (im Zusammenhang einer Aussage jeweils mit derselben Bedeutung),
$\mathbb{N}$	die natürlichen Zahlen (einschließlich 0),
$\mathbb{N}_+$	die positiven natürlichen Zahlen,
$\mathbb{R}_+$	die positiven reellen Zahlen.

$M_{m,n}(\mathbb{K})$ bezeichnet die Menge der Matrizen mit m Zeilen und n Spalten und Koeffizienten aus $\mathbb{K}$ (dabei sind $m,n\in\mathbb{N}_+$); außerdem kürzen wir ab $M_n(\mathbb{K}):=M_{n,n}(\mathbb{K})$.

Soweit nicht anders angegeben bezeichnen doppelt indizierte kleine Buchstaben die Koeffizienten der Matrix, die mit dem entsprechenden Großbuchstaben bezeichnet ist. Beispiel: $A=(a_{ij})$; aber auch $\tilde{B}^{(1)}=(\tilde{b}_{ij}^{(1)})$.

Die Koeffizienten eines Vektors sind entsprechend einfach indiziert. Beispiel: $x=(x_i)$; aber auch $b^o=(b_i^o)$.

Die Einheitsmatrix in $M_n(\mathbb{K})$ wird mit I bzw. mit I_n bezeichnet, der i-te Einheitsvektor in $\mathbb{K}^n$ mit e_i.

$A\in M_n(\mathbb{K})$ heißt <u>obere Dreiecksmatrix</u>, falls für alle $i,j\in\{1,\ldots,n\}$ mit $i>j$ gilt $a_{ij}=0$. A heißt <u>untere Dreiecksmatrix</u>, falls $a_{ij}=0$ ist für $i,j\in\{1,\ldots,n\}$ mit $i<j$. A heißt <u>obere Hessenberg-Matrix</u>, falls $a_{ij}=0$ ist für alle $i,j\in\{1,\ldots,n\}$ mit $i>j+1$ und <u>untere Hessenberg-Matrix</u>, falls dies für $j>i+1$ gilt. A ist eine <u>Diagonalmatrix</u>, wenn $a_{ij}=0$ ist für $i,j\in\{1,\ldots,n\}$ mit $i\neq j$; ist $a_{ii}=d_i$ für $i\in\{1,\ldots,n\}$, so wird A mit <u>$\mathrm{diag}(d_1,\ldots,d_n)$</u> bezeichnet.

Für $z\in\mathbb{C}$ bezeichnet $\bar{z}$ die zugehörige konjugiert-komplexe Zahl; das Vorzeichen $z/|z|$ von z wird mit <u>sgn z</u> bezeichnet.

Die zu $A\in M_{m,n}(\mathbb{K})$ transponierte Matrix in $M_{n,m}(\mathbb{K})$ wird mit A^T bezeichnet; ist $B:=A^T$, so gilt also $b_{ij}=a_{ji}$ für $i\in\{1,\ldots,n\}$, $j\in\{1,\ldots,m\}$. Die zu A konjugierte Matrix wird mit $\bar{A}$ bezeichnet; ist $B:=\bar{A}$, so gilt also $b_{ij}=\bar{a}_{ij}$ für $i\in\{1,\ldots,n\}$, $j\in\{1,\ldots,m\}$. Die zu A konjugiert-transponierte Matrix wird mit A^H bezeichnet; es ist also $A^H=\bar{A}^T$.

$A\in M_{m,n}(\mathbb{R})$ heißt <u>nichtnegativ</u> ($A\geq 0$), wenn $a_{ij}\geq 0$ ist für alle $i\in\{1,\ldots,m\}$ und $j\in\{1,\ldots,n\}$; A heißt <u>positiv</u> ($A>0$), wenn alle ihre Elemente positiv sind (entsprechend für einen Vektor $x\in\mathbb{R}^m=M_{m,1}(\mathbb{R})$).

1 ÜBER DIE LÖSUNG LINEARER GLEICHUNGSSYSTEME

1.1 EINFÜHRUNG

Die Aufgabe, lineare Gleichungssysteme zu lösen, tritt oft bei komplexen numerischen Berechnungen als Teilproblem auf, und Verfahren zur Bestimmung einer Lösung bilden neben den Verfahren zur Lösung des Eigenwertproblems eines der Hauptgebiete der numerischen linearen Algebra.

In diesem Kapitel beschäftigen wir uns mit der theoretischen Lösung linearer Gleichungssysteme, um benötigte Grundbegriffe und Ergebnisse der linearen Algebra, deren Kenntnis vorausgesetzt wird, im Zusammenhang in Erinnerung zu rufen. Sie werden eingeführt anhand des Problems:

Bestimme für eine gegebene Matrix $A\in M_{m,n}(\mathbb{K})$ und einen gegebenen Vektor $b\in\mathbb{K}^m$ einen Vektor $x\in\mathbb{K}^n$, der die Gleichung $Ax=b$ erfüllt!

Ist die Gleichung $Ax=b$ nicht erfüllbar, so betrachtet man das Ersatzproblem:

Bestimme einen Vektor $x\in\mathbb{K}^n$, für den $\|Ax-b\|_2^2 = \sum_{i=1}^{m} |(\sum_{j=1}^{n} a_{ij}x_j-b_i)|^2$ minimal wird!

Das führt auf die Begriffe Pseudoinverse und Singulärwertzerlegung, welcher wiederum eng verknüpft ist mit dem Eigenwert- und Eigenvektor-Begriff. Zu den Eigenschaften eines Problems, die unabhängig von einem speziellen Verfahren zu seiner Lösung sind, gehört die Empfindlichkeit gegenüber Störungen in den gegebenen Daten. Um diese Unabhängigkeit vom Verfahren zu unterstreichen, behandeln wir daher schon in diesem Kapitel Störungssätze, so daß in den späteren Kapiteln die Eigenschaften der Verfahren im Vordergrund stehen können.

Im einzelnen haben die Abschnitte dieses Kapitels den folgenden Inhalt:

1.2: Kriterien für die Lösbarkeit von $Ax=b$ führen auf die Begriffe Bildraum und Nullraum von A und Beziehungen zwischen diesen Unterräumen mit den entsprechenden der konjugiert transponierten Matrix A^H. Die Lösungsgesamtheit eines lösbaren Systems bildet einen affinen Unterraum.

1.3: Das Gaußsche Eliminationsverfahren transformiert die gegebene Matrix A und die rechte Seite b auf eine Gestalt, an der man die Lösbarkeit und die Lösungsmenge des Systems leicht ablesen kann.

1.4: Ist das Gleichungssystem nicht lösbar, so betrachtet man stattdessen das lineare Ausgleichsproblem "Bestimme $x\in\mathbb{K}^n$, so daß $\|Ax-b\|_2$ minimal ist". Die Lösung des stets lösbaren linearen Gleichungssystems $A^HAx=A^Hb$ zu bestimmen, ist dazu äquivalent.

1.5: Eine spezielle Lösung und die Lösungsgesamtheit des linearen Ausgleichsproblems können mit Hilfe von verallgemeinerten Inversen angegeben werden. Die Pseudoinverse ist durch vier definierende Beziehungsgleichungen eindeutig bestimmt.

1.6: Die Pseudoinverse kann leicht konstruiert werden, wenn man eine Singulärwertzerlegung der Matrix hat. Singuläre Werte einer Matrix A sind die Quadratwurzeln der Eigenwerte von A^HA; daher benötigt man ebenfalls einige Eigenschaften von Eigenwerten und Eigenvektoren.

1.7: Die verschiedenen Fehlerarten, die bei numerischen Verfahren auftreten können, werden klassifiziert in die Typen Verfahrensfehler, Datenfehlereffekte und Rundungsfehler.

1.8: Die Datenfehlereffekte, die auf den Fehlern in den Eingangsdaten eines Problems beruhen, hängen von den Eigenschaften des Problems und nicht vom numerischen Verfahren zu seiner Lösung ab. Störungssätze geben Abschätzungen für die Datenfehlereffekte.

1.2 LÖSBARKEIT UND LÖSUNGSMENGE EINES LINEAREN GLEICHUNGSSYSTEMS

Bei der Untersuchung der Lösbarkeit und der Bestimmung der Lösungsmenge eines linearen Gleichungssystems werden eine Reihe elementarer Grundbegriffe der linearen Algebra benötigt. Dieser Abschnitt dient dazu, solche Grundbegriffe in Erinnerung zu rufen. Die Kenntnis dieser Begriffe und eine gewisse Vertrautheit im Umgang mit ihnen wird vorausgesetzt, unsere Darstellung dient nur der Wiederholung. Die wichtigsten Aussagen dieses Abschnitts sind:

1. Ein lineares Gleichungssystem ist genau dann lösbar, wenn der Rang der Koeffizientenmatrix gleich dem Rang der um die rechte Seite des Gleichungssystems erweiterten Koeffizientenmatrix ist.
2. Die Lösungsmenge eines linearen Gleichungssystems mit einer Koeffizientenmatrix $A\in M_{m,n}(\mathbb{K})$ ist ein affiner Unterraum von $\mathbb{K}^n$ der Dimension n-rang A.
3. Der Nullraum von A und der Bildraum von A^H sind komplementäre orthogonale Unterräume.

Sei $A\in M_{m,n}(\mathbb{K})$, sei $b\in\mathbb{K}^m$.

Die Aufgabe

(1.2.1) "Bestimme $x\in\mathbb{K}^n$, so daß $Ax=b$ ist"

ist nicht immer lösbar; die Lösbarkeit läßt sich durch eine Rangbetrachtung feststellen.

Der <u>Rang</u> von A (<u>rg A</u>) ist die maximale Anzahl linear unabhängiger Zeilenvektoren bzw. Spaltenvektoren von A. Den <u>Bildraum</u> von A (engl. range), definiert als $R(A):=\{y\in\mathbb{K}^m \mid \text{es existiert } x\in\mathbb{K}^n, \text{ so daß } y=Ax \text{ ist}\}$, bezeichnet man auch als den <u>Spaltenraum</u> von A, da er von den Spalten von A aufgespannt wird (ein Vektor Ax ist ja eine Linearkombination der Spalten von A). Der Rang von A ist gleich der Dimension von R(A) (<u>dim R(A)</u>). Die Lösbarkeit von (1.2.1) läßt sich damit ausdrücken durch die <u>Konsistenzbedingung</u>

(1.2.2) $b\in R(A)$.

Es bezeichnet [A b] die Matrix, die aus A durch Hinzunahme der weiteren Spalte b entsteht.

<u>SATZ 1.2.1</u>: *Sei* $A\in M_{m,n}(\mathbb{K})$, *sei* $b\in\mathbb{K}^m$. *Das lineare Gleichungssystem* $Ax=b$ *ist genau dann lösbar, wenn* rg A = rg [A b] *ist.*

<u>BEWEIS</u>: Falls $Ax=b$ lösbar ist, so ist $b\in R(A)$, d.h. $R(A)=R([A\ b])$ und somit

dim R(A) = dim R([A b]). Ist rg A = rg [A b], so läßt sich b als Linearkombination der Spalten von A darstellen, also ist Ax=b lösbar. □

Speziell folgt, daß das <u>homogene</u> lineare Gleichungssystem Ax=0 stets lösbar ist. Die Lösungsmenge des homogenen linearen Gleichungssystems ist die Menge $N(A):=\{x\in\mathbb{K}^n \mid Ax=0\}$, sie wird auch als <u>Nullraum</u> von A oder als <u>Kern</u> von A bezeichnet. Ebenso wie $R(A)\subseteq\mathbb{K}^m$ ist $N(A)\subseteq\mathbb{K}^n$ ein linearer Unterraum.

<u>SATZ 1.2.2</u>: *Sei* $A\in M_{m,n}(\mathbb{K})$. *Es gilt:* n=dim N(A)+dim R(A).

<u>BEWEIS</u>: Sei k=dim N(A), sei $\{b_1,\dots,b_k\}$ eine Basis von N(A). Diese kann durch Hinzunahme von n-k weiteren Vektoren $c_1,\dots,c_{n-k}$ zu einer Basis von $\mathbb{K}^n$ erweitert werden. Dann ist $\{Ac_1,\dots,Ac_{n-k}\}$ eine Basis von R(A), denn einerseits spannen diese Vektoren R(A) auf, da für $x=\sum_{i=1}^{k}\alpha_i b_i+\sum_{j=1}^{n-k}\beta_j c_j$ mit $\alpha_i,\beta_j\in\mathbb{K}$ gilt $Ax=A(\sum_{j=1}^{n-k}\beta_j c_j)=\sum_{j=1}^{n-k}\beta_j(Ac_j)$, und andererseits sind $Ac_1,\dots,Ac_{n-k}$ linear unabhängig. Falls nämlich $\sum_{j=1}^{n-k}\gamma_j(Ac_j)=0$ ist mit $\gamma_1,\dots,\gamma_{n-k}\in\mathbb{K}$, so ist $A(\sum_{j=1}^{n-k}\gamma_j c_j)=0$, d.h. $\sum_{j=1}^{n-k}\gamma_j c_j\in N(A)$. Also existieren $\delta_1,\dots,\delta_k\in\mathbb{K}$, so daß $\sum_{j=1}^{n-k}\gamma_j c_j=\sum_{i=1}^{k}\delta_i b_i$ gilt. Da aber $\{b_1,\dots,b_k,c_1,\dots,c_{n-k}\}$ eine Basis von $\mathbb{K}^n$ bildet, müssen alle Koeffizienten verschwinden. □

Die Dimension des von den Zeilen von A aufgespannten Raumes (<u>Zeilenraum</u> von A) ist ja ebenfalls gleich rg A. Dieselbe Dimension hat natürlich auch der Zeilenraum der konjugierten Matrix $\bar{A}$, er ist aber gleich dem Spaltenraum der konjugiert transponierten Matrix A^H. Man erhält daher folgendes Korollar zu Satz 1.2.2.

<u>KOROLLAR 1.2.3</u>: *Sei* $A\in M_{m,n}(\mathbb{K})$. *Es gilt:* $\dim N(A^H)=m-\mathrm{rg}\,A$.

Sei nun die Lösbarkeitsbedingung erfüllt und x_o eine Lösung des inhomogenen Problems Ax=b. Dann ist für jedes $x\in N(A)$ die Summe $x+x_o$ ebenfalls eine Lösung des inhomogenen Problems. Jede Lösung des inhomogenen Problems ist aber auch darstellbar als Summe irgendeiner Lösung des inhomogenen Problems und einer geeigneten Lösung des homogenen Problems, denn ist $Ax_1=b$, so folgt mit jeder anderen Lösung x_o, daß $A(x_1-x_o)=0$ ist, d.h. $x:=x_1-x_o\in N(A)$ und somit $x_1=x_o+x$. Damit gilt der folgende Satz.

<u>SATZ 1.2.4</u>: *Sei* $A\in M_{m,n}(\mathbb{K})$, $b\in\mathbb{K}^m$ *und* $b\in R(A)$. *Die Lösungsmenge des linearen Gleichungssystems* Ax=b *bildet einen* (n-rg A)-*dimensionalen affinen Unterraum von* $\mathbb{K}^n$.

Im Spezialfall des vollen Spaltenrangs rg A=n, der natürlich nur auftreten kann, falls man mindestens so viele Gleichungen wie Unbekannte hat, besitzt das homogene Problem nur die triviale Lösung x=0, und das inhomogene Problem hat im Falle der Lösbarkeit eine eindeutig bestimmte Lösung. Ist n=m=rg A, d.h. ist A eine nichtsinguläre quadratische Matrix, so ist diese Lösung gegeben durch $x=A^{-1}b$. Äquivalent zur Existenz der Inversen A^{-1} bzw. zu rg A=n ist die Bedingung det A≠0 an die Determinante von A. Allgemein kann man zeigen, daß der Rang einer Matrix ebenfalls durch die Ordnung einer nichtverschwindenden Unterdeterminante maximaler Ordnung bestimmt ist. Ist ein lineares Gleichungssystem nicht lösbar, so kann man das Ersatzproblem "Bestimme $x\in\mathbb{K}^n$, so daß $\|Ax-b\|_2$ minimal wird" betrachten (siehe Abschnitt 1.4). Dabei bezeichnet $\|\ldots\|_2$ die durch das Standard-Skalarprodukt

$$(x,y):=y^Hx=\sum_{i=1}^n x_i\bar{y}_i \quad \text{für } x,y\in\mathbb{K}^n$$

induzierte Norm

$$\|x\|_2:=\sqrt{(x,x)}=\Big(\sum_{i=1}^n |x_i|^2\Big)^{1/2} \quad \text{für } x\in\mathbb{K}^n.$$

Für alle $x,y\in\mathbb{K}^n$ gilt

(1.2.3) $|(x,y)|\leq\|x\|_2\|y\|_2$ (Cauchy-Schwarzsche Ungleichung).

Zwischen den Räumen N(A), $N(A^H)$, R(A) und $R(A^H)$ bestehen bezüglich des Standard-Skalarprodukts gewisse Orthogonalitätsbeziehungen, die im folgenden Satz gezeigt werden. Zwei Vektoren $x,y\in\mathbb{K}^n$ heißen orthogonal (bzgl. $(\cdot,\cdot)$), wenn $y^Hx=0$ ist. Vektoren $x_1,\ldots,x_m\in\mathbb{K}^n$ nennt man ein Orthonormalsystem, wenn für alle $i,j\in\{1,\ldots,m\}$ gilt: $(x_i,x_i)=\|x_i\|_2^2=1$ und $(x_i,x_j)=0$ für $i\neq j$. Die Vektoren eines Orthonormalsystems sind linear unabhängig, daher nennt man ein Orthonormalsystem aus n Vektoren auch Orthonormalbasis (von $\mathbb{K}^n$). Zwei Unterräume $V,W\subseteq\mathbb{K}^n$ heißen orthogonal, wenn für alle $v\in V$ und alle $w\in W$ gilt: $v^Hw=0$. Zwei Unterräume $V,W\subseteq\mathbb{K}^n$ heißen komplementär, falls $V\cap W=\{0\}$ und $V+W:=\{v+w\,|\,v\in V \text{ und } w\in W\}=\mathbb{K}^n$ ist. Man schreibt dann $V\oplus W$, und $V\oplus W$ heißt direkte Summe von V und W. Für einen Unterraum $V\subseteq\mathbb{K}^n$ ist das orthogonale Komplement $V^\perp$ definiert als die Menge aller Vektoren aus $\mathbb{K}^n$, die orthogonal zu allen Vektoren aus V sind. Das orthogonale Komplement eines Unterraums V von $\mathbb{K}^n$ ist ein komplementärer Unterraum, V und $V^\perp$ heißen daher komplementäre orthogonale Unterräume.

SATZ 1.2.5: *Sei* $A\in M_{m,n}(\mathbb{K})$. N(A) *und* $R(A^H)$ *sind komplementäre orthogonale Unterräume von* $\mathbb{K}^n$, $N(A^H)$ *und* R(A) *sind komplementäre orthogonale Unterräume von* $\mathbb{K}^m$.

BEWEIS: Für alle $v\in\mathbb{K}^n$ und $x\in\mathbb{K}^m$ gilt $(Av,x)=(v,A^Hx)$. Ist $v\in N(A)$, so folgt für alle $x\in\mathbb{K}^m$: $(v,A^Hx)=0$, d.h. $v\in[R(A^H)]^\perp$. Ist $v\in[R(A^H)]^\perp$, so ist für alle $x\in\mathbb{K}^m$ $0=(v,A^Hx)=(Av,x)$, d.h. Av=0. Somit gilt: $N(A)=[R(A^H)]^\perp$. Analog zeigt man die zweite Behauptung.

KOROLLAR 1.2.6: *Sei* $A\in M_{m,n}(\mathbb{K})$. *Die Beschränkung von* A *auf* $R(A^H)$ *als Abbildung in den Bildraum von* A, $A|_{R(A^H)}:R(A^H)\to R(A)$, *ist bijektiv.*

BEWEIS: Ist $b\in R(A)$, so existiert $x\in \mathbb{K}^n$ mit $Ax=b$. Zerlege x in $x=x_1+x_2$ mit $x_1\in R(A^H)$ und $x_2\in N(A)$. Dann ist $Ax=Ax_1=b$, d.h. $b\in R(A|_{R(A^H)})$. Sind $x,y\in R(A^H)$ mit $Ax=Ay$, so ist $x-y\in R(A^H)\cap N(A)$, also $x=y$. □

KOROLLAR 1.2.7: *Sei* $A\in M_{m,n}(\mathbb{K})$. *Es gilt:* $N(A)=N(A^HA)$ *und* $R(A^H)=R(A^HA)$.

BEWEIS: Ist $x\in N(A)$, so folgt $A^HAx=0$; ist $x\in N(A^HA)$, so folgt $x^HA^HAx=\|Ax\|_2^2=0$, also $Ax=0$. Dann ist $R(A^H)=R(A^HA)$ nach Satz 1.2.5. □

Hinweise

Die Definitionen und Aussagen dieses Abschnitts, ebenso wie ein großer Teil des Inhalts der folgenden Abschnitte, sind in jedem Lehrbuch über lineare Algebra für Studienanfänger zu finden. Wir empfehlen besonders solche Bücher, die matrizentheoretisch orientiert sind und bei der Einführung in die lineare Algebra Anwendungen und algorithmische und numerische Aspekte weitgehend berücksichtigen; es sind dies z.B. die englischsprachigen Bücher von Franklin [94], Leon [158], Noble & Daniel [189], Strang [280] und Veselić [297].

1.3 GAUßSCHE ELIMINATION

Die Gaußsche Elimination ist eine Methode, die durch elementare Umformungen der Koeffizientenmatrix und der rechten Seite eines linearen Gleichungssystems dieses in eine Gestalt überführt, an der man die Lösbarkeit und die Lösungsmenge leicht ablesen kann. Zunächst ist diese Methode hier nur von theoretischem Interesse, sie stellt jedoch im Fall quadratischer nichtsingulärer Matrizen ein sehr wichtiges numerisches Verfahren dar.

Sei $A\in M_{m,n}(\mathbb{K})$. Seien $p,q\in\{1,\dots,m\}$, sei $c\in\mathbb{K}\setminus\{0\}$; sei e_p der p-te Einheitsvektor in $\mathbb{K}^m$. Als elementare Zeilenumformungen von A gelten

I. die Vertauschung zweier Zeilen, realisiert durch Multiplikation von vorn mit der Matrix

$$E_I(p,q):=I+e_pe_q^T+e_qe_p^T-(e_pe_p^T+e_qe_q^T)=\begin{bmatrix}1 & & & & & & 0\\ & \ddots & & & & & \\ & & 0 & \cdots & 1 & & \\ & & \vdots & 1 & \vdots & & \\ & & \vdots & & \ddots\ 1 & & \\ & & 1 & \cdots & 0 & & \\ & & & & & \ddots & \\ 0 & & & & & & 1\end{bmatrix}\begin{matrix} \\ \\ \text{-(p-te Zeile)} \\ \\ \\ \text{-(q-te Zeile),} \\ \\ \\ \end{matrix}$$

II. die Multiplikation einer Zeile mit $c\in\mathbb{K}\setminus\{0\}$, realisiert durch Multiplikation von vorn mit

$$E_{II}(p,c):=I+(c-1)e_pe_p^T=\begin{bmatrix}1 & & & & 0\\ & \ddots & & & \\ & & c & & \\ & & & \ddots & \\ 0 & & & & 1\end{bmatrix}\begin{matrix} \\ \\ \text{-(p-te Zeile),} \\ \\ \\ \end{matrix}$$

III. die Addition des c-fachen einer Zeile zu einer anderen Zeile, realisiert durch Multiplikation von vorn mit

$$E_{III}(p,q,c):=I+ce_q e_p^T=\begin{bmatrix}1 & & & & & 0\\ & \ddots & & & & \\ & & 1 & & & \\ & & \vdots & \ddots & & \\ & & c & & \ddots & \\ 0 & & \vdots & & & 1\end{bmatrix}\text{—(q-te Zeile).}$$

(p-te Spalte)

Analog sind <u>elementare Spaltenumformungen</u> definiert; sie werden realisiert durch Multiplikation mit den entsprechenden Matrizen von hinten. Die Matrizen E_I, E_{II} und E_{III} sind nichtsingulär und ihre Inversen haben jeweils wieder dieselbe Gestalt. Es ist $[E_I(p,q)]^{-1}=E_I(p,q)$, $[E_{II}(p,c]^{-1}=E_{II}(p,\frac{1}{c})$ und $[E_{III}(p,q,c)]^{-1}=E_{III}(p,q,-c)$. Eine Matrix $B\in M_{m,n}(\mathbb{K})$ heißt <u>äquivalent</u> zu $A\in M_{m,n}(\mathbb{K})$, wenn B aus A durch endlich viele elementare (Zeilen- oder Spalten-) Umformungen hervorgeht. Dann geht aufgrund der Gestalt der Inversen von E_I, E_{II} und E_{III} auch A aus B durch endlich viele elementare Umformungen hervor, und es wird hierdurch eine Äquivalenzrelation auf $M_{m,n}(\mathbb{K})$ festgelegt.

<u>SATZ 1.3.1</u>: *Seien* $A,B\in M_{m,n}(\mathbb{K})$. *Die folgenden Aussagen sind paarweise äquivalent:* i) A *und* B *sind äquivalent.* ii) A *und* B *haben denselben Rang.* iii) *Es existiert eine nichtsinguläre Matrix* $E\in M_m(\mathbb{K})$ *und eine nichtsinguläre Matrix* $C\in M_n(\mathbb{K})$, *so daß* B=EAC *ist.*

<u>BEWEIS</u>: Es wird gezeigt: i)⇒iii), iii)⇒ii) und ii)⇒i).

zu i)⇒iii): Sind A und B äquivalent, so geht B aus A durch endlich viele elementare Zeilen- und Spaltenumformungen hervor. Diese werden durch Multiplikation von A von vorn bzw. von hinten mit Matrizen vom Typ I, II oder III realisiert. Das Produkt der Matrizen für die Zeilenumformungen (in der entsprechenden Reihenfolge), bildet als Produkt nichtsingulärer Matrizen eine nichtsinguläre Matrix $E\in M_m(\mathbb{K})$, das Produkt der Matrizen für die Spaltenumformungen bildet eine nichtsinguläre Matrix $C\in M_n(\mathbb{K})$, so daß B=EAC ist.

zu iii)⇒ii): a) sei C $M_n(\mathbb{K})$ nichtsingulär. Die Spalten von AC sind Linearkombinationen der Spalten von A, also gilt $R(AC)\subseteq R(A)$. Die Spalten von $A=ACC^{-1}$ sind Linearkombinationen der Spalten von AC, also gilt $R(A)\subseteq R(AC)$. Daher ist rg A=dim R(A)=dim R(AC)=rg AC. b) Für nichtsinguläres $E\in M_m(\mathbb{K})$ ist nach a) $\text{rg}(AC)^H=\text{rg}(AC)^HE^H=\text{rg}(EAC)^H$. Also ist auch rg B=rg EAC=$\text{rg}(EAC)^H=\text{rg}(AC)^H$=rg AC=rg A.

zu ii)⇒i): Es wird gezeigt: $A\in M_{m,n}(\mathbb{K})$ mit rg A=r ist äquivalent zu $\begin{bmatrix}I_r & 0\\ 0 & 0\end{bmatrix}\in M_{m,n}(\mathbb{K})$. Dann sind wegen der Transitivität und Symmetrie der Äquivalenzrelation auch A und B äquivalent. Ist r>0, so läßt sich ein von null verschiedenes Element durch Zeilen- und Spaltenvertauschung an die Position (1,1) bringen. Durch Vormultiplikation mit einer Typ II-Matrix erreicht man, daß dieses Element gerade 1 wird. Nun kann man durch Zeilenumformungen vom Typ III die restlichen Elemente der ersten Spalte eliminieren; durch Spaltenumformungen vom Typ III kann man ebenso die restlichen Elemente der ersten Zeile eliminieren. Mit der nach Streichung der ersten Zeile und der ersten Spalte verbleibenden Restmatrix kann man ebenso verfahren, und diesen Prozeß kann man so lange fortsetzen, wie die jeweils verbleibende Restmatrix von der Nullmatrix verschieden ist. Endet der Prozeß mit der zu A äquivalenten Matrix $\begin{bmatrix} I_s & 0 \\ 0 & 0 \end{bmatrix}$ vom Rang s, so muß s=r sein, da äquivalente Matrizen denselben Rang haben (schon gezeigt: i)⇒iii) und iii)⇒ii)). □

KOROLLAR 1.3.2: *Eine nichtsinguläre Matrix* $A \in M_n(\mathbb{K})$ *läßt sich als endliches Produkt von Matrizen vom Typ* I, II *und* III *darstellen.*

BEWEIS: A und die Einheitsmatrix $I \in M_n(\mathbb{K})$ sind äquivalent, da sie denselben Rang besitzen. Nach dem Beweis von Satz 1.3.1, i)⇒iii) ist daher A=EIC, und E und C sind endliche Produkte von Matrizen vom Typ I, II und III. □

Beim Gaußschen Eliminationsverfahren werden elementare Zeilenumformungen in der Koeffizientenmatrix A und der rechten Seite b eines linearen Gleichungssystems durchgeführt. Außerdem ist eine Vertauschung der Spalten von A zugelassen, welches einer Umnumerierung der Unbekannten entspricht. Die Lösungsmenge ändert sich dabei nicht, wie der folgende Satz zeigt.

SATZ 1.3.3: *Sei* $A \in M_{m,n}(\mathbb{K})$ *und* $b \in \mathbb{K}^m$; *sei* $E \in M_m(\mathbb{K})$ *nichtsingulär. Die Gleichungssysteme* Ax=b *und* EAx=Eb *haben dieselbe Lösungsmenge.*

BEWEIS: Ist x_o Lösung von Ax=b, so ist $EAx_o=Eb$. Ist umgekehrt x_1 Lösung von $EAx_1=Eb$, so ist $Ax_1=E^{-1}EAx_1=E^{-1}Eb=b$. □

Beschreibung des Gaußschen Eliminationsverfahrens

Sei $A \in M_{m,n}(\mathbb{K})$, sei $b \in \mathbb{K}^m$. Bilde die Matrix $[A\ b] \in M_{m,n+1}(\mathbb{K})$.

Permutationsschritt: Bestimme die erste nichtverschwindende Spalte von A und vertausche sie mit der ersten, bestimme in dieser Spalte das erste nichtverschwindende Element und vertausche die entsprechende Zeile mit der ersten. Die so entstehende Matrix sei $[A^{(o)}\ b^{(o)}]$.

Eliminationsschritt: Multipliziere die erste Zeile mit $1/a_{11}^{(o)}$ und subtrahiere das $a_{j1}^{(o)}$-fache der neuen ersten Zeile von der Zeile j für j=2,...,m. Damit erreicht man die Gestalt

$$\left[\begin{array}{c|ccc|c} 1 & a_{12}^{(1)} & \cdots\cdots & a_{1n}^{(1)} & b_1^{(1)} \\ \hline 0 & a_{22}^{(1)} & \cdots\cdots & a_{2n}^{(1)} & b_2^{(1)} \\ \vdots & \vdots & & \vdots & \vdots \\ 0 & a_{m2}^{(1)} & \cdots\cdots & a_{mn}^{(1)} & b_m^{(1)} \\ \hline \end{array}\right]$$

Ist die markierte Restmatrix nicht die Nullmatrix, so führe für sie ebenfalls den Permutationsschritt und den Eliminationsschritt durch. Ist dabei eine Spaltenvertauschung erforderlich, so sind die entsprechenden Elemente der bereits behandelten vorherigen Zeilen ebenfalls zu vertauschen.
Führe diese Schritte jeweils mit den entsprechenden Restmatrizen durch, bis die veränderte Matrix die folgende Gestalt hat:

$$\begin{bmatrix} 1 & a_{12}^{(r)} & & \dots & a_{1r}^{(r)} & a_{1,r+1}^{(r)} & \dots & a_{1n}^{(r)} & b_1^{(r)} \\ 0 & 1 & a_{23}^{(r)} & \dots & a_{2r}^{(r)} & a_{2,r+1}^{(r)} & \dots & a_{2n}^{(r)} & b_2^{(r)} \\ \cdot & \cdot & \cdot & \cdots & \cdot & \cdot & \cdots & \cdot & \cdot \\ \cdot & \cdot & \cdot & \cdots & \cdot & \cdot & \cdots & \cdot & \cdot \\ 0 & 0 & & \dots & 1 & a_{r,r+1}^{(r)} & \dots & a_{rn}^{(r)} & b_r^{(r)} \\ 0 & 0 & & \dots & 0 & 0 & \dots & 0 & b_{r+1}^{(r)} \\ \cdot & \cdot & \cdot & \cdots & \cdot & \cdot & \cdots & \cdot & \cdot \\ \cdot & \cdot & \cdot & \cdots & \cdot & \cdot & \cdots & \cdot & \cdot \\ 0 & 0 & & \dots & 0 & 0 & \dots & 0 & b_m^{(r)} \end{bmatrix}$$

Die Lösbarkeit des Gleichungssystems $Ax=b$ läßt sich nun leicht ablesen:
Ist $b_{r+1}^{(r)}=\dots=b_m^{(r)}=0$, so ist $r=\text{rg } A = \text{rg } [A\ b]$ und das System ist lösbar (vgl. Satz 1.2.1), andernfalls ist $\text{rg } [A\ b]=r+1$ und das System ist unlösbar.

Im Falle der Lösbarkeit eliminiert man nun noch die oberhalb der Diagonale in den ersten r Zeilen stehenden Elemente durch Addition geeigneter Vielfache der darunterstehenden Zeilen (spaltenweise von rechts nach links). Diese vollständige Elimination wird auch <u>Gauß-Jordan-Elimination</u> genannt. Dadurch erreicht man die Gestalt

$$(1.3.1)\qquad \left[\begin{array}{cccc|ccc|c} 1 & 0 & \dots & 0 & \tilde{a}_{1,r+1} & \dots & \tilde{a}_{1n} & \tilde{b}_1 \\ 0 & \ddots & & \vdots & \vdots & & \vdots & \vdots \\ \vdots & & \ddots & 0 & \vdots & & \vdots & \vdots \\ 0 & \dots & 0 & 1 & \tilde{a}_{r,r+1} & \dots & \tilde{a}_{rn} & \tilde{b}_r \\ \hline 0 & \dots & \dots & 0 & 0 & \dots & 0 & 0 \\ \cdot & & & \cdot & \cdot & & \cdot & \cdot \\ \cdot & & & \cdot & \cdot & & \cdot & \cdot \\ \cdot & & & \cdot & \cdot & & \cdot & \cdot \\ 0 & \dots & \dots & 0 & 0 & \dots & 0 & 0 \end{array}\right].$$

Faßt man die erfolgten Zeilenoperationen zu einer Matrix E zusammen, die erfolgten Spaltenvertauschungen zu einer Matrix P, so ist die Matrix A in die äquivalente Matrix $EAP=\begin{bmatrix} I_r & K \\ 0 & 0 \end{bmatrix}$ und die rechte Seite b in Eb übergeführt worden. $EAP=\begin{bmatrix} I_r & K \\ 0 & 0 \end{bmatrix}$ heißt <u>Hermitesche Normalform</u> von A.
Das Gleichungssystem $Ax=b$ ist übergeführt worden in das Gleichungssystem $EAPy=Eb$; bis auf eine Umnumerierung der Variablen ($x=Py$) stimmen die beiden

Lösungsmengen überein. Die Lösungsmenge des Systems EAPy=Eb (und damit auch des Systems Ax=b) kann man an der Matrix (1.3.1) ablesen. Eine spezielle Lösung des inhomogenen Systems ist gegeben durch $y_1=\tilde{b}_1$, $y_2=\tilde{b}_2,\ldots,y_r=\tilde{b}_r$, $y_{r+1}=\ldots=y_n=0$, wie man durch Einsetzen leicht verifiziert. n-r linear unabhängige Lösungen des zugehörigen homogenen Systems sind gegeben durch die Spalten der Matrix

$$\begin{bmatrix}-K\\I_{n-r}\end{bmatrix}=\begin{bmatrix}-\tilde{a}_{1,r+1} & \cdots\cdots & -\tilde{a}_{1n}\\ \vdots & & \vdots\\ -\tilde{a}_{r,r+1} & \cdots\cdots & -\tilde{a}_{rn}\\ 1 & 0\ \cdots\cdots & 0\\ 0 & 1\ \cdots\cdots & 0\\ \vdots & \vdots\ \ddots & \vdots\\ 0 & 0\ \cdots\cdots & 1\end{bmatrix}.$$

Durch Einsetzen ($EAP\begin{bmatrix}-K\\I_{n-r}\end{bmatrix}=0$) verifiziert man, daß jede Spalte eine Lösung des homogenen Systems ist, die lineare Unabhängigkeit folgt sofort aus der speziellen Gestalt der Spalten. Eine Basis für N(A) bilden somit die Spalten von $\begin{bmatrix}-K\\I_{n-r}\end{bmatrix}$

<u>BEMERKUNG 1.3.4</u>: Ebenso gestattet es die Normalform $EAP=\begin{bmatrix}I_r & K\\0 & 0\end{bmatrix}$, auf einfache Weise Basen für die Räume R(A) und $R(A^H)$ abzulesen. Eine Basis für R(A) besteht aus r linear unabhängigen Spalten von A. Besteht P_1 aus den ersten r Spalten von P, so ist $EAP_1=\begin{bmatrix}I_r\\0\end{bmatrix}$, also ist rg $AP_1=r$, da E nichtsingulär ist. Wegen $R(AP_1)\subseteq R(A)$ folgt somit $R(AP_1)=R(A)$, d.h. die Spalten von AP_1 bilden eine Basis für R(A). Die ersten r Zeilen von EA sind linear unabhängig, daher bilden die ersten r Spalten von A^HE^H eine Basis für $R(A^H)$. Die von diesen Spalten gebildete Teilmatrix hat wegen $EA=\begin{bmatrix}I_r & K\\0 & 0\end{bmatrix}P^T$ die Gestalt $G^H:=P\begin{bmatrix}I_r\\K^H\end{bmatrix}$ bzw. $G=[I_r\ K]P^T$.

<u>Hinweise</u>

Zur Vertiefung bzw. zur gründlichen Erarbeitung des in diesem Abschnitt dargestellten Lehrstoffes eignen sich die in den Hinweisen zu Abschnitt 1.2 genannten Bücher.

1.4 ÜBERBESTIMMTE LINEARE GLEICHUNGSSYSTEME, DAS LINEARE AUSGLEICHSPROBLEM

Bei nicht lösbaren Gleichungssystemen betrachtet man häufig das Ersatzproblem "Bestimme $x\in\mathbb{K}^n$, so daß $\|Ax-b\|_2$ minimal wird". Es wird gezeigt, daß diese Aufgabe äquivalent ist zur Lösung des Gleichungssystems $A^HAx=A^Hb$.

Sei $A\in M_{m,n}(\mathbb{K})$, sei $b\in(\mathbb{K})^m$. Ist für das lineare Gleichungssystem Ax=b die Konsistenzbedingung $b\in R(A)$ nicht erfüllt, so ist es sinnvoll, eine Näherungslösung zu betrachten. Man kann versuchen, das <u>Residuum</u> Ax-b in irgendeiner Norm zu minimieren. Meistens verwendet man dazu die Norm $\|\cdot\|_2$, so daß die Ersatzaufgabe lautet "Bestimme $x\in\mathbb{K}^n$, so daß $\|Ax-b\|_2$ minimal wird!" (kurz: $\|Ax-b\|_2=\min!$), sie heißt linneares Ausgleichsproblem. Nicht lösbare lineare Gleichungssysteme treten hauptsächlich auf, wenn man mehr Gleichungen als Unbekannte hat, d.h. wenn $m>n$ ist. Ist $Ax=b$ lösbar, so ist eine Lösung sofort auch Lösung von $\|Ax-b\|_2=\min!$. Eine Lösung des linearen Ausgleichsproblems heißt auch Lösung im Sinne kleinster Fehlerquadrate (oder least-square-Lösung).

SATZ 1.4.1: *Sei* $A\in M_{m,n}(\mathbb{K})$, $x_o\in\mathbb{K}^n$ *und* $b\in\mathbb{K}^m$. *Es gilt* $\|Ax_o-b\|_2\leq\|Ax-b\|_2$ *für alle* $x\in\mathbb{K}^n$ *genau dann, wenn* $A^HAx_o=A^Hb$ *ist.*

BEWEIS: Nach Satz 1.2.5 hat b eine eindeutige Zerlegung in

(1.4.1) $b=s+u$ mit $s\in R(A)$ und $u\in N(A^H)$.

Da $R(A)$ und $N(A^H)$ orthogonale Komplemente sind, gilt dann für alle $x\in\mathbb{K}^n$ $\|Ax-b\|_2^2=\|(Ax-s)+(s-b)\|_2^2=\|Ax-s\|_2^2+\|s-b\|_2^2$, da $Ax-s\in R(A)$ und $s-b\in N(A^H)$ sind. $\|Ax-b\|_2$ wird also genau dann minimal, wenn $Ax=s$ ist, d.h. $Ax-b=u$ ist. Da $u\in N(A^H)$ ist, bedeutet dies aber gerade $A^H(Ax-b)=0$ bzw. $A^HAx=A^Hb$. □

Ist x_o eine Lösung des linearen Ausgleichsproblems, so ist Ax_o orthogonal zum Residuum Ax_o-b. Ax_o ist die Projektion von b auf $R(A)$. Die Gleichungen des Systems $A^HAx=A^Hb$ werden Normalgleichungen genannt.

SATZ 1.4.1: *Sei* $A\in M_{m,n}(\mathbb{K})$, *sei* $b\in\mathbb{K}^m$. *Die Normalgleichungen* $A^HAx=A^Hb$ *sind stets lösbar. Sind* $x_o,x_1\in\mathbb{K}^n$ *Lösungen der Normalgleichungen, so gilt* $Ax_o=Ax_1$.

BEWEIS: Es ist $A^Hb\in R(A^H)$, und nach Korollar 1.2.7 ist $R(A^H)=R(A^HA)$, d.h. die Konsistenzbedingung (1.2.2) ist stets erfüllt. Sind $x_o,x_1\in\mathbb{K}^n$ Lösungen der Normalgleichungen, so sind $b=Ax_o+(b-Ax_o)=Ax_1+(b-Ax_1)$ zwei Zerlegungen von b im Sinne von (1.4.1). Da die Zerlegung eindeutig ist, muß $Ax_o=Ax_1$ sein. □

Da $A^HAx=A^Hb$ lösbar ist, ist die Lösungsgesamtheit ein (n-rg A^HA)-dimensionaler affiner Unterraum von $\mathbb{K}^n$. Wegen $R(A^H)=R(A^HA)$ ist rg $A^HA=$rg $A^H=$rg A. Hat also A den vollen Spaltenrang n, so ist A^HA nichtsingulär, und es existiert eine eindeutig bestimmte Lösung $x=(A^HA)^{-1}A^Hb$. In diesem Fall ist A^HA positiv definit, d.h. es gilt $x^HA^HAx>0$ für alle $x\in\mathbb{K}^n\setminus\{0\}$. Aus $x^HA^HAx=\|Ax\|_2^2=0$ folgt nämlich $Ax=0$ und wegen rg $A=n$ enthält $N(A)$ nur die Null (vgl. Satz 1.2.2). Eine Matrix $B\in M_n(\mathbb{C})$ heißt Hermitesch, falls $B=B^H$ gilt. Sie heißt symmetrisch, falls sie zusätzlich reell ist. Eine symmetrische bzw. Hermitesche Matrix $B\in M_n(\mathbb{K})$ heißt positiv semidefinit, falls für alle $x\in\mathbb{K}^n$ gilt: $x^HBx\geq0$. A^HA ist also stets positiv semidefinit, da für alle $x\in\mathbb{K}^n$ $x^HA^HAx=\|Ax\|_2^2\geq0$ ist.

Hinweise

Leider gehört die Betrachtung des linearen Ausgleichsproblems nicht zum Standard-Lehrstoff von Einführungen in die lineare Algebra. Die von uns in Abschnitt 1.2 empfohlenen Bücher behandeln jedoch alle dieses Problem.

1.5 VERALLGEMEINERTE INVERSE

Der Begriff der verallgemeinerten Inversen ermöglicht es, in allen Fällen die Lösungen linearer Gleichungssysteme $Ax=b$ im Sinne kleinster Fehlerquadrate explizit als Produkt gewisser Matrizen mit der rechten Seite b auszudrücken, wie dies im Fall nichtsingulärer quadratischer Koeffizientenmatrix durch $A^{-1}b$ geschieht.

Sei $A\in M_{m,n}(\mathbb{K})$, sei $b\in\mathbb{K}^m$. Ist rg $A=n$, so ist die eindeutige Lösung des linearen Ausgleichsproblems $\|Ax-b\|_2=\min!$ gegeben durch $x=(A^HA)^{-1}A^Hb$. Die Matrix $X:=(A^HA)^{-1}A^H$ erfüllt die Gleichungen

(1.5.1) $AXA=A$,

(1.5.2) $XAX=X$,

(1.5.3) $(AX)^H=AX$,

(1.5.4) $(XA)^H=XA$.

Ebenso erfüllt für eine Matrix A, die vollen Zeilenrang hat, die Matrix $X:=A^H(AA^H)^{-1}$ diese Gleichungen. Für ein Gleichungssystem mit quadratischer nichtsingulärer Koeffizientenmatrix wird die Lösung durch $x=A^{-1}b$ gegeben und $X:=A^{-1}$ erfüllt (1.5.1)-(1.5.4). Ist $A=0$, so erfüllt $X:=0$ die Gleichungen (1.5.1)-(1.5.4). In Satz 1.5.3 wird gezeigt, daß es zu jeder Matrix A genau eine Matrix X gibt, so daß die Gleichungen (1.5.1)-(1.5.4) erfüllt sind. Hat die Koeffizientenmatrix eines linearen Gleichungssystems nicht den vollen Spaltenrang, so sind die Lösungen sowohl im lösbaren Fall als auch im Sinne kleinster Fehlerquadrate nicht mehr eindeutig. Die Lösungsgesamtheit kann in diesen Fällen mit Matrizen charakterisiert werden, die nur einige der Gleichungen (1.5.1)-(1.5.4) erfüllen.

Sei $A\in M_{m,n}(\mathbb{K})$, sei $J\subseteq\{1,2,3,4\}$. $X\in M_{n,m}(\mathbb{K})$ heißt <u>verallgemeinerte J-Inverse</u> (oder kurz <u>J-Inverse</u> von A, wenn X für alle $i\in J$ die Gleichung (1.5.i) erfüllt. Eine verallgemeinerte $\{1,2,3,4\}$-Inverse heißt <u>verallgemeinerte Inverse</u> (oder <u>Pseudoinverse</u>, <u>Moore Penrose Inverse</u>) und wird mit A^+ bezeichnet.

<u>LEMMA 1.5.1</u>: *Sei* $A\in M_{m,n}(\mathbb{K})$. *Es existiert höchstens eine Matrix* $X\in M_{n,m}(\mathbb{K})$, *die die Gleichungen* (1.5.1)-(1.5.4) *erfüllt.*

<u>BEWEIS</u>: Mögen $X,Y\in M_{n,m}(\mathbb{K})$ die Gleichungen (1.5.1)-(1.5.4) erfüllen. Dann gilt:

$X=XAX$	nach (1.5.2)	$Y=YAY$	nach (1.5.2)
$=XX^HA^H$	(1.5.3)	$=A^HY^HY$	(1.5.4)
$=XX^HA^HY^HA^H$	(1.5.1)	$=A^HX^HA^HY^HY$	(1.5.1)
$=XAXAY$	(1.5.3)	$=XAYAY$	(1.5.4)
$=XAY$	(1.5.2) oder (1.5.1)	$=XAY$	(1.5.1) oder (1.5.2).

□

Die Existenz einer Pseudoinversen kann konstruktiv bewiesen werden mittels der Existenz einer Vollrangzerlegung. Für Matrizen mit vollem Spalten- bzw. Zeilenrang ist nach den einleitenden Bemerkungen die eindeutige Pseudoinverse gegeben durch $(A^HA)^{-1}A^H$ bzw. $A^H(AA^H)^{-1}$.

LEMMA 1.5.2: *Sei* $A\in M_{m,n}(\mathbb{K})$, *sei* rg $A=r>0$. *Dann existieren Matrizen* $F\in M_{m,r}(\mathbb{K})$ *und* $G\in M_{r,n}(\mathbb{K})$ *mit* rg $F=$rg $G=r$, *so daß* $A=FG$ ist.

Eine solche Zerlegung heißt Vollrangzerlegung von A.

BEWEIS: Sei $EAP=\begin{bmatrix} I_r & K \\ 0 & 0 \end{bmatrix}$ Hermitesche Normalform von A (vgl. Bemerkung 1.3.4). Sei P_1 die Matrix, die aus den ersten r Spalten von P besteht, sei damit $P=[P_1\ P_2]$. Setze $F:=AP_1$, $G:=[I_r\ K]P^T$. Nach Bemerkung 1.3.4 bilden die Spalten von F eine Basis für R(A), die Zeilen von G eine Basis für den Zeilenraum von A; F und G haben also den Rang r. Nun ist $P^TP_1=[P_1\ P_2]^TP_1=\begin{bmatrix} I_r \\ 0 \end{bmatrix}$ und $A=E^{-1}\begin{bmatrix} I_r & K \\ 0 & 0 \end{bmatrix}P^T$. Damit erhält man

$$FG=AP_1[I_r\ K]P^T=E^{-1}\begin{bmatrix} I_r & K \\ 0 & 0 \end{bmatrix}P^TP_1[I_r\ K]P^T=E^{-1}\begin{bmatrix} I_r \\ 0 \end{bmatrix}[I_r\ K]P^T=E^{-1}\begin{bmatrix} I_r & K \\ 0 & 0 \end{bmatrix}P^T = A. \qquad \square$$

Eine Vollrangzerlegung $A=FG$ ist eindeutig bestimmt durch die Vorgabe von F als einer Matrix, deren Spalten eine Basis für R(A) bilden. Dann ist nämlich G eindeutig festgelegt, weil die Spalten von A eine eindeutige Darstellung als Linearkombination der Spalten von F haben, und es ist rg $F\geq$rg $FG=r$. Ebenso ist durch die Vorgabe einer Matrix G, deren Zeilen eine Basis für $R(A^H)$ bilden, der zweite Faktor F eindeutig festgelegt.

Aus einer Vollrangzerlegung $A=FG$ erhält man alle möglichen Vollrangzerlegungen als $A=(FC)(C^{-1}G)$ mit nichtsingulärem $C\in M_r(\mathbb{K})$, denn: Die Spalten des ersten Faktors müssen stets eine Basis von R(A) bilden. Hat man also zwei Vollrangzerlegungen $A=FG$ und $A=BD$, so müssen F und B in der Beziehung $F=BC$ mit nichtsingulärem $C\in M_r(\mathbb{K})$ stehen (C beschreibt die entsprechende Basistransformation). Ebenso muß gelten: $G=ED$ mit nichtsingulärem $E\in M_r(\mathbb{K})$. Aus der Eindeutigkeit der Zerlegung für einen vorgegebenen ersten Faktor folgt $E=C^{-1}$.

SATZ 1.5.3: *Sei* $A\in M_{m,n}(\mathbb{K})$, *sei* rg $A=r>0$. *Ist* $A=FG$ *eine Vollrangzerlegung von* A *mit* $F\in M_{m,r}(\mathbb{K})$ *und* $G\in M_{r,n}(\mathbb{K})$, *so ist* $X=G^H(F^HAG^H)^{-1}F^H=G^H(GG^H)^{-1}(F^HF)^{-1}F^H=G^+F^+$ *die Pseudoinverse von* A.

BEWEIS: Aus $A=FG$ folgt $F^HAG^H=(F^HF)(GG^H)$, und F^HF, $GG^H\in M_r(\mathbb{K})$ mit Rang r. F^HAG^H ist also als Produkt nichtsingulärer Matrizen nichtsingulär; es ist $(F^HAG^H)^{-1}=(GG^H)^{-1}(F^HF)^{-1}$, und die verschiedenen Darstellungen von X erhält man unter Berücksichtigung von $F^+=(F^HF)^{-1}F^H$ und $G^+=G^H(GG^H)^{-1}$. Es wird nun gezeigt, daß $X=G^+F^+$ die Gleichungen (1.5.1)-(1.5.4) erfüllt. Offensichtlich gilt $F^+F=GG^+=I_r$.

zu (1.5.1): $AG^+F^+A=FGG^+F^+FG=FG=A$

zu (1.5.2): $G^+F^+AG^+F^+=G^+F^+FGG^+F^+=G^+F^+$

zu (1.5.3): $AG^+F^+=FGG^+F^+=FF^+=(FF^+)^H=(FGG^+F^+)^H=(AG^+F^+)^H$

zu (1.5.4): $G^+F^+A=G^+F^+FG=G^+G=(G^+G)^H=(G^+F^+FG)^H=(G^+F^+A)^H$. $\square$

Aus der Beziehung $(B^{-1})^H=(B^H)^{-1}$ für nichtsinguläre Matrizen $B\in M_n(\mathbb{K})$ folgt auch die entsprechende Beziehung für die Pseudoinverse.

KOROLLAR 1.5.4: *Sei* $A \in M_{m,n}(\mathbb{K})$. *Dann gilt:* $(A^H)^+ = (A^+)^H$.

BEWEIS: Ist $A=FG$ eine Vollrangzerlegung von A, so ist $A^H = G^H F^H$ eine Vollrangzerlegung von A^H, und es gilt $(A^H)^+ = (F^H)^+ (G^H)^+ = F(F^H F)^{-1} (GG^H)^{-1} G =$
$= [(F^H F)^{-1} F^H]^H [G^H (GG^H)^{-1}] = (F^+)^H (G^+)^H = (G^+ F^+)^H = (A^+)^H$. □

Der Zusammenhang zwischen verallgemeinerten J-Inversen und der Lösung linearer Gleichungssysteme wird in den folgenden beiden Sätzen dargestellt.

SATZ 1.5.5: *(verallgemeinerte Inverse und konsistente lineare Gleichungssysteme): Sei* $A \in M_{m,n}(\mathbb{K})$, *sei* $X \in M_{n,m}(\mathbb{K})$.

i) X *ist genau dann eine* {1}-Inverse *von* A, *wenn für jeden Vektor* $b \in \mathbb{K}^m$, *für den das Gleichungssystem* $Ax=b$ *konsistent ist,* $x=Xb$ *eine Lösung ist.*

ii) *Sei* $b \in \mathbb{K}^m$. *Ist das Gleichungssystem* $Ax=b$ *konsistent, so ist mit jeder Lösung* $x_o \in \mathbb{K}^n$ *und jeder* {1}-Inversen $A^{(1)}$ *von* A *die Gesamtheit der Lösungen gegeben durch die Menge* $\{x_o + (I_n - A^{(1)}A)y \mid y \in \mathbb{K}^n\}$.

iii) *Sei* $b \in R(A)$. *Das Gleichungssystem* $Ax=b$ *hat eine eindeutige Lösung mit minimaler Norm, nämlich die eindeutige Lösung, die in* $R(A^H)$ *liegt.*

iv) X *ist genau dann* {1,4}-Inverse *von* A, *wenn für jeden Vektor* $b \in \mathbb{K}^m$, *für den das Gleichungssystem* $Ax=b$ *konsistent ist,* $x=Xb$ *die eindeutige Lösung mit minimaler Norm ist.*

BEWEIS: zu i): Sei für jedes $b \in R(A)$ $x=Xb$ eine Lösung von $Ax=b$. Für jedes $z \in \mathbb{K}^n$ ist $Az \in R(A)$, also ist $x=XAz$ eine Lösung von $Ax=Az$. Für alle $z \in \mathbb{K}^n$ gilt also $AXAz=Az$, d.h. $AXA=A$. Gelte umgekehrt $AXA=A$. Ist $b \in R(A)$, so existiert $z \in \mathbb{K}^n$ mit $Az=b$. Dann ist $AXAz=Az$ und somit $AXb=b$, d.h. Xb ist eine Lösung.

zu ii): Sei $A^{(1)}$ {1}-Inverse von A und x_o eine Lösung des konsistenten Systems $Ax=b$. Es ist also zu zeigen (vgl. Abschnitt 1.2), daß $N(A)=\{(I_n - A^{(1)}A)y \mid y \in \mathbb{K}^n\} = R(I_n - A^{(1)}A)$ ist. Wegen $A(I_n - A^{(1)}A) = A - AA^{(1)}A = 0$ ist $R(I_n - A^{(1)}A) \subseteq N(A)$. Ist andererseits $x \in N(A)$, so ist $A^{(1)}Ax=0$ und somit $x = x - A^{(1)}Ax$, d.h. $x \in R(I_n - A^{(1)}A)$.

zu iii): Nach Korollar 1.2.6 hat $Ax=b$ in $R(A^H)$ eine eindeutige Lösung x_o. Jede andere Lösung x läßt sich darstellen als $x = x_o + z$ mit $z \in N(A) \setminus \{0\}$. Da $N(A)$ orthogonal zu $R(A^H)$ ist (siehe Satz 1.2.5), folgt $\|x\|_2^2 = \|x_o\|_2^2 + \|z\|_2^2$, also $\|x\|_2 > \|x_o\|_2$.

zu iv): Sei X eine {1,4}-Inverse von A. Für $b \in R(A)$ ist dann nach i) $Xb \in R(XA)$ eine Lösung des Gleichungssystems. Es ist aber $R(XA) \subseteq R(A^H)$, denn für $z \in \mathbb{K}^n$ hat man ja wegen (1.5.4) $XAz = A^H X^H z \in R(A^H)$. Daher ist $Xb \in R(A^H)$ die nach iii) eindeutig bestimmte Lösung mit minimaler Norm.

Sei für alle $b \in R(A)$ nun Xb die eindeutige Lösung von $Ax=b$ mit minimaler Norm. Nach i) ist X dann eine {1}-Inverse von A. Sei $A^{(1,4)}$ eine {1,4}-Inverse von A; dann ist für jedes $z \in \mathbb{K}^n$ die Minimum-Norm-Lösung von $Ax=Az$ auch gegeben durch $A^{(1,4)}Az$. Also gilt für alle $z \in \mathbb{K}^n$ $XAz = A^{(1,4)}Az$ und daher $XA = A^{(1,4)}A$. Mit

$A^{(1,4)}A$ ist dann auch XA Hermitesch, d.h. X ist eine {1,4}-Inverse. □

Der Zusammenhang zwischen verallgemeinerten J-Inversen und den least-square-Lösungen eines (nicht notwendigerweise) inkonsistenten Gleichungssystems wird im folgenden Satz durch Anwendung der Aussagen von Satz 1.5.5 auf das stets konsistente System der Normalgleichungen $A^H Ax=A^H b$ hergeleitet.

SATZ 1.5.6: *(verallgemeinerte Inverse und das lineare Ausgleichsproblem): Sei* $A\in M_{m,n}(\mathbb{K})$, *sei* $X\in M_{n,m}(\mathbb{K})$.

i) X *ist genau dann* {1,3}-Inverse *von* A, *wenn für jeden Vektor* $b\in\mathbb{K}^m$ $x=Xb$ *eine Lösung des linearen Ausgleichsproblems* $\|Ax-b\|_2=\min!$ *ist.*

ii) *Sei* $b\in\mathbb{K}^m$. *Die Gesamtheit der Lösungen des linearen Ausgleichsproblems* $\|Ax-b\|_2=\min!$ *ist mit jeder Lösung* $x_o\in\mathbb{K}^n$ *und* {1,3}-Inversen $A^{(1,3)}$ *von* A *gegeben durch* $\{x_o+(I_n-A^{(1,3)}A)y \mid y\in\mathbb{K}^n\}$.

iii) *Sei* $b\in\mathbb{K}^m$. *Das lineare Ausgleichsproblem* $\|Ax-b\|_2=\min!$ *hat eine eindeutige Lösung mit minimaler Norm, nämlich die eindeutige Lösung, die in* $R(A^H)$ *liegt.*

iv) X *ist genau dann die Pseudoinverse von* A, *wenn für jeden Vektor* $b\in\mathbb{K}^m$ $x=Xb$ *die least-square-Lösung von* $Ax=b$ *mit minimaler Norm ist.*

BEWEIS: zu i): Xb ist nach Satz 1.4.1 für alle $b\in\mathbb{K}^m$ Lösungen des linearen Ausgleichsproblems genau dann, wenn $A^H AXb=A^H b$ ist, d.h. wenn $A^H AX=A^H$ ist. Aus $A^H AX=A^H$ folgt $A=(AX)^H A$ und $AX=(AX)^H AX$. Also ist AX Hermitesch, und es ist $A=AXA$, d.h. A ist {1,3}-Inverse. Umgekehrt folgt aus $AXA=A$ und $AX=(AX)^H$: $A^H=A^H(AX)^H=A^H AX$.

zu ii): Sei $A^{(1,3)}$ {1,3}-Inverse von A. Die Gesamtheit der Lösungen des linearen Ausgleichsproblems ist die Gesamtheit der Lösungen der Normalgleichungen, also nach Satz 1.5.5 ii) mit einer beliebigen {1}-Inversen $(A^H A)^{(1)}$ von $A^H A$ und einer speziellen Lösung x_o die Menge $\{x_o+(I_n-(A^H A)^{(1)}A^H A)y \mid y\in\mathbb{K}^n\}$. Nun ist $A^{(1,3)}A^{(1,3)H}$ eine {1}-Inverse von $A^H A$, denn

$$A^H AA^{(1,3)}A^{(1,3)H}A^H A \underset{(1.5.3)}{\equiv} A^H A^{(1,3)H}A^H A^{(1,3)H}A^H A \underset{(1.5.1)}{\equiv} A^H A^{(1,3)H}A^H A \underset{(1.5.1)}{\equiv} A^H A.$$

Außerdem gilt $A^{(1,3)}A^{(1,3)H}A^H A \underset{(1.5.3)}{\equiv} A^{(1,3)}AA^{(1,3)}A \underset{(1.5.1)}{\equiv} A^{(1,3)}A$. Wählt man also für $(A^H A)^{(1)}$ speziell die {1}-Inverse $A^{(1,3)}A^{(1,3)H}$, so erhält man die Behauptung.

zu iii): Nach Satz 1.5.5 iii) haben die Normalgleichungen eine eindeutige Minimum-Norm-Lösung, nämlich die eindeutige Lösung, die in $R((A^H A)^H)$ liegt. Es ist aber $R((A^H A)^H)=R(A^H A)=R(A^H)$ (s. Korollar 1.2.7).

zu iv): Für A^+, die Pseudoinverse von A, ist die Matrix A^+A^{+H} eine {1,4}-Inverse von $A^H A$. Denn im Beweis zu ii) hatten wir bereits gesehen, daß für jede {1,3}-Inverse $A^{(1,3)}$ von A die Matrix $A^{(1,3)}A^{(1,3)H}$ eine {1}-Inverse von $A^H A$ ist. Außerdem ist hier noch $A^+A^{+H}A^H A \underset{(1.5.3)}{\equiv} A^+AA^+A \underset{(1.5.4)}{\equiv} A^H A^{+H}A^H A^{+H} \underset{(1.5.3)}{\equiv} A^H AA^+A^{+H}$, d.h. A^+A^{+H} ist auch eine {4}-Inverse von A^HA. Nach Satz 1.5.5 iv) ist daher für jedes $b\in\mathbb{K}^m$ durch $A^+A^{+H}A^Hb \underset{(1.5.3)}{=} A^+AA^+b \underset{(1.5.2)}{=} A^+b$ die Minimum-Norm-Lösung von $A^HAx=A^Hb$ gegeben. Ist nun X eine Matrix, die für jedes $b\in\mathbb{K}^m$ mit Xb die Minimum-Norm-Lösung des linearen Ausgleichsproblems liefert, so hat man ja wegen der Eindeutigkeit dieser Lösung, daß für alle $b\in\mathbb{K}^m$ gilt $A^+b=Xb$. Also ist $X=A^+$. □

Hinweise

Allein mit dem Thema Pseudoinverse befassen sich die Monographien Boullion & Odell [31], Rao & Mitra [220] und Ben-Israel & Greville [20], ebenso der Tagungsband Nashed [185]. Falls die Pseudoinverse in Lehrbüchern der linearen Algebra überhaupt erwähnt wird, so ist die Darstellung im allgemeinen doch sehr knapp gehalten. Aus diesem Grund haben wir hier eine etwas ausführlichere Beschreibung gegeben; die J-Inversen für $J\neq\{1,2,3,4\}$ werden im folgenden nicht weiter verwendet. Einen direkten Zugang zum Themenkreis der Pseudoinversen mit Hinblick auf numerische Berechnungen gibt Zielke [320].

1.6 EIGENWERTE, SINGULÄRE WERTE, SINGULÄRWERTZERLEGUNG

Die Singulärwertzerlegung einer Matrix A ist eine Faktorisierung $A=U\Sigma V^H$, an der man sowohl den Rang von A als auch die Lösungsgesamtheit des konsistenten linearen Gleichungssystems Ax=b bzw. die des linearen Ausgleichsproblems $\|Ax-b\|_2$=min! ablesen kann.

In diesem Abschnitt werden wir zeigen, daß jede Matrix $A\in M_{m,n}(\mathbb{K})$ zerlegt werden kann in ein Produkt $A=U\Sigma V^H$, wobei $U\in M_m(\mathbb{K})$ und $V\in M_n(\mathbb{K})$ unitäre Matrizen sind und $\Sigma\in M_{m,n}(\mathbb{K})$ eine Matrix von sehr einfacher Gestalt ist, die die sogenannten singulären Werte von A enthält. Die Pseudoinverse von A ist dann $A^+=V\Sigma^+U^H$, und man erhält daher mit Hilfe dieser Singulärwertzerlegung sehr leicht die Lösungsgesamtheit des konsistenten linearen Gleichungssystems Ax=b bzw. des linearen Ausgleichsproblems $\|Ax-b\|_2$=min!. Die Anzahl der positiven Elemente der Matrix Σ ist gerade der Rang von A, und das kleinste dieser positiven Elemente gibt sogar, wie in Abschnitt 1.8 gezeigt wird, den geringsten Abstand von A (in einem geeigneten Maß) zu einer Matrix vom nächstkleineren Rang an. Singulärwertzerlegungen werden sich darüber hinaus als nützlich erweisen zur Erklärung einiger Phänomene, die bei numerischen Verfahren zur Lösung von linearen Gleichungssystemen und linearen Ausgleichsproblemen auftreten. Ein geeignetes Verfahren zur numerischen Bestimmung einer Singulärwertzerlegung wird in Abschnitt 4.8 behandelt. Die singulären Werte einer Matrix A sind die Quadratwurzeln der Eigenwerte von A^HA, so daß zunächst einige Eigenschaften von Eigenwerten und Eigenvektoren in Erinnerung gerufen werden. Diese sind auch grundlegend für die numerischen Verfahren in Kapitel 4.

Bei linearen Gleichungssystemen ist man ja für reelle Matrizen im allgemeinen nur an reellen Lösungen interessiert, und die entsprechenden Eigenschaften konnten stets für die reellen oder komplexen Räume getrennt betrachtet werden.

Beim Eigenwertproblem ist es jedoch im allgemeinen auch für reelle Matrizen erforderlich, den komplexen Raum zugrundezulegen.

Eigenwerte und Eigenvektoren

Das Eigenwertproblem für quadratische Matrizen $A \in M_n(\mathbb{C})$ besteht darin, Zahlen $\lambda \in \mathbb{C}$ und Vektoren $x \in \mathbb{C}^n \setminus \{0\}$ zu bestimmen, so daß $Ax = \lambda x$ ist. x heißt dann Eigenvektor zum Eigenwert λ, die Menge aller Eigenwerte bildet das Spektrum von A und wird mit $\sigma(A)$ bezeichnet. Der Spektralradius von A ist definiert als $\rho(A) := \max\{|\lambda| \mid \lambda \in \sigma(A)\}$. $\lambda \in \mathbb{C}$ ist genau dann Eigenwert von A, wenn $A - \lambda I$ singulär ist; das ist äquivalent dazu, daß $\det(A - \lambda I) = 0$ ist. $p(\lambda) = \det(A - \lambda I)$ ist das charakteristische Polynom von A, welches als Polynom genau n-ten Grades n komplexe Nullstellen hat, wenn man mehrfach auftretende Nullstellen entsprechend ihrer Vielfachheit zählt. Die Vielfachheit eines Eigenwerts als Nullstelle des charakteristischen Polynoms heißt algebraische Vielfachheit des Eigenwerts. Eigenvektoren zu einem Eigenwert λ sind nicht eindeutig bestimmt, sie bilden einen Unterraum von $\mathbb{C}^n$, Eigenraum $E_\lambda(A)$ genannt, dessen Dimension die geometrische Vielfachheit des Eigenwerts ist. Es gilt stets: Die geometrische Vielfachheit eines Eigenwerts ist kleiner oder gleich seiner algebraischen Vielfachheit. Ein Eigenwert heißt degeneriert, wenn seine geometrische Vielfachheit kleiner als seine algebraische Vielfachheit ist. Eine Matrix heißt defekt, wenn sie einen degenerierten Eigenwert besitzt. Die Eigenräume $E_\lambda(A)$ und $E_\mu(A)$ zu verschiedenen Eigenwerten λ und μ haben als einzigen Vektor den Nullvektor gemeinsam. Eine nicht defekte Matrix hat demnach genau n linear unabhängige Eigenvektoren.

Die zu A konjugiert transponierte Matrix A^H besitzt dieselben Eigenwerte wie A. Für zugehörige Eigenvektoren y gilt $A^H y = \lambda y$ bzw. $y^H A = \bar{\lambda} y^H$. y heißt daher auch Linkseigenvektor von A, die Eigenvektoren heißen auch Rechtseigenvektoren von A. Rechts- und Linkseigenvektoren zu verschiedenen Eigenwerten sind orthogonal zueinander. Bei einer Reihe von Änderungen der Matrix A kann die Änderung ihrer Eigenwerte und Eigenvektoren sofort gegeben werden. Ist x Eigenvektor zum Eigenwert λ von A und ist $\alpha \in \mathbb{C}$, so ist $\alpha\lambda$ Eigenwert von αA, $\lambda - \alpha$ ist Eigenwert der geshifteten Matrix $A - \alpha I$ (α heißt Shift), und ist A nichtsingulär, so ist $1/\lambda$ Eigenwert von A^{-1}, jeweils mit demselben Eigenvektor.

Zwei Matrizen $A, B \in M_n(\mathbb{C})$ heißen ähnlich, wenn es eine nichtsinguläre Matrix $X \in M_n(\mathbb{C})$ gibt, für die $B = X^{-1}AX$ ist. Ähnliche Matrizen haben dasselbe charakteristische Polynom, so daß ihre Eigenwerte mit ihren algebraischen Vielfachheiten gleich sind. Ist x ein Eigenvektor von A zum Eigenwert λ, so ist $X^{-1}x$ ein Eigenvektor von $X^{-1}AX$ zum Eigenwert λ, so daß bei ähnlichen Matrizen auch die geometrischen Vielfachheiten der Eigenwerte übereinstimmen. Diese Invarianz der Eigenwerte gegenüber Ähnlichkeitstransformationen ist die Grundlage vieler Verfahren zur Eigenwertbestimmung. Es wird dabei angestrebt, die gegebene Matrix durch Ähnlichkeitstransformationen in eine Gestalt überzuführen, an der man die Eigenwerte leichter ablesen kann. Eine solche Gestalt ist zum Beispiel die einer oberen (oder unteren) Dreiecksmatrix; ihre Diagonalelemente sind ihre Eigenwerte. Spezielle Dreiecksmatrizen sind die Diagonalmatrizen. Eine Matrix $A \in M_n(\mathbb{C})$ heißt diagonalisierbar, wenn es eine nichtsinguläre Matrix $X \in M_n(\mathbb{C})$ gibt, so daß $D=X^{-1}AX$ eine Diagonalmatrix ist. Die Spalten von X sind dann Eigenvektoren von A, wie man an der Gleichung $AX=XD$ sieht; die Zeilen von X^{-1} sind Linkseigenvektoren von A. Eine Matrix ist genau dann diagonalisierbar, wenn sie nicht defekt ist. Zwar ist nicht jede Matrix diagonalisierbar, obere Dreiecksgestalt läßt sich jedoch stets durch Ähnlichkeitstransformationen erreichen. Einen Beweis des folgenden Satzes findet man in Lehrbüchern über lineare Algebra.

SATZ 1.6.1: *(Jordansche Normalform): Sei* $A \in M_n(\mathbb{C})$. *Es existiert eine zu* A *ähnliche, bis auf die Reihenfolge der Blöcke eindeutige Blockdiagonalmatrix* $J=\mathrm{diag}(J_{\lambda_1}^{(m_1)},\dots,J_{\lambda_r}^{(m_r)})$, *die Jordansche Normalform von* A, *in der die Diagonalblöcke die Gestalt*

$$J_{\lambda_i}^{(m_i)} = \begin{bmatrix} \lambda_i & 1 & & 0 \\ & \ddots & \ddots & \\ & & \ddots & 1 \\ 0 & & & \lambda_i \end{bmatrix}$$

haben ($r \in \mathbb{N}_+$, $i \in \{1,\dots,r\}$; $m_1,\dots,m_r \in \mathbb{N}_+$; $\lambda_1,\dots,\lambda_r \in \mathbb{C}$ *(nicht notwendig verschieden)).*

Die Polynome $\det(\lambda I_{m_i} - J_{\lambda_i}^{(m_i)}) = (\lambda-\lambda_i)^{m_i}$ heißen Elementarteiler von A; für $m_i=1$ nennt man sie linear, sonst nichtlinear. Eine Matrix ist genau dann diagonalisierbar, wenn sie nur lineare Elementarteiler besitzt.

Ist $X \in M_n(\mathbb{C})$ eine Matrix, für die $X^{-1}AX=J$ ist, so sind die Spalten $x_1,\dots,x_n$ von X verallgemeinerte Eigenvektoren (Hauptvektoren), für die also die Beziehungen $Ax_1=\lambda_1 x_1$ und $Ax_{j+1}=\lambda_1 x_{j+1}+x_j$ für $j \in \{1,\dots,m_1-1\}$ gelten (entsprechend für die anderen Eigenwerte und Hauptvektoren.

Daß jede Matrix sogar mit unitären Matrizen auf obere Dreiecksgestalt transformiert werden kann, besagt der folgende Satz von Schur. Eine Matrix $A \in M_n(\mathbb{C})$ heißt unitär, falls $A^H A=I$ ist; sie heißt orthogonal, falls sie zusätzlich reell ist.

SATZ 1.6.2: *(Schursche Normalform): Zu jeder Matrix* $A \in M_n(\mathbb{C})$ *existiert eine unitäre Matrix* $U \in M_n(\mathbb{C})$, *so daß* $U^H AU$ *eine obere Dreiecksmatrix ist.*

BEWEIS: Der Beweis wird durch vollständige Induktion über $n \in \mathbb{N}_+$ geführt. Für $n=1$ gilt die Behauptung mit $U=I$. Gelte die Behauptung für festes $n \in \mathbb{N}_+$, $n \geq 2$, für jede Matrix aus $M_{n-1}(\mathbb{C})$. Sei nun $A \in M_n(\mathbb{C})$, λ_1 ein Eigenwert von A, x_1 ein zugehöriger Eigenvektor mit der Eigenschaft $\|x_1\|_2=1$ und seien $\lambda_2,\dots,\lambda_n$ die restlichen Eigenwerte von A. Es existieren dann n-1 weitere Vektoren $x_2,\dots,x_n$, so daß $x_1,\dots,x_n$ eine Orthonormalbasis von $\mathbb{C}^n$ bilden. Besteht $V \in M_{n,n-1}(\mathbb{C})$ aus den Spalten $x_2,\dots,x_n$, so ist $[x_1\ V]$ unitär und $A[x_1\ V]=[\lambda_1 x_1\ AV]$. Damit folgt wegen

$x_1^H x_1=1$ und $V^H x_1=0$: $[x_1\ V]^H A[x_1\ V]=\begin{bmatrix}\lambda_1 & x_1^H AV\\ 0 & V^H AV\end{bmatrix}$, und $V^H AV$ hat die Eigenwerte $\lambda_2,\dots,\lambda_n$. Nach Induktionsvoraussetzung existiert zu $V^H AV$ eine unitäre Matrix $U\in M_{n-1}(\mathbb{C})$, so daß $U^H V^H AVU=:R$ eine obere Dreiecksmatrix ist mit den Diagonalelementen $\lambda_2,\dots,\lambda_n$. Mit der Matrix $S:=[x_1\ V]\begin{bmatrix}1 & 0\\ 0 & U\end{bmatrix}$ ist dann

$S^H AS=\begin{bmatrix}1 & 0\\ 0 & U^H\end{bmatrix}\begin{bmatrix}\lambda_1 & x_1^H AV\\ 0 & V^H AV\end{bmatrix}\begin{bmatrix}1 & 0\\ 0 & U\end{bmatrix}=\begin{bmatrix}\lambda_1 & x_1^H AVU\\ 0 & U^H V^H AVU\end{bmatrix}=\begin{bmatrix}\lambda_1 & x_1^H AVU\\ 0 & R\end{bmatrix}$ eine obere Dreiecksmatrix mit den Diagonalelementen $\lambda_1,\dots,\lambda_n$. □

Seien $A,B\in M_n(\mathbb{C})$. A heißt <u>unitär ähnlich</u> zu B, wenn eine unitäre Matrix $U\in M_n(\mathbb{C})$ existiert, so daß $A=U^H BU$ ist. Der Begriff <u>orthogonal ähnlich</u> ist entsprechend definiert. Die Anwendung des Satzes von Schur für Hermitesche Matrizen zeigt, daß diese unitär ähnlich zu Diagonalmatrizen sind. Darüber hinaus haben Hermitesche Matrizen weitere Eigenschaften, die sie auszeichnen.

<u>SATZ 1.6.3</u>: *Eine Hermitesche Matrix* $A\in M_n(\mathbb{C})$ *ist unitär ähnlich zu einer Diagonalmatrix; ihre Eigenwerte sind daher reell.*

<u>BEWEIS</u>: Nach Satz 1.6.2 existiert eine unitäre Matrix X, so daß $X^H AX=:R$ eine obere Dreiecksmatrix ist. Da mit A aber auch $X^H AX$ Hermitesch ist, muß R eine Hermitesche Diagonalmatrix sein; das heißt insbesondere, daß die Eigenwerte reell sind. □

Da die Spalten von X Eigenvektoren von A sind, existiert also eine Orthonormalbasis aus Eigenvektoren von A.

<u>KOROLLAR 1.6.4</u>: *Eine symmetrische Matrix* $A\in M_n(\mathbb{R})$ *ist orthogonal ähnlich zu einer Diagonalmatrix.*

<u>BEWEIS</u>: Im Beweis des letzten Satzes ist zu berücksichtigen, daß Eigenvektoren zu reellen Eigenwerten einer reellen Matrix stets reell gewählt werden können. □

<u>KOROLLAR 1.6.5</u>: *Sei* $A\in M_n(\mathbb{K})$ *Hermitesch; seien* $\lambda_1,\dots,\lambda_n$ *die Eigenwerte von* A *mit der Eigenschaft* $\lambda_1\geq\lambda_2\geq\dots\geq\lambda_n$. *Dann gilt für alle* $x\in\mathbb{K}^n$ $\lambda_n x^H x\leq x^H Ax\leq\lambda_1 x^H x$.

<u>BEWEIS</u>: Nach Satz 1.6.3 und Korollar 1.6.4 existiert eine unitäre Matrix $U\in M_n(\mathbb{K})$, so daß $U^H AU=\mathrm{diag}(\lambda_1,\dots,\lambda_n)$ ist. Für $x\in\mathbb{K}^n$ und $y:=U^H x$ gilt dann $x^H Ax=y^H U^H AUy=\sum_{i=1}^{n}\lambda_i|y_i|^2\leq\lambda_1 y^H y=\lambda_1 x^H x$. Die andere Ungleichung folgt analog. □

Für einen Vektor $x\in\mathbb{K}^n\setminus\{0\}$ und eine Hermitesche Matrix $A\in M_n(\mathbb{K})$ heißt $(x^H Ax)/(x^H x)$ <u>Rayleigh-Quotient</u> von A und x. Nach Korollar 1.6.5 gilt für alle $x\in\mathbb{K}^n\setminus\{0\}$ $\lambda_n\leq(x^H Ax)/(x^H x)\leq\lambda_1$. Die Eigenschaft der unitären Ähnlichkeit zu einer Diagonalmatrix wird von den normalen Matrizen geteilt, die durch die Beziehung $AA^H=A^H A$ charakterisiert sind.

SATZ 1.6.6: *Eine Matrix* $A\in M_n(\mathbb{C})$ *ist genau dann normal, wenn sie unitär ähnlich zu einer Diagonalmatrix ist.*

BEWEIS: Sei A mittels $U\in M_n(\mathbb{C})$ unitär ähnlich zur Diagonalmatrix D, d.h. es gelte $U^HAU=D$. Dann folgt: $AA^H=(UDU^H)(UD^HU^H)=UDD^HU^H=UD^HDU^H=(UD^HU^H)(UDU^H)=A^HA$. Sei nun A normal. Nach Satz 1.6.2 existiert dann eine unitäre Matrix U, so daß $T:=U^HAU$ eine obere Dreiecksmatrix ist. Wie oben zeigt man, daß T ebenfalls normal ist. Die expliziten Gleichungen für die Diagonalelemente von $TT^H=T^HT$,

$$|t_{11}|^2+|t_{12}|^2+.........+|t_{1n}|^2=|t_{11}|^2,$$

$$|t_{22}|^2+|t_{21}|^2+...+|t_{2n}|^2=|t_{12}|^2+|t_{22}|^2, \text{ etc.}$$

zeigen, daß sämtliche Nichtdiagonalelemente von T verschwinden, d.h. T ist eine Diagonalmatrix. □

Eine Matrix ist genau dann nichtsingulär, wenn alle Eigenwerte von null verschieden sind. Eine analoge Charakterisierung anhand der Eigenwerte besteht für positiv definite Matrizen.

KOROLLAR 1.6.7: *Sei* $A\in M_n(\mathbb{C})$ *Hermitesch. A ist genau dann positiv definit, wenn alle Eigenwerte positiv sind. A ist genau dann positiv semidefinit, wenn alle Eigenwerte nichtnegativ sind.*

BEWEIS: A ist nach Satz 1.6.3 unitär ähnlich zur Diagonalmatrix $D=Q^HAQ$ ihrer Eigenwerte. A ist genau dann positiv definit, wenn D positiv definit ist, und D ist als Diagonalmatrix genau dann positiv definit, wenn alle Diagonalelemente positiv sind. Der Beweis für den semidefiniten Fall erfolgt analog □

Für beliebige Hermitesche Matrizen ist der Trägheitsindex, d.h. die Anzahl der positiven, der negativen Eigenwerte und der Eigenwerte, die null sind, invariant gegenüber Kongruenztransformationen, wie der folgende Satz zeigt. Dabei heißen Matrizen $A,B\in M_n(\mathbb{K})$ kongruent, wenn es eine nichtsinguläre Matrix $C\in M_n(\mathbb{K})$ gibt, so daß $B=C^HAC$ ist.

SATZ 1.6.8 (*Trägheitssatz von Sylvester*): *Sei* $A\in M_n(\mathbb{K})$ *Hermitesch und sei* $C\in M_n(\mathbb{K})$ *nichtsingulär. Dann besitzt* $B=C^HAC$ *denselben Trägheitsindex wie A.*

BEWEIS: Nach Satz 1.6.3 und Korollar 1.6.4 existieren unitäre Matrizen $Q,V\in M_n(\mathbb{K})$ und Diagonalmatrizen $D_1,D_2\in M_n(\mathbb{R})$, so daß $D_1=QAQ^H$ ist und $D_2=V^HBV$. Dann sind D_1 und D_2 kongruent, denn es gilt $D_2=V^HC^HACV=Z^HD_1Z$, wobei $Z:=QCV$ ist. Wir nehmen an, daß die Anzahl der positiven Eigenwerte von B (und somit von D_2) kleiner ist als die Anzahl der positiven Eigenwerte von A (und somit von D_1; D_1 besitzt also mindestens ein positives Diagonalelement). Das lineare Gleichungssystem

$$x_i=0 \text{ für solche } i\in\{1,...,n\}, \text{ für die } (D_2)_{ii}>0 \text{ ist,}$$

$$(Zx)_i=0 \text{ für solche } i\in\{1,...,n\}, \text{ für die } (D_1)_{ii}\leq 0 \text{ ist,}$$

besitzt dann, da es aus weniger als n Gleichungen besteht, eine Lösung $x \neq 0$. Mit diesem x erhält man den Widerspruch $0 \geq x^H D_2 x = x^H Z^H D_1 Z x > 0$. Vertauscht man in der Annahme die Rollen von A und B, so folgt der Widerspruch analog. Damit gilt also: Die Anzahl der positiven Eigenwerte von A und B ist gleich. Da nach Satz 1.3.1 A und B denselben Rang besitzen, ist auch die Anzahl der negativen Eigenwerte und der Null-Eigenwerte jeweils gleich. □

Wir erwähnen eine weitere Eigenschaft Hermitescher positiv definiter Matrizen, die Existenz einer Hermiteschen positiv definiten "Quadratwurzel".

<u>LEMMA 1.6.9</u>: *Zu einer Hermiteschen positiv definiten Matrix* $A \in M_n(\mathbb{K})$ *existiert eine eindeutig bestimmte Hermitesche positiv definite Matrix* $B \in M_n(\mathbb{K})$, *so daß* $A = B^2$ *ist.* B *wird mit* $A^{1/2}$ *bezeichnet.*

<u>BEWEIS</u>: Ist $A = QDQ^H$, $D = \mathrm{diag}(d_1, \ldots, d_n)$ mit positiven Diagonalelementen, $Q \in M_n(\mathbb{K})$ unitär, so ist mit $D^{1/2} := \mathrm{diag}(\sqrt{d_1}, \ldots, \sqrt{d_n})$ die Matrix $B := QD^{1/2}Q^H \in M_n(\mathbb{K})$ Hermitesch und positiv definit, und es ist $B^2 = A$.
Sei $C \in M_n(\mathbb{K})$ eine weitere Hermitesche positiv definite Matrix, für die $A = C^2$ ist. Sei $C = VTV^H$, wobei T diagonal mit positiven Diagonalelementen und $V \in M_n(\mathbb{K})$ unitär ist. Da $A = C^2 = VT^2V^H$ gilt, sind die Diagonalelemente von T^2 gerade die Eigenwerte $d_1, \ldots, d_n$ von A in irgendeiner Reihenfolge. Daher existiert eine Permutationsmatrix P, für die gilt $(T^2)^{1/2} = T = P^T D^{1/2} P$. Definiert man $E := Q^H V P^T$, so ist $P^T D P = (P^T D^{1/2} P)^2 = T^2 = V^H A V = V^H Q D Q^H V$. Also ist $D = PV^H QDQ^H VP^T = E^H D E$ bzw. $ED = DE$. Wegen $(ED)_{ij} = e_{ij} d_j = (DE)_{ij} = d_i e_{ij}$ muß $e_{ij} = 0$ sein, falls $d_i \neq d_j$ ist. Daher gilt aber auch $e_{ij}\sqrt{d_j} = \sqrt{d_i}\, e_{ij}$ für alle $i, j \in \{1, \ldots, n\}$, also $ED^{1/2} = D^{1/2}E$ bzw. $ED^{1/2}E^H = D^{1/2}$. Für C erhält man damit wegen $VP^T = QE$: $C = VTV^H = VP^T D^{1/2} P V^H = QED^{1/2}E^H Q^H = QD^{1/2}Q^H = B$. □

Wir führen nun den Begriff der singulären Werte und der Singulärwertzerlegung ein. Ist $A \in M_{m,n}(\mathbb{C})$, so besitzt $A^H A$ als Hermitesche positiv semidefinite Matrix nichtnegative Eigenwerte $\lambda_1, \ldots, \lambda_n$. Die nichtnegativen reellen Zahlen $\sigma_i := \sqrt{\lambda_i}$, $i \in \{1, \ldots, n\}$, heißen <u>singuläre Werte</u> von A.
Bei Hermiteschen Matrizen besteht ein einfacher Zusammenhang zwischen den Eigenwerten und den singulären Werten: Sind $\lambda_1, \ldots, \lambda_n$ die Eigenwerte der Hermiteschen Matrix A, so sind $\lambda_1^2, \ldots, \lambda_n^2$ die Eigenwerte von $A^H A = A^2$; somit sind $\sigma_i = \sqrt{\lambda_i^2} = |\lambda_i|$, $i \in \{1, \ldots, n\}$, die singulären Werte von A.
Man kann jede Matrix mit unitären Matrizen auf eine gewisse Normalform transformieren, in der die singulären Werte von A auftreten.

<u>SATZ 1.6.10</u>: *Sei* $A \in M_{m,n}(\mathbb{K})$. *Es gibt unitäre Matrizen* $U \in M_m(\mathbb{K})$ *und* $V \in M_n(\mathbb{K})$, *so daß* $\Sigma := U^H A V$ *eine* $m \times n$*-Matrix der Gestalt* $\Sigma = \begin{bmatrix} \Sigma_r & 0 \\ 0 & 0 \end{bmatrix}$ *mit* $\Sigma_r = \mathrm{diag}(\sigma_1, \ldots, \sigma_r)$, $\sigma_1 \geq \sigma_2 \geq \ldots \geq \sigma_r > 0$, *und Nullblöcken entsprechender Größe ist. Dabei sind* $\sigma_1, \ldots, \sigma_r$ *die von null verschiedenen singulären Werte von* A.

BEWEIS: Seien $\lambda_1,\dots,\lambda_n$ die in der Reihenfolge $\lambda_1\geq\lambda_2\geq\dots\geq\lambda_n$ angeordneten Eigenwerte von A^HA. Sei $\sigma_i:=\sqrt{\lambda_i}$ für alle $i\in\{1,\dots,n\}$, und die positiven singulären Werte von A seien $\sigma_1,\dots,\sigma_r$. Sei $V\in M_n(\mathbb{K})$ eine unitäre Matrix, deren Spalten $v_1,\dots,v_n$ ein Orthonormalsystem von Eigenvektoren von A^HA zu den Eigenwerten $\lambda_1,\dots,\lambda_n$ bilden. Wir unterteilen $V=[V_1\ V_2]$, so daß V_1 aus den Spalten $v_1,\dots,v_r$ besteht und V_2 aus den Spalten $v_{r+1},\dots,v_n$, den zum Eigenwert 0 gehörenden Eigenvektoren. Sei $\Sigma_r:=\operatorname{diag}(\sigma_1,\dots,\sigma_r)$ und $\Sigma:=\begin{bmatrix}\Sigma_r & 0\\ 0 & 0\end{bmatrix}\in M_{m,n}(\mathbb{R})$. Dann ist $V^HA^HAV=[V_1\ V_2]^HA^HA[V_1\ V_2]=\Sigma^H\Sigma=\begin{bmatrix}\Sigma_r^2 & 0\\ 0 & 0\end{bmatrix}$, insbesondere also $V_2^HA^HAV_2=0$, d.h. $AV_2=0$, und $V_1^HA^HAV_1=\Sigma_r^2$, d.h. $\Sigma_r^{-1}V_1^HA^HAV_1\Sigma_r=I_r$.

Definiert man $U_1:=AV_1\Sigma_r^{-1}$, dann ist $U_1^HU_1=I_r$, d.h. die Spalten von U_1 bilden ein Orthonormalsystem. Diese werden durch m-r weitere Vektoren in $\mathbb{K}^m$, die wir zu einer Matrix U_2 zusammenfassen, zu einer Orthonormalbasis ergänzt. $U:=[U_1\ U_2]$ ist also unitär, insbesondere ist $0=U_2^HU_1\Sigma_r=U_2^HAV_1$. Daher erhält man

$$U^HAV=\begin{bmatrix}U_1^H\\ U_2^H\end{bmatrix}A[V_1\ V_2]=\begin{bmatrix}U_1^HAV_1 & U_1^HAV_2\\ U_2^HAV_1 & U_2^HAV_2\end{bmatrix}=\begin{bmatrix}\Sigma_r^{-1}V_1^HA^HAV_1 & 0\\ U_2^HU_1\Sigma_r & 0\end{bmatrix}=\begin{bmatrix}\Sigma_r & 0\\ 0 & 0\end{bmatrix}.$$ □

Sei $A\in M_{m,n}(\mathbb{K})$, rg $A=r$. Eine Zerlegung von A der im Satz beschriebenen Art in ein Produkt $A=U\Sigma V^H$ mit unitärem $U\in M_m(\mathbb{K})$, unitärem $V\in M_n(\mathbb{K})$ und einer Matrix $\Sigma=\begin{bmatrix}\Sigma_r & 0\\ 0 & 0\end{bmatrix}\in M_{m,n}(\mathbb{R})$, $\Sigma_r=\operatorname{diag}(\sigma_1,\dots,\sigma_r)$, $\sigma_1\geq\sigma_2\geq\dots\geq\sigma_r>0$, heißt <u>Singulärwertzerlegung</u> von A. Ist $A=U\Sigma V^H$ eine Singulärwertzerlegung von A, so ist $A^HA=V\Sigma^H\Sigma V^H$, wobei $\Sigma^H\Sigma=\operatorname{diag}(\sigma_1^2,\dots,\sigma_r^2,0,\dots,0)\in M_n(\mathbb{K})$ ist. Die $\sigma_1,\dots,\sigma_r$ sind also stets genau die positiven singulären Werte von A. Die Spalten der Matrix V sind Eigenvektoren von A^HA zu den n Eigenwerten $\sigma_1^2,\dots,\sigma_r^2,0,\dots,0$. Schließlich ist $AA^H=U\Sigma\Sigma^HU^H$ mit $\Sigma\Sigma^H=\operatorname{diag}(\sigma_1^2,\dots,\sigma_r^2,0,\dots,0)\in M_m(\mathbb{R})$. Also sind die Spalten von U Eigenvektoren von A^HA zu den m Eigenwerten $\sigma_1^2,\dots,\sigma_r^2,0,\dots,0$. Im Gegensatz zu Σ sind U und V nicht eindeutig bestimmt. $A^H=V\Sigma^HU^H$ ist eine Singulärwertzerlegung von A. Wegen der speziellen Gestalt von Σ hängt A nur von den ersten r Spalten von U und den ersten r Zeilen von V ab; es ist $a_{ij}=\sum_{k=1}^{n}\sigma_ku_{ik}\overline{v_{jk}}=\sum_{k=1}^{r}\sigma_ku_{ik}\overline{v_{jk}}$, bzw. $A=\sum_{k=1}^{r}\sigma_ku_kv_k^H$, wenn u_k und v_k die Spalten von U bzw. V sind.

Da A und Σ durch Multiplikation mit nichtsingulären Matrizen auseinander hervorgehen, ist rg A=rg Σ, d.h. der Rang einer Matrix ist gleich der Anzahl der nichtverschwindenden singulären Werte.

<u>Singulärwertzerlegung und Pseudoinverse</u>

Sei $\Sigma_r=\operatorname{diag}(\sigma_1,\dots,\sigma_r)$, $\sigma_1\geq\dots\geq\sigma_r>0$, und sei $\Sigma=\begin{bmatrix}\Sigma_r & 0\\ 0 & 0\end{bmatrix}\in M_{m,n}(\mathbb{R})$. Dann sind die Pseudoinversen von Σ_r und Σ gegeben durch $\Sigma_r^+=\Sigma_r^{-1}=\operatorname{diag}(\frac{1}{\sigma_1},\dots,\frac{1}{\sigma_r})$ und $\Sigma^+=\begin{bmatrix}\Sigma_r^+ & 0\\ 0 & 0\end{bmatrix}\in M_{n,m}(\mathbb{R})$.

Aus einer Singulärwertzerlegung von A kann man auf einfache Weise die Pseudoinverse von A berechnen. Wenn $A=U\Sigma V^H$ eine Singulärwertzerlegung von A ist, so verifiziert man sehr leicht, daß die Matrix $V\Sigma^+U^H$ den Gleichungen (1.5.1) bis (1.5.4) genügt. Damit erhalten wir den folgenden Satz.

SATZ 1.6.11: *Sei* $A\in M_{m,n}(\mathbb{K})$. *Ist* $A=U\Sigma V^H$ *eine Singulärwertzerlegung von* A, *so ist* $A^+=V\Sigma^+U^H$ *die Pseudoinverse von* A.

KOROLLAR 1.6.12: *Sei* $A\in M_{m,n}(\mathbb{K})$ *und seien* $Q\in M_m(\mathbb{K})$ *und* $P\in M_n(\mathbb{K})$ *unitär. Ist* $A=U\Sigma V^H$ *eine Singulärwertzerlegung von* A, *so ist* $QAP^H=(QU)\Sigma(V^HP^H)$ *eine Singulärwertzerlegung von* QAP^H, *und es gilt* $(QAP^H)^+=PV\Sigma^+U^HQ^H=PA^+Q^H$.

Singulärwertzerlegung und die Lösung linearer Ausgleichsprobleme

Wir werden nun sehen, wie man an einer Singulärwertzerlegung der Matrix A die Lösungen des linearen Ausgleichsproblems $\|Ax-b\|_2=\min!$ ablesen kann. Falls $Ax=b$ konsistent ist, so hat man damit auch die Lösungen dieses Gleichungssystems, da dann ja $\min_{x\in\mathbb{K}^n}\|Ax-b\|_2=0$ ist.

Sei $A\in M_{m,n}(\mathbb{K})$, rg $A=r$ und $A=U\Sigma V^H$ eine Singulärwertzerlegung von A. Nach Satz 1.5.6 ist mit der Pseudoinversen A^+ von A für $b\in\mathbb{K}^m$ die Menge $\{A^+b+(I_n-A^+A)y\,|\,y\in\mathbb{K}^m\}$ die Lösungsgesamtheit des linearen Ausgleichsproblems $\|Ax-b\|_2=\min!$. Dabei ist A^+b die spezielle Lösung minimaler Norm, und die Spalten von I_n-A^+A spannen den Nullraum von A auf.

Sei $V=[V_1\ V_2]$ und $U=[U_1\ U_2]$ wie vorher die der Unterteilung von $\Sigma=\begin{bmatrix}\Sigma_r & 0\\ 0 & 0\end{bmatrix}$ entsprechende Partitionierung von V und U. Es ist nun $A^+=V\Sigma^+U^H$ und $\Sigma\Sigma^+=\begin{bmatrix}I_r & 0\\ 0 & 0\end{bmatrix}\in M_m(\mathbb{R})$. Das Gleichungssystem $Ax=b$ ist daher genau dann konsistent, wenn $AA^+b=b$ ist. Das ist aber gleichbedeutend mit $U^Hb=U^HAA^+b=U^HU\Sigma V^HV\Sigma^+U^Hb=\Sigma\Sigma^+U^Hb=U_1^Hb$. Das System $Ax=b$ ist also genau dann lösbar, wenn $U_2^Hb=0$ ist, d.h. wenn die n-r letzten Komponenten des Vektors U^Hb verschwinden. Die spezielle Lösung minimaler Norm des Gleichungssystems bzw. des Ausgleichsproblems ist nun $A^+b=V\Sigma^+U^Hb=V_1\Sigma_r^+U_1^Hb$.

Schließlich ist der Nullraum von A, wie oben erwähnt, der Bildraum von $I_n-A^+A=I_n-V\Sigma^+U^HU\Sigma V^H=I_n-V\Sigma^+\Sigma V^H$. Es ist aber $\Sigma^+\Sigma=\begin{bmatrix}I_r & 0\\ 0 & 0\end{bmatrix}\in M_n(\mathbb{R})$ und daher $I_n-V\Sigma^+\Sigma V^H=I_n-V_1V_1^H$. Da nun $(I_n-V_1V_1^H)V_1=0$ und $(I_n-V_1V_1^H)V_2=V_2$ gilt, die Spalten von V_1 und V_2 aber den gesamten Raum $\mathbb{K}^n$ aufspannen, ist $R(I_n-A^+A)=R(I_n-V_1V_1^H)=R(V_2)$.

Hinweise

Die Grundlagen über die hier als Hilfsmittel für die Betrachtung der Singulärwertzerlegung eingeführten Eigenwerte und Eigenvektoren sind natürlich für die numerischen Verfahren in Kapitel 4 von Bedeutung. Die bereits in Abschnitt 1.2 angegebenen Lehrbücher entwickeln die Begriffe ausführlich; speziell den hier nicht geführten Beweis der Existenz der Jordanschen Normalform für jede Matrix (Satz 1.6.1) findet man in Franklin [94], Noble & Daniel [189] und Strang [280]. Von Leon [158] und Strang [280] wird die Singulärwertzerlegung behandelt.

1.7 KONDITION EINES PROBLEMS UND FEHLER IM ERGEBNIS

Bei der Ermittlung der Lösung eines mathematischen Problems mit einem passenden numerischen Verfahren auf einem Rechner wird das von der Maschine gelieferte Ergebnis praktisch nie mit der exakten Lösung des Problems übereinstimmen. Die verschiedenartigen Ursachen hierfür sollen in diesem Abschnitt in Erinnerung gerufen werden.

Zur Beurteilung darüber, wie gut sich ein numerisches Verfahren zur Lösung eines vorliegenden Problems für die Durchführung auf einer Rechenanlage eignet, wird man im wesentlichen folgende Kriterien berücksichtigen: a) Genauigkeit des Ergebnisses, Verläßlichkeit; b) Rechenzeitbedarf, Speicherbedarf für Daten, Programmlänge, Kosten.

Die Bewertung der Eigenschaften b) hängt stark von der äußeren Konfiguration des zur Verfügung stehenden Rechners ab. So ist zum Beispiel bei einem kleinen Taschenrechner die Programmlänge von entscheidender Bedeutung, während sie bei einem Großrechner eine untergeordnete Rolle spielt. Die Beurteilung eines Verfahrens oder der Vergleich zweier Verfahren bezüglich der Eigenschaften der Gruppe b) ist im allgemeinen relativ gut durchführbar, wir gehen hier nicht weiter darauf ein.

Die meisten numerischen Verfahren arbeiten nur richtig, falls die gegebenen Daten des Problems gewissen Bedingungen genügen. So ist zum Beispiel die sogenannte Potenzmethode ein Verfahren, das den Eigenwert mit größtem Betrag und den zugehörigen Eigenvektor einer Matrix bestimmt, vorausgesetzt die geometrische Vielfachheit dieses Eigenwertes ist eins und es existiert kein weiterer hiervon verschiedener Eigenwert dieses Betrages. Andernfalls wird das Verfahren im allgemeinen versagen. Bei den speziell vorliegenden Daten eines Problems ist häufig nicht ersichtlich oder leicht überprüfbar, ob die für das betrachtete Verfahren notwendigen Voraussetzungen erfüllt sind. Dies gilt insbesondere, wenn es sich hierbei um ein während der Rechnung zu erzeugendes Zwischenergebnis in einem komplexeren Verfahren handelt. Die Verläßlichkeit eines Verfahrens beurteilt man danach, wie ein solches Versagen des Verfahrens den Rechenprozeß beeinflußt, zum Beispiel durch Abbruch, Meldung oder geeignete Korrektur. Insbesondere sollte es nicht möglich sein, daß aufgrund eines Versagens des Verfahrens oder Teilen des Verfahrens ein sinnvoll erscheinendes, aber völlig falsches Ergebnis produziert wird.

Um Aussagen über die Genauigkeit des Ergebnisses zu erhalten, ist eine detaillierte Betrachtung des numerischen Verfahrens bezüglich aller möglichen auftretenden Fehler und ihrer Einflüsse auf das Ergebnis erforderlich. In diesem Zusammenhang versteht man unter Fehler jeweils die Abweichung eines nach bestimmten Vorschriften produzierten Ergebnisses vom gewünschten Resultat, also zum Beispiel nicht einen Programmfehler. Man unterscheidet hier drei wesentliche Fehlerarten: 1. Datenfehlereffekte, 2. Verfahrensfehler, 3. Rundungsfehler.

1. Datenfehlereffekte

Bei der Gewinnung eines mathematischen Problems aus einem Anwenderproblem werden fast stets eine Reihe idealisierender Annahmen gemacht, etwa indem Größen von geringerem Einfluß vernachlässigt und funktionale Zusammenhänge stark vereinfacht werden. Schon aus diesem Grund wird die Lösung des mathematischen Problems von der Lösung des Ausgangsproblems aus der Anwendung abweichen. Zudem erhält man die Daten des mathematischen Problems, zum Beispiel die Elemente einer Matrix, deren Eigenwerte gesucht sind, häufig als Ergebnisse von Messungen, die nur mit beschränkter Genauigkeit durchgeführt werden können, oder als bereits mit Fehlern behaftete Ergebnisse anderer Berechnungen. Faßt man das Lösen des Problems auf als Auswerten der Funktion $f:D\to W$ für einen gegebenen Datenwert aus D, so hat man also statt des exakten Datenwertes x nur den verfälschten Datenwert $\tilde{x}$ zur Verfügung. Mit den Daten ändert sich natürlich auch die Lösung $f(x)$ des Problems zu $f(\tilde{x})$. Diese durch fehlerhafte Daten entstehende Abweichung in der Lösung, $f(x)-f(\tilde{x})$, bezeichnen wir als Datenfehlereffekt. Die Empfindlichkeit der Lösung des mathematischen Problems bezüglich (kleiner) Änderungen in den Daten nennt man Kondition des Problems. Das Problem wird gut konditioniert gegenannt, wenn kleine Änderungen eines Datenwertes x auch nur kleine Änderungen in $f(x)$ bewirken, andernfalls bezeichnet man es als schlecht konditioniert. Die gute oder schlechte Kondition ist also eine Eigenschaft des mathematischen Problems und nicht des gewählten numerischen Verfahrens zur Berechnung seiner Lösung.

Wir werden im folgenden zwar immer von einer bereits vorliegenden mathematischen Aufgabenstellung ausgehen, für die Beurteilung und Auswahl eines numerischen Verfahrens zu ihrer Lösung sowie die Interpretation des Ergebnisses sind jedoch stets auch die hier erwähnten Umstände der Entstehung dieses mathematischen Problems von Bedeutung. So beschränkt etwa die Meßgenauigkeit bei der Ermittlung der Daten für das Problem die Genauigkeit, die man von einem numerischen Verfahren für das Ergebnis verlangen wird.

2. Verfahrensfehler

Für einige mathematische Probleme gibt es numerische Verfahren, die nach einer gewissen Anzahl von Berechnungsschritten (bei exakter Rechnung) die gesuchte Lösung ermittelt haben. Das Gaußsche Eliminationsverfahren zur Lösung von linearen Gleichungssystemen ist zum Beispiel ein solches Verfahren. Für die meisten Aufgaben muß man jedoch iterative Verfahren verwenden, mit denen man schrittweise eine Folge von Näherungslösungen bestimmen kann, die gegen die gesuchte Lösung konvergiert. Dazu gehören zum Beispiel bis auf sehr spezielle Fälle alle Eigenwertbestimmungen von Matrizen, da die Eigenwerte als Nullstellen des charakteristischen Polynoms im allgemeinen nicht mit endlich vielen rationalen Operationen berechenbar sind. Bei solchen Verfahren bricht man, abhängig von geeigneten Kriterien, die Berechnung nach einer gewissen Anzahl von Schritten mit einer Näherungslösung $\tilde{y}$ ab. Die Abweichung $y-\tilde{y}$ dieser Näherungslösung von der gesuchten Lösung y des Problems nennt man Verfahrensfehler oder auch Abbrechfehler.

3. Rundungsfehler

Bei der Verwendung eines Digitalrechners zur Durchführung der Berechnungen in einem Verfahren tritt eine weitere Fehlerart auf, die Rundungsfehler. Sie entstehen, weil auf der Rechenanlage nur eine endliche Menge von reellen Zahlen darstellbar ist; diese nennt man Maschinenzahlen. Durch die für sie im Rechner verwendete Codierungsform, in aller Regel normalisierte Gleitpunktdarstellung bezüglich einer Basis g mit fester Anzahl t von Mantissenstellen und fester Anzahl von Exponentenstellen, ist eine kleinste und größte positive Maschinenzahl, x_{min} bzw. x_{max}, vorgegeben, sowie die Anzahl der Maschinenzahlen und ihre Verteilung im sogenannten darstellbaren Bereich $[-x_{max},-x_{min}]\cup[x_{min},x_{max}]\cup\{0\}$. Einer reellen Zahl x wird beim Einlesen in den Rechner die Maschinenzahl gl(x) zugeordnet, was meist durch übliches Runden auf t Mantissenstellen geschieht, d.h. der Zahl x wird die nächstgelegene Maschinenzahl zugeordnet. Der relative Darstellungsfehler ist dann beschränkt gemäß

$$(1.7.1)\quad \frac{|x-gl(x)|}{|x|} \le \frac{1}{2}\, g^{-t+1} =: eps.$$

Es existiert also ein $\varepsilon\in[-eps,eps]$, so daß $gl(x)=x(1+\varepsilon)$ ist; die Zahl eps nennt man (relative) Maschinengenauigkeit.

Verknüpft man zwei Maschinenzahlen x und y mit $\circ$, einer der elementaren Operationen $+,-,\cdot$ oder $/$, so ist das Ergebnis $x\circ y$ meist keine Maschinenzahl. Auf dem Rechner muß die Operation $\circ$ also durch eine geeignete Operation $\tilde{\circ}$ ersetzt werden, die x und y eine möglichst nahe bei $x\circ y$ gelegene Maschinenzahl $x\tilde{\circ}y$ zuordnen sollte. Dem Benutzer eines speziellen Rechners stehen detaillierte Informationen über die Realisierung dieser Rechnerarithmetik im allgemeinen nicht zur Verfügung. Man geht aber von der (zum Teil idealisierenden) Annahme aus, daß für alle Maschinenzahlen x und y das Ergebnis $x\tilde{\circ}y$ gerade die dem exakten Ergebnis $x\circ y$ durch die Rundung zugeordnete Maschinenzahl ist, daß also gilt

$$(1.7.2)\quad x\tilde{\circ}y = gl(x\circ y) = (x\circ y)(1+\varepsilon) \text{ mit } \varepsilon\in[-eps,eps],$$

sofern $x\circ y$ den darstellbaren Bereich nicht überschreitet.

Auf einem Rechner stehen üblicherweise auch eine Reihe elementarer nicht-rationaler Funktionen wie sin, exp, usw., zur Verfügung. Bei ihrer Auswertung treten sowohl Verfahrensfehler als auch Rundungsfehler auf, da zur Ermittlung der Funktionswerte rechnerintern ein numerisches Verfahren verwendet werden muß. Sind diese Funktionen sorgfältig auf dem Rechner implementiert, so wird wenigstens für wesentliche Teile des darstellbaren Bereichs erreicht, daß das Ergebnis der Auswertung gerade die dem exakten Ergebnis zugeordnete Maschinenzahl ist.

Die Verfolgung der Auswirkungen aller Fehler, die bei der Ausführung eines Algorithmus in den einzelnen Schritten auftreten können, bezeichnet man als Fehleranalyse. Dabei muß für alle aufgeführten Fehlerarten sowohl die Entstehung eines solchen Fehlers als auch seine Fortpflanzung berücksichtigt werden. Ziel einer solchen Analyse ist es, Schranken für den Gesamtfehler im Ergebnis angeben zu können.

BEISPIEL: Als einfaches Beispiel zur Fehlerfortpflanzung betrachten wir den Datenfehlereffekt in den Ergebnissen der elementaren Operationen +,-,· und / für zwei Zahlen $x,y\in\mathbb{R}\setminus\{0\}$, die mit Fehlern behaftet sind. Sind $\tilde{x}$ und $\tilde{y}$ die (zum Beispiel durch Rundung auf Maschinenzahlen) verfälschten Daten, so sind $\varepsilon_x:=(x-\tilde{x})/x$ und $\varepsilon_y:=(y-\tilde{y})/y$ die relativen Fehler von x und y. Ist f(x,y) das zu berechnende Ergebnis, so ist $\varepsilon_{f(x,y)}:=(f(x,y)-f(\tilde{x},\tilde{y}))/f(x,y)$ der relative Fehler im Ergebnis. Für die relativen Fehler der Summe, der Differenz, des Produkts und des Quotienten von x und y erhält man folgende Beziehungen:

$$\varepsilon_{x+y}=\frac{x}{x+y}\cdot\frac{x-\tilde{x}}{x}+\frac{y}{x+y}\cdot\frac{y-\tilde{y}}{y}=\varepsilon_x\cdot\frac{x}{x+y}+\varepsilon_y\cdot\frac{y}{x+y},\quad \varepsilon_{x-y}=\varepsilon_x\cdot\frac{x}{x-y}-\varepsilon_y\cdot\frac{y}{x-y}$$

$$\varepsilon_{xy}=\frac{x-\tilde{x}}{x}+\left(1-\frac{x-\tilde{x}}{x}\right)\frac{y-\tilde{y}}{y}\approx\varepsilon_x+\varepsilon_y,\quad \varepsilon_{x/y}=\left(1-\frac{y-\tilde{y}}{y}\right)^{-1}\left(\frac{x-\tilde{x}}{x}-\frac{y-\tilde{y}}{y}\right)\approx\varepsilon_x-\varepsilon_y.$$

Man sieht, daß bei der Addition und der Subtraktion die relativen Fehler außerordentlich stark anwachsen können, wenn $|x+y|$ bzw. $|x-y|$ sehr klein sind gegenüber $|x|$ und $|y|$; Das ist bei der Subtraktion annähernd gleich großer Zahlen der Fall. Man spricht dann von Auslöschung, da die übereinstimmenden vorderen Ziffern der Mantisse bei der Subtraktion zu null werden und die Fehler in den hinteren Stellen relativ zum Ergebnis gewichtiger werden.

Bei der Durchführung einer Fehleranalyse für ein Verfahren gibt es unterschiedliche Vorgehensweisen. Bei der Vorwärtsanalyse verfolgt man sämtliche Fehler von Rechenschritt zu Rechenschritt und schätzt sofort für jedes Zwischenergebnis den bisher aufgetretenen akkumulierten Fehler ab. Für das Endergebnis steht dann eine Abschätzung des Gesamtfehlers auch direkt zur Verfügung. Die Verfolgung der Fehler von Schritt zu Schritt des Verfahrens in der Rückwärtsanalyse geschieht so, daß jedes Zwischenergebnis, das der Algorithmus liefert, als exakt berechneter Wert für gestörte Anfangsdaten interpretiert wird, d.h. der akkumulierte Fehler im Zwischenergebnis wird als Datenfehlereffekt gedeutet. Über den Gesamtfehler im Endergebnis erhält man so zunächst ebenfalls nur die Aussage, daß er einem Datenfehlereffekt aufgrund von Datenfehlern bestimmter Größe entspricht; diese bezeichnet man als äquivalente Datenfehler. Bei zwei verschiedenen Algorithmen für dasselbe Problem zeigt die Größe der äquivalenten Datenfehler dann an, welcher günstigere numerische Eigenschaften besitzt. Ergibt eine Rückwärtsanalyse, daß die äquivalenten Datenfehler in einem Algorithmus nicht viel größer sind als die im allgemeinen schon durch die Rundung der gegebenen Daten entstehenden Darstellungsfehler, so besitzt ein solcher Algorithmus offensichtlich sehr gute numerische Eigenschaften; er heißt dann numerisch stabil. Um nun den Gesamtfehler abschätzen zu können, benötigt man Aussagen über die Auswirkungen der Störungen in den Anfangsdaten auf die Genauigkeit des Ergebnisses. Für viele Probleme gibt es dazu Abschätzungen, sogenannte Störungssätze. Erst die Kombination der Rückwärtsanalyse mit einem Störungssatz liefert also eine Abschätzung für den Fehler im Ergebnis, während man eine solche bei der Vorwärtsanalyse direkt erhält. Dennoch erweist sich die Kombination aus Rückwärtsanalyse und Störungssatz in vielen Fällen als vorteilhaft, da nur bei der Rückwärtsanalyse die Rechnerarithmetik zu berücksichtigen ist, während bei der Herleitung eines Störungssatzes die Eigenschaften der reellen Zahlen wie Kommutativität und Assoziativität ausgenutzt werden können. Häufig erkennt man bei diesem Vorgehen auch, daß der durch die fast immer auftretenden Darstellungsfehler entstehende unvermeidbare Fehler, der durch einen Störungssatz manchmal gut geschätzt werden kann, schon recht groß ist und Ursache für einen großen Gesamtfehler ist. Bei einer Vorwärtsanalyse kann man dies im allgemeinen nicht so leicht erkennen, und man könnte dann dem Trugschluß erliegen, daß ein großer Fehler im Ergebnis stets das Resultat von Mängeln des Algorithmus ist.

Im nächsten Abschnitt sind eine Reihe von Störungssätzen für die Lösung linearer Gleichungssysteme, (Pseudo-) Invertierung und Eigenwert-, Eigenvektorberechnung zusammengestellt. Bei der Betrachtung der speziellen numerischen Verfahren in den folgenden Kapiteln werden wir uns im allgemeinen darauf beschränken, Resultate entsprechender Fehleranalysen zu zitieren, da eine jeweils detaillierte Untersuchung meist sehr umfangreich und aufwendig ist und daher im Rahmen dieses Buches nicht durchgeführt werden kann.

BEISPIEL: Als Beispiel für das Vorgehen bei der Analyse von Rundungsfehlern betrachten wir die Berechnung des Skalarprodukts $y^Tx=\sum_{i=1}^{n} x_iy_i$ zweier Vektoren $x,y\in\mathbb{R}^n$. Diese Aufgabe tritt in fast jedem Algorithmus in der numerischen linearen Algebra als Teilaufgabe wiederholt auf, da die Multiplikation einer Matrix mit einem Vektor oder einer anderen Matrix ja nur aus der Bildung innerer Produkte besteht.
Die Komponenten von x und y seien Maschinenzahlen, so daß hier keine Rundungsfehler beim Einlesen in den Rechner zu berücksichtigen sind. Die Berechnung von y^Tx geschehe in der üblichen Reihenfolge der Summanden:

Setze $s:=0$ und berechne für $i=1,2,\ldots,n$: $s:=s+x_iy_i$.

Zur besseren Unterscheidung wählen wir für die Zwischengrößen eigene Namen und betrachten den Algorithmus:

Setze $s_o:=0$ und berechne für $i=1,2,\ldots,n$: $p_i:=gl(x_iy_i)$ und $s_i:=gl(p_i+s_{i-1})$.

Nach (1.7.2) gilt: Für $i\in\{1,\ldots,n\}$ existieren $\varepsilon_i,\delta_i\in\mathbb{R}$ mit $|\varepsilon_i|\leq eps, |\delta_i|\leq eps$, so daß $gl(x_iy_i)=(1+\varepsilon_i)x_iy_i$ und $gl(p_i+s_{i-1})=(1+\delta_i)(p_i+s_{i-1})$ ist. Eine Kombination dieser beiden Beziehungen ergibt

$$s_i=gl(gl(x_iy_i)+s_{i-1})=gl((1+\varepsilon_i)(x_iy_i)+s_{i-1})=(1+\delta_i)(1+\varepsilon_i)(x_iy_i)+(1+\delta_i)s_{i-1},$$

so daß in s_n die Summanden x_iy_i mit einer unterschiedlichen Zahl von Faktoren der Art $(1+\tau_j), |\tau_j|\leq eps$, versehen sein werden.

Man könnte das Ergebnis bei diesem einfachen Algorithmus in Abhängigkeit der in den einzelnen Schritten auftretenden Faktoren $(1+\tau_j)$ angeben, wir wollen jedoch die Methode der Rückwärtsanalyse näher erläutern und bei jedem Teilschritt die Interpretation der auftretenden Rundungsfehler als Datenfehlereffekt betrachten.

Es sei

(1.7.3) $x_i^{(k)}:=x_i\prod_{j=1}^{k}(1+\tau_j)$ mit gewissen Größen τ_j, für die $|\tau_j|\leq eps$ gilt.

Mit den nachfolgenden Gleichungen definieren wir Größen $x_i^{(k)}$, die Ausdrücke der Art (1.7.3) sind.

Im Algorithmus werden die folgenden Werte berechnet:

$$s_o:=0,\ s_1:=p_1=x_1y_1(1+\varepsilon_1)=:x_1^{(1)}y_1$$

$$p_2:=x_2y_2(1+\varepsilon_2)=:x_2^{(1)}y_2,\ s_2:=(x_2^{(1)}y_2+x_1^{(1)}y_1)(1+\delta_2)=:x_2^{(2)}y_2+x_1^{(2)}y_1$$

$$p_3:=x_3y_3(1+\varepsilon_3)=:x_3^{(1)}y_3,\ s_3:=(x_3^{(1)}y_3+s_2)(1+\delta_3)=x_3^{(2)}y_3+x_2^{(3)}y_2+x_1^{(3)}y_1.$$

Für ein festes $i\in\{4,\ldots,n\}$ sei

$$s_{i-1}=x_{i-1}^{(2)}y_{i-1}+x_{i-2}^{(3)}y_{i-2}+\ldots+x_3^{(i-2)}y_3+x_2^{(i-1)}y_2+x_1^{(i-1)}y_1.$$

Mit $p_i=x_iy_i(1+\varepsilon_i)=:x_i^{(1)}y_i$ ist dann

$$s_i=(x_i^{(1)}y_i+s_{i-1})(1+\delta_i)=x_i^{(2)}y_i+x_{i-1}^{(3)}y_{i-1}+\ldots+x_3^{(i-1)}y_3+x_2^{(i)}y_2+x_1^{(i)}y_1.$$

Das Ergebnis des Algorithmus ist somit

$$s_n=x_n^{(2)}y_n+x_{n-1}^{(3)}y_{n-1}+\ldots+x_3^{(n-1)}y_3+x_2^{(n)}y_2+x_1^{(n)}y_1=y^T\tilde{x},$$

wobei $\tilde{x}=(x_1^{(n)},x_2^{(n)},x_3^{(n-1)},\ldots,x_n^{(2)})^T$ ist.

s_n ist also das exakt berechnete Skalarprodukt zweier Vektoren $y,\tilde{x}\in\mathbb{R}^n$. Die Auswirkungen der auftretenden Rundungsfehler auf das Ergebnis sind äquivalent zu dem Effekt einer Störung in einem der beiden Vektoren bei exakter Berechnung des Skalarprodukts (diese Störung ist nicht eindeutig bestimmt, man kann sie ebenso gut auch auf beide Vektoren "verteilen").

Ist $|x_i|\neq 0$, so kann man die Größe der äquivalenten relativen Datenfehler abschätzen durch

$$(1.7.4)\quad \frac{|x_i^{(k)}-x_i|}{|x_i|} = \frac{|x_i \prod_{j=1}^{k}(1+\tau_j) - x_i|}{|x_i|} = |\prod_{j=1}^{k}(1+\tau_j)-1| \le \prod_{j=1}^{k}(1+eps)-1 \approx k\ eps,$$

falls k eps genügend klein ist (es gilt genauer: $(1+eps)^k-1\le 1.01\ k\ eps$, falls $k\ eps\le 0.01$ ist (s. Forsythe & Moler [88], Lemma (20.13)), und diese Bedingung ist in praktischen Fällen stets erfüllt). Die auftretenden Rundungsfehler haben also die gleiche Auswirkung auf das Ergebnis wie Datenfehler in den Komponenten einer der beiden Vektoren in der Größenordnung von höchstens n eps bei exakter Berechnung.

Eine Abschätzung für die Größe der Differenz von y^Tx und $y^T\tilde{x}$, gewinnt man durch Anwendung des folgenden Störungssatzes: *Seien* $x,\hat{x},y\in\mathbb{R}^n$ *und gelte für alle* $i\in\{1,\dots,n\}$ $x_i\neq 0$ *und* $|x_i-\hat{x}_i|/|x_i|\le\alpha_i$, $\alpha_i\in\mathbb{R}_+$; *sei* $\alpha:=\max_{i\in\{1,\dots,n\}}\alpha_i$. *Dann ist* $|(x-\hat{x})^Ty|\le\sum_{i=1}^{n}\alpha_i|x_i||y_i|\le\alpha\|x\|_2\|y\|_2$.

Speziell mit $\alpha_i:=\begin{cases}1.01\ n\ eps, & \text{falls } i=1\\ 1.01(n-i+2)eps, & \text{falls } i\in\{2,\dots,n\}\end{cases}$, d.h. $\alpha=1.01\ n\ eps$, ergibt sich damit nach (1.7.4)

$$(1.7.5)\quad |y^Tx-s_n|=|y^Tx-y^T\tilde{x}|\le 1.01\ n\ eps\ \|x\|_2\|y\|_2.$$

In bestimmten Fällen ist es günstig, Skalarprodukte besonders genau zu berechnen. Steht im verwendeten Rechner ein Register mit doppelter Länge zur Verfügung, so kann dies relativ einfach durch doppelt genaue Akkumulation des Skalarprodukts geschehen: Sind x_i,y_i für $i\in\{1,\dots,n\}$ t-stellig vorgegeben, so führt man alle Rechnungen 2t-stellig durch und rundet am Ende das Ergebnis s_n auf t Stellen. Bei der Bildung der Produkte x_iy_i tritt dann kein Fehler auf, durch die Summation erhält man pro Summand wieder höchstens n-1 Faktoren der Art $(1+\sigma_j)$, $|\sigma_j|\le eps_2$, eps_2 die Maschinengenauigkeit für die Mantissenlänge 2t, und einen Faktor $(1+\tau)$, $|\tau|\le eps$, für die abschließende Rundung. Mit $eps_2=(eps)^2$ und $n(eps)^2\le eps$ entfällt dann in den Abschätzungen (1.7.4) (für k=n) und (1.7.5) der Faktor n.

Diese am ungünstigsten Fall orientierten Abschätzungen spiegeln aber nicht die typischen Verhältnisse zwischen der Rechnung mit einfacher und doppelter Genauigkeit wider. Die einfache Genauigkeit liefert im allgemeinen ausreichend genaue Resultate, und man wird die doppelt genaue Akkumulation nur verwenden, wenn die zusätzliche Rechenzeit klein ist (abhängig vom Rechner) oder an besonders empfindlichen Stellen eines Algorithmus. Mit einer Rundungsfehleranalyse möchte man möglichst obere Schranken für den Fehler in dem vom Rechner gelieferten Ergebnis erhalten. Daher muß man für jede der verwendeten elementaren Operationen den ungünstigsten Fall betrachten, der auftreten kann; tatsächlich aber können sich die auftretenden Fehler sogar gegenseitig aufheben. Oft gibt eine Rundungsfehleranalyse Hinweise auf besonders empfindliche Stellen eines Algorithmus; an diesen kann man gegebenenfalls Abänderungen treffen, um ein günstigeres Verhalten zu erreichen.

Hinweise

Grundlegend für die Fehlertheorie in der numerischen linearen Algebra sind die klassisch zu nennenden Werke von Wilkinson [309], [312], in denen sehr viele Verfahren einer eingehenden Analyse unterzogen werden. Speziell die Methode der Rückwärtsanalyse ist von Wilkinson weit entwickelt worden; im Übersichtsartikel [313] schreibt er ihren Ursprung Givens [107] zu. Eine deutschsprachige Einführung in die Problematik der Rundungsfehler ist der Beitrag von Reinsch [227], weitere Übersichtsartikel sind Kahan [144] und Broyden [35]. Fast alle Lehrbücher über numerische Mathematik geben ebenfalls eine Einführung in die Fehlertheorie; wir empfehlen besonders Stetter [265]. Ein neuerer Ansatz zur Verringerung der Rundungsfehlereinflüsse besteht darin, eine verbesserte Rechnerarithmetik zu verwenden (s. Kulisch & Miranker [152] und die dort angegebene Literatur). Strikte Einschließungen für die Fehler strebt die Intervallrechnung an; zur Einführung in dieses Gebiet sind das Lehrbuch von Alefeld & Herzberger [3] und der Übersichtsartikel von Nickel [187] geeignet. Eine automatische computerunterstützte Methode zur Rundungsfehleranalyse beschreiben Miller & Wrathall [181]. Das Beispiel zur Rundungsfehleranalyse für die Berechnung des Skalarprodukts haben wir weitgehend Parlett [206] entnommen.

1.8 STÖRUNGSSÄTZE

In diesem Abschnitt werden für einige mathematische Probleme Abschätzungen für die Auswirkungen von Störungen in ihren Daten auf die gesuchte Lösung hergeleitet. Hat man für ein numerisches Verfahren zur Lösung einer gegebenen Aufgabe eine Rückwärtsanalyse der Rundungsfehlereinflüsse durchgeführt, so kann man mit Hilfe einer solchen Abschätzung für Datenfehlereffekte bei diesem Problem schließlich auch den Gesamtfehler, d.h. die Abweichung des vom Rechner gelieferten Ergebnisses von der gesuchten Lösung des Problems, abschätzen. Da die Größe der Störungen und der Datenfehlereffekte im allgemeinen in einer Norm gemessen wird, betrachten wir zunächst Eigenschaften von Vektornormen und Matrixnormen.

Wir leiten im folgenden für eine Reihe von Problemen Abschätzungen dafür her, wie stark sich Fehler (Störungen) in den (im allgemeinen als reelle Zahlen gegebenen) Eingangsdaten des Problems auf das Ergebnis auswirken können: Für die Invertierung einer nichtsingulären Matrix, die Lösung eines linearen Gleichungssystems mit nichtsingulärer Koeffizientenmatrix, die Bestimmung der Pseudoinversen einer Matrix, der Minimum-Norm-Lösung eines linearen Ausgleichsproblems, eines Eigenwertes, eines Eigenvektors sowie eines singulären Wertes einer Matrix. Es sei noch einmal nachdrücklich betont, daß es sich hierbei um Aussagen über Eigenschaften des betrachteten mathematischen Problems handelt, die unabhängig von einem numerischen Verfahren zu dessen Lösung sind.

Im allgemeinen wird die Größe der Störungen und ihrer Auswirkungen in einer

Norm gemessen; daher erinnern wir zunächst an einige Eigenschaften von Normen, insbesondere an Beziehungen zwischen Vektornormen und Matrixnormen.

Eine Abbildung $\|\cdot\|: V \to \mathbb{R}$ heißt Norm auf einem Vektorraum V über $\mathbb{K}$, falls gilt:

i) Für alle $x \in V$ ist $\|x\| \geq 0$; $\|x\|=0$ gilt genau dann, wenn $x=0$ ist.

ii) Für alle $x \in V$ und alle $\alpha \in \mathbb{K}$ gilt $\|\alpha x\| = |\alpha| \|x\|$.

iii) Für alle $x,y \in V$ gilt $\|x+y\| \leq \|x\| + \|y\|$.

Für den Vektorraum $V=\mathbb{K}^n$ werden in der numerischen linearen Algebra neben der bereits in Abschnitt 1.2 eingeführten Norm $\|x\|_2 := (\sum_{i=1}^n |x_i|^2)^{1/2}$ häufig die Normen

$$\|x\|_1 := \sum_{i=1}^n |x_i| \quad \text{und} \quad \|x\|_\infty := \max_{i \in \{1,\dots,n\}} |x_i|$$

verwendet. Ist $\|\cdot\|$ irgendeine Norm auf $\mathbb{K}^n$ und T eine nichtsinguläre Matrix aus $M_n(\mathbb{K})$, so ist durch

$$\|x\|_T := \|Tx\|$$

ebenfalls eine Norm definiert, die sogenannte transformierte Norm. Alle Normen auf einem endlichdimensionalen Vektorraum V sind äquivalent, d.h. für zwei Normen $\|\cdot\|_a$ und $\|\cdot\|_b$ existieren $m,M \in \mathbb{R}_+$, so daß für alle $x \in V$ gilt $\|x\|_a \leq m\|x\|_b$ und $\|x\|_b \leq M\|x\|_a$.

Für Matrizen $A \in M_{m,n}(\mathbb{K})$, die ja als Elemente von $\mathbb{K}^{m\cdot n}$ aufgefaßt werden können, wird die analog der Norm $\|\cdot\|_2$ auf $\mathbb{K}^n$ gebildete Norm

$$\|A\|_F := (\sum_{i=1}^m \sum_{j=1}^n |a_{ij}|^2)^{1/2}$$

als Frobeniusnorm bezeichnet. Die zu $\|\cdot\|_1$ und $\|\cdot\|_\infty$ auf $\mathbb{K}^n$ analog gebildeten Normen auf $\mathbb{K}^{m\cdot n}$ sind nicht gebräuchlich. Vielmehr wird zu Vektornormen $\|\cdot\|_n$ und $\|\cdot\|_m$ auf $\mathbb{K}^n$ bzw. $\mathbb{K}^m$ durch

(1.8.1) $$\|A\|_{m,n} := \sup_{x \in \mathbb{K}^n \setminus \{0\}} \frac{\|Ax\|_m}{\|x\|_n}$$

eine Norm definiert, die zu $\|\cdot\|_n$ und $\|\cdot\|_m$ gehörige Operatornorm. Diese ist dann mit den Vektornormen verträglich, d.h. für alle $x \in \mathbb{K}^n$ gilt

(1.8.2) $\|Ax\|_m \leq \|A\|_{m,n} \|x\|_n$.

Im Spezialfall $m=n$ und $\|\cdot\|_m = \|\cdot\|_n =: \|\cdot\|_V$ heißt

$$\|A\|_M := \sup_{x \in \mathbb{K}^n \setminus \{0\}} \frac{\|Ax\|_V}{\|x\|_V} = \sup_{x \in \mathbb{K}^n \setminus \{0\},\ \|x\|_V \leq 1} \frac{\|Ax\|_V}{\|x\|_V} = \sup_{x \in \mathbb{K}^n,\ \|x\|_V = 1} \|Ax\|_V$$

die zu $\|\cdot\|_V$ gehörige Operatornorm. Das Supremum ist jeweils ein Maximum.

LEMMA 1.8.1: *Sei für $A \in M_{m,n}(\mathbb{K})$ und $p \in \{1,2,\infty\}$ $\|A\|_p$ die zur Vektornorm $\|\cdot\|_p$ auf $\mathbb{K}^n$ und $\mathbb{K}^m$ gemäß (1.8.1) gebildete Matrixnorm. Dann gilt:*

i) $\|A\|_1 = \max_{j \in \{1,\dots,n\}} \sum_{k=1}^m |a_{kj}|$ (*Spaltensummennorm*)

ii) $\|A\|_2 = [\rho(A^H A)]^{1/2}$ (*Spektralnorm*)

iii) $\|A\|_\infty = \max\limits_{i\in\{1,\dots,m\}} \sum\limits_{k=1}^{n} |a_{ik}|$ (*Zeilensummennorm*).

iv) *Ist nun* $m=n$, $\|\cdot\|_V$ *eine Vektornorm auf* $\mathbb{K}^n$ *und* $\|\cdot\|_M$ *die zugehörige Operatornorm, so ist für eine nichtsinguläre Matrix* $T\in M_n(\mathbb{K})$ *die zur transformierten Vektornorm* $\|x\|_T := \|Tx\|_V$ *gehörige Operatornorm gegeben durch* $\|A\|_T = \|TAT^{-1}\|_M$.

BEWEIS: Wir zeigen: Bezeichnet c die jeweils auf der rechten Seite angegebene Größe, und bezeichnet $\|\cdot\|$ die jeweilige Norm, so gilt für alle $x\in\mathbb{K}^n$: $\|Ax\|\le c\|x\|$, d.h. es ist $\|A\|\le c$. Für jeweils einen speziellen Vektor x gilt Gleichheit, d.h. es ist $\|A\|=c$.

zu i): Es gilt $\|Ax\|_1 = \sum\limits_{k=1}^{m} |\sum\limits_{j=1}^{n} a_{kj}x_j| \le \sum\limits_{j=1}^{n} |x_j| \sum\limits_{k=1}^{m} |a_{kj}| \le \|x\|_1 \max\limits_{j\in\{1,\dots,n\}} \sum\limits_{k=1}^{m} |a_{kj}|$ für alle $x\in\mathbb{K}^n$. Ist $\sum\limits_{k=1}^{m} |a_{kp}| = \max\limits_{j\in\{1,\dots,n\}} \sum\limits_{k=1}^{m} |a_{kj}|$, so gilt für den p-ten Einheitsvektor $e_p\in\mathbb{K}^n$: $\|Ae_p\|_1 = \max\limits_{j\in\{1,\dots,n\}} \sum\limits_{k=1}^{m} |a_{kj}| \|e_p\|_1$.

zu ii): Nach Korollar 1.6.5 gilt $\|Ax\|_2^2 = x^HA^HAx \le \rho(A^HA)x^Hx = \rho(A^HA)\|x\|_2^2$ für alle $x\in\mathbb{K}^n$. Ist x Eigenvektor von A^HA zum Eigenwert $\rho(A^HA)$, so gilt $\|Ax\|_2^2 = \rho(A^HA)\|x\|_2^2$.

zu iii): Für alle $x\in\mathbb{K}^n$ gilt

$$\|Ax\|_\infty = \max_{i\in\{1,\dots,m\}} |\sum_{k=1}^{n} a_{ik}x_k| \le \max_{i\in\{1,\dots,m\}} \sum_{k=1}^{n} |a_{ik}||x_k| \le \max_{i\in\{1,\dots,m\}} \sum_{k=1}^{n} |a_{ik}| \|x\|_\infty.$$

Ist $\sum\limits_{k=1}^{n} |a_{pk}| = \max\limits_{i\in\{1,\dots,m\}} \sum\limits_{k=1}^{n} |a_{ik}|$, so gilt für $x=(\operatorname{sgn} a_{p1}, \operatorname{sgn} a_{p2},\dots,\operatorname{sgn} a_{pn})^H$:

$\|Ax\|_\infty = \sum\limits_{k=1}^{n} |a_{pk}| \|x\|_\infty$.

zu iv): Für alle $x\in\mathbb{K}^n$ ist $\|Ax\|_T = \|TAx\|_V = \|TAT^{-1}Tx\|_V \le \|TAT^{-1}\|_M \|Tx\|_V = \|TAT^{-1}\|_M \|x\|_T$. Ist Tx ein Vektor mit der Eigenschaft $\|TAT^{-1}Tx\|_V = \|TAT^{-1}\|_M \|Tx\|_V$, so gilt $\|Ax\|_T = \|TAT^{-1}\|_M \|x\|_T$. □

Eine ähnliche Bedingung wie die Verträglichkeitsbedingung (1.8.2) für Matrix-Vektor-Produkte gilt auch für die Produkte von Matrizen für alle Operatornormen und für die Frobeniusnorm.

LEMMA 1.8.2: *Seien* $\|\cdot\|_m$, $\|\cdot\|_n$ bzw. $\|\cdot\|_k$ *Vektorennormen auf* $\mathbb{K}^m$, $\mathbb{K}^n$ *bzw.* $\mathbb{K}^k$, *seien* $\|\cdot\|_{m,n}$, $\|\cdot\|_{n,k}$ *bzw.* $\|\cdot\|_{m,k}$ *die zugehörigen Matrixnormen auf* $M_{m,n}(\mathbb{K})$, $M_{n,k}(\mathbb{K})$ *bzw.* $M_{m,k}(\mathbb{K})$. *Sei* $\|\cdot\|_F$ *die Frobeniusnorm jeweils entsprechender Dimension. Dann gilt für alle* $A\in M_{m,n}(\mathbb{K})$ *und* $B\in M_{n,k}(\mathbb{K})$: i) $\|AB\|_{m,k} \le \|A\|_{m,n}\|B\|_{n,k}$ *und* ii) $\|AB\|_F \le \|A\|_F\|B\|_F$.

BEWEIS: zu i): Die Matrixnorm $\|\cdot\|_{m,n}$ ist mit den Vektornormen $\|\cdot\|_n$ und $\|\cdot\|_m$ verträglich, daher gilt für alle $x\in\mathbb{K}^k$: $\|ABx\|_m \le \|A\|_{m,n}\|Bx\|_n$ und somit

$\sup_{x\in\mathbb{K}^k\setminus\{0\}} \|ABx\|_m/\|x\|_k \leq \|A\|_{m,n} \cdot \sup_{x\in\mathbb{K}^k\setminus\{0\}} \|Bx\|_n/\|x\|_k = \|A\|_{m,n}\|B\|_{n,k}$.

zu ii): Sei C:=AB. Das Element c_{ij} wird gebildet als Standard-Skalarprodukt der i-ten Zeile a_i von A mit der j-ten Spalte b_j von B, das heißt, es gilt $c_{ij}=(a_i,b_j)$ für $i\in\{1,\dots,m\}$ und $j\in\{1,\dots,k\}$. Das Quadrat der Frobeniusnorm einer Matrix ist die Summe über die Quadrate der $\|\cdot\|_2$-Vektornormen der Zeilen oder der Spalten. Somit gilt unter Verwendung der Cauchy-Schwarzschen Ungleichung (s. (1.2.3)) $\|C\|_F^2=\sum_{i=1}^m \sum_{j=1}^k |c_{ij}|^2 \leq \sum_{i=1}^m \sum_{j=1}^k \|a_i\|_2^2\|b_j\|_2^2 = (\sum_{i=1}^m \|a_i\|_2^2)(\sum_{j=1}^k \|b_j\|_2^2) = \|A\|_F\|B\|_F$.

□

Speziell gilt also für Matrizen $A,B\in M_n(\mathbb{K})$ für Operatornormen und für die Frobeniusnorm $\|AB\|\leq\|A\|\|B\|$. Normen, die diese Eigenschaft erfüllen, heißen <u>submultiplikativ</u>. Zu einer submultiplikativen Matrixnorm $\|\cdot\|$ auf $\mathbb{K}^n$ existiert stets eine verträgliche Vektornorm, nämlich mit einem Vektor $a\in\mathbb{K}^n\setminus\{0\}$, die durch $\|x\|_a:=\|xa^H\|$ für $x\in\mathbb{K}^n$ definierte Norm (man weist leicht die Normeigenschaften nach, sowie $\|Ax\|_a=\|Axa^H\|\leq\|A\|\|xa^H\|=\|A\|\|x\|_a$).

Für sämtliche im folgenden verwendeten Normen, die wir nicht näher spezifizieren, setzen wir <u>Verträglichkeitsbedingungen</u> voraus: Eine Matrixnorm auf $\mathbb{K}^n$ sei stets submultiplikativ, im Zusammenhang verwendete Matrix- und Vektornormen seien stets verträglich, im Zusammenhang verwendete Matrixnormen (in Räumen unterschiedlicher Dimension) seien ebenfalls verträglich (im Sinne von Lemma 1.8.2).

Für Operatornormen ist stets $\|I_n\|=1$, während für die Frobeniusnorm $\|I_n\|_F=\sqrt{n}$ gilt. Im folgenden Lemma betrachten wir einige wichtige Eigenschaften unitärer Matrizen bezüglich der Frobeniusnorm und der Spektralnorm und Beziehungen dieser Normen untereinander und zu den singulären Werten.

<u>LEMMA 1.8.3</u>: *Sei* $A\in M_n(\mathbb{K})$ *und seien* $Q,V\in M_n(\mathbb{K})$ *unitär. Die singulären Werte* $\sigma_1,\dots,\sigma_n$ *von* A *seien angeordnet in der Reihenfolge* $\sigma_1\geq\sigma_2\geq\dots\geq\sigma_n$. *Dann gilt:*

i) $\|Qx\|_2=\|x\|_2$ *für alle* $x\in\mathbb{K}^n$, *speziell also* $\|Qe_i\|_2=\|e_i\|_2=1$ *für die Spalten* $Qe_1,\dots,Qe_n$ *von* Q.

ii) $\|Q\|_2=1$.

iii) $|\lambda_i|=1$ *für alle Eigenwerte* $\lambda_1,\dots,\lambda_n$ *von* Q.

iv) $\|QAV\|_2=\|A\|_2$ *und* $\|QAV\|_F=\|A\|_F$.

v) $\|A\|_2=\sigma_1$ *und* $\|A\|_F=(\sum_{i=1}^n \sigma_i^2)^{1/2}$.

vi) $\|A\|_2\leq\|A\|_F$ *und* $\|A\|_F\leq\sqrt{n}\|A\|_2$.

vii) $\|A^+\|_2=1/\sigma_r$ *und* $\|A^+\|_F=(\sum_{i=1}^r (1/\sigma_i)^2)^{1/2}$, *falls* rg A=r *ist.*

<u>BEWEIS</u>: zu i): $\|Qx\|_2^2=x^HQ^HQx=x^Hx=\|x\|_2^2$ für alle $x\in\mathbb{K}^n$.

zu ii): $\|Q\|_2^2=\rho(Q^HQ)=\rho(I)=1$.

zu iii): Für ein Eigenpaar (λ,x) von Q ist nach i) $1=\frac{\|Qx\|_2}{\|x\|_2}=\frac{\|\lambda x\|_2}{\|x\|_2}=|\lambda|$.

zu iv): $\|QAV\|_2^2=\rho(V^HA^HQ^HQAV)=\rho(V^HA^HAV)=\rho(A^HA)=\|A\|_2^2$ $(\rho(V^HA^HAV)=\rho(A^HA)$, weil Ähnlichkeitstransformationen die Eigenwerte nicht verändern). Es gilt $\|QA\|_F^2=\|A\|_F^2$, weil $\|A\|_F^2$ die Summe über die Quadrate der $\|\cdot\|_2$-Normen der Spalten von A ist und sich diese nach i) bei Multiplikation mit Q nicht verändern. Andererseits gilt $\|AV\|_F^2=\|V^HA^H\|_F^2=\|A^H\|_F^2=\|A\|_F^2$.

zu v): Sei $A=U\Sigma V^H$ eine Singulärwertzerlegung von A. Nach iv) folgt $\|A\|_2=\|\Sigma\|_2=\sigma_1$ und $\|A\|_F=\|\Sigma\|_F=(\sum_{i=1}^n \sigma_i^2)^{1/2}$.

zu vi): Dies folgt unmittelbar aus v). In beiden Fällen kann Gleichheit auftreten.

zu vii): Sei $A=U\Sigma V^H$ eine Singulärwertzerlegung von A. Nach Satz 1.6.11 gilt $A^+=V\Sigma^+U^H$, so daß $\|A^+\|_2=\|\Sigma^+\|_2=1/\sigma_r$ ist und $\|A^+\|_F=\|\Sigma^+\|_F=(\sum_{i=1}^r (1/\sigma_i)^2)^{1/2}$. □

Da Hermitesche Matrizen unitär ähnlich zur Diagonalmatrix ihrer Eigenwerte sind (s. Satz 1.6.3), folgt aus iv), daß dann $\|A\|_2=\rho(A)$ ist. Allgemein wird der Zusammenhang zwischen Spektralradius und Normen durch die folgenden Sätze beschrieben. Es sei daran erinnert, daß Konvergenz von Matrizen Konvergenz in einer (wegen der Äquivalenz der Normen beliebigen) Norm bedeutet, d.h. $\lim_{k\to\infty} A_k=B$ heißt $\lim_{k\to\infty}\|A_k-B\|=0$ und ist gleichbedeutend mit elementweiser Konvergenz.

LEMMA 1.8.4: *Sei* $A\in M_n(\mathbb{C})$. *Dann gilt* $\lim_{k\to\infty} A^k=0$ *genau dann, wenn* $\rho(A)<1$ *ist.*

BEWEIS: Sei $J=\operatorname{diag}(J_1,\ldots,J_r)$ die Jordansche Normalform von A, gelte $XAX^{-1}=J$. Dann ist für alle $k\in\mathbb{N}$ $A^k=(X^{-1}JX)^k=X^{-1}J^kX$ und $J^k=\operatorname{diag}(J_1^k,\ldots,J_r^k)$, und es gilt $\lim_{k\to\infty} A^k=0$ genau dann, wenn $\lim_{k\to\infty} J^k=0$ ist. Ist $J_i=\begin{bmatrix}\lambda_i & 1 & & 0\\ & \ddots & \ddots & \\ & & \ddots & 1\\ 0 & & & \lambda_i\end{bmatrix}\in M_{k_i}(\mathbb{C})$ und $k\geq k_i$, so gilt

$$J_i^k=\begin{bmatrix}\lambda_i^k & c_1\lambda_i^{k-1} & \cdots & \cdots & c_{k_i-1}\lambda_i^{k-k_i+1}\\ & \ddots & \ddots & & \vdots\\ & & \ddots & \ddots & \vdots\\ & & & \ddots & c_1\lambda_i^{k-1}\\ 0 & & & & \lambda_i^k\end{bmatrix}\quad\text{mit } c_j=\binom{k}{j}.$$

Also gilt $\lim_{k\to\infty} J_i^k=0$ genau dann, wenn $\lim_{k\to\infty}\lambda_i^k=0$ ist, das heißt, wenn $|\lambda_i|<1$ ist (verwende, daß $c_j\leq k^j$ ist und daß für $|\lambda_i|<1$ gilt $\lim_{k\to\infty} k^j|\lambda_i|^{k-j}=0$). □

LEMMA 1.8.5: *Sei* $A\in M_n(\mathbb{K})$. *Dann ist* $\lim_{k\to\infty} A^k=0$ *genau dann, wenn für alle* $x\in\mathbb{K}^n$ *gilt* $\lim_{k\to\infty}(A^kx)=0$.

BEWEIS: Ist $\lim_{k\to\infty} A^k=0$, so gilt für alle $x\in\mathbb{K}^n$: $(\lim_{k\to\infty} A^k)x=\lim_{k\to\infty}(A^kx)=0$. Ist andererseits $\lim\limits_{k\to\infty} A^k x=0$ für alle $x\in\mathbb{K}^n$, so gilt dies insbesondere für die Einheitsvektoren $e_i\in\mathbb{K}^n$. Somit konvergieren alle Spalten von $(A^k)_{k\in\mathbb{N}}$ gegen den Nullvektor, die Matrizen A_k also gegen die Nullmatrix. □

<u>LEMMA 1.8.6</u>: *Sei* $A\in M_n(\mathbb{C})$ *und* $\rho(A)<1$. *Dann existiert* $(I-A)^{-1}$, *und es ist* $(I-A)^{-1}=\sum\limits_{i=0}^{\infty} A^i$.

<u>BEWEIS</u>: Die Eigenwerte von I-A sind $1-\lambda_i$, $i\{1,\ldots,n\}$, wenn $\lambda_1,\ldots,\lambda_n$ die Eigenwerte von A sind. Wegen $\rho(A)<1$ ist 0 kein Eigenwert von I-A, also ist I-A nichtsingulär. Für $k\in\mathbb{N}_+$ gilt

$$(1.8.3)\qquad (I-A)\sum_{i=0}^{k} A^i=I-A^{k+1},$$

und für $k\to\infty$ existiert nach Lemma 1.8.4 der Limes der rechten Seite. Somit existiert auch der Limes der linken Seite, und es ist

$$(1.8.4)\qquad \lim_{k\to\infty}\sum_{i=0}^{k} A^i=(I-A)^{-1}.$$ □

<u>KOROLLAR 1.8.7</u>: *Sei* $A\in M_n(\mathbb{C})$ *und* $\lambda\in\mathbb{C}$. *Ist* $|\lambda|>\rho(A)$, *so existiert* $(\lambda I-A)^{-1}$, *und es gilt* $(\lambda I-A)^{-1}=\sum\limits_{i=1}^{\infty}\lambda^{-i}A^{i-1}$.

<u>BEWEIS</u>: Es ist $\lambda I-A=\lambda(I-\lambda^{-1}A)$ und $\rho(\lambda^{-1}A)=|\lambda^{-1}|\rho(A)<1$. Somit existiert nach Lemma 1.8.6 $(I-\lambda^{-1}A)^{-1}$, und es gilt $[\lambda(I-\lambda^{-1}A)]^{-1}=\lambda^{-1}(I-\lambda^{-1}A)^{-1}=\lambda^{-1}\sum\limits_{i=0}^{\infty}\lambda^{-i}A^i=$ $=\sum\limits_{i=1}^{\infty}\lambda^{-i}A^{i-1}$. □

Wir erinnern noch einmal daran, daß wir für Normen, die nicht näher spezifiziert sind, Verträglichkeitsbedingungen voraussetzen, insbesondere ist also eine Matrixnorm stets submultiplikativ.

<u>LEMMA 1.8.8</u>: *Sei* $A\in M_n(\mathbb{C})$. i) *Es gilt* $\rho(A)\le\|A\|$. ii) Ist $\|A\|<1$, *so existiert* $(I-A)^{-1}$, *und es ist* $(I-A)^{-1}=\sum\limits_{i=0}^{\infty}A^i$,

$$(1.8.5)\qquad \|(I-A)^{-1}\|\le\frac{1}{1-\|A\|}\quad \textit{und}\quad \|I-(I-A)^{-1}\|\le\frac{\|A\|}{1-\|A\|}.$$

<u>BEWEIS</u>: zu i): Ist λ Eigenwert von A mit zugehörigem Eigenvektor $x\in\mathbb{C}^n\setminus\{0\}$, so gilt für eine mit der Matrixnorm verträgliche Vektornorm $|\lambda|\|x\|=\|\lambda x\|=\|Ax\|\le\|A\|\|x\|$, also $|\lambda|\le\|A\|$. zu ii): Nach i) ist $\rho(A)\le\|A\|$, nach Lemma 1.8.6 existiert also $(I-A)^{-1}$, und es ist $(I-A)^{-1}=\sum\limits_{i=0}^{\infty}A^i$, sowie $I-(I-A)^{-1}=-\sum\limits_{i=1}^{\infty}A^i$. Die Ungleichungen (1.8.5) folgen aus $\|\sum\limits_{i=0}^{\infty}A^i\|\le\sum\limits_{i=0}^{k}\|A\|^i$ und $\lim\limits_{k\to\infty}\sum\limits_{i=0}^{k}\|A\|^i=1/(1-\|A\|)$ bzw. den entsprechenden Aussagen für $\sum\limits_{i=1}^{\infty}\|A\|^i$. □

<u>SATZ 1.8.9</u>: *Sei* $A\in M_n(\mathbb{K})$. i) *Es gilt* $\lim\limits_{k\to\infty}\|A^k\|^{1/k}=\rho(A)$. ii) *Für alle* $\varepsilon\in\mathbb{R}_+$ *existiert eine (von* A *und* ε *abhängige) Operatornorm* $\|\cdot\|$ *mit der Eigenschaft* $\|A\|\le\rho(A)+\varepsilon$.

BEWEIS: zu i): Zur Existenz des Grenzwertes zeigen wir: Für alle $m\in\mathbb{N}_+$ gilt $\limsup_{k\to\infty}\|A^k\|^{1/k}(=\lim_{k\to\infty}[\sup\{\|A^i\|^{1/i}\,|\,i\geq k\}])\leq\|A^m\|^{1/m}$, denn dann ist für alle $j\in\mathbb{N}_+$ $\inf\{\|A^i\|^{1/i}\,|\,i\geq j\}\geq\limsup_{k\to\infty}\|A^k\|^{1/k}$ und daher $\limsup_{k\to\infty}\|A^k\|^{1/k}=\liminf_{k\to\infty}\|A^k\|^{1/k}=$ $=\lim_{k\to\infty}\|A^k\|^{1/k}$. Sei also $m\in\mathbb{N}_+$. Für jedes $q\in\mathbb{N}_+$ und für jedes $r\in\{0,\ldots,m-1\}$ gilt $\|A^{mq+r}\|\leq\|A^m\|^q\|A\|^r$ bzw. $\|A^{mq+r}\|^{1/(mq+r)}\leq\|A^m\|^{q/(mq+r)}\|A\|^{r/(mq+r)}$. Damit folgt für jedes $r\in\{0,\ldots,m-1\}$ $\limsup_{q\to\infty}\|A^{mq+r}\|^{1/(mq+r)}\leq\|A^m\|^{1/m}$ und damit auch $\limsup_{k\to\infty}\|A^k\|^{1/k}\leq\|A^m\|^{1/m}$.

Ist nun λ Eigenwert von A, so ist λ^k Eigenwert von A^k, und nach Lemma 1.8.8 i) gilt für alle $k\in\mathbb{N}_+$ $|\lambda|^k=|\lambda^k|\leq\|A^k\|$ bzw. $|\lambda|\leq\|A^k\|^{1/k}$. Diese Beziehung überträgt sich auf den Grenzwert, so daß $\rho(A)\leq\lim_{k\to\infty}\|A^k\|^{1/k}$ ist.

Nach Korollar 1.8.7 ist für $\lambda\in\mathbb{C}$ mit $|\lambda|>\rho(A)$ die Reihe $\lambda^{-1}\sum_{k=1}^{\infty}\lambda^{-k}A^k$ konvergent, es muß also $\lim_{k\to\infty}\|\lambda^{-k}A^k\|=0$ sein. Für jedes $\varepsilon\in\mathbb{R}_+$ ist also $\lim_{k\to\infty}\|A^k/(\rho(A)+\varepsilon)^k\|=0$, und somit existiert $k_0\in\mathbb{N}_+$, so daß für alle $k\geq k_0$ gilt $\|A^k/(\rho(A)+\varepsilon)^k)\|\leq 1$. Daraus folgt aber für alle $\varepsilon\in\mathbb{R}_+$: $\lim_{k\to\infty}\|A^k\|^{1/k}\leq\rho(A)+\varepsilon$, d.h. $\lim_{k\to\infty}\|A^k\|^{1/k}\leq\rho(A)$.

zu ii): Nach i) ist es möglich, $m\in\mathbb{N}_+$ zu gegebenem A und ε so zu wählen, daß in einer Operatornorm $\|A^m\|^{1/m}\leq\rho(A)+\varepsilon$ ist. Es bezeichne $\|\cdot\|$ auch die zugehörige Vektornorm. Durch $\|x\|_V=\sum_{i=0}^{m-1}\frac{\|A^ix\|}{(\rho(A)+\varepsilon)^i}$ für $x\in\mathbb{K}^n$ ist dann ebenfalls eine Vektornorm definiert, und es gilt

$$\|Ax\|_V=\sum_{i=0}^{m-1}\frac{\|A^{i+1}x\|}{(\rho(A)+\varepsilon)^i}=\sum_{i=0}^{m-2}\frac{\|A^{i+1}x\|}{(\rho(A)+\varepsilon)^i}+\frac{\|A^mx\|}{(\rho(A)+\varepsilon)^{m-1}}\leq$$

$$\leq(\rho(A)+\varepsilon)\sum_{i=1}^{m-1}\frac{\|A^ix\|}{(\rho(A)+\varepsilon)^i}+\frac{(\rho(A)+\varepsilon)^m\|x\|}{(\rho(A)+\varepsilon)^{m-1}}=(\rho(A)+\varepsilon)\sum_{i=0}^{m-1}\frac{\|A^ix\|}{(\rho(A)+\varepsilon)^i}=(\rho(A)+\varepsilon)\|x\|_V.$$

Also gilt für die zur Vektornorm $\|\cdot\|_V$ gehörige Operatornorm $\|\cdot\|_M$: $\|A\|_M\leq\rho(A)+\varepsilon$. □

Störungssätze für Inverse und Lösungen linearer Gleichungssysteme

Wir wenden uns nun Störungssätzen zu, die das Verhalten der Inversen einer reellen Matrix und der Lösung eines linearen Gleichungssystems mit einer nichtsingulären reellen Koeffizientenmatrix beschreiben. Beide Probleme kann man gemeinsam behandeln, indem man das Matrixgleichungssystem AX=B für $X\in M_{n,m}(\mathbb{R})$ bei gegebenen Matrizen $A\in M_n(\mathbb{R})$ und $B\in M_{n,m}(\mathbb{R})$ betrachtet. Speziell für m=n und B=I erhält man das Invertierungsproblem und für m=1 und $X=x\in\mathbb{R}^n$, $B=b\in\mathbb{R}^n$ das Gleichungssystem.

Wir suchen Abschätzungen dafür, wie sich X und Y unterscheiden, wenn X Lösung von AX=B ist und Y Lösung von (A+E)Y=B+F für Störungsmatrizen $E\in M_n(\mathbb{R})$ und $F\in M_{n,m}(\mathbb{R})$.

Die Abbildungen $A \to A^{-1}$ und $(A,b) \to A^{-1}b$ sind nur für nichtsinguläre Matrizen definiert, so daß es sinnvoll ist, nur solche Störungen E von A zuzulassen, für die A+E ebenfalls nichtsingulär ist.

SATZ 1.8.10: *Sei* $A \in M_n(\mathbb{R})$ *nichtsingulär und* $E \in M_n(\mathbb{R})$, *seien* $B,F \in M_{n,m}(\mathbb{R})$, $B \neq 0$; *für* $X,Y \in M_{n,m}(\mathbb{R})$ *sei* $AX=B$ *und* $(A+E)Y=B+F$.

i) *Sei* $F=0$ *und* $\|A^{-1}E\|<1$. *Dann existiert* $(A+E)^{-1}$, *und es ist* $\frac{\|X-Y\|}{\|X\|} \leq \frac{\|A^{-1}E\|}{1-\|A^{-1}E\|}$.

ii) *Sei* $\|A^{-1}\|\|E\|<1$. *Dann existiert* $(A+E)^{-1}$, *und es ist*

$$(1.8.6) \quad \frac{\|X-Y\|}{\|X\|} \leq \frac{\|A^{-1}\|\|A\|}{1-\|A^{-1}\|\|E\|} \left(\frac{\|E\|}{\|A\|} + \frac{\|F\|}{\|B\|} \right).$$

Speziell für $E=0$ *gilt also*

$$(1.8.7) \quad \frac{\|X-Y\|}{\|X\|} \leq \|A^{-1}\|\|A\|\frac{\|F\|}{\|B\|},$$

und speziell für $F=0$ *gilt*

$$(1.8.8) \quad \frac{\|X-Y\|}{\|X\|} \leq \frac{\|A^{-1}\|\|E\|}{1-\|A^{-1}\|\|E\|}.$$

BEWEIS: Falls $\|A^{-1}E\|<1$ ist, existiert nach Lemma 1.8.8 $(I+A^{-1}E)^{-1}$ und somit auch $(I+A^{-1}E)^{-1}A^{-1}=(A(I+A^{-1}E))^{-1}=(A+E)^{-1}$, und es ist

$$(1.8.9) \quad X-Y=X-(A+E)^{-1}B-(A+E)^{-1}F=(I-(A+E)^{-1}A)X-(A+E)^{-1}F= \\ =(I-(I+A^{-1}E)^{-1})X-(I+A^{-1}E)^{-1}A^{-1}F.$$

zu i): Nach Lemma 1.8.8 gilt $\|I-(I-(-A^{-1}E))^{-1}\| \leq \frac{\|A^{-1}E\|}{1-\|A^{-1}E\|}$ und falls $F=0$ ist, somit $\|X-Y\| \leq \frac{\|A^{-1}E\|}{1-\|A^{-1}E\|}\|X\|$.

zu ii): Wegen $\|A^{-1}E\| \leq \|A^{-1}\|\|E\|$ existiert $(A+E)^{-1}$ und aus (1.8.9) folgt $\|X-Y\| \leq \|I-(I+A^{-1}E)^{-1}\|\|X\|+\|(I+A^{-1}E)^{-1}\|\|A^{-1}F\|$. Da $\|X\| \geq \|B\|/\|A\|$ ist, folgt aus i) und (1.8.5)

$$(1.8.10) \quad \frac{\|X-Y\|}{\|X\|} \leq \frac{\|A^{-1}E\|}{1-\|A^{-1}E\|} + \frac{\|A^{-1}F\|}{1-\|A^{-1}E\|}\frac{\|A\|}{\|B\|} \leq \frac{\|A^{-1}\|\|A\|}{1-\|A^{-1}\|\|E\|}\frac{\|E\|}{\|A\|} + \frac{\|A^{-1}\|\|A\|}{1-\|A^{-1}\|\|E\|}\frac{\|F\|}{\|B\|}. \quad \square$$

Man beachte, daß die erste Ungleichung von (1.8.10) gegebenenfalls eine schärfere Abschätzung als (1.8.6) darstellt; in der Abschätzung (1.8.6) kommen jedoch die Eigenschaften der Koeffizientenmatrix A deutlicher zum Vorschein, und man hat eine explizite Abhängigkeit von den relativen Fehlern. Die Zahl $\text{cond}\, A := \|A^{-1}\|\|A\|$ wird als Konditionszahl von A bezeichnet, sie ist abhängig von der verwendeten Norm (am häufigsten ist die Verwendung von $\text{cond}_2 A := \|A^{-1}\|\|A\|$). Die Konditionszahl ist also ein Faktor, der im wesentlichen angibt, um wieviel größer die relativen Fehler im Ergebnis gegenüber den relativen Eingangsfehlern (höchstens) sein können (wegen $1=\|I\|=\|AA^{-1}\| \leq \|A\|\|A^{-1}\|$ gilt stets $\text{cond}\, A \geq 1$). Im Einzelfall kann es durchaus treffendere Faktoren geben, zumal die Empfindlichkeit gegenüber Störungen auch von der speziellen rechten Seite abhängt (vergleiche jedoch Bemerkung 1.8.13), und eine komponentenweise Betrachtung der Fehler würde im allgemeinen aussagekräftiger sein (s. Beispiel 1.8.11).

BEMERKUNG: Wir formulieren noch einmal die Aussagen (1.8.7) und (1.8.8) für die beiden Spezialfälle der Invertierung und der Lösung eines Gleichungssystems getrennt:

Sei $A\in M_n(\mathbb{R})$ *nichtsingulär, sei* $E\in M_n(\mathbb{R})$ *eine Störung von* A, *so daß* $\|A^{-1}\|\|E\|<1$ *ist.* i) *Dann gilt* $\frac{\|A^{-1}-(A+E)^{-1}\|}{\|A^{-1}\|}\le\frac{\|A^{-1}\|\|E\|}{1-\|A^{-1}\|\|E\|}$. ii) *Seien* $b,\tilde{b}\in\mathbb{R}^n$, $b\neq 0$, x *Lösung von* $Ax=b$ *und* $\tilde{x}$ *Lösung von* $A\tilde{x}=\tilde{b}$. *Dann gilt*

$$(1.8.11)\quad \frac{\|x-\tilde{x}\|}{\|x\|}\le\|A^{-1}\|\|A\|\frac{\|b-\tilde{b}\|}{\|b\|}.$$

BEISPIEL 1.8.11 (Nahrgang [184]: Betrachte das Gleichungssystem $Ax=b$ mit $A=\begin{bmatrix}2 & 1\\ 3 & 2\end{bmatrix}$ und $b=(100,\ 149)^T$, welches die Lösung $x=(51,\ -2)^T$ besitzt. Es ist $\text{cond}_2\ A=17.94$, $\|b\|_2=179.4$ und $\|x\|_2=51.o4$. Das gestörte System $Ax=\tilde{b}$ mit $\tilde{b}=(99,\ 150.5)^T$ besitzt die Lösung $\tilde{x}=(47.5,04)^T$; es ist $\|x-\tilde{x}\|_2/\|x\|_2=0.1361$. (1.8.11) liefert hier $\|x-\tilde{x}\|_2/\|x\|_2\le 17.94\cdot 0.01005=0.1803$, also eine recht gute Schätzung. Eine komponentenweise Betrachtung des Fehlers $|b_1-\tilde{b}_1|/|b_1|=0.01$, $|b_2-\tilde{b}_2|/|b_2|=0.01007$, $|x_1-\tilde{x}_1|/|x_1|=0.06863$, $|x_2-\tilde{x}_2|/|x_2|=3$ zeigt jedoch, daß in einer Abschätzung der Art $|x_2-\tilde{x}_2|/|x_2|\le c|b_2-\tilde{b}_2|/|b_2|$ die Konstante c größer als 297 sein müßte, um das tatsächliche Verhalten widerzuspiegeln. Mit den rechten Seiten $b=(100,\ -149)^T$ und $\tilde{b}=(99,\ -150.5)^T$ erhält man die Lösungen $x=(349,\ -598)^T$ und $\tilde{x}=(348.5,\ -598)^T$, so daß hier sogar eine Fehlerdämpfung eintritt (die relativen Fehler in b sind größer als die relativen Fehler in x).

Hat man eine Näherungslösung Y für das Gleichungssystem $AX=B$ berechnet, so ist das Residuum $R:=AY-B$ zur Abschätzung der Genauigkeit geeignet. Y erfüllt dann nämlich $AY=B+R$, und mit (1.8.7) erhält man folgendes Korollar.

KOROLLAR 1.8.12: *Sei* $A\in M_n(\mathbb{R})$ *nichtsingulär und* $B\in M_{n,m}(\mathbb{R})$, $B\neq 0$. *Sei* $AX=B$ *und* $R=AY-B$ *für* $X,Y,R\in M_{n,m}(\mathbb{R})$. *Dann gilt* $\frac{\|Y-X\|}{\|X\|}\le\|A^{-1}\|\|A\|\frac{\|R\|}{\|B\|}$.

BEMERKUNG 1.8.13: i) Nach Lemma 1.8.3 gilt für nichtsinguläre Matrizen $A\in M_n(\mathbb{R})$, deren singuläre Werte $\sigma_1,\dots,\sigma_n$ der Größe nach geordnet sind ($\sigma_1\ge\sigma_2\ge\dots\ge\sigma_n>0$): $\|A\|_2=\sigma_1$, $\|A^{-1}\|_2=1/\sigma_n$ und somit $\text{cond}_2\ A=\sigma_1/\sigma_n$. Ist $A\in M_n(\mathbb{R})$ nichtsingulär und symmetrisch, so ist $\text{cond}_2\ A=|\lambda_1|/|\lambda_n|$, wenn die Eigenwerte $\lambda_1,\dots,\lambda_n$ von A gemäß $|\lambda_1|\ge|\lambda_2|\ge\dots\ge|\lambda_n|$ angeordnet sind.

ii) In folgender Situation tritt in der Abschätzung (1.8.11) für die euklidische Norm Gleichheit auf: Sei $A=U\Sigma V^T$ eine Singulärwertzerlegung von A, $\Sigma:=\text{diag}(\sigma_1,\dots,\sigma_n)$, $\sigma_1\ge\sigma_2\ge\dots\ge\sigma_n>0$; $V:=[v_1\dots v_n]$ und $U:=[u_1\dots u_n]$ orthogonal.

Ist $b=\alpha Av_1$ mit $\alpha\in\mathbb{R}\setminus\{0\}$, also $x=\alpha v_1$, so gilt wegen $AV=U\Sigma$ und i): $\|b\|_2=\|\alpha Av_1\|_2=\|\alpha\sigma_1 u_1\|_2=|\alpha|\sigma_1=\|A\|_2\|x\|_2$. Ist $b-\tilde{b}=\beta u_n$ mit $\beta\in\mathbb{R}\setminus\{0\}$, so folgt wegen $A^{-1}U=V\Sigma^{-1}$ und i): $\|x-\tilde{x}\|_2=\|A^{-1}(b-\tilde{b})\|_2=\|\beta A^{-1}u_n\|_2=\|\beta v_n/\sigma_n\|_2=\beta/\sigma_n=\|A^{-1}\|_2\|b-\tilde{b}\|_2$. Damit gilt $\|x-\tilde{x}\|_2/\|x\|_2=\|A^{-1}\|_2\|b-\tilde{b}\|_2\|A\|_2/\|b\|_2$.

Störungssätze für Eigenwerte und Eigenvektoren

Wir wenden uns nun dem Problem zu, die Eigenwerte und Eigenvektoren einer Matrix $A\in M_n(\mathbb{C})$ und die einer gestörten Matrix $A+E$ zu vergleichen. Die Eigenwerte einer Matrix, als Nullstellen des charakteristischen Polynoms, hängen stetig von den Matrixelementen ab. Für einfache Eigenwerte hängt der zugehörige normierte Eigenvektor ebenfalls stetig von den Koeffizienten ab, für die Eigenvektoren mehrfacher Eigenwerte gilt dies jedoch im allgemeinen nicht mehr.

Wir werden meistens den relativ einfachen Fall betrachten, daß A diagonalisierbar ist; speziell für normale und symmetrische Matrizen erhält man die weitestgehenden Aussagen. Der folgende Satz enthält eine a posteriori-Aussage über die Güte einer Eigenwertnäherung, wenn man auch eine Eigenvektornäherung berechnet hat. Es bezeichnet $\|\cdot\|$ stets eine der Normen $\|\cdot\|_1$, $\|\cdot\|_2$ oder $\|\cdot\|_\infty$ (sowohl Matrix- als auch Vektornormen).

SATZ 1.8.14: *Sei* $A\in M_n(\mathbb{C})$ *diagonalisierbar:* $A=TDT^{-1}$ *mit* $D=\mathrm{diag}(\lambda_1,\dots,\lambda_n)$ *und* $T\in M_n(\mathbb{C})$; *sei* $\mu\in\mathbb{C}$, $x\in\mathbb{C}^n$ *mit* $\|x\|=1$ *und* $r=Ax-\mu x$.

Dann gilt $\min\limits_{i\in\{1,\dots,n\}}|\lambda_i-\mu|\le\|T^{-1}\|\|T\|\|r\|$.

Ist A nichtsingulär, so gilt $\min\limits_{i\in\{1,\dots,n\}}\dfrac{|\lambda_i-\mu|}{|\lambda_i|}\le\|T^{-1}\|\|T\|\dfrac{\|r\|}{\|Ax\|}$.

BEWEIS: Sei $D-\mu I$ nichtsingulär (sonst ist $\min\limits_{i\in\{1,\dots,n\}}|\lambda_i-\mu|=0$). Aus $r=Ax-\mu x=T(D-\mu I)T^{-1}x$ folgt $1=\|x\|=\|T(D-\mu I)^{-1}T^{-1}r\|\le\|T\|(1/(\min\limits_{i\in\{1,\dots,n\}}|\lambda_i-\mu|))\|T^{-1}\|\|r\|$ d.h. $\min\limits_{i\in\{1,\dots,n\}}|\lambda_i-\mu|\le\|T\|\|T^{-1}\|\|r\|$. Aus $Ax-\mu x=(I-\mu A^{-1})Ax$ und $\mu\neq\lambda_i$ für alle $i\in\{1,\dots,n\}$ folgt $Ax=T(I-\mu D^{-1})^{-1}T^{-1}(Ax-\mu x)$ und somit $\|Ax\|\le\|T\|(1/(\min\limits_{i\in\{1,\dots,n\}}|1-\frac{\mu}{\lambda_i}|))\|T^{-1}\|\|r\|$. □

Man kann nun den folgenden Störungssatz über die Empfindlichkeit der Eigenwerte einer diagonalisierbaren Matrix zeigen.

SATZ 1.8.15 *(Satz von Bauer und Fike ([19])): Sei* $A\in M_n(\mathbb{C})$ *diagonalisierbar:* $A=TDT^{-1}$ *mit* $D=\mathrm{diag}(\lambda_1,\dots,\lambda_n)$ *und* $T\in M_n(\mathbb{C})$; *sei* $E\in M_n(\mathbb{C})$ *und* $\mu\in\mathbb{C}$ *Eigenwert von* $A+E$. *Dann gilt:* $\min\limits_{i\in\{1,\dots,n\}}|\lambda_i-\mu|\le\|T\|\|T^{-1}\|\|E\|$.

BEWEIS: Sei x Eigenvektor von A+E zum Eigenwert μ mit $\|x\|=1$. Wegen $(A+E)x=\mu x$ folgt für $r:=Ax-\mu x$: $r=Ex$ und somit $\|r\|\le\|E\|\|x\|=\|E\|$. Die Behauptung folgt unmittelbar aus Satz 1.8.14. □

Dieser Satz zeigt, daß die Empfindlichkeit der Eigenwerte gegenüber Störungen von der Matrix der Eigenvektoren abhängt, mit der A auf Diagonalgestalt transformiert wird. Man definiert daher als Eigenwerte-Konditionszahl einer diagonalisierbaren Matrix A

$$(1.8.12)\quad \kappa_2(A) := \min_{T\in M_n(\mathbb{C}),\, TAT^{-1}\,\text{diagonal}} \|T\|_2\|T^{-1}\|_2$$

(entsprechend für die Normen $\|\cdot\|_1$ und $\|\cdot\|_\infty$). Für normale Matrizen A gilt $\kappa_2(A)=1$, da sie mit unitären Matrizen auf Diagonalgestalt transformiert werden können (vgl. Satz 1.6.6).
Den folgenden Satz kann man für Diagonalmatrizen auch als Störungssatz bezüglich der Zeilensummennorm interpretieren; seine Bedeutung liegt in der Möglichkeit, Einschließungen für die Eigenwerte einer beliebigen Matrix zu erhalten.

SATZ 1.8.16 *(Satz von Gerschgorin): Sei* $A\in M_n(\mathbb{C})$, *sei für* $i\in\{1,\dots,n\}$ $r_i := \sum_{k=1, k\ne i}^{n} |a_{ik}|$ *und* $K_i := \{z\in\mathbb{C} \mid |z-a_{ii}|\le r_i\}$ *(die* K_i *heißen Gerschgorinkreise). Dann gilt:*
Jeder Eigenwert λ *von* A *liegt in der Vereinigung* $\bigcup_{i=1}^{n} K_i$ *der Gerschgorinkreise.*
Ist J_k *eine* k-elementige *Teilmenge von* $\{1,\dots,n\}$ *mit der Eigenschaft* $\bigcup_{j\in J_k} K_j \cap \bigcup_{j\in\{1,\dots,n\}\setminus J_k} K_j = \emptyset$, *so enthält* $\bigcup_{j\in J_k} K_j$ *genau* k *(entsprechend ihrer Vielfachheit gezählte) Eigenwerte von* A.

BEWEIS: Sei λ Eigenwert von A mit einem zugehörigen Eigenvektor x, sei x_i eine betragsgrößte Komponente von x. Dann folgt aus $Ax=\lambda x$:

$$|(\lambda-a_{ii})x_i| = \Big|\sum_{\substack{k=1\\k\ne i}}^{n} a_{ik}x_k\Big| \le \sum_{\substack{k=1\\k\ne i}}^{n} |a_{ik}||x_k| \text{ und somit } |\lambda-a_{ii}| \le \sum_{\substack{k=1\\k\ne i}}^{n} |a_{ik}|\frac{|x_k|}{|x_i|} \le \sum_{\substack{k=1\\k\ne i}}^{n} |a_{ik}|.$$

Zum Beweis des zweiten Teils der Behauptung betrachte die für $t\in[0,1]$ durch

$$a_{ij}(t) := \begin{cases} a_{ii} & \text{für } j=i \\ ta_{ij} & \text{für } j\ne i \end{cases}$$ definierte Matrix A(t). Für t=0 liegen genau k Eigenwerte von $A(0)=\operatorname{diag}(a_{11},\dots,a_{nn})$ in der Vereinigung der K_j mit $j\in J_k$. Nun hängen die Eigenwerte einer Matrix stetig von ihren Koeffizienten ab. Läßt man t von 0 nach 1 laufen, so könnte sich die Anzahl der Eigenwerte in den entsprechenden Kreisen, die immer größer werden, nur ändern, falls einer der k Kreise um $a_{jj}, j\in J_k$, mit einem der anderen n-k Kreise nichtleeren Durchschnitt hätte. Da dies nach Voraussetzung ausgeschlossen ist, liegen auch in A(1)=A genau k Eigenwerte von A. □

Durch zusätzliche Verwendung der Spaltensummennorm bzw. durch Anwendung des

Satzes auf A^H lassen sich die Schranken manchmal noch verbessern.
Die in (1.8.12) definierte Konditionszahl für das Eigenwertproblem ist globaler Natur; eine detailliertere Untersuchung ermöglicht es, individuelle Konditionszahlen für einfache Eigenwerte diagonalisierbarer Matrizen anzugeben.

KOROLLAR 1.8.17: *Sei* $A\in M_n(\mathbb{C})$ *diagonalisierbar:* $A=TDT^{-1}$ *mit* $D=\mathrm{diag}(\lambda_1,\dots,\lambda_n)$ *und* $T\in M_n(\mathbb{C})$; *sei* $E\in M_n(\mathbb{C})$ *und* $\mu\in\mathbb{C}$ *Eigenwert von* $A+E$.
i) *Dann existiert ein* $i\in\{1,\dots,n\}$, so daß $|\lambda_i-\mu|\le\|T^{-1}ET\|_\infty$ *gilt. Ist* λ_i m-facher *Eigenwert von* A *und ist der Kreis* $K_i=\{z\in\mathbb{C}\,|\,|z-\lambda_i|\le\|T^{-1}ET\|_\infty$ *disjunkt zu allen anderen Kreisen*

(1.8.13) $K_j=\{z\in\mathbb{C}\,|\,|z-\lambda_j|\le\|T^{-1}ET\|_\infty\}$ für $\lambda_j\neq\lambda_i$,

so enthält K_i *genau* m *Eigenwerte von* A+E.
ii) *Sei* λ_i *einfacher Eigenwert von* A *mit zugehörigem Rechtseigenvektor* x_i *und Linkseigenvektor* y_i, *so daß* $\|x_i\|_2=\|y_i\|_2=1$ *ist. Sei* $\|E\|_\infty$ *so klein, daß der Kreis* $K_i=\{z\in\mathbb{C}\,|\,|z-\lambda_i|\le\|T^{-1}ET\|_\infty\}$ *disjunkt zu allen anderen Kreisen* K_j *für* $i\neq j$ *ist* (K_j *wie in* (1.8.13)). *Dann enthält* K_i *genau einen Eigenwert* μ *von* A+E, *und es gilt*

(1.8.14) $$|\lambda_i-\mu|\le\frac{1}{|y_i^Hx_i|}\sum_{k=1}^{n}|y_i^HEz_k|;$$

dabei ist $z_k:=t_k/\|t_i\|_2$ *für* $k\in\{1,\dots,n\}$, *wenn* $t_1,\dots,t_n$ *die Spalten von* T *sind.*

BEWEIS: zu i): Die Eigenwerte von A+E sind auch Eigenwerte von $T^{-1}(A+E)T=$ $=T^{-1}AT+T^{-1}ET=D+T^{-1}ET=:D+B$. Nach dem Satz von Gerschgorin für die Matrix $T^{-1}(A+E)T$ gilt: Zum Eigenwert μ von A+E gibt es ein $i\in\{1,\dots,n\}$, so daß $|\lambda_i-\mu|-|b_{ii}|\le|\lambda_i+b_{ii}-\mu|\le\sum_{k=1,\,k\neq i}^{n}|b_{ik}|$ ist. Daraus folgt $|\lambda_i-\mu|\le\sum_{k=1}^{n}|b_{ik}|\le\|T^{-1}ET\|_\infty$, und die Aussage über die Anzahl der Eigenwerte in K_i folgt ebenfalls aus dem Satz von Gerschgorin.
zu ii): K_i enthält nach i) genau einen Eigenwert μ von A+E. Seien $s_1^H,\dots,s_n^H$ die Zeilen von T^{-1}. Da λ_i ein einfacher Eigenwert von A ist, muß t_i ein Vielfaches von x_i und s_i^H ein Vielfaches von y_i^H sein, also $t_i=\alpha x_i$ mit $|\alpha|=\|t_i\|_2$ und $s_i^H=\beta y_i^H$. Da aber wegen $T^{-1}T=I$ insbesondere $1=s_i^Ht_i=\alpha\beta y_i^Hx_i$ ist, so gilt $\alpha\beta=1/(y_i^Hx_i)$. Für $B=T^{-1}ET$ ist damit wie im Beweis zu i)

$$|\lambda_i-\mu|\le\sum_{k=1}^{n}|b_{ik}|=\sum_{k=1}^{n}|s_i^HEt_k|=|\alpha\beta|\sum_{k=1}^{n}|y_i^HEt_k/|\alpha||=\frac{1}{|y_i^Hx_i|}\sum_{k=1}^{n}|y_i^HEz_k|.$$ □

Ist $\lambda\in\mathbb{C}$ einfacher Eigenwert einer diagonalisierbaren Matrix $A\in M_n(\mathbb{C})$ mit zugehörigem Rechtseigenvektor $x\in\mathbb{C}^n$ und Linkseigenvektor $y\in\mathbb{C}^n$, $\|x\|_2=\|y\|_2=1$, so bezeichnet man aufgrund der Abschätzung (1.8.14) die reelle Zahl $1/|y^Hx|$ als Konditionszahl des Eigenwertes λ.

Wir haben gesehen, daß zumindest für normale Matrizen das Eigenwertproblem gut konditioniert ist. Für das Eigenvektorproblem ist dies nicht der Fall, man kann jedoch auch hier eine a posteriori-Abschätzung im Sinne von Satz 1.8.14 angeben, wenn man zusätzlich Abschätzungen über die Trennung der Eigenwerte zur Verfügung hat.

SATZ 1.8.18: *Sei* $A\in M_n(\mathbb{C})$ *normal, seien* $\lambda_1,\dots,\lambda_n$ *die Eigenwerte von* A *mit dem zugehörigen Orthonormalsystem* $v_1,\dots,v_n$ *von Eigenvektoren. Sei* $J\subseteq\{1,\dots,n\}$, $J\neq\emptyset$; V_J *bezeichne den von* $\{v_j \mid j\in J\}$ *aufgespannten Unterraum. Für* $\lambda\in\mathbb{C}$ *gebe es* $\delta\in\mathbb{R}_+$ *mit* $|\lambda-\lambda_j|\geq\delta$ *für alle* $j\notin J$; *sei* $x\in\mathbb{C}^n$ *und* $r:=Ax-\lambda x$. *Dann gilt* $\inf_{v\in V_j}\|x-v\|_2\leq\|r\|_2/\delta$.

BEWEIS: x habe die Entwicklung $x=\sum_{i=1}^n \alpha_i v_i$ mit $\alpha_1,\dots,\alpha_n\in\mathbb{C}$. Dann ist einerseits

$$\inf_{v\in V_j}\|x-v\|_2^2\leq\|x-\sum_{j\in J}\alpha_j v_j\|_2^2=\|\sum_{\substack{j=1\\ j\notin J}}^n \alpha_j v_j\|_2^2=\sum_{\substack{j=1\\ j\notin J}}^n|\alpha_j|^2 \text{ und andererseits}$$

$$\|r\|_2^2=\|Ax-\lambda x\|_2^2=\|\sum_{j=1}^n(\lambda_j-\lambda)\alpha_j v_j\|_2^2=\sum_{j=1}^n|\lambda_j-\lambda|^2|\alpha_j|^2\geq\sum_{\substack{j=1\\ j\notin J}}^n|\lambda_j-\lambda|^2|\alpha_j|^2\geq\delta^2\sum_{\substack{j=1\\ j\notin J}}^n|\alpha_j|^2, \text{ so}$$

daß die Behauptung folgt. □

Wie sich schon für normale Matrizen andeutete, lassen sich nun für Hermitesche Matrizen wesentlich bessere Abschätzungen in Störungssätzen für die Eigenwerte angeben. Diese bilden dann auch die Grundlage der Abschätzungen in Störungssätzen für die singulären Werte, welche ja die Quadratwurzeln der Eigenwerte der Hermiteschen Matrix A^HA sind.

Wir hatten bereits in Abschnitt 1.6 (s. Korollar 1.6.5) gesehen, daß für den Rayleigh-Quotienten eines beliebigen Vektors $x\in\mathbb{K}^n\setminus\{0\}$ gilt $\lambda_n\leq(x^HAx)/(x^Hx)\leq\lambda_1$, wenn die Eigenwerte der Hermiteschen Matrix $A\in M_n(\mathbb{K})$ gemäß $\lambda_1\geq\lambda_2\geq\dots\geq\lambda_n$ angeordnet sind. Ist nun x Eigenvektor zum kleinsten Eigenwert λ_n, so gilt $\lambda_n x^Hx=x^H\lambda_n x=x^HAx$, d.h. der minimal mögliche Wert eines Rayleigh-Quotienten wird für diesen Eigenvektor angenommen. Ebenso wird der maximal mögliche Wert für einen Eigenvektor zum größten Eigenwert λ_1 angenommen, d.h. $\lambda_1=\max\{(x^HAx)/(x^Hx) \mid x\in\mathbb{K}^n\setminus\{0\}\}$. Die anderen Eigenwerte kann man nun ebenfalls durch eine Extremaleigenschaft charakterisieren. Es bezeichne für $j\in\{0,\dots,n\}$

(1.8.15) V_j die Menge aller j-dimensionalen Unterräume von $\mathbb{K}^n$.

SATZ 1.8.19 *(Satz von Courant und Fischer): Sei* $A\in M_n(\mathbb{K})$ *Hermitesch, die Eigenwerte* $\lambda_1,\dots,\lambda_n$ *von* A *seien so angeordnet, daß* $\lambda_1\geq\lambda_2\geq\dots\geq\lambda_n$ *ist. Dann gilt für*

$$k\in\{1,\dots,n\}:\ \lambda_k=\min_{V\in V_{n-k+1}}\ \max_{x\in V\setminus\{0\}}\frac{x^HAx}{x^Hx}=\max_{V\in V_k}\ \min_{x\in V\setminus\{0\}}\frac{x^HAx}{x^Hx}.$$

BEWEIS: Es sei $v_1,\dots,v_n$ eine Orthonormalbasis von Eigenvektoren von A, v_i Eigenvektor zu λ_i für $i\in\{1,\dots,n\}$. Der von $v_1,\dots,v_k$ aufgespannte Teilraum hat die Dimension k und somit nichtleeren Durchschnitt mit jedem (n-k+1)-dimensionalen Teilraum V. Ein Vektor x aus diesem Durchschnitt hat also eine Darstellung

$x=\sum_{i=1}^{k}\alpha_i v_i$ mit $\alpha_i\in\mathbb{K}$, und falls $x\neq 0$ ist, so gilt

$(x^H Ax)/(x^H x)=(\sum_{i=1}^{k}|\alpha_i|^2\lambda_i)/(\sum_{i=1}^{k}|\alpha_i|^2)\geq\lambda_k$, d.h. $\min\limits_{V\in\mathcal{V}_{n-k+1}}\ \max\limits_{x\in V\setminus\{0\}}(x^H Ax)/(x^H x)\geq\lambda_k$.

Andererseits ist für jeden Vektor x aus dem (n-k+1)-dimensionalen von $v_k,\dots,v_n$ aufgespannten Unterraum: $(x^H Ax)/(x^H x)=(\sum_{i=k}^{n}|\alpha_i|^2\lambda_i)/(\sum_{i=k}^{n}|\alpha_i|^2)\leq\lambda_k$, d.h. $\min\limits_{V\in\mathcal{V}_{n-k+1}}\ \max\limits_{x\in V\setminus\{0\}}(x^H Ax)/(x^H x)=\lambda_k$. Wendet man die hiermit bewiesene erste Charakterisierung auf -A an, so erhält man die Beziehung $-\lambda_k=\min\limits_{V\in\mathcal{V}_k}\ \max\limits_{x\in V\setminus\{0\}}(x^H Ax)/(x^H x)$, aus welcher die zweite Charakterisierung folgt. □

Der zunächst nicht weiter begründete Gebrauch von Minimum und Maximum statt Infinum und Supremum wird gerechtfertigt dadurch, daß für einen Eigenvektor x zum Eigenwert λ_k gilt $\lambda_k=(x^H Ax)/(x^H x)$ und somit für einen Teilraum V der Dimension n-k+1, der x enthält, der Wert $\lambda_k=\max\{(x^H Ax)/(x^H x)\,|\,x\in V\setminus\{0\}\}$ tatsächlich angenommen wird. In anderer Formulierung lautet die Behauptung des Satzes:

$$\lambda_k=\min_{V\in\mathcal{V}_{k-1}}\ \max_{x\in\mathbb{K}^n\setminus\{0\},x\perp V}(x^H Ax)/(x^H x)=\max_{V\in\mathcal{V}_{n-k}}\ \min_{x\in\mathbb{K}^n\setminus\{0\},x\perp V}(x^H Ax)/(x^H x).$$

Die min-max-Charakterisierung der Eigenwerte Hermitescher Matrizen gestattet es nun, eine Verschärfung von Satz 1.8.15 zu beweisen.

SATZ 1.8.20 *(Satz von Weyl): Seien* $A,E\in M_n(\mathbb{K})$ *Hermitesch; seien* $\lambda_1,\dots,\lambda_n$ *die Eigenwerte von* A, $\gamma_1,\dots,\gamma_n$ *die Eigenwerte von* E *und* $\mu_1,\dots,\mu_n$ *die Eigenwerte von* A+E *mit* $\lambda_1\geq\lambda_2\geq\dots\geq\lambda_n$, $\gamma_1\geq\gamma_2\geq\dots\geq\gamma_n$ *und* $\mu_1\geq\mu_2\geq\dots\geq\mu_n$. *Dann gilt für alle* $k\in\{1,\dots,n\}$: i) $\lambda_k+\gamma_n\leq\mu_k\leq\lambda_k+\gamma_1$ *und* ii) $|\lambda_k-\mu_k|\leq\|E\|$.

BEWEIS: zu i): Ist V ein (n-k+1)-dimensionaler Unterraum von $\mathbb{K}^n$, so gilt nach Satz 1.8.19 $\mu_k\leq\max\limits_{x\in V\setminus\{0\}}(x^H(A+E)x)/(x^H x)\leq\max\limits_{x\in V\setminus\{0\}}(x^H Ax)/(x^H x)+\max\limits_{x\in V\setminus\{0\}}(x^H Ex)/(x^H x)$.
Ist $v_1,\dots,v_n$ eine Orthonormalbasis von Eigenvektoren von A, v_i Eigenvektor zu λ_i für $i\in\{1,\dots,n\}$, so gilt speziell für den von $v_k,\dots,v_n$ aufgespannten Unterraum V: $\mu_k\leq\lambda_k+\max\limits_{x\in V\setminus\{0\}}(x^H Ex)/(x^H x)\leq\lambda_k+\max\limits_{x\in\mathbb{K}^n\setminus\{0\}}(x^H Ex)/(x^H x)=\lambda_k+\gamma_1$. Mit A+E statt A und -E statt E folgt hieraus $\lambda_k\leq\mu_k-\gamma_n$.
zu ii): Aus i) erhält man $\mu_k-\lambda_k\leq\gamma_1$ und $\lambda_k-\mu_k\leq\gamma_n$. Da $|\gamma_1|\leq\rho(E)$ ist und $\rho(E)\leq\|E\|$ (s. Lemma 1.8.8), folgt die Behauptung. □

Störungssätze für die singulären Werte

Wendet man die Ergebnisse der letzten beiden Sätze für beliebige Matrizen $A\in M_{m,n}(\mathbb{K})$ auf $A^H A$ an, so erhält man Aussagen für die singulären Werte.

SATZ 1.8.21: *Sei* $A\in M_{m,n}(\mathbb{K})$; *die singulären Werte* $\sigma_1,\dots,\sigma_n$ *von* A *seien gemäß*

$\sigma_1 \geq \sigma_2 \geq \ldots \geq \sigma_n$ *angeordnet. Dann ist für alle* $k \in \{1,\ldots,n\}$

$$\sigma_k = \min_{V \in V_{n-k+1}} \max_{x \in V \setminus \{0\}} \|Ax\|_2 / \|x\|_2 = \max_{V \in V_k} \min_{x \in V \setminus \{0\}} \|Ax\|_2 / \|x\|_2 .$$

BEWEIS: Die singulären Werte sind die Quadratwurzeln der Eigenwerte der Hermiteschen Matrix $A^H A$. Die Eigenwerte von $A^H A$ haben nach Satz 1.8.19 eine Charakterisierung bezüglich der Quotienten $(x^H A^H Ax)/(x^H x)$, es ist aber $(x^H A^H Ax)^{1/2} = \|Ax\|_2$ und $(x^H x)^{1/2} = \|x\|_2$. □

SATZ 1.8.22: *Seien* $A, E \in M_{m,n}(\mathbb{C})$; *die singulären Werte* $\sigma_1,\ldots,\sigma_n$ *von* A *und die singulären Werte* $\tau_1,\ldots,\tau_n$ *von* A+E *seien so angeordnet, daß* $\sigma_1 \geq \sigma_2 \geq \ldots \geq \sigma_n$ *und* $\tau_1 \geq \tau_2 \geq \ldots \geq \tau_n$ *ist. Dann gilt für alle* $k \in \{1,\ldots,n\}$: $|\sigma_k - \tau_k| \leq \|E\|_2$.

BEWEIS: Mit der min-max-Charakterisierung für die singulären Werte aus dem vorhergehenden Satz beweist man dies wie die entsprechende Aussage in Satz 1.8.20. □

Mit diesem Satz erhalten wir nun auch eine Aussage über die beste Approximation an eine Matrix durch Matrizen von niedrigerem Rang.

SATZ 1.8.23: *Sei* $A \in M_{m,n}(\mathbb{K})$ *mit* $\operatorname{rg} A = r \in \mathbb{N}_+$; *sei* $A = U\Sigma V^H$ *eine Singulärwertzerlegung von* A *mit* $\Sigma = \begin{bmatrix} \Sigma_r & 0 \\ 0 & 0 \end{bmatrix}$, $\Sigma_r = \operatorname{diag}(\sigma_1,\ldots,\sigma_r)$, $\sigma_1 \geq \ldots \geq \sigma_r > 0$ *und sei* $k \in \{0,\ldots,r-1\}$. *Für* $M^k_{m,n}(\mathbb{K})$, *die Menge der* m×n-*Matrizen vom Rang höchstens* k, *gilt dann:*

$$\min_{X \in M^k_{m,n}(\mathbb{K})} \|A - X\|_2 = \sigma_{k+1}.$$

Dieses Minimum wird angenommen für $X_0 = U\tilde{\Sigma}V^H$, *mit*

$$\tilde{\Sigma} = \begin{bmatrix} \Sigma_k & 0 \\ 0 & 0 \end{bmatrix}, \quad \Sigma_k = \operatorname{diag}(\sigma_1,\ldots,\sigma_k).$$

BEWEIS: Sei $X \in M^k_{m,n}(\mathbb{K})$, seien $\tau_1,\ldots,\tau_n$ mit $\tau_1 \geq \ldots \geq \tau_n$ die singulären Werte von X. Wegen $A = X + (A-X)$ und $\tau_{k+1} = 0$ ist dann nach Satz 1.8.22 $\sigma_{k+1} = |\tau_{k+1} - \sigma_{k+1}| \leq \|A-X\|_2$. Für die Matrix $X_0 = U\tilde{\Sigma}V^H$ ist nach Lemma 1.8.3 $\|A - X_0\|_2 = \|U(\Sigma - \tilde{\Sigma})V^H\|_2 = \|\Sigma - \tilde{\Sigma}\|_2 = \sigma_{k+1}$. □

Insbesondere ist also der kleinste singuläre Wert einer nichtsingulären Matrix ein Maß für die Nähe zu einer singulären Matrix; für den kleinsten Eigenwert oder die Determinante einer Matrix gilt dies im allgemeinen nicht.

Störungssätze für Pseudoinverse und Lösungen linearer Ausgleichsprobleme

Untersuchungen über die Auswirkung von Störungen in den Anfangsdaten bei der Bestimmung der Pseudoinversen einer Matrix und der Minimum-Norm-Lösung eines linearen Ausgleichsproblems können ebenso wie bei der Bestimmung der Inversen und der Lösung eines linearen Gleichungssystems gemeinsam durchgeführt werden. Sei $A \in M_{m,n}(\mathbb{R})$ und $B \in M_{m,k}(\mathbb{R})$. Falls k=m und B=I ist, so ist $X = A^+B$ die Pseudoinverse von A, und falls k=1 und $B = b \in \mathbb{R}^m$ ist, so ist $X = A^+B$ die Minimum-Norm-Lösung des linearen Ausgleichsproblems (vgl. Satz 1.5.6). In beiden Fällen genügt X der Gleichung $A^TAX = A^TB$.

Bezeichnen wieder E und F Störungen in A bzw. B, so werden Abschätzungen für die Differenz zwischen $Y:=(A+E)^+(B+F)$ und $X:=A^+B$ gesucht. Man beschränkt sich hierauf Störungen E, die den Rang von A nicht verändern, da man nur in diesem Fall brauchbare Abschätzungen für die Pseudoinverse der gestörten Matrix erhält, wie das folgende Lemma zeigt.

LEMMA 1.8.24: *Seien* $A,E\in M_{m,n}(\mathbb{R})$; *sei* $\operatorname{rg} A=r$.
i) *Ist* $\operatorname{rg}(A+E)>r$, *so gilt* $\|(A+E)^+\|_2\geq\frac{1}{\|E\|_2}$.
ii) *Ist* $\operatorname{rg}(A+E)\leq r$ *und* $\|A^+\|_2\|E\|_2<1$, *so ist* $\operatorname{rg}(A+E)=r$ *und* $\|(A+E)^+\|\leq\frac{\|A^+\|_2}{1-\|A^+\|_2\|E\|_2}$.

BEWEIS: Seien $\tau_1,\ldots,\tau_n$ mit $\tau_1\geq\ldots\geq\tau_n$ die singulären Werte von A+E.
zu i): Ist τ_k der kleinste nichtverschwindende singuläre Wert, so ist $k\geq r+1$ wegen $\operatorname{rg}(A+E)>r$. Nach Satz 1.8.23 ist dann $\|E\|_2=\|(A+E)-A\|_2\geq\tau_{r+1}\geq\tau_k$ und damit nach Lemma 1.8.3 $\|(A+E)^+\|_2=1/\tau_k\geq1/\|E\|_2$.
zu ii): Sind $\sigma_1,\ldots,\sigma_n$ mit $\sigma_1\geq\ldots\geq\sigma_n$ die singulären Werte von A, so ist $\sigma_r\neq0$ wegen $\operatorname{rg} A=r$ und $\|A^+\|_2=1/\sigma_r$ nach Lemma 1.8.3. Wegen $\|A^+\|_2\|E\|_2<1$ ist nun $\|E\|_2<\sigma_r$, und daher muß nach Satz 1.8.23 $\operatorname{rg}(A+E)\geq r$ sein, also hier $\operatorname{rg}(A+E)=r$. Weiter hat man nach Satz 1.8.22 $\tau_r\geq\sigma_r-\|E\|_2$ und außerdem hier $\sigma_r-\|E\|_2>0$. Also erhält man $\|(A+E)^+\|_2=1/\tau_r\leq1/(\sigma_r-\|E\|_2)=\|A^+\|_2/(1-\|A^+\|_2\|E\|_2)$. □

Bei jeder Matrix, die nicht vollen Rang hat, kann man mit beliebig kleinen Störungen den Rang erhöhen. (Ist nämlich $A\in M_{m,n}(\mathbb{R})$ mit $\operatorname{rg} A=r<\min\{m,n\}$ und $A=U\Sigma V^T$ eine Singulärwertzerlegung mit $\Sigma=\begin{bmatrix}\Sigma_r & 0\\ 0 & 0\end{bmatrix}$, $\Sigma_r=\operatorname{diag}(\sigma_1,\ldots,\sigma_r)$, so hat man zum Beispiel für jedes $\varepsilon\in\mathbb{R}\setminus\{0\}$ mit $E=U\tilde{\Sigma}V^T$, $\tilde{\Sigma}=\begin{bmatrix}D_{r+1} & 0\\ 0 & 0\end{bmatrix}$, $D_{r+1}=\operatorname{diag}(0,\ldots,0,\varepsilon)\in M_{r+1}(\mathbb{R})$, eine Matrix, für die $\|E\|_2=|\varepsilon|$ und $A+E=U(\Sigma+\tilde{\Sigma})V^T$, also $\operatorname{rg}(A+E)=r+1$ ist.) Je kleiner aber $\|E\|_2$ ist, die Norm einer solchen rangerhöhenden Störung, um so größer wird nach Lemma 1.8.24 i) der Abstand $\|(A+E)^+-A^+\|_2$ sein ($\|(A+E)^+-A^+\|_2\geq$ $\geq\|(A+E)^+\|_2-\|A^+\|_2$).
Die Zerlegung von Y-X im folgenden Lemma ist grundlegend für die weiteren Abschätzungen.

LEMMA 1.8.25: *Seien* $A,E\in M_{m,n}(\mathbb{R})$ *und* $B,F\in M_{m,k}(\mathbb{R})$; *Sei* $X:=A^+B$, $Y:=(A+E)^+(B+F)$ *und* $R:=B-AX$. *Dann gilt:* $Y-X=[-(A+E)^+EA^++(A+E)^+(I-AA^+)+(I-(A+E)^+(A+E))A^+]B+(A+E)^+F$ $=-(A+E)^+EX+(A+E)^+(A+E)^{+T}E^TR+(I-(A+E)^+(A+E))E^TA^{+T}X+(A+E)^+F$.

BEWEIS: Es ist $Y-X=[(A+E)^+-A^+]B+(A+E)^+F$, und für $(A+E)^+-A^+$ hat man die Zerlegung

$$(A+E)^+-A^+=-(A+E)^+EA^++(A+E)^+-A^++(A+E)^+(A+E-A)A^+$$
$$=-(A+E)^+EA^++(A+E)^+(I-AA^+)-(I-(A+E)^+(A+E))A^+.$$

Wir formen den zweiten und dritten Term dieser Summe so um, daß dort jeweils E^T als Faktor auftritt. Sei C:=A+E. Unter Verwendung der Eigenschaften (1.5.1) bis (1.5.4) der Pseudoinversen und Korollar 1.5.4 erhält man $C^+=C^+CC^+=C^+C^{+T}C^T$ und

$A^T(I-AA^+)=A^T-A^TAA^+=A^T-A^TA^{+T}A^T=A^T-A^TA^{T+}A^T=0$, sowie $A^+=A^TA^{+T}A^+$ und $(I-C^+C)C^T=0$. Damit gilt $C^+(I-AA^+)=C^+C^{+T}E^T(I-AA^+)$ und $(I-C^+C)A^+=-(I-C^+C)E^TA^{+T}A^+$. Ersetzt man dies im zweiten und dritten Term der Zerlegung von $(A+E)^+-A^+$, so erhält man unter Berücksichtigung von $R=(I-AA^+)B$ und $X=A^+B$:

$$Y-X=[-(A+E)^+EA^++(A+E)^+(A+E)^{+T}E^T(I-AA^+)+(I-(A+E)^+(A+E))E^TA^{+T}A^+]B+(A+E)^+F$$
$$=-(A+E)^+EX+(A+E)^+(A+E)^{+T}E^TR+(I-(A+E)^+(A+E))E^TA^{+T}X+(A+E)^+F. \qquad \square$$

Damit sind wir nun in der Lage, einen zu Satz 1.8.10 ii) analogen Satz zu beweisen.

<u>SATZ 1.8.26</u>: *Seien* $A,E\in M_{m,n}(\mathbb{R})$ *und* $B,F\in M_{m,k}(\mathbb{R})$; *sei* $X:=A^+B\neq 0$, $Y:=(A+E)^+(B+F)$ *und* $R:=B-AX$. *Es sei* $\operatorname{rg} A=r$, $\operatorname{rg}(A+E)\leq r$ *und* $\|A^+\|_2\|E\|_2<1$. *Dann gilt*

$$\frac{\|Y-X\|_2}{\|X\|_2}\leq\frac{\|A\|_2\|A^+\|_2}{1-\|A^+\|_2\|E\|_2}\left[2\frac{\|E\|_2}{\|A\|_2}+\frac{\|A^+\|_2}{1-\|A^+\|_2\|E\|_2}\cdot\frac{\|E\|_2}{\|A\|_2}\cdot\frac{\|R\|_2}{\|X\|_2}+\frac{\|F\|_2}{\|A\|_2\|X\|_2}\right].$$

<u>BEWEIS</u>: Aus Lemma 1.8.25 folgt

$$\|Y-X\|_2\leq\|(A+E)^+\|_2[\|E\|_2\|X\|_2+\|(A+E)^+\|_2\|E\|_2\|R\|_2+\|F\|_2]+\|I-(A-E)^+(A+E)\|_2\|E\|_2\|A^+\|_2\|X\|_2.$$

Nun ist $I-(A+E)^+(A+E)$ symmetrisch, und es gilt $(I-(A+E)^+(A+E))^2=I-(A+E)^+(A+E)$. Daraus folgt $\|I-(A+E)^+(A+E)\|_2=1$, falls $(A+E)^+(A+E)\neq I$ ist. Zusammen mit der Abschätzung aus Lemma 1.8.24 ii) erhält man somit

$$\|Y-X\|_2\leq\frac{\|A^+\|_2}{1-\|A^+\|_2\|E\|_2}[2\|E\|_2\|X\|_2+\|F\|_2+\frac{\|A^+\|_2}{1-\|A^+\|_2\|E\|_2}\|E\|_2\|R\|_2] \text{ und}$$

$$\frac{\|Y-X\|_2}{\|X\|_2}\leq\frac{\|A^+\|_2\|A\|_2}{1-\|A^+\|_2\|E\|_2}\left[2\frac{\|E\|_2}{\|A\|_2}+\frac{\|F\|_2}{\|A\|_2\|X\|_2}+\frac{\|A^+\|_2}{1-\|A^+\|_2\|E\|_2}\frac{\|E\|_2}{\|A\|_2}\frac{\|R\|_2}{\|X\|_2}\right]. \qquad \square$$

<u>BEMERKUNGEN</u>: a) Die Zahl $\|A^+\|_2\|A\|_2$ stimmt im Fall nichtsingulärer Matrizen A mit der Konditionszahl überein; man bezeichnet sie als <u>verallgemeinerte Konditionszahl</u>.

b) Die Abschätzung von Satz 1.8.26 lautet im Spezialfall $B=I$, $F=0$, $X=A^+$ (dann ist wegen $(I-AA^+)^2=I-AA^+$ ja $\|I-AA^+\|_2\leq 1$, also $\|R\|_2\leq 1$)

$$\frac{\|(A+E)^+-A^+\|_2}{\|A^+\|_2}\leq\frac{\|A^+\|_2\|A\|_2}{1-\|A^+\|_2\|E\|_2}\left[\left(2+\frac{1}{1-\|A^+\|_2\|E\|_2}\right)\frac{\|E\|_2}{\|A\|_2}\right]$$

und im Spezialfall $B=b\in\mathbb{R}^m$, $X=x=A^+b$, $R=r=b-Ax$, $F=f$, $\tilde{x}=(A+E)^+(b+f)$:

$$\frac{\|\tilde{x}-x\|_2}{\|x\|_2}\leq\frac{\|A^+\|_2\|A\|_2}{1-\|A^+\|_2\|E\|_2}\left[2\frac{\|E\|_2}{\|A\|_2}+\frac{\|A^+\|_2}{1-\|A^+\|_2\|E\|_2}\cdot\frac{\|r\|_2}{\|x\|_2}\cdot\frac{\|E\|_2}{\|A\|_2}+\frac{\|f\|_2}{\|A\|_2\|x\|_2}\right].$$

c) Unter Verwendung der Beziehung $\|(A+E)(A+E)^+(I-AA^+)\|_2=\|AA^+(I-(A+E)(A+E)^+)\|_2$ kann man zeigen, daß $\|(A+E)^+(A+E)^{+T}E^T(I-AA^+)B\|_2\leq\|E\|_2\|A^+\|_2\|(A+E)^+\|_2\|B\|_2$ gilt (s. Lawson & Hanson [156], Wedin [302]). Damit vereinfacht sich unter Berücksichtigung von $R=(I-AA^+)B=(I-AA^+)R$ (AA^+ ist Projektion auf $R(A)$, $I-AA^+$ Projektion auf

$R(A)^{\perp}=N(A^T)$) die Abschätzung von Satz 1.8.26 zu

$$\frac{\|Y-X\|_2}{\|X\|_2} \leq \frac{\|A\|_2\|A^+\|_2}{1-\|A^+\|_2\|E\|_2}\left[2\frac{\|E\|_2}{\|A\|_2} + \frac{\|E\|_2}{\|A\|_2}\|A^+\|_2\frac{\|R\|_2}{\|X\|_2} + \frac{\|F\|_2}{\|A\|_2\|X\|_2}\right]$$

und im Fall $B=I$, $F=0$, $X=A^+$ zu $\frac{\|(A+E)^+-A^+\|_2}{\|A^+\|_2} \leq \frac{\|A\|_2\|A^+\|_2}{1-\|A^+\|_2\|E\|_2}\left[3\frac{\|E\|_2}{\|A\|_2}\right]$. Man kann zeigen, daß der Faktor 3 durch den Faktor $(1+\sqrt{5})/2$ ersetzt werden kann (s. Lawson & Hanson [156], Wedin [302], Stewart [267]).

Hinweise

Die Beschreibung der grundlegenden Eigenschaften von Vektor- und Matrixnormen gehört zum Standardstoff vieler Lehrbücher, ebenso die Beziehungen zwischen den Normen und dem Spektralradius (stellvertretend sei Stewart [273] genannt). Besonders ausführlich und auf höherem Niveau wird die Verwendung von Normen in der numerischen linearen Algebra von Householder [134] dargestellt.
Störungssätze für die Inversenbildung, die Lösung linearer Gleichungssysteme und das Eigenwertproblem werden in den Büchern von Wilkinson [309], [312] behandelt; sie bilden ja zusammen mit den Rückwärtsanalysen, die dort für sehr viele Verfahren durchgeführt werden, eine vollständige Methode zur Fehleranalyse numerischer Verfahren. Ein neuerer Ansatz von Nahrgang [184] zum Konditionsbegriff bei linearen Gleichungssystemen berücksichtigt, daß der Effekt der Störungen auch von den rechten Seiten abhängt und von den individuellen relativen Fehlern in den Koeffizienten. Eine gute Darstellung der Sätze und Beweise über die stetige Abhängigkeit der Eigenwerte und Eigenvektoren von den Matrixkoeffizienten findet man bei Ortega [192]. Für Störungssätze über mehrfache Eigenwerte verweisen wir auf Wilkinson [309]. Die Störungssätze für symmetrische Matrizen basieren größtenteils auf den Eigenschaften der Rayleigh-Quotienten. Eine zusammenhängende Darstellung enthalten die Bücher von Franklin [94] und Lancaster [153]. Auf abstrakterem Niveau wird die Störungstheorie für das Eigenwertproblem von Kato [146] behandelt.
Gegenüber den Störungssätzen für die anderen Probleme sind diejenigen für die Pseudoinverse und das lineare Ausgleichsproblem neueren Datums. Entsprechende Aufsätze stammen von Wedin [302], [303], Stewart [267] und van der Sluis [288]; eine zusammenfassende Darstellung der Ergebnisse von Wedin, die unseren Ausführungen zugrundeliegen, findet sich auch im Buch von Lawson & Hanson [156]. Teile des Übersichtsartikel Noble [188] sind ebenfalls den Störungssätzen für Pseudoinverse gewidmet. Weitergehende Sätze über Störungen bei der Singulärwertzerlegung stammen von Wedin [301].

2 DIREKTE VERFAHREN ZUR LÖSUNG LINEARER GLEICHUNGSSYSTEME

2.1 EINFÜHRUNG

Das in Kapitel 1 theoretisch beschriebene Gaußsche Eliminationsverfahren stellt die Grundlage dar für die direkten numerischen Verfahren zur Lösung linearer Gleichungssysteme $Ax=b$, wobei A eine reelle nichtsinguläre $n \times n$-Matrix ist und $b \in \mathbb{R}^n$.

Unter direkten Verfahren versteht man solche, die bei rundungsfehlerfreier Rechnung nach endlich vielen Schritten die exakte Lösung des Problems erzeugen; im Gegensatz dazu berechnen iterative Verfahren die Lösung als Grenzwert einer unendlichen Folge von Näherungswerten (vgl. dazu auch Abschnitt 1.7). Es scheint zunächst naheliegend zu sein, einem direkten Verfahren stets den Vorzug gegenüber einem iterativen zu geben. Man muß jedoch berücksichtigen, daß aufgrund der auftretenden Rundungsfehler und Datenfehlereffekte auch das theoretisch exakte Ergebnis eines direkten Verfahrens nur eine Näherungslösung darstellt, in vielen Fällen bei iterativen Verfahren die Rechnung einfacher durchzuführen ist und eine genäherte Lösung dem Problem durchaus angemessen sein kann.

Dieses Kapitel befaßt sich mit direkten Verfahren zur Lösung linearer Gleichungssysteme, deren Koeffizientenmatrix als zweidimensionales Feld im Hauptspeicher eines Rechners gehalten werden kann und mit solchen direkten Verfahren, die für kompakt gespeicherte große schwach besetzte Matrizen geeignet sind.

Im einzelnen zeigen wir in den folgenden Abschnitten:

2.2: Die Durchführung des Gaußschen Eliminationsverfahrens für eine Matrix A ist gleichbedeutend mit der Konstruktion der LR-Zerlegung der (gegebenenfalls permutierten) Matrix in das Produkt einer unteren Dreiecksmatrix und einer oberen Dreiecksmatrix. Zur Verbesserung der numerischen Eigenschaften dieses Eliminationsverfahrens sind Pivotisierungsstrategien geeignet, die in zusätzlichen Zeilen- und Spaltenvertauschungen bestehen. Die sogenannten kompakten Eliminationsverfahren stellen Varianten des Gaußschen Algorithmus dar, bei denen die Rechnung bei der Bestimmung der LR-Zerlegung umorganisiert ist. Für eine solche Form der Berechnung ergeben sich Vorteile bei doppelt genauer Akkumulierung innerer Produkte.

2.3: Für symmetrische positiv definite Matrizen ermöglicht die Konstruktion der Cholesky-Zerlegung $A=LL^T$ eine Halbierung der Rechenzeit, eine Pivotisierung ist nicht erforderlich. Spezielle Techniken der Pivotisierung erlauben auch für symmetrische, nicht positiv definite Matrizen die Ausnutzung der Symmetrie.

2.4: Die Auswirkungen der Rundungsfehler auf die berechnete Lösung sind bei den betrachteten Verfahren äquivalent zu Auswirkungen von Fehlern in den Anfangsdaten. Durch Rückwärtsanalyse wird die Größe dieser äquivalenten Datenfehler abgeschätzt.

2.5: Neben der LR-Zerlegung ist die QR-Zerlegung einer Matrix in das Produkt einer unitären Matrix und einer oberen Dreiecksmatrix eine weitere häufig verwendbare Faktorisierung einer Matrix. Drei Berechnungsmöglichkeiten für diese Zerlegung sind das Verfahren nach Householder, das Verfahren nach Givens und das sogenannte schnelle Givens-Verfahren. Man erhält die QR-Zerlegung auch mit dem Gram-Schmidtschen Orthonormalisierungsverfahren, angewandt auf die Spalten der gegebenen Matrix. Sie hat eine große Bedeutung bei der Lösung des linearen Ausgleichsproblems und des Eigenwertproblems.

2.6: Das lineare Ausgleichsproblem kann mit Methoden gelöst werden, die auf der Berechnung der QR-Zerlegung basieren. Bei gegebener Koeffizientenmatrix $A \in M_{m,n}(\mathbb{R})$ mit rg A=k sind Fallunterscheidungen (nach den Größenbeziehungen zwischen m,n und k) erforderlich.

2.7: Bei großen, schwach besetzten, symmetrischen positiv definiten Matrizen kann man versuchen, durch graphentheoretische Betrachtungen eine kompakte Speicherung der Matrizen zu erreichen, so daß die Cholesky-Zerlegung effizient durchführbar ist. Der Algorithmus von Cuthill & McKee reduziert die Bandbreite. Ein Auffüllen mit Nichtnull-Elementen bei der Elimination wird gering gehalten durch den Minimum-Degree-Algorithmus.

2.2 GAUßSCHE ELIMINATION UND LR-ZERLEGUNG

Zur Berechnung der Lösung eines nichtsingulären linearen Gleichungssystems Ax=b verwendet man häufig das Gaußsche Eliminationsverfahren, wenn die Koeffizientenmatrix A nicht zu groß ist, das heißt, wenn sie als zweidimensionales Feld im Hauptspeicher des Rechners gehalten werden kann. Zur Sicherung der Durchführbarkeit des Verfahrens und zur Verringerung der Rundungsfehlereinflüsse auf das Ergebnis sind bei der Rechnung Zeilenvertauschungen erforderlich, die sogenannte Pivotisierung. Man erhält so eine Zerlegung der Matrix A in ein Produkt A=PLR, wobei P eine Permutationsmatrix, L eine untere und R eine obere Dreiecksmatrix ist. Führt man keine Pivotisierung durch, so ist dies die sogenannte LR-Zerlegung von A, die, falls sie existiert, eindeutig bestimmt ist. Durch eine andere Reihenfolge bei der Berechnung erhält man eine sogenannte kompakte Variante der Gaußschen Elimination, die bei doppelt genauer Akkumulierung der inneren Produkte vorteilhaft ist.

Für eine nichtsinguläre Matrix $A \in M_n(\mathbb{R})$ und $b \in \mathbb{R}^n$ ist die Lösung $x \in \mathbb{R}^n$ des linearen Gleichungssystems Ax=b gesucht (der Fall rg A<n wird in Abschnitt 2.6 über lineare Ausgleichsprobleme behandelt). Das Gaußsche Eliminationsverfahren zur Berechnung dieser Lösung ist bereits im allgemeineren Fall in Abschnitt 1.3 beschrieben worden. Da wir voraussetzen, daß die Koeffizientenmatrix A nichtsingulär ist, ist die dort beschriebene Elimination so durchführbar, daß die entstehende Matrix die Einheitsmatrix ist. Wir wollen nun jedoch die letzten Schritte nicht mehr ausführen, sondern begnügen uns mit der Transformation von A auf obere Dreiecksgestalt R; ebenso verzichten wir auf die Forderung, daß die Diagonalelemente von R eins sind.

Damit erhalten wir die Grundform des Gaußschen Eliminationsverfahrens:

Setze $A^{(o)}:=A$.

Für $k=1,2,\dots,n-1$:

Permutation: Wähle in der k-ten Spalte von $A^{(k-1)}$ unter den Elementen $a_{kk}^{(k-1)}, a_{k+1,k}^{(k-1)},\dots,a_{nk}^{(k-1)}$ ein $a_{jk}^{(k-1)} \neq 0$ und vertausche die j-te Zeile von $A^{(k-1)}$ mit der k-ten. Bezeichne die so entstandene Matrix mit $\tilde{A}^{(k-1)}$.

Elimination: Für $i=k+1,\dots,n$:

Subtrahiere das $\tilde{a}_{ik}^{(k-1)}/\tilde{a}_{kk}^{(k-1)}$-fache der k-ten Zeile von $\tilde{A}^{(k-1)}$ von der i-ten Zeile.

Bezeichne die so entstandene Matrix mit $A^{(k)}$.

Im ersten Schritt erzeugt man also die Matrix $A^{(1)}$, deren erste Spalte bis auf $a_{11}^{(1)}$ lauter Nullen enthält. Im nächsten Schritt werden durch Permutation und Linearkombination der zweiten bis letzten Zeile von $A^{(1)}$ die Elemente in der zweiten Spalte unterhalb der Diagonalen eliminiert. Da diese Zeilen in der ersten Spalte alle eine Null enthalten, bleiben die bereits im ersten Schritt erzeugten Nullen erhalten. $A^{(k)}$ ist eine Matrix, deren erste k Spalten unterhalb der Diagonale nur Nullen enthalten und $A^{(n-1)}$ ist schließlich eine obere Dreiecksmatrix.

Der k-te Schritt dieses Verfahrens entspricht der Vormultiplikation von $A^{(k-1)}$ mit einer Permutationsmatrix P_k und einer unteren Dreiecksmatrix L_k, wobei

$$P_k = \begin{bmatrix} 1 & & & & & & & 0 \\ & \ddots & & & & & & \\ & & 1 & & & & & \\ & & & 0 & \cdots & 1 & & \\ & & & \vdots & 1 & \vdots & & \\ & & & \vdots & \ddots & 1 \; \vdots & & \\ & & & 1 & \cdots & 0 & & \\ & & & & & & 1 & \\ & & & & & & & \ddots \\ 0 & & & & & & & 1 \end{bmatrix} \begin{matrix} \\ \\ \\ \text{- k-te Zeile} \\ \\ \\ \text{- j-te Zeile} \\ \\ \\ \\ \end{matrix}$$

ist, falls die Zeilen k und j vertauscht werden und

$$L_k = \begin{bmatrix} 1 & & & & 0 \\ & \ddots & & & \\ & & 1 & & \\ & & 0 & 1 & \\ & & \vdots & & \ddots \\ & & -\ell_{nk} & & & 1 \end{bmatrix} \begin{bmatrix} 1 & & & & 0 \\ & \ddots & & & \\ & & 1 & & \\ & & 0 & 1 & \\ & & \vdots & & \ddots \\ & & -\ell_{n-1,k} & & & \\ & & 0 & & & 1 \end{bmatrix} \cdots\cdots \begin{bmatrix} 1 & & & & 0 \\ & \ddots & & & \\ & & 1 & & \\ & & -\ell_{k+1,k} & 1 & \\ & & 0 & & \ddots \\ & & \vdots & & & \\ & & 0 & & & 1 \end{bmatrix} = \begin{bmatrix} 1 & & & & 0 \\ & \ddots & & & \\ & & 1 & & \\ & & -\ell_{k+1,k} & 1 & \\ & & \vdots & & \ddots \\ & & -\ell_{nk} & & & 1 \end{bmatrix}$$

mit $\ell_{ik}=\tilde{a}_{ik}^{(k-1)}/\tilde{a}_{kk}^{(k-1)}$ für $i\in\{k+1,\dots,n\}$. Es ist also

(2.2.1) $A^{(o)}:=A$, $\tilde{A}^{(k-1)}:=P_kA^{(k-1)}$ und $A^{(k)}:=L_k\tilde{A}^{(k-1)}=L_kP_kA^{(k-1)}$ für $k=1,\dots,n-1$,

und schließlich ist

(2.2.2) $R:=A^{(n-1)}=L_{n-1}P_{n-1}L_{n-2}P_{n-2}\ldots P_2L_1P_1A$

eine obere Dreiecksmatrix.

Mit dem Vektor $\ell_k:=(0,\ldots,0,\ell_{k+1,k},\ldots,\ell_{nk})^T$ läßt sich die Matrix L_k darstellen als $L_k=I-\ell_k e_k^T$; Matrizen dieser Gestalt nennen wir elementare untere Dreiecksmatrizen. Für die Permutationsmatrix P_k ist der gewählte Index j größer oder gleich k, so daß für jedes i<k gilt $P_k e_i=e_i$, und der Vektor $\hat{\ell}_i:=P_k\ell_i$ besitzt wieder i führende Nullen. Mit $\hat{L}_i:=I-\hat{\ell}_i e_i^T$ gilt daher für $i\in\{1,\ldots,k-1\}$:
$P_kL_i=P_k(I-\ell_ie_i^T)=P_k-\hat{\ell}_ie_i^TP_k^T=(I-\hat{\ell}_ie_i^T)P_k=\hat{L}_iP_k$, und $\hat{L}_i$ ist eine elementare untere Dreiecksmatrix von derselben Gestalt wie L_i. Durch wiederholte Anwendung dieser Beziehungen kann man sämtliche Permutationen in (2.2.2) "nach rechts schieben", und man erhält

(2.2.3) $R=A^{(n-1)}=\tilde{L}_{n-1}\tilde{L}_{n-2}\tilde{L}_{n-3}\ldots\tilde{L}_1P_{n-1}P_{n-2}\ldots P_1A$

mit geeigneten elementaren unteren Dreiecksmatrizen $\tilde{L}_i$ von derselben Gestalt wie L_i $(\tilde{L}_{n-1}=L_{n-1})$.

Die Inverse einer elementaren unteren Dreiecksmatrix sowie die Inverse des Produkts $\tilde{L}_{n-1}\tilde{L}_{n-2}\ldots\tilde{L}_1$ kann man auf einfache Weise angeben.

LEMMA 2.2.1: *Für* $i\in\{1,\ldots,n-1\}$ *sei* $\ell_i:=(0,\ldots,0,\ell_{i,i+1},\ldots,\ell_{i,n})^T\in\mathbb{R}^n$ *und* $L_i:=I-\ell_ie_i^T$. *Dann gilt:*

i) $L_i^{-1}=I+\ell_ie_i^T$

ii) $(I+\ell_1e_1^T)(I+\ell_2e_2^T)\ldots(I+\ell_{n-1}e_{n-1}^T)=I+\ell_1e_1^T+\ell_2e_2^T+\ldots+\ell_{n-1}e_{n-1}^T$.

BEWEIS: zu i): Als elementare Dreiecksmatrix mit Einheitsdiagonale ist L_i invertierbar, und wegen $e_i^T\ell_i=0$ ist $(I-\ell_ie_i^T)(I+\ell_ie_i^T)=I-\ell_ie_i^T+\ell_ie_i^T-\ell_ie_i^T\ell_ie_i^T=I$, also $L_i^{-1}=I+\ell_ie_i^T$.

zu ii): Wir führen den Beweis durch vollständige Induktion über $k\in\{1,\ldots,n-1\}$. Für k=1 ist nichts zu zeigen. Gelte für ein festes $k\in\{1,\ldots,n-2\}$:
$(I+\ell_1e_1^T)(I+\ell_2e_2^T)\ldots(I+\ell_ke_k^T)=I+\sum_{i=1}^{k}\ell_ie_i^T$. Dann ist $(I+\ell_1e_1^T)(I+\ell_2e_2^T)\ldots(I+\ell_{k+1}e_{k+1}^T)=$ $(I+\sum_{i=1}^{k}\ell_ie_i^T)(I+\ell_{k+1}e_{k+1}^T)=I+\ell_{k+1}e_{k+1}^T+\sum_{i=1}^{k}\ell_ie_i^T+\sum_{i=1}^{k}\ell_ie_i^T\ell_{k+1}e_{k+1}^T$ und die letzte Summe verschwindet, da $e_i^T\ell_{k+1}=0$ ist für $i\in\{1,\ldots,k\}$. □

Die nichtsingulären unteren Dreiecksmatrizen bilden bezüglich der Matrizenmultiplikation eine Gruppe, d.h. es gelten unter anderem die Aussagen des folgenden Lemmas.

LEMMA 2.2.2: i) *Das Produkt* $L\tilde{L}$ *unterer Dreiecksmatrizen* $L,\tilde{L}\in M_n(\mathbb{R})$ *ist eine untere Dreiecksmatrix.* ii) *Die Inverse einer nichtsingulären unteren Dreiecksmatrix* $L\in M_n(\mathbb{R})$ *ist eine untere Dreiecksmatrix.*
Die analogen Aussagen gelten für obere Dreiecksmatrizen.

BEWEIS: zu i): Das Element $(L\tilde{L})_{ij}$ wird gebildet durch Multiplikation der i-ten

Zeile von L mit der j-ten Spalte von $\tilde{L}$. Nun sind die letzten n-i Komponenten der i-ten Zeile von L und die ersten j-1 Komponenten der j-ten Spalte von $\tilde{L}$ null. Ist also $i\leq j-1$, so ist das Produkt null. $L\tilde{L}$ ist also eine untere Dreiecksmatrix.
zu ii): L ist darstellbar als Produkt $L=\tilde{L}D$ einer unteren Dreiecksmatrix $\tilde{L}$ mit Einheitsdiagonale und einer nichtsingulären Diagonalmatrix D ($D=\mathrm{diag}(1/\ell_{11},\ldots,1/\ell_{nn})$). Dann gilt für $\tilde{L}=I+\sum_{i=1}^{n-1}\tilde{\ell}_i e_i^T$ nach Lemma 2.2.1: $\tilde{L}=(I+\tilde{\ell}_1e_1^T)\ldots(I+\tilde{\ell}_{n-1}e_{n-1}^T)$ und $\tilde{L}^{-1}=(I+\tilde{\ell}_{n-1}e_{n-1}^T)^{-1}\ldots(I+\tilde{\ell}_1e_1^T)^{-1}=$ $=(I-\tilde{\ell}_{n-1}e_{n-1}^T)\ldots(I-\ell_1e_1^T)$. Nach i) ist $\tilde{L}^{-1}$ und damit auch $L^{-1}=D^{-1}\tilde{L}^{-1}$ eine untere Dreiecksmatrix. □

Faßt man das Produkt der Permutationsmatrizen in (2.2.3) zu einer Permutationsmatrix P zusammen, so folgt mit Hilfe von Lemma 2.2.1 $PA=\tilde{L}_1^{-1}\tilde{L}_2^{-1}\ldots\tilde{L}_{n-1}^{-1}R=LR$; dabei ist $L:=\tilde{L}_1^{-1}\tilde{L}_2^{-1}\ldots\tilde{L}_{n-1}^{-1}$ eine untere Dreiecksmatrix, die eine Einheitsdiagonale besitzt. Der folgende Satz faßt dieses Ergebnis noch einmal zusammen.

Wir definieren: $A\in M_n(\mathbb{R})$ besitzt eine <u>LR-Zerlegung</u>, wenn A als Produkt A=LR einer unteren Dreiecksmatrix $L\in M_n(\mathbb{R})$ mit Einheitsdiagonale und einer oberen Dreiecksmatrix $R\in M_n(\mathbb{R})$ darstellbar ist.

<u>SATZ 2.2.3</u>: *Zu jeder nichtsingulären Matrix* $A\in M_n(\mathbb{R})$ *existiert eine Permutationsmatrix* $P\in M_n(\mathbb{R})$, *so daß* PA *eine* LR-*Zerlegung besitzt.*

Der nächste Satz gibt eine notwendige und hinreichende Bedingung für die Existenz einer LR-Zerlegung einer Matrix an.

Es bezeichne für $k\in\{1,\ldots,n\}$ B[k] die <u>führende k×k-Hauptabschnittsmatrix</u> einer Matrix $B\in M_n(\mathbb{R})$, d.h.

$$B[k]=\begin{bmatrix} b_{11}\cdots b_{1k}\\ \vdots \quad\quad \vdots\\ b_{k1}\cdots b_{kk}\end{bmatrix}.$$

<u>LEMMA 2.2.4</u>: *Sei* $A\in M_n(\mathbb{R})$ *und sei* $L\in M_n(\mathbb{R})$ *eine untere Dreiecksmatrix. Dann ist* $(LA)[k]=L[k]A[k]$ *für* $k\in\{1,\ldots,n\}$.

<u>BEWEIS</u>: Sei $k\in\{1,\ldots,n\}$. Für $i,j\in\{1,\ldots,k\}$ gilt $(L[k]A[k])_{ij}=\sum_{p=1}^{k}\ell_{ip}a_{pj}$ und $((LA)[k])_{ij}=\sum_{p=1}^{n}\ell_{ip}a_{pj}=\sum_{p=1}^{k}\ell_{ip}a_{pj}$, da $\ell_{ip}=0$ ist für $p\in\{k+1,\ldots,n\}$. □

<u>SATZ 2.2.5</u>: *Sei* $A\in M_n(\mathbb{R})$ *nichtsingulär.* A *besitzt genau dann eine* LR-*Zerlegung, wenn alle führenden Hauptabschnittsdeterminanten von* A *ungleich null sind, d.h. wenn* $\det A[k]\neq 0$ *ist für* $k\in\{1,\ldots,n\}$.

<u>BEWEIS</u>: a) A besitze eine LR-Zerlegung A=LR. Mit A sind auch die Faktoren L und R nichtsingulär, und wegen der speziellen Gestalt von L und R ist jede führende Hauptabschnittsmatrix von L und R nichtsingulär. Wegen $A[k]=(LR)[k]=L[k]R[k]$ für $k\in\{1,\ldots,n\}$ (vgl. Lemma 2.2.4) sind dann auch alle führenden Hauptabschnitts-

matrizen von A nichtsingulär.

b) A besitzt eine LR-Zerlegung, wenn das Verfahren zur Konstruktion einer LR-Zerlegung (vgl. (2.2.1)) mit $P_k=I$ für $k\in\{1,\ldots,n-1\}$ durchführbar ist, d.h. wenn für alle $k\in\{1,\ldots,n-1\}$ $a_{kk}^{(k-1)}\neq 0$ ist. Es sei $L_o:=I$ und $L_1,\ldots,L_{n-1}$ aus (2.2.1). Gelte für festes $k\in\{0,\ldots,n-2\}$ $A^{(k)}=L_kL_{k-1}\ldots L_oA$. Nun ist $L_kL_{k-1}\ldots L_o$ eine untere Dreiecksmatrix, so daß nach Lemma 2.2.4 gilt $A^{(k)}[k+1]=(L_kL_{k-1}\ldots L_oA)[k+1]=$ $=(L_kL_{k-1}\ldots L_o)[k+1]A[k+1]$. $A^{(k)}[k+1]$ ist aber eine obere Dreiecksmatrix, so daß wegen der Nichtsingularität von $A[k+1]$ alle Diagonalelemente von $A^{(k)}[k+1]$ ungleich null sind, insbesondere also auch $a_{k+1,k+1}^{(k)}$ ungleich null ist. Es ist also keine Permutation zur Fortführung des Algorithmus erforderlich, so daß $P_{k+1}=I$ gewählt werden kann und mit L_{k+1} aus (2.2.1) gilt $A^{(k+1)}=L_{k+1}L_k\ldots L_oA$. □

Die LR-Zerlegung einer nichtsingulären Matrix ist im wesentlichen eindeutig bestimmt.

<u>SATZ 2.2.6</u>: *Sei* $A\in M_n(\mathbb{R})$ *nichtsingulär. Sind* $A=L_1R_1$ *und* $A=L_2R_2$ *zwei* LR-*Zerlegungen von* A *mit unteren Dreiecksmatrizen* L_1 *und* L_2, *die Einheitsdiagonalen besitzen, so gilt* $L_1=L_2$ *und* $R_1=R_2$.

<u>BEWEIS</u>: Aus $L_1R_1=L_2R_2$ folgt $L_2^{-1}L_1=R_2R_1^{-1}$. $L_2^{-1}L_1$ ist nach Lemma 2.2.2 eine untere Dreiecksmatrix, die eine Einheitsdiagonale besitzt; $R_2R_1^{-1}$ ist eine obere Dreiecksmatrix, also ist $L_2^{-1}L_1=R_2R_1^{-1}=I$, d.h. $L_1=L_2$ und $R_1=R_2$. □

<u>BEMERKUNG 2.2.7</u>: a) Der Algorithmus zur Konstruktion einer LR-Zerlegung ist ohne Permutation nicht durchführbar, wenn in einer Matrix $A^{(k)}$ das Element $a_{k+1,k+1}^{(k)}$ gleich null ist. Sind in dieser Spalte aber alle Elemente $a_{i,k+1}^{(k)}$, $i\in\{k+2,\ldots,n\}$, ebenfalls null (das kann nur auftreten, wenn A singulär ist), so kann man den Prozeß mit einer Matrix $L_{k+1}=I-\ell_{k+1}e_{k+1}^T$ fortsetzen, bei der $\ell_{k+1}=(0,\ldots,0,\ell_{k+2,k+1},\ldots,\ell_{n,k+1})^T$ beliebig ist. Die Zerlegung ist aber nicht länger eindeutig.

b) Für eine nichtsinguläre obere Dreiecksmatrix $R\in M_n(\mathbb{R})$ ist mit $D=\mathrm{diag}(r_{11},\ldots,r_{nn})$: $R=D(D^{-1}R)$, und $D^{-1}R$ ist eine obere Dreiecksmatrix mit Einheitsdiagonale. Somit hat jede nichtsinguläre Matrix A, die eine LR-Zerlegung besitzt, auch eine Zerlegung $A=LDR$ in das Produkt einer unteren Dreiecksmatrix L mit Einheitsdiagonale, einer Diagonalmatrix D und einer oberen Dreiecksmatrix R mit Einheitsdiagonale. Eine solche Zerlegung ist eindeutig.

Hat man nun mit dem Gaußschen Algorithmus eine LR-Zerlegung der nichtsingulären Matrix PA konstruiert, so kann man die <u>Determinante</u> von A, die <u>Inverse</u> von A und die <u>Lösung eines linearen Gleichungssystems</u> $Ax=b$ leicht berechnen.

Die Determinante von A ist wegen $\det P \det A=\det PA=\det LR=\det L \det R=\det R$ und $\det P\in\{-1,+1\}$ im wesentlichen, d.h. bis auf das Vorzeichen, durch das Produkt der Diagonalelemente von R gegeben, da L eine Einheitsdiagonale besitzt.

Die Inverse von A ist gegeben durch $A^{-1}=R^{-1}L^{-1}(P^T)^{-1}=R^{-1}L^{-1}P$, und die Inversen der Dreiecksmatrizen R und L sind einfach zu berechnen (siehe Lemma 2.2.2 ii)). Im allgemeinen bestimmt man die Inverse von A jedoch nicht durch explizite Inversion von L und R, sondern durch Lösen der n Gleichungssysteme

(2.2.4) $LR\tilde{a}_i=Pe_i$, $i\in\{1,\ldots,n\}$

für die Spalten $\tilde{a}_i$ von A^{-1}.

Die Lösung eines linearen Gleichungssystems bestimmt man auf der Basis der Zerlegung $A=P^TLR$ durch Auflösen von

(2.2.5) $Ly=Pb$,

(2.2.6) $Rx=y$.

Dann ist x Lösung von $LRx=Pb$ und somit von $P^TLRx=b$. Die Gleichungssysteme (2.2.5) und (2.2.6) sind leicht lösbar, nämlich $Ly=Pb$ durch Vorwärtseinsetzen, d.h. durch sukzessive Lösung der einzelnen Gleichungen in der Reihenfolge $1,2,\ldots,n$ und $Rx=y$ durch Rückwärtseinsetzen, d.h. durch sukzessive Lösung der einzelnen Gleichungen in der Reihenfolge $n,n-1,\ldots,1$.

Bei den tatsächlichen Berechnungen sind nun einige Besonderheiten zu berücksichtigen. Auf das explizite Vorwärtseinsetzen kann man verzichten, wenn man bereits während der Permutations- und Eliminationsschritte $y=L^{-1}Pb=L_{n-1}P_{n-1}L_{n-2}P_{n-2}\ldots P_2L_1b$ durch sukzessive Multiplikation von b mit den elementaren Matrizen $L_k=I-\ell_k e_k^T$ und den Permutationsmatrizen P_k berechnet, d.h. daß man dieselben Operationen auf die rechte Seite des Gleichungssystems anendet, die man auch auf A anwendet. Hat man jedoch mehrere Gleichungssysteme mit derselben Koeffizientenmatrix und verschiedenen rechten Seiten zu lösen, so ist es günstiger, die LR-Zerlegung einmal durchzuführen, die Matrix L ebenfalls zu speichern und jeweils (2.2.5) und (2.2.6) zu lösen. Die wesentlichen Elemente von L kann man ohne zusätzlichen Speicherbedarf in den eliminierten Spalten von A speichern. Über die programmtechnische Organisation der Permutationen geben wir einen Hinweis im Anschluß an die Behandlung der Pivotisierung.

Pivotisierung

Die Ausführung der Permutationen beim Gaußschen Eliminationsverfahren nach gewissen Strategien nennt man Pivotisierung. Im allgemeinen ist es ja nur erforderlich, in der gerade zu eliminierenden Spalte nach einem Element ungleich null zu suchen, um die Durchführbarkeit des Algorithmus zu sichern. Ist ein so gewähltes Element, das sogenannte Pivotelement, sehr klein im Vergleich zu den restlichen Subdiagonalelementen der Matrix in der betreffenden Spalte, so hat man im Eliminationsschritt mit vergleichsweise sehr großen Zahlen zu multiplizieren, was zu starker Vergrößerung der Rundungsfehler führen kann. Zwei gebräuchliche Strategien zur Bestimmung der Pivotelemente sind die partielle Pivotisierung und die vollständige Pivotisierung.

Partielle Pivotisierung (Spaltenpivotisierung): Man bestimmt in Spalte k+1 von $A^{(k)}$ ein betragsmäßig größtes Element und vertauscht die entsprechende Zeile mit Zeile k+1. Für die so entstehende Matrix $\tilde{A}^{(k)}=P_{k+1}A^{(k)}$ (vgl. (2.2.1)) ist dann

$$|\tilde{a}^{(k)}_{k+1,k+1}|=\max_{i\in\{k+1,\dots,n\}}|\tilde{a}^{(k)}_{i,k+1}|,$$

und für die nichtverschwindenden Elemente von L_{k+1} gilt

$|\ell_{i,k+1}|=|\tilde{a}^{(k)}_{i,k+1}/\tilde{a}^{(k)}_{k+1,k+1}|\le 1.$

Vollständige Pivotisierung: Man bestimmt in der gesamten "Restmatrix" von $A^{(k)}$, die aus den Elementen besteht, die gleichzeitig in den Zeilen und Spalten k+1,...,n enthalten sind, ein betragsmäßig größtes Element und vertauscht die entsprechende Zeile und Spalte mit der jeweils (k+1)-ten. Es gilt dann

$$|\tilde{a}^{(k)}_{k+1,k+1}|=\max_{i,j\in\{k+1,\dots,n\}}|\tilde{a}^{(k)}_{ij}|.$$

Die dazu notwendigen Spaltenvertauschungen entsprechen einer Umnumerierung der Variablen x_i. Faßt man sämtliche Spaltenvertauschungen zu einer Permutationsmatrix Q zusammen, so erhält man bei vollständiger Pivotisierung eine Zerlegung PAQ=LR.

Bei einer weiteren Pivotisierungsstrategie verzichtet man auf sämtliche Permutation. Für diese Strategie, die natürlich nur in Spezialfällen anwendbar ist, wird manchmal der Name diagonale Pivotisierung verwendet. Andererseits kann man darunter aber auch die Strategie verstehen, gleichzeitige Zeilen- und Spaltenpermutationen durchzuführen, d.h. unter sämtlichen Diagonalelementen der Restmatrix auszuwählen. Wir verwenden daher diesen Namen nicht weiter.

Die erforderlichen Permutationen braucht man nicht explizit auszuführen durch Umspeichern der Matrixelemente, sondern man kann in zwei zusätzlichen Feldern der Länge n die Permutationen der Zeilen- und Spaltenindizes festhalten. Der folgende Algorithmus zur Bestimmung der LR-Zerlegung einer nichtsingulären Matrix beschreibt dieses Vorgehen unter Verwendung der partiellen Pivotisierung. Es sei $\pi^{(k)}\in\{1,\dots,n\}^n$ der Vektor, der die Vertauschung der Zeilenindizes beschreibt, d.h. es sei $\pi^{(k)}:=P_kP_{k-1}\dots P_2P_1(1,2,\dots,n)^T$, die i-te Komponente werde mit $\pi^{(k)}(i)$ bezeichnet (zur Notation im folgenden Algorithmus siehe auch (2.2.1)).

ALGORITHMUS 2.2.8 (Bestimmung der LR-Zerlegung einer nichtsingulären Matrix mit dem Gaußschen Algorithmus mit partieller Pivotisierung):

Sei $A\in M_n(\mathbb{R})$ nichtsingulär.

Schritt 1: Setze $\pi^{(o)}:=(1,2,\dots,n)^T$, $A^{(o)}:=A$.

Für k=0,1,...,n-2 führe Schritt 2 und Schritt 3 aus:

Schritt 2 (Permutationsschritt bei partieller Pivotisierung):

Bestimme in Spalte k+1 von $A^{(k)}$ das erste betragsmäßig größte Element unterhalb der Diagonalen (ausschließlich) und vertausche den entsprechenden Zeilenindex mit dem (k+1)-ten. Beschreibt $P_{k+1}\in M_n(\mathbb{R})$ diese Permutation, so ist $\pi^{(k+1)}:=P_{k+1}\pi^{(k)}$.

Schritt 3 (Eliminationsschritt):

Für $i=k+2,\dots,n$:

a) Bilde $\ell_{\pi^{(k+1)}(i),k+1}:=\dfrac{a^{(k)}_{\pi^{(k+1)}(i),k+1}}{a^{(k)}_{\pi^{(k+1)}(k+1),k+1}}$ und überspeichere

$a_{\pi^{(k+1)}(i),k+1}$ durch $\ell_{\pi^{(k+1)}(i),k+1}$,

b) und berechne für $j=k+2,\dots,n$:

(2.2.7) $$a^{(k+1)}_{\pi^{(k+1)}(i),j}:=a^{(k)}_{\pi^{(k+1)}(i),j}-\ell_{\pi^{(k+1)}(i),k+1}\,a^{(k)}_{\pi^{(k+1)}(k+1),j}$$

Für die nicht veränderten Elemente von $A^{(k)}$ setze $a^{(k+1)}_{\mu\nu}:=a^{(k)}_{\mu\nu}$ für $\mu\in\{1,\dots,k+1\}$, $\nu\in\{1,\dots,n\}$.

In der Ergebnismatrix $A^{(n-1)}$ sind dann die Faktoren der LR-Zerlegung von $PA:=P_{n-1}P_{n-2}\dots P_1A=(a^{(n-1)}_{\pi(i),j})$ gespeichert ($\pi:=P^T\pi^{(o)}$ ist ein Vektor, dessen i-te Komponente angibt, an welche Stelle die ursprüngliche Komponente (=Zeile) i permutiert wurde): Die wesentlichen Elemente von L, $\ell_{\pi(i),j}$ für $j<\pi(i)$, sind dann in den Positionen (i,j) von $A^{(n-1)}$ gespeichert; die wesentlichen Elemente von R, $r_{\pi(i),j}$ für $j\geq\pi(i)$, sind die Elemente $a^{(n-1)}_{ij}$ für $i\in\{1,\dots,n\}$, $j\geq i$.

<u>BEISPIEL</u> (LR-Zerlegung der Matrix $A^{(o)}:=\begin{bmatrix}1&2&5\\2&3&4\\3&4&5\end{bmatrix}$ mit partieller Pivotisierung):

1. Rechnung mit expliziter Umspeicherung

Nach Permutation der Zeilen 1 und 3 (das entspricht $\pi^{(1)}=(3\ 2\ 1)^T$ und $P_1=\begin{bmatrix}0&0&1\\0&1&0\\1&0&0\end{bmatrix}$) erhält man: $\tilde{A}^{(o)}=\begin{bmatrix}3&4&5\\2&3&4\\1&2&5\end{bmatrix}$,

nach Elimination ($\ell_{21}=2/3$, $\ell_{31}=1/3$): $A^{(1)}=\begin{bmatrix}3&4&5\\2/3&1/3&2/3\\1/3&2/3&10/3\end{bmatrix}$,

nach Permutation der Zeilen 2 und 3 ($\pi^{(2)}=(3\ 1\ 2)^T$, $P_2=\begin{bmatrix}1&0&0\\0&0&1\\0&1&0\end{bmatrix}$):

$\tilde{A}^{(1)}=\begin{bmatrix}3&4&5\\1/3&2/3&10/3\\2/3&1/3&2/3\end{bmatrix}$,

nach Elimination ($\ell_{32}=1/2$): $A^{(2)}=\begin{bmatrix}3&4&5\\1/3&2/3&10/3\\2/3&1/2&1\end{bmatrix}$.

Damit ist also $L=\begin{bmatrix}1&0&0\\1/3&1&0\\2/3&1/2&1\end{bmatrix}$, $R=\begin{bmatrix}3&4&5\\0&2/3&10/3\\0&0&-1\end{bmatrix}$, $P:=P_2P_1=\begin{bmatrix}0&0&1\\1&0&0\\0&1&0\end{bmatrix}$ und

$$LR=\begin{bmatrix}3&4&5\\1&2&5\\2&3&4\end{bmatrix}=\begin{bmatrix}0&0&1\\1&0&0\\0&1&0\end{bmatrix}\begin{bmatrix}1&2&5\\2&3&4\\3&4&5\end{bmatrix}=PA.$$

2. Rechnung ohne explizite Umspeicherung, wie in Algorithmus 2.2.8 beschrieben

$$\pi^{(o)}=(1\ 2\ 3)^T,\ A^{(o)}=\begin{bmatrix}1&2&5\\2&3&4\\3&4&5\end{bmatrix}$$

$$\pi^{(1)}=(3\ 2\ 1)^T,\ P_1=\begin{bmatrix}0&0&1\\0&1&0\\1&0&0\end{bmatrix},\ A^{(1)}=\begin{bmatrix}1/3&2/3&10/3\\2/3&1/3&5\\3&4&5\end{bmatrix}$$

$$\pi^{(2)}=(3\ 1\ 2)^T,\ P_2=\begin{bmatrix}1&0&0\\0&0&1\\0&1&0\end{bmatrix},\ A^{(2)}=\begin{bmatrix}1/3&2/3&10/3\\2/3&1/2&-1\\3&4&5\end{bmatrix}.$$

Damit ist $\pi=(2\ 3\ 1)^T$, und man erhält die Elemente von L gemäß

$\ell_{\pi(1),j}=\ell_{2j}$ für $j<2$ in Position $(1,j)$, also $\ell_{21}=1/3$,

$\ell_{\pi(2),j}=\ell_{3j}$ für $j<3$ in Position $(2,j)$, also $\ell_{31}=2/3$, $\ell_{32}=1/2$.

Die Elemente von R erhält man gemäß

$r_{\pi(1),j}=r_{2j}$ für $j\geq 2$ in Position $(1,j)$, also $r_{22}=2/3$, $r_{23}=10/3$;

$r_{\pi(2),j}=r_{3j}$ für $j\geq 3$ in Position $(2,j)$, also $r_{33}=1$;

$r_{\pi(3),j}=r_{1j}$ für $j\geq 1$ in Position $(3,j)$, also $r_{11}=3$, $r_{12}=4$, $r_{13}=5$.

Verwendet man die Zerlegung $A=P^TLR$ nun weiter zur Lösung eines linearen Gleichungssystems $Ax=b$, so sind (2.2.5) und (2.2.6) zu lösen (Vorwärts- und Rückwärtseinsetzen). Eine simultane Anwendung der Eliminations- und Permutationsschritte auf die rechte Seite b entspricht der zusätzlichen Berechnung von $b^{(k+1)}_{\pi^{(k+1)}(i)}=b^{(k)}_{\pi^{(k+1)}(i)}-\ell_{\pi^{(k+1)}(i),k+1}\,b^{(k)}_{\pi^{(k+1)}(k+1)}$ in Schritt 3b) von Algorithmus 2.2.8. Nach Ablauf des Algorithmus findet sich die j-te Komponente von $y=L^{-1}Pb$ in Position $\pi(j)$ von $b^{(n-1)}$.

Die expliziten Formeln für das Rückwärtseinsetzen lauten:

$$x_n=\frac{y_n}{r_{nn}} \text{ und } x_k=\frac{1}{r_{kk}}[b_k-\sum_{j=k+1}^{n} r_{kj}x_j] \text{ für } k=n-1,n-2,\dots,1.$$

Rechenaufwand beim Gaußschen Verfahren

Bei der Betrachtung des Rechenaufwands eines (überschaubaren) numerischen Verfahrens ist es üblich, die Anzahl der Multiplikationen und Divisionen als sogenannte wesentliche Operationen zu betrachten (obwohl die vollständige Vernachlässigung der Additionen und Subtraktionen gegenüber den Multiplikationen und Divisionen nicht unbedingt dem aktuellen Stand der Rechentechnik entspricht).

Demnach sind beim Gaußschen Algorithmus folgende wesentliche Operationen zur Lösung eines linearen Gleichungssystems auszuführen:

a) Im Schritt $k \to k+1$, $k \in \{0,\dots,n-2\}$, bei der LR-Zerlegung $n-(k+1)$ Divisionen zur Bestimmung der Faktoren $\ell_{\pi^{(k+1)}(i),k+1}$ und $(n-(k+1))^2$ Multiplikationen zur Berechnung der $a^{(k+1)}_{\pi^{(k+1)}(i),j}$; insgesamt also $\sum_{k=0}^{n-2} [(n-k-1)^2+n-k-1] = \frac{n^3}{3} - \frac{n}{3}$.

b) Zur Berechnung von y aus $Ly=Pb$ (oder bei der direkten Berechnung von y während der Elimination): $\sum_{k=1}^{n-1} k = \frac{n^2}{2} - \frac{n}{2}$.

c) Zur Berechnung von x aus $Rx=y$: $\sum_{k=1}^{n} k = \frac{n^2}{2} + \frac{n}{2}$.

Der Gesamtrechenaufwand beträgt somit $n^3/3+n^2-n/3$ wesentliche Operationen. Wenn die LR-Zerlegung vorliegt, sind pro rechter Seite n^2 wesentliche Operationen erforderlich. Für die Berechnung der Inversen, die man ja durch Lösen der n Gleichungssysteme $A\tilde{a}_i=Pe_i$ für $i \in \{1,\dots,n\}$ erhält (vgl. (2.2.4)), sind demnach etwa $4n^3/3$ wesentliche Operationen erforderlich. Bei einer genaueren Betrachtung sieht man, daß zur Lösung der n Gleichungssysteme $Ly=Pe_i$ sogar nur etwa $n^3/3$ statt $n^3/2$ wesentliche Operationen erforderlich sind, da man weiß, daß die Inverse von L ja ebenfalls eine untere Dreiecksmatrix ist. Man braucht für die rechte Seite e_k nur die rechte untere Ecke von L der Größe $(n-k+1)\times(n-k+1)$ zu betrachten.

Kompakte LR-Zerlegung

Wir wenden uns nun einer rechentechnischen Variante der LR-Zerlegung einer nichtsingulären Matrix $A \in M_n(\mathbb{R})$ in ein Produkt einer unteren Dreiecksmatrix L mit Einheitsdiagonale und einer oberen Dreiecksmatrix R zu.

Man faßt dazu die Gleichung $A=LR$ als Gleichungssystem für die n^2 Unbekannten ℓ_{ij} für $j<i$ und r_{ij} für $j \geq i$, $i,j \in \{1,\dots,n\}$, auf; die einzelnen Gleichungen lauten also $a_{ij} = \sum_{k=1}^{\min(i,j)} \ell_{ik} r_{kj}$ für $i,j \in \{1,\dots,n\}$.

Durch die Wahl einer geeigneten Reihenfolge ist es möglich, die Unbekannten ℓ_{ij} und r_{ij} sukzessive zu bestimmen, ohne irgendwelche Zwischengrößen weiterverwenden zu müssen, wie dies bei der Gaußschen Elimination der Fall ist. Eine solche kompakte Form der Bestimmung einer LR-Zerlegung wird je nach Reihenfolge zur Bestimmung der Unbekannten und je nach Forderung an die Diagonalen von L und R nach Crout, Doolittle oder Banachiewicz benannt (allerdings uneinheitlich).

Wir setzen voraus, daß A eine LR-Zerlegung besitzt, d.h. daß keine Zeilenvertauschungen erforderlich sind. Man kann dann zum Beispiel parkettartig abwechselnd zeilen- und spaltenweise von links nach rechts bzw. von oben nach unten vorgehen und erhält so die folgenden Formeln:

$$r_{1j} := a_{1j} \text{ für } j=1,\dots,n; \quad \ell_{i1} := \frac{a_{i1}}{r_{11}} \text{ für } i=2,\dots,n.$$

(2.2.8) Für $i=2,\dots,n$:
$$r_{ij} := a_{ij} - \sum_{k=1}^{i-1} \ell_{ik} r_{kj} \text{ für } j=i,i+1,\dots,n \text{ und}$$
$$\ell_{ji} := \frac{1}{r_{ii}} [a_{ji} - \sum_{k=1}^{i-1} \ell_{jk} r_{ki}] \text{ für } j=i+1,i+2,\dots,n.$$

Direkt nach der Berechnung eines Elements r_{ij} oder ℓ_{ij} wird a_{ij} nicht mehr benötigt, man kann also A durch L und R überspeichern. Der Rechenaufwand ist genau so groß wie bei der Verwendung der Gaußschen Eliminationsmethode zur Berechnung einer LR-Zerlegung.

Die kompakte Berechnungsmethode ist dann vorteilhaft, wenn man die auftretenden inneren Produkte doppelt genau akkumuliert (vgl. Abschnitt 1.7). Die beim Gaußschen Algorithmus auftretenden Zwischengrößen $a_{ij}^{(k)}$ sind Teilsummen der in (2.2.8) auftretenden Summen, es gilt nämlich (siehe (2.2.7))

$a_{ij}^{(k+1)}-a_{ij}^{(k)}=-\ell_{i,k+1}a_{k+1,j}^{(k)}=-\ell_{i,k+1}r_{k+1,j}$ und somit nach Aufsummation

$a_{ij}^{(s+1)}-a_{ij}^{(o)}=a_{ij}^{(s+1)}-a_{ij}=-\sum_{k=0}^{s}\ell_{i,k+1}r_{k+1,j}=-\sum_{k=1}^{s+1}\ell_{ik}r_{kj}$ für $s\in\{0,\dots,i-2\}$.

Die Skalarprodukte aus (2.2.8) werden also beim Gaußschen Algorithmus schrittweise aufgebaut unter Weiterverwendung der Zwischenergebnisse, so daß man zur Erzielung des Genauigkeitseffekts der doppelt genauen Akkumulierung alle Zwischengrößen mit doppelter Genauigkeit speichern müßte. Andererseits ist es beim kompakten Algorithmus schwieriger, eine Pivotisierung durchzuführen. Die Größe der auftretenden Diagonalpivotelemente kennt man ja erst, nachdem man $r_{ii}(=a_{ii}^{(i-1)})$ berechnet hat. Eine partielle Pivotisierung ist jedoch auch hier möglich, da die zur Bestimmung des Pivotelements erforderlichen Größen nachträglich im selben Schritt bei der Berechnung der ℓ_{ji} Verwendung finden.

Um die Formeln nicht zu unübersichtlich zu machen, führen wir hier - im Gegensatz zu Algorithmus 2.2.8 - die Permutationen explizit aus und behalten in den Formeln die alte Numerierung bei.

ALGORITHMUS 2.2.9 (Bestimmung der LR-Zerlegung einer nichtsingulären Matrix durch Gauß-Elimination in kompakter Form):

Sei $A\in M_n(\mathbb{R})$ nichtsingulär.

Für $i=1,\dots,n$ führe Schritt 1 und Schritt 2 aus:

Schritt 1 (Permutationsschritt): Berechne $s_j:=a_{ji}-\sum_{k=1}^{i-1}\ell_{jk}r_{ki}$ für $j=i,i+1,\dots,n$, bestimme ein betragsgrößtes s_j, vertausche es mit s_i und vertausche die entsprechenden Zeilen in A (einschließlich der bereits berechneten ℓ_{jk}). A und $s_1,\dots,s_n$ seien wieder normal numeriert.

Schritt 2: a) Setze $r_{ii}:=s_i$ und überspeichere a_{ii} mit r_{ii}.

b) Berechne für $j=i+1,\dots,n$ $\quad r_{ij}:=a_{ij}-\sum_{k=1}^{i-1}\ell_{ik}r_{kj}$

und $\quad \ell_{ji}:=\frac{s_j}{r_{ii}}$

und überspeichere damit die entsprechenden Elemente von A.

Hinweise

Gaußsche Elimination und LR-Zerlegung sind Bestandteil fast aller Lehrbücher über numerische Mathematik. Als spezialisiertestes Buch, welches nur direkte Methoden zur Lösung linearer Gleichungssysteme behandelt, ist Forsythe & Moler [88] zu nennen; ferner empfehlen wir Stewart [273]. Eine Übersicht mit der Beschreibung sehr vieler Methoden zur Lösung linearer Gleichungssysteme stellt das Buch von Westlake [305] dar. Bowdler, Martin, Peters & Wilkinson [32] enthält ein ALGOL-Programm mit der kompakten Gaußschen Eliminationsmethode.

2.3 SYMMETRISCHE MATRIZEN

Für symmetrische positiv definite Matrizen A ist eine symmetrische Zerlegung $A=LL^T$ mit einer unteren Dreiecksmatrix L ohne Pivotisierung möglich, so daß der Rechenaufwand im wesentlichen nur halb so groß ist wie bei der Berechnung der LR-Zerlegung für eine nichtsymmetrische Matrix. Besondere Techniken der Pivotisierung ermöglichen auch für symmetrische, nicht positiv definite Matrizen die Ausnutzung der Symmetrie.

Symmetrische positiv definite Matrizen besitzen eine Reihe besonderer Eigenschaften, die im folgenden Satz aufgeführt werden.

SATZ 2.3.1: *Sei* $A\in M_n(\mathbb{R})$ *symmetrisch. Die folgenden Aussagen sind paarweise äquivalent:*

i) A *ist positiv definit.*

ii) *Alle Eigenwerte von* A *sind positiv.*

iii) *Alle führenden Hauptabschnittsdeterminanten von* A *sind positiv.*

iv) A *besitzt eine eindeutige Zerlegung in* $A=LL^T$ *mit einer unteren Dreiecksmatrix* L *mit positiven Diagonalelementen.*

BEWEIS: zu i)⇔ii): siehe Korollar 1.6.7.

zu i)⇒iii): Jede führende Hauptabschnittsmatrix von A ist ebenfalls positiv definit. Definiert man nämlich für $x\in\mathbb{R}^k\setminus\{0\}$ einen zugehörigen Vektor $y\in\mathbb{R}^n\setminus\{0\}$ durch $y_i:=x_i$ für $i\in\{1,\dots,k\}$ und $y_i:=0$ für $i\in\{k+1,\dots,n\}$, so ist $x^TA[k]x=y^TAy>0$. Somit genügt es zu zeigen, daß $\det A>0$ gilt. Die Determinante ist aber das Produkt der (aufgrund der Äquivalenz von i) und ii) positiven) Eigenwerte.

zu iii)⇒iv): Nach Satz 2.2.6 besitzt A eine eindeutige LR-Zerlegung bzw. nach Bemerkung 2.2.7 b) eine eindeutige Zerlegung $A=L_1DR_1$ mit einer unteren Dreiecksmatrix L_1 mit Einheitsdiagonale, einer oberen Dreiecksmatrix R_1 mit Einheitsdiagonale und einer Diagonalmatrix D. Da $A=A^T=R_1DL_1^T$ ebenfalls eine solche Zerlegung ist, muß $L_1=R_1^T$ sein. Die führenden Hauptabschnittsdeterminanten von A sind identisch mit denen von D, so daß D positive Diagonalelemente besitzt. Somit hat D eine Zerlegung in $D=D^{1/2}D^{1/2}$, $D^{1/2}=\mathrm{diag}(\sqrt{d_{ii}})>0$. Mit $L:=L_1D^{1/2}$ ist $A=LL^T$ eine Zerlegung mit den geforderten Eigenschaften. Eine (möglicherweise) andere Zerlegung $A=\tilde{L}\tilde{L}^T$ führt auf eine Zerlegung $A=L_2D_2L_2^T$, welche mit der Zerlegung $A=L_1DL_1^T$ übereinstimmen muß.

zu iv)⇒i): Für $x\in\mathbb{R}^n$ gilt $x^TAx=x^TL^TLx=\|Lx\|_2\geq 0$, und wegen der Nichtsingularität von L gilt Gleichheit nur für x=0 (vgl. auch die Ausführungen im Anschluß an

Satz 1.4.2). □

Für eine positiv definite symmetrische Matrix kann also der Gauß-Algorithmus ohne Pivotisierung durchgeführt werden (vgl. Satz 2.2.5). Wir geben die entsprechenden Formeln für die nach Cholesky benannte kompakte Variante an, in der man die Gleichungen $A=LL^T$, die L definieren, spaltenweise von oben nach unten verwendet.

ALGORITHMUS 2.3.2 (Bestimmung der Cholesky-Zerlegung $A=LL^T$ einer symmetrischen positiv definiten Matrix):

Sei $A\in M_n(\mathbb{R})$ symmetrisch und positiv definit.

Schritt 1: Berechne $\ell_{11}:=\sqrt{a_{11}}$

und für $i=2,\ldots,n$: $\ell_{i1}:=\dfrac{a_{i1}}{\ell_{11}}$.

Schritt 2: Für $j=2,\ldots,n$:

Berechne $\ell_{jj}:=[a_{jj}-\sum_{k=1}^{j-1}\ell_{jk}^2]^{1/2}$

und für $i=j+1,j+2,\ldots,n$: $\ell_{ij}:=\dfrac{1}{\ell_{jj}}[a_{ij}-\sum_{k=1}^{j-1}\ell_{ik}\ell_{jk}]$.

Der Rechenaufwand beträgt $\frac{n^3}{6}+\frac{n^2}{2}-\frac{2n}{3}$ wesentliche Operationen; außerdem sind n Quadratwurzeln zu bestimmen. Bei der Berechnung einer neuen Spalte (Schritt 2 für ein j) werden die entsprechenden Elemente von A verwendet und die bereits berechneten Elemente von L im Rechteck links von dieser Spalte. Wegen der Symmetrie ist die Matrix A durch ihren unteren Dreiecksteil bestimmt. Das Element a_{ij} kann während der Durchführung des Algorithmus direkt mit ℓ_{ij} überspeichert werden. Will man A und die Matrix L gespeichert halten, so kann man die Information aus dem oberen Dreiecksteil von A verwenden und L (bis auf die Diagonale, die man gesondert festhält) im strikten unteren Dreiecksteil speichern.

Die Konstruktion einer Zerlegung $A=LDL^T$ mit einer unteren Dreiecksmatrix L mit Einheitsdiagonale und einer Diagonalmatrix D ist ohne die Berechnung von Quadratwurzeln möglich.

Wir geben nun die Grundzüge zweier weiterer Verfahren zur Konstruktion der Cholesky-Zerlegung $A=LL^T$ an. Ihre Unterschiede sind insbesondere dann von Bedeutung, wenn die Matrix A so groß ist, daß sie nicht im Hauptspeicher eines Rechners gehalten werden kann.

1. Die symmetrische positiv definite Matrix $A\in M_n(\mathbb{R})$ sei partitioniert gemäß

$A=\begin{bmatrix} a_{11} & a_1^T \\ a_1 & A_1 \end{bmatrix}$ mit $a_{11}\in\mathbb{R}$, $a_1\in\mathbb{R}^{n-1}$ und $A_1\in M_{n-1}(\mathbb{R})$. Dann ist

$$A=\begin{bmatrix}\sqrt{a_{11}} & 0\\ \frac{a_1}{\sqrt{a_{11}}} & I_{n-1}\end{bmatrix}\begin{bmatrix}1 & 0\\ 0 & A_1-\frac{a_1a_1^T}{a_{11}}\end{bmatrix}\begin{bmatrix}\sqrt{a_{11}} & \frac{a_1^T}{\sqrt{a_{11}}}\\ 0 & I_{n-1}\end{bmatrix}=:L_1\begin{bmatrix}1 & 0\\ 0 & \tilde{A}_1\end{bmatrix}L_1^T$$ eine Zerlegung von A,

bei der L_1 eine elementare untere Dreiecksmatrix ist und $\tilde{A}_1$ als Summe symmetrischer Matrizen symmetrisch ist. $\tilde{A}_1$ ist positiv definit, da für einen Vektor $x\in\mathbb{R}^{n-1}\setminus\{0\}$ gilt: $x^T\tilde{A}_1x=x^T(A_1-\frac{a_1a_1^T}{a_{11}})x=[\frac{x^Ta_1}{a_{11}}\ x^T]A[\frac{x^Ta_1}{a_{11}}\ x^T]^T$. Man schreitet fort mit der Konstruktion der Cholesky-Zerlegung, indem man nun $\tilde{A}_1$ wie A im obigen Schritt behandelt.

Pro Schritt wird eine Spalte von L berechnet, und die gesamte Restmatrix wird modifiziert. Die bereits berechneten Elemente der vorherigen Spalten werden nicht weiter zur Rechnung benötigt, analog zum Gaußschen Algorithmus.

2. Die symmetrische positiv definite Matrix $A\in M_n(\mathbb{R})$ sei partitioniert gemäß $A=\begin{bmatrix}A_{n-1} & a_n\\ a_n^T & a_{nn}\end{bmatrix}$ mit $a_{nn}\in\mathbb{R}$, $a_n\in\mathbb{R}^{n-1}$ und $A_{n-1}\in M_{n-1}(\mathbb{R})$. Besitzt A_{n-1} eine LL^T-Zerlegung in $A_{n-1}=L_{n-1}L_{n-1}^T$, so ist $A=\begin{bmatrix}L_{n-1} & 0\\ \ell_n^T & \ell_{nn}\end{bmatrix}\begin{bmatrix}L_{n-1}^T & \ell_n\\ 0 & \ell_{nn}\end{bmatrix}$ mit $\ell_n=L_{n-1}^{-1}a_n$ und $\ell_{nn}=(a_{nn}-\ell_n^T\ell_n)^{1/2}$ eine LL^T-Zerlegung von A. Dabei ist

$a_{nn}-\ell_n^T\ell_n=[(A_{n-1}^{-1}a_n)^T\ \ -1]\begin{bmatrix}A_{n-1} & a_n\\ a_n^T & a_{nn}\end{bmatrix}\begin{bmatrix}A_{n-1}^{-1}a_n\\ -1\end{bmatrix}>0$. Verwendet man nun diese Beziehung sukzessiv für die Hauptabschnitte $A[2],\ldots,A[n]$, so kann man L zeilenweise aufbauen. Es ist jeweils ein Gleichungssystem der Art $L_{n-1}\ell_n=a_n$ (durch Vorwärtseinsetzen) zu lösen, und das Diagonalelement ist zu berechnen. Zur Bestimmung einer Zeile von L verwendet man die bereits berechneten Elemente und die Elemente der entsprechenden Zeile von A. Es besteht eine große Ähnlichkeit zum spaltenweisen Vorgehen von Algorithmus 2.3.2.

Wir erwähnen noch eine günstige numerische Eigenschaft der Cholesky-Zerlegung, die aus der Beziehung $a_{ii}=\sum_{j=1}^{i}\ell_{ij}^2$ folgt. Es gilt:

(2.3.1) $|\ell_{ij}|\le\sqrt{a_{ii}}$ für $i,j\in\{1,\ldots,n\}$ mit $j\le i$.

<u>Symmetrische, nicht positiv definite Matrizen</u>

Bei symmetrischen positiv definiten Matrizen kann die Symmetrie bei der Konstruktion einer LL^T-Zerlegung gut ausgenutzt werden, weil keine Pivotisierung erforderlich ist. Bei symmetrischen Matrizen, die nicht positiv definit sind, ist die Existenz einer LL^T-Zerlegung ohne Permutation nicht gesichert. Auch aus numerischen Gründen ist gegebenenfalls eine Pivotisierung erforderlich, die i.a. dann die Symmetrie zerstört. Man ist also an Techniken interessiert, die bei der

Konstruktion einer LR-Zerlegung die Symmetrie erhalten und gutes Rundungsfehlerverhalten haben.
Wir beschreiben einen Algorithmus, der sich bei einem Vergleich von Verfahren zur Lösung symmetrischer Gleichungssysteme (s. Barwell & George [13] als gut erwiesen hat.

Der Algorithmus von Parlett, Reid und Aasen

Bei den bisher betrachteten Verfahren zur Konstruktion einer LL^T-Zerlegung für symmetrische positiv definite Matrizen, bei denen ja keine Pivotisierung erforderlich ist, kann bei einer Pivotisierung die Symmetrie nur beibehalten werden, wenn man gleichzeitige Zeilen- und Spaltenvertauschungen vornimmt (das entspricht einer Pivotsuche nur auf der Diagonalen). Allgemein erhält jede Kongruenztransformation $A \to BAB^T$, $B \in M_n(\mathbb{R})$, die Symmetrie.
Strebt man nun nicht die Konstruktion einer Zerlegung $PAP^T=LDL^T$ an (mit einer unteren Dreiecksmatrix L mit Einheitsdiagonale, einer Diagonalmatrix D und einer Permutationsmatrix P), sondern begnügt sich mit einer Zerlegung $PAP^T=LTL^T$ mit einer Tridiagonalmatrix T (P und L wie vorher), so läßt sich diese Zerlegung mit ähnlichem Rundungsfehlerverhalten wie die Gaußsche Elimination mit partieller Pivotisierung konstruieren.
Hat man eine solche Zerlegung, deren Konstruktion anschließend beschrieben wird, so sind zur Lösung des Gleichungssystems $Ax=b$ noch folgende Schritte erforderlich:

1. Löse $Ly=Pb$ (Vorwärtseinsetzen)
2. Löse $Tz=y$
3. Löse $L^Tw=z$ (Rückwärtseinsetzen)
4. Bilde $x=P^Tw$.

Das tridiagonale Gleichungssystem in Schritt 2 kann mit dem gewöhnlichen Gauß-Algorithmus mit partieller Pivotisierung gelöst werden, bei dem die Zerstörung der Symmetrie nicht ins Gewicht fällt (vgl. die Bemerkung zu Bandmatrizen in Abschnitt 2.7).

Wir beschreiben nun die Transformation auf Tridiagonalgestalt: $A \to P^TLTL^TP$. Ebenso wie beim Gaußschen Algorithmus wird L sukzessive spaltenweise aufgebaut; der Unterschied besteht darin, daß man eine elementare untere Dreiecksmatrix $L_i=I-\ell_i e_i^T$ mit $\ell_i=(0,\dots,0,\ell_{i+1,i},\dots,\ell_{ni})^T \in \mathbb{R}^n$, $i \in \{2,\dots,n-1\}$, die in der i-ten Spalte unterhalb der Diagonalen besetzt ist, dazu benutzt, die Spalte i-1 unterhalb der unteren Nebendiagonalen auszuräumen. Das Pivotelement befindet sich in Position (i,i-1), und es ist möglich, durch eine gleichzeitige Zeilen- und Spaltenvertauschung <u>jedes</u> Element der Spalte i-1 in diese Position zu bringen (sogar jedes Nichtdiagonalelement der gesamten Matrix). In eine Diagonalposition kann man hingegen durch gleichzeitige Zeilen- und Spaltenvertauschung nur Diagonalelemente bringen.

Im einzelnen sieht der erste Reduktionsschritt folgendermaßen aus:

Sei $A=\begin{bmatrix} a_{11} & a_{21} & \cdots & a_{n1} \\ a_{21} & & & \\ \vdots & & A_{22} & \\ a_{n1} & & & \end{bmatrix} \in M_n(\mathbb{R})$ nichtsingulär und symmetrisch, $(a_{21},\ldots,a_{n1})^T \neq 0$.

Permutationsschritt: Bestimme ein betragsgrößtes Element in der ersten Spalte unterhalb der Diagonalen und vertausche die entsprechende Zeile mit der zweiten, ebenso die entsprechenden Spalten. $\pi\in\mathbb{R}^n$ bzw. $P_2\in M_n(\mathbb{R})$ beschreibe diese Permutation.

Eliminationsschritt: Berechne mit $L_2:=I-\ell_2e_2^T$, $\ell_2:=(0,0,\frac{a_{\pi(3),1}}{a_{\pi(2),1}},\ldots,\frac{a_{\pi(n),1}}{a_{\pi(2),1}})^T$,

(2.3.2) $$A^{(1)}:=L_2P_2AP_2^TL_2^T=\begin{bmatrix} a_{11} & a_{\pi(2),1} & 0 & \cdots & 0 \\ a_{\pi(2),1} & & & & \\ 0 & & & & \\ \vdots & & A_{22}^{(1)} & & \\ 0 & & & & \end{bmatrix}.$$

Entsprechend fährt man fort und bildet für $j=2,\ldots,n-2$

(2.3.3) $$A^{(j)}:=L_{j+1}P_{j+1}A^{(j-1)}P_{j+1}^TL_{j+1}^T;$$

dabei ist $L_{j+1}=I-(0,0,\ldots,0,\ell_{j+2,j+1},\ldots,\ell_{n,j+1})e_{j+1}^T$ mit geeigneten $\ell_{i,j+1}$ und P_{j+1} eine Permutationsmatrix, die eine geeignete Zeile mit Index größer oder gleich $j+1$ mit der $(j+1)$-ten Zeile vertauscht.

Dann besitzt $T:=A^{(n-2)}=L_{n-1}P_{n-1}L_{n-2}\ldots L_2P_2AP_2^TL_2^T\ldots L_{n-2}^TP_{n-1}^TL_{n-1}^T$ Tridiagonalgestalt.

Ebenso wie bei der Herleitung von (2.2.3) ist es möglich, die Permutationsmatrizen "nach rechts durchzuschieben", so daß T als

$T=\tilde{L}_{n-1}\ \ldots\ \tilde{L}_2P_{n-1}\ \ldots\ P_2AP_2^T\ \ldots P_{n-1}^T\tilde{L}_2^T\ \ldots\ \tilde{L}_{n-1}^T=:L^{-1}PAP^TL^{-T}$ darstellbar ist und somit $PAP^T=LTL^T$ ist.

Zur Speicherung der wesentlichen Elemente der elementaren unteren Dreiecksmatrix L_i verwendet man die Spalte $i-1$, da dort Nullen erzeugt werden. Die Elemente von T überschreiben sukzessiv die von A. Der Speicherplatzbedarf ist etwa halb so groß wie beim gewöhnlichen Gauß-Algorithmus, der Rechenaufwand etwa genau so groß (ungefähr $n^3/3$ wesentliche Operationen). Durch eine geschickte Organisation der Elimination ist es jedoch möglich, auch den Rechenaufwand zu halbieren. Der Einfachheit halber wählen wir eine Formulierung ohne Permutation.

Ist $A=LTL^T$, L untere Dreiecksmatrix mit Einheitsdiagonale und erster Spalte e_1 und T Tridiagonalmatrix (wie oben), so ist

(2.3.4) $$H:=TL^T$$

eine obere Hessenbergmatrix, und es gilt

(2.3.5) $$A=LH.$$

Durch Verwendung dieser beiden Beziehungen läßt sich die Symmetrie besser ausnutzen als bei der oben beschriebenen Form der Elimination, die eigentlich nur die Beziehung A=LH ausnutzt.

Es seien die ersten k-1 Spalten von T (und somit auch Zeilen) und die ersten k Spalten von L (Zeilen von L^T) bereits berechnet; dann sind also auch die Elemente h_{ji} für $j,i\in\{1,\ldots,k-1\}$ bekannt. Die k-te Spalte von T (Elemente t_{kk} und $t_{k+1,k}$) und die (k+1)-te Spalte von L erhält man dann folgendermaßen:

1. Berechne mittels (2.3.4) h_{jk} für $j\in\{1,\ldots,k-1\}$:

$$h_{jk}=\sum_{i=1}^{k} t_{ji}\ell_{ki}=\begin{cases}\sum_{i=1}^{2} t_{1i}\ell_{ki} & \text{für } j=1\\ \sum_{i=j-1}^{j+1} t_{ji}\ell_{ki} & \text{für } j\in\{2,\ldots,k-1\}.\end{cases}$$

2. Berechne mittels (2.3.5) die restlichen Elemente der k-ten Spalte von H:

h_{kk} aus der Gleichung $a_{kk}=\sum_{i=1}^{k}\ell_{ki}h_{ik}$ und

$h_{k+1,k}$ aus der Gleichung $a_{k+1,k}=\sum_{i=1}^{k+1}\ell_{k+1,i}h_{ik}$ (beachte, daß $\ell_{k+1,k+1}=1$ gilt).

3. Berechne mittels (2.3.4) die k-te Spalte von T:

t_{kk} aus $h_{kk}=\sum_{i=1}^{k}t_{ki}\ell_{ki}=t_{k,k-1}\ell_{k,k-1}+t_{kk}$ und

$t_{k+1,k}$ aus $h_{k+1,k}=\sum_{i=1}^{k}t_{k+1,i}\ell_{ki}=t_{k+1,k}$.

4. Berechne mittels (2.3.5) die (k+1)-te Spalte von L:

$\ell_{j,k+1}$ aus $a_{jk}=\sum_{i=1}^{k+1}\ell_{ji}h_{ik}$ für $j\in\{k+2,\ldots,n\}$.

Der Rechenaufwand beträgt für Schritt 1 etwa 3k, für Schritt 2 und 3 etwa 2k und für Schritt 4 etwa k(n-k) wesentliche Operationen, so daß insgesamt nur etwa $\sum_{k=1}^{n-2}(5k+nk-k^2)$, das sind ungefähr $n^3/6$, wesentliche Operationen erforderlich sind. Damit benötigt dieser Algorithmus zur Konstruktion der Zerlegung nur den gleichen Rechenaufwand wie das Cholesky-Verfahren, zusätzlich sind etwa $n^2/2$ Vergleiche bei der partiellen Pivotisierung erforderlich. Bei der Verwendung dieser Zerlegung zur Lösung eines Gleichungssystems ist zusätzlich ein tridiagonales Gleichungssystem zu lösen.

BEMERKUNG (der Algorithmus von Bunch, Kaufman und Parlett): Eine weitere die Symmetrie ausnutzende Methode, die sich beim Vergleich von Barwell & George ([13] als gut erwiesen hat, stammt von Bunch, Kaufman und Parlett. Dabei wird zur Verbesserung der numerischen Eigenschaften eine besondere Pivotstrategie benutzt. Da eine Zerlegung $A=LDL^T$, D eine Diagonalmatrix und L eine untere Dreiecksmatrix mit Einheitsdiagonale, unter Ausnutzung der Symmetrie ja gar nicht bzw. nicht stabil zu berechnen ist, wird ebenfalls eine Zerlegung $A=LTL^T$, T tridiagonal, berechnet. Der Ansatz besteht darin, T als Blockdiagonalmatrix mit Blöcken der Größe 1×1 oder 2×2 zu wählen. Die Blockgröße wird in Abhängigkeit vom betragsgrößten Diagonalelement der Restmatrix und vom betragsgrößten Element der gesamten Restmatrix bestimmt. Eine Modifikation besteht in einer Teilpivotisierung, bei der nur jeweils zwei Spalten der Restmatrix betrachtet werden.

Hinweise

Ein ALGOL-Programm für das Cholesky-Verfahren wird in Martin, Peters & Wilkinson [167] dokumentiert. Schwarz, Rutishauser & Stiefel [258] enthält ebenfalls ein ALGOL-Programm; dort werden zudem einige nützliche Eigenschaften positiv definiter Matrizen beschrieben, unter anderen auch Definitheitskriterien. Dem Algorithmus von Parlett, Reid und Aasen liegen die Aufsätze von Parlett & Reid [210] und Aasen [1] zugrunde; beide enthalten entsprechende ALGOL-Programme. Der Algorithmus von Bunch, Kaufman und Parlett geht auf Bunch [36], Bunch & Parlett [39], Bunch & Kaufman [37] und Bunch, Kaufman & Parlett [38] zurück. Letztere Arbeit ist als Beitrag zur "Handbook Series Linear Algebra" erschienen in Fortsetzung der Reihe von ALGOL-Programmen, die in Wilkinson & Reinsch [316] zusammengestellt sind.

2.4 RUNDUNGSFEHLER BEI DER DIREKTEN LÖSUNG LINEARER GLEICHUNGSSYSTEME

Bei den bisher betrachteten direkten Verfahren zur Lösung linearer Gleichungssysteme sind die Auswirkungen der während der Berechnungen auftretenden Rundungsfehler äquivalent zu Datenfehlereffekten, die auf kleinen Störungen der Anfangsdaten beruhen.

Die bisher betrachteten Verfahren zur Lösung linearer Gleichungssysteme erzeugen bei exakter Rechnung in endlich vielen Schritten die exakte Lösung. Daher treten bei diesen Methoden neben den unvermeidlichen Datenfehlereffekten, die im allgemeinen schon durch die Speicherung der Matrizen und der rechten Seiten entstehen, nur Fehler durch Rundungsprozesse während der Rechnung auf. Wir zeigen, daß die vier Verfahren

- Gaußsche Elimination mit partieller Pivotisierung (Algorithmus 2.2.8)
- Gaußsche Elimination mit vollständiger Pivotisierung
- kompaktes Gauß-Verfahren mit partieller Pivotisierung (Algorithmus 2.2.9)
- Cholesky-Verfahren (Algorithmus 2.3.2)

Lösungen erzeugen, welche die exakte Lösung eines leicht gestörten Gleichungssystems sind: Die Auswirkungen sämtlicher Rundungsfehler auf die Lösung sind äquivalent zu Datenfehlereffekten, die auf kleine Fehler in den Koeffizienten der Matrix zurückgehen. Für die Größe dieser äquivalenten Datenfehler geben wir ohne Beweis Abschätzungen an; wir skizzieren aber einige Zwischenschritte bei der Herleitung, um die Ergebnisse plausibler zu machen.

Wir setzen voraus, daß die Algorithmen durchführbar sind und daß sämtliche Permutationen, die ja nur eine Umspeicherung bzw. eine Umnumerierung bedeuten und keine Rundungsfehler erzeugen, bereits vor der eigentlichen Durchführung der Algorithmen ausgeführt worden sind.

Über die Arithmetik des verwendeten Rechners setzen wir (1.7.1) und (1.7.2) voraus. Für die Berechnung von Quadratwurzeln ist ebenfalls die Annahme $gl(\sqrt{x})=\sqrt{x}(1+\varepsilon)$ mit $|\varepsilon|\leq eps$ gerechtfertigt, da die Berechnung von Quadratwurzeln ein sehr gut konditioniertes Problem darstellt (es tritt sogar Fehlerdämpfung ein) und die auf Rechnern implementierten Algorithmen (meistens das Newton-Verfahren) genügend genau sind.

Bei den Verfahren zur Lösung linearer Gleichungssysteme tritt sehr oft die Bildung des Skalarprodukts auf, und man verwendet daher die Ergebnisse der Rundungsfehleranalyse aus Abschnitt 1.7. Es muß dazu z.B. die (wenig einschränkende) Voraussetzung $n\,eps \leq 0.01$ getroffen werden.

Sämtliche Algorithmen enthalten die drei Teilaufgaben:

1. Zerlege A in A=LR,
2. löse Ly=b,
3. löse Rx=y.

Sie unterscheiden sich in Teilaufgabe 1 in der Pivotstrategie (vollständig, partiell oder gar nicht) und in der Organisation der Rechnung (Standard-Elimination oder kompaktes Schema). Für die folgenden Überlegungen legen wir das Gaußsche Eliminationsverfahren mit partieller Pivotisierung zugrunde; die Übereinstimmungen mit den anderen Verfahren und die Unterschiede diskutieren wir anschließend.

Ein Eliminationsschritt bei der LR-Zerlegung wird beschrieben durch die Multiplikation $L_k A^{(k-1)}=A^{(k)}$, $k\in\{1,\dots,n-1\}$. Dabei entstehen zunächst bei der Berechnung der Elemente $\ell_{jk}=a_{jk}^{(k-1)}/a_{kk}^{(k-1)}$ für $j>k$ Rundungsfehler, die sich bei der Multiplikation auf die Elemente in den Positionen (j,i), $j\geq k+1$ und $i>k$, in $A^{(k)}$ auswirken. Faßt man diese Fehler zu einer Matrix $E^{(k)}$ zusammen, so gilt mit den <u>berechneten</u> Matrizen $L_k, A^{(k-1)}$ und $A^{(k)}$

$$L_k A^{(k-1)} = A^{(k)} - E^{(k)}.$$

Da die ersten k Zeilen von $E^{(k)}$ Nullzeilen sind und die Inverse einer elementaren unteren Dreiecksmatrix L_j dieselbe Gestalt wie L_j hat (s. Lemma 2.2.1 i)), gilt

(2.4.1) $L_j^{-1} E^{(k)} = E^{(k)}$ für $j\in\{1,\dots,k\}$.

Damit ist für $k\in\{1,\ldots,n-1\}$

$$A^{(k-1)}=L_k^{-1}A^{(k)}-E^{(k)},$$

und durch sukzessives Einsetzen unter Berücksichtigung von (2.4.1) erhält man $A=A^{(o)}=L_1^{-1}L_2^{-1}\ldots L_{n-1}^{-1}A^{(n-1)}-E^{(1)}-E^{(2)}-\ldots-E^{(n-1)}=LR-E$, dabei ist $L:=L_1^{-1}L_2^{-1}\ldots L_{n-1}^{-1}$, $R:=A^{(n-1)}$ und $E:=E^{(1)}+E^{(2)}+\ldots+E^{(n-1)}$.

Die Auswirkungen der Rundungsfehler bei der Berechnung der LR-Zerlegung entsprechen also einem Datenfehlereffekt, bewirkt durch die Störung E.

Die Größe der Elemente der Fehlermatrix E hängt von der Dimension n des Problems ab und der Größe der Elemente $a_{ij}^{(k)}$ in den Zwischenmatrizen.

SATZ 2.4.1: *Sei* $A\in M_n(\mathbb{R})$; *Algorithmus* 2.2.8 *(Gaußscher Algorithmus mit partieller Pivotisierung zur Konstruktion einer* LR-*Zerlegung von* A*) sei ohne Permutationen durchführbar. Seien* L *und* R *die berechneten Faktoren der Zerlegung. Dann existiert eine Matrix* $E\in M_n(\mathbb{R})$, *so daß* $A+E=LR$ *ist. Die Elemente* e_{ij} *von* E *können beschränkt werden durch*

(2.4.2) $|e_{ij}|\leq c\cdot n\cdot a\cdot g\cdot eps$;

dabei ist c *eine Konstante in der Größenordnung von* 1, $a:=\max_{i,j\in\{1,\ldots,n\}}|a_{ij}|$, $g:=\frac{1}{2}\max_{i,j,k}|a_{ij}^{(k)}|$ *und* $eps=\frac{1}{2}\beta^{-t+1}$ *die Maschinengenauigkeit.*

Für einen Beweis siehe Stewart [273] Thm. 3.5.2 und App. 3.

Die Aussagen dieses Satzes gelten auch für die Gaußsche Elimination mit vollständiger Pivotisierung, das kompakte Gauß-Verfahren mit partieller Pivotisierung und das Cholesky-Verfahren; die Art der Pivotisierung hat Einfluß auf die Größe des Wachstumsfaktors g.

Bei partieller Pivotisierung sind die Elemente von L durch 1 beschränkt. Daher gilt für alle $k\in\{0,\ldots,n-2\}$: $\max_{i,j}|a_{ij}^{(k-1)}|=\max_{i,j}|a_{ij}^{(k)}-\ell_{ik}a_{kj}^{(k)}|\leq 2\max_{i,j}|a_{ij}^{(k)}|$ und somit

(2.4.3) $g\leq 2^{n-1}$.

Für Matrizen mit spezieller Struktur verringert sich diese Schranke gegebenenfalls; so ist für Tridiagonalmatrizen $g\leq 2$ und für obere Hessenbergmatrizen $g\leq n-1$. Bei vollständiger Pivotisierung ist die Schranke in (2.4.3) natürlich ebenfalls gültig, eine wesentlich bessere Schranke ist jedoch $g\leq(n\cdot 2\cdot 3^{1/2}\cdot 4^{1/3}\ldots n^{1/(n-1)})^{1/2}$, und man vermutet, daß sogar $g\leq n$ gilt.

Die kompakte Zerlegung mit partieller Pivotisierung hat dieselben numerischen Eigenschaften wie die Standard-Gauß-Zerlegung. Berechnet man jedoch die inneren Produkte mit doppelt genauer Akkumulation, so sind die numerischen Eigenschaften der kompakten Zerlegung günstiger, der Faktor n in der Abschätzung (2.4.2) entfällt dann.

Bei der Cholesky-Zerlegung findet keine Pivotisierung statt, die Elemente der Eliminationsmatrizen L_j sind daher nicht notwendig durch 1 beschränkt. Die be-

sonderen Eigenschaften symmetrischer positiv definiter Matrizen bewirken jedoch, daß der Wachstumsfaktor sogar durch 1 beschränkt ist. Bei doppelt genauer Akkumulation der inneren Produkte entfällt wieder der Faktor n in (2.4.2).
Führt man bei einer beliebigen Matrix A keine Pivotisierung durch, so kann man keine Schranke für g angeben.
Für symmetrische positiv definite Matrizen hat man mit dem Cholesky-Verfahren also eine Methode zur Verfügung, die die Symmetrie ausnutzt und außerdem sehr gutes Rundungsfehlerverhalten zeigt (der Wachstumsfaktor bleibt für positiv definite symmetrische Matrizen übrigens auch beim Gaußschen Algorithmus mit partieller Pivotisierung durch 1 beschränkt, dieses Verfahren nutzt aber nicht die Symmetrie aus). Die drei anderen Verfahren für beliebige Matrizen könnte man nun nach der Güte ihrer numerischen Eigenschaften in der Reihenfolge a) Standard-Gauß-Elimination mit vollständiger Pivotisierung, b) kompakte Gauß-Elimination mit partieller Pivotisierung und c) Standard-Gauß-Elimination mit partieller Pivotisierung anordnen, wobei die kompakte Zerlegung nur bei doppelt genauer Akkumulation der inneren Produkte einen Vorteil gegenüber der Standard-Zerlegung besitzt. Da die Gauß-Zerlegung mit vollständiger Pivotisierung jedoch einen erheblich größeren Rechenaufwand erfordert (bei der Berechnung von $A^{(k)}$ muß das Maximum von $(n-k+1)^2$ Elementen bestimmt werden gegenüber $n-k+1$ Elementen bei partieller Pivotisierung) und ein starkes Anwachsen der Zwischengrößen in der Praxis auch bei partieller Pivotisierung selten auftritt, ist die Verwendung des Gaußschen Algorithmus mit partieller Pivotisierung weit verbreitet und liefert im allgemeinen auch zufriedenstellende Resultate.
Wir erwähnen in diesem Zusammenhang noch einmal, daß sich sämtliche Aussagen auf Eigenschaften der numerischen Verfahren beziehen, eine möglicherweise starke Anfälligkeit der gegebenen Matrix gegenüber Datenfehlern ist davon unabhängig und kann durch keinen noch so guten Algorithmus vermieden werden.

Nachdem das Rundungsfehlerverhalten bei der Konstruktion einer LR-Zerlegung untersucht ist, müssen nun die Einsetzungsprozesse $Ly=b$ und $Rx=y$ analysiert werden.

<u>SATZ 2.4.2</u>: *Sei* $T\in M_n(\mathbb{R})$ *eine nichtsinguläre Dreiecksmatrix und sei* $b\in\mathbb{R}^n$. *Es existiert eine Matrix* $E\in M_n(\mathbb{R})$, *so daß die durch sukzessives Einsetzen <u>berechnete</u> Lösung* $x\in\mathbb{R}^n$ *des Gleichungssystems* $Tx=b$ *die <u>exakte</u> Lösung des Gleichungssystems* $(T+E)x=b$ *ist. Die Elemente von* E *können beschränkt werden durch*

(2.4.4) $|e_{ij}|\leq c(n+1)|t_{ij}|\,eps$.

Dabei ist c *eine Konstante der Größenordnung von* 1 *und* eps *die Maschinengenauigkeit.*

Für einen Beweis siehe Stewart [273] Thm. 3.5.1 und App. 3.

Dieses sehr zufriedenstellende Verhalten verbessert sich sogar noch, wenn man innere Produkte doppelt genau akkumuliert. Dann entfällt der Faktor n+1 in

(2.4.4), und die Rundungsfehlerauswirkungen sind äquivalent zu den Auswirkungen, die durch Runden der Elemente von T entstehen.
Sind nun ΔL und ΔR die entsprechenden Störungen in L und R aufgrund des letzten Satzes, so kann man diese Abschätzungen mit den Abschätzungen für E in A+E=LR (s. Satz 2.4.1) kombinieren. Die berechnete Lösung x ist die exakte Lösung des Gleichungssystems $(L+\Delta L)(R+\Delta R)x=b$, so daß mit A+E=LR und $F:=E+\Delta L\cdot R+L\cdot\Delta R+\Delta L\cdot\Delta R$ die erste Teilaussage des folgenden Satzes folgt.

<u>SATZ 2.4.3</u>: *Sei* $A\in M_n(\mathbb{R})$ *und* $b\in\mathbb{R}^n$. *Algorithmus* 2.2.8 *(Gaußscher Algorithmus mit partieller Pivotisierung zur Konstruktion einer* LR-*Zerlegung von* A*) sei ohne Permutationen durchführbar. Es existiert eine Matrix* $F\in M_n(\mathbb{R})$, *so daß die mit dem Gaußschen Algorithmus mit partieller Pivotisierung und durch Vorwärts- und Rückwärtseinsetzen* ***berechnete*** *Lösung des Gleichungssystems* Ax=b *die* ***exakte*** *Lösung des Gleichungssystems* (A+F)x=b *ist. Die Elemente von* F *können beschränkt werden durch*

(2.4.5) $|f_{ij}|\leq[c_1n+2c_2n^2+c_2^2n^3\text{eps}]\cdot a\cdot g\cdot\text{eps}$.

Dabei sind c_1 *und* c_2 *Konstanten in der Größenordnung von* 1 *und* a *und* g *wie in Satz* 2.4.1.

Für einen Beweis siehe Stewart [273] Thm. 3.5.3.

Zur Herleitung von (2.4.5) verwendet man die Schranken für ΔL und ΔR aus Satz 2.4.2 und für E aus Satz 2.4.1; die Elemente von L sind beschränkt durch 1, die von $R=A^{(n-1)}$ durch ag; das größte Element eines Matrizen-Produkts ist beschränkt durch das n-fache des Produkts der größten Elemente jeder einzelnen Matrix.
Bei Verwendung doppelt genau akkumulierter innerer Produkte beim kompakten Gauß-Verfahren und beim Cholesky-Verfahren verbessert sich der erste Faktor in (2.4.5) zu $[c_1+2c_2n+c_2^2n^2\text{ eps}]$; für den Faktor g trifft weiterhin das bereits im Anschluß an Satz 2.4.1 gesagte zu.
Aus der komponentenweisen Abschätzung (2.4.5) (bzw. genauer aus einer detaillierteren Darstellung von F) gewinnt man leicht eine Abschätzung in der Zeilensummennorm $\|\cdot\|_\infty$, so daß man den Störungssatz 1.8.10 anwenden kann zur Abschätzung des Fehlers der berechneten Lösung.
Für die explizite Berechnung der Inversen einer nichtsingulären Matrix A löst man die n Gleichungssysteme $Ax=e_i$, $i\in\{1,\ldots,n\}$, für die Spalten der Inversen, so daß auch hier die numerischen Eigenschaften ähnlich sind wie in den diskutierten Fällen. Man kann jedoch nicht zeigen, daß die berechnete Inverse die exakte Inverse einer nur leicht gestörten Matrix ist, denn die Störungen, die man mit den obigen Überlegungen erhält, sind im allgemeinen für jede Spalte von A^{-1} verschieden. Ist Y die berechnete Inverse, so kann man jedoch mit Hilfe des Residuums R:=AY-I und Satz 1.8.12 den Fehler im Ergebnis abschätzen.
Die beiden Verfahren für symmetrische, nicht positiv definite Gleichungssysteme

zeigen ähnliches Rundungsfehlerverhalten wie der Gauß-Algorithmus mit partieller Pivotisierung. Speziell bei der Lösung der tridiagonalen Gleichungssysteme, die ja zusätzlich zum Vorwärts- und Rückwärtseinsetzen auftreten, ist kein großer zusätzlicher Genauigkeitsverlust zu befürchten, da hierbei der Wachstumsfaktor durch 2 beschränkt ist.
Beim Algorithmus von Bunch, Kaufman und Parlett ist die Pivotstrategie (Wahl eines 1×1- oder eines 2×2-Pivotblocks) speziell auf die Kontrolle des Wachstumsfaktors ausgerichtet. Man erreicht dabei eine Schranke von $g\leq(2.57)^{n-1}$.

Skalierung
Wegen des Auftretens des Wachstumsfaktors $g=\max\limits_{i,j,k}|a_{ij}^{(k)}|/\max\limits_{i,j}|a_{ij}|$ sind die Schranken in (2.4.2) und (2.4.4) für die äquivalenten Datenfehler in den einzelnen Komponenten nur relativ zum maximalen Element von A. Besitzt A Elemente recht unterschiedlicher Größenordnung, so können die relativen äquivalenten Datenfehler der kleinen Elemente sehr groß werden. Daraus kann dann ebenfalls ein sehr großer Fehler im Ergebnis entstehen. Aus diesem Grunde strebt man an, die gegebene Matrix durch Multiplikation der Zeilen und Spalten mit geeigneten Faktoren so zu skalieren, daß die Elemente etwa gleich groß werden. Eine solche Skalierung entspricht der äquivalenten Umformung des Gleichungssystems $Ax=b$ in $D_1AD_2y=D_1b$ mit nichtsingulären Diagonalmatrizen D_1 und D_2; es ist dann $y=D_2^{-1}x$. Man kann zum Beispiel die Skalierungsfaktoren so wählen, daß die betragsmaximalen Elemente jeder Zeile und jeder Spalte etwa gleich groß werden, oder man kann andere Normen der Zeilen gleich groß machen.
Bei expliziter Veränderung der Matrix A ist es ratsam, als Faktoren nur Potenzen der Basis β der Rechenanlage zu verwenden, um nicht durch das Skalieren unnötige Rundungsfehler zu erzeugen. Andererseits kann man die Skalierungsfaktoren separat speichern und sie nur implizit bei der Bestimmung der Pivotelemente verwenden, ohne tatsächlich die mit den Skalierungsfaktoren multiplizierten Elemente zu speichern.
Der Effekt einer Skalierung besteht in einer veränderten Auswahl der Pivotelemente; mit obigen Strategien hofft man, ein günstigeres Rundungsfehlerverhalten zu erreichen. Theoretisch ist jedoch nicht geklärt, welche Strategie optimal ist. Oft wird es als erstrebenswert angesehen, D_1 und D_2 so zu wählen daß die Konditionszahl $\mathrm{cond}(D_1AD_2)$ minimal wird. Dieses Problem ist jedoch nicht einmal theoretisch für jede Norm gelöst. Für die Norm $\|\cdot\|_\infty$ muß man für irreduzible Matrizen $D_1^{-1}=\mathrm{diag}(u)$ und $D_2=\mathrm{diag}(v)$ wählen, u positiver Eigenvektor der Matrix $|A||A^{-1}|$, v positiver Eigenvektor der Matrix $|A^{-1}||A|$ (vgl. Abschnitt 3.3). Praktisch ist dies jedoch nicht möglich, weil man A^{-1} nicht kennt.
Man wird sich im allgemeinen darauf beschränken, offensichtliche Diskrepanzen in der Größenordnung der Elemente von A durch "Inspektion" zu entdecken und ad

hoc zu beseitigen oder auf eine der obigen Strategien zu vertrauen.

Hinweise

In den beiden Büchern von Wilkinson [309], [312] werden ausführlich und grundlegend sehr viele Aspekte der Rundungsfehleranalyse bei den direkten Verfahren zur Lösung linearer Gleichungssysteme behandelt. Übersichtlich und relativ ausführlich sind die Darstellungen von Forsythe & Moler [88] und Stewart [273]. Zum Problem der Skalierung gibt es eine Reihe von teilweise klassischen Aufsätzen; wir erwähnen Forsythe & Straus [89], Bauer [16], [17], [18] (Bestimmung von D_1 und D_2, so daß $\text{cond}_\infty(D_1AD_2)$ optimal ist), Businger [48] und van der Sluis [286], [287]. Einen neueren Ansatz zur Skalierung, der berücksichtigt, daß die Genauigkeit der Lösung auch von der rechten Seite und von den relativen Datenfehlern in den einzelnen Koeffizienten abhängt, enthält Skeel [260] (vgl. die Hinweise zu Abschnitt 1.8, Nahrgang [184]).

2.5 QR-ZERLEGUNG

Die QR-Zerlegung einer Matrix A in das Produkt einer unitären Matrix Q und einer oberen Dreiecksmatrix R bildet die Grundlage für einige Verfahren zur Lösung des linearen Ausgleichsproblems und zur Lösung des Eigenwertproblems. Wir beschreiben drei Verfahren zur Konstruktion einer QR-Zerlegung, die Verfahren nach Householder, nach Gram-Schmidt und nach Givens.

Die LR-Zerlegung (vgl. Abschnitt 2.2) einer nichtsingulären Matrix A eignet sich zur Berechnung der Lösung des Gleichungssystems $Ax=b$ insbesondere wegen der folgenden Eigenschaften: a) Die Koeffizientenmatrix wird auf eine einfache Gestalt (obere Dreiecksgestalt) transformiert, so daß das transformierte Gleichungssystem leicht zu lösen ist; b) die Transformationsmatrix L ist einfach als Produkt von elementaren (unteren Dreiecks-) Matrizen zu berechnen und leicht zu invertieren (siehe Lemma 2.2.1 und Lemma 2.2.2). Solche Eigenschaften hat auch die im folgenden beschriebene QR-Zerlegung. Zur Berechnung der Lösung eines linearen Gleichungssystems ist die Verwendung dieser Zerlegung jedoch nicht sehr gebräuchlich, da zu ihrer Konstruktion ein etwa doppelt so großer Rechenaufwand erforderlich ist wie zur Konstruktion der LR-Zerlegung. Für das lineare Ausgleichsproblem ermöglicht die QR-Zerlegung einer Matrix jedoch die Entwicklung einer effizienten Berechnungsmethode, und das beste bekannte Eigenwert-Verfahren basiert auf der QR-Zerlegung.

Wir erweitern zunächst den Begriff einer oberen Dreiecksmatrix auf nichtquadratische Matrizen: Eine Matrix $R\in M_{m,n}(\mathbb{K})$ heißt <u>obere Dreiecksmatrix</u>, wenn $r_{ij}=0$ ist für $i>j$, $i\in\{1,\dots,m\}$, $j\in\{1,\dots,n\}$.

Für eine Matrix $A\in M_{m,n}(\mathbb{K})$ heißt dann $A=QR$ eine <u>QR-Zerlegung von A</u>, wenn $Q\in M_m(\mathbb{K})$ eine unitäre Matrix und $R\in M_{m,n}(\mathbb{K})$ eine obere Dreiecksmatrix ist.

Bei der Konstruktion der LR-Zerlegung wurde stets eine Eliminationsaufgabe der folgenden Art gelöst: Für vorgegebenes $y\in\mathbb{R}^n\setminus\{0\}$ bestimme $\ell_1:=(0,\ell_{21},\dots,\ell_{n1})^T$

und $\alpha\in\mathbb{R}$, so daß $(I-\ell_1 e_1^T)y=\alpha e_1$ ist. Die Matrix $I-\ell_1 e_1^T$ ist eine untere Dreiecksmatrix von besonders einfacher Gestalt, wobei die Matrix $\ell_1 e_1^T$ der Spezialfall einer sogenannten Dyade ist.

Eine Matrix $C\in M_n(\mathbb{K})$ heißt Dyade, wenn es $u,v\in\mathbb{K}^n$ gibt, so daß

$$C=uv^H=\begin{bmatrix} u_1\bar{v}_1\dots u_1\bar{v}_n \\ \vdots \qquad \vdots \\ u_n\bar{v}_1\dots u_n\bar{v}_n \end{bmatrix} \text{ ist.}$$

Sind $u,v\in\mathbb{K}^n\setminus\{0\}$, so hat uv^H den Rang 1. Jede Matrix vom Rang 1 ist eine Dyade. Die Eigenwerte der Dyade uv^H sind v^Hu und 0 ((n-1)-fach), da $(uv^H)u=(v^Hu)u$ ist und $(uv^H)x=0\cdot x$ für alle $x\in\mathbb{K}^n$ mit $v^Hx=0$.

Es ist $\|uv^H\|_2=\max\limits_{x\in\mathbb{K}^n\setminus\{0\}}\|uv^Hx\|_2/\|x\|_2=\max\limits_{x\in\mathbb{K}^n\setminus\{0\}}\|u\|_2|v^Hx|/\|x\|_2=\|u\|_2\|v\|_2$. Die letzte Gleichung folgt aus der Cauchy-Schwarzschen Ungleichung $|(x,v)|\le\|x\|_2\|v\|_2$, in der Gleichheit gilt, falls x und v linear abhängig sind.

Die mit Dyaden gebildeten elementaren Matrizen $I-\alpha uv^H$ mit $u,v\in\mathbb{K}^n$, $\alpha\in\mathbb{K}$ haben folgende Eigenschaften: Ihre Eigenwerte sind $1-\alpha v^Hu$ und 1 ((n-1)-fach). Für $\alpha,\beta\in\mathbb{K}$ ist $(I-\alpha uv^H)(I-\beta uv^H)=I-(\alpha+\beta-\alpha\beta v^Hu)uv^H$. Gilt also $\alpha v^Hu\neq 1$, so ist

(2.5.1) $\quad (I-\alpha uv^H)^{-1}=I-\dfrac{\alpha}{\alpha v^Hu-1}uv^H.$

Speziell für die oben erwähnte Matrix $I-\ell_1 e_1^T$ ist ja $e_1^T\ell_1=0$, und man erhält hiernach wieder die Inverse als $I+\ell_1 e_1^T$ (vgl. Lemma 2.2.1 i)).

QR-Zerlegung nach Householder

Ist $w\in\mathbb{K}^n$ mit $w^Hw=1$, so ist die elementare Matrix

(2.5.2) $\quad Q:=I-2ww^H$

Hermitesch, und nach (2.5.1) gilt $Q^{-1}=I-2ww^H$. Also ist $Q=Q^H=Q^{-1}$, d.h. Q ist unitär und Hermitesch. Geometrisch beschreibt Q eine Spiegelung an der Hyperebene $E=\{x\in\mathbb{K}^n \mid w^Hx=0\}$. Für jedes $x\in\mathbb{K}^n$ ist nämlich wegen $w^H(x-(w^Hx)w)=0$ durch $x=[x-(w^Hx)w]+[(w^Hx)w]=:x_E+x_{E^\perp}$ eine Zerlegung bezüglich der orthogonalen Komplemente E und $E^\perp$ gegeben, und es gilt $Qx=x-2ww^Hx=[x-(w^Hx)w]-[(w^Hx)w]=x_E-x_{E^\perp}$. Man nennt solche Matrizen Q Householder-Matrizen oder elementare Hermitesche Matrizen, gelegentlich auch elementare Spiegelungen. Wie die elementaren unteren Dreiecksmatrizen kann man sie zur Elimination von Vektor- und Matrixelementen verwenden. Wir betrachten dazu die folgende Eliminations-Grundaufgabe:

(2.5.3) Für vorgegebenes $y\in\mathbb{K}^n$ bestimme $k\in\mathbb{K}$ und $w\in\mathbb{K}^n$ mit $w^Hw=1$ oder $w=0$, so daß für $Q:=I-2ww^H$ gilt: $Qy=ke_1$.

Falls $y_2=y_3=\dots=y_n=0$ ist, so ist Q=I die naheliegendste Wahl. Andernfalls ist eine Lösung gegeben durch

$$k:=\begin{cases} -\operatorname{sgn} y_1\,\|y\|_2, & \text{falls } y_1\neq 0 \\ -\|y\|_2, & \text{falls } y_1=0 \end{cases} \quad \text{und } w:=\frac{1}{2k}(y-ke_1),$$

also $Q=I-\frac{1}{2K^2}(y-ke_1)(y-ke_1)^H$, wobei $2K^2=\|y\|_2(\|y\|_2+|y_1|)$ ist.

Diese Lösung erhält man durch folgende Überlegungen: Falls die Grundaufgabe (2.5.3) eine Lösung hat, so ist ja Q unitär und Hermitesch, und man hat daher für k die Bedingungen

$|k|^2=\|ke_1\|_2^2=\|Qy\|_2^2=\|y\|_2^2$ und $k\overline{y}_1=y^H(ke_1)=y^HQy\in\mathbb{R}$ (vgl. Korollar 1.6.5)

Also ist auf jeden Fall $k=\pm\operatorname{sgn} y_1\|y\|_2$. Setzt man nun $K:=w^Hy$, so liefert die Eliminationsbedingung $Qy=ke_1$:

$Qy=y-2ww^Hy=y-2Kw=ke_1$, d.h. $-2Kw=y-ke_1$.

Wegen $w^Hw=1$ muß schließlich gelten

$4K^2=(-2Kw)^H(-2Kw)=(y-ke_1)^H(y-ke_1)=y^Hy-2k\overline{y}_1+|k|^2=2|k|(|k|-\operatorname{sgn} k\overline{y}_1)$.

Wählt man nun $\operatorname{sgn} k=-\operatorname{sgn} y_1$, so erhält man

$2K^2=|k|(|k|+|y_1|)=\|y\|_2(\|y\|_2+|y_1|)$.

Bei der Wahl $\operatorname{sgn} k=\operatorname{sgn} y_1$ wird $2K^2=\|y\|_2(\|y\|_2-|y_1|)$, wobei man um Auslöschungserscheinungen zu vermeiden, die Größe $\|y\|_2-|y_1|$ gemäß

$\|y\|_2-|y_1|=\sum_{i=2}^{n}|y_1|^2/(\|y\|_2+|y_1|)$ auswerten sollte. In diesem Fall konvergieren aber für eine Vektorfolge $\{y_i\}_{i\in\mathbb{N}}$ mit $\lim_{i\to\infty} y_i=e_1$ die entsprechenden Eliminationsmatrizen Q_i mit $Q_iy_i=k_ie_1$ im allgemeinen <u>nicht</u> gegen eine Diagonalgestalt, so daß man die erstgenannte Vorzeichenwahl für k vorzieht.

Durch sukzessives Lösen entsprechender Eliminations-Grundaufgaben konstruiert man nun eine QR-Zerlegung einer Matrix. Dieses Verfahren ist nach Householder benannt.

<u>SATZ 2.5.1</u> *(Existenz einer QR-Zerlegung): Für jede Matrix* $A\in M_{m,n}(\mathbb{K})$ *existiert eine unitäre Matrix* $Q\in M_m(\mathbb{K})$ *und eine obere Dreiecksmatrix* $R\in M_{m,n}(\mathbb{K})$*, so daß* $A=QR$ *ist.*

<u>BEWEIS</u>: Das Vorgehen ist völlig analog zur Konstruktion der LR-Zerlegung. Es sei $A^{(1)}:=A$, $\ell:=\min\{m-1,n\}$. Besitzt für $i\in\{1,\ldots,\ell\}$ die Matrix $A^{(i)}$ die Gestalt

$$A^{(i)}=\begin{bmatrix} k_1 & x & \cdots & & \cdots & x \\ 0 & \ddots & & & & \vdots \\ \vdots & \ddots & k_{i-1} & x & \cdots & x \\ \vdots & & 0 & a_{ii}^{(i)} & \cdots & a_{in}^{(i)} \\ \vdots & & \vdots & \vdots & & \vdots \\ 0 & \cdots & 0 & a_{mi}^{(i)} & \cdots & a_{mn}^{(i)} \end{bmatrix}$$

, so ist für die verkürzte i-te Spalte

$y:=(a_{ii}^{(i)},\ldots,a_{mi}^{(i)})^T\in\mathbb{K}^{m-i+1}$ die Grundaufgabe $\tilde{Q}_iy:=(I_{m-i+1}-2\tilde{w}\tilde{w}^H)y=k_ie_1$ zu lösen.

Multipliziert man nun $A^{(i)}$ mit der unitären Matrix $Q_i:=\begin{bmatrix} I_{i-1} & 0 \\ 0 & \tilde{Q}_i \end{bmatrix}\in M_m(\mathbb{K})$, so erhält man die Gestalt

$$A^{(i+1)}:=Q_iA^{(i)}=\begin{bmatrix} k_1 & x & \cdots & & & x \\ 0 & \ddots & \ddots & & & \vdots \\ \vdots & \ddots & k_i & x & \cdots & x \\ \vdots & & 0 & a^{(i+1)}_{i+1,i+1} & \cdots & a^{(i+1)}_{i+1,n} \\ \vdots & & \vdots & \vdots & & \vdots \\ 0 & \cdots & 0 & a^{(i+1)}_{m,i+1} & \cdots & a^{(i+1)}_{m,n} \end{bmatrix}$$, wobei die ersten i-1 Zeilen

wegen der speziellen Gestalt von Q_i gegenüber $A^{(i)}$ unverändert bleiben.

Nach ℓ solchen Schritten ist $R:=A^{(\ell+1)}:=Q_\ell Q_{\ell-1}\dots Q_1A$ eine obere Dreiecksmatrix. Mit $Q:=(Q_\ell Q_{\ell-1}\dots Q_1)^{-1}=Q_1Q_2\dots Q_\ell$ ist dann $A=QR$, und Q ist als Produkt unitärer Matrizen unitär. □

<u>KOROLLAR 2.5.2</u>: *Sei* $A\in M_{m,n}(\mathbb{K})$.

i) *Es existiert eine unitäre Matrix* $W\in M_n(\mathbb{K})$ *und eine untere Dreiecksmatrix* $L\in M_{m,n}(\mathbb{K})$, *so daß* $A=LW$ *ist.*

ii) *Es existiert eine unitäre Matrix* $\tilde{Q}\in M_m(\mathbb{K})$ *und eine untere Dreiecksmatrix* $\tilde{L}\in M_{m,n}(\mathbb{K})$, *so daß* $A=\tilde{Q}\tilde{L}$ *ist.*

iii) *Es existiert eine unitäre Matrix* $\tilde{W}\in M_n(\mathbb{K})$ *und eine obere Dreiecksmatrix* $\tilde{R}\in M_{m,n}(\mathbb{K})$, *so daß* $A=\tilde{R}\tilde{W}$ *ist.*

iv) *Ist* rg $A=k$ *und sind die ersten* k *Spalten von* A *linear unabhängig, so existiert eine Vollrangzerlegung* $A=\hat{Q}\hat{R}$ *mit einer oberen Dreiecksmatrix* $\hat{R}\in M_{k,n}(\mathbb{K})$, *deren erste* k *Spalten linear unabhängig sind, und einer Matrix* $\hat{Q}\in M_{m,k}(\mathbb{K})$ *mit* $\hat{Q}^H\hat{Q}=I_k$.

<u>BEWEIS</u>: zu i): Ist $A^H=QR$ eine QR-Zerlegung von A^H, so ist $L:=R^H$ eine untere Dreiecksmatrix und $W:=Q^H$ eine unitäre Matrix, und es ist $A=LW$.

zu ii): $P_\ell:=\begin{bmatrix} 0 & \cdots & 1 \\ \vdots & \cdot^{\cdot^{\cdot}} & \vdots \\ 1 & \cdots & 0 \end{bmatrix}\in M_\ell(\mathbb{R})$ ist eine symmetrische Permutationsmatrix, d.h. es ist $P_\ell^2=P_\ell P_\ell^T=I_\ell$. Ist nun $P_mAP_n=QR$ eine QR-Zerlegung von P_mAP_n, so gilt $A=P_mQRP_n=(P_mQP_m)(P_mRP_n)$ und $\tilde{Q}:=P_mQR_m$ ist eine unitäre Matrix und $\tilde{L}:=P_mRP_n$ eine untere Dreiecksmatrix.

zu iii): Ist $A^H=\tilde{Q}\tilde{L}$ eine Zerlegung wie in ii), so ist $\tilde{R}:=\tilde{L}^H$ eine obere Dreiecksmatrix und $\tilde{W}:=\tilde{Q}^H$ eine unitäre Matrix, und es ist $A=\tilde{R}\tilde{W}$.

zu iv): Sei $A=QR$ eine QR-Zerlegung von A. Sei dabei $R=\begin{bmatrix} R_{11} & R_{12} \\ 0 & R_{22} \end{bmatrix}\begin{matrix}\}k \\ \}n-k\end{matrix}$ (Spalten: $\underbrace{}_{k}$ $\underbrace{}_{m-k}$), $Q=[\underbrace{Q_1}_{k}\ \underbrace{Q_2}_{m-k}]$ und $A=[\underbrace{A_1}_{k}\ \underbrace{A_2}_{m-k}]\}m$. Da rg $A=k$ ist und Q unitär, so ist auch rg $R=k$. Wegen $A_1=Q_1R_{11}$ und rg $A_1=k$ ist die obere Dreiecksmatrix $R_{11}\in M_k(\mathbb{R})$ nichtsingulär und R_{22} daher die Nullmatrix. Mit $\hat{Q}:=Q_1$ und $\hat{R}:=[R_{11}\ R_{12}]$ ist daher $A=\hat{Q}\hat{R}$ die gewünschte Vollrangzerlegung. □

Eine Zerlegung wie in Teil ii) des Korollars heißt QL-Zerlegung von A. Man beachte, daß bei einer verkürzten QR-Vollrangzerlegung von $A \in M_{m,n}(\mathbb{K})$ wie in Teil iv) des Korollars im allgemeinen nicht $\hat{Q}\hat{Q}^H = I_m$ ist.
Der folgende Satz besagt, daß eine QR-Vollrangzerlegung in gewissem Sinne eindeutig bestimmt ist.

SATZ 2.5.3 *(Eindeutigkeit der QR-Zerlegung): Seien die ersten* k *Spalten der Matrix* $A \in M_{m,n}(\mathbb{K})$ *mit* rg $A=k$ *linear unabhängig. Sind* $A=Q_1R_1=Q_2R_2$ *zwei Zerlegungen mit* $Q_1, Q_2 \in M_{m,k}(\mathbb{K})$ *und* $R_1, R_2 \in M_{k,n}(\mathbb{K})$, *wobei* $Q_1^HQ_1 = Q_2^HQ_2 = I_k$ *ist und* R_1, R_2 *obere Dreiecksmatrizen sind, so existiert eine unitäre Diagonalmatrix* $J \in M_k(\mathbb{K})$ *mit* $Q_1 = Q_2J$ *und* $R_1 = JR_2$.

BEWEIS: Sei $A=[A_1\ A_2]$ mit $A_1 \in M_{m,k}(\mathbb{K})$, $A_2 \in M_{m,n-k}(\mathbb{K})$; seien $R_1=[R_{11}\ R_{12}]$ und $R_2=[R_{21}\ R_{22}]$ entsprechend partitioniert. Aus $A=Q_1R_1=Q_2R_2$ folgt dann

(2.5.4) $A_1=Q_1R_{11}=Q_2R_{21}$.

Da rg $A_1=k$ ist, sind R_{11} und R_{21} ebenfalls vom Rang k, also invertierbar. Aus (2.5.4) folgt $R_{11}=Q_1^HQ_1R_{11}=Q_1^HQ_2R_{21}$ und $R_{21}=Q_2^HQ_2R_{21}=Q_2^HQ_1R_{11}$, und mit $J:=R_{11}R_{21}^{-1}$ daher $J=R_{11}R_{12}^{-1}=Q_1^HQ_2$ und $J^{-1}=R_{21}R_{11}^{-1}=Q_2^HQ_1=J^H$. Da $J^{-1}=J^H$ ist und sowohl J als auch J^H obere Dreiecksgestalt haben, ist J eine unitäre Diagonalmatrix. Man hat $J=J^{-1}$ und daher nach (2.5.4) $Q_2J=Q_2J^{-1}=Q_2R_{21}R_{11}^{-1}=Q_1R_{11}R_{11}^{-1}=Q_1$ sowie $R_{11}=JR_{21}$.
Aus $A=Q_1R_1=Q_2R_2$ erhält man außerdem $A_2=Q_1R_{12}=Q_2R_{22}$, also auch $R_{12}=Q_1^HQ_1R_{12}=Q_1^HQ_2R_{22}=JQ_2^HQ_2R_{22}=JR_{22}$. □

Fordert man für die obige Zerlegung zusätzlich, daß die Diagonalelemente der oberen Dreiecksmatrix reell und positiv sind, so ist diese Zerlegung eindeutig bestimmt. Insbesondere gibt es also zu einer nichtsingulären quadratischen Matrix A genau eine unitäre Matrix Q und genau eine obere Dreiecksmatrix R mit reellen positiven Diagonalelementen, so daß A=QR ist. Man nennt diese Zerlegung die QR-Zerlegung von A.
Der folgende Algorithmus beschreibt zusammenfassend die Konstruktion einer QR-Zerlegung nach Householder. Man beachte, daß die elementaren Eliminationsmatrizen $Q^{(i)}=I-2w^{(i)}w^{(i)H}$ nicht explizit berechnet werden. Das Produkt $Q^{(i)}A^{(i)}$ wird in der Form $Q^{(i)}A^{(i)}=A^{(i)}-2w^{(i)}[w^{(i)H}A^{(i)}]$ gebildet.

ALGORITHMUS 2.5.4 (Bestimmung einer QR-Zerlegung nach Householder):

Sei $A \in M_{m,n}(\mathbb{K})$.

Schritt 1: Setze $A^{(1)}:=A$ und $i:=1$.

Schritt 2: a) Berechne $\mu_i:=[\sum_{j=i}^{m} |a_{ji}^{(i)}|^2]^{1/2}$.

Falls $\mu_i=0$ ist, setze $A^{(i+1)}:=A^{(i)}$ und fahre fort mit Schritt 3.

b) Berechne $k_i := \begin{cases} -\operatorname{sgn}(a_{ii}^{(i)})\mu_i, & \text{falls } a_{ii}^{(i)} \neq 0 \\ -\mu_i & , \text{falls } a_{ii}^{(i)} = 0 \end{cases}$ und $K_i := \mu_i(\mu_i + |a_{ii}^{(i)}|)$.

Bilde $u^{(i)}$ gemäß $u_j^{(i)} = \begin{cases} 0 & \text{für } j \in \{1,\ldots,i-1\} \\ a_{ii}^{(i)} - k_i & \text{für } j = i \\ a_{ji}^{(i)} & \text{für } j \in \{i+1,\ldots,m\} \end{cases}$ und $v^{(i)} := \frac{1}{K_i} u^{(i)}$.

Berechne $q^{(i)^H} := u^{(i)^H} A^{(i)}$ und $A^{(i+1)} := A^{(i)} - v^{(i)} q^{(i)^H}$ (setze dabei in der i-ten Spalte: $a_{ii}^{(i+1)} := k_i$ und $a_{ji}^{(i+1)} := 0$ für $j \in \{i+1,\ldots,m\}$).

Schritt 3: Ist $i < \min(m-1,n)$, so setze $i := i+1$ und fahre fort mit Schritt 2. Ist $i \geq \min(m-1,n)$, so höre auf.

Zur Speicherung des Vektors $u^{(i)}$ kann man die freiwerdenden Stellen unterhalb der Diagonale von $A^{(i)}$ benutzen. Dazu speichert man gewöhnlich das Diagonalelement k_i gesondert ab und überschreibt $a_{ii}^{(i)},\ldots,a_{mi}^{(i)}$ mit den wesentlichen Komponenten von $u^{(i)}$, wozu man ja nur $a_{ii}^{(i)}$ mit $a_{ii}^{(i)} - k_i$ überspeichern muß. Da außerdem nur noch die Faktoren K_i gespeichert werden müssen, entspricht der zusätzliche Speicherbedarf höchstens dem zweier Zeilen von A.

Gleichzeitig mit der Berechnung der oberen Dreiecksmatrix R kann man die Gesamttransformationsmatrix Q, für die A=QR gilt, explizit durch Anwendung des Algorithmus auf die erweiterte Matrix $[A\ I_m]$ errechnen. Da sich dadurch aber der Rechenaufwand fast verdoppelt, begnügt man sich nach Möglichkeit mit der Produktdarstellung $Q = Q_\ell \cdots Q_1$, $\ell = \min\{m-1,n\}$.

Der Rechenaufwand im Reellen beträgt für den i-ten Eliminationsschritt im nichttrivialen Fall zur Berechnung von

μ_i	$m-i+1$	Multiplikationen und eine Quadratwurzel,
K_i	eine	Multiplikation,
$v^{(i)}$	$m-i+1$	Multiplikationen,
$q^{(i)H}$	$(m-i+1)(n-i)$	Multiplikationen,
$v^{(i)}q^{(i)H}$	$(m-i+1)(n-1)$	Multiplikationen,

insgesamt also $2(m-i+1)(n-i+1)+1$ Multiplikationen und eine Quadratwurzel. Speziell für m=n ergibt sich hiermit ein Rechenaufwand von $(2\sum_{i=1}^{n-1}(n-i+1)^2+n-1=)\ \frac{2}{3}n^3+n^2+\frac{4}{3}n-3$, also im wesentlichen $\frac{2}{3}n^3$ Multiplikationen und n-1 Quadratwurzeln (ohne die explizite Berechnung von Q).

Bei der Lösung eines Gleichungssystems auf der Grundlage einer QR-Zerlegung ist der Rechenaufwand für das Rückwärtseinsetzen genau so groß wie beim Gaußschen Algorithmus. Die Konstruktion der Zerlegung erfordert allerdings mit etwa $2n^3/3$ Multiplikationen gegenüber etwa $n^3/3$ Multiplikationen bei der LR-Zerlegung einen etwa doppelt so hohen Rechenaufwand; daher ist dieses Vorgehen nicht gebräuchlich.

Häufig benutzt man QR-Zerlegungen bei der Lösung des linearen Ausgleichsproblems. Dabei ist allerdings die Verwendung einer QR-Vollrangzerlegung der Koeffizientenmatrix vorteilhaft. Hat die Matrix $A \in M_{m,n}(\mathbb{K})$ den Rang k, so kann man stets eine Permutationsmatrix P finden, so daß in AP die ersten k Spalten linear unabhängig sind. Nach Korollar 2.5.2 iv) läßt sich dann eine verkürzte QR-Vollrangzerlegung $AP=\hat{Q}\hat{R}$ konstruieren mit einer oberen Dreiecksmatrix $\hat{R} \in M_{k,n}(\mathbb{K})$ und $\hat{Q} \in M_{m,k}(\mathbb{K})$, so daß $\hat{Q}^H\hat{Q}=I_k$ ist. Durch Einführung einer Pivotisierung bei der Konstruktion der QR-Zerlegung läßt sich solch eine Vollrangzerlegung einschließlich der Permutation direkt ermitteln durch folgende Modifikation von Algorithmus 2.5.4.

<u>ALGORITHMUS 2.5.5</u>:

Ersetze in Algorithmus 2.5.4 den Schritt 2 a) durch

Schritt 2 a'): Berechne $\mu^{(i)}:=[\sum_{j=i}^{m} |a_{jk}^{(i)}|^2]^{1/2}$ für $k=i,i+1,\ldots,n$ und bestimme $p \in \{i,\ldots,n\}$ so, daß $\mu_p^{(i)}= \max_{k \in \{i,\ldots,n\}} \mu_k^{(i)}$ ist.

Ist $\mu_p^{(i)}=0$, so höre auf; es ist dann $\operatorname{rg} A=i-1$. Ist $\mu_p^{(i)} \neq 0$, so vertausche die Spalten i und p in der Matrix $A^{(i)}$, bezeichne die entstehende Matrix wieder mit $A^{(i)}$ und setze $\mu_i:=\mu_p^{(i)}$.

Bei der praktischen Durchführung auf einem Rechner wird man wegen der auftretenden Daten- und Rundungsfehler im allgemeinen $\mu_p^{(i)} \neq 0$ errechnen. Anstelle der Abfrage danach, ob $\mu_p^{(i)}$ exakt gleich null ist, testet man mit einer vorgegebenen Toleranzgrenze $\tau \in \mathbb{R}_+$, ob

(2.5.5) $\mu_p^{(i)} \leq \tau$

ist. Falls dies erfüllt ist, so ersetzt man die rechte untere Restmatrix von $A^{(i)}$ durch die Nullmatrix und bezeichnet i-1 als den <u>numerischen Rang</u> oder <u>Pseudorang</u> von A. Dieser ist natürlich keine wohldefinierte Zahl wie der Rang selbst, sondern wird zum Beispiel von den auftretenden Rundungsfehlern und der Größe von τ beeinflußt.

Faßt man die durchgeführten Spaltenvertauschungen zu einer Permutationsmatrix $P \in M_n(\mathbb{R})$ zusammen, so erhält man mit dem Algorithmus eine Zerlegung AP=QR bzw. $A=QRP^T$; dabei ist $Q \in M_m(\mathbb{K})$ unitär, und falls k der mit dem Algorithmus bestimmte Pseudorang von A ist, so ist $R=\begin{bmatrix} R_{11} & R_{12} \\ 0 & R_{22} \end{bmatrix} \in M_{m,n}(\mathbb{K})$ mit einer nichtsingulären oberen Dreiecksmatrix $R_{11} \in M_k(\mathbb{K})$ und $R_{12} \in M_{k,n-k}(\mathbb{K})$. Das Abbrechen des Algorithmus wegen $\mu_p^{(k+1)} \leq \tau$ entspricht dem Nullsetzen von R_{22}, d.h. man erhält eine Zerlegung $Q\begin{bmatrix} R_{11} & R_{12} \\ 0 & 0 \end{bmatrix} P^T =: \tilde{A}$, so daß gilt $\|A-\tilde{A}\|_2 = \|R_{22}\|_2$ und $\|A-\tilde{A}\|_F = \|R_{22}\|_F$.

Partitioniert man Q in $Q=[Q_1\ Q_2]$, $Q_1 \in M_{m,k}(\mathbb{K})$, $Q_2 \in M_{m,n-k}(\mathbb{K})$, und definiert $R_1 := [R_{11}\ R_{12}]$, so ist $AP = Q_1 R_1$ eine QR-Vollrangzerlegung von AP.

Gram-Schmidt-Verfahren

Eine andere Möglichkeit, eine verkürzte QR-Vollrangzerlegung zu berechnen, bieten Orthogonalisierungsverfahren. Hat man nämlich k linear unabhängige Vektoren $a_1,\dots,a_k \in \mathbb{K}^m$, so kann man hierauf das Orthogonalisierungsverfahren von Gram-Schmidt anwenden, das zu diesen Vektoren ein System von k orthonormalen Vektoren $q_1,\dots,q_k$ liefert, so daß $\mathrm{span}\{q_1,\dots,q_\ell\} = \mathrm{span}\{a_1,\dots,a_\ell\}$ für alle $\ell \in \{1,\dots,k\}$ ist.

Die q_i lassen sich rekursiv berechnen durch

$$\begin{aligned} &\tilde{q}_1 := a_1 &, \quad &q_1 := \tilde{q}_1/\|\tilde{q}_1\|_2 \\ &\tilde{q}_i := a_i - \sum_{j=1}^{i-1} (a_i,q_j)q_j, \quad &&q_i := \tilde{q}_i/\|\tilde{q}_i\|_2 \quad \text{für } i \in \{2,\dots,k\}. \end{aligned} \tag{2.5.6}$$

Sind A bzw. Q die Matrizen, deren Spalten $a_1,\dots,a_k$ bzw. $q_1,\dots,q_k$ sind, und ist $R \in M_k(\mathbb{K})$ die obere Dreiecksmatrix mit den Elementen

$$r_{ji} = \begin{cases} \|\tilde{q}_i\|_2 & \text{für } i=j \\ (a_i,q_j) & \text{für } i>j, \end{cases} \tag{2.5.7}$$

so prüft man mit Hilfe von (2.5.6) nach, daß $A=QR$ ist, d.h. man hat eine verkürzte Vollrangzerlegung von A.

Die Berechnung der Zerlegung nach (2.5.6) ist für die Praxis allerdings nicht gut geeignet. Sind nämlich die Vektoren $a_1,\dots,a_k$ fast linear abhängig, so können bei der Rechnung auftretende Rundungsfehler durch Auslöschungseffekte die errechneten Werte völlig entstellen.

BEISPIEL 2.5.6: Sei $A = \begin{bmatrix} 0.7071067820 & 0.4714045209 \\ 0.3535533907 & 0.2357022605 \end{bmatrix}$. Ein Rechner mit 10-(dezimal-) stelliger Gleitpunktrechnung liefert bei Berechnung nach (2.5.6) die folgenden Werte $\|a_1\|_2 = 0.7905694149$, $q_1^T = (0.8944271909,\ 0.4472135957)$, $(a_2,q_1) = 0.5270462768$, $(a_2,q_1)q_1^T = (0.4714045208)$, $\tilde{q}_2^T = (10^{-10},0)$ und $q_2^T = (1,0)$. Bei der Berechnung von $\tilde{q}_2 = a_2 - (a_2,q_1)q_1$ tritt extreme Auslöschung auf, so daß die Komponenten von $\tilde{q}_2$ einen sehr großen relativen Fehler haben. Der hieraus durch Normierung berechnete Vektor q_2 ist nicht einmal annähernd orthogonal zu q_1.

Eine Variante dieser Orthogonalisierung ist das sogenannte modifizierte Gram-Schmidt-Verfahren das für k>2 viel günstigere numerische Eigenschaften hat. Hierbei wird die Reihenfolge der Berechnungen (2.5.6) so umgestellt, daß man bereits, sobald ein neues q_i berechnet ist, diese Richtung von allen noch zu behandelnden Vektoren subtrahiert, so daß diese orthogonal zu $q_1,\dots,q_i$ sind.

ALGORITHMUS 2.5.7 (modifiziertes Gram-Schmidt-Verfahren):

Seien $a_1,\dots,a_k \in \mathbb{K}^m$ linear unabhängig.

Schritt 1: Setze $a_j^{(1)}:=a_j$ für alle $j\in\{1,\dots,k\}$.

Schritt 2: Für $i=1,\dots,k$: Berechne $\tilde{q}_i:=a_i^{(i)}$, $q_i:=\tilde{q}_i/\|\tilde{q}_i\|_2$ und

$$a_j^{(i+1)}:=a_j^{(i)}-(a_j^{(i)},q_i)q_i \quad \text{für } j\in\{i+1,\dots,k\}.$$

Man prüft nach, daß mit diesen Definitionen $a_j^{(i)}=a_j-\sum_{m=1}^{i-1} r_{mj}q_m$ für $j\geq i$ ist mit r_{mj} aus (2.5.7), daß daher $q_1,\dots,q_i$ dasselbe Orthonormalsystem ist wie in (2.5.6) und daß $(a_j^{(i)},q_i)=(a_j,q_i)$ gilt.

Mit Q, der Matrix mit den Spalten $q_1,\dots,q_k$, und der oberen Dreiecksmatrix R mit den Elementen $r_{ij}=\begin{cases}\|\tilde{q}_i\|_2 & \text{für } i=j\\ (a_j^{(i)},q_i) & \text{für } j>i\end{cases}$ ermittelt der obige Algorithmus für die aus den Spalten $a_1,\dots,a_k$ bestehende Matrix A daher ebenfalls die Vollrangzerlegung $A=QR$.

Der Rechenaufwand ist für das modifizierte und das klassische Gram-Schmidt-Verfahren gleich; er beträgt etwa mk^2 Multiplikationen. Um bei der Orthogonalisierung in schwierigen Fällen eine "bessere" Orthogonalität der errechneten Vektoren zu erreichen, kann man jeweils eine Nachorthogonalisierung durchführen. Hierbei wird der im i-ten Schritt mit dem Orthogonalisierungsverfahren berechnete Vektor $\tilde{q}_i$, der aufgrund von Rundungsfehlern im allgemeinen nicht exakt orthogonal zu den bereits berechneten Vektoren ist, noch einmal einer Orthogonalisierungsprozedur unterworfen.

Hat man bereits $q_1,\dots,q_{i-1}$ berechnet und erhält nun im i-ten Orthogonalisierungsschritt den (noch nicht normierten) Vektor $\tilde{q}_i$, so berechnet man

$$(2.5.8)\quad \hat{q}_i:=\tilde{q}_i-\sum_{j=1}^{i-1}(\tilde{q}_i,q_j)q_j \quad \text{und} \quad q_i:=\hat{q}_i/\|\tilde{q}_i\|_2.$$

Die Koeffizienten $r_{ji}:=(a_i,q_j)$ des Ausgangsverfahrens modifiziert man gemäß $\hat{r}_{ji}:=r_{ji}+(\tilde{q}_i,q_j)$.

Falls man in jedem Schritt des Verfahrens nachorthogonalisiert, so verdoppelt sich der Rechenaufwand gegenüber dem für das Ausgangsverfahren. Daher beschränkt man sich im allgemeinen darauf, nur bei besonders empfindlichen Vektoren $\tilde{q}_i$ die Nachorthogonalisierung (2.5.8) durchzuführen. Dazu beobachtet man das Verhältnis der Größen von $\|\tilde{q}_i\|_2$ und $\|a_i\|_2$. Falls nämlich $\|\tilde{q}_i\|_2$ viel kleiner ist als $\|a_i\|_2$, so können bei der Berechnung von $\tilde{q}_i$ große Fehler durch Auslöschungseffekte aufgetreten sein. Man könnte zum Beispiel eine Nachorthogonalisierung immer dann durchführen, wenn $\|\tilde{q}_i\|_2\leq\|a_i\|_2/10$ ist. Welche Verbesserung man durch Nachorthogonalisierung erreichen kann, beschreiben z.B. Parlett [206] und Daniel, Gragg, Kaufman & Stewart [65].

<u>BEISPIEL 2.5.8</u>: Für die Matrix A aus Beispiel 2.5.6 hatte das klassische Gram-Schmidt-Verfahren bei 10-stelliger Gleitpunktrechnung als <u>errechnete</u> Zerlegung geliefert:

$Q=\begin{bmatrix}0.8944271909 & 1\\ 0.4472135957 & 0\end{bmatrix}$ und $R=\begin{bmatrix}0.7905694149 & 0.5270462768\\ 0 & 10^{-10}\end{bmatrix}$. Es ist $\|\tilde{q}_2\|_2=10^{-10}$ und $\|a_2\|_2=0.5270462768$.

Bei Nachorthogonalisierung erhält man die folgenden Werte:

$(q_2,q_1)=8.944271909\times10^{-11}$, $\hat{q}_2^T=(2\times10^{-11}, -4\times10^{-11})$ $\|\hat{q}_2\|_2=4.472135957\times10^{-11}$ und $q_2^T=(0.4472135957, -0.8944271908)$.

Man erhält damit als errechnete Zerlegung

$$Q'R'=\begin{bmatrix}0.8944271909 & 0.4472135957\\ 0.4472135957 & -0.8944271908\end{bmatrix}\begin{bmatrix}0.7905694149 & 0.5270462769\\ 0 & 4.472135957\times10^{-11}\end{bmatrix}$$

<u>QR-Zerlegung nach Givens</u>

Der Einfachheit halber wollen wir hier nur Zerlegungen von nichtsingulären reellen quadratischen Matrizen betrachten. Zur Berechnung einer QR-Zerlegung A=QR baut das Givens-Verfahren die Matrix Q^T auf als Produkt von orthogonalen Matrizen der Gestalt

$$G_{ij}(\alpha):=I+(\cos\alpha-1)(e_ie_i^T+e_je_j^T)+\sin\alpha(e_ie_j^T-e_je_i^T)=$$

$$(2.5.9)\qquad =\begin{bmatrix}1 & & & & & & & & 0\\ & \ddots & & & & & & & \\ & & 1 & & & & & & \\ & & & \cos\alpha & \dots & \sin\alpha & & & \\ & & & \vdots & 1 & \vdots & & & \\ & & & \vdots & \ddots & \vdots & & & \\ & & & \vdots & 1 & \vdots & & & \\ & & & -\sin\alpha & \dots & \cos\alpha & & & \\ & & & & & & 1 & & \\ & & & & & & & \ddots & \\ 0 & & & & & & & & 1\end{bmatrix}\begin{matrix}\\ \\ \\ \text{-i-te Zeile}\\ \\ \\ \\ \text{-j-te Zeile}\\ \\ \\ \\ \end{matrix}\qquad \text{für } i<j.$$

Geometrisch gedeutet beschreibt $G_{ij}(\alpha)$ eine Drehung um den Winkel α in der von den Einheitsvektoren e_i und e_j aufgespannten Ebene. Mit Hilfe dieser Matrizen werden sukzessive einzelne Elemente eliminiert, wobei die Reihenfolge so gewählt ist, daß die bereits zuvor annullierten Elemente erhalten bleiben.

Multipliziert man die Matrix A von vorn mit $G_{ij}(\alpha)$, so ändern sich in $\tilde{A}=G_{ij}(\alpha)A$ nur die Elemente in der i-ten und j-ten Zeile. Es ist

$$(2.5.10)\qquad \begin{aligned}\tilde{a}_{ip}&=\cos\alpha\, a_{ip}+\sin\alpha\, a_{jp}\\ \tilde{a}_{jp}&=-\sin\alpha\, a_{ip}+\cos\alpha\, a_{jp}\end{aligned}\qquad \text{jeweils für } p\in\{1,\dots,n\}.$$

Den Winkel α kann man nun so wählen, daß in $\tilde{A}$ das (j,i)-te Element annulliert wird. Aus $0=\tilde{a}_{ji}=-\sin\alpha\, a_{ii}+\cos\alpha\, a_{ji}$ erhält man nämlich $\cot\alpha=\cos\alpha/\sin\alpha=a_{ii}/a_{ji}$. Da man für die Berechnung in (2.5.10) aber den Winkel α selbst nicht benötigt, sondern $\sin\alpha$ und $\cos\alpha$, setzt man sofort

$$\sin\alpha=\frac{a_{ji}}{\sqrt{a_{ii}^2+a_{ji}^2}} \text{ und } \cos\alpha=\frac{a_{ii}}{\sqrt{a_{ii}^2+a_{ji}^2}}, \text{ falls } a_{ji}\neq 0 \tag{2.5.11}$$

$\sin\alpha=0$ und $\cos\alpha=1$, falls $a_{ji}=0$.

Eliminiert man nun auf diese Weise die Elemente der gegebenen Matrix in der Reihenfolge (2,1), (3,1),...,(n,1), (3,2), (4,2),...,(n,2), (4,3),...,(n,n-1), also spaltenweise von oben nach unten, so werden bereits annullierte Elemente durch nachfolgende Multiplikationen nicht mehr verändert, und $R:=G_{n-1,n}G_{n-2,n}\cdots G_{13}G_{12}A$ ist eine obere Dreiecksmatrix (wobei hier die jeweilige Angabe des Winkels für $G_{ij}(\alpha)$ unterdrückt wurde). Mit $Q:=G_{12}^TG_{13}^T\cdots G_{n-1,n}^T$ ist $A=QR$ eine QR-Zerlegung von A.

<u>ALGORITHMUS 2.5.9</u> (Bestimmung einer QR-Zerlegung einer reellen quadratischen Matrix nach Givens):

Sei $A\in M_n(\mathbb{R})$.

Für $i=1,\ldots,n-1$:

  Für $j=i+1,\ldots,n$:

    Falls $a_{ji}=0$ ist, so überspringe die restlichen Anweisungen.
    Berechne $t:=1/\sqrt{a_{ii}^2+a_{ji}^2}$,
    $s:=ta_{ji}$,
    $c:=ta_{ii}$.

    Für $p=i,\ldots,n$:

      Berechne $h_1=ca_{ip}+sa_{jp}$
      und falls $p\neq i$ ist $h_2=-sa_{ip}+ca_{jp}$;
      ersetze a_{ip} durch h_1
      und falls $p\neq i$ ist a_{jp} durch h_2.

    Setze $a_{ji}=0$.

Die Matrix A wird hierbei schließlich durch die obere Dreiecksmatrix R überspeichert. Der Rechenaufwand beträgt neben der Berechnung von $(\sum_{i=1}^{n-1}(n-i)=)\ \frac{n(n-1)}{2}$ Quadratwurzeln etwa $4n^3/3$ Multiplikationen. Für die explizite Berechnung des Faktors Q sind noch einmal ungefähr $4n^3/3$ Multiplikationen erforderlich.

<u>Schnelle Givens-Rotationen</u> (QR-Zerlegung nach Givens in faktorisierter Form)
Der gegenüber der QR-Zerlegung nach Householder etwa doppelt so große Rechenaufwand bei Verwendung der Givens-Rotationen hat bewirkt, daß meist die Konstruktion der Zerlegung nach Householder bevorzugt wurde. Die Givens-Methode hat allerdings den Vorteil, daß man auf einfache Weise bereits vorhandene Nullelemente ausnutzen kann und eine gewisse Freiheit in der Wahl der Eliminationsreihenfolge hat, die man unter Umständen zur Vermeidung eines großen "fill-in" (vgl. Ab-

schnitt 2.7) benutzen kann.

Durch eine geschickte Modifikation läßt sich der Rechenaufwand bei der Elimination mit Givens-Rotationen halbieren. Dies erreicht man dadurch, daß geeignete Faktorisierungen der Eliminationsmatrizen und der zu behandelnden Matrix zur Berechnung herangezogen werden.

Zu einer gegebenen nichtsingulären Diagonalmatrix $D=\mathrm{diag}(d_1,\dots,d_n)$ und der Matrix $G_{ij}(\alpha)$ aus (2.5.9) kann man nämlich, falls $\cos\alpha\ \sin\alpha\neq 0$ ist, eine Diagonalmatrix $\tilde{D}=\mathrm{diag}(\tilde{d}_1,\dots,\tilde{d}_n)$ bestimmen, die sich gegenüber D nur im i-ten und j-ten Diagonalelement unterscheidet, und eine Matrix

$$F_{ij}=\begin{bmatrix} 1 & & & & & & & & 0\\ & \ddots & & & & & & & \\ & & 1 & & & & & & \\ & & & f_{ii} & \cdots & & f_{ij} & & \\ & & & \vdots & 1 & & \vdots & & \\ & & & \vdots & & \ddots & \vdots & & \\ & & & \vdots & & 1 & \vdots & & \\ & & & f_{ji} & \cdots & & f_{jj} & & \\ & & & & & & & 1 & \\ & & & & & & & & \ddots \\ 0 & & & & & & & & & 1 \end{bmatrix},$$

bei der nur zwei der Elemente f_{ii}, f_{ij}, f_{ji}, f_{jj} ungleich 1 sind, so daß gilt

(2.5.12) $\quad G_{ij}(\alpha)=\tilde{D}\,F_{ij}D^{-1}$.

Es gibt vier Möglichkeiten, eine solche Zerlegung zu bestimmen. Setzt man $s:=\sin\alpha$, und $c:=\cos\alpha$, so sind dies:

(2.5.13)

a) $\tilde{d}_i=cd_i$ und $\tilde{d}_j=cd_j$ mit $f_{ii}=f_{jj}=1$

und $f_{ij}=\dfrac{d_js}{d_ic}$, $f_{ji}=\dfrac{-d_is}{d_jc}$

b) $\tilde{d}_i=sd_j$ und $\tilde{d}_j=-sd_i$ mit $f_{ij}=f_{ji}=1$

und $f_{ii}=\dfrac{d_ic}{d_js}$, $f_{jj}=\dfrac{-d_jc}{d_is}$

c) $\tilde{d}_i=cd_i$ und $\tilde{d}_j=-sd_i$ mit $f_{ii}=f_{ji}=1$

und $f_{ij}=\dfrac{d_js}{d_ic}$, $f_{jj}=\dfrac{-d_jc}{d_is}$

d) $\tilde{d}_i=sd_j$ und $\tilde{d}_j=cd_j$ mit $f_{ij}=f_{jj}=1$

und $f_{ii}=\dfrac{d_ic}{d_js}$, $f_{ji}=\dfrac{-d_is}{d_jc}$.

Bei der QR-Zerlegung einer nichtsingulären Matrix $A\in M_n(\mathbb{R})$ nach Givens berechnet man ja ausgehend von $A_1:=A$ für $k=1,\dots,N$ $(N:=n(n-1)/2)$ die Eliminationsmatrix G_k und $A_{k+1}:=G_kA_k$, so daß schließlich $A_{N+1}=G_N\dots G_1A$ eine obere Dreiecksmatrix ist. Hier berechnet man jetzt nicht mehr die Matrizen G_k und A_k explizit, sondern hält sie in faktorisierter Form:

$$A_k = D_k B_k \quad \text{und} \quad G_k = D_{k+1} F_k D_k^{-1}.$$

Dazu setzt man

$$D_1 := I \quad \text{und} \quad B_1 := A.$$

Für $k=1,\ldots,n$ berechnet man aus B_k und D_k die Faktoren

$$D_{k+1} \quad \text{und} \quad F_k$$

einer Zerlegung $G_k = D_{k+1} F_k D_k^{-1}$ wie in (2.5.13) und bestimmt

$$B_{k+1} := F_k B_k.$$

Dann ist

$$D_{k+1} B_{k+1} = D_{k+1} F_k B_k = D_{k+1} F_k D_k^{-1} D_k B_k = G_k A_k = A_{k+1}.$$

Bei der Berechnung von B_{k+1} aus F_k und B_k sind nur zwei Elemente ungleich 0 und 1 in F_k beteiligt, statt vier solcher Elemente in G_k beim Übergang von A_k auf A_{k+1}. Damit ist hier der wesentliche Teil des Rechenaufwandes, die Multiplikationen bei der Matrixmodifikation, nur halb so groß wie beim üblichen Vorgehen.

Die Rechnung läßt sich sogar so organisieren, daß anstelle der Größen $c=\cos\alpha$ und $s=\sin\alpha$, die man ja zur Bestimmung von D_{k+1} und F_k benötigt (siehe (2.5.13)), nur noch jeweils c^2 und s^2 verwendet werden, so daß die Berechnung der Quadratwurzel für c und s entfällt. Im k-ten Schritt müßte man ja für D_k und B_k die Größen c und s so bestimmen, daß mit dem hiermit gebildeten G_k in $G_k D_k B_k$ ein bestimmtes Element, etwa das (j,i)-te, verschwindet, d.h. man würde nach (2.5.11) berechnen

$$s := \frac{d_j b_{ji}}{\sqrt{(d_i b_{ii})^2 + (d_j b_{ji})^2}}$$

(2.5.14)

$$c := \frac{d_i b_{ii}}{\sqrt{(d_i b_{ii})^2 + (d_j b_{ji})^2}}.$$

Verwendet man etwa die Faktorisierung der Eliminationsmatrix nach (2.5.13), a), so sind die Diagonalelemente $\tilde{d}_i$, $\tilde{d}_j$, in denen sich D_{k+1} von D_k unterscheidet, und die Elemente f_{ij} und f_{ji} der Matrix F_k zu berechnen. Nun ist aber nach (2.5.14)

$$f_{ij} = \frac{d_j s}{d_i c} = \frac{d_j^2 b_{ji}}{d_i^2 b_{ii}} \quad \text{und} \quad f_{ji} = \frac{-d_i s}{d_j c} = \frac{-b_{ji}}{b_{ii}},$$

d.h. zur Berechnung dieser Elemente werden nur die Quadrate der Elemente von D_k und die Größen c und s gar nicht benötigt.

Setzt man nun $\tau := (d_j^2 b_{ji}^2)/(d_i^2 b_{ii}^2)$, so ist $c^2 = \frac{1}{1+\tau}$, und man kann hiermit $\tilde{d}_i^2 := d_i^2 c^2$ und $\tilde{d}_j^2 := d_j^2 c^2$ bestimmen.

Entsprechendes erhält man bei der Faktorisierung nach (2.5.13), b). Hier sind neben $\tilde{d}_i$, $\tilde{d}_j$ noch die Elemente f_{ii} und f_{jj} der Matrix F_k zu bestimmen. Es ist hierbei nach (2.5.14)

$$f_{ii}=\frac{d_i c}{d_j s}=\frac{d_i^2 b_{ii}}{d_j^2 b_{ji}} \text{ und } f_{jj}=\frac{-d_j c}{d_i s}=\frac{-b_{ii}}{b_{ji}}.$$

Setzt man nun $\rho:=(d_i^2 b_{ii}^2)/(d_j^2 b_{ji}^2)$, so ist $s^2=\frac{1}{1+\rho}$, und man kann hiermit $\tilde{d}_i^2:=d_i^2 s^2$ und $\tilde{d}_j^2:=d_j^2 s^2$ bestimmen.

Man sieht, daß es in beiden Fällen ausreicht, wenn man jeweils nur die Quadrate der Diagonalmatrizen und der jeweiligen c und s errechnet. Die anderen beiden Fälle, (2.5.13, c) und d), wollen wir hier nicht weiter verfolgen.

Falls $b_{ji}\neq 0$ aber $b_{ii}=0$ ist, so kann man die Berechnungen nach (2.5.13), a), wie oben angegeben, nicht mehr durchführen, da bei der Bildung von f_{ji} und τ durch b_{ii} dividiert werden muß. In diesem Fall sollte man nach (2.5.13), b) vorgehen. Da außerdem stets $s^2\leq 1$ und $c^2\leq 1$ ist, werden die Diagonalelemente der Matrizen D_k immer kleiner, so daß man gegebenenfalls skalieren muß. Um diese Verkleinerung zu verlangsamen, kann man jeweils nach (2.5.13), a) oder b) faktorisieren, je nachdem, ob c^2 oder s^2 größer ist. Falls $d_j^2 b_{ji}^2\leq d_i^2 b_{ii}^2$ zutrifft, was nach (2.5.14) äquivalent zu $s^2\leq c^2$ ist, so geht man nach Strategie a) vor, sonst wählt man die Faktorisierung nach (2.5.13), b).

<u>ALGORITHMUS 2.5.10</u> (Bestimmung einer QR-Zerlegung einer reellen quadratischen Matrix mittels schneller Givens-Rotationen):

Sei $A\in M_n(\mathbb{R})$, $D^2:=\operatorname{diag}(d_1^2,\dots,d_n^2):=I$.

Für $i=1,\dots,n-1$:

  Für $j=i+1,\dots,n$:

    Falls $a_{ji}=0$ ist, so überspringe die restlichen Anweisungen.

    Falls $d_j^2 a_{ji}^2\leq d_i^2 a_{ii}^2$ ist:

      Berechne $r:=\frac{a_{ji}}{a_{ii}}$, $t:=\frac{d_j^2 r}{d_i^2}$, $\tau:=rt$ und $c^2:=\frac{1}{1+\tau}$.

      Für $p=i,\dots,n$:

        Berechne $h_1:=a_{ip}+ta_{jp}$
        und falls $p\neq i$ ist $h_2:=-ra_{ip}+a_{jp}$;
        ersetze a_{ip} durch h_1 (Strategie a))
        und falls $p\neq i$ ist a_{jp} durch h_2.

      Setze $a_{ji}:=0$
      und ersetze d_i^2 durch $c^2 d_i^2$
      und d_j^2 durch $c^2 d_j^2$.

Sonst, d.h. falls $d_j^2 a_{ji}^2 > d_i^2 a_{ii}^2$ ist:

Berechne $r:=\frac{a_{ii}}{a_{ji}}$, $t:=\frac{d_i^2 r}{d_j^2}$, $\tau:=rt$ und $s^2:=\frac{1}{1+\tau}$.

Für $p=i,\ldots,n$:

Berechne $h_1:=ta_{ip}+a_{jp}$
und falls $p\neq i$ ist $h_2:=a_{ip}-ra_{jp}$;
ersetze a_{ip} durch h_1 (Strategie b))
und falls $p\neq i$ ist a_{jp} durch h_2.

Setze $a_{ji}:=0$
und ersetze d_i^2 durch $s^2 d_i^2$
und d_j^2 durch $s^2 d_j^2$.

Die Matrix A wird fortlaufend mit den B_k überspeichert, die Matrix D^2 mit den D_k^2. Es ist schließlich R:=DA der Dreiecksfaktor einer QR-Zerlegung der Ausgangsmatrix. Eine Skalierung zur Verhinderung eines "underflow" bei den d_i^2 ist im obigen Algorithmus noch nicht berücksichtigt. Der Rechenaufwand hat sich gegenüber Algorithmus 2.5.9 auf etwa $2n^3/3$ Multiplikationen verringert.
Will man auch die Transformationsmatrix Q dieser QR-Zerlegung explizit berechnen, so kann man dies hier ebenfalls mit etwa dem halben Rechenaufwand wie beim gewöhnlichen Givens-Verfahren erreichen, da
$G_N G_{N-1}\cdots G_1=(D_{N+1}F_N D_N^{-1})(D_N F_{N-1} D_{N-1}^{-1})\cdots(D_2 F_1 D_1^{-1})=D_{N+1}F_N F_{N-1}\cdots F_1$ ist.

Hinweise

Die Verfahren nach Householder [132], Gram-Schmidt und Givens [108] gehören zu den Grundlagen der numerischen linearen Algebra. Die Vorzüge, die das modifizierte Gram-Schmidt-Verfahren gegenüber dem Standard-Verfahren besitzt, werden von Rice [229] beschrieben (s. auch Björck [22]). Die Technik der schnellen Givens-Rotationen geht zurück auf Gentleman [99] und Hammarling [124]; die recht übersichtliche Matrixschreibweise findet sich bei Wilkinson [314] und Rath [221], [222].

2.6 VERFAHREN ZUR LÖSUNG DES LINEAREN AUSGLEICHSPROBLEMS

Auf der QR-Zerlegung der Matrix $A\in M_{m,n}(\mathbb{R})$ im linearen Ausgleichsproblem $\|Ax-b\|=\min!$ basiert eine Lösungsmethode, die auch im Fall, daß rg $A=k<\min(m,n)$ ist, anwendbar ist. Damit können dann auch singuläre quadratische Gleichungssysteme gelöst werden, die wir bisher noch nicht betrachtet hatten.

Die Minimum-Norm-Lösung des linearen Ausgleichsproblems

(2.6.1) $\|Ax-b\|_2=\min!$

für $A\in M_{m,n}(\mathbb{R})$, $b\in\mathbb{R}^m$ ist A^+b, sie ist identisch mit der Minimum-Norm-Lösung der Normalgleichungen

(2.6.2) $A^TAx=A^Tb$

(vgl. Abschnitte 1.4 und 1.5).
Ist rg A=n, so ist A^TA symmetrisch und positiv definit, und man kann zur Lösung von (2.6.2) das Cholesky-Verfahren verwenden. Durch den Übergang zu den Normalgleichungen und deren numerischer Lösung kann jedoch der Rundungsfehlereinfluß unnötig groß werden. Denn bei der Bildung von A^TA und A^Tb auf dem Rechner erhält man als Ergebnis A^TA+E und A^Tb+f, wobei die Elemente von E und f von der Größenordnung der Maschinengenauigkeit eps sind (siehe (1.7.5)). Berechnet man nun die Lösung von $(A^TA+E)y=A^Tb+f$ mit dem Cholesky-Verfahren, so liefert der Rechner ein Ergebnis $\tilde{x}$, das exakte Lösung von $(A^TA+E+G)\tilde{x}=A^Tb+f$ ist, wobei die Elemente von G wiederum von der Größenordnung eps sind (siehe Satz 2.4.3). Ist x die Lösung von (2.6.2) bzw. (2.6.1) und $\tilde{x}$ die Lösung des entsprechenden gestörten Problems $(A^TA+F)\tilde{x}=A^Tb+f$, so ist nach Satz 1.8.10

$$(2.6.3)\qquad \frac{\|\tilde{x}-x\|_2}{\|x\|_2} \le \frac{\|(A^TA)^{-1}\|_2\|A^TA\|_2}{1-\|(A^TA)^{-1}\|_2\|F\|_2}\left(\frac{\|F\|_2}{\|A^TA\|_2}+\frac{\|f\|_2}{\|A^Tb\|_2}\right).$$

In dieser oberen Schranke für den relativen Fehler tritt als Verstärkungsfaktor für die relativen Fehlergrößen $\|A^TA\|_2\|(A^TA)^{-1}\|_2=\|A\|_2^2\|A^+\|_2^2=(\text{cond}_2(A))^2$ auf (zur Definition siehe Abschnitt 1.8), und für gewisse Fehler tritt in obiger Abschätzung sogar Gleichheit auf. Für Fehler der Größenordnung eps in den Daten kann man also in einigen Fällen eine Lösung mit einem relativen Fehler von $K_1(\text{cond}_2(A))^2\text{eps}$ mit einer passenden Konstanten K_1 erhalten.
Hat man hingegen ein Verfahren zur Lösung von (2.6.1), das bei Durchführung auf dem Rechner einen Vektor $\hat{x}$ liefert, welcher das gestörte Problem $\|(A+H)\hat{x}-(b+h)\|_2=\text{min!}$ löst, wobei H und h von der Größenordnung eps sind, so ist nach Satz 1.8.26 mit dem Residuum r:=Ax-b:

$$(2.6.4)\qquad \frac{\|\hat{x}-x\|_2}{\|x\|_2} \le \frac{\|A^+\|_2\|A\|_2}{1-\|A^+\|_2\|H\|_2}\left[2\frac{\|H\|_2}{\|A\|_2}+\frac{\|A^+\|_2\|A\|_2}{1-\|A^+\|_2\|H\|_2}\,\frac{\|r\|_2}{\|A\|_2\|x\|_2}\,\frac{\|H\|_2}{\|A\|_2}+\frac{\|h\|_2}{\|A\|_2\|x\|_2}\right].$$

Auch in dieser oberen Schranke tritt (im zweiten Summanden) der Verstärkungsfaktor $(\text{cond}_2(A))^2$ für den relativen Fehler auf; in sehr vielen Anwendungen ist jedoch das Residuum r fast null (es entsteht häufig nur durch Meßungenauigkeiten beim Aufstellen der theoretisch verträglichen Gleichungen Ax=b), so daß der zweite Summand in der obigen Abschätzung vernachlässigbar wird und man in diesem Fall einen relativen Fehler in der Lösung von höchstens $K_2\text{cond}_2(A)\text{eps}$ mit einer passenden Konstanten K_2 hat.
Falls für Störungen H,h,F und f gilt: $(A+H)^T(A+H)=A^TA+F$ und $A^Th=f$, so stimmen $\hat{x}$ und $\tilde{x}$ ja überein. Die beiden verschiedenen Verstärkungsfaktoren für die relativen Fehler erklären sich dadurch, daß Fehler F bzw. f der Größenordnung eps in A^TA bzw. A^Tb Fehlern H bzw. h der Größenordnung $\text{cond}_2(A)\text{eps}$ in A bzw. b entsprechen können wie in folgendem Beispiel:

Hat A die Singulärwertzerlegung $A=U\Sigma V^T$ und ist mit den üblichen Bezeichnungen (vgl. z.B. Bemerkung 1.8.13 ii)) $f=\|A^T\|_2\|b\|_2 eps\ v_n$, so ist für $h=cond_2(A)\|b\|_2 eps\ u_n$ gerade $A^T h=\frac{\sigma_1}{\sigma_n}\|b\|_2 eps\ V\Sigma^T U^T u_n=\frac{\sigma_1}{\sigma_n}\|b\|_2 eps\ \sigma_n v_n=$ $=\|A^T\|_2\|b\|_2 eps\ v_n=f$.

Daß ein Fehler F in A^TA der Größenordnung eps einem sehr viel größeren Fehler H in A entsprechen kann, bewirkt unter Umständen auch, daß man bei der Bildung von A^TA auf dem Rechner als Ergebnis eine singuläre Matrix A^TA+E erhält, während die Ausgangsmatrix A nur gemäßigt nahe an einer Matrix mit nicht vollem Rang liegt. So ist zum Beispiel für $\begin{bmatrix}1 & 1\\ \varepsilon & 0\\ 0 & \varepsilon\end{bmatrix}$ die Matrix $A^TA=\begin{bmatrix}1+\varepsilon^2 & 1\\ 1 & 1\end{bmatrix}$. Für $\varepsilon=0.5\times10^{-5}$, also $\varepsilon^2=0.25\times10^{-10}$ wird auf einem Rechner mit $eps=0.5\times10^{-10}$ die Matrix A^TA ersetzt durch die singuläre Matrix $\begin{bmatrix}1 & 1\\ 1 & 1\end{bmatrix}$.

In diesem Abschnitt beschreiben wir ein auf der QR-Zerlegung von A basierendes Verfahren zur Lösung von (2.6.1), bei dem der Rundungsfehlereinfluß auf den berechneten Lösungsvektor $\hat{x}$ einem äquivalenten Datenfehler H bzw. h von der Größenordnung eps in A bzw. b entspricht.

Eine weitere Methode zur Berechnung der Pseudoinversen und damit der Lösung des linearen Ausgleichsproblems macht Gebrauch von der Singulärwertzerlegung (vgl. Abschnitt 1.6). Diese betrachten wir im Anschluß an die Eigenwert-Algorithmen in Abschnitt 4.8.

Wir beginnen mit dem Fall eines überbestimmten linearen Gleichungssystems, dessen Koeffizientenmatrix vollen Spaltenrang besitzt.

Der Fall $m\geq n$, rg $A=n$

Durch Elimination mit Householder-Matrizen erzeugt man eine orthogonale Matrix $Q\in M_m(\mathbb{R})$, so daß $Q^TA=R=\begin{bmatrix}R_1\\ 0\end{bmatrix}$ ist; dabei ist $R_1\in M_n(\mathbb{R})$ eine nichtsingulare obere Dreiecksmatrix.

Da die Multiplikation mit einer orthogonalen Matrix die euklidische Norm eines Vektors unverändert läßt (s. Lemma 1.8.3), gilt $\|Ax-b\|_2=\|Q^T(Ax-b)\|=\|Rx-Q^Tb\|_2$. Partitioniert man $Q^Tb=\begin{bmatrix}q_1\\ q_2\end{bmatrix}$ entsprechend R, so ist $Rx-Q^Tb=\begin{bmatrix}R_1x-q_1\\ -q_2\end{bmatrix}$ und

(2.6.5) $\|Ax-b\|_2^2=\|Rx-Q^Tb\|_2^2=\|R_1x-q_1\|_2^2+\|q_2\|_2^2$.

Die rechte Seite von (2.6.5) wird minimal für $x=R_1^{-1}q_1$; dann ist $\|r\|_2:=\|Ax-b\|_2=\|q_2\|_2$.

ALGORITHMUS 2.6.1 (Bestimmung der eindeutigen Lösung $x\in\mathbb{R}^n$ des linearen Ausgleichsproblems $\|Ax-b\|_2=\min!$, falls $A\in M_{m,n}(\mathbb{R})$ ist mit $m\geq n$ und rg $A=n$, mittels Householder-Zerlegung von A):

Sei $A\in M_{m,n}(\mathbb{R})$ mit $m\geq n$ und rg $A=n$ und sei $b\in\mathbb{R}^m$.

Schritt 1: Bestimme mit Algorithmus 2.5.4 eine obere Dreiecksmatrix $R\in M_{m,n}(\mathbb{R})$ und eine orthogonale Matrix $Q\in M_m(\mathbb{R})$, so daß

$$R=\begin{bmatrix} R_1 \\ 0 \end{bmatrix}=Q^TA \text{ und } q=\begin{bmatrix} q_1 \\ q_2 \end{bmatrix}=Q^Tb \text{ ist mit } R_1\in M_n(\mathbb{R}) \text{ und } q_1\in\mathbb{R}^n.$$

Schritt 2: Löse durch Rückwärtseinsetzen das lineare Gleichungssystem $R_1x=q_1$.

Bei der Verwendung der Normalgleichungen für dieses Problem erhält man den folgenden Algorithmus.

ALGORITHMUS 2.6.2 (Bestimmung der eindeutigen Lösung $x\in\mathbb{R}^n$ des linearen Ausgleichsproblems $\|Ax-b\|_2=\min!$, falls $A\in M_{m,n}(\mathbb{R})$ ist mit $m\geq n$ und $\mathrm{rg}\,A=n$, mittels Cholesky-Zerlegung von A^TA):

Sei $A\in M_{m,n}(\mathbb{R})$ mit $m\geq n$ und $\mathrm{rg}\,A=n$ und sei $b\in\mathbb{R}^m$.

Schritt 1: Bilde A^TA und A^Tb.

Schritt 2: Bestimme mit Algorithmus 2.3.2 eine untere Dreiecksmatrix $L\in M_n(\mathbb{R})$, so daß $A^TA=LL^T$ ist.

Schritt 3: Löse durch Vorwärtseinsetzen $Ly=A^Tb$ und durch Rückwärtseinsetzen $L^Tx=y$.

BEMERKUNG 2.6.3: Ist $A=Q_1R_1$ eine verkürzte QR-Vollrangzerlegung von A, so erhält man wie in (2.6.5) die Lösung x des linearen Ausgleichsproblems aus $R_1x=Q_1^Tb$. Diese Lösung kann man auch herleiten mittels der auf der Vollrangzerlegung $A=Q_1R_1$ basierenden Darstellung der Pseudoinversen $A^+=R_1^+Q_1^+=R_1^{-1}(Q_1^TQ_1)^{-1}Q_1^T=R_1^{-1}Q_1^T$, denn dann ist nach Satz 1.5.6 $x=A^+b=R_1^{-1}Q_1^Tb$ die Lösung des linearen Ausgleichsproblems.

Der Fall $m<n$, $\mathrm{rg}\,A=m$

Dieser Fall tritt als ein Teilproblem des nächsten Falles auf und wird dort behandelt.

Der Fall $\mathrm{rg}\,A=k<\min(m,n)$

Auch hier verwenden wir wie in Bemerkung 2.6.3 eine QR-Vollrangzerlegung. Als Ergebnis der Householder-Elimination (Algorithmus 2.5.5) erhalten wir $AP=Q_1R_1$ mit einer Permutationsmatrix $P\in M_n(\mathbb{R})$, einer oberen Dreiecksmatrix $R_1\in M_{k,n}(\mathbb{R})$ und einer Matrix $Q_1\in M_{m,k}(\mathbb{R})$ mit orthogonalen Spalten. Dann gilt für die Pseudoinverse von AP (beachte Korollar 1.6.12, P ist orthogonal):

$(AP)^+=P^TA^+=R_1^+Q_1^+=R_1^T(R_1R_1^T)^{-1}Q_1^T$, und somit $A^+=PR_1^T(R_1R_1^T)^{-1}Q_1^T$.

Die Lösung $x=A^+b$ erhält man schrittweise:

Bilde $z=Q_1^Tb$, berechne y aus $R_1R_1^Ty=z$ und bilde $x=PR_1^Ty$.

Man kann andererseits in der Zerlegung $AP=Q_1R_1$ die Matrix R_1 durch Householder-Elimination der Zeilen weiter zerlegen. R_1 ist eine $k\times n$-Matrix mit $k<n$ und

rg R_1=k, also eine Matrix, die vollen Zeilenrang besitzt. Sie fällt somit in die Klasse der Matrizen $A \in M_{m,n}(\mathbb{R})$ mit m<n, rg A=m, welche nun als Teilproblem weiterbehandelt werden. Wir behalten die Formulierung mit R_1 und rg R_1=k bei.

Nach Korollar 2.5.2 i) existiert eine untere Dreiecksmatrix $L \in M_{k,n}(\mathbb{R})$ und eine orthogonale Matrix $U \in M_n(\mathbb{R})$, so daß $R_1=LU$ ist. Partitioniert man L gemäß $L=[L_1\ 0]$ mit einer nichtsingulären unteren Dreiecksmatrix $L_1 \in M_k(\mathbb{R})$ und U gemäß $U=\begin{bmatrix}U_1\\U_2\end{bmatrix}$ mit entsprechender Unterteilung, so ist $R_1=L_1U_1$ eine Vollrangzerlegung von R_1. Damit erhält man $AP=Q_1R_1=Q_1L_1U_1$ und $(AP)^+=P^TA^+=(L_1U_1)^+Q_1^T=U_1^TL_1^{-1}Q_1^T$. Die Lösung $x=A^+b$ erhält man, wie in Schritt 3 des folgenden Algorithmus beschrieben.

ALGORITHMUS 2.6.4 (Bestimmung der Minimum-Norm-Lösung $x=A^+b$ des linearen Ausgleichsproblems $\|Ax-b\|_2$=min!):

Sei $A \in M_{m,n}(\mathbb{R})$ und $b \in \mathbb{R}^m$.

Schritt 1: Bestimme mit Algorithmus 2.5.5 eine verkürzte QR-Vollrangzerlegung. Ist k der berechnete Pseudorang von A, so erhält man also eine Zerlegung $AP=Q_1R_1$ mit einer Permutationsmatrix $P \in M_n(\mathbb{R})$, einer Matrix $Q_1 \in M_{m,k}(\mathbb{R})$ mit orthogonalen Spalten und einer oberen Dreiecksmatrix $R_1 \in M_{k,n}(\mathbb{R})$. Ist $m \geq n$ und k=n, so setze $L_1:=R_1$, $U_1:=I_m$ und fahre fort mit Schritt 3.

Schritt 2: Bestimme mit Algorithmus 2.6.1, angewendet auf R_1^T, eine untere Dreiecksmatrix $L^T=\begin{bmatrix}L_1^T\\0\end{bmatrix} \in M_{n,k}(\mathbb{R})$ mit $L_1^T \in M_k(\mathbb{R})$, und eine orthogonale Matrix $U^T \in M_n(\mathbb{R})$, so daß $R_1^T=U^TL^T$ ist. Sei U_1 die Matrix, die aus den ersten k Zeilen von U besteht; dann ist $R_1=L_1U_1$.

Schritt 3: Es gilt nun $A^+=PU_1^TL_1^{-1}Q_1^T$ und man bestimmt $x=A^+b$ folgendermaßen:

a) Bilde $z_1:=Q_1^Tb$.

b) Bestimme y_1 als Lösung von $L_1y_1=z_1$ (Vorwärtseinsetzen bzw. Rückwärtseinsetzen).

c) Bilde $x:=PU_1^Ty_1$.

Den Minimalwert erhält man als $\|Ax-b\|_2$.

BEMERKUNGEN: a) Ergibt sich in Schritt 1, daß $m \leq n$ ist und k=m, so stimmt die "volle" QR-Zerlegung AP=QR, $Q \in M_m(\mathbb{R})$, $R \in M_{m,n}(\mathbb{R})$, mit der verkürzten QR-Vollrangzerlegung $A=Q_1R_1$ überein. Durch Schritt 2 erreicht man aber dennoch eine weitere Verkürzung.

b) Andere Lösungen als die Minimum-Norm-Lösung erhält man, indem man in Schritt 2 die Zerlegung $R_1=LU$ nicht zu $R_1=L_1U_1$ komprimiert und Schritt 3 durch die folgenden Berechnungen ersetzt. Sei $Q=[Q_1\ Q_2]$ der nicht verkürzte Faktor aus

Schritt 1.

Schritt 3': Bilde $z:=Q^Tb=\begin{bmatrix} Q_1^Tb \\ Q_2^Tb \end{bmatrix}=\begin{bmatrix} z_1 \\ z_2 \end{bmatrix}$, bestimme y_1 als Lösung von $L_1y_1=z$, wähle

$y_2\in\mathbb{R}^{m-k}$ beliebig und setze $y:=\begin{bmatrix} y_1 \\ y_2 \end{bmatrix}$.

Bilde dann $x:=PU^Ty=P[U_1^T\ U_2^T]\begin{bmatrix} y_1 \\ y_2 \end{bmatrix}=PU_1^Ty_1+PU_2^Ty_2$.

Der Minimalwert ist $\|Ax-b\|_2=\|Q_2^Tb\|_2$.

c) Im Prinzip eignet sich eine Vollrangzerlegung, die auf Gaußscher Elimination basiert, ebenfalls zur Berechnung der Pseudoinversen bzw. der Lösung des linearen Ausgleichsproblems.
Sei dazu $A\in M_{m,n}(\mathbb{R})$ mit $\operatorname{rg} A=k$. Es sei $PAQ=L_1R_1$ mit einer unteren Dreiecksmatrix $L_1\in M_{m,k}(\mathbb{R})$, einer oberen Dreiecksmatrix $R_1\in M_{k,n}(\mathbb{R})$ und Permutationsmatrizen $P\in M_m(\mathbb{R})$ und $Q\in M_n(\mathbb{R})$ eine Vollrangzerlegung, die durch den Gaußschen Algorithmus bestimmt wird (zur Theorie vgl. Kapitel 1, zur Praxis im Fall m=n vgl. Abschnitt 2.2). Hier ist nun zusätzlich eine Rangentscheidung erforderlich, wie bei der Householder-Zerlegung (Algorithmus 2.5.5) auch: Man muß entscheiden, wann die rechte untere Restmatrix als Nullmatrix angesehen werden soll. Man verkürzt zudem die Zerlegung analog wie bei der QR-Vollrangzerlegung. Dann ist $A^+=QR_1^+L_1^+P$ mit $R_1^+=R_1^T(R_1R_1^T)^{-1}$ und $L_1^+=(L_1^TL_1)^{-1}L_1^T$.
Diese Berechnung ist aufwendiger als bei den vorher beschriebenen Verfahren, so daß der Vorteil des geringeren Rechenaufwandes für die Zerlegung wieder verloren geht. Die Methode ist daher relativ unüblich.

Rundungsfehler bei der Lösung des linearen Ausgleichsproblems mit Orthogonalisierungsverfahren

Wie bei den direkten Verfahren zur Lösung nichtsingulärer Gleichungssysteme kann man die berechnete Lösung eines linearen Ausgleichsproblems mit vollem Spaltenrang ebenfalls als exakte Lösung eines in den Anfangsdaten gestörten Problems interpretieren. Ist die Lösung eines linearen Ausgleichsproblems nicht eindeutig bestimmt, so kann man zeigen, daß die berechnete Minimum-Norm-Lösung nahe bei der exakten Minimum-Norm-Lösung eines leicht gestörten Problems liegt.
Wir geben Schranken für die Störungen und die Lösungen an, bei denen Terme mit höheren Potenzen der Maschinengenauigkeit eps vernachlässigt werden; dafür verwenden wir das Zeichen "$\lesssim$". Die Beweise für die Abschätzungen findet man im Buch von Lawson & Hanson [156].

Bei der Verwendung von Orthogonalisierungsverfahren zur Lösung des linearen Ausgleichsproblems treten stets die folgenden Schritte auf (ohne hier im einzelnen auf die jeweilige Gestalt und Größe der Matrizen einzugehen):

1. Berechnung einer QR-Zerlegung von A
   (algorithmisch: Bildung von $Q_kQ_{k-1}\dots Q_1A=:A^{(k)}=:R$),
2. Bildung von $q:=Q^Tb=Q_kQ_{k-1}\dots Q_1b$,
3. Lösen eines Gleichungssystems $Rx=q$ durch Rückwärtseinsetzen.

Es besteht also eine weitgehende Analogie zu den Eliminationsverfahren für lineare Gleichungssysteme. Der wesentliche Unterschied tritt im ersten Schritt auf, so daß man zunächst für die QR-Zerlegung analoge Aussagen wie in Satz 2.4.1 benötigt. Sämtliche Aussagen beziehen sich auf die Orthogonalisierung nach Householder (für die Orthogonalisierung nach Givens und das modifizierte Gram-Schmidt-Verfahren gelten weitgehend ähnliche Aussagen).

Sei $A\in M_{m,n}(\mathbb{R})$. Ist $Q\in M_m(\mathbb{R})$ die <u>exakte</u> Householder-Matrix, die eine Spalte von A ausräumt, so gilt für die <u>berechnete</u>, d.h. die mit Rundungsfehlern behaftete, Matrix $\tilde{Q}$:

$$\|Q-\tilde{Q}\|_F \lesssim (4m+32)\,\text{eps} \quad \text{und} \quad \|QA-\tilde{Q}A\|_F \lesssim (6m+37)\,\text{eps}\,\|A\|_F.$$

Bei der Konstruktion der QR-Zerlegung werden nun sukzessive k Transformationen durchgeführt. Sei $\tilde{A}_1=A$ und seien $\tilde{A}_{i+1}=gl(\tilde{Q}_i\tilde{A}_i)$ für $i\in\{1,\dots,k\}$ die <u>berechneten</u> Zwischenmatrizen; dabei sei $\tilde{Q}_i$ die berechnete Approximation für die Householder-Matrix Q_i, die in $Q_i\tilde{A}_i$ die entsprechenden Nullen (Elemente i+1 bis m) in der i-ten Spalte von $Q_i\tilde{A}_i$ erzeugt. Definiert man $H_k:=Q_1\dots Q_k\tilde{A}_{k+1}-A$, so ist

(2.6.6) $\quad \tilde{A}_{k+1}=Q_k\dots Q_1(A+H_k)$,

und man erhält die Schranke

$$\|H_k\|_F=\|Q_k\dots Q_1H_k\|_F=\|\tilde{A}_{k+1}-Q_k\dots Q_1A\|_F \lesssim (6m-3k+40)k\,\text{eps}\,\|A\|_F.$$

Wir interpretieren diese Aussage im folgenden Satz, für den die obigen Bezeichnungen übernommen werden.

<u>SATZ 2.6.5</u>: *Sei* $A\in M_{m,n}(\mathbb{R})$ *und sei* $\tilde{A}_{k+1}$ *das <u>berechnete</u> Ergebnis von* k *sukzessiven Householder-Transformationen angewendet auf* A *(vgl.* (2.6.6)*). Dann existiert eine orthogonale Matrix* $Q\in M_m(\mathbb{R})$ *und eine Matrix* $E\in M_{m,n}(\mathbb{R})$, *so daß für* $\tilde{A}_{k+1}$ *die <u>exakte</u> Zerlegung* $\tilde{A}_{k+1}=Q(A+E)$ *besteht und für* E *die Abschätzung* $\|E\|_F \lesssim (6m-3k+40)k\,\text{eps}\,\|A\|_F$ *gilt.*

Mit Hilfe dieses Satzes kann man nun Abschätzungen für die äquivalenten Datenfehler herleiten.

<u>SATZ 2.6.6</u>: *Sei* $m\geq n$ *und* $A\in M_{m,n}(\mathbb{R})$; *sei* n *der mit Algorithmus* 2.5.5 *numerisch bestimmte Pseudorang von* A *und sei* $b\in\mathbb{R}^m$. *Dann existiert eine Matrix* $F\in M_{m,n}(\mathbb{R})$ *und ein Vektor* $f\in\mathbb{R}^m$, *so daß die mit Algorithmus* 2.6.1 *oder Algorithmus* 2.6.4 *<u>berechnete</u> Lösung des linearen Ausgleichsproblems* $\|Ax-b\|_2=\min!$ *die <u>exakte</u> Lösung des linearen Ausgleichsproblems* $\|(A+F)x-(b+f)\|_2=\min!$ *ist und für* F *und* f *die*

Abschätzungen $\|F\|_F \lesssim (6m-3n+41)n\ eps\ \|A\|_F$ *und* $\|f\|_2 \lesssim (6m-3n+40)n\ eps\ \|b\|_2$ *gelten.*

Dieser Satz ist in seiner Aussage weitgehend analog zu Satz 2.4.3. Es müssen hier lediglich auch Störungen in der rechten Seite zugelassen werden, um die Interpretation der Rundungsfehler als Datenfehler zu ermöglichen.
Besitzt A nicht vollen Spaltenrang, so ist die Lösung des linearen Ausgleichsproblems ja nicht mehr eindeutig bestimmt und man betrachtet Minimum-Norm-Lösungen. Man kann dann nur noch zeigen, daß die berechnete Minimum-Norm-Lösung nahe bei der exakten Minimum-Norm-Lösung eines leicht gestörten Problems liegt.

SATZ 2.6.7: *Sei* $m \leq n$ *und* $A \in M_{m,n}(\mathbb{R})$; *sei* m *der mit Algorithmus* 2.5.5 *numerisch bestimmte Pseudorang von* A *und sei* $b \in \mathbb{R}^m$. *Dann existiert eine Matrix* $F \in M_{m,n}(\mathbb{R})$, *so daß für die mit Algorithmus* 2.6.4 *berechnete Minimum-Norm-Lösung* $x \in \mathbb{R}^n$ *des linearen Ausgleichsproblems* $\|Ax-b\|_2=\min!$ *und die exakte Minimum-Norm-Lösung* $\tilde{x} \in \mathbb{R}^n$ *des Problems* $\|(A+F)\tilde{x}-b\|=\min!$ *gilt:* $\|x-\tilde{x}\|_2 \lesssim (6n-3m+40)m\ eps\ \|x\|_2$ *und* $\|F\|_F \lesssim (6n-3m+41)m\ eps\ \|A\|_F$.

SATZ 2.6.8: *Sei* $A \in M_{m,n}(\mathbb{R})$ *und* $b \in \mathbb{R}^m$; *für den mit Algorithmus* 2.5.5 *numerisch bestimmten Pseudorang* k *von* A *gelte* $k<\min(m,n)$. *Dann existiert eine Matrix* $F \in M_{m,n}(\mathbb{R})$ *und ein Vektor* $f \in \mathbb{R}^m$, *so daß für die mit Algorithmus* 2.6.4 *berechnete Minimum-Norm-Lösung* $x \in \mathbb{R}^n$ *des linearen Ausgleichsproblems* $\|Ax-b\|_2=\min!$ *und die exakte Minimum-Norm-Lösung* $\tilde{x} \in \mathbb{R}^n$ *des Problems* $\|(A+F)\tilde{x}-(b+f)\|_2=\min!$ *gilt:* $\|x-\tilde{x}\|_2 \lesssim (6n-6k+43)k\ eps\ \|x\|_2$ *und* $\|F\|_F \lesssim \|R_{22}\|_F+(6m+6n-6k-3\min(m,n)+84)\min(m,n)\ eps\ \|A\|_F$, *sowie* $\|f\|_2 \lesssim (6m-3k+40)k\ eps\ \|b\|_2$ (zur Definition von R_{22} siehe die Erläuterungen im Anschluß an Algorithmus 2.5.5).

Alle diese Abschätzungen zeigen, daß die äquivalenten Datenfehler größenordnungsmäßig recht klein sind, das Verfahren der Orthogonalisierung also gute numerische Eigenschaften besitzt. In Kombination mit Satz 1.8.26 und Lemma 1.8.3 vi) erhält man im allgemeinen zufriedenstellende Abschätzungen für die Größenordnung des Fehlers der Lösung; eine schlechte Kondition des Problems spiegelt sich darin aber natürlich wider.
Zusammenfassend kann man sagen: Die Orthogonalisierungsverfahren stellen eine zufriedenstellende Methode zur Lösung des linearen Ausgleichsproblems dar. Im Fall $m \geq n$, rg $A=n$, stellt die Verwendung der Normalgleichungen in Verbindung mit dem Cholesky-Verfahren eine einfacher zu handhabende Alternative dar, wenn das Problem gut konditioniert ist und die Matrix A^TA sehr exakt berechnet wird, etwa mittels doppelt genau akkumulierter innerer Produkte. Bei besonders empfindlichen Problemen ist die Rangentscheidung zuverlässiger mit der auf der Singulärwertzerlegung basierenden Methode, die in Abschnitt 4.8 behandelt wird.

Hinweise

Der gesamte Themenkreis dieses Abschnitts wird ausführlich im Buch von Lawson &

Hanson [156] beschrieben; es enthält auch mehrere FORTRAN-Programme zur Lösung von linearen Ausgleichsproblemen. Die Sätze 2.6.5 - 2.6.8 und ihre Beweise findet man dort ebenfalls, zusätzlich eine entsprechende Fehleranalyse bei Verwendung höherer Genauigkeit an einigen Stellen der Algorithmen. Die auf der QR-Zerlegung basierende Methode stammt von Golub [109]; für den Fall $m \geq n$, rg $A=n$, haben Businger & Golub [49] ein entsprechendes ALGOL-Programm geschrieben. Ein Übersichtsartikel von Noble [188] stellt die verschiedenen Verfahrensklassen gut dar, unter anderem auch die auf der LR-Zerlegung beruhende Methode. Diese wird auch von Peters & Wilkinson [216] beschrieben.

2.7 SCHWACH BESETZTE MATRIZEN

Bei symmetrischen positiv definiten Matrizen kann man gleichzeitig Zeilen- und Spaltenvertauschungen ohne Berücksichtigung der numerischen Stabilität allein unter dem Gesichtspunkt des Speicherplatzbedarfs ausführen. Wir betrachten den Algorithmus von Cuthill und McKee, der eine Permutation mit dem Ziel der Reduzierung der Bandbreite einer gegebenen schwach besetzten Matrix bestimmt, und den Minimum-Degree-Algorithmus, der eine Permutation bestimmt, welche ein geringes Auffüllen der Matrix während der Elimination bewirkt. Beide Algorithmen basieren auf graphentheoretischen Überlegungen.

Die bisher betrachteten Lösungsmethoden für lineare Gleichungssysteme sind hauptsächlich für Koeffizientenmatrizen geeignet, die vollständig im Hauptspeicher eines Rechners gehalten werden können. Bei Matrizen, für die dies nicht möglich ist, spielt die Organisation des Datentransfers von Sekundärspeichern (Platte, Band) in den Hauptspeicher eine große Rolle, und spezielle, den Transfermöglichkeiten angepaßte Algorithmen sind erforderlich.
In vielen Fällen, zum Beispiel bei der Diskretisierung von partiellen Differentialgleichungen mit Differenzenverfahren und nach der Methode der finiten Elemente, enthalten aber große Matrizen, deren n^2 Elemente nicht in den Hauptspeicher passen, sehr viele Nullelemente, und ihre nichtverschwindenden Elemente passen sehr wohl in diesen Speicher, wenn man spezielle Speichertechniken verwendet. Im allgemeinen sind dann die bisher beschriebenen Eliminationsmethoden trotzdem nicht anwendbar, weil in ihrem Verlauf Nichtnullelemente an vorher noch nicht belegten Positionen in einer Zahl erzeugt werden können, die den vorhandenen Speicherplatz übersteigt. Dieses Phänomen der Erzeugung von Nichtnullelementen während eines Eliminationsprozesses bezeichnet man als <u>fill</u> oder <u>fill-in</u>.
Man kann nun direkte Methoden verwenden, die zwar die gegebene Koeffizientenmatrix im Lauf der Rechnung verändern, aber das fill-in möglichst gering halten, oder iterative Verfahren, welche die Koeffizientenmatrix unverändert lassen. Die iterativen Verfahren, die wir im nächsten Kapitel ausführlicher behandeln, haben den Vorteil, daß man die kompakte Speichermöglichkeit besser ausnutzen kann; die direkten Verfahren erfordern aber in vielen Fällen weniger Rechenaufwand, so daß man ihnen, falls die Möglichkeit besteht, meistens den Vorzug gibt.

Bei einem Eliminationsschritt des Gaußschen Algorithmus entscheidet sich bei der Berechnung von $a_{ij}^{(k)}=a_{ij}^{(k-1)}-(a_{ik}^{(k-1)}/a_{kk}^{(k-1)})a_{kj}^{(k-1)}$, ob ein Element, welches null war ($a_{ij}^{(k-1)}$), nun ungleich null wird ($a_{ij}^{(k)}$). Abgesehen von zufälliger Erzeugung von Nullelementen ist dabei die Größe eines Elements unbedeutend; entscheidend ist allein, ob Koeffizienten gleich null oder ungleich null sind. Da eine Permutation der Zeilen- und Spaltenindizes die Erzeugung von Nichtnullelementen beeinflußt, kann man eine Umnumerierung von Zeilen und Spalten anstreben, die das fill-in möglichst gering hält.

<u>BEISPIEL</u>: Bei der Elimination einer Koeffizientenmatrix der Gestalt $\begin{bmatrix} x & x & x & x & x \\ x & x & 0 & 0 & 0 \\ x & 0 & x & 0 & 0 \\ x & 0 & 0 & x & 0 \\ x & 0 & 0 & 0 & x \end{bmatrix}$,

x Nichtnullelement, sind die Faktoren L und R voll besetzt. Nach einer zyklischen Umnumerierung der Zeilen und Spalten, so daß die Matrix die Gestalt $\begin{bmatrix} x & 0 & 0 & 0 & x \\ 0 & x & 0 & 0 & x \\ 0 & 0 & x & 0 & x \\ 0 & 0 & 0 & x & x \\ x & x & x & x & x \end{bmatrix}$ hat, erfolgt kein fill-in, so daß L die Gestalt $\begin{bmatrix} x & 0 & 0 & 0 & 0 \\ 0 & x & 0 & 0 & 0 \\ 0 & 0 & x & 0 & 0 \\ 0 & 0 & 0 & x & 0 \\ x & x & x & x & x \end{bmatrix}$ und R die Gestalt $\begin{bmatrix} x & 0 & 0 & 0 & x \\ 0 & x & 0 & 0 & x \\ 0 & 0 & x & 0 & x \\ 0 & 0 & 0 & x & x \\ 0 & 0 & 0 & 0 & x \end{bmatrix}$ hat.

Nun ist bei der Durchführung des Gaußschen Eliminationsverfahrens im allgemeinen zur Sicherstellung der Durchführbarkeit und zur Stabilisierung der Berechnungen eine Pivotisierung erforderlich. Die dazu benötigten Permutationen sind jedoch verschieden von den zur Minimierung des fill-in erforderlichen Permutationen, und man muß einen Kompromiß in diesem Zielkonflikt finden.

Solche Schwierigkeiten treten bei symmetrischen positiv definiten Matrizen nicht auf, da sie keine Permutationen zur Erhöhung der numerischen Stabilität erfordern und gleichzeitige Zeilen- und Spaltenvertauschungen erlaubt sind, ohne die Symmetrie und die Definitheit zu zerstören (wegen $P^T=P^{-1}$ stellen gleichzeitige Zeilen- und Spaltenpermutationen mit P eine Kongruenz- und Ähnlichkeitstransformation dar; positive Eigenwerte (vgl. Satz 2.3.1) bleiben also erhalten). Im indefiniten Fall müssen <u>während</u> der Rechnung die Permutationen festgelegt werden und sodann die entsprechenden Speicherplätze für neu entstehende Nichtnullelemente bereitgestellt werden. Dies erfordert eine <u>dynamische</u> Speicherplatzorganisation, zum Beispiel in Form einer <u>verketteten Liste</u>, die neben einer Identifikationsmöglichkeit für die Position eines Elements auch die Adresse des jeweils nächsten Nichtnullelements enthält; sie wird dann während der Rechnung verändert.

Bei symmetrischen positiv definiten Matrizen können verschiedene Teilprobleme getrennt voneinander gelöst werden: Zunächst wird eine geeignete Numerierung von Zeilen und Spalten bestimmt mit dem Ziel, das fill-in gering zu halten. Da dann bekannt ist, an welchen Positionen fill-in eintritt, kann eine statische Speicherplatzorganisation erfolgen, die bereits alle erforderlichen Speicherstellen berücksichtigt. Letztlich werden dann die eigentlichen Berechnungen durchgeführt.

Neben den symmetrischen positiv definiten Matrizen bilden die Bandmatrizen eine Klasse von Matrizen, deren Eigenschaften eine Vereinfachung bei der Durchführung der Gaußschen Elimination bewirken können. Eine Matrix $A \in M_n(\mathbb{R})$ heißt (m,k)-Bandmatrix, $m,k \in \{0,\dots,n-1\}$, wenn für $i,j \in \{1,\dots,n\}$ mit $i-j>m$ oder $j-i>k$ gilt: $a_{ij}=0$. m gibt also die Anzahl der Nebendiagonalen unterhalb der Diagonalen an, welche Elemente ungleich null enthalten, entsprechend k diejenigen oberhalb der Diagonalen; m heißt auch linksseitige Bandbreite, k rechtsseitige Bandbreite. Eine Tridiagonalmatrix ist also eine (1,1)-Bandmatrix, eine obere Hessenberg-Matrix ist eine (1,n-1)-Bandmatrix und eine untere Hessenberg-Matrix eine (n-1,1)-Bandmatrix.

SATZ 2.7.1: *Sei* $A \in M_n(\mathbb{R})$ *eine* (m,k)*-Bandmatrix. Besitzt* A *eine* LR*-Zerlegung, so ist* L *eine* (m,0)*-Bandmatrix und* R *eine* (0,k)*-Bandmatrix.*

BEWEIS: Wir können ohne Einschränkung voraussetzen, daß in einer LR-Zerlegung von A der Faktor L eine Einheitsdiagonale besitzt. Die Behauptung folgt dann sofort aus den Formeln (2.2.8) des kompakten Gaußschen Algorithmus. □

Ist also für eine (m,k)-Bandmatrix die Gauß-Elimination ohne Pivotisierung durchführbar, so erhöht sich der Speicherbedarf für die LR-Zerlegung gegenüber der gegebenen Matrix nicht, und der Rechenaufwand ist geringer als bei einer vollbesetzten Matrix. Durch Permutationen geht allerdings die ursprüngliche Bandstruktur verloren. Führt man bei der LR-Zerlegung einer Bandmatrix nur eine Spaltenpivotsuche durch, so erhöht sich jedoch nur die Bandbreite des Faktors R, da die Zeilenvertauschungen beim Faktor L nur bereits besetzte Zeilen betreffen.

Wir geben zwei Algorithmen für die Phase der Zeilen- und Spaltenvertauschungen bei symmetrischen positiv definiten Matrizen an: den Minimum-Degree-Algorithmus, der das fill-in möglichst gering hält und den Algorithmus von Cuthill und McKee, der eine kleine Bandbreite anstrebt. Es gibt kein Verfahren, das in akzeptabler Zeit eine Numerierung der Zeilen und Spalten findet, die ein minimales fill-in garantiert. Die betrachteten Methoden sind daher heuristischer Natur und nur lokal optimal.

Bei der kompakten Speicherung einer schwach besetzten Matrix wird neben dem primären Speicherplatz, der die Koeffizienten der Matrix enthält, noch sekundärer Speicherplatz benötigt, der es ermöglicht, die Positionen dieser Koeffizienten in der Matrix zu identifizieren. Es ist dieser gesamte Speicherplatz, den man möglichst gering halten möchte, so daß die Betrachtung von Nichtnullelementen allein nicht genügt. Es kann durchaus von Vorteil sein, Speicherplatz auch für einige Nullelemente bereitzustellen, weil sich dadurch der sekundäre Speicherplatz kleiner halten läßt. Dies trifft zum Beispiel auf Bandmatrizen zu. Speichert man sämtliche Elemente eines Bandes, das ebenfalls noch mehrere Nullelemente enthält, so ist der primäre Speicherplatz größer als unbedingt erforderlich, der sekundäre Speicherplatz kann jedoch kleiner gehalten werden.

BEISPIEL 2.7.2 (Diagonalspeicherschema zur Speicherung von symmetrischen Bandmatrizen):

Ist $A\in M_n(\mathbb{R})$ eine symmetrische (k,k)-Bandmatrix, so kann man die Diagonale von A und die Subdiagonalen als Spalten einer $n\times(k+1)$-Matrix, das heißt in einem entsprechenden zweidimensionalen Feld, speichern.

$$A=\begin{bmatrix} a_{11} & & & & & \\ a_{21} & a_{22} & & \text{sym.} & & \\ a_{31} & a_{32} & a_{33} & & & \\ 0 & 0 & 0 & a_{44} & & \\ 0 & 0 & a_{53} & 0 & a_{55} & \\ 0 & 0 & 0 & a_{64} & a_{65} & a_{66} \end{bmatrix} \text{ wird z.B. gespeichert als } \begin{bmatrix} - & - & a_{11} \\ - & a_{21} & a_{22} \\ a_{31} & a_{32} & a_{33} \\ 0 & 0 & a_{44} \\ a_{53} & 0 & a_{55} \\ a_{64} & a_{65} & a_{66} \end{bmatrix}.$$

Bei manchen schwach besetzten Matrizen gelingt es nicht, eine kleine Bandbreite zu erreichen. Eine Methode, die mehr Information über die Nichtnullelemente in den einzelnen Zeilen berücksichtigt, operiert mit dem Begriff der Hülle einer Matrix, der eine Verfeinerung des Begriffs Band darstellt. Bezeichnet man mit

$$f_i(A):=\min\{j \mid a_{ij}\neq 0\} \text{ für } i\in\{1,\dots,n\}$$

den Spaltenindex des ersten von null verschiedenen Elements in der i-ten Zeile, so ist die Hülle (engl. envelope) einer symmetrischen positiv definiten Matrix definiert als die Menge der Indexpaare

$$\operatorname{env}(A):=\{(i,j) \mid f_i(A)\leq j\leq i;\ i,j\in\{1,\dots,n\}\}.$$

Die lokale Bandbreite für eine Zeile ist dann

$$k_i(A):=i-f_i(A),\ i\in\{1,\dots,n\}.$$

Da die Diagonalelemente von A positiv sind, ist stets $f_i(A)\leq i$ und daher $k_i(A)\geq 0$. Die Anzahl der Elemente der Hülle von A wird mit Profil von A bezeichnet; es gilt: $\#\operatorname{env}(A)=n+\sum_{i=1}^{n} k_i(A)$.

BEISPIEL: Für die Matrix A aus Beispiel 2.7.2 ist $f_1(A)=1, k_1(A)=0$; $f_2(A)=1$, $k_2(A)=1$; $f_3(A)=1$, $k_3(A)=2$; $f_4(A)=4$, $k_4(A)=0$; $f_5(A)=3$, $k_5(A)=2$; $f_6(A)=4$ und $k_6(A)=2$. Die Hülle besteht aus den Indexpaaren (1,1); (2,1), (2,2); (3,1), (3,2), (3,3); (4,4); (5,3), (5,4), (5,5); (6,4), (6,5) und (6,6); das Profil ist somit 13.

Bei der Berechnung der Cholesky-Zerlegung $A=LL^T$ bleibt die Hülle von A auch für den Faktor L erhalten.

SATZ 2.7.3: *Sei* $A\in M_n(\mathbb{R})$ *symmetrisch und positiv definit und* $A=LL^T$ *die Cholesky-Zerlegung von* A *mit einer unteren Dreiecksmatrix* L *mit positiver Diagonale. Dann gilt* env(A)=env(L).

BEWEIS: Für $i\in\{1,\dots,n\}$ gilt: $a_{i,f_i(L)}=\sum_{k=f_i(L)}^{i} \ell_{ik}\ell_{f_i(L),k}=\ell_{i,f_i(L)}\ell_{f_i(L),f_i(L)}\neq 0$, also folgt $f_i(A)\leq f_i(L)$. Andererseits ist $a_{i,f_i(A)}=\ell_{i,f_i(A)}\ell_{f_i(A),f_i(A)}$, so daß $\ell_{i,f_i(A)}\neq 0$ ist und somit $f_i(L)\leq f_i(A)$. □

Damit tritt also bei der Cholesky-Zerlegung einer symmetrischen positiv definiten Matrix kein fill-in außerhalb ihrer Hülle auf, und es ist zur Speicherung des Faktors L kein zusätzlicher Speicherplatz erforderlich.

BEISPIEL 2.7.4 (Speicherung der Hüllenelemente): Auf dem primären Speicherplatz werden die Elemente der Hülle zeilenweise fortlaufend gespeichert, der sekundäre Speicherplatz enthält die Adressen der Diagonalelemente.

$$(2.7.1)\quad A=\begin{bmatrix} a_{11} & & & & & & \\ a_{21} & a_{22} & & \text{sym.} & & & \\ a_{31} & 0 & a_{33} & & & & \\ 0 & a_{42} & 0 & a_{44} & & & \\ 0 & 0 & 0 & a_{54} & a_{55} & & \\ 0 & a_{62} & a_{63} & 0 & 0 & a_{66} & \\ 0 & 0 & 0 & a_{74} & 0 & 0 & a_{77} \end{bmatrix}.$$

Primärer Speicherplatz: $a_{11} \mid a_{21}\ a_{22} \mid a_{31}\ 0\ a_{33} \mid a_{42}\ 0\ a_{44} \mid a_{54}\ a_{55} \mid$
$a_{62}\ a_{63}\ 0\ 0\ a_{66} \mid a_{74}\ 0\ 0\ a_{77}$.

Sekundärer Speicherplatz: 1 3 6 9 11 16 20

Bezeichnet d_i das i-te Element des sekundären Speicherplatzes, so berechnet sich die Adresse des Elements a_{ik} des primären Speicherplatzes zu d_i-i+k und es gilt: $(i,k)\in\text{env}(A)$ genau dann, wenn $d_i-d_{i-1}>i-k$ ist $(i\geq 2)$.

Der Algorithmus von Cuthill und McKee war ursprünglich zur Minimierung der Bandbreite einer Matrix vorgesehen; er minimiert jedoch sukzessive die lokalen Bandbreiten k_i, so daß er ebenfalls zur Minimierung der Hülle geeignet ist. Bevor wir den Algorithmus angeben, führen wir zunächst einige elementare graphentheoretische Begriffe ein, die in Zusammenhang mit Eliminationsprozessen bei Matrizen stehen.

Einige graphentheoretische Grundbegriffe im Zusammenhang mit Eliminationsprozessen bei symmetrischen Matrizen

Ein (ungerichteter) Graph $G=(V,E)$ besteht aus einer Menge $V=\{x_1,\dots,x_n\}$ von Knoten und einer Menge E von Kanten, die aus zweielementigen Teilmengen von V besteht. Eine Ordnung α (Numerierung) auf V ist eine bijektive Abbildung $\alpha:V\to\{1,\dots,n\}$; ein durch α geordneter Graph wird mit $G_\alpha=(V^\alpha,E)$ bezeichnet. Ist $A\in M_n(\mathbb{R})$ eine symmetrische Matrix, so ordnet man ihr den (zugehörigen) Graphen $G^A=(V^A,E^A)$ mit $V^A=\{1,\dots,n\}$ und $E^A=\{\{i,j\}\mid a_{ij}\neq 0$ und $i\neq j\}$ zu. Die zugehörige Kantenmenge hängt also nur davon ab, welche Nichtdiagonalelemente der Matrix ungleich null sind. Den zum Zeilenindex i gehörigen Knoten des Graphen bezeichnen wir stets mit x_i.

BEISPIEL: Sei A die Matrix aus (2.7.1). Der zugehörige Graph G^A wird durch das Diagramm

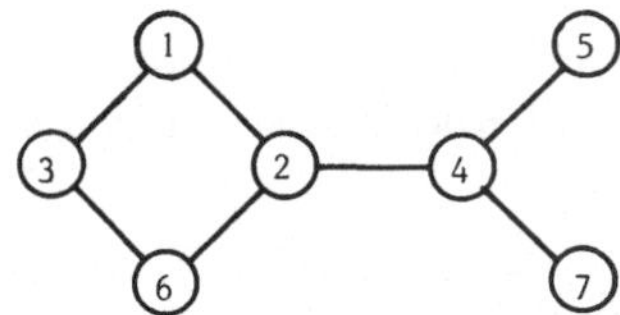

veranschaulicht.

Gleichzeitige Zeilen- und Spaltenpermutationen von A gemäß $A\to PAP^T$, P eine Permutationsmatrix, entsprechen einer Umnumerierung des zugehörigen Graphen. Die Struktur des Graphen bleibt gleich, im Diagramm ändert sich nur die Beschriftung. In diesem Sinne sprechen wir auch unabhängig von der Numerierung vom zugehörigen Graphen. Bei der Durchführung des Eliminationsverfahrens ist die Numerierung jedoch entscheidend für das fill-in.

Zwei Knoten $x_i,x_j\in V$ heißen benachbart (x_i und x_j sind Nachbarn), wenn $\{x_i,x_j\}\in E$ ist, d.h. wenn sie durch eine Kante verbunden sind. Die Menge aller Nachbarn einer Knotenmenge $Y\subseteq V$ ist $\mathrm{adj}(Y):=\{x\in V\setminus Y\mid$ es existiert $y\in Y$, so daß $\{x,y\}\in E$ ist$\}$. Speziell für einen Knoten y ist $\mathrm{adj}(y):=\mathrm{adj}(\{y\})=\{x\in V\mid\{x,y\}\in E\}$ die Menge aller Nachbarn (Adjazenzpunktmenge) von y. Der Grad einer Knotenmenge Y ist die Anzahl der Elemente von adj(Y). Im zugehörigen Graphen einer symmetrischen Matrix gibt der Grad eines Knotens die Anzahl der von null verschiedenen Nichtdiagonalelemente der entsprechenden Zeile an.

Ein Weg der Länge $\ell\in\mathbb{N}_+$ zwischen zwei Knoten x und y ist eine geordnete Menge paarweise verschiedener Knoten $(v_1,\dots,v_{\ell+1})$ mit der Eigenschaft $x=v_1$, $y=v_{\ell+1}$ und $v_{i+1}\in\mathrm{adj}(v_i)$ für $i\in\{1,\dots,\ell\}$; x und y sind dann durch einen Weg verbunden. Ein Graph heißt zusammenhängend, wenn je zwei Knoten durch einen Weg verbunden sind. Ist ein Graph nicht zusammenhängend, so zerfällt er in mehrere Zusammenhangskomponenten. Ein Untergraph eines Graphen G=(V,E) besteht aus einer Teilmenge von Knoten und einer Teilmenge von Kanten. Ein induzierter Untergraph ist ein Untergraph, bei dem alle möglichen Kanten erhalten bleiben, d.h. für die Knotenmengen $W\subseteq V$ ist die zugehörige Kantenmenge im induzierten Untergraphen $E(W):=\{\{x,y\}\in E \mid x,y\in W\}$. Ein Graph heißt vollständig, wenn alle Knoten paarweise benachbart sind.

Der Algorithmus von Cuthill und McKee

Durch graphentheoretische Überlegungen ist es möglich, eine Numerierung der Zeilen und Spalten einer symmetrischen positiv definiten Matrix $A\in M_n(\mathbb{R})$ anzugeben, so daß die Bandbreite und das Profil von A im allgemeinen fast minimal werden.

ALGORITHMUS 2.7.5 (Algorithmus von Cuthill und McKee zur Bestimmung einer Reihenfolge der Knoten des zu einer symmetrischen positiv definiten Matrix gehörigen Graphen, die die Bandbreite klein hält):

Sei $A\in M_n(\mathbb{R})$ symmetrisch und positiv definit. Im zugehörigen Graphen seien die Knoten noch nicht numeriert, und der Graph sei zusammenhängend (sonst betrachte man jede Zusammenhangskomponente einzeln).

Schritt 1: Bestimme einen Knoten mit minimalem Grad und bezeichne ihn mit x_1. Er ist der Knoten der nullten Stufe.

Schritt 2: Solange noch nicht numerierte Knoten vorhanden sind: Bestimme für jeden Knoten der vorhergehenden Stufe alle Nachbarknoten, die noch nicht numeriert sind, und numeriere sie nach zunehmendem Grad fortlaufend. Diese Knoten bilden die nächste Stufe.

Ein solches Vorgehen ist durch folgende Überlegungen motiviert: Ist y ein zu x benachbarter Knoten, so ist die Differenz ihrer Nummern eine untere Schranke für die lokale Bandbreite des Knotens mit der höheren Nummer; daher ist es sinnvoll, die Nachbarn eines bereits numerierten Knotens möglichst bald ebenfalls zu numerieren. Unter diesen Nachbarn plaziert man diejenigen, die selbst viele noch nicht numerierte Nachbarn haben, möglichst spät, damit die Indexdifferenzen zu diesen möglichst gering sind. Die Wahl des Startknotens als Knoten mit minimalem Grad beruht auf Erfahrungen. Besitzen mehrere Knoten minimalen Grad, so führe man den Algorithmus mit allen diesen Knoten durch und wähle dann die günstigste Numerierung. Es ist allerdings möglich, daß andere Startknoten, die nicht minimalen Grad haben, eine bessere Numerierung erzeugen.

BEISPIEL: Betrachte $A\in M_7(\mathbb{R})$ aus (2.7.1). Die ursprüngliche Bandbreite ist 4, das Profil ist 20. Die Grade der Knoten (in der gegebenen Numerierung) sind

Knoten	x_1	x_2	x_3	x_4	x_5	x_6	x_7
Grad	2	3	2	3	1	2	1

.

Mit Startknoten x_5 liefert Algorithmus 2.7.5 die neue Reihenfolge

a) $x_5|x_4|x_7\ x_2|x_1\ x_6|x_3$ ("|" trennt die Stufen).

Mit Startknoten x_7 erhält man die Reihenfolge

b) $x_7|x_4|x_5\ x_2|x_6\ x_1|x_3$.

Die entsprechend permutierte Matrix hat im Fall a) die Gestalt

$$
\begin{bmatrix}
a_{55} & a_{54} & & & & & 0 \\
a_{54} & a_{44} & a_{74} & a_{24} & & & \\
 & a_{74} & a_{77} & 0 & & & \\
 & a_{24} & 0 & a_{22} & a_{12} & a_{62} & \\
 & & & a_{12} & a_{11} & 0 & a_{31} \\
 & & & a_{62} & 0 & a_{66} & a_{36} \\
0 & & & & a_{31} & a_{36} & a_{33}
\end{bmatrix} . \tag{2.7.2}
$$

Die Bandbreite hat sich von 4 auf 2 verringert, das Profil von 20 auf 16. Da die Knoten 5 und 7 im Graphen symmetrisch liegen, ebenso wie die Knoten 1 und 6, erhält man in Fall b) dasselbe Schema.

In einer modifizierten Form des Algorithmus wählt man als Startknoten einen Knoten, der zu einem anderen möglichst großen Abstand hat; der <u>Abstand</u> $d(x,y)$ zwischen zwei Knoten x und y ist die Länge des kürzesten Weges zwischen ihnen. Den maximalen Abstand eines Knotens x zu irgendeinem anderen bezeichnet man als <u>Exzentrizität</u> $e(x):=\max\{d(x,y)|y\in V\}$. Der <u>Durchmesser</u> eines Graphen ist der maximale Abstand zwischen zwei Knoten, $D(G):=\max\{e(x)|x\in V\}=\max\{d(x,y)|x,y\in V\}$. Ein Knoten heißt <u>peripher</u>, wenn seine Ekzentrizität gleich dem Durchmesser des Graphen ist.

Eine zu einem Knoten x gehörige <u>Stufenstruktur</u> (oder <u>Schichtung</u>) $L(x):=\{L_o(x),\ldots,L_\ell(x)\}$ ist eine Zerlegung der Knotenmenge in disjunkte Teilmengen $L_o(x),\ldots,L_\ell(x)$, so daß $L_i(x)$ genau die Knoten enthält, die zu x den Abstand i haben. Rekursiv sind die $L_i(x)$ definiert durch

$L_o(x)=\{x\}$, $L_1(x)=\mathrm{adj}(x)$, $L_i(x)=\mathrm{adj}(L_{i-1}(x))\setminus L_{i-2}(x)$ für $i\in\{2,\ldots,e(x)\}$.

$e(x)$ heißt auch <u>Tiefe</u> der Stufenstruktur. Die Stufenstruktur eines Knotens kann man mit dem Algorithmus von Cuthill und McKee bestimmen. Zur Minimierung der Bandbreite ist es sinnvoll, insgesamt möglichst viele Stufen zu haben, da dann die durchschnittliche Anzahl von Knoten pro Stufe am kleinsten ist.

<u>ALGORITHMUS 2.7.6</u> (Bestimmung eines annähernd peripheren Knotens eines Graphen):

Sei $G=(V,E)$ ein Graph.

Schritt 1: Wähle einen beliebigen Knoten x aus.

Schritt 2: Bestimme die Stufenstruktur für den Knoten x.

Schritt 3: Wähle in der letzten Stufe $L_{e(x)}(x)$ einen Knoten y mit minimalem Grad.

Schritt 4: Bestimme die Stufenstruktur für den Knoten y.

Schritt 5: Ist die Ekzentrizität e(y) größer als die von x, so setze x:=y und mache weiter mit Schritt 3; anderenfalls höre auf (x ist ein annähernd peripherer Knoten).

BEISPIEL: a) Im letzten Beispiel hat die Stufenstruktur der Knoten 5 und 7 die Tiefe 4, welches auch der Durchmesser des Graphen ist. Algorithmus 2.7.6 würde also diesen Startknoten in Schritt 5 nicht durch andere ersetzen.

b) Betrachte den durch folgendes Diagramm gegebenen Graphen:

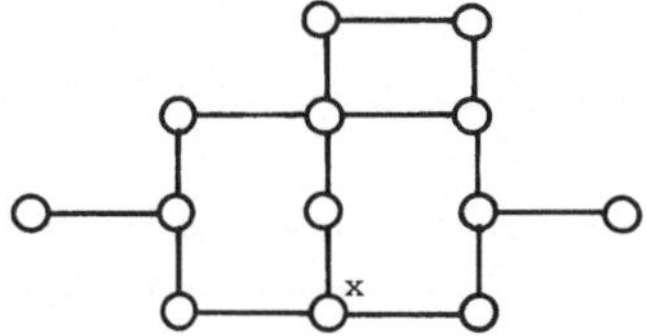

Die Stufenstruktur des Startknotens x ist aus folgendem Diagram ersichtlich:

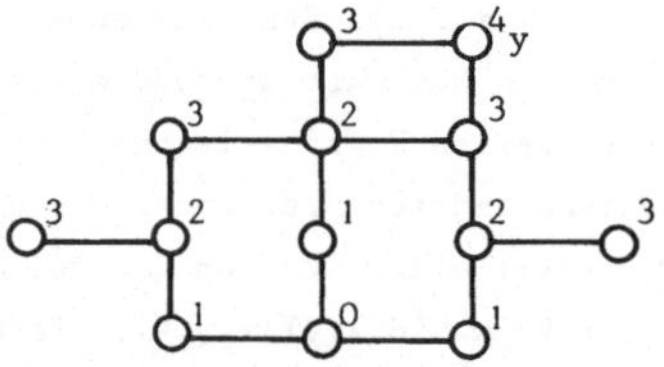

In Schritt 3 von Algorithmus 2.7.6 wird y bestimmt. Die Stufenstruktur für y ist gegeben durch:

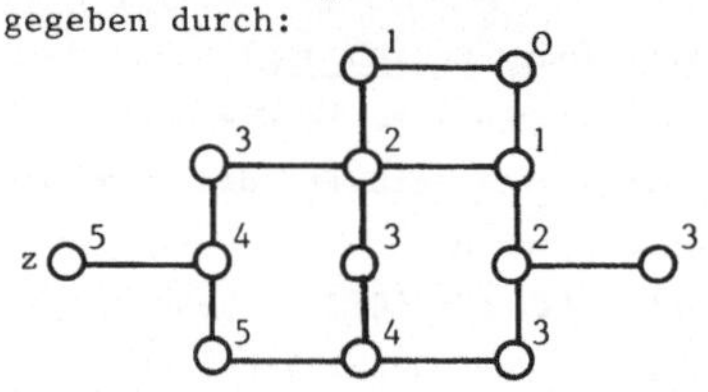

Die Stufenstruktur von z ist wie folgt gegeben:

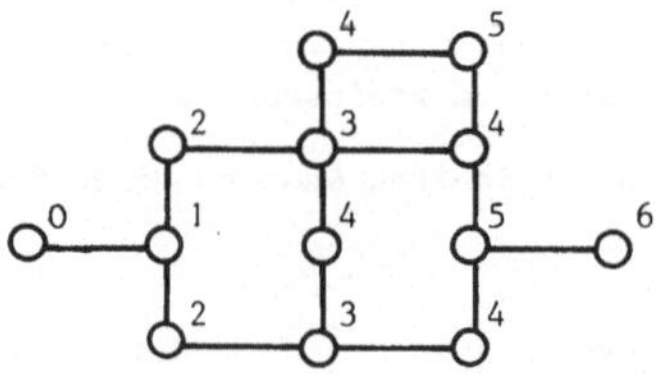

Die Tiefe von z ist gleich dem Durchmesser des Graphen, so daß im nächsten Durchgang keine Verbesserung mehr möglich ist.

ABBILDUNG 2.7.7:

Die symmetrische positiv definite Koeffizientenmatrix eines bei einer Zeitreihenanalyse auftretenden Gleichungssystems hat die Dimension n=120 mit einer links- und rechtsseitigen Bandbreite von 60. Das Belegungsmuster der Nichtnullelemente ist in 1a) dargestellt, 1b) zeigt das Belegungsmuster des Faktors L der zugehörigen Cholesky-Zerlegung; es tritt ein fill-in von etwa 2990 Elementen auf. Die Anwendung des Cuthill-McKee-Algorithmus ergibt das Belegungsmuster 2a) und das des zugehörigen Cholesky-Faktors 2b); das fill-in beträgt etwa 1450 Elemente bei einer Bandbreite von 24. Die Umkehrung der Reihenfolge führt entsprechend auf die Belegungsmuster 3a) und 3b) mit einem fill-in von nur 660 Elementen.

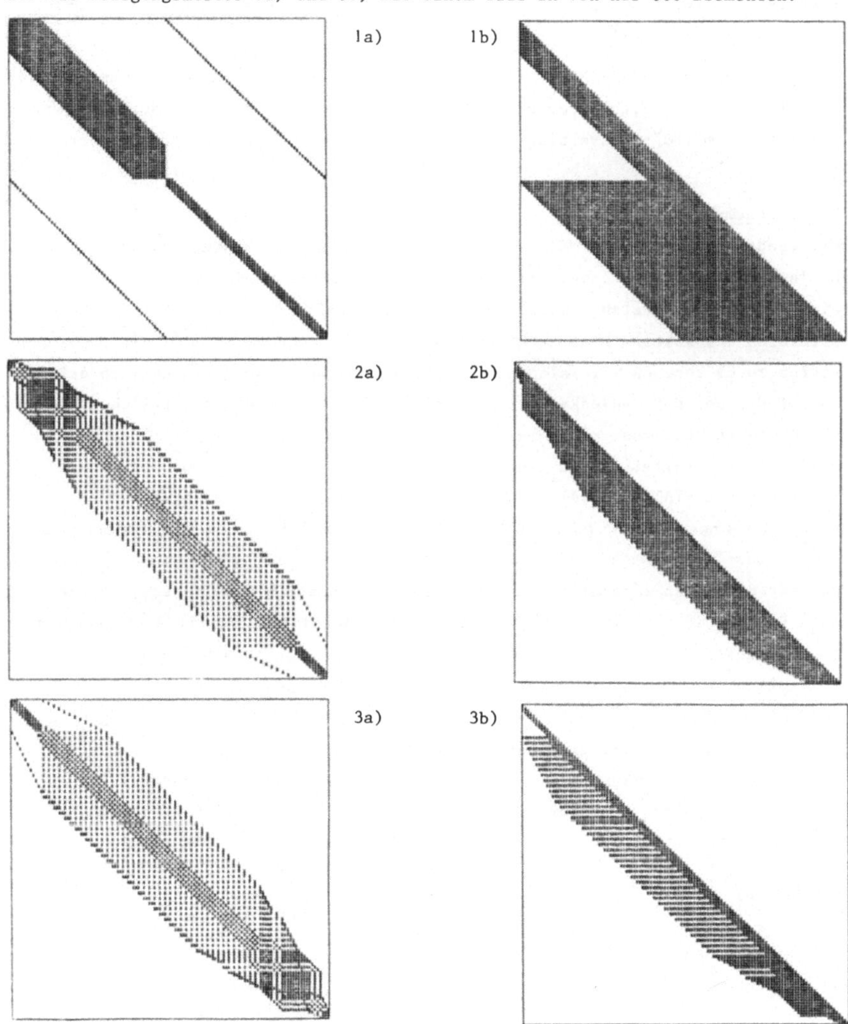

Eine weitere Modifikation des Algorithmus von Cuthill und McKee betrifft die gefundene Reihenfolge der Knoten. Beobachtungen bei Beispiel-Rechnungen haben ergeben, daß eine Umkehrung der gefundenen Reihenfolge im allgemeinen eine weitere Reduzierung des Profils bewirkt; die Bandbreite bleibt natürlich gleich.
Der um den zusätzlichen Schritt

"Schritt 3: Kehre die gefundene Reihenfolge der Knoten um."

erweiterte Algorithmus 2.7.5 wird als umgekehrter (reverse) Cuthill-McKee-Algorithmus bezeichnet.

BEISPIEL: Betrachte die Matrix aus (2.7.2). Das Profil der durch den umgekehrten Cuthill-McKee-Algorithmus entstehenden Matrix erkennt man leicht durch Drehung der Matrix um 180°; es verringert sich hier um 1 (die gestrichelt markierte Null).

Der Minimum-Degree-Algorithmus

Wir wenden uns nun einer Methode zu, die ohne Berücksichtigung der Band- oder Hüllengestalt versucht, bei der Elimination möglichst viele vorhandene Nullen einer schwach besetzten, symmetrischen positiv definiten Matrix bei der Konstruktion des Faktors L auszunutzen und zu erhalten, d.h. das fill-in möglichst gering zu halten. Es wird also eine geeignete Permutation P gesucht, so daß die Anzahl der bei der Cholesky-Zerlegung $PAP^T=LL^T$ auftretenden zusätzlichen Nichtnullelemente möglichst klein ist.
Definiere $\text{nonz}(A):=\{\{i,j\} \mid a_{ij}\neq 0 \text{ und } i\neq j\}$, $F(A):=L+L^T$, wenn $A=LL^T$ ist, und $\text{fill}(A):=\text{nonz}(F(A))\setminus\text{nonz}(A)$. Für jede Permutationsmatrix P gilt dann $\#\text{nonz}(A)=\#\text{nonz}(PAP^T)$, aber $\#\text{fill}(A)$ und $\#\text{fill}(PAP^T)$ können sehr unterschiedlich sein.
Man ist nun daran interessiert, eine Permutationsmatrix Q zu finden, so daß für alle Permutationsmatrizen P gilt: $\#\text{fill}(QAQ^T)\leq\#\text{fill}(PAP^T)$. Die Bestimmung der Lösung dieses Problems ist jedoch im allgemeinen recht aufwendig, so daß man sich mit einer Permutationsmatrix begnügt, die ein annähernd minimales fill-in bewirkt.
Wir geben zunächst eine graphentheoretische Interpretation des Eliminationsprozesses. Zur Beschreibung eines Eliminationsschrittes bei der Konstruktion der Cholesky-Zerlegung wählen wir die Formulierung 1. in Abschnitt 2.3. Der erste (typische) Schritt wird beschrieben durch den Übergang $A\to\tilde{A}_1$: Es ist

$$A=\begin{bmatrix} a_{11} & a_1^T \\ a_1 & A_1 \end{bmatrix}=\begin{bmatrix} \sqrt{a_{11}} & 0 \\ \frac{a_1}{\sqrt{a_{11}}} & I_{n-1} \end{bmatrix}\begin{bmatrix} 1 & 0 \\ 0 & \tilde{A}_1 \end{bmatrix}\begin{bmatrix} \sqrt{a_{11}} & \frac{a_1^T}{\sqrt{a_{11}}} \\ 0 & I_{n-1} \end{bmatrix} \text{ mit } \tilde{A}_1:=A_1-\frac{a_1a_1^T}{a_{11}}.$$

Unter Vernachlässigung der zufälligen Auslöschung ist das Element in Position (i,j) in $\tilde{A}_1$ genau dann ungleich null, wenn das Element in Position (i,j) in A_1 ungleich null ist oder die i-te und die j-te Komponente von a_1 ungleich null sind. Letzteres entspricht gerade dem Auftreten von fill-in an dieser Position.

Der zu $\tilde{A}_1$ gehörige Graph G_1 entsteht aus dem zu A gehörigen Graphen G_o folgendermaßen:

1. Entferne den Knoten x_1 und alle von ihm ausgehenden Kanten (das entspricht der Elimination dieses Knotens).

(2.7.3) 2. Verbinde alle Nachbarknoten von x_1 untereinander mit Kanten, so daß $adj(x_1)$ ein vollständiger Untergraph wird (das entspricht dem Auffüllen: jede neu entstehende Kante bedeutet das Auftreten eines neuen Nichtnullelements).

G_1 heißt <u>Eliminationsgraph</u> zu G_o. Der gesamte Eliminationsprozeß wird dann beschrieben durch eine (endliche) Folge von Eliminationsgraphen.
Der zur Matrix $F(A)=L+L^T$ gehörige Graph $G^F=(V^F,E^F)$ besteht aus derselben Knotenmenge wie der zu A gehörige Graph und E^F enthält neben den ursprünglichen Kanten von A alle bei den einzelnen Schritten (s. 2. in (2.7.3)) entstehenden neuen Kanten.
Man kann die Rechnung mit den Eliminationsgraphen als Simulationsprozeß auffassen, mit dem man das fill-in bestimmt.
Der Minimum-Degree-Algorithmus (engl. degree: Grad) basiert auf der Überlegung, daß die Anzahl der Nichtnullelemente in einer Spalte der Restmatrix der Anzahl der Nachbarn des zugehörigen Knotens entspricht (d.h. gleich dem Grad dieses Knotens ist). Die Wahl der Spalte mit den wenigsten Nichtnullelementen als Pivotspalte läßt erwarten, daß auch nur wenige neue Kanten zwischen diesen Nachbarn auftreten.

<u>ALGORITHMUS 2.7.8</u> (Minimum-Degree-Algorithmus zur Bestimmung einer Reihenfolge der Knoten des zu einer symmetrischen positiv definiten Matrix gehörigen Graphen, die das fill-in möglichst gering hält):

Sei $A \in M_n(\mathbb{R})$ symmetrisch und positiv definit. Sei $G_o=(V_o,E_o)$ der zu A gehörige nicht numerierte Graph.

Schritt 1: Setze $i:=1$.

Schritt 2: Bestimme im Graphen $G_{i-1}=(V_{i-1},E_{i-1})$ einen Knoten x_i mit minimalem Grad (bzgl. G_{i-1}).

Schritt 3: Bilde den Eliminationsgraphen $G_i=(V_i,E_i)$ durch Elimination des Knotens x_i (vgl. (2.7.3)).

Schritt 4: Setze i:=i+1. Ist $i>n$, so höre auf. Ist $i\leq n$, so mache weiter mit Schritt 2.

Eine naheliegende Modifikation wäre es, in Schritt 2 tatsächlich lokal das fill-in zu minimieren. Das führt jedoch zu aufwendigeren Rechnungen, ohne daß die so gefundene Reihenfolge wesentlich günstiger ist.
Die beiden in diesem Paragraphen angegebenen Methoden (Cuthill-McKee zur Reduzierung der Bandbreite und des Profils, Minimum-Degree zur Reduzierung des fill-in) erfordern das Rechnen mit Graphen, bei beiden Algorithmen ist der Begriff des Nachbarknotens zentral. Eine angemessene Darstellungsweise für einen Graphen ist daher die Auflistung sämtlicher Nachbarn eines jeden Knotens. Das kann in einem eindimensionalen Feld erfolgen, welches fortlaufend die Nachbarlisten eines jeden Knotens enthält, sowie einem zusätzlichen Feld, das die Anfangsadressen für diese einzelnen Listen enthält. Der insgesamt benötigte Speicherplatz zur Darstellung eines Graphen ist dann $\#V+2(\#E)$. Beim Rechnen ist im allgemeinen zusätzlich ein Vektor der Länge $\#V$ für die Umnumerierung erforderlich.

BEISPIEL: Die Liste der Nachbarn und die zugehörige Adressenliste für den durch das Diagramm

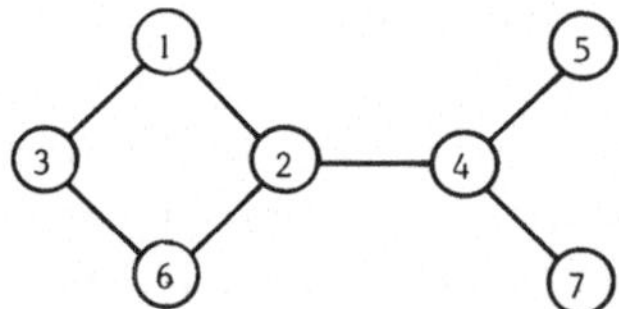

gegebenen Graphen sind

Primär: 2 3 | 1 4 6 | 1 6 | 2 5 7 | 4 | 2 3 | 4

Sekundär: 1 3 6 8 11 12 14.

Hinweise

Der Inhalt dieses Abschnitts stellt nur einen kleinen Ausschnitt dar aus der Fülle des Materials, welches das Buch von George & Liu [103] über direkte Methoden für schwach besetzte, positiv definite symmetrische Matrizen enthält; dort sind auch entsprechende FORTRAN-Programme zu finden. Im einzelnen sind für die Bandbreiten- und Profilreduktion die folgenden Referenzen zu nennen: Zum Algorithmus von Cuthill und McKee die grundlegenden Arbeiten Cuthill & McKee [64] und Cuthill [63], zum umgekehrten Cuthill-McKee-Algorithmus George [100] und Liu & Sherman [159], zur Bestimmung eines annähernd peripheren Startknotens Gibbs, Poole & Stockmeyer [104], [105] und George & Liu [102]; zum Minimum-Degree-Algorithmus Rose [232] und zur Beziehung zwischen Gaußscher Elimination und Eliminationsgraphen Parter [213] (s. auch Rose, Tarjan & Lueker [234], Tarjan [283]

und Rose & Tarjan [233]).
Das Speicherschema aus Beispiel 2.7.2 geht auf Martin & Wilkinson [173] zurück, dort ist auch ein ALGOL-Programm für die Cholesky-Zerlegung einer Bandmatrix angegeben, welche ja letztlich zu berechnen ist. Das Speicherschema aus Beispiel 2.7 stammt von Jennings [139].
Für symmetrische, aber nicht positiv definite und für nichtsymmetrische lineare Gleichungssysteme gibt es ebenfalls spezielle direkte Verfahren, die eine schwache Besetzung der Matrizen ausnutzen. Als Besonderheit gegenüber dem symmetrischen positiv definiten Fall kommt dabei hinzu, daß man für die Permutationen zur Erhöhung der Stabilität und die Permutationen zur Reduzierung des fill-in eine geeignete Strategie finden muß; außerdem ist im allgemeinen eine andere Speicherplatzorganisation erforderlich.
Aus Platzgründen mußten wir leider darauf verzichten, solche Methoden vorzustellen, wir nennen folgende Referenzen: Gustavson [121], Duff & Reid [75], Reid [225], [226], Duff [71], [72], [73], [74], Duff, Reid, Munksgaard & Nielsen [77] und Mann [161]. Für das lineare Ausgleichsproblem bei schwach besetzten Matrizen verweisen wir auf Björck [25], Duff & Reid [76], Björck & Duff [26] und George & Heath [101].
Allgemein gibt es über numerische Verfahren für schwach besetzte Matrizen mehrere Sammel- und Tagungsbände, die eine Fülle von entsprechenden Aufsätzen enthalten: Reid [223], Rose & Willoughby [235], Bunch & Rose [40], Barker [11], Duff & Stewart [78], Björck, Plemmons & Schneider [28] und Hinze [129].

3 ITERATIVE VERFAHREN ZUR LÖSUNG LINEARER GLEICHUNGSSYSTEME

3.1 EINFÜHRUNG

Bei den direkten Verfahren zur Lösung eines linearen Gleichungssystems Ax=b mit $A \in M_n(\mathbb{R})$ und $b \in \mathbb{R}^n$ wird die Koeffizientenmatrix A im Laufe der Rechnung verändert, das ursprüngliche Problem wird in ein einfacher zu lösendes transformiert (z.B. bei der LR-Zerlegung in $A^{(n-1)}x=Rx=L^{-1}P^Tb$).
Ist die Dimension n des Problems sehr groß (z.B. $n \geq 10^4$), so ist A im allgemeinen nicht im Hauptspeicher eines Rechners darstellbar, und die Methoden sind nicht realisierbar, oder aber sie erfordern relativ aufwendige Datentransfers.
Eine erste Möglichkeit zur Umgehung der damit verbundenen Schwierigkeiten stellten die in Abschnitt 2.7 betrachteten Prinzipien und Algorithmen dar, die die Klasse der mit direkten Verfahren lösbaren Probleme erweiterten.
Eine andere Möglichkeit, solche Probleme zu lösen, besteht in der Anwendung iterativer Verfahren. Sie verändern nicht die gegebene Koeffizientenmatrix, sondern berechnen sukzessiv Näherungsvektoren für die Lösung. Ein typischer Iterationsschritt eines solchen Verfahrens besteht in der Ausführung einer Matrix-Vektor-Multiplikation. Anders als bei den direkten Verfahren, die ja zumindest theoretisch nach endlich vielen Schritten die exakte Lösung berechnen, sind bei den iterativen Verfahren Fragen der Konvergenz und der Konvergenzgeschwindigkeit von Interesse.
Der Inhalt dieses Kapitels gliedert sich wie folgt:
3.2: Ein allgemeiner Konvergenzsatz für lineare stationäre Iterationsverfahren erster Ordnung stellt die Grundlage dar für alle Konvergenzüberlegungen. Die notwendige und hinreichende Konvergenzbedingung $\rho(T)<1$ für die Iterationsmatrix T wird für einige Spezialfälle des Gesamtschritt- und des Einzelschrittverfahrens nachgewiesen. Dazu werden reguläre Zerlegungen und M-Matrizen eingeführt.
3.3: Da die Theorie der iterativen Verfahren stark davon geprägt wurde, daß große lineare Gleichungssysteme bei Diskretisierungsverfahren für gewöhnliche und partielle Differentialgleichungen auftreten, stehen Aussagen über die Konvergenzgeschwindigkeit häufig nur unter solchen Voraussetzungen zur Verfügung, die von den bei den Diskretisierungsmethoden entstehenden Koeffizientenmatrizen erfüllt werden. Speziell nichtnegative Matrizen sind dabei von Interesse. Ein Teil der Perron-Frobenius-Theorie über ihre Spektraleigenschaften bildet die Grundlage für einen Vergleich der Konvergenzgeschwindigkeit verschiedener Verfahren.
3.4: Die Größe des Spektralradius der Iterationsmatrix stellt ein geeignetes Maß für die Konvergenzgeschwindigkeit eines Verfahrens dar. Der Satz von Stein und Rosenberg vergleicht das Gesamtschrittverfahren und das Einzelschrittverfahren und ihre zugehörigen Relaxationsvarianten.

3.5: Das Verfahren der sukzessiven Overrelaxation (SOR-Verfahren) stellt im allgemeinen das effizienteste der linearen stationären Verfahren erster Ordnung dar. Allgemeine Konvergenzaussagen werden für dieses Verfahren hergeleitet, und für konsistent geordnete Matrizen kann der optimale Relaxationsparameter bestimmt werden. Für das Gesamtschritt-Relaxationsverfahren wird der optimale Parameter ebenfalls bestimmt; seine Kenntnis ist aber eher von theoretischem Interesse. Das Verfahren der symmetrischen sukzessiven Overrelaxation (SSOR-Verfahren) besitzt gegenüber dem SOR-Verfahren den Vorteil der Symmetrisierbarkeit und ist daher für bestimmte Maßnahmen der Konvergenzbeschleunigung gut geeignet.
3.6: Die Konvergenz von symmetrisierbaren Iterationsverfahren kann durch Bildung geeigneter Linearkombinationen der Iterierten beschleunigt werden. Die Bildung der Linearkombinationen entspricht der Multiplikation eines Matrixpolynoms mit dem Anfangsvektor (mit der Iterationsmatrix des Grundverfahrens als Variable), solche Verfahren heißen daher polynomiale Beschleunigungsverfahren. Wegen ihrer Minimaleigenschaften eignen sich die Tschebyscheff-Polynome für diesen Zweck besonders gut.
3.7: Das Verfahren der konjugierten Gradienten kann man ebenfalls als polynomiales Beschleunigungsverfahren auffassen. Es ist eigentlich ein direktes Verfahren für Gleichungssysteme mit symmetrischer positiv definiter Koeffizientenmatrix. Da die berechneten Zwischengrößen jedoch im allgemeinen auch schon gute Näherungen für die Lösung sind, wird es zunehmend als iteratives Verfahren verwendet. Eine Vorkonditionierung kann die Konvergenzgeschwindigkeit verbessern; jeder Vorkonditionierung entspricht ein Grundverfahren, welches polynomial beschleunigt wird. Die unvollständigen Cholesky-Zerlegungen ermöglichen eine recht wirkungsvolle Art der Vorkonditionierung; man kann ihnen jeweils ein lineares stationäres Grundverfahren zuordnen.
3.8: Nimmt man eine mit Rundungsfehlern behaftete LR-Zerlegung (ähnlich wie eine unvollständige Zerlegung) als Grundlage zur Konstruktion eines Iterationsverfahrens, so erhält man das Verfahren der Nachiteration für den Gaußschen Algorithmus. Damit kann man für nicht zu schlecht konditionierte Matrizen die durch Rundungsfehler entstehenden Verfälschungen in der Lösung auf die unvermeidliche Größe reduzieren. Beim linearen Ausgleichsproblem ist eine Nachiteration ebenfalls möglich; sie wird anhand eines zugehörigen erweiterten Gleichungssystems durchgeführt.
Hinweise auf weitere Iterationsverfahren für lineare Gleichungssysteme und ein Vergleich von direkten und iterativen Verfahren beschließen dieses Kapitel.

3.2 ALLGEMEINES PRINZIP UND SPEZIELLE VERFAHREN

Aus jeder Fixpunktform $x=Tx+f$ eines eindeutig lösbaren linearen Gleichungssystems gewinnt man mit vorgegebenem x^o ein iteratives Verfahren $x^{k+1}=Tx^k+f$ zur Bestimmung der Lösung. Ein solches Verfahren konvergiert genau dann, wenn für den Spektralradius von T $\rho(T)<1$ ist. Spezielle Ansätze für die Fixpunktgleichung, d.h. spezielle Zerlegungen von A in eine Differenz A=B-C, führen zu den klassischen Verfahren der Iteration in Gesamtschritten und in Einzelschritten (Jacobi-Verfahren und Gauß-Seidel-Verfahren). Das Prinzip der Relaxation führt jeweils auf eine ganze Klasse von Iterationsverfahren. Für M-Matrizen sind die entsprechenden Zerlegungen stets regulär, und reguläre Zerlegungen führen zu konvergenten Verfahren.

Viele iterative Verfahren zur Lösung linearer Gleichungssysteme basieren darauf, daß man das Gleichungssystem

(3.2.1) $Ax=b$ mit $A\in M_n(\mathbb{R})$ und $b\in\mathbb{R}^n$

als Fixpunktgleichung

(3.2.2) $x=Tx+f$ mit $T\in M_n(\mathbb{R})$ und $f\in\mathbb{R}^n$

schreiben kann.

Ist die Gleichung (3.2.2) eindeutig lösbar, so bildet man die Folge

(3.2.3) $x^{k+1}:=Tx^k+f$ für $k\in\mathbb{N}$ bei gegebenem x^o.

Wegen der Stetigkeit der Abbildung $x\to Tx+f$ erfüllt im Falle der Konvergenz dieser Folge der Grenzwert x die Gleichung (3.2.2).

Eine einfache Umformung des Gleichungssystems $Ax=b$ in ein äquivalentes System $x=Tx+f$ ist für jede Zerlegung von A in

(3.2.4) $A=B-C$ mit $B\in M_n(\mathbb{R})$ nichtsingulär und $C\in M_n(\mathbb{R})$

möglich, denn dann ist $(B-C)x=b$ bzw. $x=B^{-1}Cx+B^{-1}b$.

Man erhält also ein System der Gestalt (3.2.2) mit $T:=B^{-1}C$ und $f:=B^{-1}b$.

Die beiden klassischen Verfahren, das Gesamtschrittverfahren (Jacobi-Verfahren) und das Einzelschrittverfahren (Gauß-Seidel-Verfahren), sowie ihre zugehörigen Relaxationsvarianten lassen sich unter Verwendung der Standard-Zerlegung einer Matrix $A\in M_n(\mathbb{R})$ in

(3.2.5) $A=D-L-R$ mit $D=\mathrm{diag}(a_{11},\dots,a_{nn})$,

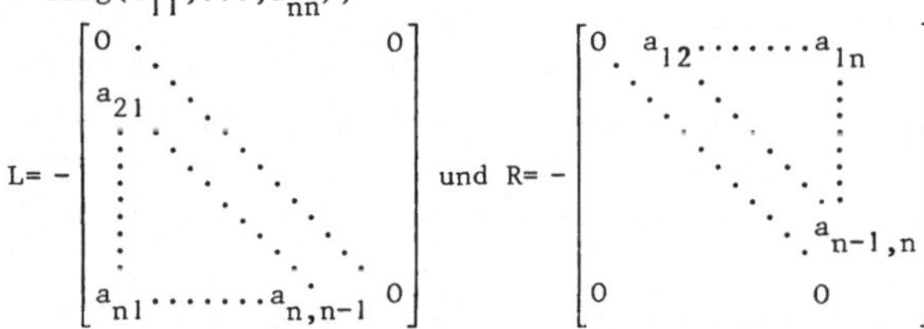

$$L=-\begin{bmatrix} 0 & & & 0\\ a_{21} & \ddots & & \\ \vdots & \ddots & \ddots & \\ a_{n1} & \cdots & a_{n,n-1} & 0\end{bmatrix} \quad\text{und}\quad R=-\begin{bmatrix} 0 & a_{12} & \cdots & a_{1n}\\ & \ddots & \ddots & \vdots\\ & & \ddots & a_{n-1,n}\\ 0 & & & 0\end{bmatrix}$$

beschreiben. Es sei stets D nichtsingulär.

Gesamtschrittverfahren

Wählt man in (3.2.4) $B:=D$, d.h. $C:=L+R$, so lautet die Iterationsvorschrift zur Lösung des Systems $Ax=b$:

$$x^o\in\mathbb{R}^n \text{ beliebig vorgegeben,}$$
$$x^{k+1}=D^{-1}(L+R)x^k+D^{-1}b \text{ für } k\in\mathbb{N}.$$

Die Iterationsmatrix bezeichnen wir mit T_G; es ist also $T_G=D^{-1}(L+R)$.

Komponentenweise lautet die Iterationsvorschrift

$$x_i^{k+1}=-\frac{1}{a_{ii}}\Big[\sum_{\substack{j=1\\ j\neq i}}^{n} a_{ij}x_j^k-b_i\Big] \text{ für } i\in\{1,\ldots,n\}.$$

Einzelschrittverfahren

Wählt man in (3.2.4) $B:=D-L$, so ist B als untere Dreiecksmatrix ohne verschwindende Diagonalelemente nichtsingulär, und man erhält mit $C:=R$ die Iterationsvorschrift

$$x^o\in\mathbb{R}^n \text{ beliebig vorgegeben,}$$
$$x^{k+1}=(D-L)^{-1}Rx^k+(D-L)^{-1}b \text{ für } k\in\mathbb{N}.$$

Die Iterationsmatrix bezeichnen wir mit T_E; es ist also $T_E=(D-L)^{-1}R$.

Komponentenweise lautet die Iterationsvorschrift

$$x_i^{k+1}=-\frac{1}{a_{ii}}\Big[\sum_{j=1}^{i-1} a_{ij}x_j^{k+1}+\sum_{j=i+1}^{n} a_{ij}x_j^k-b_i\Big] \text{ für } i=1,\ldots,n.$$

Im Gegensatz zum Gesamtschrittverfahren ist hier die Reihenfolge der Komponenten von Bedeutung: Bei der Berechnung einer neuen Komponente der Näherungslösung werden die bereits berechneten neuen Komponenten dieses Iterationsschritts direkt verwendet. Im allgemeinen sind diese neuen Werte ja genauer als die der vorhergehenden Iterierten. Dieses Vorgehen ist aber auch bezüglich der Speichertechnik vorteilhaft, da man den bisherigen Wert direkt mit dem neu berechneten überspeichern kann.

Relaxationsverfahren

Durch Einführung eines zusätzlichen Parameters $\omega\in\mathbb{R}_+$, des Relaxationsparameters, gewinnt man aus jedem der beiden Grundtypen eine ganze Klasse von Iterationsverfahren.

Schreibt man die Iterationen für jede Komponente $i\in\{1,\ldots,n\}$ in der Form $\tilde{x}_i^{k+1}=x_i^k+(\tilde{x}_i^{k+1}-x_i^k)$, und führt man für die Korrektur $\tilde{x}_i^{k+1}-x_i^k$ den Faktor ω zusätzlich ein, so lautet die neue Iterationsvorschrift

(3.2.6) $x_i^{k+1}=x_i^k+\omega(\tilde{x}_i^{k+1}-x_i^k)$ für $i=1,\ldots,n$.

$\tilde{x}_i^{k+1}$ sei dabei mit dem Gesamt- oder Einzelschrittverfahren bestimmt.

Relaxation beim Gesamtschrittverfahren

Dieses Verfahren ist praktisch nicht von großer Bedeutung, der Vollständigkeit halber behandeln wir es jedoch mit.

Die Formel (3.2.6) führt auf eine Zerlegung wie in (3.2.4) mit $B:=\frac{1}{\omega}D$ und $C:=\frac{1-\omega}{\omega}D+L+R$, d.h. auf die Iterationsvorschrift

$$x_i^{k+1}=(1-\omega)x_i^k-\omega\frac{1}{a_{ii}}\Big[\sum_{\substack{j=1\\ j\neq i}}^{n} a_{ij}x_j^k-b_i\Big] \text{ bzw.}$$

$$x^{k+1}=[(1-\omega)I+\omega D^{-1}(L+R)]x^k+\omega D^{-1}b.$$

Die zugehörige Iterationsmatrix ist

$$T_{G(\omega)} := (1-\omega)I+\omega D^{-1}(L+R).$$

Relaxation beim Einzelschrittverfahren

Hier führt der Ansatz (3.2.6) auf eine Zerlegung mit

(3.2.7) $B := \frac{1}{\omega}D-L,\ C := \frac{1-\omega}{\omega}D+R,$

d.h. auf die Iterationsvorschrift

$$x^{k+1} = (D-\omega L)^{-1}[(1-\omega)D+\omega R]x^k+\omega(D-\omega L)^{-1}b,$$

bzw. wegen $Dx^{k+1} = (1-\omega)Dx^k+\omega(Lx^{k+1}+Rx^k)+\omega b$ auf

(3.2.8) $x_i^{k+1} = (1-\omega)x_i^k-\omega\frac{1}{a_{ii}}[\sum_{j=1}^{i-1} a_{ij}x_j^{k+1}+\sum_{j=i+1}^{n} a_{ij}x_j^k-b_i]$ für $i=1,\dots,n$.

Die zugehörige Iterationsmatrix ist

$$T_{E(\omega)} := (D-\omega L)^{-1}[(1-\omega)D+\omega R].$$

Der folgende Satz gibt Auskunft darüber, wann eine gemäß $x^{k+1}=Tx^k+f$ mit beliebigem x^o gebildete Iterationsfolge gegen die Lösung von $x=Tx+f$ konvergiert.

SATZ 3.2.1: *Sei* $T\in M_n(\mathbb{R})$ *und* $f\in\mathbb{R}^n$. *Das Gleichungssystem* $x=Tx+f$ *habe eine eindeutige Lösung* x. *Dann konvergiert das Iterationsverfahren* $x^{k+1}=Tx^k+f$, $k\in\mathbb{N}$, *für jeden Startvektor* $x^o\in\mathbb{R}^n$ *genau dann, wenn* $\rho(T)<1$ *ist.*

BEWEIS: Betrachte den Fehler $e^k := x^k-x$ für $k\in\mathbb{N}$. Dann gilt $e^k=x^k-x=Tx^{k-1}+f-(Tx+f)=T(x^{k-1}-x)=Te^{k-1}$ und somit

(3.2.9) $e^k=T^ke^o$.

Nach Lemma 1.8.5 gilt $\lim_{k\to\infty} T^ke^o=0$ für alle $e^o\in\mathbb{R}^n$ genau dann, wenn $\lim_{k\to\infty} T^k=0$ ist, d.h. wenn $\rho(T)<1$ ist (vgl. Lemma 1.8.4). □

Eine ganze Klasse von Zerlegungen der Art (3.2.4), die der regulären Zerlegungen, führt zu konvergenten Iterationsverfahren.

Eine Zerlegung von $A\in M_n(\mathbb{R})$ der Gestalt

$$A=B-C,\ B\in M_n(\mathbb{R}) \text{ nichtsingulär mit } B^{-1}\geq 0,\ C\in M_n(\mathbb{R}) \text{ mit } C\geq 0,$$

heißt reguläre Zerlegung (engl. regular splitting).

SATZ 3.2.2: *Sei* $A\in M_n(\mathbb{R})$ *nichtsingulär mit* $A^{-1}\geq 0$, *seien* $B,C\in M_n(\mathbb{R})$ *und sei* $A=B-C$ *eine reguläre Zerlegung. Dann gilt* $\rho(B^{-1}C)<1$.

BEWEIS: Sei $T := B^{-1}C$. Wegen $B^{-1}\geq 0$ und $C\geq 0$ ist auch $T^k\geq 0$ für alle $k\in\mathbb{N}$. Aus $\sum_{i=0}^{k} T^i(I-T)=I-T^{k+1}$ folgt wegen $A^{-1}\geq 0$ und $B^{-1}=(I-T)A^{-1}$:

$0\leq\sum_{i=0}^{k} T^iB^{-1}=\sum_{i=0}^{k} T^i(I-T)A^{-1}=(I-T^{k+1})A^{-1}\leq A^{-1}$. Da B^{-1} positiv und nichtsingulär ist, enthält jede Zeile von B^{-1} mindestens ein positives Element. Da $\sum_{i=0}^{k} T^iB^{-1}$ für $k\in\mathbb{N}$ gleichmäßig beschränkt ist, müssen die Elemente von $\sum_{i=0}^{k} T^i$ ebenfalls gleichmäßig beschränkt sein. Die einzelnen Elementfolgen in $(\sum_{i=0}^{k} T^i)_{k\in\mathbb{N}}$ sind monoton steigend und nach oben beschränkt, also existiert $\lim_{k\to\infty} \sum_{i=0}^{k} T^i$. Dann ist aber notwendigerweise $\lim_{k\to\infty} T^k=0$ und nach Lemma 1.8.4 gilt $\rho(T)<1$. □

<u>BEMERKUNG 3.2.3</u>: Unter den Voraussetzungen von Satz 3.2.2 gilt

$$\rho(B^{-1}C)=\rho((A+C)^{-1}C)=\rho([A(I+A^{-1}C)]^{-1}C)=\rho((I+A^{-1}C)^{-1}A^{-1}C)=\frac{\rho(A^{-1}C)}{1+\rho(A^{-1}C)}.$$

Notwendig dafür, daß die beim Gesamtschrittverfahren auftretende Zerlegung ($B=D$, $C=L+R$) regulär ist, ist die Vorzeichenbedingung $L+R\geq 0$ an die Nichtdiagonalelemente von A. Es stellt sich heraus, daß unter dieser Voraussetzung die Existenz einer regulären Zerlegung $A=B-C$ mit $\rho(B^{-1}C)<1$ äquivalent dazu ist, daß A eine M-Matrix ist.

Eine Matrix A, heißt <u>M-Matrix</u>, wenn ihre Nichtdiagonalelemente nicht positiv sind, A nichtsingulär ist und $A^{-1}\geq 0$ gilt.

M-Matrizen sind durch eine Vielzahl äquivalenter Eigenschaften charakterisiert. Im Zusammenhang mit iterativen Verfahren sind zunächst die folgenden von Bedeutung.

<u>LEMMA 3.2.4</u>: *Sei* $A\in M_n(\mathbb{R})$. *In der Standard-Zerlegung* $A=D-L-R$ (s. (3.2.5)) *gelte* $L+R\geq 0$. *i) Ist* A *eine M-Matrix, so gilt* $a_{ii}>0$ *für* $i\in\{1,\dots,n\}$. *ii)* A *ist genau dann eine M-Matrix, wenn* A *eine reguläre Zerlegung* $A=B-C$ *besitzt, für die gilt* $\rho(B^{-1}C)<1$.

<u>BEWEIS</u>: zu i): Ist $a_{jj}\leq 0$ für ein $j\in\{1,\dots,n\}$, so ist die gesamte j-te Spalte a_j von A nicht positiv. Da $A^{-1}\geq 0$ ist, folgt aber dann für den j-ten Einheitsvektor $e_j=A^{-1}a_j\leq 0$.

zu ii): Ist A eine M-Matrix, so ist für $B:=D$ und $C:=L+R$ die Zerlegung $A=B-C$ regulär, denn es ist $L+R\geq 0$ nach Voraussetzung und $D^{-1}\geq 0$ nach i). Nach Satz 3.2.2 gilt $\rho(B^{-1}C)<1$.

Sei nun $A=B-C$ eine reguläre Zerlegung und sei $\rho(B^{-1}C)<1$. Dann ist $B^{-1}A=I-B^{-1}C$, und es existiert $(I-B^{-1}C)^{-1}$ und damit auch $(B^{-1}A)^{-1}$ und A^{-1}. Es ist $(I-B^{-1}C)^{-1}=\sum_{i=0}^{\infty}(B^{-1}C)^i$, und da jeder Summand nichtnegativ ist, gilt auch $(I-B^{-1}C)^{-1}\geq 0$. Damit ist aber $A^{-1}=(I-B^{-1}C)^{-1}B^{-1}\geq 0$. □

<u>KOROLLAR 3.2.5</u>: *Sei* $A\in M_n(\mathbb{R})$ *eine M-Matrix und sei* $b\in\mathbb{R}^n$. *Dann konvergieren a) das Gesamtschrittverfahren, b) das Einzelschrittverfahren, c) das Gesamtschritt-Relaxationsverfahren für* $\omega\in]0,1[$ *und d) das Einzelschritt-Relaxationsverfahren für* $\omega\in]0,1[$ *zur Lösung des linearen Gleichungssystems* $Ax=b$ *für jeden Startvektor* $x^0\in\mathbb{R}^n$.

<u>BEWEIS</u>: Im Beweis von Lemma 3.2.4 ii) wurde bereits gezeigt: Die Zerlegung

$A=D-(L+R)$ ist eine reguläre Zerlegung mit der Eigenschaft $\rho(D^{-1}(L+R))<1$.
$A=\frac{1}{\omega}D-(\frac{1-\omega}{\omega}D+L+R)$ ist aber für $\omega\in]0,1[$ ebenfalls eine reguläre Zerlegung, da nach Lemma 3.2.4 i) $D^{-1}\geq 0$ gilt. Da nach Voraussetzung $A^{-1}\geq 0$ ist, folgt $\rho(T_{G(\omega)})<1$ aus Satz 3.2.2.
$A=(\frac{1}{\omega}D-L)-(\frac{1-\omega}{\omega}D+R)$ ist für $\omega\in]0,1[$ ebenfalls eine reguläre Zerlegung, denn einerseits ist nach Lemma 3.2.4 i) D nichtsingulär, $D\geq 0$ und somit auch $\frac{1-\omega}{\omega}D+R\geq 0$. Andererseits folgt aber aus Lemma 3.2.4 ii), daß $\frac{1}{\omega}D-L$ eine reguläre Zerlegung mit der Eigenschaft $\rho(\omega D^{-1}L)=0$ darstellt; insbesondere gilt also $(\frac{1}{\omega}D-L)^{-1}\geq 0$. Nach Satz 3.2.2 folgt damit $\rho(T_{E(\omega)})<1$. □

Hinweise

Grundlegend für die Ausführungen dieses Abschnitts und fast des gesamten Kapitels sind die beiden Bücher von Varga [291] und Young [317]. Da das Hauptanwendungsgebiet iterativer Verfahren zur Lösung linearer Gleichungssysteme das der partiellen Differentialgleichungen ist, findet man häufig die entsprechenden Methoden auch in Büchern über dieses Thema beschrieben, zum Beispiel Forsythe & Wasow [90], Wachspress [300] und Meis & Marcowitz [178]. M-Matrizen werden ausführlich in dem Buch von Berman & Plemmons [21] behandelt.

3.3 NICHTNEGATIVE MATRIZEN

Nichtnegative Matrizen waren bereits im vorhergehenden Abschnitt von Bedeutung. Ihre Spektraleigenschaften, insbesondere die Existenz eines nichtnegativen Eigenvektors zum betragsgrößten Eigenwert, sind ein wichtiges Hilfsmittel bei der weiteren Analyse des Konvergenzverhaltens der klassischen iterativen Verfahren. Wir stellen die wichtigsten Aussagen der Perron-Frobenius-Theorie für nichtnegative irreduzible Matrizen dar.

Die Perron-Frobenius-Theorie über die Spektraleigenschaften nichtnegativer Matrizen stammt aus den Jahren 1907-1912. Zunächst wurden die Ergebnisse für positive Matrizen aufgestellt, später auf nichtnegative irreduzible Matrizen und nichtnegative reduzible Matrizen verallgemeinert. Wir stellen die für die Theorie iterativer Verfahren wichtigen Eigenschaften für den Fall der nichtnegativen irreduziblen Matrizen dar.

Irreduzible Matrizen

Eine Matrix $A\in M_n(\mathbb{R})$ heißt <u>irreduzibel</u>, wenn es keine Permutationsmatrix $P\in M_n(\mathbb{R})$ gibt, so daß

$$(3.3.1)\quad PAP^T=\begin{bmatrix}A_{11} & A_{12}\\ 0 & A_{22}\end{bmatrix}$$

ist mit Untermatrizen $A_{11}\in M_k(\mathbb{R})$, $A_{12}\in M_{k,n-k}(\mathbb{R})$ und $A_{22}\in M_{n-k}(\mathbb{R})$, $k\in\{1,\dots,n-1\}$; andernfalls heißt A <u>reduzibel</u>. Besitzt eine Matrix $\tilde{A}=PAP^T$ die Gestalt (3.3.1), so kann man ein Gleichungssystem $\tilde{A}x=b$ einfacher lösen: Sind nämlich $x=\begin{bmatrix}x^1\\ x^2\end{bmatrix}$ und $b=\begin{bmatrix}b^1\\ b^2\end{bmatrix}$ passend partitioniert, so löst man zunächst das kleinere System $A_{22}x^2=b^2$

und sodann das ebenfalls kleinere System $A_{11}x^1=b^1-A_{12}x^2$.
Die Irreduzibilität einer Matrix ist eine Eigenschaft, die nicht von der Größe der Koeffizienten abhängt, sondern nur davon, ob Elemente gleich null oder ungleich null sind. Wie bei den Eliminationsverfahren zur Untersuchung des fill-in bei symmetrischen Matrizen (s. Abschnitt 2.7) kann man graphentheoretische Begriffe zur Charakterisierung der Irreduzibilität zu Hilfe nehmen.
Zu einer nichtsymmetrischen Matrix $A\in M_n(\mathbb{R})$ betrachtet man einen gerichteten Graphen G^A, der aus der Knotenmenge $V^A=\{1,\dots,n\}$ und der Kantenmenge von geordneten Paaren $E^A=\{(i,j)\in\{1,\dots,n\}^2 | a_{ij}\neq 0\}$ besteht. Die Kanten besitzen hierbei also eine Richtung: $(i,j)\in E^A$ bedeutet, daß eine Kante von i nach j existiert ($(i,i)\in E^A$ ist zugelassen, eine solche Kante heißt Schleife).
Gleichzeitige Zeilen- und Spaltenpermutationen von A bedeuten eine Umnumerierung der Knoten im zugehörigen Graphen; seine Struktur bleibt davon jedoch unberührt. An der Gestalt $PAP^T=\begin{bmatrix} A_{11} & A_{12} \\ 0 & A_{22} \end{bmatrix}$ erkennt man damit folgende Charakterisierung.

LEMMA 3.3.1: *Eine Matrix* $A\in M_n(\mathbb{R})$ *ist genau dann reduzibel, wenn es Indexmengen* $I,J\subseteq\{1,\dots,n\}$ *gibt mit den Eigenschaften:* $I\neq\emptyset$, $J\neq\emptyset$, $I\cup J=\{1,\dots,n\}$, $I\cap J=\emptyset$ *und für alle* $i\in I$ *und* $j\in J$ *gilt* $a_{ij}=0$.

Man sieht, daß die Diagonalelemente für die Reduzibilität oder Irreduzibilität ohne Bedeutung sind.
Die meisten für symmetrische Matrizen bzw. für nicht gerichtete Graphen definierten Begriffe (vgl. Abschnitt 2.7) übertragen sich sinngemäß auf gerichtete Graphen. Der zu A gehörige Graph ist zusammenhängend, wenn es zwischen je zwei Knoten einen gerichteten Weg gibt, d.h. wenn für je zwei Indizes $i,j\in\{1,\dots,n\}$ mit $i\neq j$ gilt: Es existieren $\ell\in\mathbb{N}_+$ (die Länge des Weges) und Indizes $i_0,\dots,i_\ell\in\{1,\dots,n\}$, so daß $i=i_0$ und $j=i_\ell$ und $(i_k,i_{k+1})\in E^A$ für alle $k\in\{0,\dots,\ell-1\}$ ist, d.h. $a_{i_k i_{k+1}}\neq 0$ ist.
Aus der Negation der beiden äquivalenten Aussagen von Lemma 3.3.1 erhält man die folgende Charakterisierung.

LEMMA 3.3.2: $A\in M_n(\mathbb{R})$ *ist genau dann irreduzibel, wenn der zu* A *gehörige Graph zusammenhängend ist.*

Zur Untersuchung der Irreduzibilität ist es ausreichend, die zu A gehörige Boolesche Matrix B, definiert durch

$$b_{ij}=\begin{cases} 1, & \text{falls } a_{ij}\neq 0 \\ 0, & \text{falls } a_{ij}=0 \end{cases}$$

zu betrachten; sie besitzt denselben zugehörigen Graphen.
Für eine nichtnegative Matrix A erhält man den zu einer Potenz A^k gehörigen Graphen, indem man die Anfangs- und Endpunkte eines jeden Weges der Länge k im Gra-

phen G^A von A durch eine gerichtete Kante verbindet. Die Elemente von A^k sind nämlich Summen über k-fache Produkte von Elementen von A, welche somit genau dann ungleich null sind, wenn mindestens ein Produkt ungleich null ist; ein solches Produkt entspricht aber gerade einem Weg.
Bei der Zählung der Länge des Weges ist auch eine Kante (i,i) zugelassen. Kommt eine solche Kante im Weg vor, so existiert natürlich auch ein kürzerer Weg - ohne diese Kante - zwischen Anfangs- und Endpunkt des Weges.

Man kann nun Boolesche Potenzen der Booleschen Matrix B betrachten und Boolesche Summen von Booleschen Matrizen; diese berechnet man wie bei üblicher Matrixmultiplikation und -addition unter Berücksichtigung der Rechenregeln

$$(3.3.2)\quad \begin{array}{ll} 1+1=1 & , 0\cdot 0=0 \\ 1+0=0+1=1 & , 0\cdot 1=1\cdot 0=0 \\ 0+0=0 & , 1\cdot 1=1 \end{array} .$$

B^2 läßt sich also sehr viel einfacher berechnen als A^2; so ist zum Beispiel $(B^2)_{ij}=1$, sobald nur ein Summand in $\sum_{k=1}^{n} b_{ik}b_{kj}$ gleich 1 ist. Definiert man B_o durch $(B_o)_{ij}:=\begin{cases}1, \text{ falls } b_{ij}=1 \text{ und } i\neq j\\ 0, \text{ sonst}\end{cases}$ (d.h. B_o entsteht aus B durch Nullsetzen der Diagonale), so beschreiben die Einsen von B_o^k gerade die Wege der Länge k in A, in denen keine Schleifen auftreten.
Andererseits beschreiben die Einsen in B_1^k, $B_1:=B_o+I$, sämtliche Wege der Länge k, bei denen an jedem Knoten Schleifen zugelassen sind; damit werden also alle Wege der Länge kleiner oder gleich k beschrieben. Das bedeutet aber

$$(3.3.3)\quad B_1^k=I+B_o+B_o^2+\ldots+B_o^k.$$

Kommt in einem Weg ein Knoten mehr als einmal vor, so kann man den Weg entsprechend verkürzen; existiert also zwischen zwei Knoten überhaupt ein Weg, so existiert auch ein Weg der Länge kleiner oder gleich n-1. Das bedeutet für die Potenzen von B_1, daß ein Index $k_o\leq n-1$ existiert, für den gilt $B_1^{k_o}=B_1^{k_o+1}$, und somit $B_1^{k_o}=B_1^k$ für alle $k\in\mathbb{N}$ mit $k>k_o$.
Die Gestalt der Matrix $B_1^{k_o}$ läßt eine Entscheidung zu über die Irreduzibilität von A:

i) Besteht $B_1^{k_o}$ nur aus Einsen, so kann man je zwei Knoten in G^A durch einen Weg der Länge kleiner oder gleich k_o verbinden, d.h. A ist irreduzibel.
ii) Enthält $B_1^{k_o}$ (und somit auch B_1^{n-1}) noch Nullelemente, so ist G^A nicht zusammenhängend, d.h. A ist reduzibel.

Wir fassen diese Überlegungen im folgenden Lemma zusammen, welches zusammen mit (3.3.2) und (3.3.3) die Grundlage eines Algorithmus zur Entscheidung über die Irreduzibilität einer Matrix bildet.

LEMMA 3.3.3: *Sei* $A\in M_n(\mathbb{R})$ *nichtnegativ; sei* B_1 *die mit Einsen in der Diagonalen aufgefüllte zu A gehörige Boolesche Matrix, d.h. es ist* $(B_1)_{ij}=1$, *falls* $a_{ij}\neq 0$ *oder* $i=j$ *ist, und* $(B_1)_{ij}=0$ *sonst. Dann existiert* $k_o\in\{1,\dots,n-1\}$, *so daß für die Booleschen Potenzen* B_1^k, $k\in\mathbb{N}$ *mit* $k\geq k_o$, *gilt:* $B_1^{k_o}=B_1^k$. *A ist genau dann irreduzibel, wenn* $B_1^{k_o}$ *nur aus Einsen besteht.*

Als Folgerung erhält man für nichtnegative irreduzible Matrizen $A\in M_n(\mathbb{R})$ eine Aussage über die Positivität von $(I+A)^{n-1}$, die ein wesentlicher Bestandteil beim Beweis des Satzes von Perron und Frobenius ist.

<u>KOROLLAR 3.3.4</u>: *Sei* $A\in M_n(\mathbb{R})$ *nichtnegativ und irreduzibel. Dann ist* $(I+A)^{n-1}>0$, *und für alle* $y\in\mathbb{R}^n$, *die nichtnegativ sind, gilt somit* $(I+A)^{n-1}y>0$.

<u>BEWEIS</u>: Die A im Sinne des vorigen Lemmas zugeordnete Matrix B_1 ist die zu I+A gehörige Boolesche Matrix. Da I+A nichtnegativ ist, können in den Potenzen $(I+A)^k$ keine zufälligen Auslöschungen auftreten, und die Potenzen B_1^k sind die zu $(I+A)^k$ gehörigen Booleschen Matrizen. Die zugehörigen Graphen sind also identisch, Einsen in B_1^k entsprechen positiven Elementen in $(I+A)^k$. Da nach Lemma 3.3.3 B_1^{n-1} nur aus Einsen besteht, ist $(I+A)^{n-1}$ positiv. □

<u>SATZ 3.3.5</u> *(Satz von Perron und Frobenius): Sei* $A\in M_n(\mathbb{R})$ *nichtnegativ und irreduzibel mit Spektralradius* $\rho(A)$. *Dann existiert ein positiver Eigenwert* λ *von A mit* $\lambda=\rho(A)$, *und zu diesem Eigenwert existiert ein positiver Eigenvektor; alle anderen Eigenvektoren zu Eigenwerten ungleich* λ *sind nicht nichtnegativ.*

<u>BEWEIS</u>: Definiere für $x\in\mathbb{R}^n\setminus\{0\}$ mit $x\geq 0$

(3.3.4) $q(x):=\min\{(Ax)_i/x_i \mid i\in\{1,\dots,n\}$ und $x_i>0\}$.

Aus der Definition folgt, daß für alle $j\in\{1,\dots,n\}$, für die $x_j>0$ ist, $q(x)\leq(Ax)_j/x_j$ ist, so daß für alle $j\in\{1,\dots,n\}$ gilt $(Ax)_j\geq q(x)x_j$, bzw.

(3.3.5) $Ax\geq q(x)x$.

Wir zeigen nun, daß gilt

(3.3.6) $q(x)=\max\{\mu\in\mathbb{R} \mid \mu\geq 0$ und $Ax\geq\mu x\}$.

Für $\mu=q(x)$ gilt $\mu\geq 0$ und $Ax\geq\mu x$, d.h. q(x) tritt in der Menge, deren Maximum gebildet werden soll, auf. Für die Komponente k mit $x_k>0$, in der das Minimum in (3.3.4) angenommen wird, gilt $(Ax)_k=q(x)x_k$. Ist also $p>q(x)$, so folgt für diese Komponente $(Ax)_k-px_k<0$, d.h. p gehört nicht zu der Menge, deren Maximum gebildet werden soll; q(x) ist also in der Tat das Maximum.

Definiere $\lambda:=\sup\{q(x) \mid x\in\mathbb{R}^n\setminus\{0\}$ mit $x\geq 0\}$. Da für $\alpha\in\mathbb{R}_+$ gilt $q(x)=q(\alpha x)$, genügt es, das Supremum für normierte Vektoren zu betrachten. Ist $E:=\{x\in\mathbb{R}^n \mid x\geq 0$ und $\|x\|_2=1\}$, so gilt $\lambda=\sup\{q(x) \mid x\in E\}$. Speziell für $x=e=(1,\dots,1)^T$ ist $q(x)=\min\limits_{i\in\{1,\dots,n\}}\sum\limits_{j=1}^{n} a_{ij}$. Da A irreduzibel ist, folgt $q(e)>0$ und somit $\lambda>0$.

Wir zeigen, daß λ Spektralradius von A ist und einen positiven Eigenvektor besitzt, nämlich den Vektor, für den das Supremum angenommen wird (insbesondere ist also $\lambda<\infty$). Wir zeigen zunächst unter Verwendung von Korollar 3.3.4, daß das Supremum angenommen wird, d.h. ein Maximum ist.

Die Menge E ist zwar kompakt, und die Funktion $q:E\to\mathbb{R}$ ist in den Punkten $x>0$ stetig, in den Punkten mit Nullkomponenten jedoch im allgemeinen nicht. Man konstruiert daher eine kompakte Teilmenge von E, auf der q stetig ist und die größere Werte für q liefert als die Restmenge. Es ist dies die Menge $G:=(I+A)^{n-1}E=\{y\in\mathbb{R}^n \mid \text{es existiert } x\in E, \text{ so daß } (I+A)^{n-1}x=y \text{ ist}\}$, die als Bild der kompakten Menge E unter der stetigen Abbildung $(I+A)^{n-1}$ kompakt ist und nach Korollar 3.3.4 nur aus positiven Vektoren besteht. Für jedes $x\in E$ existiert ein $y\in G$, so daß $q(y)\geq q(x)$ ist: Aus $Ax\geq q(x)x$ (s. (3.3.5)) folgt nämlich wegen $(I+A)^{n-1}>0$ und $(I+A)^{n-1}A=A(I+A)^{n-1}$: $(I+A)^{-1}Ax\geq q(x)(I+A)^{n-1}x$, bzw. mit $y:=(I+A)^{n-1}x$: $Ay\geq q(x)y$.

Nach (3.3.6) gilt somit $q(y)\geq q(x)$ und

(3.3.7) $\lambda=\max\{q(x)\mid x\in G\}$.

Sei $u\in G$ ein Vektor, für den das Maximum angenommen wird; es gilt also $u>0$ und $Au\geq q(u)u=\lambda u$. Wir zeigen, daß $Au=\lambda u$ gilt.

Ist $Au\geq\lambda u$ und $Au\neq\lambda u$, so besitzt $Au-\lambda u$ eine positive Komponente, und nach Korollar 3.3.4 ist $(I+A)^{n-1}(Au-\lambda u)>0$. Für $v:=(I+A)^{n-1}u$ gilt dann $Av>\lambda v$, d.h. $q(v)>\lambda$. Dies ist ein Widerspruch zur Definition von λ.

Als nächstes zeigen wir, daß $\lambda=\rho(A)$ gilt.

Ist μ Eigenwert von A mit zugehörigem Eigenvektor z, so folgt aus $Az=\mu z$ für alle $k\in\{1,\dots,n\}$:

$$|\mu||z_k|=|\sum_{j=1}^{n} a_{kj}z_j|\leq\sum_{j=1}^{n} a_{kj}|z_j| \quad \text{bzw.} \quad |\mu||z|\leq A|z|.$$

Damit folgt aus (3.3.6) und (3.3.7): $|\mu|\leq q(|z|)\leq\lambda$.

Daß die anderen Eigenwerte von A keinen nichtnegativen Eigenvektor besitzen, sieht man folgendermaßen: Sei $\mu\in\mathbb{R}$ Eigenwert von A mit zugehörigem Eigenvektor $z\geq 0$ (Eigenwerte aus $\mathbb{C}\setminus\mathbb{R}$ können auf keinen Fall einen nichtnegativen Eigenvektor besitzen). A^T ist ebenfalls nichtnegativ und irreduzibel und besitzt daher einen positiven Eigenvektor y zum Eigenwert $\lambda=\rho(A)=\rho(A^T)$. Dann gilt bezüglich des euklidischen inneren Produkts: $\mu(z,y)=(Az,y)=(z,A^Ty)=\lambda(z,y)$. Da z nichtnegativ und y positiv ist, gilt $(z,y)\neq 0$ und somit $\mu=\lambda$. □

Das folgende Korollar ist wichtig für Vergleiche der Konvergenzgeschwindigkeit von iterativen Verfahren.

KOROLLAR 3.3.6: *Sei* $A\in M_n(\mathbb{R})$ *nichtnegativ und irreduzibel und sei* $B\in M_n(\mathbb{R})$ *mit* $|B|\leq A$. *Dann ist* $\rho(B)\leq\rho(A)$, *und Gleichheit kann nur gelten, falls* $|B|=A$ *ist.*

BEWEIS: Sei $Bz=\mu z$ für $\mu\in\mathbb{C}$ und $z\neq 0$. Dann gilt $|\mu||z|\leq|B||z|\leq A|z|$, so daß $|\mu|\leq q(|z|)\leq\rho(A)$ ist (zur Definition von $q(|z|)$ siehe (3.3.4) und (3.3.6); vgl. auch den Beweis von $\lambda=\rho(A)$ im letzten Satz. Hier ist q bzgl. A gebildet). Gilt

$|\mu|=\rho(A)$ für einen Eigenwert μ von B, so ist auch $q(|z|)=\rho(A)$, und $|z|>0$ ist Eigenvektor für A und $|B|$ zum selben Eigenwert. $|B||z|=A|z|$ kann aber wegen der Nichtnegativität von $|B|$ und A und der Positivität von $|z|$ nur gelten, falls $|B|=A$ ist. □

Eine weitere wichtige Folgerung aus dem Satz von Perron und Frobenius ist der Quotientensatz.

SATZ 3.3.7 *(Quotientensatz): Sei* $A\in M_n(\mathbb{R})$ *nichtnegativ und irreduzibel und sei* $x\in\mathbb{R}^n$ *positiv. Entweder ist*

$$(3.3.8)\qquad \frac{(Ax)_i}{x_i}=\rho(A) \text{ für alle } i\in\{1,\ldots,n\},$$

oder es gilt

$$(3.3.9)\qquad \min_{i\in\{1,\ldots,n\}} \frac{(Ax)_i}{x_i}<\rho(A)<\max_{i\in\{1,\ldots,n\}} \frac{(Ax)_i}{x_i}.$$

BEWEIS: Sei y positiver Eigenvektor von A^T zum Eigenwert $\rho:=\rho(A)=\rho(A^T)$, sei $q_i:=(Ax)_i/x_i$ für $i\in\{1,\ldots,n\}$ und $Q:=\mathrm{diag}(q_1,\ldots,q_n)$. Dann ist $Ax=Qx$ und

$$\sum_{i=1}^n q_iy_ix_i=y^TQx=y^TAx=\rho y^Tx=\rho\sum_{i=1}^n y_ix_i, \text{ also } \sum_{i=1}^n (q_i-\rho)y_ix_i=0.$$

Entweder ist dann $q_i-\rho=0$ für alle $i\in\{1,\ldots,n\}$, d.h. es gilt (3.3.8), oder es existiert $k\in\{1,\ldots,n\}$ mit der Eigenschaft $q_k\neq\rho$. Da sämtliche Produkte y_ix_i positiv sind, muß dann (3.3.9) gelten. □

BEMERKUNGEN: 1. Für den Vektor $x=e=(1,\ldots,1)^T$ ist $(Ax)_i/x_i$ die i-te Zeilensumme der Matrix A, die minimale und die maximale Zeilensumme schließen also den Spektralradius ein. Die Beziehung $\min_{i\in\{1,\ldots,n\}}(Ae)_i\le\rho(A)\le\max_{i\in\{1,\ldots,n\}}(Ae)_i$ haben wir jedoch auch schon vorher gezeigt, denn nach dem Beweis von Satz 3.3.5 gilt $q(e)=\min_{i\in\{1,\ldots,n\}}(Ae)_i\le\rho(A)$, und nach Lemma 1.8.8 i) ist

$\rho(A)\le\|A\|_\infty=\max_{i\in\{1,\ldots,n\}}(Ae)_i$.

2. Aufgrund der Konstruktion von $\lambda=\rho(A)$ im Beweis von Satz 3.3.5 gilt

$$\rho(A)=\max_{x\in\mathbb{R}^n,x>0}\ \min_{i\in\{1,\ldots,n\}}(Ax)_i/x_i=\max_{x\in\mathbb{R}^n,x>0}\max\{\mu\in\mathbb{R}\mid\mu>0 \text{ und } Ax\ge\mu x\}.$$

Analog kann man zeigen

$$(3.3.10)\qquad \rho(A)=\min_{x\in\mathbb{R}^n,x>0}\ \max_{i\in\{1,\ldots,n\}}(Ax)_i/x_i=\min_{x\in\mathbb{R}^n,x>0}\min\{\mu\in\mathbb{R}\mid\mu>0 \text{ und } Ax\le\mu x\}.$$

Viele Eigenschaften nichtnegativer irreduzibler Matrizen lassen sich aus Stetigkeitsgründen auf nichtnegative Matrizen, die nicht irreduzibel sind, übertragen. Ohne diese alle aufzuführen, betrachten wir den entsprechenden Quotientensatz, eine Folgerung daraus und die Verallgemeinerung von Korollar 3.3.6.

SATZ 3.3.8: *Sei* $A\in M_n(\mathbb{R})$ *nichtnegativ und sei* $x\in\mathbb{R}^n$ positiv.

i) *Für den Spektralradius* $\rho(A)$ *von* A *hat man die Einschließung*

$$\min_{i\in\{1,\dots,n\}} \frac{(Ax)_i}{x_i} \leq \rho(A) \leq \max_{i\in\{1,\dots,n\}} \frac{(Ax)_i}{x_i}.$$

ii) *Sei* $\alpha\in\mathbb{R}_+\cup\{0\}$. *Aus* $\alpha x\leq Ax$ *folgt* $\alpha\leq\rho(A)$.

iii) *Sei* $\beta\in\mathbb{R}_+$. *Aus* $Ax\leq\beta x$ *folgt* $\rho(A)\leq\beta$.

BEWEIS: zu i): Betrachte für eine nichtnegative irreduzible Matrix $M\in M_n(\mathbb{R})$ und für $\varepsilon\in\mathbb{R}_+$ die Matrix $A+\varepsilon M$. Da $A+\varepsilon M$ nichtnegativ und irreduzibel ist, gilt nach Satz 3.3.7: $\min_{i\in\{1,\dots,n\}} [(A+\varepsilon M)x]_i/x_i \leq \rho(A+\varepsilon M) \leq \max_{i\in\{1,\dots,n\}} [(A+\varepsilon M)x]_i/x_i$. Wegen der Stetigkeit der Quotienten bezüglich ε und der stetigen Abhängigkeit der Eigenwerte einer Matrix von den Koeffizienten folgt durch Grenzübergang ($\varepsilon\to 0$) die Behauptung i).

zu ii): Ist $\alpha x\leq Ax$, so gilt $\alpha\leq(Ax)_i/x_i$ für alle $i\in\{1,\dots,n\}$, also

$\alpha\leq \min_{i\in\{1,\dots,n\}} (Ax)_i/x_i \leq \rho(A)$.

zu iii): Ist $Ax\leq\beta x$, so gilt $(Ax)_i/x_i\leq\beta$, also $\rho(A)\leq \max_{i\in\{1,\dots,n\}} (Ax)_i/x_i\leq\beta$. □

Neben der Verallgemeinerung von Korollar 3.3.6 enthält das folgende Lemma eine Verschärfung von Satz 3.3.8 ii).

LEMMA 3.3.9: *Sei* $A\in M_n(\mathbb{R})$ *nichtnegativ und sei* $B\in M_n(\mathbb{C})$.

i) *Sei* $x\in\mathbb{R}^n\setminus\{0\}$ *nichtnegativ und* $\alpha\in\mathbb{R}_+\cup\{0\}$. *Aus* $\alpha x\leq Ax$ *folgt* $\alpha\leq\rho(A)$.

ii) *Aus* $|B|\leq A$ *folgt* $\rho(B)\leq\rho(A)$.

BEWEIS: zu i): Es gilt stets $\rho(A)\geq 0$, so daß wir nur noch $\alpha\in\mathbb{R}_+$ betrachten müssen. Wir nehmen an, daß $\alpha x\leq Ax$ ist und $\alpha>\rho(A)$. Dann ist $\rho(\frac{1}{\alpha}A)<1$ und

$(I-\frac{1}{\alpha}A)^{-1} = \sum_{i=0}^{\infty} (\frac{1}{\alpha}A)^i \geq 0$. Aus $\alpha x\leq Ax$ folgt aber $(I-\frac{1}{\alpha}A)x\leq 0$ und somit der Widerspruch $x\leq 0$.

zu ii): Analog wie im Beweis von Korollar 3.3.6 mit denselben Bezeichnungen gilt für einen Eigenwert μ von B mit zugehörigem Eigenvektor z

$|\mu||z|\leq|B||z|\leq A|z|$ und somit nach i) $|\mu|\leq\rho(A)$. □

Als Folgerung aus ii) erhält man für jede Matrix $B\in M_n(\mathbb{C})$

(3.3.11) $\rho(B)\leq\rho(|B|)$.

Hinweise

Eine ausführlichere Darstellung der Theorie von Perron und Frobenius enthalten die Bücher von Varga [291] und von Gantmacher [96]. Der in diesem Abschnitt geführte Beweis geht im wesentlichen auf Wielandt [307] zurück; wir haben allerdings im vorbereitenden Teil mehr graphentheoretische Argumente verwendet. Über andere Beweismöglichkeiten und Verallgemeinerungen werden Hinweise bei Varga [291] gegeben. Der Quotientensatz wird im allgemeinen Collatz [55] zugeschrieben. Ausschließlich von nichtnegativen Matrizen und ihren Eigenschaften und Anwendungen handelt das Buch von Berman & Plemmons [21]. Verfahren zur Berechnung des größten Eigenwertes und des zugehörigen Eigenvektors werden u.a. bei Bunse [41] und Bunse & Bunse-Gerstner [42] beschrieben.

3.4 VERGLEICHE DER KONVERGENZGESCHWINDIGKEIT

Die Eigenschaften nichtnegativer Matrizen werden verwendet, um zu vergleichenden Ergebnissen über die Konvergenzgeschwindigkeit des Gesamtschritt- und des Einzelschrittverfahrens, sowie ihrer zugehörigen Relaxationsverfahren zu gelangen. Als Maß für die Konvergenzgeschwindigkeit ist der Spektralradius der Iterationsmatrizen geeignet. Der Satz von Stein und Rosenberg gibt solche Vergleiche für Matrizen an, deren Elemente gewissen Nichtnegativitätsbedingungen genügen. Weiterhin erhält man solche Ergebnisse für reguläre Zerlegungen von M-Matrizen. Als Folgerung aus diesen Sätzen erhält man allgemein gültige hinreichende Bedingungen für die Konvergenz der Verfahren.

Die Größe des Spektralradius der Iterationsmatrix eines Iterationsverfahrens der Gestalt $x_{k+1}=Tx_k+f$ für $k\in\mathbb{N}$, x_o gegeben, (dort, wo eine Verwechslung mit den Komponenten ausgeschlossen ist, verwenden wir untere Indizes auch für Vektoren) ist nicht nur entscheidend dafür, ob das Verfahren für jeden Startvektor konvergiert (s. Satz 3.2.1), sondern gibt auch Aufschluß über die Konvergenzgeschwindigkeit konvergenter Verfahren.

Ist $x\in\mathbb{R}^n$ die eindeutige Lösung von $Ax=b$ bzw. $x=Tx+f$, so gilt für den Fehler $e_k:=x_k-x$ nach dem k-ten Iterationsschritt relativ zum Anfangsfehler

$$\frac{\|e_k\|_2}{\|e_o\|_2} = \frac{\|T^k e_o\|_2}{\|e_o\|_2} \le \|T^k\|_2 .$$

Nach dem k-ten Iterationsschritt ist also die durchschnittliche Verkleinerung des Fehlers pro Schritt - relativ zum Anfangsfehler - beschränkt durch den Faktor $\|T^k\|_2^{1/k}$.
Nun gilt $\lim\limits_{k\to\infty} \|T^k\|_2^{1/k}=\rho(T)$ (s. Satz 1.8.9 i)), so daß die Größe des Spektralradius ein geeignetes Maß für die Konvergenzgeschwindigkeit ist.

Im folgenden leiten wir den Satz von Stein und Rosenberg her, der es unter anderem ermöglicht, für M-Matrizen die Konvergenzgeschwindigkeit des Gesamtschrittverfahrens und des Einzelschrittverfahrens und ihrer zugehörigen Relaxationsverfahren mit $\omega\in]0,1[$ zu vergleichen.

LEMMA 3.4.1: *Seien* $E,F\in M_n(\mathbb{R})$ *nichtnegativ und sei* $S_o:=E+F$ *irreduzibel. Definiere* $S_{k+1}:=ES_k+F$ *für* $k\in\mathbb{N}$, *sei* ρ_k *der Spektralradius von* S_k.
i) *Ist* $\rho_o<1$, *so gilt* $\rho_o^{k+1}\le\rho_k\le\rho_o<1$ *für alle* $k\in\mathbb{N}$.
ii) *Ist* $\rho_o=1$, *so gilt* $\rho_k=1$ *für alle* $k\in\mathbb{N}$.
iii) *Ist* $\rho_o>1$, *so gilt* $1<\rho_o\le\rho_k\le\rho_o^{k+1}$ *für alle* $k\in\mathbb{N}$.

BEWEIS: Da S_o nichtnegativ und irreduzibel ist, existiert ein positiver Eigenvektor zum reellen positiven Eigenwert ρ_o, d.h. es gilt $S_ou=\rho_ou$ (s. Satz 3.3.5).

Für alle $k\in\mathbb{N}$ ist S_k nichtnegativ.

zu i), ii): Wir zeigen durch vollständige Induktion über $k\in\mathbb{N}$, daß für $\rho_o\le 1$ und alle $k\in\mathbb{N}$ gilt: $\rho_o^{k+1}u\le S_k u\le\rho_o u$. Dann ist $\rho_o^{k+1}\le\rho_k\le\rho_o$ nach Satz 3.3.8, d.h. speziell für $\rho_o=1$: $\rho_k=\rho_o=1$.

Für $k=0$ gilt $S_o u=\rho_o u$. Mit der Induktionsvoraussetzung $\rho_o^{k+1}\le S_k u\le\rho_o u$ für festes $k\in\mathbb{N}$ folgt

$$(3.4.1)\quad \underline{\rho_o^{k+2}u}=\rho_o^{k+1}S_o u=\rho_o^{k+1}(Eu+Fu)\le\rho_o^{k+1}Eu+Fu\le ES_k u+Fu=\underline{S_{k+1}u}\le E\rho_o u+Fu\le Eu+Fu=S_o u=\underline{\rho_o u}.$$

zu iii): Wir zeigen durch vollständige Induktion über $k\in\mathbb{N}$, daß für $\rho_o>1$ und alle $k\in\mathbb{N}$ gilt: $\rho_o u\le S_k u\le\rho_o^{k+1}u$. Dann ist $\rho_o\le\rho_k\le\rho_o^{k+1}$ nach Satz 3.3.8.

Der Induktionsbeweis verläuft völlig analog wie in i), ii); wegen $\rho_o>1$ und der Induktionsvoraussetzung $\rho_o u\le S_k u\le\rho_o^{k+1}u$ für festes $k\in\mathbb{N}$ drehen sich sämtliche $\le$-Zeichen in der Ungleichungskette (3.4.1) um. □

<u>SATZ 3.4.2:</u> *Seien* $E,F\in M_n(\mathbb{R})$ *nichtnegativ und sei* $E+F$ *irreduzibel.*

i) *Ist* $\rho(E+F)<1$, *so existiert* $(I-E)^{-1}$; $(I-E)^{-1}$ *ist nichtnegativ, und es gilt* $\rho((I-E)^{-1}F)\le\rho(E+F)<1$.

ii) *Ist* $\rho(E+F)=1$ *und* $\rho(E)<1$, *so existiert* $(I-E)^{-1}$; $(I-E)^{-1}$ *ist nichtnegativ, und es gilt* $\rho((I-E)^{-1}F)=1$.

iii) *Ist* $\rho(E+F)>1$ *und* $\rho(E)<1$, *so existiert* $(I-E)^{-1}$; $(I-E)^{-1}$ *ist nichtnegativ, und es gilt* $1<\rho(E+F)\le\rho((I-E)^{-1}F)$.

<u>BEWEIS</u>: Da $E\le E+F$ ist, gilt auch im Fall i) $\rho(E)<1$ (s. Korollar 3.3.6). Dann existiert nach Lemma 1.8.6 $(I-E)^{-1}$, und es gilt $(I-E)^{-1}=\sum_{i=0}^{\infty}E^i$; $(I-E)^{-1}$ ist also nichtnegativ, und somit ist auch $(I-E)^{-1}F$ nichtnegativ. Die Beziehungen zwischen den Spektralradien von $E+F$ und $(I-E)^{-1}F$ folgen aus dem letzten Satz, wenn man berücksichtigt, daß dort $S_k=\sum_{i=0}^{k}E^iF+E^{k+1}$ und $\lim_{k\to\infty}S_k=(I-E)^{-1}F$ ist. □

<u>SATZ 3.4.3</u> *(Satz von Stein und Rosenberg): Sei* $A\in M_n(\mathbb{R})$ *irreduzibel. In der Standard-Zerlegung* $A=D-L-R$ (s. (3.2.5)) *sei* D *nichtsingulär und* $D^{-1}L$ *und* $D^{-1}R$ *seien nichtnegativ. Dann sind für* $\omega\in]0,1]$ *die Iterationsmatrizen*

$T_{G(\omega)}=(1-\omega)I+\omega D^{-1}(L+R)$ *und* $T_{E(\omega)}=(D-\omega L)^{-1}[(1-\omega)D+\omega R]$ *nichtnegativ, und es tritt genau einer der folgenden Fälle ein:*

a) $\rho(T_{E(\omega)})\le\rho(T_{G(\omega)})<1$,

b) $\rho(T_{E(\omega)})=\rho(T_{G(\omega)})=1$,

c) $1<\rho(T_{G(\omega)})\le\rho(T_{E(\omega)})$.

<u>BEWEIS</u>: Setze in Lemma 3.4.1 $E:=\omega D^{-1}L$ und $F:=\omega D^{-1}[\frac{1-\omega}{\omega}D+R]=(1-\omega)I+\omega D^{-1}R$. Dann ist dort $S_o=(1-\omega)I+\omega D^{-1}(L+R)=T_{G(\omega)}$, und S_o ist irreduzibel. Da $L^n=0$ ist, folgt

$$S_{n-1}=\sum_{i=0}^{n-1}(\omega D^{-1}L)^iD^{-1}[(1-\omega)D+\omega R]=(I-\omega D^{-1}L)^{-1}D^{-1}[(1-\omega)D+\omega R]=$$
$$=(D-\omega L)^{-1}[(1-\omega)D+\omega R]=T_{E(\omega)}.$$ □

BEMERKUNGEN: 1. Der Fall a) im Satz von Stein-Rosenberg tritt stets für irreduzible M-Matrizen ein, die ja nach Korollar 3.2.5 zu konvergenten Verfahren führen. In Lemma 3.2.4 war gezeigt worden, daß für M-Matrizen A in der Zerlegung A=D-L-R die Diagonale von D positiv ist.

2. Man kann zeigen, daß in den Fällen a) und c) des Satzes stets strikte Ungleichheit gilt.

3. Durch Grenzübergang zeigt man, daß entsprechende Sätze auch für reduzible Matrizen $S_o=E+F$ gelten. Eine Teilaussage eines solchen Satzes formulieren wir als Korollar.

KOROLLAR 3.4.4: *Seien* $E,F\in M_n(\mathbb{R})$ *nichtnegativ. Dann ist* $\rho(E+F)<1$ *genau dann, wenn* $(I-E)^{-1}$ *existiert und* $\rho((I-E)^{-1}F)<1$ *ist.*

Ein weiterer Vergleichssatz gilt für reguläre Zerlegungen von M-Matrizen. Daraus erhält man als Folgerung Vergleiche der Konvergenzgeschwindigkeiten der beiden Grundtypen von Iterationsverfahren mit verschiedenen Parametern $\omega_1,\omega_2\in]0,1]$.

SATZ 3.4.5: *Sei* $A\in M_n(\mathbb{R})$ *eine M-Matrix, seien* $A=B_1-C_1$ *und* $A=B_2-C_2$ *zwei reguläre Zerlegungen von* A *und gelte* $C_1\leq C_2$. *Dann ist* $\rho(B_1^{-1}C_1)\leq\rho(B_2^{-1}C_2)<1$.

BEWEIS: Nach Satz 3.2.2 führen beide Zerlegungen zu konvergenten Verfahren, und nach Bemerkung 3.2.3 gilt $\rho(B_1^{-1}C_1)=\dfrac{\rho(A^{-1}C_1)}{1+\rho(A^{-1}C_1)}$ und $\rho(B_2^{-1}C_2)=\dfrac{\rho(A^{-1}C_2)}{1+\rho(A^{-1}C_2)}$. Da A^{-1} nichtnegativ ist, folgt $A^{-1}C_1\leq A^{-1}C_2$, und nach Lemma 3.3.9 ist $\rho(A^{-1}C_1)\leq\rho(A^{-1}C_2)$. Da die Funktion $t\to\frac{t}{1+t}$ für $t\geq 0$ monoton steigend ist, ist dann auch $\rho(B_1^{-1}C_1)\leq\rho(B_2^{-1}C_2)$. □

SATZ 3.4.6: *Sei* $A\in M_n(\mathbb{R})$ *eine M-Matrix mit der Standard-Zerlegung* A=D-L-R, *seien* $\omega_1,\omega_2\in]0,1]$ *mit* $\omega_1\leq\omega_2$. *Dann gelten für die Spektralradien der Iterationsmatrizen* $T_{G(\omega_i)}=(1-\omega_i)I+\omega_i D^{-1}(L+R)$ *und* $T_{E(\omega_i)}=(D-\omega_i L)^{-1}[(1-\omega_i)D+\omega_i R]$, $i\in\{1,2\}$, *die Beziehungen* $\rho(T_{G(\omega_2)})\leq\rho(T_{G(\omega_1)})<1$ *und* $\rho(T_{E(\omega_2)})\leq\rho(T_{E(\omega_1)})<1$.

BEWEIS: Das Gesamtschritt-Relaxationsverfahren basiert für $\omega\in]0,1]$ auf der regulären Zerlegung $A=(\frac{1}{\omega}D)-(\frac{1-\omega}{\omega}D+L+R)$, das Einzelschritt-Relaxationsverfahren auf der regulären Zerlegung $A=(\frac{1}{\omega}D-L)-(\frac{1-\omega}{\omega}D+R)$, und es gilt $\rho(T_{G(\omega)})<1$ und $\rho(T_{E(\omega)})<1$ für $\omega\in]0,1]$ (s. Korollar 3.2.5). Da D,L und R nichtnegativ sind und die Funktion $t\to\frac{1-t}{t}$ auf $]0,1]$ monoton fallend ist, gilt für $\omega_1\leq\omega_2$: $\frac{1-\omega_2}{\omega_2}D+R\leq\frac{1-\omega_1}{\omega_1}D+R$ und $\frac{1-\omega_2}{\omega_2}D+L+R\leq\frac{1-\omega_1}{\omega_1}D+L+R$. Damit folgt nach Satz 3.4.5 die Behauptung. □

Dieser Satz zeigt, daß es für M-Matrizen nicht günstig ist, ein Unterrelaxationsverfahren, d.h. einen Parameter $\omega<1$, zu verwenden, da die Grundtypen (für

$\omega=1$, d.h. das Gesamtschritt- und das Einzelschrittverfahren, bessere Konvergenzraten besitzen. Man versucht daher, durch sogenannte Überrelaxation (engl. overrelaxation), d.h. Wahl des Parameters $\omega>1$, ein besseres Konvergenzverhalten zu erreichen.

Wir geben zunächst einen Konvergenzsatz für beide Typen von Relaxationsverfahren an, der zeigt, daß man auch für $\omega>1$ konvergente Verfahren erhalten kann, sogar unter schwächeren Voraussetzungen an die Matrix A als in den bisherigen Sätzen. Dazu definieren wir: $A\in M_n(\mathbb{R})$ erfüllt das starke Zeilensummenkriterium (A heißt strikt diagonal-dominant), wenn für alle $i\in\{1,\ldots,n\}$ gilt $\sum_{\substack{j=1\\j\neq i}}^{n} |a_{ij}|<|a_{ii}|$.

$A\in M_n(\mathbb{R})$ erfüllt das schwache Zeilensummenkriterium (A heißt irreduzibel diagonal-dominant), wenn A irreduzibel ist und für alle $i\in\{1,\ldots,n\}$ gilt $\sum_{\substack{j=1\\j\neq i}}^{n} |a_{ij}|\leq|a_{ii}|$, und für mindestens ein i gilt strikte Ungleichheit.

SATZ 3.4.7: *Sei* $A\in M_n(\mathbb{R})$ *mit der Standard-Zerlegung* $A=D-L-R$ *und sei* $b\in\mathbb{R}^n$.

i) *Erfüllt* A *das starke Zeilensummenkriterium oder das schwache Zeilensummenkriterium, so ist die Matrix* $H:=|D|-|L|-|R|$ *eine M-Matrix, und für die Iterationsmatrix* T_G *des Gesamtschrittverfahrens zur Lösung von* $Ax=b$ *gilt* $\rho(T_G)\leq\rho(|T_G|)<1$.

ii) *Ist* D *nichtsingulär und* $\rho(|T_G|)<1$, *so gilt für* $\omega\in]0,\frac{2}{1+\rho(|T_G|)}[$: $\rho(T_{G(\omega)})<1$ *und* $\rho(T_{E(\omega)})<1$, *d.h. die zum Gesamtschrittverfahren und zum Einzelschrittverfahren gehörigen Relaxationsverfahren zur Lösung von* $Ax=b$ *konvergieren mit diesen Parametern für jeden Startvektor.*

BEWEIS: zu i): Mit A erfüllt auch H das starke oder das schwache Zeilensummenkriterium, die Diagonale von H ist positiv. Für die zu A gehörige Iterationsmatrix T_G des Gesamtschrittverfahrens gilt $T_G\leq|T_G|$, und $|T_G|$ ist die zu H gehörige Iterationsmatrix des Gesamtschrittverfahrens. Nach Lemma 3.3.9 gilt

$$\rho(T_G)\leq\rho(|T_G|) \text{ und } \rho(|T_G|)=\rho(|D|^{-1}(|L|+|R|))\leq \max_{i\in\{1,\ldots,n\}} \sum_{\substack{j=1\\j\neq i}}^{n} \frac{|a_{ij}|}{|a_{ii}|}=\|T_G\|_\infty.$$

Unter beiden Voraussetzungen folgt nach dem Quotientensatz $\|T_G\|_\infty<1$ (s. Satz 3.3.7 bzw. Satz 3.3.8). Nach Lemma 3.2.4 ist H eine M-Matrix.

zu ii): Für alle $\omega\in\mathbb{R}_+$ gilt $|T_{G(\omega)}|=|1-\omega|I+\omega|D|^{-1}(|L|+|R|)$ und $|T_{E(\omega)}|\leq(|D|-\omega|L|)^{-1}[|1-\omega||D|+\omega|R|]=:\tilde{T}_{E(\omega)}$ (dabei gilt $|T_{E(\omega)}|\leq\tilde{T}_{E(\omega)}$, weil $(D-\omega L)^{-1}=\sum_{i=0}^{n-1}(\omega D^{-1}L)^i\leq\sum_{i=0}^{n-1}(\omega|D|^{-1}|L|)^i=(|D|-\omega|L|)^{-1}$ ist).

Sei $\rho:=\rho(|T_G|)$. Für den Spektralradius von $|T_{G(\omega)}|$ gilt $\rho(|T_{G(\omega)}|)=|1-\omega|+\omega\rho$; ist $0<\omega\leq1$, so folgt $|1-\omega|+\omega\rho=1-\omega(1-\rho)<1$, und ist $1\leq\omega<2/(1+\rho)$, so folgt

$|1-\omega|+\omega\rho=\omega-1+\omega\rho=\omega(1+\omega)-1<\frac{2}{1+\rho}(1+\rho)-1=1$.

Mit den Definitionen $\tilde{D}:=|D|$, $\tilde{L}:=\omega|L|$, $\tilde{R}:=|1-\omega||D|+\omega|R|$ ist $\tilde{T}_{E(\omega)}=(\tilde{D}-\tilde{L})^{-1}\tilde{R}$, und nach Korollar 3.4.4 ist $(\tilde{T}_{E(\omega)})<1$ genau dann, wenn für den Spektralradius von $\tilde{T}_{G(\omega)}:=\tilde{D}^{-1}(\tilde{L}+\tilde{R})$ gilt $\rho(\tilde{T}_{G(\omega)})<1$ (wähle dort $E:=\tilde{D}^{-1}\tilde{L}$, $F:=\tilde{D}^{-1}\tilde{R}$). $\rho(\tilde{T}_{G(\omega)})<1$ gilt aber, da $\tilde{T}_{G(\omega)}=|1-\omega|I+\omega|D|^{-1}(|L|+|R|)=|T_{G(\omega)}|$ ist. □

BEMERKUNGEN: 1. Die Aussage i) von Satz 3.4.7 impliziert, daß unter beiden Voraussetzungen A nichtsingulär ist. Der minimale Eigenwert von $D^{-1}A=I-D^{-1}(L+R)$ ist nämlich $1-\rho(D^{-1}(L+R))>0$, so daß mit D und $D^{-1}A$ auch A nichtsingulär ist.

2. Manchmal ist es vorteilhaft, Spaltensummenkriterien statt der Zeilensummenkriterien zu betrachten. Das starke Spaltensummenkriterium für eine Matrix $A\in M_n(\mathbb{R})$ ist erfüllt, falls $\sum_{\substack{i=1\\i\neq j}}^{n}|a_{ij}|<|a_{jj}|$ ist für alle $j\in\{1,\ldots,n\}$ (das schwache Spaltensummenkriterium entsprechend).

Ein zu Satz 3.4.7 analoger Satz gilt auch, wenn Spaltensummenkriterien für A erfüllt sind. Dann sind nämlich für A^T die entsprechenden Zeilensummenkriterien erfüllt. $D^{-1}(R^T+L^T)$ ist die zu A^T gehörige Iterationsmatrix des Gesamtschrittverfahrens, und es folgt

$1>\rho(D^{-1}(R^T+L^T))=\rho([(L+R)D^{-1}]^T)=\rho((L+R)D^{-1})=\rho(DD^{-1}(L+R)D^{-1})=\rho(D^{-1}(L+R))$.

Hinweise

Satz 3.4.3 geht auf Stein & Rosenberg [263] zurück, unser Beweis folgt allerdings größtenteils Robert [231]. Ein anderer Beweis, der stärker die Monotonieeigenschaften aus Lemma 3.3.9, ii) berücksichtigt, wird bei Varga [291] geführt. Für Satz 3.4.7, ii) sind die Arbeiten von Apostolatos & Kulisch [5], Kulisch [151] und Varga [292] von Interesse; letztere zeigt eine Reihe von Äquivalenzen und Zusammenhängen auf. In größerer Allgemeinheit behandelt Bohl [29] unter anderem auch Aussagen vom Typ des Satzes von Stein und Rosenberg.

3.5 DAS VERFAHREN DER SUKZESSIVEN OVERRELAXATION

Es ist im allgemeinen vorteilhaft, das zum Einzelschrittverfahren gehörige Relaxationsverfahren für Parameter $\omega>1$ zu betrachten. Neben Sätzen über die Konvergenz für beliebige Matrizen und für symmetrische positiv definite Matrizen wird für konsistent geordnete Matrizen, deren zugehörige Gesamtschritt-Iterationsmatrix nur reelle Eigenwerte besitzt, der optimale Relaxationsparameter bestimmt. Die Grundzüge des Verfahrens der symmetrischen sukzessiven Overrelaxation werden dargestellt, und für die Relaxation beim Gesamtschrittverfahren wird ebenfalls der optimale Parameter bestimmt.

Die Vergleichssätze des letzten Abschnitts für das Gesamtschrittverfahren und das Einzelschrittverfahren und ihre zugehörigen Relaxationsverfahren beschränken sich im wesentlichen auf den Fall, daß der Relaxationsparameter aus dem Intervall $]0,1]$ gewählt wird. Für M-Matrizen besagt Satz 3.4.6, daß es nicht günstig ist, eine solche Unterrelaxation durchzuführen. Einen ersten Schritt in Richtung

Überrelaxation, d.h. Wahl des Parameters ω größer als 1, enthält Satz 3.4.7, aufgrund dessen man für Matrizen, die ein Zeilensummenkriterium erfüllen, Konvergenz zumindest für $\omega \in]0,1/(1+\rho(|T_G|))[$ erreicht.
Wir wollen nun den wichtigen Fall der Overrelaxation für das Einzelschrittverfahren näher betrachten. Es ist üblich, sämtliche Relaxationsverfahren für das Einzelschrittverfahren, unabhängig davon, ob $\omega>1$ ist, als Verfahren der sukzessiven Overrelaxation (SOR-Verfahren) zu bezeichnen. Der maximale Bereich, aus dem ω gewählt werden kann, damit Konvergenz möglich ist, ist das Intervall $]0,2[$.

<u>SATZ 3.5.1</u> *(Satz von Kahan): Sei* $A \in M_n(\mathbb{R})$*; in der Standard-Zerlegung* $A=D-L-R$ *sei* D *nichtsingulär; sei* $\omega \in \mathbb{R} \setminus \{0\}$*. Dann gilt für den Spektralradius der Iterationsmatrix des Einzelschritt-Relaxationsverfahrens* $\rho(T_{E(\omega)}) \geq |1-\omega|$*. Eine notwendige Bedingung für die Konvergenz ist daher* $\omega \in]0,2[$.

<u>BEWEIS</u>: Seien $\lambda_1,\ldots,\lambda_n$ die Eigenwerte von
$T_{E(\omega)}=(D-\omega L)^{-1}[(1-\omega)D+\omega R]=(I-\omega D^{-1}L)^{-1}[(1-\omega)I+\omega D^{-1}R]$. Dann ist

$$\prod_{i=1}^{n} |\lambda_i|=|\det(T_{E(\omega)})|=|\det((I-\omega D^{-1}L)^{-1})\det((1-\omega)I+\omega D^{-1}R)|=|1\cdot(1-\omega)^n| \text{ und}$$

$$\rho(T_{E(\omega)})= \max_{i\in\{1,\ldots,n\}} |\lambda_i| \geq \left(\prod_{i=1}^{n} |\lambda_i|\right)^{\frac{1}{n}}=|1-\omega|.$$ Falls $\omega \notin]0,2[$ ist, so ist also $\rho(T_{E(\omega)}) \geq 1$. □

Für symmetrische, positiv definite Matrizen ist die Bedingung $\omega \in]0,2[$ aber auch hinreichend für die Konvergenz des Einzelschritt-Relaxationsverfahrens.

<u>SATZ 3.5.2</u> *(Satz von Ostrowski und Reich): Sei* $A \in M_n(\mathbb{R})$ *symmetrisch und positiv definit und sei* $\omega \in]0,2[$*. Dann gilt für den Spektralradius der Iterationsmatrix des Einzelschritt-Relaxationsverfahrens* $\rho(T_{E(\omega)})<1$.

<u>BEWEIS</u>: Sei $A=D-L-L^T$ die Standard-Zerlegung von A. Dann ist $T_{E(\omega)}=B^{-1}C$ mit $B=\frac{1}{\omega}D-L$ und $C=\frac{1-\omega}{\omega}D+L^T$ (vgl. (3.2.7)).
Wir zeigen: 1. $B+B^T-A$ ist symmetrisch und positiv definit.
2. $Q:=A-(B^{-1}C)^T A(B^{-1}C)$ ist dann ebenfalls symmetrisch und positiv definit.
3. Daraus folgt $\rho(B^{-1}C)<1$.
zu 1.: Mit A ist auch D positiv definit ($a_{ii}=e_i^T A e_i>0$), und es gilt $B+B^T-A=B^T+C=\frac{1}{\omega}D-L^T+\frac{1-\omega}{\omega}D+L^T=\frac{2-\omega}{\omega}D$, so daß für $\omega \in]0,2[$ (dann ist $(2-\omega)/\omega>0$) $B+B^T-A$ symmetrisch und positiv definit ist (vgl. Satz 1.6.8).
zu 2.: Wegen $B^{-1}C=I-B^{-1}A$ gilt $Q=AB^{-1}A+(B^{-1}A)^T A-(B^{-1}A)^T AB^{-1}A=(B^{-1}A)^T(B+B^T-A)(B^{-1}A)$, so daß Q ebenfalls symmetrisch und positiv definit ist (vgl. Satz 1.6.8).
zu 3.: Sei λ Eigenwert von $T_{E(\omega)}=B^{-1}C$ mit zugehörigem Eigenvektor u. Wegen 2. gilt dann $u^H Au>u^H(B^{-1}C)^T A(B^{-1}C)u=(\lambda u)^H A(\lambda u)=|\lambda|^2 u^H Au$, so daß wegen $u^H Au>0$ folgt $|\lambda|^2<1$. □

Bestimmung des optimalen Parameters beim Verfahren der sukzessiven Overrelaxation

Unter gewissen Voraussetzungen an die Koeffizientenmatrix A, die häufig bei der numerischen Lösung von Differentialgleichungen mit Diskretisierungsmethoden erfüllt sind (diese Anwendung hat die Entwicklung der iterativen Verfahren stark motiviert), läßt sich sogar der optimale Parameter $\omega^* \in]0,2[$ bestimmen, für den $\rho(T_{E(\omega^*)}) \leq \rho(T_{E(\omega)})$ ist für alle $\omega \in]0,2[$.

Es gelte weiterhin wie in den vorhergehenden Abschnitten, daß in der Standard-Zerlegung $A=D-L-R$ von $A \in M_n(\mathbb{R})$ die Diagonalmatrix D nichtsingulär ist. A heißt konsistent geordnet, wenn für alle $\alpha \in \mathbb{C} \setminus \{0\}$ die Eigenwerte von

(3.5.1) $C(\alpha) := \frac{1}{\alpha} D^{-1} L + \alpha D^{-1} R$

unabhängig von α sind.

Eine Klasse von Matrizen, die man "konsistent ordnen" kann, sind die zweifach zyklischen Matrizen (oft auch als Matrizen mit "property A" bezeichnet; der Gebrauch ist in der Literatur jedoch nicht einheitlich).

$A \in M_n(\mathbb{R})$ heißt zweifach zyklisch, wenn es eine Permutationsmatrix $P \in M_n(\mathbb{R})$ gibt, so daß PAP^T eine Blockgestalt

(3.5.2) $PAP^T = \begin{bmatrix} D_1 & C_1 \\ C_2 & D_2 \end{bmatrix}$ mit Diagonalmatrizen D_1 und D_2

besitzt.

Die Knotenmenge des zugehörigen gerichteten Graphen (vgl. Abschnitt 2.7 und Abschnitt 3.3) zerfällt also in zwei disjunkte Teilmengen, deren Knoten (bis auf Schleifen) jeweils nur mit Knoten der anderen Menge durch eine Kante verbunden sind. Ein solcher Graph heißt bipartit.

LEMMA 3.5.3: *Sei* $A \in M_n(\mathbb{R})$ *zweifach zyklisch; in der Standard-Zerlegung* $A=D-L-R$ *sei* D *nichtsingulär. Sei* $P \in M_n(\mathbb{R})$ *eine Permutationsmatrix, so daß* PAP^T *die Blockgestalt* (3.5.2) *besitzt. Dann ist* PAP^T *konsistent geordnet.*

BEWEIS: Sei $PAP^T = \begin{bmatrix} D_1 & C_1 \\ C_2 & D_2 \end{bmatrix}$ mit Diagonalmatrizen D_1 und D_2. Die zu PAP^T gehörige Matrix $C(\alpha)$ im Sinne von (3.5.1) ist $C(\alpha) = \begin{bmatrix} 0 & \frac{1}{\alpha} D_1^{-1} C_1 \\ \alpha D_2^{-1} C_2 & 0 \end{bmatrix}$ für $\alpha \in \mathbb{C} \setminus \{0\}$. Definiert man $S(\alpha) = \begin{bmatrix} I^{(1)} & 0 \\ 0 & \alpha I^{(2)} \end{bmatrix}$ mit Einheitsmatrizen $I^{(1)}$ und $I^{(2)}$ entsprechender Größe, so gilt $C(\alpha) = S(\alpha) C(1) S(\alpha)^{-1}$. Für alle $\alpha \in \mathbb{C} \setminus \{0\}$ besitzt $C(\alpha)$ also dieselben Eigenwerte. □

In Verallgemeinerung dieses Satzes kann man zeigen, daß Blocktridiagonalmatrizen der Gestalt

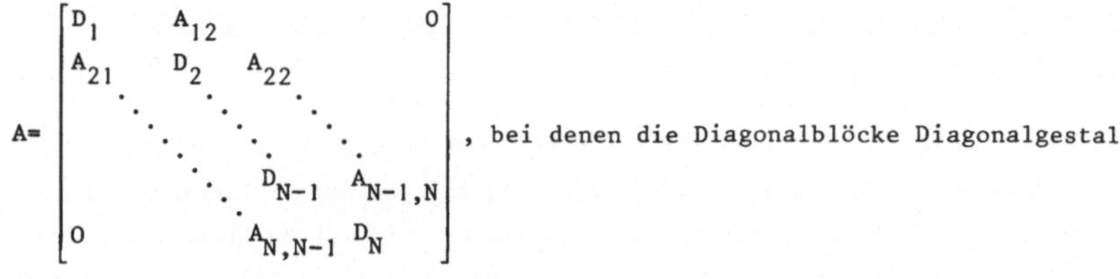

$$A=\begin{bmatrix} D_1 & A_{12} & & & 0 \\ A_{21} & D_2 & A_{22} & & \\ & \ddots & \ddots & \ddots & \\ & & \ddots & D_{N-1} & A_{N-1,N} \\ 0 & & & A_{N,N-1} & D_N \end{bmatrix}$$

, bei denen die Diagonalblöcke Diagonalgestalt besitzen, konsistent geordnet sind. Dazu verwendet man ähnlich wie im Beweis von Lemma 3.5.3 eine Ähnlichkeitstransformation mit $S(\alpha)=\mathrm{diag}(I^{(1)}, \alpha I^{(2)},\dots,\alpha^{N-1}I^{(N)})$. Speziell sind also Tridiagonalmatrizen konsistent geordnet.

Die Aussagen über den optimalen Parameter ω basieren wesentlich auf Beziehungen zwischen den Eigenwerten der Iterationsmatrix des Gesamtschrittverfahrens und den Eigenwerten der Iterationsmatrix für das Einzelschritt-Relaxationsverfahren.

<u>LEMMA 3.5.4</u>: *Sei* $A\in M_n(\mathbb{R})$*; in der Standard-Zerlegung* $A=D-L-R$ *sei* D *nichtsingulär. Sei* A *konsistent geordnet und sei* $\omega\in\,]0,2[$*. Dann gilt: Ist* $\lambda\in\mathbb{C}\setminus\{0\}$ *Eigenwert von* $T_{E(\omega)}=(D-\omega L)^{-1}[(1-\omega)D+\omega R]$ *und genügt* $\mu\in\mathbb{C}$ *der Gleichung* $\lambda+\omega-1=\mu\omega\sqrt{\lambda}$*, so ist* μ *Eigenwert von* $T_G=D^{-1}(L+R)$*. Ist* $\mu\in\mathbb{C}$ *Eigenwert von* T_G *und genügt* $\lambda\in\mathbb{C}$ *der Gleichung* $\lambda+\omega-1=\mu\omega\sqrt{\lambda}$*, so ist* λ *Eigenwert von* $T_{E(\omega)}$.

<u>BEWEIS</u>: 1. Da A konsistent geordnet ist, sind die Eigenwerte von T_G und $-T_G$ gleich; mit jedem Eigenwert μ von T_G ist also auch $-\mu$ Eigenwert von T_G.
2. Sei $\lambda\in\mathbb{C}\setminus\{0\}$. Da A konsistent geordnet ist, sind die Eigenwerte von $\lambda\omega D^{-1}L+\omega D^{-1}R=\omega\sqrt{\lambda}(\sqrt{\lambda}D^{-1}L+\frac{1}{\sqrt{\lambda}}D^{-1}R)$ und von $\omega\sqrt{\lambda}(D^{-1}L+D^{-1}R)$ gleich. Dann sind auch die Eigenwerte von $(\lambda+\omega-1)I-\lambda\omega D^{-1}L-\omega D^{-1}R$ und $(\lambda+\omega-1)I-\omega\lambda(D^{-1}L+D^{-1}R)$ gleich.
3. Ist μ Eigenwert von $T_G=D^{-1}L+D^{-1}R$, so ist $(\lambda+\omega-1-\omega\sqrt{\lambda})\mu$ ein Eigenwert von $(\lambda+\omega-1)I-\omega\sqrt{\lambda}(D^{-1}L+D^{-1}R)$.
4. Als Funktion von λ ist $P(\lambda)=\det((\lambda+\omega-1)I-\lambda\omega D^{-1}-\omega D^{-1}R)$ das charakteristische Polynom von $T_{E(\omega)}$, denn
$\det(\lambda I-T_{E(\omega)})=\det(\lambda I-(D-\omega L)^{-1}[(1-\omega)D+\omega R])=\det(\lambda I-(I-\omega D^{-1}L)^{-1}[(1-\omega)I+\omega D^{-1}R])=$
$=\det((I-\omega D^{-1}L)^{-1}[\lambda I-\lambda\omega D^{-1}L-(1-\omega)I-\omega D^{-1}R])=\det((\lambda+\omega-1)I-\lambda\omega D^{-1}L-\omega D^{-1}R)$, da $\det((I-\omega D^{-1}L)^{-1})=1$ gilt. Für $\lambda\neq 0$ gilt damit nach 2., da die Determinante das Produkt der Eigenwerte ist, $\det(\lambda I-T_{E(\omega)})=\det((\lambda+\omega-1)I-\omega\sqrt{\lambda}(D^{-1}L+D^{-1}R))$. Als Polynome n-ten Grades in λ müssen diese Determinanten dann auch für $\lambda=0$ übereinstimmen.
5. Ist μ ein Eigenwert von T_G und $\lambda\in\mathbb{C}$ so gewählt, daß gilt $(\lambda+\omega-1)-\omega\mu\sqrt{\lambda}=0$, so ist nach 3. und 4. $\det(\lambda I-T_{E(\omega)})=0$, d.h. λ ist Eigenwert von $T_{E(\omega)}$.
6. Ist $\lambda\neq 0$ Eigenwert von $T_{E(\omega)}$ und erfüllt μ die Gleichung $(\lambda+\omega-1)-\omega\mu\sqrt{\lambda}=0$, so gilt $0=\det(\lambda I-T_{E(\omega)})=\det((\lambda+\omega-1)I-\omega\sqrt{\lambda}T_G)=\det((\omega\mu\sqrt{\lambda})I-\omega\sqrt{\lambda}T_G)=(\omega\sqrt{\lambda})^n\det(\mu I-T_G)$, so daß μ Nullstelle von $\det(\mu I-T_G)$, also Eigenwert von T_G ist. □

Damit erhält man einen weiteren Vergleichssatz über die Konvergenzraten des Gesamtschrittverfahrens und des Einzelschrittverfahrens.

KOROLLAR 3.5.5: *Sei* $A\in M_n(\mathbb{R})$*; in der Standard-Zerlegung* $A=D-L-R$ *sei* D *nichtsingulär,* A *sei konsistent geordnet. Dann gilt für die Iterationsmatrizen* T_G *und* T_E *des Gesamtschrittverfahrens und des Einzelschrittverfahrens* $\rho(T_G)^2=\rho(T_E)$.

BEWEIS: Die Anwendung von Lemma 3.5.4 für $\omega=1$ ergibt: $\lambda\neq 0$ ist genau dann Eigenwert von T_E, wenn μ Eigenwert von T_G ist und die Gleichung $\lambda=\mu\sqrt{\lambda}$ erfüllt ist. Die Gleichung $\lambda=\mu\sqrt{\lambda}$ ist aber äquivalent zu $\lambda=\mu^2$. □

Mit Hilfe von Lemma 3.5.4 ist es nun möglich, eine Kurvendiskussion der Funktion $\omega\mapsto\rho(T_{E(\omega)})$ für $\omega\in]0,2[$ durchzuführen unter der Voraussetzung, daß alle Eigenwerte von T_G reell sind. Insbesondere kann man den optimalen Relaxationsparameter bestimmen.

SATZ 3.5.6: *Sei* $A\in M_n(\mathbb{R})$*; in der Standard-Zerlegung* $A=D-L-R$ *sei* D *nichtsingulär.* A *sei konsistent geordnet, alle Eigenwerte der Iterationsmatrix* $T_G=D^{-1}(L+R)$ *des Gesamtschrittverfahrens seien reell und es gelte* $\rho(T_G)<1$*. Dann gilt mit* $\omega_{opt}:=2/(1+\sqrt{1-\rho(T_G)^2})$:

i) $$\rho(T_{E(\omega)})=\begin{cases}\left[\frac{\omega\rho(T_G)}{2}+\frac{1}{2}\sqrt{\rho(T_G)^2\omega^2-4(\omega-1)}\right]^2, & \text{falls } \omega\in]0,\omega_{opt}] \\ \omega-1 & \text{, falls } \omega\in[\omega_{opt},2[\end{cases},$$

ii) $$\omega_{opt}=\min_{\omega\in]0,2[}\rho(T_{E(\omega)}),$$

iii) $$\rho(T_{E(\omega_{opt})})=\omega_{opt}-1=\frac{1-\sqrt{1-\rho(T_G)^2}}{1+\sqrt{1-\rho(T_G)^2}}=\left[\frac{\rho(T_G)}{1+\sqrt{1-\rho(T_G)^2}}\right]^2.$$

BEWEIS: Sei $\omega\in]0,2[$, μ Eigenwert von T_G. Dann ist nach Lemma 3.5.4 jede Lösung λ der Gleichung $\lambda+\omega-1=\mu\omega\sqrt{\lambda}$ Eigenwert von $T_{E(\omega)}$. Diese in $\nu:=\sqrt{\lambda}$ quadratische Gleichung $\nu^2-\mu\omega\nu+\omega-1=0$ besitzt die beiden Lösungen
$\nu_1(\mu,\omega)=\frac{\mu\omega}{2}+\frac{1}{2}\sqrt{\mu^2\omega^2-4(\omega-1)}$ und $\nu_2(\mu,\omega)=\frac{\mu\omega}{2}-\frac{1}{2}\sqrt{\mu^2\omega^2-4(\omega-1)}$.

Da mit μ auch $-\mu$ Eigenwert von T_G ist und
$\left|\frac{\mu\omega}{2}+\frac{1}{2}\sqrt{\mu^2\omega^2-4(\omega-1)}\right|=\left|\frac{(-\mu)\omega}{2}-\frac{1}{2}\sqrt{\mu^2\omega^2-4(\omega-1)}\right|$ ist, genügt es, zur Bestimmung des Spektralradius von $T_{E(\omega)}$ das Maximum der $\nu_1(\mu,\omega)$ und $\nu_2(\mu,\omega)$ über alle nichtnegativen Eigenwerte von T_G zu betrachten.

Ist $\mu^2\omega^2-4(\omega-1)\geq 0$, so gilt
$\nu_1(\mu,\omega)=\frac{\mu\omega}{2}+\frac{1}{2}\sqrt{\mu^2\omega^2-4(\omega-1)}\geq\frac{\mu\omega}{2}-\frac{1}{2}\sqrt{\mu^2\omega^2-4(\omega-1)}=\nu_2(\mu,\omega)\geq 0$.

Ist $\mu^2\omega^2-4(\omega-1)\leq 0$ (also $\omega\geq 1$), so gilt

$|\nu_1(\mu,\omega)|=|\nu_2(\mu,\omega)|=|\frac{\mu\omega}{2}+\frac{i}{2}\sqrt{4(\omega-1)-\mu^2\omega^2}|=\sqrt{\omega-1}$.

Somit genügt es aber, das Maximum der $\nu_1(\mu,\omega)$ über alle nichtnegativen Eigenwerte von T_G zu betrachten, d.h. für den Spektralradius $\rho(T_{E(\omega)})$ gilt bei festem ω: $\rho(T_{E(\omega)})=\max\{|\nu_1(\mu,\omega)|^2 | \mu$ nichtnegativer Eigenwerte von $T_G\}$. Wir betrachten daher für $\mu\in[0,\rho(T_G)]$ und $\omega\in]0,2[$ die Funktion

$$(3.5.3)\quad f(\mu,\omega):=|\nu_1(\mu,\omega)|^2=|\frac{\mu\omega}{2}+\frac{1}{2}\sqrt{\mu^2\omega^2-4(\omega-1)}|^2$$

und zeigen: Bei festem $\omega\in]0,2[$ nimmt $|\nu_1(\mu,\omega)|^2$ für $\mu=\rho(T_G)$ ein Maximum an. Sei $\mu_{min}(\omega):=\min\{\mu\in[0,\rho(T_G)] | \mu^2\omega^2-4(\omega-1)\geq 0\}$. Dann ist $\mu^2\omega^2-4(\omega-1)\leq 0$ für alle $\omega\in]0,2[$ und $\mu\in]0,\mu_{min}(\omega)]$, und somit gilt wegen $|\nu_1(0,\omega)|=\sqrt{\omega-1}$ auch $|\nu_1(\mu,\omega)|=\sqrt{\omega-1}$ für alle $\omega\in]0,2[$ und $\mu\in[0,\mu_{min}(\omega)]$.

Für $\omega\geq\omega_{opt}$ gilt $\mu_{min}(\omega)\geq\rho(T_G)$, so daß dann $|\nu_1(\mu,\omega)|^2=\omega-1$ ist für alle $\mu\in[0,\rho(T_G)]$; das Maximum wird dann also auch jeweils für $\mu=\rho(T_G)$ angenommen.

Bei festem $\omega\in]0,2[$ und $\mu\geq\mu_{min}(\omega)$ ist $|\nu_1(\mu,\omega)|^2$ monoton wachsend bezüglich μ, so daß das Maximum stets für $\mu=\rho(T_G)$ angenommen wird. Unter den Voraussetzungen des Satzes ist aber $\mu=\rho(T_G)$ ein Eigenwert von T_G, und somit ist i) bewiesen.

Die Aussage ii) folgt, da $\rho(T_{E(\omega)})$ als Funktion von ω für $\omega\in]0,\omega_{opt}]$ monoton fallend ist und für $\omega\geq\omega_{opt}$ monoton steigend ist; iii) folgt durch Einsetzen. □

ABBILDUNG 3.5.7:

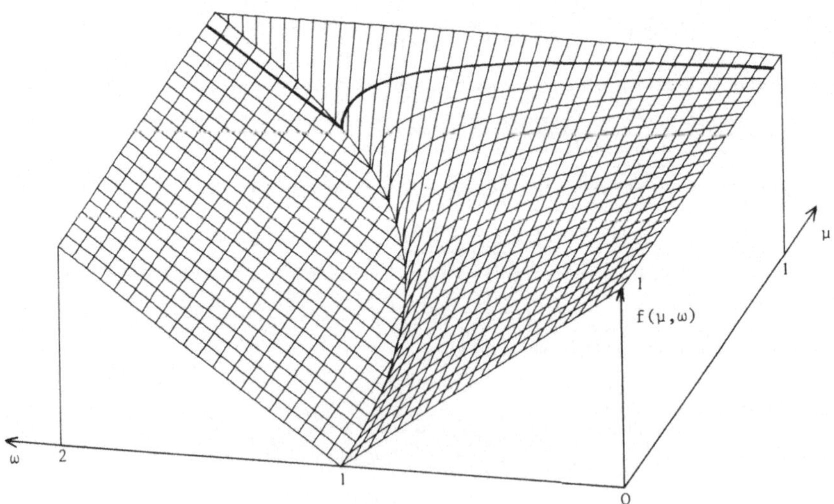

Aussage i) von Satz 3.5.6 impliziert insbesondere: Für alle $\omega\in]0,2[$ ist $\rho(T_{E(\omega)})<1$.

Ist der Spektralradius von T_G bekannt und sind die Voraussetzungen des Satzes erfüllt, so kann man den optimalen Relaxationsparameter berechnen. In der Praxis ist jedoch im allgemeinen $\rho(T_G)$ nicht genau bekannt. Der Graph der Funktion $f(\mu,\omega)$ aus (3.5.3) (s. Abbildung 3.5.7) veranschaulicht, daß im Bereich $\mu\leq 0.9$ die Empfindlichkeit gegenüber Störungen (Ungenauigkeiten) in $\mu(=\rho(T_G))$ nicht sehr groß ist. Leider ist bei vielen Anwendungen, etwa bei Diskretisierungen von partiellen Differentialgleichungen mit Schrittweite h, $\rho(T_G)$ in der Größenordnung von $1-ch$ oder $1-ch^2$ mit einer Konstanten $c\in\mathbb{R}_+$, so daß man dort auf genaue Schätzungen angewiesen ist.

Der Verlauf der Funktion $\omega\to\rho(T_{E(\omega)})$ bei festem $\rho(T_G)$ (für $\rho(T_G)=0.95$ in Abbildung 3.5.7 eingezeichnet) macht deutlich, daß es dann im allgemeinen günstiger ist, ω eher zu groß als zu klein zu wählen.

Zur praktischen Bestimmung des Relaxationsparameters

Neben der separaten Bestimmung des Spektralradius $\rho(T_G)$ in einem vorgeschalteten Verfahren besteht auch die Möglichkeit, mit den in der eigentlichen Iterationsfolge bestimmten Größen eine Näherung für $\rho(T_G)$ zu berechnen und den zugehörigen optimalen Relaxationsparameter in den folgenden Iterationen zu verwenden.

Man führt zunächst eine gewisse Anzahl von Iterationen mit festem $\omega\in[1,\omega_{opt}]$ durch (z.B. $\omega=1$). Nach Satz 3.5.6 ist $\rho(T_{E(\omega)})=[\frac{\omega\rho(T_G)}{2}+\frac{1}{2}\sqrt{\rho(T_G)^2\omega^2-4(\omega-1)}]^2$, bzw.

$$(3.5.4)\qquad \rho(T_G)=\frac{\rho(T_{E(\omega)})+\omega-1}{\omega\sqrt{\rho(T_{E(\omega)})}}.$$

Ist $\rho(T_G)$ einfacher Eigenwert von T_G, so ist auch $\rho(T_{E(\omega)})$ einfacher Eigenwert von $T_{E(\omega)}$ (vgl. den Beweis von Satz 3.5.6), und man kann dann eine Näherung für $\rho(T_{E(\omega)})$ mit der Potenzmethode bestimmen (vgl. Abschnitt 4.2): Ist $(x_k)_{k\in\mathbb{N}}$ die Folge der mit dem Parameter ω gebildeten Iterierten, so gilt für die Fehlervektoren $e^k=x^k-x$ die Beziehung $e^k=T^k_{E(\omega)}e^o$ (vgl. 3.2.9), die sich auf die Differenzen aufeinanderfolgender Näherungen $d^k:=x^{k+1}-x^k$ für $k\in\mathbb{N}$ überträgt. Mit $T:=T_{E(\omega)}$ ist nämlich $x^{k+1}-x^k=e^{k+1}-e^k=(T-I)e^k=(T-I)T^ke^o=T^k(T-I)e^o=T^kd^o$, also $d^k=T^k_{E(\omega)}d^o$. Somit bildet für genügend große $k\in\mathbb{N}$

$$(3.5.5)\qquad q_k:=\max_{i\in\{1,\dots,n\}}\frac{|x_i^{k+1}-x_i^k|}{|x_i^k-x_i^{k-1}|}$$

eine gute Näherung für $\rho(T_{E(\omega)})$. Man bestimmt die zugehörige Näherung für $\rho(T_G)$ nach (3.5.4) und den zugehörigen optimalen Parameter $\tilde{\omega}$ somit als $\tilde{\omega}=2/(1+(1-(q_k-\omega-1)^2/(\omega^2q_k))^{1/2})$.

Bei der hier dargestellten Vorgehensweise handelt es sich um das Grundprinzip. Eine wesentlich ausgefeiltere Methode mit einem entsprechenden Computerprogramm findet man im Buch von Hageman & Young [123]. Dort wird der Relaxationsparameter von Schritt zu Schritt überprüft und gegebenenfalls angepaßt, und zwar stets so, daß er unterhalb von ω_{opt} bleibt. Ein solches Iterationsverfahren ist nicht mehr stationär; man kann jedoch in Erweiterung von Satz 3.5.2 zeigen, daß für symmetrische positiv definite Matrizen ein mit einer Folge von Iterationsmatrizen $(T_{E(\omega_i)})_{i\in\mathbb{N}}$ gebildetes Verfahren konvergiert, falls die Bedingungen $\limsup_{i\to\infty} \omega_i<2$ und $\liminf_{i\to\infty} \omega_i>0$ erfüllt sind.

Abbrechkriterium beim Verfahren der sukzessiven Overrelaxation

Die Differenzen d^k aufeinanderfolgender Näherungsvektoren sind auch zur Fehlerabschätzung und somit als Abbrechkriterium eines Iterationsverfahrens geeignet. Aus $d^k=(T-I)e^k$ folgt nämlich (für $\rho(T)<1$) $e^k=(T-I)^{-1}d^k$ und somit näherungsweise $\|e^k\|_\infty \lesssim \frac{1}{1-\rho(T)} \|d^k\|_\infty$.

Mit einer Schätzung $q<1$ für $\rho(T)$ erhält man daher für vorgegebenes $\varepsilon\in\mathbb{R}_+$ die Abbrechkriterien

$\|d^k\|_\infty \leq (1-q)\varepsilon$ für den absoluten Fehler und

$\|d^k\|_\infty / \|x^{k+1}\|_\infty \leq (1-q)\varepsilon$ für den relativen Fehler.

Eine weitere einfache Möglichkeit ist die Verwendung des Residuums Ax^k-b. Man kann jedoch von der Größe des Residuums nur bedingt auf die Genauigkeit der Lösung schließen (s. Satz 1.8.12).

Die Schätzung q_k aus (3.5.5) für den Spektralradius $\rho(T_{E(\omega)})$ beim SOR-Verfahren ist theoretisch gerechtfertigt, wenn $\omega\leq\omega_{opt}$ ist. ω wird aber während der Rechnung verändert, und es ist nicht sichergestellt, daß die neuen Näherungen $\tilde{\omega}$ ebenfalls $\tilde{\omega}\leq\omega_{opt}$ erfüllen. Dann kann ein Oszillieren der q_k um $\tilde{\omega}-1$ auftreten, und $1-q_k$ kann beträchtlich größer sein als $1-\rho(T_{E(\tilde{\omega})})$; das Abbrechkriterium wäre zu früh erfüllt. Man verwendet daher anstelle von q_k besser $q:=\max(q_k,\tilde{\omega}-1)$.

Zu klären ist noch die Frage, wann die aktuelle Näherung ω für ω_{opt} angepaßt werden soll. Auch dazu findet man im Buch von Hageman & Young [123] eine entsprechende, ausgefeilte Prozedur. Für den folgenden Algorithmus verwenden wir die einfache Strategie, nach jeweils p Iterationsschritten ($p\approx5$) eine Aufdatierung vorzunehmen.

ALGORITHMUS 3.5.8 (Verfahren der sukzessiven Overrelaxation mit vereinfachter adaptiver Anpassung des Relaxationsparameters zur Lösung eines linearen Gleichungssystems, dessen Koeffizientenmatrix die Voraussetzungen von Satz 3.5.6 erfüllt):

Sei $A\in M_n(\mathbb{R})$ und $b\in\mathbb{R}^n$. In der Standard-Zerlegung $A=D-L-R$ sei D nichtsingulär und A sei konsistent geordnet; alle Eigenwerte von $T_G=D^{-1}(L+R)$ seien reell, $\rho(T_G)$ sei einfacher Eigenwert von T_G, und es gelte $\rho(T_G)<1$.

Schritt 1: Wähle eine Genauigkeitsschranke $\varepsilon\in\mathbb{R}_+$ und eine positive natürliche Zahl p (für die Häufigkeit der Anpassung des Relaxationsparameters), sowie einen Startvektor $x^0\in\mathbb{R}^n$. Setze $\omega:=1$, $q:=1$ und $k:=0$.

Schritt 2 (Iterationsschritt):

Berechne für $i=1,\ldots,n$:

$$x_i^{k+1}=(1-\omega)x_i^k+\frac{\omega}{a_{ii}}\Big[\sum_{j=1}^{i-1} a_{ij}x_j^{k+1}+\sum_{j=i+1}^{n} a_{ij}x_j^k-b_i\Big].$$

Falls k nicht ganzzahliges positives Vielfaches von p ist, fahre fort mit Schritt 4.

Schritt 3 (Anpassung der Schätzung des optimalen Parameters):

Berechne $q:=\max\limits_{i\in\{1,\ldots,n\}} \dfrac{|x_i^{k+1}-x_i^k|}{|x_i^k-x_i^{k-1}|}$.

Ist $q>1$, so fahre fort mit Schritt 5.

Setze $q:=\max(q,\omega-1)$ und $\omega:=\dfrac{2}{1+\sqrt{1-\dfrac{(q+\omega-1)^2}{\omega^2 q}}}$.

Schritt 4 (Abbrechkriterium):

Falls $\dfrac{\max\limits_{i\in\{1,\ldots,n\}} |x_i^{k+1}-x_i^k|}{\max\limits_{i\in\{1,\ldots,n\}} |x_i^{k+1}|} \leq \varepsilon(1-q)$ ist, so höre auf.

Schritt 5: Setze $k:=k+1$ und fahre fort mit Schritt 2.

Das symmetrische sukzessive Overrelaxationsverfahren

Einige Aussagen dieses Abschnitts setzen eine bestimmte Reihenfolge der Gleichungen und der Variablen des linearen Gleichungssystems voraus, und aus der Iterationsvorschrift (3.2.8) beim Einzelschritt-Relaxationsverfahren ist ersichtlich, daß die berechnete Vektorfolge von der Reihenfolge der Gleichungen abhängt.

Das Verfahren der symmetrischen sukzessiven Overrelaxation (SSOR-Verfahren) unterscheidet sich vom Standardverfahren der sukzessiven Overrelaxation in der Reihenfolge, in der die Gleichungen durchlaufen werden: Für die in irgendeiner Reihenfolge gegebenen Gleichungen wird zunächst ein üblicher (Vorwärts-)Schritt durchgeführt und sodann in umgekehrter Reihenfolge ein weiterer (Rückwärts-) Schritt. Faßt man einen solchen Doppelschritt als einen Iterationsschritt auf (im Englischen: double sweep) und bezeichnet man bei gegebenem x^k das Ergebnis des Zwischenschritts mit $x^{k+1/2}$, so lautet die Iterationsvorschrift

$$x_i^{k+1/2}=(1-\omega)x^k-\frac{\omega}{a_{ii}}[\sum_{j=1}^{i-1} a_{ij}x_j^{k+1/2}+\sum_{j=i+1}^{n} a_{ij}x_j^k-b_i] \text{ für } i=1,2,\ldots,n,$$

$$x_i^{k+1}=(1-\omega)x_i^{k+1/2}-\frac{\omega}{a_{ii}}[\sum_{j=i+1}^{n} a_{ij}x_j^{k+1}+\sum_{j=1}^{i-1} a_{ij}x_j^{k+1/2}-b_i] \text{ für } i=n,n-1,\ldots,1.$$

In Matrixschreibweise entspricht dies

$x^{k+1/2}=(D-\omega L)^{-1}[(1-\omega)D+\omega R]x^k+\omega(D-\omega L)^{-1}b$,

$x^k=(D-\omega R)^{-1}[(1-\omega)D+\omega L]x^{k+1/2}+\omega(D-\omega R)^{-1}b$

(es sei wieder $A=D-L-R$ die Standard-Zerlegung von A, D sei nichtsingulär, $\omega\in\mathbb{R}_+$), beziehungsweise

$x^{k+1}=T_{S(\omega)}x^k+\omega(2-\omega)(D-\omega R)^{-1}D(D-\omega L)^{-1}b$ mit

$T_{S(\omega)}=(D-\omega R)^{-1}[(1-\omega)D+\omega L](D-\omega L)^{-1}[(1-\omega)D+\omega R]$.

Eine andere Darstellung von $T_{S(\omega)}$ ist

$T_{S(\omega)}=(D-\omega R)^{-1}D(D-\omega I)^{-1}[(1-\omega)D+\omega L]D^{-1}[(1-\omega)D+\omega R]$, wie man an der Beziehung

$[(1-\omega)D+\omega L](D-\omega L)^{-1}=D[(1-\omega)I+\omega D^{-1}L][\sum_{i=0}^{n-1}(\omega D^{-1}L)^i]D^{-1}$ und der Vertauschbarkeit der beiden mittleren Terme der rechten Seite erkennt. Man erhält diese Matrix auch aufgrund eines Zerlegungsansatzes $A=B-C$ mit

(3.5.6) $B=\frac{1}{\omega(2-\omega)}(D-\omega L)D^{-1}(D-\omega R)$.

Dann erhält man $C=\frac{1}{\omega(2-\omega)}[(1-\omega)D+\omega L]D^{-1}[(1-\omega)D+\omega R]$ und $T_{S(\omega)}=B^{-1}C$.

Ist A eine M-Matrix, so ist diese Zerlegung für $\omega\in]0,1]$ regulär und führt somit zu einem konvergenten Iterationsverfahren (vgl. Satz 3.2.2 und Korollar 3.2.5).

Das Verfahren der symmetrischen sukzessiven Overrelaxation wird hauptsächlich für symmetrische positiv definite Matrizen verwendet, und dann gilt ein zu Satz 3.5.2 analoger Satz.

SATZ 3.5.9: *Sei* $A\in M_n(\mathbb{R})$ *symmetrisch und positiv definit und sei* $\omega\in]0,2[$. *Dann gilt für die Iterationsmatrix* $T_{S(\omega)}$ *des Verfahrens der symmetrischen sukzessiven Overrelaxation:* i) $T_{S(\omega)}$ *besitzt nur reelle nichtnegative Eigenwerte,*
ii) $\rho(T_{S(\omega)})<1$.

BEWEIS: zu i): Da A positiv definit ist, ist die Diagonale von A positiv, man kann also $D^{1/2}$ und $D^{-1/2}$ bilden (vgl. Lemma 1.6.9). $T_{S(\omega)}$ ist daher (unter Berücksichtigung von $R=L^T$) mit der Transformation $T_{S(\omega)}\to Q^T T_{S(\omega)}Q^{-T}$, $Q:=(D-\omega L)D^{1/2}$, ähnlich zur symmetrischen positiv semidefiniten Matrix $[D^{1/2}(D-\omega L)^{-1}((1-\omega)D+\omega L)D^{1/2}][D^{1/2}(D-\omega L)^{-1}((1-\omega)D+\omega L)D^{-1/2}]^T$, welche nach Korollar 1.6.7 nur reelle nichtnegative Eigenwerte besitzt.

zu ii): Die Matrix $I-T_{S(\omega)}=B^{-1}A$ (B wie in (3.5.6)) ist wegen $B^{-1}=\omega(2-\omega)Q^{-T}Q^{-1}$ ähnlich zur Matrix $\omega(2-\omega)Q^{-1}AQ^{-T}$. $Q^{-1}AQ^{-T}$ ist zu A kongruent, so daß für $\omega]0,2[$ sämtliche Eigenwerte von $I-T_{S(\omega)}$ positiv sind (vgl. Satz 1.6.8). Für jeden

Eigenwert λ von $T_{S(\omega)}$ gilt somit $0 \leq \lambda < 1$. □

In vielen Fällen ist es möglich, auch für dieses Verfahren einen optimalen Parameter ω zu bestimmen. Für Matrizen der Gestalt $\begin{bmatrix} D_1 & C_1 \\ C_2 & D_2 \end{bmatrix}$ mit Diagonalmatrizen D_1 und D_2 ist allerdings sowohl für symmetrische positiv definite Matrizen als auch für M-Matrizen $\omega=1$ optimal (siehe Young [317], Alefeld [2]). In anderen Fällen muß gefordert werden $\rho(D^{-1}LD^{-1}L^T) \leq \frac{1}{4}$, welches aber oft nicht erfüllt ist. Die Kenntnis, daß sämtliche Eigenwerte der Iterationsmatrix reell sind, ermöglicht es jedoch, leichter Methoden zur Konvergenzbeschleunigung anzuwenden (s. Abschnitte 3.6 und 3.7). Ohne diese zusätzliche Verwendung von Beschleunigungsverfahren ist in der Praxis das Standard-Verfahren der sukzessiven Overrelaxation vorteilhafter.

Bestimmung des optimalen Parameters beim Gesamtschritt-Relaxationsverfahren

SATZ 3.5.10: *Sei* $A \in M_n(\mathbb{R})$*; in der Standard-Zerlegung* $A=D-L-R$ *sei* D *nichtsingulär. Die Eigenwerte* μ_i *der Iterationsmatrix* $T_G=D^{-1}(L+R)$ *des Gesamtschrittverfahrens seien reell und gemäß* $\mu_1 \leq \mu_2 \leq \ldots \leq \mu_n$ *angeordnet. Es sei* $\rho(T_G)<1$, $\omega \in \mathbb{R} \setminus \{0\}$ *und* $\omega_{opt} := \frac{2}{2-\mu_n-\mu_1}$. *Dann gilt für die Iterationsmatrix* $T_{G(\omega)}=(1-\omega)I+\omega D^{-1}(L+R)$ *des Gesamtschritt-Relaxationsverfahrens* $\rho(T_{G(\omega_{opt})}) \leq \rho(T_{G(\omega)})$ *und* $\rho(T_{G(\omega_{opt})}) = \frac{\mu_n-\mu_1}{2-\mu_n-\mu_1}$.

BEWEIS: Die Eigenwerte von $T_{G(\omega)}$ sind $1-\omega+\omega\mu_i$, $i \in \{1,\ldots,n\}$. Wir zeigen:
$\rho(T_{G(\omega_{opt})}) = \min_{\omega \in \mathbb{R} \setminus \{0\}} \max_{i \in \{1,\ldots,n\}} |1-\omega+\omega\mu_i|$. Da für festes $\omega \in \mathbb{R} \setminus \{0\}$ die Funktion $\mu \mapsto 1-\omega+\omega\mu$ monoton ist, wird das Maximum $\max_{i \in \{1,\ldots,n\}} |1-\omega+\omega\mu_i|$ für $i=1$ oder $i=n$ angenommen. Es wird bezüglich ω minimal, wenn $-(1-\omega+\omega\mu_1) = 1-\omega+\omega\mu_n$ ist, d.h. wenn $\omega=\omega_{opt}=\frac{2}{2-\mu_n-\mu_1}$ ist. Dann ist $\rho(T_{G(\omega_{opt})}) = \frac{\mu_n-\mu_1}{2-\mu_n-\mu_1}$. □

Der Satz zeigt unter anderem, daß bei der Relaxation für das Gesamtschrittverfahren für den Parameter ω keine Beschränkung der Art $\omega \in]0,2[$ wie bei der Relaxation für das Einzelschrittverfahren besteht (vgl. Satz 3.5.1). Für ω_{opt} gilt hier stets $\omega_{opt} \geq \frac{1}{2}$; es kann jedoch beliebig groß werden, wenn die Eigenwerte von T_G dicht beieinander in der Nähe von 1 liegen.

Hinweise

Zur Bestimmung des optimalen Parameters beim SOR-Verfahren auch unter allgemeineren Voraussetzungen als in Satz 3.5.6 findet man umfangreiche Ausführungen im Buch von Young [317] und bei Varga [291] insbesondere auch für den Fall p-zyklischer Matrizen (eine Verallgemeinerung der zweifach zyklischen). Bei der praktischen Durchführung des SOR-Verfahrens ist die Wahl guter Relaxationsparameter und geeigneter Abbrechkriterien wichtig. Hierauf wird großer Wert gelegt in dem von Hageman & Young [123] angegebenen Algorithmus, welcher ausführlich hergeleitet und begründet wird. Eine Übersicht über die SSOR-Methode enthält Young [318] (s. auch Axelsson [6] und Alefeld & Varga [4]).

3.6 POLYNOMIALE KONVERGENZBESCHLEUNIGUNG

Polynomiale Konvergenzbeschleunigungsverfahren entstehen durch geeignete Bildung von Linearkombinationen der Iterierten eines Iterationsverfahrens. Ein spezieller Minimierungsansatz führt auf das Tschebyscheffsche Verfahren, welches in diesem Abschnitt behandelt wird. Das Verfahren der konjugierten Gradienten aus Abschnitt 3.7 kann man ebenfalls als polynomiales Konvergenzbeschleunigungsverfahren auffassen.

Die Methode der Konvergenzbeschleunigung eines der Grundtypen der Iterationsverfahren durch die Einführung des Relaxationsparameters ω läßt sich in einigen Fällen verallgemeinern. Insbesondere kann man das Vorgehen bei der Bestimmung des optimalen Parameters für das Gesamtschritt-Relaxationsverfahrens leicht übertragen. Ähnlich wie in den Sätzen 3.5.6 und 3.5.8 benötigen wir die Voraussetzung, daß die Eigenwerte von gewissen Matrizen reell sind. Wir setzen im folgenden daher stets voraus, daß die Koeffizientenmatrix $A\in M_n(\mathbb{R})$ des linearen Gleichungssystems $Ax=b$ symmetrisch und positiv definit ist. Dann sind die zugehörigen Iterationsmatrizen der betrachteten Iterationsverfahren im allgemeinen zwar nicht symmetrisch; beim symmetrischen Verfahren der sukzessiven Overrelaxation ist die Iterationsmatrix $T_{S(\omega)}$ jedoch ähnlich zu einer symmetrischen Matrix, und $I-T_{S(\omega)}$ ist ähnlich zu einer symmetrischen positiv definiten Matrix. Ebenso ist die Iterationsmatrix $T_G=D^{-1}(L+L^T)$ des Gesamtschrittverfahrens ähnlich zur symmetrischen Matrix $D^{-1/2}(L+L^T)D^{-1/2}$, so daß auch hier sämtliche Eigenwerte von T_G reell sind. $I-T_G=D^{-1}A$ ist ähnlich zur symmetrischen positiv definiten Matrix $D^{-1/2}AD^{-1/2}$.

Ein Iterationsverfahren der Gestalt

(3.6.1) $\quad x^{k+1}=Tx^k+f$ für alle $k\in\mathbb{N}$

bei gegebenem $x^o\in\mathbb{R}^n$ heißt <u>symmetrisierbar</u>, wenn eine nichtsinguläre Matrix $W\in M_n(\mathbb{R})$ existiert, so daß

(3.6.2) $\quad W(I-T)W^{-1}$ symmetrisch und positiv definit

ist.

Besitzt die Iterationsmatrix T eines symmetrisierbaren Verfahrens die Eigenwerte $\mu_1,\dots,\mu_n$ $(\mu_1\le\mu_2\le\dots\le\mu_n)$, so sind alle Eigenwerte $1-\mu_i$, $i\in\{1,\dots,n\}$, von $I-T$ positiv, da $I-T$ ähnlich zu einer positiv definiten Matrix ist. Diese Argumentation ist identisch mit der des Beweises von Satz 3.5.9 ii). Dort war zusätzlich auch $T_{S(\omega)}$ positiv semidefinit, so daß $\rho(T_{S(\omega)})<1$ folgte. Das gilt nicht allgemein für symmetrisierbare Verfahren, denn der Fall $\mu_1<-1$ ist nicht ausgeschlossen. Man kann für symmetrisierbare Verfahren jedoch stets ein zugehöriges <u>optimal extrapoliertes Verfahren</u> angeben, welches konvergiert.

Zu einem Iterationsverfahren der Gestalt (3.6.1) bezeichnet man für $\alpha\in\mathbb{R}\setminus\{0\}$ das durch

$$(3.6.3)\qquad \begin{aligned} y^o &= x^o, \\ y^{n+1} &= \alpha(Ty^n+f)+(1-\alpha)y^n=[\alpha T+(1-\alpha)I]y^n+\alpha f \text{ für alle } n\in\mathbb{N} \end{aligned}$$

beschriebene Verfahren als zugehöriges extrapoliertes Verfahren.
Das Gesamtschritt-Relaxationsverfahren ist somit ein zum Gesamtschrittverfahren gehöriges extrapoliertes Verfahren. Die Bestimmung des optimalen Parameters (s. Satz 3.5.10) überträgt sich für symmetrisierbare Iterationsverfahren (für diese sind ja alle Eigenwerte von T reell), so daß der optimale Parameter für (3.6.3) durch

$$\alpha_{opt} = \frac{2}{2-\mu_1-\mu_n}$$

gegeben ist und für den Spektralradius der zugehörigen Iterationsmatrix $T_{\alpha_{opt}} = \alpha_{opt}T+(1-\alpha_{opt})I$ gilt

$$\rho(T_{\alpha_{opt}}) = \frac{\mu_n-\mu_1}{2-\mu_n-\mu_1} .$$

Aus $\mu_n<1$ folgt dabei $\rho(T_{\alpha_{opt}})<1$.

Das Einzelschrittverfahren und das SOR-Verfahren sind im allgemeinen nicht symmetrisierbar. Neben dem Gesamtschrittverfahren und dem SSOR-Verfahren ist das Richardson-Verfahren ein weiteres einfaches symmetrisierbares Verfahren. Es basiert auf der Zerlegung $A=I-(I-A)$, so daß $T_R=I-A$ die zugehörige Iterationsmatrix ist und das Verfahren bei gegebenem x^o durch die Vorschrift $x^{k+1}=(I-A)x^k+b$ für alle $k\in\mathbb{N}$ beschrieben wird. Der Parameter des zugehörigen optimal extrapolierten Verfahrens ist

$$\alpha_{opt} = \frac{2}{2-\mu_1-\mu_n} = \frac{2}{\lambda_{max}+\lambda_{min}} ,$$

falls wieder $\mu_1,\ldots,\mu_n$ die Eigenwerte von T_R sind $(\mu_1\leq\ldots\leq\mu_n)$ und λ_{max} und λ_{min} die maximalen und minimalen Eigenwerte von A sind. Dann gilt für den Spektralradius der Iterationsmatrix

$$(3.6.4)\qquad \rho(T_{R(\alpha_{opt})}) = \frac{\lambda_{max}-\lambda_{min}}{\lambda_{max}+\lambda_{min}} = \frac{\frac{\lambda_{max}}{\lambda_{min}}-1}{\frac{\lambda_{max}}{\lambda_{min}}+1} .$$

Nach der Iterationsvorschrift (3.6.3) für ein extrapoliertes Verfahren wird y^{k+1} als Linearkombination des vorherigen Vektors y^k und desjenigen Vektors gebildet, der "eigentlich", d.h. beim nicht extrapolierten Grundverfahren, berechnet würde. Die Summe der beiden Faktoren ist 1.
Dieses Prinzip kann man nun verallgemeinern, indem man mit vorher festgelegtem $p\in\mathbb{N}_+$ jeweils p Vektoren nach der Grund-Iterationsvorschrift berechnet, sodann eine Linearkombination bildet mit geeigneten Faktoren $\alpha_{p,i}$, $i\in\{0,\ldots,p\}$, mit der

Eigenschaft $\sum_{i=0}^{p} \alpha_{p,i}=1$, und den so erhaltenen Vektor als Startwert für den nächsten derartigen Zyklus verwendet.

Ein günstigeres Konvergenzverhalten erreicht man jedoch, wenn man in jedem Iterationsschritt eine Linearkombination aller bereits nach dem Grundverfahren berechneten Vektoren bildet. Der Ansatz dazu ist also: Bilde bei gegebenem x^o die Grundfolge gemäß $x^k=Tx^{k-1}+f$ und die modifizierte Folge gemäß $u^k=\sum_{i=0}^{k} \alpha_{k,i}x^k$ für $k\in\mathbb{N}_+$ mit Faktoren $\alpha_{k,i}\in\mathbb{R}$, für die $\sum_{i=0}^{k} \alpha_{k,i}=1$ ist.

Dieses Vorgehen erscheint recht aufwendig, da man nun zwei Vektorfolgen bildet und in jedem Iterationsschritt zur Berechnung von u^k alle vorhergehenden Vektoren x^i und zusätzlich jeweils neue $\alpha_{k,i}$, $i\in\{0,\dots,k\}$, benötigt. Wir werden jedoch sehen, daß in interessanten Spezialfällen dieses recht allgemeinen Ansatzes rekursive Beziehungen gelten, die den Aufwand erheblich verringern.

Es sei x die eindeutige Lösung des Gleichungssystems Ax=b bzw. der zugehörigen Fixpunktgleichung x=Tx+f. Dann gilt für die Fehler $e^k=x^k-x$, $k\in\mathbb{N}$, der Grundfolge (vgl. (3.2.9)) $e^k=T^k e^o$ und somit für die Fehler $d^k:=u^k-x$, $k\in\mathbb{N}$, der modifizierten Iterationsfolge

$$d^k=\sum_{i=0}^{k} \alpha_{k,i}x^i-x=\sum_{i=0}^{k} \alpha_{k,i}(x^i-x)=\sum_{i=0}^{k} \alpha_{k,i}e^i=\sum_{i=0}^{k} \alpha_{k,i}T^i e^o=\sum_{i=0}^{k} \alpha_{k,i}T^i d^o.$$

Definiert man das Matrixpolynom $P_k(T):=\sum_{i=0}^{k} \alpha_{k,i}T^i$, so gilt also $d^k=P_k(T)d^o$.

Minimaleigenschaften von d^k sind somit abhängig von Eigenschaften von $P_k(T)$. Ebenso wie im Standardfall die Größe von $\rho(T)$ die Konvergenzgeschwindigkeit bestimmt, versucht man auch hier, die Faktoren $\alpha_{k,i}$ so auszuwählen, daß $\rho(P_k(T))$ möglichst klein wird. Eine Begründung dieses Ansatzes geben die folgenden Ausführungen:

Mit der symmetrisierbaren Matrix W aus (3.6.2) definiert man eine transformierte Vektornorm und die zugehörige Matrixnorm (vgl. Lemma 1.8.1 iv)):

$\|d^k\|_W:=\|Wd^k\|_2$, $\|T\|_W:=\|WTW^{-1}\|_2$.

Mit WTW^{-1} ist auch $WP_k(T)W^{-1}$ symmetrisch. Aus der Verträglichkeit der beiden Normen und weil für eine symmetrische Matrix B gilt $\rho(B)=\|B\|_2$, folgt

(3.6.5) $\|d^k\|_W\le\|P_k(T)\|_W\|d^o\|_W=\rho(P_k(T))\|d^o\|_W$.

Die bisher einzige Forderung an die Polynome P_k (als algebraische Polynome mit reellen Koeffizienten) war die Bedingung $P_k(1)=\sum_{i=0}^{k} \alpha_{k,i}=1$. Sie stellt sicher, daß ein Startwert, der schon exakte Lösung des Gleichungssystems ist, nicht wieder verändert wird. Aufgrund der Abschätzung (3.6.5) wollen wir nun die Koeffizienten $\alpha_{k,i}$ so bestimmen, daß $\rho(P_k(T))$ möglichst klein wird.

Die Eigenwerte von $P_k(T)$ sind $P_k(\mu_i)$, $i\in\{1,\dots,n\}$, wenn μ_i die Eigenwerte von

T sind. Somit gilt

(3.6.6) $\rho(P_k(T)) = \max_{i\in\{1,\dots,n\}} |P_k(\mu_i)|$.

(3.6.6) soll minimiert werden über alle Polynome P_k vom Grad höchstens k, die die Bedingung $P_k(1)=1$ erfüllen. Da die Lösung dieser Approximationsaufgabe relativ schwierig ist und zudem die Kenntnis aller Eigenwerte von T erforderlich ist, betrachtet man die folgende Ersatzaufgabe:

(3.6.7) Minimiere $\max_{\mu\in[\mu_{min},\mu_{max}]} |P_k(\mu)|$ über alle Polynome P_k vom Grad höchstens k, für die $P_k(1)=1$ gilt.

Dabei sei $\mu_{min} := \min_{i\in\{1,\dots,n\}} \mu_i$ und $\mu_{max} := \max_{i\in\{1,\dots,n\}} \mu_i$.

Die Lösung dieser Aufgabe setzt nur die Kenntnis des kleinsten und des größten Eigenwertes von T (oder zur näherungsweisen Lösung eine gute Schätzung) voraus; in der Lösung treten die Tschebyscheff-Polynome (erster Art) auf, die dem resultierenden Beschleunigungsverfahren auch den Namen gegeben haben.

Die Tschebyscheff-Polynome sind definiert durch die rekursive Beziehung

(3.6.8)
$$T_0(t) := 1,\ T_1(t) := t,$$
$$T_{k+1}(t) := 2t\,T_k(t) - T_{k-1}(t) \text{ für } k\in\mathbb{N}_+ .$$

Eine explizite Darstellung ist gegeben durch

(3.6.9) $T_k(t) = \frac{1}{2}[(t+\sqrt{t^2-1})^k + (t-\sqrt{t^2-1})^k]$.

T_k besitzt auf dem Intervall $[-1,1]$ in den k+1 Punkten $t_j := \cos\frac{j\pi}{k}$ für $j\in\{0,\dots,k\}$ Extremwerte mit alternierenden Vorzeichen; es gilt $T_k(t_j) = \cos(j\pi)\in\{-1,1\}$. Zwischen zwei Punkten t_j und t_{j+1} ist T_k monoton steigend oder monoton fallend.

Die Lösung der Aufgabe (3.6.7) wird im folgenden Satz angegeben.

SATZ 3.6.1: *Seien* $a,b\in\mathbb{R}$ *mit* $a<b<1$ *und sei*

(3.6.10) $Q_k(t) := \dfrac{T_k\left(\frac{2t-b-a}{b-a}\right)}{T_k\left(\frac{2-b-a}{b-a}\right)}$.

Für alle Polynome P_k *vom Grad höchstens* k, *die die Bedingung* $P_k(1)=1$ *erfüllen, gilt dann* $\max_{\lambda\in[a,b]} |Q_k(\lambda)| \le \max_{\lambda\in[a,b]} |P_k(\lambda)|$.

BEWEIS: Betrachte die Transformation

(3.6.11) $t \to F(t) = \frac{2t-b-a}{b-a}$

und ihre Umkehrung $y \to F^{-1}(y) = \frac{1}{2}[(b-a)y + (b+a)]$. F bildet das Intervall $[a,b]$ bijektiv auf das Intervall $[-1,1]$ ab. Aus den Monotonieeigenschaften von T_k und F folgt, daß $T_k(F(t))$ in den Punkten $\tilde{t}_j := F^{-1}(t_j)$, $j\in\{0,\dots,k\}$, Extremwerte mit abwechselnden Vorzeichen besitzt. Bis auf die Normierung mit dem konstanten Faktor $1/T_k(F(1))$ stimmt $Q_k(t)$ mit $T_k(F(t))$ überein, so daß auch $Q_k(t)$ in diesen Punkten Extremwerte mit abwechselnden Vorzeichen besitzt; es gilt

(3.6.12) $\quad |Q_k(\tilde{t}_j)|=|1/T_k(\frac{2-b-a}{b-a})|=:q_k.$

Wir nehmen an, daß es ein Polynom Q vom Grad höchstens k gibt, so daß $Q(1)=1$ und $\max\limits_{\lambda\in[a,b]} |Q(\lambda)|<q_k$ ist. Dann muß für alle $j\in\{0,...,k\}$ gelten $\operatorname{sgn}(Q_k(\tilde{t}_j)-Q(\tilde{t}_j))=\operatorname{sgn} Q_k(\tilde{t}_j)$. Da die Vorzeichen von $Q_k(\tilde{t}_j)$ abwechselnd positiv und negativ sind, besitzt Q_k-Q nach dem Zwischenwertsatz mindestens k Nullstellen in $[a,b]$. Da wegen $Q(1)=Q_k(1)=1$ der Punkt 1 eine weitere Nullstelle von Q_k-Q ist, muß Q_k-Q die Nullfunktion sein, d.h. es gilt $Q=Q_k$. Also war die Annahme falsch und die Behauptung des Satzes ist gezeigt. □

Um ein im angegebenen Sinne optimal beschleunigtes Verfahren zu erhalten, sind also in der Iterationsfolge $u^k=\sum\limits_{i=0}^{k}\alpha_{k,i}x^i$ ($x^k=Tx^{k-1}+f, x^o$ gegeben) die Faktoren $\alpha_{k,i}$ als Koeffizienten von Q_k aus (3.6.10) zu wählen mit $a:=\mu_{min}$ und $b:=\mu_{max}$. Das resultierende Iterationsverfahren heißt dann <u>optimales Tschebyscheff-Beschleunigungsverfahren</u> für das jeweilige Grund-Iterationsverfahren.

Die Rekursionsbeziehungen (3.6.8) für die Tschebyscheff-Polynome ermöglichen es, die Folge $(u^k)_{k\in\mathbb{N}}$ rekursiv ohne die Bildung der Folge $(x^k)_{k\in\mathbb{N}}$ aufzubauen. Sie übertragen sich auf die transformierten normierten Polynome $Q_k(t)$ aus (3.6.10) folgendermaßen:

$$\begin{aligned} &Q_o(t) = 1, \\ (3.6.13)\quad &Q_1(t) = pt+1-p, \\ &Q_{k+1}(t) = c_{k+1}(pt+1-p)Q_k(t)+(1-c_{k+1})Q_{k-1}(t) \text{ für } k\in\mathbb{N}_+; \end{aligned}$$

dabei ist $p:=\frac{2}{2-b-a}$ und $c_{k+1}=\frac{2F(1)T_k(F(1))}{T_{k+1}(F(1))}$ (F wie in (3.6.11)).

Aus $d^1=Q_1(T)d^o=[pT+(1-p)I]d^o$ und

$$\begin{aligned} d^{k+1}&=Q_{k+1}(T)d^o=c_{k+1}(pT+(1-p)I)Q_k(T)d^o+(1-c_{k+1})Q_{k-1}(T)d^o \\ &=c_{k+1}(I-p(I-T))d^k+(1-c_{k+1})d^{k-1} \text{ für } k\in\mathbb{N}_+ \end{aligned}$$

erhält man durch Addition der Lösung x auf beiden Seiten unter Berücksichtigung von $(I-T)x=f$:

$$\begin{aligned} &u^1=p(Tu^o+f)+(1-p)u^o, \\ (3.6.14)\quad &u^{k+1}=c_{k+1}[p(Tu^k+(1-p)u^k)]+c_{k+1}p(I-T)x+(1-c_{k+1})u^{k-1} \\ &\qquad =c_{k+1}[p(Tu^k+f)+(1-p)u^k]+(1-c_{k+1})u^{k-1} \text{ für } k\in\mathbb{N}_+. \end{aligned}$$

Für die Faktoren $(c_k)_{k\in\mathbb{N}_+}$ besteht ebenfalls eine rekursive Beziehung. Definiert man $r:=1/F(1)=(b-a)/(2-b-a)$, so gilt mit dem (zur Vereinheitlichung der Rekursionformel so gewählten) Anfangswert $c_1=2$:

$$c_{k+1}=\frac{1}{1-\frac{1}{4}r^2c_k} \text{ für } k\in\mathbb{N}_+.$$

Man kann auch eine explizite Formel für den Extremwert $q_k := |1/T_k(\frac{2-\mu_{max}-\mu_{min}}{\mu_{max}-\mu_{min}})|$ aus (3.6.12) angeben. Aus (3.6.9) erhält man unter Verwendung von

$\frac{1}{r^2} = \frac{1}{(1+\sqrt{1-r^2})(1-\sqrt{1-r^2})}$ für $r \in \mathbb{R}_+$:

$$T_k(\frac{1}{r}) = \frac{1}{2}[(\frac{1}{r}+\frac{1}{r}\sqrt{1-r^2})^k + (\frac{1}{r}-\frac{1}{r}\sqrt{1-r^2})^k] = \frac{1}{2}[\frac{(1+\sqrt{1-r^2})^k+(1-\sqrt{1-r^2})^k}{[(1-\sqrt{1-r^2})(1-\sqrt{1-r^2})]^{k/2}}]$$

$$= \frac{1}{2}(\frac{1+c^k}{c^{k/2}}) \geq \frac{1}{2}\frac{1}{c^{k/2}}, \text{ falls } c := \frac{1-\sqrt{1-r^2}}{1+\sqrt{1-r^2}} \text{ ist. Damit gilt dann}$$

$$(3.6.15) \qquad q_k = \frac{2c^{k/2}}{1+c^k} \leq 2c^{k/2}.$$

Für den Spezialfall T=I-A ergibt sich daraus bezüglich der extremen Eigenwerte λ_{min} und λ_{max} von A die folgende Abschätzung, die die Verbesserung gegenüber dem optimal extrapolierten Richardson-Verfahren verdeutlicht.

Sei $\kappa := \frac{\lambda_{max}}{\lambda_{min}}$. Für $r = \frac{\mu_{max}-\mu_{min}}{2-\mu_{max}-\mu_{min}} = \frac{\lambda_{max}-\lambda_{min}}{\lambda_{max}+\lambda_{min}} = \frac{\kappa-1}{\kappa+1}$ ist $c = (\frac{\sqrt{\kappa}-1}{\sqrt{\kappa}+1})^2$ und somit nach (3.6.15):

$$(3.6.16) \qquad q_k \leq 2[\frac{\sqrt{\kappa}-1}{\sqrt{\kappa}+1}]^k.$$

Wegen $\kappa \geq \sqrt{\kappa}$ gilt für genügend große $k \in \mathbb{N}$ daher (vgl. (3.6.4)) $q_k \leq [\rho(T_{R(\alpha_{opt})})]^k$.

<u>BEISPIEL</u>: Die folgende Tabelle verdeutlicht, welche Verbesserung man durch die Tschebyscheff-Beschleunigung erreichen kann. Es sei $\mu_{min}=0$ der minimale Eigenwert von T. In Abhängigkeit vom größten Eigenwert μ_{max} von T geben wir den Wert $q_k = 1/|T_k(\frac{2-\mu_{max}}{\mu_{max}})|$ für k=4 und k=8 an und den Exponenten j, für den $(\mu_{max})^j$ ungefähr gleich groß ist:

μ_{max}	$\rho(Q_4(T))$	j	$\rho(Q_8(T))$	j
0.8	0.04255	14	9.0621(-4)	31
0.9	0.14490	18	1.0609(-2)	43
0.95	0.31588	22	5.2511(-2)	57
0.99	0.74637	29	3.8606(-1)	95 .

In der Praxis sind meistens nur Schätzungen für den minimalen Eigenwert μ_{min} von T und den maximalen Eigenwert μ_{max} bekannt. Man kann dann mit diesen Schätzungen rechnen und hoffen, daß man damit ebenfalls noch eine ausreichend gute Verbesserung der Konvergenzgeschwindigkeit erhält.

Man kann aber auch ausgefeiltere Techniken verwenden und wie im Fall der Bestimmung des optimalen Relaxationsfaktors ω beim SOR-Verfahren in jedem Schritt die Schranken für das Intervall, das die Eigenwerte von T enthält, anpassen. Dieser umfangreiche Komplex wird ausführlich in den Kapiteln 4-6 von Hageman & Young

[123] behandelt.

Wir fassen im folgenden die Berechnungen für die Tschebyscheff-Beschleunigung eines symmetrisierbaren Iterationsverfahren noch einmal zusammen für den Fall, daß die extremen Eigenwerte μ_{min} und μ_{max} der Iterationsmatrix bekannt sind.

ALGORITHMUS 3.6.2 (Tschebyscheff-Beschleunigungsverfahren):

Sei $A \in M_n(\mathbb{R})$ symmetrisch und positiv definit und $b \in \mathbb{R}^n$. Sei $x^{k+1} = Tx^k + f$ für $k \in \mathbb{N}$ die Grundform eines symmetrisierbaren Iterationsverfahrens zur Lösung des Gleichungssystems $Ax=b$. Sei μ_{min} minimaler Eigenwert von T, μ_{max} maximaler Eigenwert von T und ρ der Spektralradius von T mit $\rho<1$.

Schritt 1: Berechne $r := \dfrac{\mu_{max}-\mu_{min}}{2-\mu_{max}-\mu_{min}}$ und $p := \dfrac{2}{2-\mu_{max}-\mu_{min}}$.

Bestimme einen Anfangsvektor $u^o \in \mathbb{R}^n$ und gib eine Fehlerschranke $\varepsilon \in \mathbb{R}_+$ vor.

Schritt 2: Berechne $u^1 := p(Tu^o+f)+(1-p)u^o$; setze $k:=1$, $c_1:=2$.

Schritt 3: Berechne $c_{k+1} := \dfrac{1}{1-\frac{1}{4}r^2 c_k}$ und $u^{k+1} := c_{k+1}[p(Tu^k+f)+(1-p)u^k]+(1-c_{k+1})u^{k-1}$.

Schritt 4: Falls $\dfrac{\|Tu^k+f-u^k\|_\infty}{\|u^{k+1}\|_\infty} < \varepsilon(1-\rho)$ ist, so höre auf; sonst setze $k:=k+1$ und fahre fort mit Schritt 3.

Das Abbruchskriterium in Schritt 4 ist motiviert durch die Beziehung (vgl. auch (3.6.5), x sei die Lösung von $Ax=b$)

(3.6.17) $\quad Tu^k+f-u^k=(T-I)u^k+f=(T-I)u^k-(T-I)x=(T-I)d^k,$

aus welcher $\|d^k\|_W \leq \frac{1}{1-\rho}\|Tu^k+f-u^k\|_W$ folgt. Ist also das Abbrechkriterium erfüllt, so gilt näherungsweise (wegen der Verwendung einer anderen Norm) $\|d_k\|_\infty/\|u^{k+1}\|_\infty \leq \varepsilon$.

Hinweise

Die Grundlagen des Tschebyscheff-Beschleunigungsverfahrens, das auch als semiiteratives Verfahren bezeichnet wird, werden bei Varga [291] und Young [317] dargestellt. Eine ausführliche Beschreibung der adaptiven Anpassung der Beschleunigungsparameter und des Abbrechkriteriums findet man bei Hageman & Young [123]; auf diese Darstellung stützen sich auch unsere Ausführungen. Manteuffel [163], [164] betrachtet die Methode der Tschebyscheff-Beschleunigung auch im nichtsymmetrischen Fall.

3.7 DAS VERFAHREN DER KONJUGIERTEN GRADIENTEN

Für symmetrische positiv definite Matrizen stellt das Verfahren der konjugierten Gradienten ein endliches, d.h. direktes Verfahren dar, es wird jedoch zunehmend als iteratives Verfahren verwendet. Nach den Konvergenzaussagen für das Grundverfahren wird das Prinzip der Vorkonditionierung näher betrachtet. Abhängig von der speziellen Wahl der Vorkonditionierung ist das Verfahren der konjugierten

Gradienten ein polynomielles Beschleunigungsverfahren, welches einfacher anwendbar ist als das Tschebyscheff-Beschleunigungsverfahren. Die unvollständigen Cholesky-Zerlegungen führen auf eine neue Klasse von Grundverfahren.

Das Verfahren der konjugierten Gradienten berechnet für eine symmetrische positiv definite Koeffizientenmatrix $A\in M_n(\mathbb{R})$ die Lösung des linearen Gleichungssystems $Ax=b$ als letzten Wert einer endlichen Folge $(x_k)_{k\in\{0,\dots,N\}}$, $N\leq n$. Man kann es jedoch auch als iteratives Verfahren auffassen: Die Vektoren x_k sind nämlich einerseits Näherungen für die exakte Lösung und werden sukzessiv verbessert, d.h. die Zwischengrößen haben (im Gegensatz etwa zu den in Kapitel 2 betrachteten direkten Verfahren) schon einen Aussagewert bzgl. der Lösung. Bei Matrizen großer Dimension ist es daher oft sinnvoll, weniger als N Iterationen durchzuführen, da man schon vorher eine hinreichend gute Näherungslösung erhält. Andererseits kann durch die bei der Rechnung auftretenden Rundungsfehler die Lösung x_N verfälscht sein (dies ist bei allen anderen direkten Verfahren natürlich auch der Fall); dann kann man beim Verfahren der konjugierten Gradienten mit der gleichen Iterationsvorschrift fortfahren (bei den anderen direkten Verfahren ist das nicht möglich (vgl. jedoch Abschnitt 3.8)).
Auch formal besteht eine größere Ähnlichkeit zu den iterativen Verfahren: Es werden stets nur Matrix-Vektor-Multiplikationen ausgeführt, und die Koeffizientenmatrix des Gleichungssystems wird nicht verändert.

Der Name "Verfahren der konjugierten Gradienten" und die Konstruktionsmerkmale des Algorithmus basieren auf der Äquivalenz aus Lemma 3.7.1 und den im folgenden hergeleiteten Eigenschaften.

LEMMA 3.7.1: *Sei* $A\in M_n(\mathbb{R})$ *symmetrisch und positiv definit und* $b\in\mathbb{R}^n$. $x\in\mathbb{R}^n$ *ist genau dann Lösung der Minimierungsaufgabe*

(3.7.1) $F(y):=\frac{1}{2}y^TAy-y^Tb=\min!,\ y\in\mathbb{R}^n,$

wenn x *Lösung des linearen Gleichungssystems* $\operatorname{grad} F(y)=Ay-b=0$ *ist.*

BEWEIS: Wir beweisen die Aussage des Satzes, ohne die Theorie über notwendige und hinreichende Bedingungen für Extremwerte zu verwenden.
x minimiert $F(y)$ genau dann, wenn x die Funktion $E(y):=F(y)+\frac{1}{2}b^TA^{-1}b$ minimiert (zur Existenz von A^{-1} vgl. Korollar 1.6.7). Da $E(y)=\frac{1}{2}(Ay-b)^TA^{-1}(Ay-b)$ ist und mit A auch A^{-1} positiv definit ist, gilt stets $E(y)\geq 0$ für alle $y\in\mathbb{R}^n$. x minimiert also $E(y)$ (und somit $F(y)$) genau dann, wenn $Ax-b=0$ ist (der Minimalwert ist dann $F(x)=-\frac{1}{2}b^TA^{-1}b$). □

Ein klassisches Grundprinzip bei Minimierungsaufgaben ist es, einen Startvektor x_0 vorzugeben, zu jedem bereits berechneten Vektor x_k eine Suchrichtung d_k festzulegen und x_{k+1} als Lösung der eindimensionalen Minimierungsaufgabe

(3.7.2) $F(x_k+\alpha d_k)=\min!,\ \alpha\in\mathbb{R}$

zu bestimmen. Die Lösung von (3.7.2) für F aus (3.7.1) wird im folgenden Lemma angegeben.

LEMMA 3.7.2: *Sei* $A\in M_n(\mathbb{R})$ *symmetrisch und positiv definit und* $b\in\mathbb{R}^n$; *sei* $F(y):=\frac{1}{2}y^TAy-y^Tb$, $x\in\mathbb{R}^n$, $d\in\mathbb{R}^n\setminus\{0\}$ *und* $g:=Ax-b$. $x+\alpha d$ *ist genau dann Lösung von* (3.7.2), *wenn* $\alpha=\frac{-g^Td}{d^TAd}$ *ist.*

BEWEIS: $f(\alpha):=F(x+\alpha d)=F(x)+\alpha g^Td+\frac{\alpha^2}{2}d^TAd$ ist ein Polynom zweiten Grades in α mit positivem Koeffizienten der höchstens Potenz. Somit ist $f(\alpha)$ genau dann minimal, wenn $\alpha=(-g^Td)/(d^TAd)$ ist. □

Charakteristisch für das Verfahren der konjugierten Gradienten ist unter anderem, daß man die Suchrichtungen d_k so wählt, daß sie paarweise A-konjugiert sind. Ist $A\in M_n(\mathbb{R})$ symmetrisch und positiv definit, so heißen die Vektoren $d_o,\ldots,d_N\in\mathbb{R}^n$ paarweise A-konjugiert (oder A-orthogonal), wenn $d_i^TAd_j=0$ ist für $i,j\in\{0,\ldots,N\}$ und $i\neq j$.
Die "endliche Abbrucheigenschaft", d.h. die Eigenschaft, daß das Verfahren der konjugierten Gradienten nach spätestens n Iterationen die Lösung berechnet, basiert unter anderem auf der linearen Unabhängigkeit A-konjugierter Vektoren.

LEMMA 3.7.3: *Sei* $A\in M_n(\mathbb{R})$ *symmetrisch und positiv definit und seien* $d_o,\ldots,d_N\in\mathbb{R}^n\setminus\{0\}$ *paarweise A-konjugiert. Dann sind* $d_o,\ldots,d_N$ *linear unabhängig.*

BEWEIS: Sei $\sum_{i=0}^{N} c_id_i=0$, $c_i\in\mathbb{R}$. Dann folgt für alle $k\in\{0,\ldots,N\}$:

$0=d_k^TA(\sum_{i=0}^{N} c_id_i)=c_kd_k^TAd_k$ und somit $c_k=0$. □

Das Verfahren der konjugierten Gradienten ist ein Spezialfall der allgemeineren Klasse der Verfahren konjugierter Richtungen. Diese werden durch den folgenden Algorithmus beschrieben.

ALGORITHMUS 3.7.4 (Verfahren konjugierter Richtungen):

Sei $A\in M_n(\mathbb{R})$ symmetrisch und positiv definit und $b\in\mathbb{R}^n$. Seien $d_o,\ldots,d_{n-1}\in\mathbb{R}^n\setminus\{0\}$ paarweise A-konjugiert und sei $x_o\in\mathbb{R}^n$.

Berechne für $k=0,\ldots,n-1$:

$$g_k = Ax_k-b,$$

$$\alpha_k = \frac{-g_k^Td_k}{d_k^TAd_k}, \qquad (3.7.3)$$

$$x_{k+1} = x_k+\alpha_kd_k.$$

Der zuletzt berechnete Vektor x_n ist die Lösung des linearen Gleichungssystems $Ax=b$, er minimiert nach Lemma 3.7.1 also die Funktion $F(y)=\frac{1}{2}y^TAy-y^Tb$. Aber auch die Zwischengrößen x_k besitzen schon Minimaleigenschaften.

SATZ 3.7.5: *Sei* $A\in M_n(\mathbb{R})$ *symmetrisch und positiv definit und* $b\in\mathbb{R}^n$. *Seien* $d_o,\dots,d_{n-1}\in\mathbb{R}^n\setminus\{0\}$ *paarweise* A-*konjugiert, sei* $x_o\in\mathbb{R}^n$ *und seien* $x_1,\dots,x_n\in\mathbb{R}^n$ *nach Algorithmus* 3.7.4 *berechnet. Dann gilt: Für jedes* $N\in\{1,\dots,n\}$ *minimiert* x_N *die Funktion* $F(y)=\frac{1}{2}y^TAy-y^Tb$ *auf dem affinen Teilraum* $B_N=x_o+\text{span}\{d_o,\dots,d_{N-1}\}$.

BEWEIS: Betrachte $F(x_o+\sum_{i=0}^{N-1} c_id_i)$ als Funktion von $c_o,\dots,c_{N-1}\in\mathbb{R}$. Es ist

$F(x_o+\sum_{i=0}^{N-1} c_id_i)=\frac{1}{2}\sum_{i=0}^{N-1} c_i^2d_i^TAd_i+\sum_{i=0}^{N-1} c_id_i^T(Ax_o-b)+F(x_o)$, da die gemischten Terme mit Faktoren c_ic_j für $i\neq j$, wegen $d_i^TAd_j=0$ verschwinden. Die Summe

$\sum_{i=0}^{N-1}[\frac{1}{2}c_i^2d_i^TAd_i+c_id_i^T(Ax_o-b)]$ wird minimal, wenn jeder einzelne Term minimal ist.

Das sind aber Minimierungsaufgaben der in Lemma 3.7.2 behandelten Art ($F(x_o+cd_i)=\min!$, $c\in\mathbb{R}$), deren Lösung durch $\tilde{c}_i=(-d_i^Tg_o)/(d_i^TAd_i)$ gegeben ist. Nun ist aber $d_i^Tg_o=d_i^Tg_i$ für $i\in\{0,\dots,N-1\}$, da $d_i^T(g_o-g_i)=d_i^TA(x_o-x_i)=d_i^TA(\sum_{j=0}^{i-1}\alpha_jd_j)=0$ ist. Somit gilt $\tilde{c}_i=\alpha_i$ für $i\in\{0,\dots,N-1\}$, und $F(x_o+\sum_{i=0}^{N-1}c_id_i)$ wird durch $x_N=x_o+\sum_{i=0}^{N-1}\alpha_id_i$ minimiert. □

KOROLLAR 3.7.6: *Sei* $A\in M_n(\mathbb{R})$ *symmetrisch und positiv definit und* $b\in\mathbb{R}^n$. *Seien* $d_o,\dots,d_{n-1}\in\mathbb{R}^n\setminus\{0\}$ *paarweise* A-*konjugiert. Die Lösung* x *des linearen Gleichungssystems* $Ax=b$ *hat die Darstellung* $x=\sum_{i=0}^{n-1}\frac{d_i^Tb}{d_i^TAd_i}d_i$, *die Inverse von* A *hat die Darstellung* $A^{-1}=\sum_{i=0}^{n-1}\frac{d_id_i^T}{d_i^TAd_i}$.

BEWEIS: Der mit Algorithmus 3.7.4, Startvektor $x_o=0$, berechnete Vektor x_n ist nach Satz 3.7.5 wegen $B_n=\mathbb{R}^n$ die Lösung von $Ax=b$. x_n besitzt die Darstellung (Bezeichnungen wie in Satz 3.7.5) $x_n=\sum_{i=0}^{n-1}\alpha_id_i=\sum_{i=0}^{n-1}(\frac{-d_i^Tg_o}{d_i^TAd_i})d_i$, und es ist $-d_i^Tg_o=d_i^Tb$ für $i\in\{0,\dots,n-1\}$. Für jedes $b\in\mathbb{R}^n$ ist also $\sum_{i=0}^{n-1}\frac{d_id_i^T}{d_i^TAd_i}b$ Lösung von $Ax=b$, d.h. A^{-1} besitzt die angegebene Darstellung. □

Wir erwähnen eine weitere Orthogonalitätsbeziehung zwischen den A-konjugierten Richtungen und den in Algorithmus 3.7.4 auftretenden Gradienten.

LEMMA 3.7.7: *Sei* $A\in M_n(\mathbb{R})$ *symmetrisch und positiv definit und* $b\in\mathbb{R}^n$. *Seien* $g_o,\dots,g_{n-1}$ *die mit Algorithmus 3.7.4 berechneten Vektoren. Dann gilt für* $k\in\{0,\dots,n-1\}$: $g_k^T d_i=0$ *für* $i\in\{0,\dots,k-1\}$.

BEWEIS: Für $k\in\{0,\dots,n-1\}$ und $i\in\{0,\dots,k-1\}$ ist $g_k-g_i=A(x_k-x_i)=A(\sum_{j=i}^{n-1}\alpha_j d_j)$ und somit $d_i^T g_k=d_i^T g_i+\sum_{j=1}^{k-1}\alpha_j d_i^T A d_j=d_i^T g_i+\alpha_i d_i^T A d_i$. Nach (3.7.3) ist also $d_i^T g_k=0$. □

Verschiedene Verfahren konjugierter Richtungen unterscheiden sich in der Auswahl der konjugierten Richtungen. Aus n vorgegebenen linear unabhängigen Vektoren kann man stets mit dem Gram-Schmidt-Orthogonalisierungsverfahren (s. Abschnitt 2.5) paarweise A-konjugierte Vektoren konstruieren. In (2.5.6) muß man lediglich das Skalarprodukt $(x,y)_A:=x^T Ay$ zugrundelegen.

SATZ 3.7.8: *Sei* $A\in M_n(\mathbb{R})$ *symmetrisch und positiv definit und seien* $p_o,\dots,p_{N-1}\in\mathbb{R}^n$ *linear unabhängig. Dann sind die gemäß*

$$(3.7.4)\qquad \begin{aligned} d_o &= p_o,\\ d_k &= p_k-\sum_{i=0}^{k-1}\frac{p_k^T A d_i}{d_i^T A d_i}d_i \quad \text{für } k\in\{1,\dots,N-1\}\end{aligned}$$

berechneten Vektoren $d_o,\dots,d_{N-1}$ *paarweise A-konjugiert und spannen denselben Teilraum wie* $p_o,\dots,p_{N-1}$ *auf.*

Bei einem Verfahren konjugierter Richtungen werden nicht gleich zu Beginn sämtliche A-konjugierten Vektoren $d_o,\dots,d_{n-1}$ benötigt, sondern pro Iterationsschritt kommt jeweils ein weiterer hinzu. Es besteht also die Möglichkeit, die Menge der A-konjugierten Richtungen gleichzeitig mit der Iteration sukzessiv aufzubauen.

Beim Verfahren der konjugierten Gradienten (cg-Verfahren) wählt man jeweils als neuen mit dem Gram-Schmidt-Verfahren noch zu orthogonalisierenden Vektor p_k bei bereits berechnetem x_k und A-konjugierten Richtungen $d_o,\dots,d_{k-1}$ den negativen Gradienten (bzw. in der Sprache der numerischen linearen Algebra: das Residuum) $-g_k=b-Ax_k$ (diese Wahl ist motiviert durch Überlegungen aus der Optimierungstheorie: $-g_k$ ist lokal beste Abstiegsrichtung). $p_k=-g_k$ wird dann gemäß (3.7.4) gegenüber den vorherigen Richtungen A-orthogonalisiert.

Zur Rechtfertigung dieses Vorgehens müssen wir zeigen, daß das Verfahren durchführbar ist, d.h. daß die Vektoren $g_o,\dots,g_{n-1}$ linear unabhängig sind. Wir zeigen diese Eigenschaft für $g_o,\dots,g_{N-1}$, $N\leq n$. Ist nämlich $g_N=0$, so ist die Lösung des linearen Gleichungssystems bereits erreicht, und man kann den Algorithmus beenden. Gleichzeitig leiten wir zusätzliche Eigenschaften her.

LEMMA 3.7.9: *Sei $A\in M_n(\mathbb{R})$ symmetrisch und positiv definit, sei $b\in\mathbb{R}^n$ und $x_o\in\mathbb{R}^n$: Algorithmus 3.7.4 werde so durchgeführt, daß man gleichzeitig mit der Iteration ein System A-konjugierter Richtungen $d_o,d_1,\ldots$ sukzessiv mit dem Gram-Schmidt-Verfahren aufbaut, indem man (solange $g_k\neq 0$ ist) nach der Berechnung von x_k im k-ten Iterationsschritt $p_k=-g_k$ setzt und p_k gegenüber $d_o,\ldots,d_{k-1}$ nach (3.7.4) A-orthogonalisiert; das Ergebnis sei d_k. Sei $N\in\mathbb{N}$, $N\leq n$, der kleinste Index, für den $g_N=0$ ist. Dann sind die Vektoren $g_o,\ldots,g_{N-1}$ paarweise orthogonal, also insbesondere linear unabhängig, und für $k\in\{0,\ldots,N-1\}$ ist*
$\mathrm{span}\{g_o,\ldots,g_k\}=\mathrm{span}\{g_o,Ag_o,\ldots,A^kg_o\}$.

BEWEIS: Der Beweis erfolgt durch einen einfachen Induktionsschluß über $k\in\{0,\ldots,N-1\}$, N fest. Für N=0 ist nichts zu zeigen; sei also N>0. Dann ist $g_o\neq 0$ (also linear unabhängig), und die Aussage über den Spann ist trivial. Sind $g_o,\ldots,g_{k-1}$ linear unabhängig, so gilt nach Induktionsannahme und Satz 3.7.8 $\mathrm{span}\{g_o,\ldots,g_{k-1}\}=\mathrm{span}\{d_o,\ldots,d_{k-1}\}=\mathrm{span}\{g_o,\ldots,A^{k-1}g_o\}$. Nach Lemma 3.7.7 ist g_k orthogonal zu $d_o,\ldots,d_{k-1}$ und somit auch zu $g_o,\ldots,g_{k-1}$. Nach Lemma 3.7.3 (A:=I) sind dann $g_o,\ldots,g_k$ linear unabhängig. Aus der Iterationsvorschrift
$x_k=x_{k-1}+\alpha_{k-1}d_{k-1}$ folgt

(3.7.5) $\quad g_k=g_{k-1}+\alpha_{k-1}Ad_{k-1}$

und somit $g_k\in\mathrm{span}\{g_o,Ag_o,\ldots,A^kg_o\}$. □

Bei der A-Orthogonalisierung von $-g_k$ gegenüber den vorher berechneten A-orthogonalen Richtungen $d_o,\ldots,d_{k-1}$ ergibt sich eine vorteilhafte Vereinfachung: In (3.7.4) bleibt in der Summe nur ein Term übrig. Für $j\in\{0,\ldots,k-1\}$ ist nämlich $g_{k+1}^TAd_j=0$, da $Ad_j\in\mathrm{span}\{g_o,\ldots,g_{j+1}\}=\mathrm{span}\{d_o,\ldots,d_{j+1}\}$ ist und nach Lemma 3.7.7 $g_{k+1}^Td_j=0$ ist für $j\in\{0,\ldots,k\}$. Damit erhält man den folgenden Algorithmus.

ALGORITHMUS 3.7.10 (Verfahren der konjugierten Gradienten zur Berechnung der Lösung x_N eines linearen Gleichungssystems mit symmetrischer positiv definiter Koeffizientenmatrix):

Sei $A\in M_n(\mathbb{R})$ symmetrisch und positiv definit und $b\in\mathbb{R}^n$.

Schritt 1: Wähle einen Startvektor $x_o\in\mathbb{R}^n$ und berechne $g_o:=Ax_o-b$.

Schritt 2: Ist $g_o=0$, so setze N:=0 und höre auf.
Ist $g_o\neq 0$, so setze $d_o:=-g_o$ und k:=0.

Schritt 3: Berechne $\alpha_k:=-\dfrac{g_k^Td_k}{d_k^TAd_k}$,

$x_{k+1}:=x_k+\alpha_kd_k$,

$g_{k+1}:=Ax_{k+1}-b$.

Schritt 4: Ist $g_{k+1}=0$, so setze $N:=k+1$ und höre auf (man beachte jedoch (3.7.17)).

Schritt 5: Berechne $\beta_k:=\dfrac{g_{k+1}^T A d_k}{d_k^T A d_k}$ und $d_{k+1}:=-g_{k+1}+\beta_k d_k$.

Setze $k:=k+1$ und fahre fort mit Schritt 3.

Wir erwähnen alternative Darstellungen für g_{k+1}, α_k und β_k. Nach (3.7.5) ist

$$g_{k+1}=g_k+\alpha_k A d_k$$

und $-g_k^T d_k=-g_k^T(-g_k+\beta_{k-1}d_{k-1})=g_k^T g_k$. Daraus folgt

$$\alpha_k=\frac{g_k^T g_k}{d_k^T A d_k} \tag{3.7.6}$$

und somit $g_{k+1}^T g_{k+1}=g_{k+1}^T(g_k+\alpha_k A d_k)=\alpha_k g_{k+1}^T A d_k=g_k^T g_k \beta_k$, so daß

$$\beta_k=\frac{g_{k+1}^T g_{k+1}}{g_k^T g_k} \tag{3.7.7}$$

ist. Bei der praktischen Durchführung des Algorithmus wird man $g_k^T g_k$ natürlich zwischenspeichern und weiterverwenden.

Fehlerabschätzung beim Verfahren der konjugierten Gradienten

Als Maß für den Fehler nach dem k-ten Iterationsschritt ist wegen Lemma 3.7.1 die Differenz des Funktionswertes $F(x_k)=\frac{1}{2}x_k^T A x_k-x_k^T b$ zum minimalen Funktionswert $F(x)=\frac{1}{2}x^T A x-x^T b=-\frac{1}{2}b^T A^{-1}b$, $x=A^{-1}b$, gut geeignet. Diese Differenz ist aber gerade (vgl. den Beweis von Lemma 3.7.1)

$F(x_k)-F(x)=E(x_k)=\frac{1}{2}(Ax_k-b)^T A^{-1}(Ax_k-b)=\frac{1}{2}(x_k-x)^T A(x_k-x)=\frac{1}{2}\|x_k-x\|_{A^{1/2}}^2$, wenn $\|\cdot\|_{A^{1/2}}$ die transformierte Norm zu $\|\cdot\|_2$ bezeichnet.

Nach Satz 3.7.5, Satz 3.7.8 und Lemma 3.7.9 besitzt x_k die Darstellung

$$x_k=x_o+Q_{k-1}(A)g_o$$

mit einem Polynom Q_{k-1} vom Grad k-1. Wegen $g_o=A(x_o-x)$ gilt dann

$$x_k-x=x_o+Q_{k-1}(A)A(x_o-x)-x=[I+Q_{k-1}(A)A](x_o-x),$$

bzw. mit einem Polynom $\tilde{P}_k$ vom Grad k, welches $\tilde{P}_k(0)=1$ erfüllt,

$$x_k-x=\tilde{P}_k(A)(x_o-x)$$

oder mit einem Polynom P_k vom Grad k, welches $P_k(1)=1$ erfüllt,

$$x_k-x=P_k(I-A)(x_o-x).$$

In allen Formulierungen ist das entsprechende Polynom nach Satz 3.7.5 optimal bezüglich der Minimierung von $\|x_k-x\|_{A^{1/2}}$.

Hier zeigt sich nun Übereinstimmung mit der Tschebyscheff-Beschleunigung für das Richardson-Verfahren (die zugehörige Iterationsmatrix ist $T=I-A$, $W=A^{1/2}$ ist eine symmetrisierende Matrix). Dort hatte man ansatzweise dieselbe Beziehung zwischen den Fehlervektoren und wählte bei Kenntnis des minimalen und des maximalen Eigenwerts von T das Polynom so, daß in der Abschätzung (3.6.5) $\rho(P_k(T))$ möglichst klein wurde. Das Verfahren der konjugierten Gradienten besitzt hingegen die Eigenschaft, daß $\|x_k-x\|_{A^{1/2}}$ selbst minimiert wird, und es sind keine Kenntnisse über die Eigenwerte von T erforderlich.

Für eine explizite Abschätzung können wir auf Abschnitt 3.6 zurückgreifen. Bei gleichen Startwerten $x^o=u^o$ und somit gleichen Fehlervektoren $e^o=d^o$ folgt nach (3.6.5) und (3.6.15)

(3.7.8) $$\|x^k-x\|_{A^{1/2}} \leq \|u^k-x\|_{A^{1/2}} \leq \frac{2c^{k/2}}{1+c^k}\,\|x^o-x\|_{A^{1/2}};$$

dabei ist $c=\dfrac{1-\sqrt{1-r^2}}{1+\sqrt{1-r^2}}$ mit $r=\dfrac{\mu_{max}-\mu_{min}}{2-\mu_{max}-\mu_{min}}$, μ_{max} maximaler Eigenwert von T, μ_{min} minimaler Eigenwert von T, bzw. $r=\dfrac{\lambda_{max}-\lambda_{min}}{\lambda_{max}+\lambda_{min}}=\dfrac{\kappa-1}{\kappa+1}$, λ_{max} maximaler Eigenwert von A, λ_{min} minimaler Eigenwert von A, $\kappa=\lambda_{max}/\lambda_{min}$.

Man kann eine alternative Berechnungsvorschrift für das Verfahren der konjugierten Gradienten angeben, an der man die Verwandtschaft mit der Iterationsvorschrift (3.6.14) für das Tschebyscheff-Beschleunigungsverfahren erkennt. Das Verfahren der konjugierten Gradienten läßt sich nämlich ebenfalls durch eine solche dreigliedrige Rekursion (gegenüber der zweigliedrigen in Algorithmus 3.7.10) beschreiben.

Man erhält aus den Bildungsgesetzen für x_{k+1}, d_k und x_k für $k\in\mathbb{N}_+$ die Beziehung

$$x_{k+1}=x_k+\alpha_k d_k=x_k+\alpha_k(-g_k+\beta_{k-1}d_{k-1})$$
$$=x_k+\alpha_k(-g_k+\beta_{k-1}\frac{1}{\alpha_{k-1}}(x_k-x_{k-1}))=(1+\frac{\alpha_k\beta_{k-1}}{\alpha_{k-1}})x_k+\alpha_k(-g_k)-\frac{\alpha_k\beta_{k-1}}{\alpha_{k-1}}x_{k-1}.$$

Definiert man $c_{k+1}:=1+\dfrac{\alpha_k\beta_{k-1}}{\alpha_{k-1}}$ und $p_{k+1}:=\dfrac{\alpha_k}{c_{k+1}}$ für $k\in\mathbb{N}_+$, so ergibt sich wegen $-g_k=(I-A)x_k+b-x_k$

(3.7.9) $$x_{k+1}=c_{k+1}[p_{k+1}((I-A)x_k+b)+(1-p_{k+1})x_k]+(1-c_{k+1})x_{k-1} \text{ für } k\in\mathbb{N}_+.$$

Außerdem gilt $x_1=\alpha_o((I-A)x_o+b)+(1-\alpha_o)x_o$.

Man kann den Algorithmus auch auf dieser dreigliedrigen Rekursionsformel aufbauen; dabei ist es möglich, für c_{k+1} und p_{k+1} ebenfalls Rekursionsformeln zu verwenden. Wir sind an der Beziehung (3.7.9) aber nur für die theoretische Entwicklung eines Abbrechkriteriums interessiert, so daß diese Formulierung für unsere Zwecke ausreicht.

Vorkonditionierung

Die Interpretation des Verfahrens der konjugierten Gradienten als Beschleunigungsmethode für das Richardson-Verfahren gibt Anlaß, eine Verallgemeinerung für andere symmetrisierbare Iterationsverfahren zu betrachten.

Sei $A=B-C$ eine Zerlegung von A, die zu einer Iterationsmatrix $T=B^{-1}C=I-B^{-1}A$ führt. Die nichtsinguläre Matrix W^T sei symmetrisierend für T, d.h. $\hat{A}=W^T(I-T)W^{-T}$ ist symmetrisch und positiv definit (vgl. (3.6.2)).

Das ursprüngliche Gleichungssystem $Ax=b$ ist äquivalent zu $(I-T)x=B^{-1}b$, und dieses wiederum zu

(3.7.10) $W^T(I-T)W^{-T}W^Tx=W^TB^{-1}b$,

welches mit den Bezeichnungen $\hat{x}:=W^Tx$ und $\hat{b}:=W^TB^{-1}b$ als $\hat{A}\hat{x}=\hat{b}$ geschrieben werden kann. Dieses Gleichungssystem kann nun ebenfalls mit dem Verfahren der konjugierten Gradienten gelöst werden. Die Transformation ist dann sinnvoll, wenn das Verfahren für das neue System ein besseres Konvergenzverhalten zeigt. Die Abschätzung (3.7.8) deutet darauf hin, daß das dann der Fall ist, wenn die Konditionszahl $\mathrm{cond}_2\hat{A}=\hat{\lambda}_{max}/\hat{\lambda}_{min}$ für das neue System kleiner ist. Die Koeffizientenmatrix des Systems (3.7.10) schreibt sich auch als $\hat{A}=W^TB^{-1}AW^{-T}$. Ist B symmetrisch und positiv definit (wie beim Gesamtschrittverfahren und beim SSOR-Verfahren für symmetrische positiv definite Matrizen), so kann man $W^T=B^{1/2}$ wählen und es gilt dann $\hat{A}=B^{-1/2}AB^{-1/2}$ und $\hat{b}=B^{-1/2}b$. Ist, etwas allgemeiner, $B=WW^T$, so erhält man $\hat{A}=\tilde{A}$ und $\hat{b}=\tilde{b}$ mit

(3.7.11) $\tilde{A}:=W^TB^{-1}AW^{-T}=W^{-1}AW^{-T}$ und $\tilde{b}:=W^{-1}b$.

Da $\tilde{A}$ ähnlich zu $B^{-1}A$ ist und eine kleinere Konditionszahl als A haben soll, heißt $\tilde{A}$ vorkonditionierte Matrix, B heißt Vorkonditionierungsmatrix und $\tilde{A}\tilde{x}=\tilde{b}$ heißt vorkonditioniertes Gleichungssystem.

Wir wählen zur Beschreibung des Verfahrens der konjugierten Gradienten für das transformierte Gleichungssystem eine auf (3.7.11) basierende Formulierung. Es seien also $A,B\in M_n(\mathbb{R})$ symmetrisch und positiv definit, es sei $A=B-C$ eine Zerlegung von A, sei $B=WW^T$. Zum linearen Gleichungssystem $Ax=b$ ist dann das System $\tilde{A}\tilde{x}=\tilde{b}$ äquivalent, wenn man

(3.7.12) $\tilde{A}:=W^{-1}AW^{-T}$, $\tilde{x}:=W^Tx$, $\tilde{b}:=W^{-1}b$

setzt.

Die in Algorithmus 3.7.10 zu berechnenden Größen lauten für dieses Problem bei Verwendung von (3.7.6) und (3.7.7)

$$\tilde{\alpha}_k=\frac{\tilde{g}_k^T\tilde{g}_k}{\tilde{d}_k\tilde{A}\tilde{d}_k},$$

(3.7.13) $\tilde{x}_{k+1} = \tilde{x}_k + \tilde{\alpha}_k \tilde{d}_k$,

(3.7.14) $\tilde{g}_{k+1} = \tilde{g}_k + \tilde{\alpha}_k \tilde{A}\tilde{d}_k = \tilde{A}\tilde{x}_{k+1} - \tilde{b}$,

$$\tilde{\beta}_k = \frac{\tilde{g}_{k+1}^T \tilde{g}_{k+1}}{\tilde{g}_k^T \tilde{g}_k},$$

(3.7.15) $\tilde{d}_{k+1} = -\tilde{g}_{k+1} + \tilde{\beta}_k \tilde{d}_k$.

Wir wollen herleiten, wie man den entsprechenden Algorithmus ohne Verwendung der explizit transformierten Größen durchführen kann, so daß am Ende auch keine Rücktransformation der Lösung erforderlich ist.

Wir bezeichnen mit $\alpha_k, x_{k+1}, g_{k+1}, \beta_k$ und d_{k+1} im folgenden die Größen, die sich auf das ursprüngliche Gleichungssystem beziehen (nicht die Größen, die sich beim Verfahren der konjugierten Gradienten für das nicht vorkonditionierte Gleichungssystem ergeben). Es ist also erforderlich,

$x_{k+1} = W^{-T}\tilde{x}_{k+1}$ anzusetzen. Dann ergibt sich aus (3.7.12)

$g_{k+1} = Ax_{k+1} - b = WW^{-1}AW^{-T}W^T x_{k+1} - WW^{-1}b = W(\tilde{A}\tilde{x}_{k+1} - \tilde{b}) = W\tilde{g}_{k+1}$ und

$d_{k+1} = W\tilde{d}_{k+1}$ (α_k und β_k sind damit ebenfalls definiert, treten aber nicht mehr auf; $\tilde{\alpha}_k$ und $\tilde{\beta}_k$ werden in anderer Form beschrieben).

Aus (3.7.13) folgt $x_{k+1} = x_k + \tilde{\alpha}_k W^{-T} W^{-1} d_k = x_k + \tilde{\alpha}_k B^{-1} d_k$,

aus (3.7.14) folgt $g_{k+1} = g_k + \tilde{\alpha}_k WW^{-1}AW^{-T}W^{-1}d_k = g_k + \tilde{\alpha}_k AB^{-1}d_k$,

und aus (3.7.15) ergibt sich ebenso $B^{-1}d_{k+1} = -B^{-1}g_{k+1} + \tilde{\beta}_k B^{-1} d_k$.

Für die bei der Berechnung von $\tilde{\alpha}_k$ und $\tilde{\beta}_k$ auftretenden Größen gilt

$\tilde{g}_k^T \tilde{g}_k = g_k^T B^{-1} g_k$, $\tilde{g}_{k+1}^T \tilde{g}_{k+1} = g_{k+1}^T B^{-1} g_{k+1}$ und $\tilde{d}_k^T \tilde{A}\tilde{d}_k = d_k^T W^{-T}(W^{-1}AW^{-T})W^T d_k = d_k^T B^{-1} A B^{-1} d_k = (B^{-1}d_k)^T A (B^{-1}d_k)$, also

$$\tilde{\alpha}_k = \frac{g_k^T B^{-1} g_k}{(B^{-1}d_k)^T A (B^{-1}d_k)} \quad \text{und} \quad \tilde{\beta}_k = \frac{g_{k+1}^T B^{-1} g_{k+1}}{g_{k+1}^T g_{k+1}}.$$

Da d_k nie einzeln auftritt, sondern stets im Produkt $B^{-1}d_k$, kann man mit den Ersatzgrößen $y_k := B^{-1}d_k$ rechnen. Definiert man $z_k := B^{-1}g_k$, d.h. ist z_k Lösung des Gleichungssystems $Bz_k = g_k$, welches einfach zu lösen sein soll, so erhält man den folgenden Algorithmus, bei dem die x_k also Näherungen für die Lösung $x = A^{-1}b$ darstellen.

ALGORITHMUS 3.7.11 (Verfahren der konjugierten Gradienten mit Vorkonditionierung):

Sei $A \in M_n(\mathbb{R})$ symmetrisch und positiv definit und $b \in \mathbb{R}^n$; sei $B \in M_n(\mathbb{R})$ eine nichtsinguläre Matrix, die als Produkt $B=WW^T$, $W\in M_n(\mathbb{R})$, darstellbar ist.

Schritt 1: Wähle einen Startvektor $x_o\in\mathbb{R}^n$ und berechne $g_o:=Ax_o-b$.

Schritt 2: Ist $g_o=0$, so setze $N:=0$ und höre auf.
Ist $g_o\neq 0$, so löse das Gleichungssystem $Bz_o=g_o$, bilde $y_o:=-g_o$ und setze $k:=0$.

Schritt 3: Berechne $\tilde{\alpha}_k:=\dfrac{g_k^Tz_k}{y_k^TAy_k}$,

$$x_{k+1}:=x_k+\tilde{\alpha}_ky_k,$$

$$g_{k+1}:=g_k+\tilde{\alpha}_kAy_k.$$

Schritt 4: a) Ist $g_{k+1}=0$, so setze $N:=k+1$ und höre auf (man beachte jedoch (3.7.18)).
b) Löse das Gleichungssystem $Bz_{k+1}=g_{k+1}$.

Schritt 5: Berechne $\tilde{\beta}_k:=\dfrac{g_{k+1}^Tz_{k+1}}{g_k^Tz_k}$,

$$y_{k+1}:=-z_{k+1}+\tilde{\beta}_ky_k,$$

setze $k:=k+1$ und fahre fort mit Schritt 3.

Der zusätzliche Aufwand gegenüber Algorithmus 3.7.10 (Verfahren der konjugierten Gradienten ohne Vorkonditionierung) besteht in der Lösung der Gleichungssysteme in Schritt 4 b). Damit dies einfach möglich ist, liegt es nahe zu fordern, daß in der Zerlegung $B=WW^T$ die Matrix W eine schwach besetzte Dreiecksmatrix ist. Wir geben einige Möglichkeiten zu einer solchen Wahl von W an. Dabei gehen wir davon aus, daß A eine schwach besetzte Matrix großer Dimension ist, für die eine Cholesky-Zerlegung zu aufwendig wäre.

Die Matrix B und ihre Faktoren W und W^T sollen die folgenden Eigenschaften besitzen:

1. $B=WW^T$ ist symmetrisch und positiv definit.
2. Die Konditionszahl von $B^{-1}A$ ist kleiner als die von A (bzw. genauer: Beim Verfahren der konjugierten Gradienten ergibt sich eine bessere Konvergenzgeschwindigkeit).
3. Die Gleichungssysteme $Bz_k=g_k$ sind einfach lösbar (also z.B.: W ist eine untere Dreiecksmatrix, die nicht wesentlich mehr Nichtnullelemente enthält als der entsprechende Teil von A).

Auf den uns bekannten symmetrisierbaren Grund-Iterationsverfahren basieren die beiden ersten Vorkonditionierungen.

a) Gesamtschritt-Vorkonditionierung: $A=B-C=D-(L+L^T)$, $B=D^{1/2}D^{1/2}$.
Die zu $\tilde{A}=D^{-1/2}AD^{-1/2}$ ähnliche Matrix $D^{-1}A$ ist gegenüber A so skaliert, daß sie eine Einheitsdiagonale besitzt. Der zusätzliche Rechenaufwand ist sehr gering, allerdings ist der Erfolg bezüglich Forderung 2. im allgemeinen nicht sehr groß.

b) SSOR-Vorkonditionierung: $A=B-C$, $B=\frac{1}{\omega(2-\omega)}(D-\omega L)D^{-1}(D-\omega L^T)$, $\omega\in]0,2[$ (vgl. (3.5.6); $A=D-L-L^T$ sei die Standard-Zerlegung von A).
Es ist

$$B=\left[\sqrt{\frac{1}{\omega(2-\omega)}}(D-\omega L)D^{-1/2}\right]\left[\sqrt{\frac{1}{\omega(2-\omega)}}D^{-1/2}(D-\omega L^T)\right]:=WW^T;$$

und W ist eine untere Dreiecksmatrix, die genau die gleiche schwache Besetzung hat wie der entsprechende Teil von A. Die Punkte 1. und 3. der Forderungen sind also erfüllt. Bezüglich Punkt 2. kann man nun weitere Untersuchungen über die Wahl von ω durchführen. Unter bestimmten Voraussetzungen ist bei optimaler Wahl von ω eine Verbesserung der Konditionszahl von $\text{cond}_2 A=\kappa$ zu $\text{cond}_2(B^{-1}A)=\sqrt{\kappa}$ möglich; das rechtfertigt den erhöhten Rechenaufwand. Für die recht komplizierten Untersuchungen darüber, welche Verbesserung erreichbar ist, verweisen wir auf Axelsson & Barker [10].
Das tatsächliche Konvergenzverhalten wird nicht nur von der Konditionszahl, d.h. vom größten und kleinsten Eigenwert bestimmt; vielmehr spielt die Verteilung der Eigenwerte in diesem Intervall ebenfalls eine große Rolle. So ist es zum Beispiel vorteilhaft, wenn mehrere Eigenwerte nahe beieinander liegen.

Während wir uns bei den Möglichkeiten a) und b) zur Vorkonditionierung auf uns bereits bekannte Grund-Iterationsverfahren bezogen haben, werden wir nun eine Methode zur Vorkonditionierung vorstellen, die dann eine Interpretation des zugehörigen Verfahrens der konjugierten Gradienten als Beschleunigungsverfahren für ein neues Grund-Iterationsverfahren zuläßt, welches auf einer regulären Zerlegung basiert.

c) Unvollständige Cholesky-Zerlegung:
Die vollständige Cholesky-Zerlegung der symmetrischen positiv definiten Matrix A in das Produkt $A=\tilde{L}\tilde{L}^T$ (vgl. Abschnitt 2.3) würde auch im Zusammenhang mit dem vorkonditionierten cg-Verfahren Anlaß geben zu einer direkten Lösung des linearen Gleichungssystems ($B=\tilde{L}\tilde{L}^T$, $B^{-1}A=I$). In den Fällen, in denen sich eine solche Zerlegung wegen des Auftretens von zu viel fill-in innerhalb der Hülle von A verbietet, kann man eine Zerlegung

$$A=LL^T-C,\quad B=LL^T$$

betrachten, bei der L eine nichtsinguläre untere Dreiecksmatrix ist, die an vorgeschriebenen Positionen Nullelemente besitzt. Wir zeigen, daß für symmetrische M-Matrizen eine solche Zerlegung stets so konstruierbar ist, daß sie regulär ist.

Der Faktor L einer unvollständigen Cholseky-Zerlegung soll so konstruiert werden, daß die Kantenmenge des zu L gehörigen Graphen (vgl. Abschnitt 3.3) in einer vorgegebenen Kantenmenge E enthalten ist. Man gibt $\tilde{E}\subseteq\{(i,j)\,|\,i,j\in\{1,\dots,n\},i>j\}$ vor und setzt $E:=\tilde{E}\cup\{(i,j)\,|\,i\in\{1,\dots,n\}\}$; E gibt also an, an welchen Positionen L Nichtnullelemente enthalten darf.

Unvollständiger Eliminationsschritt:

Der erste Schritt zur Konstruktion der (vollständigen) Cholesky-Zerlegung von A wird beschrieben durch

$$A=\begin{bmatrix} a_{11} & a_1^T \\ a_1 & A_1 \end{bmatrix}=\begin{bmatrix} \sqrt{a_{11}} & 0 \\ \frac{a_1}{\sqrt{a_{11}}} & I \end{bmatrix}\begin{bmatrix} 1 & 0 \\ 0 & \tilde{A}_1 \end{bmatrix}\begin{bmatrix} \sqrt{a_{11}} & \frac{a_1^T}{\sqrt{a_{11}}} \\ 0 & I \end{bmatrix}=:\tilde{L}_1^T\begin{bmatrix} 1 & 0 \\ 0 & \tilde{A}_1 \end{bmatrix}\tilde{L}_1^T \quad \text{(vgl. Abschnitt 2.3).}$$

Bevor dieser Schritt ausgeführt wird, definiert man nun $b_1\in\mathbb{R}^{n-1}$ durch

$$b_{j1}=\begin{cases} a_{j1}, & \text{falls } (j,1)\in E \\ 0, & \text{sonst} \end{cases} \quad \text{für } j\in\{2,\dots,n\} \text{ und } c_1:=b_1-a_1. \text{ Dann ist}$$

$$A=\begin{bmatrix} a_{11} & b_1^T \\ b_1 & A_1 \end{bmatrix}-\begin{bmatrix} 0 & c_1^T \\ c_1 & 0 \end{bmatrix}=:\tilde{B}_0-C_1, \text{ und man zerlegt } \tilde{B}_0 \text{ vollständig:}$$

$$(3.7.16)\quad \tilde{B}_0=\begin{bmatrix} \sqrt{a_{11}} & 0 \\ \frac{b_1}{\sqrt{a_{11}}} & I \end{bmatrix}\begin{bmatrix} 1 & 0 \\ 0 & \overline{B}_1 \end{bmatrix}\begin{bmatrix} \sqrt{a_{11}} & \frac{b_1^T}{\sqrt{a_{11}}} \\ 0 & I \end{bmatrix}=:L_1B_1L_1^T;$$

dabei ist $\overline{B}_1=A_1-\frac{b_1b_1^T}{a_{11}}$. Es gilt dann also $A=L_1B_1L_1^T-C_1$, und nach Definition von b_1 enthält die erste Spalte von L_1 höchstens in den durch E vorgegebenen Positionen Nichtnullelemente.

Die weiteren Eliminationsschritte erstrecken sich jeweils auf die "Restmatrizen" (nach dem ersten Schritt also auf $\overline{B}_1$). Zur Durchführbarkeit der weiteren Schritte zeigen wir: Eine symmetrische M-Matrix ist positiv definit, und die nach einem Eliminationsschritt entstehende Matrix ist eine symmetrische M-Matrix.

<u>LEMMA 3.7.12</u>: *Sei* $A\in M_n(\mathbb{R})$ *eine symmetrische* M-*Matrix. Dann ist* A *positiv definit.*

<u>BEWEIS</u>: Definiere für $e=(1,\dots,1)^T\in\mathbb{R}^n$ den positiven Vektor $x:=A^{-1}e$ und $X:=\operatorname{diag}(x_1,\dots,x_n)$. Dann ist die zu A ähnliche symmetrische Matrix $X^{-1}AX$ strikt diagonal-dominant, denn AX besitzt wegen $AXe=e$ positive Zeilensummen, so daß für $i\in\{1,\dots,n\}$ gilt $a_{ii}x_i>-\sum_{\substack{j=1\\j\neq i}}^n a_{ij}x_j$ und somit $a_{ii}>-\sum_{\substack{j=1\\j\neq i}}^n a_{ij}\frac{x_j}{x_i}=\sum_{\substack{j=1\\j\neq i}}^n |a_{ij}\frac{x_j}{x_i}|$.

Die Diagonalelemente von A sind nach Lemma 3.2.4 positiv, also enthält kein Gerschgorin-Kreis die Null (vgl. Satz 1.8.16). Da A symmetrisch ist, sind alle

Eigenwerte von A reell und somit positiv, d.h. A ist positiv definit (vgl. Korollar 1.6.7). □

LEMMA 3.7.13: *Sei* $A\in M_n(\mathbb{R})$ *eine symmetrische M-Matrix. Dann ist die Matrix* $\begin{bmatrix} 1 & 0 \\ 0 & \bar{B}_1 \end{bmatrix}$ *aus* (3.7.16), *die aus* A *durch einen unvollständigen Eliminationsschritt entsteht, ebenfalls eine symmetrische M-Matrix.*

BEWEIS: 1. Wir zeigen: Die Matrix $\tilde{B}_o$, die durch symmetrisches Nullsetzen einiger Elemente außerhalb der Diagonalen entsteht, ist eine symmetrische M-Matrix. Um Verwechslungen zu vermeiden, bezeichne $A=D-(U^T+U)$ die Standard-Zerlegung von A. Nach dem Beweis von Lemma 3.2.4 ii) ist dies eine reguläre Zerlegung mit der Eigenschaft $\rho(D^{-1}(U^T+U))<1$. Sei $\tilde{B}_o=D-(\tilde{U}^T+\tilde{U})$ die Standard-Zerlegung von $\tilde{B}_o$. Dann gilt nach Konstruktion $0\le D^{-1}(\tilde{U}^T+\tilde{U})\le D^{-1}(U^T+U)$ und somit $\rho(D^{-1}(\tilde{U}^T+\tilde{U}))\le\rho(D^{-1}(U^T+U))<1$ nach Lemma 3.3.9. Nach Lemma 3.2.4 ist $\tilde{B}_o$ eine symmetrische M-Matrix.

2. Wir zeigen $\begin{bmatrix} 1 & 0 \\ 0 & \bar{B}_1 \end{bmatrix}$ ist eine symmetrische M-Matrix. Aus Abschnitt 2.3 wissen wir, daß die Matrix $\begin{bmatrix} 1 & 0 \\ 0 & \bar{B}_1 \end{bmatrix}$, die aus der symmetrischen positiv definiten Matrix $\tilde{B}_o$ durch Ausführung eines Cholesky-Eliminationsschrittes entsteht, symmetrisch und positiv definit ist. Damit ist das zugehörige Einzelschrittverfahren nach Satz 3.5.2 konvergent. Falls die Nichtdiagonalelemente von $\begin{bmatrix} 1 & 0 \\ 0 & \bar{B}_1 \end{bmatrix}$ nichtpositiv sind, so folgt nach Lemma 3.2.4, daß $\begin{bmatrix} 1 & 0 \\ 0 & \bar{B}_1 \end{bmatrix}$ eine M-Matrix ist. Wegen $a_1\le 0$, $b_1\le 0$ und $a_{11}>0$ ist aber $(\bar{B}_1)_{ij}=a_{ij}-\frac{b_{j1}b_{i1}}{a_{11}}\le 0$ für $i,j\in\{2,\dots,n\}$, $i\neq j$. □

Zur Vorkonditionierung beim Verfahren der konjugierten Gradienten ist es nicht erforderlich, daß die Vorkonditionierungsmatrix Teil eines Splittings ist, welches zu einem konvergenten Verfahren führt. Die angegebene Konstruktion führt jedoch stets zu einem regulären Splitting und somit zu einem konvergenten Grund-Verfahren (vgl. Satz 3.2.2).

SATZ 3.7.14: *Sei* $A\in M_n(\mathbb{R})$ *eine symmetrische M-Matrix,* $\tilde{E}\subseteq\{(i,j)\,|\,i,j\in\{1,\dots,n\},i>j\}$ *und* $E=\tilde{E}\cup\{(i,i)\,|\,i\in\{1,\dots,n\}\}$. *Dann existiert eine nichtsinguläre untere Dreiecksmatrix* L *mit* $\ell_{ij}=0$ *für* $(i,j)\notin E$ *und eine symmetrische nichtnegative Matrix* C *mit* $c_{ij}=0$ *für* $(i,j)\in E$, *so daß die Zerlegung* $A=LL^T-C$ *regulär ist.*

BEWEIS: Wir führen eine Reihe unvollständiger Eliminationsschritte durch. Wir haben bereits gezeigt, daß die Ausführung eines unvollständigen Eliminationsschritts wieder auf eine symmetrische (und damit positiv definite) M-Matrix führt. Der erste Schritt werde für $B_o:=A$ beschrieben durch

$B_o =: \widetilde{B}_o - C_1$ (Nullsetzen),

$\widetilde{B}_o =: L_1 B_1 L_1^T$ (Elimination).

Ein allgemeiner, nach den beiden vorhergehenden Lemmas stets durchführbarer Schritt wird analog beschrieben durch

$B_i =: \widetilde{B}_i - C_{i+1}$ (Nullsetzen)

$\widetilde{B}_i =: L_{i+1} B_{i+1} L_{i+1}^T$ (Elimination) für $i \in \{0,\dots,n-1\}$

(man beachte, daß B_i die Gestalt $\begin{bmatrix} I_i & 0 \\ 0 & \overline{B}_i \end{bmatrix}$ besitzt und mit B_i auch $\overline{B}_i \in M_{n-i}(\mathbb{R})$ eine symmetrische M-Matrix ist; man rechnet natürlich explizit nur mit den Matrizen kleinerer Dimension, die Formulierung oben erfolgt aber bezüglich der auf die volle Größe aufgefüllten Matrizen).

Dann ist B_n die Einheitsmatrix ($C_n = 0$, L_n eine Diagonalmatrix) und aufgrund der rekursiven Beziehungen ergibt sich unter Berücksichtigung von $L_{i+1} C_j L_{i+1}^T = C_j$ für $j \leq i$: $A = L_n L_{n-1} \dots L_1 L_1^T \dots L_{n-1}^T L_n^T - (C_1 + C_2 + \dots + C_{n-1})$. Definiert man $L := L_n L_{n-1} \dots L_1$ und $C := C_1 + C_2 + \dots + C_{n-1}$ so ist $A = LL^T - C$ die Zerlegung mit den gewünschten Eigenschaften, denn L besitzt nach Konstruktion das vorgeschriebene Nullenmuster (vgl. Lemma 2.2.1 ii)), es ist $C \geq 0$, da $(-C)$ die zu null gesetzten Elemente außerhalb der Diagonalen enthält, und ebenfalls aufgrund der angegebenen Konstruktion gilt $(LL^T)^{-1} = L^{-T} L^{-1} \geq 0$ (vgl. Lemma 2.2.1 i)). □

Eine solche Zerlegung $A = LL^T - C$ heißt unvollständige Cholesky-Zerlegung. Unabhängig von ihrer Verwendung zur Vorkonditionierung beim Verfahren der konjugierten Gradienten führen unvollständige Cholesky-Zerlegungen von symmetrischen M-Matrizen auf konvergente lineare stationäre Iterationsverfahren erster Ordnung. Für jede Vorgabe von $\widetilde{E}$ erhält man eine solche Zerlegung, speziell für $\widetilde{E} = \emptyset$ erhält man das Gesamtschrittverfahren, für $\widetilde{E} = \{(i,j) \mid i,j \in \{1,\dots,n\}, i > j\}$ erhält man die vollständige Cholesky-Zerlegung, also ein direktes Verfahren.

Für den Zweck der Vorkonditionierung muß man einen Kompromiß finden zwischen der Wahl einer kleinen Indexmenge E, die zu einer schwach besetzten Matrix $B = LL^T$ und somit zu einem einfach lösbaren Gleichungssystem führt und einer großen Indexmenge E, die zu guter Konvergenzverbesserung führt. Meist wird man sich bei der Wahl von E von der Besetzung von A leiten lassen und nur wenig fill-in zulassen.

BEMERKUNG: Eine Modifikation bei der beschriebenen Konstruktion einer unvollständigen Cholesky-Zerlegung besteht darin, zusätzlich die zu null gesetzten Elemente zum Diagonalelement der entsprechenden Zeile (bzw. Spalte) zu addieren. Auf diese Weise bleiben also die Zeilensummen von A und LL^T gleich, die Zeilensummen von C sind sämtlich null. Praktische Erfahrungen haben gezeigt, daß man auf diese Weise oft eine größere Konditionsverbesserung erhält.

Speziell bei unvollständigen LR-Zerlegungen von nicht symmetrischen Matrizen, die auf analoge Weise konstruierbar sind, trägt diese Modifikation zur Durchführbarkeit bei, die im allgemeinen (d.h. für Matrizen, die nicht M-Matrizen sind) nicht gesichert ist. Bei den unvollständigen LR-Zerlegungen gibt man eine Teilmenge $\tilde{E}$ von $\{(i,j)\,|\,i,j\in\{1,...,n\},i\neq j\}$ vor, die die erlaubten Nichtnullelemente außerhalb der Diagonalen für die beiden Faktoren L und R beschreibt. Die spezielle Wahl $\tilde{E}=\{(i,j)\,|\,i,j\in\{1,...,n\},i>j\}$ führt dann auf die Zerlegung des Einzelschrittverfahrens.

Abbrechkriterien

Die in den Algorithmen 3.7.10 und 3.7.11 in Schritt 4 bzw. Schritt 4 a) verwendeten Abfragen "$g_{k+1}=0$?" sollten in der Praxis nicht verwendet werden, da einerseits selbst für $k\geq n-1$ aufgrund von Rundungsfehlern nicht sichergestellt ist, daß dieses Kriterium jemals erfüllt ist, und man andererseits, dem iterativen Charakter des cg-Verfahrens entsprechend, gegebenenfalls auch nach weniger als n Iterationen mit der erreichten Genauigkeit zufrieden ist.
Als einfache Abbrechkriterien können bei vorgegebenem $\varepsilon\in\mathbb{R}_+$ die folgenden Abfragen dienen:

(3.7.17) Algorithmus 3.7.10, Schritt 4: $g_{k+1}^T g_{k+1}<\varepsilon$?

(bei Verwendung von $-g_{k+1}^T d_{k+1}=g_{k+1}^T g_{k+1}$ muß die Abfrage hinter Schritt 5 erfolgen);

(3.7.18) Algorithmus 3.7.11, Schritt 4: $g_{k+1}^T z_{k+1}<\varepsilon$?

(hierbei müssen die Schritte a) und b) vertauscht werden).
Diese Größen werden ohnehin in den Algorithmen berechnet.

Im folgenden entwickeln wir die Grundidee für ein aufwendigeres, anspruchsvolleres Abbrechkriterium für Algorithmus 3.7.11 (Algorithmus 3.7.10 ist ja ein Spezialfall davon). Ausgangspunkt ist die dreigliedrige Rekursion (3.7.9), die nun für den verallgemeinerten Algorithmus bezüglich der Größen aus (3.7.12)-(3.7.15) die Gestalt

$$\tilde{x}_1=\tilde{\alpha}_0((I-\tilde{A})\tilde{x}_0+\tilde{b})+(1-\tilde{\alpha}_0)\tilde{x}_0,\quad \tilde{x}_{k+1}=\tilde{c}_{k+1}[\tilde{p}_{k+1}((I-\tilde{A})\tilde{x}_k+\tilde{b})+(1-\tilde{p}_{k+1})\tilde{x}_k]+(1-\tilde{c}_{k+1})\tilde{x}_{k-1}$$

für $k\in\mathbb{N}_+$ annimmt. Durch Multiplikation mit W^{-T} von vorn ergibt sich daraus

(3.7.19)
$$\begin{aligned} x_1&=\tilde{\alpha}_0((I-B^{-1}A)x_0+B^{-1}b)+(1-\tilde{\alpha}_0)x_0=\tilde{c}_1[\tilde{p}_1((I-B^{-1}A)x_0+B^{-1}b)+(1-\tilde{p}_1)x_0],\\ x_{k+1}&=\tilde{c}_{k+1}[\tilde{p}_{k+1}((I-B^{-1}A)x_k+B^{-1}b)+(1-\tilde{p}_{k+1})x_k]+(1-\tilde{c}_{k+1})x_{k-1}\quad\text{für } k\in\mathbb{N}_+, \end{aligned}$$

falls man $\tilde{c}_1:=1$ und $\tilde{p}_1:=\tilde{\alpha}_0$ definiert.
Als Maß für den Fehler verwenden wir (vgl. auch (3.6.5)) die Norm $\|\cdot\|_{W^T}$. Der relative Fehler $\|e_k\|_{W^T}/\|x\|_{W^T}$ $(x:=A^{-1}b, e_k:=x_k-x)$ ist nicht direkt zugänglich, da x nicht bekannt ist. Definiert man $T:=I-B^{-1}A$, so gilt $B^{-1}b=(I-T)x$, und zwischen den Vektoren z_k aus Algorithmus 3.7.11 und e_k besteht die Beziehung

$$z_k = B^{-1} g_k = B^{-1}(Ax_k - b) = B^{-1}A(x_k - x) = (I-T)e_k \quad \text{bzw.} \quad e_k = (I-T)^{-1} z_k$$

(vgl. auch (3.6.17), z_k entspricht $-d_k$ dort). Damit erhält man die Abschätzung

$$\|e_k\|_{W^T} \le \|(I-T)^{-1}\|_{W^T} \|z_k\|_{W^T} = \frac{1}{1-\rho(T)} \|z_k\|_{W^T}.$$

Ist ρ_k eine Schätzung für $\rho(T)$, so verwenden wir

$$(3.7.20) \qquad \frac{1}{1-\rho_k} \frac{\|z_k\|_{W^T}}{\|x_k\|_{W^T}}$$

als Schätzung für den relativen Fehler. Die Abfrage (3.7.18) entspricht wegen $g_k^T z_k = z_k^T B z_k = z_k^T W W^T z_k$ der Abfrage $\|z_k\|_{W^T} < \varepsilon$.

Zur Bestimmung einer Schätzung ρ_k für den Spektralradius $\rho(T)$

Man erhält eine zu (3.7.19) analoge rekursive Beziehung auch für die Vektoren z_k. Es ist nämlich $Tx_k + B^{-1}b = (I - B^{-1}A)x_k + B^{-1}b = x_k - z_k$ für alle $k \in \mathbb{N}$, so daß gilt

$x_1 = \tilde{\alpha}_o(-z_o) + x_o$ und $x_{k+1} = \tilde{c}_{k+1}[\tilde{p}_{k+1}(-z_k) + x_k] + (1 - \tilde{c}_{k+1})x_{k-1}$ für $k \in \mathbb{N}_+$.

Multiplikation von vorn mit T und Addition von $B^{-1}b$ auf beiden Seiten dieser Gleichung, sowie anschließende Subtraktion ergibt

$$z_1 = \tilde{\alpha}_o T z_o + (1 - \tilde{\alpha}_o) z_o = \tilde{p}_1 T z_o + (1 - \tilde{p}_1) z_o,$$

$$z_{k+1} = \tilde{c}_{k+1}[\tilde{p}_{k+1} T z_k + (1 - \tilde{p}_{k+1}) z_k] + (1 - \tilde{c}_{k+1}) z_{k-1} \quad \text{für } k \in \mathbb{N}_+,$$

beziehungsweise

$$T z_o = \frac{1}{\tilde{\alpha}_o} z_1 + \left(1 - \frac{1}{\tilde{\alpha}_o}\right) z_o = \frac{1}{\tilde{p}_1} z_1 + \left(1 - \frac{1}{\tilde{p}_1}\right) z_o,$$

$$T z_k = \frac{1}{\tilde{c}_{k+1}\tilde{p}_{k+1}} z_{k+1} - \frac{1 - \tilde{p}_{k+1}}{\tilde{p}_{k+1}} z_k - \frac{1 - \tilde{c}_{k+1}}{\tilde{c}_{k+1}\tilde{p}_{k+1}} z_{k-1} \quad \text{für } k \in \mathbb{N}_+.$$

Ist N die kleinste natürliche Zahl, für die $z_{N+1} = 0$ ist (vgl. Schritt 4 a); bei exakter Rechnung ist also $N \le n-1$), so kann man diese Gleichungen, für $k \in \{0, \ldots, N-1\}$ betrachtet, als Matrixgleichung

$$(3.7.21) \qquad TZ = ZS$$

schreiben mit $Z := [z_o \; z_1 \ldots z_{N-1}]$ und

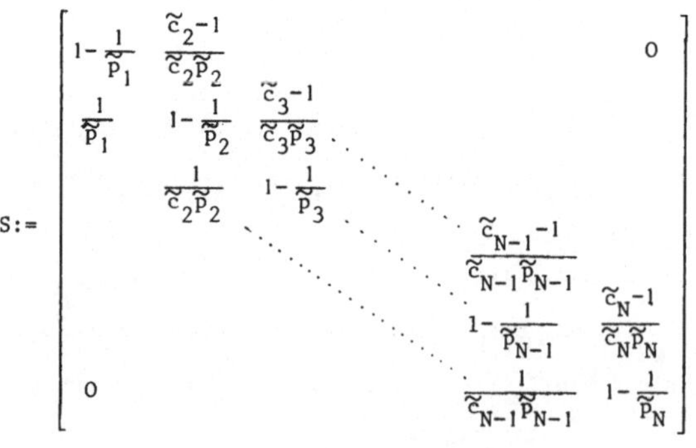

$$S := \begin{bmatrix} 1-\frac{1}{\tilde{p}_1} & \frac{\tilde{c}_2 - 1}{\tilde{c}_2\tilde{p}_2} & & & 0 \\ \frac{1}{\tilde{p}_1} & 1-\frac{1}{\tilde{p}_2} & \frac{\tilde{c}_3 - 1}{\tilde{c}_3\tilde{p}_3} & & \\ & \frac{1}{\tilde{c}_2\tilde{p}_2} & 1-\frac{1}{\tilde{p}_3} & \ddots & \\ & & \ddots & \ddots & \frac{\tilde{c}_{N-1}-1}{\tilde{c}_{N-1}\tilde{p}_{N-1}} & \\ & & & \ddots & 1-\frac{1}{\tilde{p}_{N-1}} & \frac{\tilde{c}_N - 1}{\tilde{c}_N\tilde{p}_N} \\ 0 & & & & \frac{1}{\tilde{c}_{N-1}\tilde{p}_{N-1}} & 1-\frac{1}{\tilde{p}_N} \end{bmatrix}.$$

Da sämtliche Koeffizienten $\tilde{p}_k$ und $\tilde{c}_k$ und $\tilde{\alpha}_k$, $\tilde{\beta}_k$ ebenfalls positiv sind, gilt $\tilde{c}_{k+1}=1+\frac{\tilde{\alpha}_{k-1}\tilde{\beta}_k}{\tilde{\alpha}_{k-1}}>1$. Daher ist S ähnlich zur symmetrischen Matrix

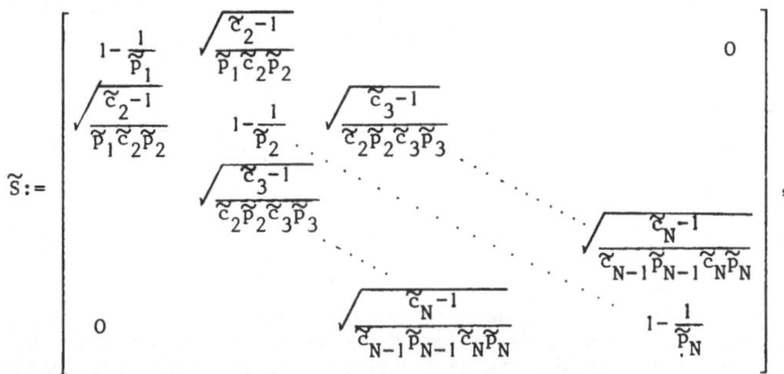

$$\tilde{S}:=\begin{bmatrix} 1-\frac{1}{\tilde{p}_1} & \sqrt{\frac{\tilde{c}_2-1}{\tilde{p}_1\tilde{c}_2\tilde{p}_2}} & & & 0 \\ \sqrt{\frac{\tilde{c}_2-1}{\tilde{p}_1\tilde{c}_2\tilde{p}_2}} & 1-\frac{1}{\tilde{p}_2} & \sqrt{\frac{\tilde{c}_3-1}{\tilde{c}_2\tilde{p}_2\tilde{c}_3\tilde{p}_3}} & & \\ & \sqrt{\frac{\tilde{c}_3-1}{\tilde{c}_2\tilde{p}_2\tilde{c}_3\tilde{p}_3}} & \ddots & \ddots & \\ & & \ddots & \ddots & \sqrt{\frac{\tilde{c}_N-1}{\tilde{c}_{N-1}\tilde{p}_{N-1}\tilde{c}_N\tilde{p}_N}} \\ 0 & & & \sqrt{\frac{\tilde{c}_N-1}{\tilde{c}_{N-1}\tilde{p}_{N-1}\tilde{c}_N\tilde{p}_N}} & 1-\frac{1}{\tilde{p}_N} \end{bmatrix},$$

deren Eigenwerte man leicht berechnen kann (vgl. Kapitel 4). Jeder Eigenwert λ von S ist auch Eigenwert von T, denn aus $Sy=\lambda y$ folgt mit (3.7.21) $TZy=ZSy=\lambda Zy$, so daß Zy Eigenvektor zum Eigenwert λ von T ist; es gilt also $\rho(\tilde{S})=\rho(S)\leq\rho(T)$. Der Spektralradius ρ_k eines führenden Hauptabschnitts von $\tilde{S}$ ist aber oft bereits eine gute Approximation für den Spektralradius von $\tilde{S}$ (vgl. Abschnitt 4.6); dieses ρ_k verwendet man daher in (3.7.20). Für die weiteren Details, die diese theoretisch interessanten Beziehungen zu einem praktikablen Abbrechkriterium machen, verweisen wir auf Hageman & Young ([123], Kap. 7.5, 7.6).

Hinweise

Das Verfahren der konjugierten Gradienten stammt von Hestenes & Stiefel [128]. Da es als Gram-Schmidt-Orthogonalisierungsverfahren die in Abschnitt 2.5 beschriebenen Rundungsfehleranfälligkeiten besitzt, wurde es als direktes Verfahren zur Lösung linearer Gleichungssysteme nicht häufig verwendet. In der nichtlinearen Optimierung, bei der eine exakte Lösung im allgemeinen auch theoretisch nicht nach endlich vielen Iterationsschritten zu erwarten ist, gehören Methoden konjugierter Richtungen jedoch seit langem zu den Standardverfahren. Daher findet man auch häufig Ausführungen über das Verfahren der konjugierten Gradienten in den entsprechenden Lehrbüchern (siehe z.B. Luenberger [160], Hestenes [127]). Als iteratives Verfahren wurde das Verfahren der konjugierten Gradienten etwa seit 1971 (Reid [224]) wieder interessant, und seither gibt es eine große Anzahl von Aufsätzen, die sich mit seinen Eigenschaften beschäftigen (z.B. Reid [224], Stewart [271], Jennings [141]); insbesondere wurden verschiedene Vorkonditionierungstechniken vorgeschlagen und erprobt, siehe dazu: Concus, Golub & O'Leary [58], Axelsson [7], [9], Meijerink & van der Vorst [178], Kershaw [148], Munksgaard [183], Manteuffel [162], [165], Gustafsson [120].
Ein Vergleich verschiedener Techniken wird von Greenbaum [116] beschrieben. Be-

ziehungen zwischen unvollständigen Zerlegungen und H-Matrizen (eine Verallgemeinerung der M-Matrizen) werden von Varga, Saff & Mehrmann [293] untersucht.

Ein ALGOL-Programm enthält der Beitrag von Ginsburg [106]; zum damaligen Zeitpunkt (1971) wurde jedoch noch vorgeschlagen, mehr als n Iterationsschritte (bis zu 3n Schritten) auszuführen; heute beendet man aber für großdimensionale Matrizen das Verfahren im allgemeinen bereits nach weniger als n Schritten. Verallgemeinerungen des Verfahrens der konjugierten Gradienten für nichtsymmetrische Systeme wurden unter anderem von Concus & Golub [57], Voevodin [298], Axelsson [8], Young & Jea [319] und Jea & Young [138] entwickelt.

3.8 NACHITERATION BEI DIREKTEN VERFAHREN

Die Ergebnisse von direkten Verfahren zur Lösung linearer Gleichungssysteme, die im allgemeinen aufgrund der Rundungsfehler ebenfalls nur Näherungslösungen darstellen, werden als Startwert für ein sich anschließendes iteratives Verfahren verwendet. Bei der Konstruktion der entsprechenden Iterationsmatrix kann man auf die Zerlegungen zurückgreifen, die bei den direkten Verfahren schon berechnet sind. Durch doppelt genaue Berechnung auftretender Residuen ist es bei nicht zu schlechter Kondition der Koeffizientenmatrix möglich, die Näherungslösungen so zu verbessern, daß man eine Genauigkeit erzielt, die der der gerundeten exakten Lösung entspricht.

Für nichtsinguläre Koeffizientenmatrizen geht die Nachiteration von der Zerlegung und der Lösung aus, die mit dem Gaußschen Algorithmus (s. Algorithmus 2.2.8) berechnet wurde; beim linearen Ausgleichsproblem wird die QR-Zerlegung der Koeffizientenmatrix und die entsprechende Näherungslösung zugrundegelegt (s. Algorithmus 2.6.4).

Das Ergebnis eines direkten Verfahrens zur Lösung eines linearen Gleichungssystems $Ax=b$ stellt im allgemeinen aufgrund der auftretenden Rundungsfehler auch nur eine Näherungslösung dar. Man kann daher versuchen, die Genauigkeit dieser Näherungslösung weiter zu verbessern, indem man sie als Startwert für ein geeignetes iteratives Verfahren verwendet.

Wir betrachten zunächst lineare Gleichungssysteme mit nichtsingulärer Koeffizientenmatrix $A\in M_n(\mathbb{R})$. Das Verfahren der Nachiteration, bei dem die mit Rundungsfehlern behaftete LR-Zerlegung von A in gleicher Weise wie eine unvollständige Zerlegung (vgl. Abschnitt 3.7) zur Konstruktion der Iterationsmatrix verwendet wird, ermöglicht es dann im allgemeinen, den Fehler in der Lösung etwa auf die Größenordnung der Maschinengenauigkeit zu reduzieren.

Für die berechnete LR-Zerlegung LR der mittels einer Permutationsmatrix P permutierten Matrix A gilt: Es existiert eine Fehlermatrix E, so daß $PA=LR-E$ ist. Um die Darstellung einfacher zu gestalten, verzichten wir auf P und gehen von der Zerlegung

(3.8.1) $A = LR-E$

aus. Nach Satz 2.4.1 genügt dabei E der Abschätzung

(3.8.2) $\|E\|_\infty \leq f(n)\|A\|_\infty \text{ eps},$

bei der die Funktion f(n) durch Zusammenfassen entsprechender Terme in (2.4.2) entsteht; LR sei nichtsingulär. Von der Zerlegung (3.8.1) ausgehend bilden wir die Iterationsmatrix $T=(LR)^{-1}E$, so daß bei gegebenem $x_o \in \mathbb{R}^n$ (x_o Lösung des direkten Verfahrens) die Iterationsvorschrift lautet $x_{k+1}=(LR)^{-1}Ex_k+(LR)^{-1}b$ für $k \in \mathbb{N}$.

Definiert man

(3.8.3) $r_k:=Ax_k-b$,

so gilt $x_{k+1}=x^k-(LR)^{-1}r_k$, und ist d_k die Lösung des linearen Gleichungssystems

(3.8.4) $LRd_k=r_k$,

so wird daraus

(3.8.5) $x_{k+1}=x_k-d_k$.

Die Konvergenzbedingung $\rho((LR)^{-1}E)<1$ für dieses Verfahren wird im allgemeinen erfüllt sein. Da wir davon ausgehen, daß der Startwert x_o die durch das direkte Verfahren bestimmte Näherungslösung von $Ax=b$ ist (das direkte Lösen entspricht einem Schritt des Iterationsverfahrens mit Startwert $x_o=0$), ist man aber nicht an einer theoretischen Konvergenzaussage interessiert, sondern an einer Analyse der Rundungsfehler.

x_k, r_k und d_k bezeichne stets die <u>berechneten</u> Größen; für die auftretenden Rundungsfehler in einem Iterationsschritt wählen wir das folgende (geringfügig vereinfachte) Modell:

(3.8.6) $r_k=g\ell(Ax_k-b)=:Ax_k-b+e_k$

(e_k bezeichnet also die Rundungsfehler bei der Berechnung des Residuums),

(3.8.7) $d_k=g\ell((LR)^{-1}r_k)=:(A+E)^{-1}r_k$

(E bezeichnet also die Störung, deren Auswirkung äquivalent zu den Rundungsfehlern ist; wir vernachlässigen dabei die Fehler beim Vorwärts- und Rückwärtseinsetzen, und dann beschreibt E nur den Fehler bei der LR-Zerlegung, ist also unabhängig von k),

(3.8.8) $x_{k+1}=g\ell(x_k-d_k)=:x_k-d_k+f_k$

(f_k bezeichnet also die Rundungsfehler, die bei der Subtraktion des Korrekturterms auftreten).

Wir schätzen nun die Größe von e_k, E und f_k in der Maximumnorm $\|\cdot\|_\infty$ ab.

E wurde bereits in (3.8.2) abgeschätzt, und f_k ist ein elementarer Rundungsfehler, der sich in der Größenordnung der Maschinengenauigkeit bewegt (vgl. (1.7.2)). Der relative Fehler bei der Berechnung des Residuums ist

(3.8.9) $\alpha_k:=\frac{\|e_k\|_\infty}{\|r_k\|_\infty}$;

ohne Einschränkung können wir voraussetzen, daß $\alpha_k \in]0,1[$ ist. Aus $r_k-e_k=Ax_k-b=A(x_k-x)$, $x:=A^{-1}b$, und (3.8.9) folgt

$(\frac{1}{\alpha_k}-1)\|e_k\|_\infty=\|r_k\|_\infty-\|e_k\|_\infty\leq\|A\|_\infty\|x_k-x\|_\infty$, so daß für e_k gilt

(3.8.10) $\|e_k\|_\infty \le \frac{\alpha_k \|A\|_\infty \|x_k - x\|_\infty}{1-\alpha_k}$.

Ziel eines Iterationsschritts ist es, die Genauigkeit der Näherungslösung zu verbessern; wir leiten daher eine Abschätzung für die Differenz $x_{k+1}-x$ in Abhängigkeit der Differenz x_k-x her. Nach (3.8.6)-(3.8.8) gilt (vgl. auch (1.8.9))

$$x_{k+1}-x=x_k-d_k+f_k-x=x_k-(A+E)^{-1}r_k+f_k-x=x_k-x-(A+E)^{-1}(Ax_k-b+e_k)+f_k$$
$$=x_k-x-(I+A^{-1}E)^{-1}A^{-1}(Ax_k-b+e_k)+f_k=[I-(I+A^{-1}E)^{-1}](x_k-x)-(I+A^{-1}E)^{-1}A^{-1}e_k+f_k.$$

Über die Größe der Konditionszahl $\mathrm{cond}_\infty(A)$ von A setzen wir voraus

(3.8.11) $f(n)\ \mathrm{cond}_\infty(A)\,\mathrm{eps}\le\frac{1}{2}$, $f(n)$ wie in (3.8.2).

Dann gilt $\|A^{-1}E\|_\infty\le\|A^{-1}\|_\infty\|E\|_\infty\le f(n)\ \mathrm{cond}_\infty(A)\,\mathrm{eps}<\frac{1}{2}$ und $1/(1-\|A^{-1}E\|_\infty)<\frac{1}{2}$. Aus Lemma 1.8.8 und Satz 1.8.10 i) folgt somit

$$\|x_{k+1}-x\|_\infty\le\frac{\|A^{-1}E\|_\infty}{1-\|A^{-1}E\|_\infty}\|x_k-x\|_\infty+\frac{1}{1-\|A^{-1}E\|_\infty}\|A^{-1}\|_\infty\|e_k\|_\infty+\|f_k\|_\infty,$$

so daß sich mittels (3.8.10) ergibt

(3.8.12) $$\|x_{k+1}-x\|_\infty\le\left[\frac{f(n)\mathrm{cond}_\infty(A)\mathrm{eps}}{1-f(n)\mathrm{cond}_\infty(A)\mathrm{eps}}+\frac{2\alpha_k\mathrm{cond}_\infty(A)}{1-\alpha_k}\right]\|x_k-x\|_\infty+\|f_k\|_\infty.$$

Solange sich $\|x_{k+1}-x\|_\infty$ nicht ebenfalls in der Größenordnung der Maschinengenauigkeit bewegt (und dann ist das angestrebte Ziel erreicht), ist $\|f_k\|_\infty$ vernachlässigbar. Das Ziel der Verbesserung wird also erreicht, falls der Faktor in der eckigen Klammer kleiner als 1 ist.

Unter der Voraussetzung (3.8.11) gilt für den ersten Term auf jeden Fall $\frac{f(n)\mathrm{cond}_\infty(A)\mathrm{eps}}{1-f(n)\mathrm{cond}_\infty(A)\mathrm{eps}}<1$, in der Regel ist aber die Abschätzung (3.8.11) eine grobe Überschätzung, so daß dieser erste Term beträchtlich kleiner als 1 ist.

Wir erinnern daran, daß α_k den relativen Fehler bei der Berechnung des Residuums bezeichnet. Ist x_k eine mindestens ebenso gute Näherung wie x_o, so existiert eine Fehlermatrix F, welche $\|F\|_\infty\le f(n)\|A\|_\infty\mathrm{eps}$ erfüllt und für die $(A+F)x_k=b$ ist. Dann ist

(3.8.13) $\|Ax_k-b\|_\infty=\|-Fx_k\|_\infty\le f(n)\|A\|_\infty\|x_k\|_\infty\mathrm{eps}$.

Häufig tritt bei der Bildung des Produkts Ax_k ein dominanter Summand $a_{ij}(x_k)_j$ auf, dessen Größenordnung etwa $\|A\|_\infty\|x_k\|_\infty$ entspricht. Nach (3.8.13) sind dann die Elemente von Ax_k-b um etwa den Faktor eps kleiner als $a_{ij}(x_k)_j$, und bei der Differenzenbildung Ax_k-b tritt eine Auslöschung um fast die volle Stellenzahl auf. α_k liegt dann in der Größenordnung von 1, und $\alpha_k/(1-\alpha_k)$ ist viel größer als 1.

Aufgrund dieser Überlegungen ist es erforderlich, bei der Berechnung des Residuums r_k die inneren Produkte doppelt genau zu akkumulieren. Dann liegt der re-

lative Fehler α_k in der Größenordnung der (einfachen) Maschinengenauigkeit, und auch der zweite Summand $2\alpha_k \text{cond}_\infty(A)/(1-\alpha_k)$ ist viel kleiner als 1.
Zusammengefaßt gilt also: Falls die gegebene Matrix A nicht zu schlecht konditioniert ist (vgl. (3.8.11)) und die Residuen mit doppelter Genauigkeit berechnet werden, erzeugt ein Iterationsschritt (3.8.3)-(3.8.5) eine verbesserte Lösung, solange der Fehler noch größer ist als $\|f_k\|_\infty$.
In Abhängigkeit von $\|f_k\|_\infty$ hört man daher auch mit der Nachiteration auf. Als Fehler, der bei der Subtraktion von x_k und d_k entsteht, liegt $\|f_k\|_\infty$ in der Größenordnung von $\|x_k\|_\infty \text{eps}$. Ist $\|d_k\|_\infty$ ebenfalls von dieser Größenordnung, so ist die maximal mögliche Genauigkeit erreicht: x_k entspricht etwa der gerundeten exakten Lösung.
Ist A zu schlecht konditioniert (man beachte, daß dies bedeutet: zu schlecht bezüglich der Maschinengenauigkeit des verwendeten Rechners), so wird im allgemeinen keine ständige Verbesserung eintreten. Als Abbrechkriterium für diese Fehlersituation ist also die Abfrage $\frac{\|d_k\|_\infty}{\|x_{k+1}\|_\infty} \geq \frac{\|d_{k-1}\|_\infty}{\|x_k\|_\infty}$? geeignet.

Unter Vernachlässigung der sehr unwahrscheinlichen Möglichkeit, daß für eine zu schlecht konditionierte Matrix Konvergenz gegen einen falschen Wert eintritt, berechnet der folgende Algorithmus im Falle der Durchführbarkeit (d.h. falls kein Fehlerausstieg in Schritt 6 erfolgt) eine Näherungslösung des linearen Gleichungssystems, die in ihrer Genauigkeit etwa der gerundeten exakten Lösung entspricht.

ALGORITHMUS 3.8.1 (Nachiteration zum Gaußschen Eliminationsverfahren):

Sei $\tilde{A} \in M_n(\mathbb{R})$ nichtsingulär, $\tilde{b} \in \mathbb{R}^n$ und eps die Maschinengenauigkeit.

Schritt 1: Berechne mit Algorithmus 2.2.8 die Zerlegung $A:=P\tilde{A}=LR$ und die zugehörige Näherungslösung x_o des Gleichungssystems $Ax=b$, $b:=P\tilde{b}$.
Setze $k:=0$.

Schritt 2: Berechne $r_k:=Ax_k-b$ mit doppelter Genauigkeit und runde das Ergebnis auf einfache Genauigkeit.

Schritt 3: Berechne durch Vorwärts- und Rückwärtseinsetzen die Lösung d_k von $LR\,d_k = r_k$.

Schritt 4: Ist $\|d_k\|_\infty / \|x_k\|_\infty \leq \text{eps}$, so höre auf ($x_k$ ist eine genügend gute Näherung).

Schritt 5: Bilde $x_{k+1}:=x_k-d_k$.

Schritt 6: Ist $k\geq 1$ und $\frac{\|d_k\|_\infty}{\|x_{k+1}\|_\infty} \geq \frac{\|d_{k-1}\|_\infty}{\|x_k\|_\infty}$, so höre auf (die Nachiteration ist wegen einer zu schlechten Kondition von A nicht erfolgreich durchführbar).

Schritt 7: Setze k:=k+1 und fahre fort mit Schritt 2.

Der Algorithmus gestattet es auch, für schlecht (aber nicht zu schlecht) konditionierte Matrizen eine Schätzung der Konditionszahl von A vorzunehmen. Bewegt sich $cond_\infty(A)$ etwa im Bereich $[(eps)^{-1/2}, (eps)^{-1}]$ (für $cond_\infty(A)<(eps)^{-1/2}$ ist im allgemeinen nur ein Iterationsschritt erforderlich, für $cond_\infty(A)>(eps)^{-1}$ ist die Nachiteration im allgemeinen nicht erfolgreich), so kann man an der anfänglichen Konvergenzgeschwindigkeit der Näherungen x_k eine Schätzung für die Konditionszahl ablesen.
Ist $\|x-x_{k+1}\|_\infty \le \beta \|x-x_k\|_\infty$ und $\beta \approx 10^{-p}$, so gewinnt man pro Iterationsschritt etwa p Dezimalstellen an Genauigkeit. Für die Differenzen aufeinanderfolgender Iterierten gilt dann $\frac{\|x_{k+1}-x_k\|_\infty}{\|x_k-x_{k-1}\|_\infty} = \frac{\|d_k\|_\infty}{\|d_{k-1}\|_\infty} \approx 10^{-p} \approx \beta$. Andererseits gilt aber auch

$\beta \approx cond_\infty(A) eps$ (vgl. (3.8.12)), so daß $cond_\infty(A) \approx 10^{-p}/eps$ eine brauchbare Schätzung für die (dann relativ schlechte) Konditionszahl von A im angegebenen Bereich ist.

BEMERKUNG: Bei der Darstellung der Nachiteration beim Gaußschen Eliminationsverfahren haben wir (wie in den meisten Fällen üblich) Fehlernormen betrachtet. Wie schon in Abschnitt 1.8 erwähnt (s. etwa Beispiel 1.8.11) wäre die Betrachtung von relativen Fehlern in den einzelnen Koeffizienten ein strengeres Maß. Neuere Untersuchungen über die Nachiteration beim Gaußschen Verfahren (s. Skeel [261], Miller & Wrathall [181]) haben ergeben, daß sie auch bei Zugrundelegen dieses strengeren Stabilitätsbegriffs sehr genaue Resultate liefert, und dies sogar ohne doppelt genaue Berechnung der Residuen. Für beliebige Verfahren zur Lösung linearer Gleichungssysteme findet man ähnliche Ergebnisse bei Betrachtung von Fehlernormen bei Jankowski & Woźniakowski [137].

Nachiteration für das lineare Ausgleichsproblem

Iterationsverfahren zur Lösung des linearen Ausgleichsproblems sind komplizierter als diejenigen für nichtsinguläre lineare Gleichungssysteme, und entsprechende Arbeiten gehören eher zur fortgeschrittenen Spezialliteratur. Das Prinzip der iterativen Verbesserung einer direkten Lösung läßt sich jedoch auch für das lineare Ausgleichsproblem relativ einfach beschreiben.

Wir betrachten nur den Fall $A \in M_{m,n}(\mathbb{R})$, $m \ge n$, rg A=n. Für $b \in \mathbb{R}^n$ ist dann die Lösung des linearen Ausgleichsproblems $\|Ax-b\|_2 = \min!$ eindeutig bestimmt. Verwendet man zur Lösung die Cholesky-Zerlegung der Normalgleichungen (s. Algorithmus 2.6.2), so ist das soeben beschriebene Nachiterationsverfahren anwendbar. Doch auch die direkte Lösung, die man unter Verwendung einer QR-Zerlegung mit Algorithmus 2.6.4 erhält, kann unter weiterer Verwendung der QR-Zerlegung verbessert werden. Dazu konstruiert man zunächst das folgende zugehörige nichtsinguläre Gleichungssystem.

Ist x die Lösung des Problems, so erfüllt das Residuum $r:=Ax-b$ die beiden Gleichungen $Ax-r=b$

und $A^Tr=0$

(vgl. Satz 1.4.1), welche man zum linearen Gleichungssystem

(3.8.14) $$\begin{bmatrix} A & -I_m \\ 0 & A^T \end{bmatrix} \begin{bmatrix} x \\ r \end{bmatrix} = \begin{bmatrix} b \\ 0 \end{bmatrix}$$

zusammenfassen kann. Die Koeffizientenmatrix ist nichtsingulär, da das homogene System wegen der Nichtsingularität von A^TA nur die triviale Lösung $x=0$, $r=0$ besitzt.

Mit einer Näherungslösung x und dem zugehörigen Residuum r für das lineare Ausgleichsproblem können wir das Nachiterationsverfahren für das System (3.8.14) anwenden. Dazu sind in einem Schritt folgende Berechnungen vorzunehmen:

Sei x eine berechnete Lösung des linearen Ausgleichsproblems $\|Ax-b\|_2=\min!$ (ermittelt mit Algorithmus 2.6.4); das zugehörige Residuum bezüglich des Ausgleichsproblems ist $r:=Ax-b$. $\begin{bmatrix} x \\ r \end{bmatrix}$ ist also eine Näherungslösung für das System (3.8.14).

Berechne das dazu gehörige Residuum $\begin{bmatrix} s \\ t \end{bmatrix} := \begin{bmatrix} A & -I \\ 0 & A^T \end{bmatrix} \begin{bmatrix} x \\ r \end{bmatrix} - \begin{bmatrix} b \\ 0 \end{bmatrix}$,

löse das Gleichungssystem $\begin{bmatrix} A & -I \\ 0 & A^T \end{bmatrix} \begin{bmatrix} f \\ g \end{bmatrix} = \begin{bmatrix} s \\ t \end{bmatrix}$

und addiere die Korrekturterme $\begin{bmatrix} f \\ g \end{bmatrix}$ zu $\begin{bmatrix} x \\ r \end{bmatrix}$.

Ebenso wie man zur Lösung des Gleichungssystems (3.8.4) für den Korrekturterm die bereits zur Berechnung der ersten Näherungslösung verwendete LR-Zerlegung verwenden konnte, ist es auch hier nicht erforderlich, das Gleichungssystem

(3.8.15) $Af-g=s$,

(3.8.16) $A^Tg=t$

völlig neu zu lösen (die Dimension m+n kann ja beachtlich groß sein). Vielmehr kann man die bereits berechnete QR-Zerlegung weiter verwenden.

Es sei also $Q^TA=\begin{bmatrix} R \\ 0 \end{bmatrix}$ (dabei ist $Q\in M_n(\mathbb{R})$ eine orthogonale Matrix und $R\in M_n(\mathbb{R})$ eine obere Dreiecksmatrix). Definiere $u:=\begin{bmatrix} u_1 \\ u_2 \end{bmatrix}:=Q^Ts$ $(u\in\mathbb{R}^m, u_1\in\mathbb{R}^n, u_2\in\mathbb{R}^{m-n})$

und $h:=\begin{bmatrix} h_1 \\ h_2 \end{bmatrix}:=Q^Tg$ $(h\in\mathbb{R}^m, h_1\in\mathbb{R}^n, h_2\in\mathbb{R}^{m-n})$.

Multiplikation der Gleichung (3.8.15) von vorn mit Q^T ergibt $Q^TAf-Q^Tg=Q^Ts$, bzw.

(3.8.17) $Rf-h_1=u_1$,

(3.8.18) $-h_2=u_2$.

Mittels $QQ^T=I_n$ folgt aus (3.8.16) $t=A^TQQ^Tg=[R^T\ 0]\begin{bmatrix}h_1\\h_2\end{bmatrix}$, bzw.

(3.8.19) $R^Th_1=t$.

Die Korrekturterme f und g kann man daher wie folgt bestimmen:

Bilde $u=Q^Ts$,
berechne h_1 aus (3.8.19),
berechne h_2 aus (3.8.18);
bilde $g=Qh$
und berechne f aus (3.8.17).

Mit den sinngemäß übertragenen Konvergenz- und Fehlerabfragen aus Algorithmus 3.8.1 ergibt sich damit der folgende Algorithmus.

ALGORITHMUS 3.8.2 (Nachiteration für das lineare Ausgleichsproblem):

Sei $\tilde{A}\in M_{m,n}(\mathbb{R})$ mit rg $\tilde{A}=n$; sei $b\in\mathbb{R}^m$ und eps die Maschinengenauigkeit.

Schritt 1: Berechne mit Algorithmus 2.6.4 die Zerlegung $A:=\tilde{A}P=Q\begin{bmatrix}R\\O\end{bmatrix}$ (Q nicht verkürzt, vgl. Schritt 3 von Algorithmus 2.6.4), berechne die Näherungslösung x_o des Problems $\|Ax-b\|=\min!$ und das zugehörige Residuum $r_o:=Ax_o-b$. Setze $k:=0$.

Schritt 2: Berechne $s:=Ax_k-r_k-b$ und $t:=A^Tr_k$ mit doppelter Genauigkeit und runde das Ergebnis auf einfache Genauigkeit.

Schritt 3: Bilde $\begin{bmatrix}u_1\\u_2\end{bmatrix}:=Q^Ts$, berechne durch Vorwärtseinsetzen $h_1:=R^{-T}t$ und setze $h_2:=-u_2$.
Berechne durch Rückwärtseinsetzen $f_k:=R^{-1}(u_1+h_1)$ und $g_k:=Q\begin{bmatrix}h_1\\h_2\end{bmatrix}$.

Schritt 4: Ist $\max(\frac{\|f_k\|_\infty}{\|x_k\|_\infty}, \frac{\|g_k\|_\infty}{\|r_k\|_\infty})\leq$ eps, so höre auf (x_k ist eine genügend gute Näherung).

Schritt 5: Bilde $x_{k+1}:=x_k-f_k$ und $r_{k+1}:=r_k-g_k$.

Schritt 6: Ist $k\geq 1$ und $\max(\frac{\|f_k\|_\infty}{\|x_{k+1}\|_\infty}, \frac{\|g_k\|_\infty}{\|r_{k+1}\|_\infty})\geq\max(\frac{\|f_{k-1}\|_\infty}{\|x_k\|_\infty}, \frac{\|g_{k-1}\|_\infty}{\|r_k\|_\infty})$, so höre auf (die Nachiteration ist wegen einer zu schlechten Kondition des Problems nicht erfolgreich durchführbar).

Schritt 7: Setze $k:=k+1$ und fahre fort mit Schritt 2.

Bemerkungen zu weiteren Iterationsverfahren

Die betrachteten klassischen Iterationsverfahren gehen aus von der Standard-Zerlegung (3.2.5) $A=D-L-R$, bei der D eine Diagonalmatrix ist. Betrachtet man statt dessen eine Zerlegung

$A=D_B-L_B-R_B$,

bei der D_B eine Blockdiagonalmatrix ist, L_B und R_B entsprechend, so führen die üblichen Konstruktionsprinzipien auf sogenannte Block-Iterationsverfahren. Diese unterscheiden sich von den Standardverfahren dadurch, daß entsprechend der Größe der Diagonalblöcke in jedem Iterationsschritt lineare Gleichungssysteme kleinerer Dimension mit direkten Verfahren gelöst werden müssen. Man erzielt dadurch im allgemeinen eine Verbesserung der Konvergenzgeschwindigkeit; dem steht jedoch der erhöhte Rechenaufwand entgegen. Ähnlich wie bei der Vorkonditionierung (vgl. Abschnitt 3.7) muß dieser Zielkonflikt bei der Wahl der Blockgrößen berücksichtigt werden. Oft ist eine natürliche Blockgestalt durch das Problem vorgegeben. Auch für das Verfahren der konjugierten Gradienten ist es möglich, ein entsprechendes Blockverfahren zu konstruieren (s. O'Leary [191]).

Wir haben bereits erwähnt, daß die bei Diskretisierungsmethoden für partielle Differentialgleichungen auftretenden linearen Gleichungssysteme ein Anlaß für die Entwicklung von Iterationsverfahren waren. Die Verfahren, die wir betrachtet haben, sind stets universell einsetzbar, d.h. sie stehen nicht mehr in unmittelbarem Zusammenhang mit Differentialgleichungen (bis auf den Nachweis der Konvergenzvoraussetzungen). Bei einigen anderen Verfahren ist die Beziehung zu den Differentialgleichungen wesentlich enger, dazu gehören

a) das ADI (alternating direction implicit)-Verfahren (s. Wachspress [300], Varga [291] oder Young [317]),
b) sogenannte schnelle direkte Methoden, wie der Buneman-Algorithmus (s. Buzbee, Golub & Nielson [51], Meis & Marcowitz [179] und das Reduktionsverfahren von Schröder, Trottenberg und Reutersberg (s. Schröder & Trottenberg [250], Schröder, Trottenberg & Reutersberg [251] oder Meis & Marcowitz [179],
c) Mehrgitter (engl. multigrid)-Methoden, die man auch als nicht-polynomielle Beschleunigungsverfahren auffassen kann (s. Hackbusch & Trottenberg [122]).

Diese Verfahren sind für die Spezialfälle, auf die sie zugeschnitten sind, sehr effizient.- Eine Übersicht über iterative Verfahren findet man bei Colgan [54].

Vorteile und Nachteile iterativer Verfahren

Die Entscheidung, ob zur Lösung eines gegebenen linearen Gleichungssystems ein direktes oder ein iteratives Verfahren verwendet werden sollte, hängt sehr stark von den Eigenschaften der Koeffizientenmatrix ab. Wir geben im folgenden einen zusammenfassenden Überblick über die Vorteile und Nachteile iterativer Verfahren, der es ermöglichen soll, die Wahl zu erleichtern.
Für Gleichungssysteme kleinerer Dimension (dies ist abhängig von der Kapazität des verwendeten Rechners) sind die direkten Verfahren wegen ihrer gesicherten Durchführbarkeit und des absehbaren Rechenaufwands grundsätzlich vorteilhaft.

Für Gleichungssysteme sehr großer Dimension ist hingegen ein iteratives Verfahren oft das einzig mögliche Lösungsverfahren. In dem Bereich zwischen diesen beiden Extremen sollte man bei seiner Wahl die folgenden Eigenschaften der Iterationsverfahren berücksichtigen.

Für voll besetzte Matrizen benötigt man für einen Iterationsschritt etwa n^2 Multiplikationen. Der Gesamtaufwand für die Durchführung des Gaußschen Algorithmus (etwa $n^3/3$ Multiplikationen) entspricht demnach etwa $n/3$ Iterationen. Die Konvergenzgeschwindigkeit der Iterationsverfahren ist im allgemeinen nicht gut vorhersehbar, so daß man von vornherein nicht mit einer Rechenzeitersparnis gegenüber direkten Verfahren rechnen kann. Für die Maßnahmen der Konvergenzbeschleunigung ist häufig eine recht sorgfältige Schätzung von Parametern vorzunehmen (z.B. Wahl eines Relaxationsparameters, Schätzung von Eigenwerten). Symmetrie der Koeffizientenmatrix kann im allgemeinen nur bei den direkten Verfahren rechenzeitsparend berücksichtigt werden; dasselbe gilt für mehrere rechte Seiten.

Diesen Nachteilen stehen die einfachere Art der Berechnungen (insbesondere, wenn Sekundärspeicher benötigt wird), das mögliche Ausnutzen einer bekannten Näherungslösung und die Möglichkeit, die verlangte Genauigkeit auch niedrig wählen zu können, gegenüber. Für Matrizen mit regelmäßig wiederkehrenden Einträgen (wie z.B. bei diskretisierten Differentialgleichungen) ist die Speicherung sehr viel einfacher; generell ist bei schwach besetzten Matrizen kein zusätzlicher Speicherbedarf und keine dynamische Speicherplatzorganisation erforderlich. Für schwach besetzte Matrizen verringert sich auf einfache Weise der Aufwand für die Matrix-Vektor-Multiplikationen, während man eine solche Ersparnis bei den direkten Verfahren häufig nur nach zusätzlichen vorbereitenden Maßnahmen erreichen kann (s. Abschnitt 2.7). Für voll besetzte Matrizen wird man mit iterativen Verfahren im allgemeinen keine Rechenzeitersparnis erreichen. Ihr großer Vorteil liegt eindeutig im Bereich des Speicherbedarfs und der Speicherplatzorganisation bei großen schwach besetzten Matrizen.

Hinweise

Unsere Ausführungen über die Nachiteration lehnen sich an die Darstellung von Stewart [273] an; die Nachiteration für das Gaußsche Verfahren wird auch bei Forsythe & Moler [88] beschrieben. Das ALGOL-Programm von Bowdler, Martin, Peters & Wilkinson [32] zur Lösung linearer Gleichungssysteme mit dem Gaußschen Verfahren enthält auch eine Prozedur zur Nachiteration; Martin, Peters & Wilkinson [168] geben ein ALGOL-Programm zur Nachiteration bei symmetrischen positiv definiten Systemen an. Die iterative Verbesserung der Lösung linearer Ausgleichsprobleme wird in den Arbeiten von Golub & Wilkinson [114], Björck [23], [24] und Björck & Golub [27] behandelt; letztere enthält ein ALGOL-Programm. Das zu den Normalgleichungen äquivalente Gleichungssystem (3.8.14) wird auch manchmal bei der Lösung linearer Ausgleichsprobleme mit großen schwach besetzten Matrizen verwendet, eine Übersicht zu diesem Themenkreis gibt Björck [25], siehe auch Björck & Duff [26].

4 VERFAHREN ZUR BESTIMMUNG VON EIGENWERTEN UND EIGENVEKTOREN

4.1 EINFÜHRUNG

Die numerische Bestimmung der Eigenwerte und Eigenvektoren einer Matrix, d.h. der Lösungen $(\lambda,x)\in\mathbb{C}\times\mathbb{C}^n$ der Gleichung $Ax=\lambda x$ mit $A\in M_n(\mathbb{C})$, ist wie das Lösen von linearen Gleichungssystemen eine in der Praxis sehr häufig auftretende Aufgabe. Man erhält sie oft als Teilproblem komplexer Aufgaben, z.B. nach Diskretisierung bei der Lösung von Differentialgleichungen.
Je nach Art des ursprünglichen Problems sind manchmal Eigenwerte und Eigenvektoren der Matrix oder nur Eigenwerte oder Eigenvektoren allein gesucht. Manchmal benötigt man das vollständige System der Eigenwerte und/oder Eigenvektoren; manchmal genügt es, eine relativ geringe Anzahl zu bestimmen. So kann es zum Beispiel sein, daß nur die k größten, kleinsten oder am nächsten an einem vorgegebenen Wert liegenden oder die in einem bestimmten Bereich liegenden Eigenwerte, eventuell mit ihren Eigenvektoren, gesucht sind.
Die Wahl eines geeigneten Verfahrens richtet sich wesentlich danach, welches dieser Ziele angestrebt wird, sowie danach, ob die Matrix spezielle Eigenschaften hat, die genutzt werden können bzw. die berücksichtigt werden müssen. So ist es zum Beispiel wichtig, ob die Matrix symmetrisch oder nichtsymmetrisch ist, kleindimensional oder großdimensional, dicht oder schwach besetzt ist. Die benötigte Genauigkeit der Ergebnisse sowie die Eigenschaften des zur Verfügung stehenden Rechners sind weitere Einflußfaktoren für die Wahl des Verfahrens.

Neben der Lösung des obigen sogenannten Standard-Eigenwertproblems hat man häufig auch die Lösungen $(\lambda,x)\in\mathbb{C}\times\mathbb{C}^n$ des allgemeinen Eigenwertproblems $Ax=\lambda Bx$ mit $A,B\in M_n(\mathbb{C})$ zu berechnen. Oft ist hier durch geeignete Inversion von A oder B eine Reduktion auf das Standard-Eigenwertproblem möglich. Ist die numerische Inversion jedoch problematisch oder unmöglich, etwa falls die Matrizen fast singulär oder singulär sind, so benötigt man für diese Fälle speziell für das allgemeine Eigenwertproblem entwickelte Verfahren, die die Inversion der Matrizen vermeiden.
Die Berechnung der singulären Werte einer Matrix A läßt sich auf das Standard-Eigenwertproblem für A^TA zurückführen. Es ist jedoch auch hier sinnvoll, ein speziell für die Bestimmung der singulären Werte entwickeltes Verfahren zu verwenden, das die Bildung von A^TA vermeidet, da durch den Umweg über dieses zugehörige Eigenwertproblem der Rundungsfehlereinfluß in den Ergebnissen unnötig anwachsen kann.

Folgende Verfahren werden in den Abschnitten dieses Kapitels behandelt:

4.2: Die Potenzmethode ist ein Verfahren zur Bestimmung des betragsgrößten Eigenwertes und eines zugehörigen Eigenvektors, das wegen seiner oft langsamen

Konvergenz für die praktische Rechnung im allgemeinen nicht mehr verwendet wird. Da in jedem Schritt dieses Iterationsverfahrens nur das Produkt der gegebenen Matrix mit einem Vektor berechnet werden muß, kann es für sehr große (schwach) besetzte) Matrizen dennoch zweckmäßig sein. Betrachtungen des Konvergenzverhaltens bei der Potenzmethode erleichtern das Verständnis des Konvergenzverhaltens bei einigen sehr gebräuchlichen, komplizierteren Verfahren, die in enger Beziehung zur Potenzmethode stehen. Ein Eigenvektor zu einem beliebigen Eigenwert läßt sich mit der Grundform der inversen Iteration berechnen, wenn man bereits eine Eigenwertnäherung kennt; verwendet man die modifizierte Form der inversen Iteration, so erhält man gleichzeitig auch eine Verbesserung dieser Eigenwertnäherung.

4.3: Das Jacobi-Verfahren ist eine Methode zur Bestimmung sämtlicher Eigenwerte und Eigenvektoren einer symmetrischen Matrix. Durch orthogonale Ähnlichkeitstransformationen mit geeigneten Givens-Rotationsmatrizen werden Elemente außerhalb der Diagonalen annulliert, so daß trotz der anschließenden Veränderung bereits annullierter Elemente sich die Größe der Nichtdiagonalelemente stets verringert und Konvergenz gegen eine Diagonalmatrix eintritt. Je nach Strategie zur Auswahl der zu annullierenden Elemente unterscheidet man das klassische Standard-Verfahren, zyklische Varianten und die Schwellenmethode.

4.4: Bei einigen Verfahren zur Eigenwert-Berechnung ist es zur Verringerung des Rechenaufwands vorteilhaft, die gegebene Matrix vorab durch Ähnlichkeitstransformation in eine Matrix von verdichteter Form überzuführen, meist in eine obere Hessenberg-Matrix oder symmetrische Tridiagonalmatrix. Wir geben einen Algorithmus zur Reduktion auf Hessenberg-Gestalt an, bei dem zur Transformation Householder-Matrizen verwendet werden.

4.5: Zur Bestimmung aller Eigenwerte oder aller Eigenwert-Eigenvektorpaare einer Matrix A_0 eignen sich Zerlegungsalgorithmen sehr gut. Man erzeugt hierbei durch Ähnlichkeitstransformationen eine Folge von Matrizen $(A_i)_{i\in\mathbb{N}}$, für die jeweils $A_{i+1}=G_i^{-1}A_iG_i$ ist; dabei stammt G_i aus einer Zerlegung $A_i-k_iI=G_iR_i$ der mit einem $k_i\in\mathbb{C}$ geshifteten Matrix A_i in G_i und eine obere Dreiecksmatrix R_i. Die Matrizen A_i streben schließlich gegen eine Gestalt (z.B. obere Dreiecksgestalt), an der die Eigenwerte sofort ablesbar sind.

Das wichtigste Verfahren dieser Art ist der QR-Algorithmus, ein numerisch sehr stabiles Verfahren, welches QR Zerlegungen benutzt. Durch Verwendung geeigneter Shift- und Deflationstechniken wird es zu einem außerordentlich effizienten Verfahren, insbesondere für symmetrische, tridiagonale Ausgangsmatrizen. Zerlegungsalgorithmen, die andere als orthogonale Matrizen benutzen, wird man vorziehen, wenn die Ausgangsmatrix A_0 spezielle symmetrie-ähnliche Eigenschaften hat, die bei Ähnlichkeitstransformationen mit geeigneten Matrizen erhalten bleiben und aus denen man zur Reduzierung des Rechenaufwands Nutzen ziehen kann.

4.6: Das Lanczos-Verfahren war ursprünglich ein Reduktionsverfahren zur Transformation einer symmetrischen Matrix auf Tridiagonalgestalt und wurde als solches bald durch die besser geeigneten Methoden von Givens und Householder ersetzt. Die Eigenschaft, daß die Eigenwerte der bei der Konstruktion als Zwischenergebnisse auftretenden Tridiagonalmatrizen kleinerer Dimension häufig auch schon gute Approximationen an Eigenwerte der gegebenen Matrix darstellen, hat dazu geführt, daß es als Näherungsverfahren zur Bestimmung einiger Eigenwerte und Eigenvektoren von großen, schwach besetzten Matrizen Verwendung findet. Dabei kann die schwache Besetzung gut ausgenutzt werden, weil es wie die Potenzmethode im wesentlichen nur die Bildung des Produkts der gegebenen Matrix mit Vektoren erfordert. Da das Lanczos-Verfahren als Gram-Schmidt-Orthogonalisierungsverfahren aufgefaßt werden kann, unterscheidet man nach dem Aufwand für die Herstellung der Orthogonalitätsbeziehung das einfache Lanczos-Verfahren, das Lanczos-Verfahren mit bedingter Nachorthogonalisierung und Lanczos-Verfahren mit vollständiger Nachorthogonalisierung.

4.7: Bei dem allgemeinen Eigenwertproblem $Ax=\lambda Bx$ ist in der Praxis häufig A symmetrisch und B symmetrisch und positiv definit. Oft läßt sich das Problem dann mit dem Cholesky-Reduktionsverfahren gut auf das symmetrische Standard-Eigenwertproblem transformieren, so daß sich ein hierfür geeignetes Verfahren anschließen läßt. Ist B fast singulär und somit die Inversion dieser Matrix numerisch nicht gutartig, so kann man mit der Fix-Heiberger-Reduktion eine Transformation auf ein symmetrisches Standard-Eigenwertproblem durchführen, bei der man zu kleine Eigenwerte von B und entsprechende Teile von A abspaltet. Für nichtsymmetrische Matrizen A und B ist der QZ-Algorithmus ein auch für singuläres oder fast singuläres A oder B numerisch stabiles Verfahren zur Berechnung aller oder eines großen Teils der Eigenwerte. Er entspricht implizit dem QR-Algorithmus für das Standard-Eigenwertproblem $AB^{-1}x=\lambda x$, falls B invertierbar ist.

4.8: Das Verfahren von Golub und Reinsch zur Berechnung einer Singulärwertzerlegung einer Matrix A entspricht implizit dem QR-Algorithmus für die symmetrische Matrix A^TA, vermeidet aber deren Berechnung.

4.2 POTENZMETHODE UND INVERSE ITERATION

Mit der Potenzmethode, auch einfache Vektoriteration genannt, wird zu einer Matrix schrittweise eine Folge von Vektoren erzeugt, die gegen einen Eigenvektor zum betragsgrößten Eigenwert konvergiert. Hierbei ist im wesentlichen in jedem Schritt nur das Produkt der gegebenen Matrix mit einem Vektor zu bilden. Zwar ist dieses Verfahren in der Praxis nicht mehr gebräuchlich, eine Analyse seines Konvergenzverhaltens dient jedoch dem Verständnis der Konvergenzeigenschaften anderer, wichtiger Verfahren. Zur Bestimmung eines Eigenvektors bei Vorliegen einer Eigenwertnäherung benutzt man üblicherweise die inverse Iteration; sie wird häufig im Anschluß an ein Verfahren zur Eigenwertberechnung verwendet. Die modifizierte inverse Iteration verbessert auch noch die Eigenwertnäherung.

Die in diesem Abschnitt beschriebenen Verfahren basieren auf einer Eigenschaft der Eigenwerte mit größtem Betrag, sogenannter dominanter Eigenwerte, die wir der Einfachheit halber hier für diagonalisierbare Matrizen beschreiben wollen. $A\in M_n(\mathbb{C})$ besitze n linear unabhängige Eigenvektoren $z_1,\dots,z_n$ und zugehörige Eigenwerte $\lambda_1,\dots,\lambda_n$, d.h. es gilt $Az_i=\lambda_i z_i$ für alle $i\in\{1,\dots,n\}$. Die Bezeichnung sei so gewählt, daß $|\lambda_1|\geq|\lambda_2|\geq\dots\geq|\lambda_n|$ ist.

Sei $x_o\in\mathbb{C}^n$. x_o läßt sich mit passenden Koeffizienten $\alpha_1,\dots,\alpha_n\in\mathbb{C}$ darstellen als $x_o=\sum_{i=1}^{n}\alpha_i z_i$, und für alle $m\in\mathbb{N}$ ist dann

$$A^m x_o=\sum_{i=1}^{n}\alpha_i A^m z_i=\sum_{i=1}^{n}\alpha_i\lambda_i^m z_i .$$

Falls nun $|\lambda_1|>|\lambda_2|$ und $\alpha_1\neq 0$ ist, so erhält man

$$A^m x_o=\lambda_1^m\left(\alpha_1 z_1+\sum_{i=2}^{n}\alpha_i\left(\frac{\lambda_i}{\lambda_1}\right)^m z_i\right), \tag{4.2.1}$$

und da $\left|\frac{\lambda_i}{\lambda_1}\right|<1$ ist für $i\neq 1$, so gilt $\lim\limits_{m\to\infty}\sum_{i=2}^{n}\alpha_i\left(\frac{\lambda_i}{\lambda_1}\right)^m z_i=0$.

Dieses Verhalten der Folge $(A^m x_o)_{m\in\mathbb{N}}$ beschreibt man manchmal dadurch, daß man sagt: in der Summe (4.2.1) "dominiert schließlich der zu λ_1 gehörige Summand". Skaliert man die Vektoren $A^m x_o$ in geeigneter Weise, so wird die so modifizierte Folge gegen ein Vielfaches von z_1 konvergieren.

Im folgenden werden wir zwei Verfahren untersuchen, die Potenzmethode, auch einfache Vektoriteration genannt, und die inverse Iteration, die sich dieses Verhalten zunutze machen, um einzelne Eigenvektoren und zugehörige Eigenwerte einer Matrix zu ermitteln.

Für die praktische Rechnung wird die Potenzmethode im allgemeinen nicht verwendet, da die hierbei erzeugten Folgen bei nicht genügend großer Trennung des dominanten Eigenwertes von den übrigen Eigenwerten sehr langsam konvergieren. Unter gewissen Umständen wird man jedoch für sehr große, schwach besetzte Matrizen auf dieses Verfahren zurückgreifen, da es nur die Bildung von Matrix-Vektor-Produkten erfordert. Außerdem steht die Potenzmethode in enger Beziehung zu sehr gebräuchlichen Verfahren, wie zum Beispiel inverse Iteration und QR-Verfahren, und es lassen sich hier an der einfachen Methode gewisse Erscheinungen beim Konvergenzverhalten erklären, die auch bei diesen komplizierten Verfahren auftreten.

Die inverse Iteration hat viel günstigere Konvergenzeigenschaften als die Potenzmethode und ist ein für die Praxis sehr wichtiges Verfahren. Sind nämlich für eine Matrix nur ein Teil der Eigenwerte, etwa einige der betragsgrößten, mit zugehörigen Eigenvektoren gesucht, so geht man meistens so vor, daß man zunächst mit einem geeigneten Verfahren (z.B. QR-Verfahren (s. Abschnitt 4.5) oder Bisektionsverfahren (s. Abschnitt 4.7)) gute Näherungen für diese Eigenwerte bestimmt und anschließend mit inverser Iteration die zugehörigen Eigenvektoren.

Potenzmethode

Für die Matrix $A\in M_n(\mathbb{C})$ und einen Startvektor $x_o\in\mathbb{C}^n\setminus\{0\}$ betrachten wir zunächst einmal die Vektorfolge $(x_m)_{m\in\mathbb{N}}$ der Potenzmethode, definiert durch

$$(4.2.2)\quad \begin{aligned} y_{m+1} &:= Ax_m, \\ x_{m+1} &:= \frac{1}{\|y_{m+1}\|}y_{m+1} \end{aligned}$$

(dabei sei $\|\cdot\|$ zunächst eine beliebige Vektornorm).
Der folgende Satz zeigt, daß abgesehen von einem Vorzeichen diese Vektorfolge unter gewissen Voraussetzungen gegen einen normierten Eigenvektor zum betragsgrößten Eigenwert von A konvergiert.

SATZ 4.2.1: *Die Matrix* $A\in M_n(\mathbb{C})$ *besitze* n *linear unabhängige Eigenvektoren* $z_1,\dots,z_n$ *mit zugehörigen Eigenwerten* $\lambda_1,\dots,\lambda_n$. *Dabei sei*

$$(4.2.3)\quad |\lambda_1|\geq|\lambda_2|\geq\dots\geq|\lambda_n|,\ \lambda_1=\lambda_2=\dots=\lambda_s \text{ und } |\lambda_s|>|\lambda_{s+1}|.$$

Für den Vektor $x_o\in\mathbb{C}^n$ *sei in der Darstellung* $x_o=\sum_{i=1}^n \alpha_i z_i$ *mindestens einer der Koeffizenten* $\alpha_1,\dots,\alpha_s$ *ungleich null, es sei* $z_o:=\sum_{i=1}^s \alpha_i z_i$. *Dann gilt für die mit* x_o *als Startvektor gemäß* (4.2.2) *gebildete Vektorfolge* $(x_m)_{m\in\mathbb{N}}$ *der Potenzmethode:* $\lim_{m\to\infty}\sigma_m x_m=\frac{1}{\|z_o\|}z_o$, *wobei* $\sigma_m=1/(\operatorname{sgn}\lambda_1)^m$ *ist.*

BEWEIS: Wir setzen zur Abkürzung $\kappa_o:=1$ und $\kappa_m:=\prod_{i=1}^m\|y_i\|$ für $m\in\mathbb{N}_+$, sowie

$$(4.2.4)\quad \varepsilon_m:=\sum_{i=s+1}^n \alpha_i\left(\frac{\lambda_i}{\lambda_1}\right)^m z_i \text{ für alle } m\in\mathbb{N}.$$

Nach (4.2.3) ist ja $|\lambda_i/\lambda_1|<1$ für $i>s$, also

$$(4.2.5)\quad \lim_{m\to\infty}\varepsilon_m=0.$$

Es ist nun für alle $m\in\mathbb{N}_+$

$$(4.2.6)\quad x_m=\frac{1}{\|y_m\|}Ax_{m-1}=\frac{1}{\kappa_m}A^m x_o=\frac{1}{\kappa_m}\Big(\sum_{i=1}^n\alpha_i\lambda_i^m z_i\Big)=\frac{\lambda_1^m}{\kappa_m}(z_o+\varepsilon_m).$$

Da außerdem $\|x_m\|=1$ ist nach (4.2.2), erhält man hieraus $|\lambda_1^m/\kappa_m|=1/\|z_o+\varepsilon_m\|$. Setzt man dies wiederum in (4.2.6) ein und beachtet dabei, daß $\kappa_m>0$ ist, so wird $x_m=(\operatorname{sgn}\lambda_1)^m\left|\frac{\lambda_1^m}{\kappa_m}\right|(z_o+\varepsilon_m)=\frac{(\operatorname{sgn}\lambda_1)^m}{\|z_o+\varepsilon_m\|}(z_o+\varepsilon_m)$, also $\sigma_m x_m=\frac{1}{\|z_o+\varepsilon_m\|}(z_o+\varepsilon_m)$.

Mit (4.2.6) folgt hieraus $\lim_{m\to\infty} \sigma_m x_m = \frac{1}{\|z_o\|} z_o$. □

KOROLLAR 4.2.2: *Unter den Voraussetzungen und mit den Bezeichnungen von Satz 4.2.1 gilt für die Folge* $(y_m)_{m\in\mathbb{N}_+}$ *mit* $y_{m+1}=Ax_m$: $\lim_{m\to\infty} \|y_m\|=|\lambda_1|$.

BEWEIS: Für alle $m\in\mathbb{N}_+$ ist $\|y_m\|=\|Ax_{m-1}\|=\|\sigma_{m-1}Ax_{m-1}\|$, also gilt wegen $\lim_{m\to\infty} \sigma_m x_m = \frac{1}{\|z_o\|} z_o$ auch $\lim_{m\to\infty} \|y_m\|=\|A \frac{1}{\|z_o\|} z_o\|= \frac{1}{\|z_o\|} \|Az_o\|$. Wegen $Az_o=\lambda_1 z_o$ folgt hieraus die Behauptung. □

KOROLLAR 4.2.3: *Unter den Voraussetzungen und mit den Bezeichnungen von Satz 4.2.1 sei* $(z_o)_i$ *eine nicht verschwindende Komponente von* z_o. *Dann gilt für die Folge* $(\tau_m)_{m\in\mathbb{N}_+}$ *mit* $\tau_{m+1}:=\operatorname{sgn}(x_{m+1})_i/\operatorname{sgn}(x_m)_i$: $\lim_{m\to\infty} \tau_m=\operatorname{sgn} \lambda_1$.

BEWEIS: Wegen $\lim_{m\to\infty} \sigma_m x_m = \frac{1}{\|z_o\|} z_o$ und $(z_o)_i \neq 0$ ist für alle genügend großen $m\in\mathbb{N}$ auch $(x_m)_i \neq 0$. Da $\sigma_m/\sigma_{m-1}=1/\operatorname{sgn} \lambda_1$ ist, erhält man nun aus Satz 4.2.1:

$$1=\lim_{m\to\infty}\frac{\sigma_m (x_m)_i}{\sigma_{m-1}(x_{m-1})_i} = \lim_{m\to\infty} \frac{1}{\operatorname{sgn} \lambda_1} \frac{(x_m)_i}{(x_{m-1})_i}\text{; also } \lim_{m\to\infty} \operatorname{sgn}\frac{(x_m)_i}{(x_{m-1})_i} = \lim_{m\to\infty} \tau_m=\operatorname{sgn} \lambda_1. \quad □$$

Aus der Vektorfolge der Potenzmethode erhält man mit $(\tau_m\|y_m\|)_{m\in\mathbb{N}}$ also auch noch eine gegen λ_1 konvergierende Folge, so daß (4.2.2) als Grundlage für ein Iterationsverfahren zur Berechnung des betragsgrößten Eigenwertes mit einem zugehörigen Eigenvektor dienen kann, bei dem man jeweils $\tau_m\|y_m\|$ und x_m als Näherung an ein solches Eigenpaar auffaßt.

BEMERKUNG 4.2.4: 1. Betrachtet man noch einmal (4.2.4), so stellt man fest, daß die Konvergenzgeschwindigkeit der Folge $(\varepsilon_m)_{m\in\mathbb{N}}$ bestimmt wird durch die Geschwindigkeit, mit der die Folgen $(\lambda_i/\lambda_1)^m$ für i>s gegen null konvergieren, d.h. im wesentlichen durch $(\lambda_{s+1}/\lambda_1)^m$, da $|\lambda_{s+1}/\lambda_1|$ unter diesen Quotienten der größte ist. Je kleiner also $|\lambda_{s+1}/\lambda_1|$ ist, umso schneller konvergiert $(\varepsilon_m)_{m\in\mathbb{N}}$ und damit auch $(\sigma_m x_m)_{m\in\mathbb{N}}$ und $(\tau_m\|y_m\|)_{m\in\mathbb{N}_+}$.

2. Die Forderung, daß für x_o in der Darstellung $x_o=\sum_{i=1}^{n} \alpha_i z_i$ mindestens einer der Koeffizienten $\alpha_1,\ldots,\alpha_s$ ungleich null sein soll, ist für die praktische Rechnung nicht wesentlich. Denn selbst wenn $\alpha_1=\ldots=\alpha_s=0$ für den Startvektor x_o gilt, so werden durch den Einfluß von Rundungsfehlern bei dem mit einem Rechner ermittelten Vektor x_1 im allgemeinen bereits in einer entsprechenden Darstellung nicht verschwindende Koeffizienten der $z_1,\ldots,z_s$ vorhanden sein.

3. Hat die Matrix A keinen eindeutigen betragsgrößten Eigenwert, wie mit (4.2.3) vorausgesetzt wurde, sondern gibt es voneinander verschiedene Eigenwerte mit größtem Betrag, so kann man keine Konvergenz mehr erwarten. Hat etwa

A ein Paar konjugiert komplexer Eigenwerte $\lambda_1=\overline{\lambda}_2$ mit $|\lambda_1|>|\lambda_3|\geq\ldots\geq|\lambda_n|$, so erhält man mit $\lambda_1=r\cdot e^{i\varphi}$ anstelle von (4.2.6) nun

$$x_m=\frac{\lambda_1^m}{\kappa_m}(\alpha_1 z_1+\alpha_2 e^{-i2m\varphi}z_2+\varepsilon_m).$$

Im allgemeinen konvergiert die Folge $(\sigma_m x_m)_{m\in\mathbb{N}}$ nun nicht mehr, sondern es tritt eine gewisse Oszillation auf.

Konvergenz bei nichtdiagonalisierbaren Matrizen

Ist die Matrix A nicht diagonalisierbar, so kann man die bisher benutzte Darstellung des Startvektors x_o als Linearkombination von Eigenvektoren der Matrix A ersetzen durch eine Darstellung als Linearkombination von Eigen- und Hauptvektoren. Hat A einen eindeutigen dominanten Eigenwert λ_1 im Sinne von (4.2.3), so konvergiert auch in diesem Fall die Vektorfolge der Potenzmethode abgesehen von einem Vorzeichen gegen einen normierten Eigenvektor zu λ_1.

Da bei nichtdiagonalisierbarem A die Konvergenzbetrachtungen für den allgemeinen Fall eine äußerst umständliche Notation erfordern, soll hier im folgenden das Konvergenzverhalten zweier ganz einfacher exemplarischer Beispiele dargestellt werden.

Sei A eine 3×3-Matrix mit zwei verschiedenen Eigenvektoren λ und μ, wobei $|\lambda|>|\mu|$ ist. z_1,z_2,z_3 seien zugehörige linear unabhängige Eigen- bzw. Hauptvektoren.

1. Betrachten wir zunächst den Fall, daß zu λ kein Hauptvektor gehört, also daß $Az_1=\lambda z_1$, $Az_2=\mu z_2$ und $Az_3=\mu z_3+z_2$ ist. Dann ist $A^m z_3=\mu^m z_3+m\mu^{m-1}z_2$ für alle $m\in\mathbb{N}_+$.

Für den Startvektor $x_o\in\mathbb{C}^3$ mit der Darstellung $x_o=\sum_{i=1}^{3}\alpha_i z_i$ sei $\alpha_1\neq 0$.

Definiert man κ_m wie in Satz 4.2.1, so erhält man nun anstelle von (4.2.6) für die Vektorfolge $(x_m)_{m\in\mathbb{N}_+}$ der Potenzmethode:

$$x_m=\frac{1}{\kappa_m}A^m x_o=\frac{1}{\kappa_m}\sum_{i=1}^{3}\alpha_i A^m z_i=\frac{1}{\kappa_m}(\alpha_1\lambda^m z_1+\alpha_2\mu^m z_2+\alpha_3\mu^m z_3+\alpha_3 m\mu^{m-1}z_2).$$

Setzt man $\tilde{\varepsilon}_m:=\alpha_2(\frac{\mu}{\lambda})^m z_2+\alpha_3(\frac{\mu}{\lambda})^m z_3+\alpha_3\frac{m}{\lambda}(\frac{\mu}{\lambda})^{m-1}z_2$, so ist

$$(4.2.7)\qquad x_m=\frac{\lambda^m}{\kappa_m}(\alpha_1 z_1+\tilde{\varepsilon}_m).$$

Da $m(\frac{\mu}{\lambda})^{m-1}=(\sqrt[m-1]{m}(\frac{\mu}{\lambda}))^{m-1}$ und $\lim_{m\to\infty}\sqrt[m-1]{m}=1$ ist, so gilt wegen $|\frac{\mu}{\lambda}|<1$ auch $\lim_{m\to\infty}m(\frac{\mu}{\lambda})^{m-1}=0$. Es ist also $\lim_{m\to\infty}\tilde{\varepsilon}_m=0$, und die Konvergenzgeschwindigkeit richtet sich im wesentlichen nach derjenigen der Folge $(m(\frac{\mu}{\lambda})^{m-1})_{m\in\mathbb{N}_+}$. Wie bei Satz 4.2.1 erhält man nun aus (4.2.7), da für $m\in\mathbb{N}_+$ stets $\|x_m\|=1$ ist,

$\lim_{m\to\infty} \sigma_m x_m = z_1/\|z_1\|$, wobei $\sigma_m = 1/(\text{sgn}\ \lambda)^m$ ist.

2. Betrachten wir nun den Fall, daß zum dominanten Eigenwert λ ein Hauptvektor gehört. Sei also $Az_1=\lambda z_1$, $Az_2=\lambda z_2+z_1$ und $Az_3=\mu z_3$. Für den Startvektor $x_o \in \mathbb{C}$ mit der Darstellung $x_o = \sum_{i=1}^{3} \alpha_i z_i$ sei $\alpha_2 \neq 0$. Mit κ_m, wie in Satz 4.2.1 definiert, erhält man nun anstelle von (4.2.6) für die Vektorfolge $(x_m)_{m\in\mathbb{N}_+}$ der Potenzmethode:

$$x_m = \frac{1}{\kappa_m} A^m x_o = \frac{1}{\kappa_m}(\alpha_1\lambda^m z_1 + \alpha_2\lambda^m z_2 + \alpha_2 m\lambda^{m-1} z_1 + \alpha_3\mu^m z_3).$$

Mit $\hat{\varepsilon}_m := \alpha_1 \frac{\lambda}{m} z_1 + \alpha_2 \frac{\lambda}{m} z_2 + \alpha_3 \frac{\mu}{m}(\frac{\mu}{\lambda})^{m-1} z_3$ ist dann

$$(4.2.9) \quad x_m = \frac{m\lambda^{m-1}}{\kappa_m}(\alpha_2 z_1 + \hat{\varepsilon}_m).$$

Da $|\frac{\mu}{\lambda}|<1$ ist, gilt offenbar $\lim_{n\to\infty} \hat{\varepsilon}_m = 0$, aber die Konvergenzgeschwindigkeit entspricht nur derjenigen der Folge $(\frac{1}{m})_{m\in\mathbb{N}_+}$. Da für $m\in\mathbb{N}_+$ stets $\|x_m\|=1$ ist, erhält man aus (4.2.9):

$$x_m = \text{sgn}\ \lambda^{m-1} \left|\frac{m\lambda^{m-1}}{\kappa_m}\right| (\alpha_2 z_1 + \hat{\varepsilon}_m) = \frac{\text{sgn}\ \lambda^{m-1}}{\|\alpha_2 z_1 + \hat{\varepsilon}_m\|}(\alpha_2 z_1 + \hat{\varepsilon}_m).$$

Also folgt mit $\tilde{\sigma}_m := 1/(\text{sgn}\ \lambda)^{m-1}$ hier $\lim_{m\to\infty} \tilde{\sigma}_m x_m = \frac{1}{\|z_1\|} z_1$.

Wir haben nun gesehen, daß das Vorliegen eines eindeutigen dominanten Eigenwertes die einzige wesentliche Voraussetzung für die Konvergenz der Potenzmethode ist. Falls zu diesem dominanten Eigenwert nur lineare Elementarteiler gehören, so konvergiert das Verfahren um so schneller, je stärker dieser Eigenwert vom betraglich nächstgrößten, dem subdominanten Eigenwert getrennt ist. Sehr langsame Konvergenz hat man, falls zum dominanten Eigenwert nichtlineare Elementarteiler gehören oder falls die Beträge des dominanten und subdominanten Eigenwertes nahe beieinander liegen.

Genauigkeit von Verfahren zur Eigenwert- und Eigenvektorberechnung und ein Abbrechkriterium

Will man mit Hilfe der Vektorfolge $(x_m)_{m\in\mathbb{N}}$ der Potenzmethode ein Eigenpaar der Matrix A berechnen, so benötigt man noch ein geeignetes Kriterium, nach dem entschieden werden kann, wann die errechneten Näherungen genau genug sind. Dazu muß man sich zunächst überlegen, welche Genauigkeit man überhaupt erreichen kann, wenn man mit Hilfe eines Rechners für eine gegebene Matrix $A\in M_n(\mathbb{C})$ einen Eigenwert mit zugehörigem Eigenvektor bestimmen will. Man kann auf keinen Fall mehr erwarten, als daß der Rechner ein Paar (μ,x) liefert, das bezüglich der Darstellung und der Rechnung auf der Maschine ein Eigenpaar von A ist, d.h. für das gilt

$g\ell(\tilde{A}x-\mu x)=0;$

dabei ist $\tilde{A}$ die durch Übergang zu Maschinenzahlen aus A entstandene Matrix. Aber selbst in diesem Fall ist im allgemeinen (μ,x) weder ein (exaktes) Eigenpaar von A noch von $\tilde{A}$. Man kann aus dieser Gleichung auch nicht schließen, daß (μ,x) eine der Zahldarstellung auf der Maschine entsprechende Rundung eines Eigenpaares von A ist. Betrachtet man einmal, welche Rundungsfehler bei der Bildung des obigen Ausdrucks auftreten können, so sieht man, daß unter Vernachlässigung der Fehler höherer als erster Ordnung gilt

$$0=g\ell(\tilde{A}x-\mu x)\approx(A+E-\mu I)x,$$

und die Elemente e_{ij} der Matrix E lassen sich abschätzen durch $|e_{ii}|\le((n+1)|a_{ii}|+\mu)eps$ und $|e_{ij}|\le(n+1)|a_{ij}|eps$ für $i\neq j$, wobei eps die Maschinengenauigkeit ist (vgl. Abschnitt 1.7).

Man kann also höchstens erwarten, daß (μ,x) ein Eigenpaar einer "nahe bei A gelegenen" Matrix A+E ist. Für den Abstand von (μ,x) zu einem Eigenpaar von A liefern dann Störungssätze wie in Abschnitt 1.8 Schranken oder Schätzungen, die von A und der Größe von E abhängen.

Die in diesem Kapitel beschriebenen Iterationsverfahren errechnen Folgen von Näherungen für Eigenwerte oder Eigenvektoren einer Matrix A und der Benutzer, der diese Größen mit einer gewissen Genauigkeit ermitteln will, muß entscheiden, wann eine solche Näherung genau genug ist, d.h. wann das Verfahren stoppen soll. Nach den obigen Überlegungen wird man im allgemeinen zufrieden sein, wenn die Näherung Eigenwert oder Eigenvektor einer Matrix A+E ist, bei der E von der Größenordnung der benötigten Genauigkeit ist.

Im folgenden werden wir daher μ eine <u>hinreichend gute Näherung an einen Eigenwert</u> von A bezüglich der Genauigkeit ε nennen, wenn es eine Matrix E gibt, für die $A+E-\mu I$ singulär ist und $\|E\|=\|A\|\eta$ für eine passende Norm $\|\cdot\|$ gilt, wobei η von der Größenordnung ε ist, d.h. es gibt eine nicht von ε abhängige Konstante K mit $\eta\le K\varepsilon$. Entsprechend nennen wir (μ,x) eine <u>hinreichend gute Näherung an ein Eigenwert-Eigenvektor-Paar</u> von A bezüglich der Genauigkeit ε, wenn es eine Matrix E gibt, für die $(A+E)x=\mu x$ mit $\|E\|=\|A\|\eta$ ist, wobei η von der Größenordnung ε ist.

<u>BEISPIEL</u>: 1. Für die Matrix $A=\begin{bmatrix}-1 & 1\\ 4\cdot 10^{-8} & 1\end{bmatrix}$ mit $\|A\|_\infty=2$ ist $\mu=1$ eine hinreichend gute Näherung an einen Eigenwert von A bezüglich $\varepsilon=10^{-8}$, denn μ ist Eigenwert von $\begin{bmatrix}-1 & 1\\ 4\cdot 10^{-8} & 1\end{bmatrix}+\begin{bmatrix}0 & 0\\ -4\cdot 10^{-8} & 0\end{bmatrix}$, d.h. mit $E=\begin{bmatrix}0 & 0\\ -4\cdot 10^{-8} & 0\end{bmatrix}$ ist $A+E-\mu I$ singulär und $\|E\|_\infty=4\cdot 10^{-8}=\|A\|_\infty\cdot 2\cdot 10^{-8}$. Der μ am nächsten gelegene Eigenwert von A ist $\lambda=\sqrt{1+4\cdot 10^{-8}}$ (gerundet: 1.000 000 02) und $|\mu-\lambda|/|\lambda|\le 2\cdot 10^{-8}$.

Mit $x=(0.5, 1)^T$ ist (μ,x) eine hinreichend gute Näherung an ein Eigenpaar von A, da $(A+E)x=\mu x$ ist. Der zu λ gehörige Eigenvektor z mit $\|z\|_\infty=1$ ist $z=(1/(1+\sqrt{1+4\cdot 10^{-8}}),\ 1)^T$, gerundet: $(0.499\ 999\ 995,\ 1)^T$. Es ist $\|z-x\|_\infty\leq 5\cdot 10^{-9}$.

2. Für die Matrix $B=\begin{bmatrix}1 & 1\\ 10^{-8} & 1\end{bmatrix}$ ist $\mu=1+2\cdot 10^{-4}$ eine hinreichend gute Näherung an einen Eigenwert von B bezüglich $\varepsilon=10^{-8}$, denn μ ist Eigenwert der Matrix B+F mit $F=\begin{bmatrix}0 & 0\\ 3\cdot 10^{-8} & 0\end{bmatrix}$, $\|F\|_\infty=3\cdot 10^{-8}=1.5\ \|B\|_\infty\cdot 10^{-8}$. Aber der μ am nächsten gelegene Eigenwert von B ist $\lambda=1+10^{-4}$ und $|\mu-\lambda|/|\lambda|\leq 10^{-4}$, d.h. der relative Fehler ist hier nicht von der Größenordnung $\|F\|_\infty$.
Mit $x=(1,\ 2\cdot 10^{-4})^T$ wird (μ,x) eine hinreichend gute Näherung an ein Eigenpaar von A, da $(A+F)x=\mu x$ ist. Der zu λ gehörige Eigenvektor z von A mit $\|z\|_\infty=1$ ist $z=(1,\ 10^{-4})^T$, also $\|z-x\|_\infty=10^{-4}$.
Es sei noch einmal mit Nachdruck auf folgendes hingewiesen: Die Tatsache, daß μ bzw. (μ,x) eine hinreichend gute Näherung an einen Eigenwert λ bzw. an ein Eigenpaar (λ,z) von A bezüglich der Genauigkeit ε ist, bedeutet nicht unbedingt, daß die relativen Fehler $|\mu-\lambda|/|\lambda|$ und $\|z-x\|/\|x\|$ von der Größenordnung ε sind, wie Beispiel 2. zeigt. In diesem Fall hat die Matrix B zwei sehr dicht beieinander liegende Eigenwerte mit fast parallelen zugehörigen Eigenvektoren. Daß ein Rechts- und Linkseigenvektorpaar fast senkrecht aufeinander steht, ist eine äquivalente Beschreibung einer solchen Situation. Die individuelle Konditionszahl des entsprechenden Eigenwertes (s. Abschnitt 1.8) ist dann sehr groß; kleine Änderungen in der Matrix können hier große Änderungen in den Eigenwerten und Eigenvektoren bewirken (vgl. Abschnitt 1.8, insbesondere Korollar 1.8.17, ii)).
Aber auch bei "gut konditionierten" Eigenwerten, wie man sie z.B. stets bei symmetrischen Matrizen hat, sichert die Tatsache, daß (μ,x) eine hinreichend gute Näherung an ein Eigenpaar ist, allein noch nicht, daß der Abstand zwischen x und einem Eigenvektor entsprechend klein ist (siehe dazu Beispiel 4.2.13 und Satz 1.8.18).

Der folgende Satz zeigt nun, daß für zwei aufeinanderfolgende Vektoren x_m und x_{m+1} in der Vektorfolge der Potenzmethode und die Vorzeichennäherung τ_{m+1} (siehe Korollar 4.2.3) die Größe des Vektors $d_{m+1}:=x_{m+1}-\tau_{m+1}x_m$ benutzt werden kann, um zu entscheiden, ob die errechneten Näherungen genau genug sind.

SATZ 4.2.5: *Für die Matrix* $A\in M_n(\mathbb{C})$ *sei* $(x_m)_{m\in\mathbb{N}}$ *die Vektorfolge der Potenzmethode und* $(y_m)_{m\in\mathbb{N}_+}$ *die bei deren Berechnung auftretende Folge mit* $y_{m+1}=Ax_m$. *Sei* $\tau\in\mathbb{C}$ *ein Vorzeichen und* $d_{m+1}:=x_{m+1}-\tau x_m$. *Ist* $\|d_{m+1}\|$ *von der Größenordnung der gewünschten Genauigkeit, so sind* $\tau\|y_{m+1}\|$ *und* x_{m+1} *eine hinreichend gute Näherung an ein Eigenwert-Eigenvektor-Paar von* A.

BEWEIS: Der Beweis wird nur für den Fall geführt, daß man in (4.2.2) die $\|\cdot\|_2$-Norm verwendet. Für andere Normen erhält man analoge Gleichungen und Abschätzungen. Nach (4.2.2) ist

$Ax_{m+1}=A(x_{m+1}-\tau x_m)+\tau Ax_m=Ad_{m+1}+\tau y_{m+1}=Ad_{m+1}+\tau\|y_{m+1}\|_2 x_{m+1}$.

Wegen $x_{m+1}^H x_{m+1}=1$ folgt daraus $(A-Ad_{m+1}x_{m+1}^H)x_{m+1}=\tau\|y_{m+1}\|_2 x_{m+1}$, wobei für die Dyade $Ad_{m+1}x_{m+1}^H$ gilt (siehe Abschnitt 2.5):

$\|Ad_{m+1}x_{m+1}^H\|_2=\|Ad_{m+1}\|_2\|x_{m+1}\|_2\leq\|A\|_2\|d_{m+1}\|_2$. Hieraus folgt die Behauptung. □

Häufig führt man die Berechnung der x_m solange durch, bis alle Komponenten des Vektors $d_{m+1}=x_{m+1}-\tau_{m+1}x_m$ betraglich kleiner als die gewünschte Genauigkeit ε sind. Dann ist ja $\|d_{m+1}\|$ von der Größenordnung ε und nach obigem Satz daher $(\tau_{m+1}\|x_{m+1}\|,\ x_{m+1})$ eine hinreichend gute Näherung an ein Eigenpaar von A. Damit ergibt sich der folgende Algorithmus.

ALGORITHMUS 4.2.6 (Potenzmethode zur Bestimmung des betragsgrößten Eigenwertes λ und eines zugehörigen Eigenvektors z):

Sei $A\in M_n(\mathbb{C})$.

Schritt 1: Wähle einen Startvektor $x_0\in\mathbb{C}^n\setminus\{0\}$ und setze $m:=0$. Wähle eine Schranke $M\in\mathbb{N}_+$ für die maximale Anzahl der Iterationen und eine Schranke $\varepsilon\in\mathbb{R}_+$ für die verlangte Genauigkeit.

Schritt 2: Berechne $y_{m+1}:=Ax_m$

und $x_{m+1}:=\dfrac{1}{\|y_{m+1}\|}\,y_{m+1}$.

Schritt 3: Berechne $\tau_{m+1}:=\dfrac{\operatorname{sgn}(x_{m+1})_i}{\operatorname{sgn}(x_m)_i}$ für eine genügend große Komponente $(x_m)_i$

und $d_{m+1}:=x_{m+1}-\tau_{m+1}x_m$.

Schritt 4: Falls $\|d_{m+1}\|\leq\varepsilon$ ist, setze $\lambda:=\tau_{m+1}\|y_{m+1}\|$ und $z:=x_{m+1}$ und höre auf.

Schritt 5: Ist $m\leq M$, so setze $m:=m+1$ und fahre fort mit Schritt 2; sonst höre auf (keine Konvergenz).

BEMERKUNG 4.2.7: 1. Vielfach wählt man als Vektornorm für die Potenzmethode die Maximumnorm $\|\cdot\|_\infty$; das Verfahren heißt dann auch von Mises-Verfahren. Man bestimmt hier zur Berechnung von $\|y_{m+1}\|_\infty$ jeweils eine maximale Komponente $(y_{m+1})_i$ und kann wegen $\operatorname{sgn}(y_{m+1})_i=\operatorname{sgn}(x_{m+1})_i$ die Vorzeichennäherung τ_{m+1} als $\operatorname{sgn}(y_{m+1})_i/\operatorname{sgn}(x_m)_i$ ermitteln.

2. Falls A reellsymmetrisch ist, kann man statt $\tau_{m+1}\|y_{m+1}\|$ jeweils den Rayleigh-Quotienten $\mu_m:=x_m^TAx_m/x_m^Tx_m$ als Näherung an den dominanten Eigenwert betrachten. Benutzt man im Verfahren die euklidische Norm, so berechnet sich μ_m einfach als

$x_m^T y_m$. Mit den Voraussetzungen und Bezeichnungen von Satz 4.2.1 läßt sich zeigen, daß der Fehler $\mu_m - \lambda_1$ wie $|\frac{\lambda_{s+1}}{\lambda_1}|^{2m}$ gegen null strebt.

BEISPIEL 4.2.8: Die Matrix $\begin{bmatrix} 1.4 & 1.9 & -3.1 \\ 0.6 & 2.1 & -2.9 \\ 2.0 & 2.5 & -7.5 \end{bmatrix}$ hat die Eigenwerte 1, 1 und -6; sie ist nicht diagonalisierbar. Zum Eigenwert -6 gehört der bezüglich $\|\cdot\|_\infty$ normierte Eigenvektor $z=(1/3,\ 1/3,\ 1)^T$. Das von Mises-Verfahren liefert mit dem Startvektor $x_o=(1,0,0)^T$ in den ersten 9 Iterationen die folgenden hier jeweils nur mit 6 Stellen angegebenen Werte:

m	x_m^T			$\|y_m\|_\infty$
0	1	0	0	-
1	0.7	0.3	1	2
2	-0.289720	-0.345794	-1	5.35
3	0.336420	0.330247	1	6.05607
4	-0.333505	-0.334019	-1	6.00154
5	0.333190	0.333190	1	5.99794
6	-0.333376	-0.333362	-1	6.00064
7	0.333323	0.333328	1	5.99984
8	-0.333336	-0.333334	-1	6.00003
9	0.333333	0.333333	1	5.99999

τ_m ist hier für $m \geq 2$ stets -1. Ist die geforderte Genauigkeit $\varepsilon = 10^{-5}$, so würde man das Verfahren nach dem neunten Schritt beenden, da $d_9 = x_9 - (-1)x_8 = (-3\cdot 10^{-6},\ 1\cdot 10^{-6},\ 0)^T$ komponentenweise kleiner als ε ist. $\|y_9\|_\infty$ und x_9 sind dann hinreichend gute Näherungen an ein Eigenpaar von A, und es ist hier $|-\|y_9\| - \lambda_1|/|\lambda_1| < 10^{-5}$ und $\|x_9 - z\|_\infty < 10^{-5}$.

Inverse Iteration

Ist $\mu \in \mathbb{C}$ kein Eigenwert der Matrix $A \in M_n(\mathbb{C})$, so ist $A-\mu I$ nichtsingulär. Dann gilt für $\lambda \in \mathbb{C} \setminus \{\mu\}$ und $z \in \mathbb{C}^n \setminus \{0\}$: (λ, z) ist ein Eigenpaar von A genau dann, wenn $(\frac{1}{\lambda-\mu}, z)$ ein Eigenpaar von $(A-\mu I)^{-1}$ ist. Besitzt A die Eigenwerte $\lambda_1, \ldots, \lambda_n$, so hat also $(A-\mu I)^{-1}$ die Eigenwerte $\frac{1}{\lambda_1-\mu}, \ldots, \frac{1}{\lambda_n-\mu}$ und die gleichen Eigenvektoren.

Ist nun λ_i ein Eigenwert von A, zu dem nur lineare Elementarteiler gehören und ist μ eine so gute Näherung an λ_i, daß $\frac{1}{|\lambda_i-\mu|}$ viel größer ist als $\frac{1}{|\lambda_j-\mu|}$ für alle $\lambda_j \neq \lambda_i$, dann wird nach den vorhergehenden Überlegungen die Potenzmethode für $(A-\mu I)^{-1}$ sehr schnell gegen $\kappa = \frac{1}{\lambda_i - \mu}$ und einen zugehörigen Eigenvektor z konvergieren. Mit z und $\lambda_i = \mu + \frac{1}{\kappa}$ hat man dann ein Eigenpaar von A bestimmt.
Dieses von Wielandt stammende Verfahren bezeichnen wir als Grundform der inversen Iteration.

ALGORITHMUS 4.2.9 (Grundform der inversen Iteration zur Bestimmung eines Eigenwertes λ und eines zugehörigen Eigenvektors z):

Sei $A\in M_n(\mathbb{C})$ und μ eine Näherung an einen Eigenwert von A.

Schritt 1: Wähle einen Startvektor $x_o\in\mathbb{C}^n\setminus\{0\}$ und setze $m:=0$. Wähle eine Schranke $M\in\mathbb{N}_+$ für die maximale Anzahl der Iterationen und eine Schranke $\varepsilon\in\mathbb{R}_+$ für die verlangte Genauigkeit.

Schritt 2: Berechne $y_{m+1}:=(A-\mu I)^{-1}x_m$

und $x_{m+1}:=\frac{1}{\|y_{m+1}\|}y_{m+1}$.

Schritt 3: Berechne $\tau_{m+1}:=\frac{\operatorname{sgn}(x_{m+1})_i}{\operatorname{sgn}(x_m)_i}$, für eine genügend große Komponente $(x_m)_i$

und $d_{m+1}:=x_{m+1}-\tau_{m+1}x_m$.

Schritt 4: Falls $\|d_{m+1}\|\le\varepsilon$ ist, setze $\lambda:=\mu+\frac{1}{\tau_{m+1}\|y_{m+1}\|}$ und $z:=x_{m+1}$ und höre auf.

Schritt 5: Ist $m\le M$, so setze $m:=m+1$ und fahre fort mit Schritt 2; sonst höre auf (keine Konvergenz).

BEMERKUNG 4.2.10: 1. Die explizite Berechnung von $(A-\mu I)^{-1}$ ist nicht erforderlich. Schritt 2 läßt sich ersetzen durch

Schritt 2': Löse das Gleichungssystem $(A-\mu I)y_{m+1}=x_m$ und berechne $x_{m+1}:=\frac{1}{\|y_{m+1}\|}y_{m+1}$.

Da sich in diesem Gleichungssystem mit m nur die rechten Seiten ändern, genügt es für diese Form der inversen Iteration, einmal die LR-Zerlegung (siehe Abschnitt 2.2) von $A-\mu I$ zu berechnen.

2. Man zeigt leicht, daß für alle $m\in\mathbb{N}$ gilt

$$Ax_{m+1}=\frac{1}{\tau_{m+1}\|y_{m+1}\|}d_{m+1}+\left(\mu+\frac{1}{\tau_{m+1}\|y_{m+1}\|}\right)x_{m+1}.$$

Verwendet man die $\|\cdot\|_2$-Norm, so ist ja $x^H_{m+1}x_{m+1}=1$, und man erhält dann

$$\left(A+\frac{1}{\tau_{m+1}\|y_{m+1}\|_2}d_{m+1}x^H_{m+1}\right)x_{m+1}=\left(\mu+\frac{1}{\tau_{m+1}\|y_{m+1}\|_2}\right)x_{m+1}.$$

Das Abbrechkriterium in Schritt 4 sichert hier also auch, daß (λ,z) eine hinreichend gute Näherung an ein Eigenpaar von A ist.

3. Falls $|\lambda_i-\mu|>|\lambda_j-\mu|$ ist für alle $\lambda_j\neq\lambda_i$ und falls zu λ_i nur lineare Elementarteiler gehören, so entnehmen wir den Konvergenzbetrachtungen zur Potenzmethode, daß die inverse Iteration um so besser konvergiert, je kleiner $\min\limits_{\lambda_j\neq\lambda_i}\frac{|\lambda_j-\mu|}{|\lambda_i-\mu|}$ ist.

Ungünstige Konvergenzverhältnisse hat man, falls zu λ_i nichtlineare Elementarteiler gehören oder falls λ_i zu einem Haufen (engl. cluster) von mehreren dicht beieinander liegenden Eigenwerten von A gehört.

Eine naheliegende Weiterentwicklung dieser Grundform der inversen Iteration besteht darin, die in einem Schritt gewonnenen Werte zur Berechnung einer verbesserten Näherung an λ_i zu benutzen und mit dieser weiterzurechnen.

ALGORITHMUS 4.2.11 (modifizierte inverse Iteration zur Berechnung eines Eigenwertes λ und eines Eigenvektors z):

Sei $A \in M_n(\mathbb{C})$ und μ_o eine Näherung an einen Eigenwert von A.

Schritt 1: Wähle einen Startvektor $x_o \in \mathbb{C}^n \setminus \{0\}$ und setze m:=0. Wähle eine Schranke $M \in \mathbb{N}_+$ für die maximale Anzahl der Iterationen und eine Schranke $\varepsilon \in \mathbb{R}_+$ für die verlangte Genauigkeit.

Schritt 2: Löse $(A-\mu_m I)y_{m+1}=x_m$ und berechne $x_{m+1}:=\frac{1}{\|y_{m+1}\|}y_{m+1}$.

Schritt 3: Berechne $\tau_{m+1}:=\frac{\operatorname{sgn}(x_{m+1})_i}{\operatorname{sgn}(x_m)_i}$ für eine genügend große Komponente $(x_m)_i$ von x_m,

$$\mu_{m+1}:=\mu_m+\frac{1}{\tau_{m+1}\|y_{m+1}\|}$$

und $d_{m+1}:=x_{m+1}-\tau_{m+1}x_m$.

Schritt 4: Falls $\|d_{m+1}\|\leq\varepsilon$ ist, setze $\lambda:=\mu_{m+1}$ und $z:=x_{m+1}$ und höre auf.

Schritt 5: Falls $m\leq M$ ist, so setze m:=m+1 und fahre fort mit Schritt 2; sonst höre auf (keine Konvergenz).

Es läßt sich zeigen (siehe z.B. Werner [304]), daß die Folge $(\mu_m)_{m\in\mathbb{N}}$ quadratisch gegen λ konvergiert, d.h. für alle genügend großen $m\in\mathbb{N}$ ist $|\mu_{m+1}-\lambda|\leq K|\mu_m-\lambda|^2$ mit einer Konstanten K. Entsprechendes erhält man für die Komponenten der Vektoren x_m.

Der Rechenaufwand wächst gegenüber der Grundform der inversen Iteration allerdings erheblich. Da sich nun mit m auch die Matrizen der Gleichungssysteme ändern, muß in Schritt 2 jeweils eine neue LR-Zerlegung ermittelt werden. Deshalb ist dieses Verfahren in der Praxis nicht gebräuchlich.

Nach Bemerkung 4.2.10, 3.) ist es für die Konvergenz der inversen Iteration (Algorithmus 4.2.9) besonders günstig, wenn $|\lambda-\mu|$ sehr klein ist. Andererseits ist in diesem Fall $A-\mu I$ fast singulär, und in Abschnitt 1.8 haben wir gesehen, daß das Lösen von Gleichungssystemen mit fast singulärer Matrix problematisch ist, weil die Rundungsfehler bei der Rechnung auf der Maschine hier bewirken können, daß die errechnete Lösung von der wahren recht weit entfernt ist.

Dieser Effekt zeigt sich auch bei der inversen Iteration, wie in folgendem Beispiel zu sehen ist.

BEISPIEL 4.2.12: Die Matrix $\begin{bmatrix} \frac{-11}{6} & \frac{-13}{6} \\ \frac{-13}{6} & \frac{-11}{6} \end{bmatrix}$ hat die Eigenwerte -4 und 1/3 mit zugehörigen Eigenvektoren $(1,1)^T$ bzw. $(1,-1)^T$. Sei μ=0.333 333 4 und sei $x_o=(1,0)^T$ der Startvektor. Bei der Berechnung nach Algorithmus 4.2.9 erhält man im ersten Schritt vom Rechner bei Lösung des Gleichungssystems mittels LR-Zerlegung mit Spaltenpivotisierung:

$\tilde{y}_1 = (-7575757.576,\ 7575757.345)^T$.

Die wahre Lösung ist $y_1 = (-7500\,000.115,\ 7499\,999.885)^T$,

d.h. man hat den Fehlervektor $f = y_1 - \tilde{y}_1 = (75757.461,\ -75757.460)^T$.

Nun interessiert man sich ja bei der inversen Iteration eigentlich nicht für y_1 selbst, sondern nur für die Richtung dieses Vektors, also für $\frac{1}{\|y_1\|} y_1 = x_1$.

Es ist hier: $\frac{1}{\|y_1\|_\infty} y_1 = (-1,\ 0.999\,999\,9693)^T$,

$$\frac{1}{\|\tilde{y}_1\|_\infty} \tilde{y}_1 = (-1,\ 0.999\,999\,9695)^T,$$

$$\frac{1}{\|f\|_\infty} f = (1,\ -0.999\,999\,9868)^T.$$

Sowohl y_1 als auch f haben ungefähr die Richtung des gesuchten Eigenvektors, so daß y_1 und $\tilde{y}_1$ zwar nicht in der Länge aber doch in der Richtung fast übereinstimmen.

Inverse Iteration mit hinreichend genauer Eigenwertnäherung

Wir werden uns nun die Berechnung von x_1 mit der inversen Iteration einschließlich des Rundungsfehlereinflusses bei der Lösung des linearen Gleichungssystems etwas genauer ansehen, wobei wir der Einfachheit halber als Norm stets $\|\cdot\|_2$ benutzen. Es wird sich dabei zeigen, daß man meistens mit (μ, x_1) schon eine entsprechend gute Näherung an ein Eigenpaar hat, falls μ eine hinreichend gute Näherung an einen Eigenwert ist (im oben definierten Sinn).

Sei $A \in M_n(\mathbb{C})$ und $\mu \in \mathbb{C}$. Für den Startvektor x_o liefert der Rechner durch Lösen des Gleichungssystems $(A-\mu I)y = x_o$ mit einem geeigneten Verfahren einen Vektor $\tilde{y}$, für den

(4.2.10) $\quad (A-\mu I+F)\tilde{y} = x_o$ mit $\|F\|_2 = \eta \|A\|_2$

gilt, wobei die Matrix F von x_o und $A-\mu I$ abhängt und η im allgemeinen von der Größenordnung der Maschinengenauigkeit ist (siehe Abschnitt 2.4).

Betrachtet man $\tilde{x} = \frac{1}{\|\tilde{y}\|_2} \tilde{y}$ als Näherung an den gesuchten Eigenvektor und bildet hierfür das Residuum

(4.2.11) $\quad r = (A-\mu I)\tilde{x}$,

so erhält man unter Verwendung von (4.2.10)

(4.2.12) $\quad r = (A-\mu I+F)\tilde{x} - F\tilde{x} = \frac{1}{\|\tilde{y}\|_2} (A-\mu I+F)\tilde{y} - F\tilde{x} = \frac{1}{\|\tilde{y}\|_2} x_o - F\tilde{x}$, so daß wegen $\|\tilde{x}\|_2=1$ gilt

(4.2.13) $\|r\|_2 \le \frac{1}{\|\tilde{y}\|_2}\|x_o\|_2+\|F\|_2$.

Aus (4.2.12) erhält man wegen $\tilde{x}^H\tilde{x}=1$

(4.2.14) $(A-r\tilde{x}^H)x=\mu x$ mit $\|r\tilde{x}^H\|_2 \le \|r\|_2$.

Falls also $\|r\|_2/\|A\|_2$ von der Größenordnung der gewünschten Genauigkeit ε ist, so ist hiernach (μ,x) eine hinreichend gute Näherung an ein Eigenpaar von A.
Sei nun μ eine hinreichend gute Näherung an einen Eigenwert von A, d.h. es existiere eine Matrix E, so daß gilt

(4.2.15) $A-\mu I+E$ ist singulär und $\|E\|_2=\xi\|A\|_2$,

wobei ξ von der Größenordnung ε ist. Sei weiter

(4.2.16) $U\Sigma V^H = A-\mu I+F$

die Singulärwertzerlegung von $A-\mu I+F$ (siehe Abschnitt 1.6), bei der in der Diagonalmatrix Σ die singulären Werte $\sigma_1,\ldots,\sigma_n$ nach abnehmender Größe geordnet sind.
Nach (4.2.15) ist die Matrix $A-\mu I+F+(E-F)$ singulär, so daß sich σ_n abschätzen läßt (vgl. Satz 1.8.22) durch

(4.2.17) $\sigma_n \le \|E-F\|_2 \le (\xi+\eta)\,\|A\|_2$

(vgl. (4.2.10) und (4.2.15)). Sind $u_1,\ldots,u_n$ bzw. $v_1,\ldots,v_n$ die Spaltenvektoren der unitären Matrizen U bzw. V und hat x_o die Darstellung $x_o=\sum_{i=1}^{n}\alpha_i u_i$ mit $\alpha_n \neq 0$, so erhält man hiermit mittels (4.2.10) und (4.2.16)

$$\tilde{y}=(A-\mu I+F)^{-1}x_o=V\Sigma^{-1}U^H\sum_{i=1}^{n}\alpha_i u_i=V\sum_{i=1}^{n}\frac{\alpha_i}{\sigma_i}e_i=\sum_{i=1}^{n}\frac{\alpha_i}{\sigma_i}v_i,$$

so daß mit (4.2.17) gilt

$$\|\tilde{y}\|_2=\Big(\sum_{i=1}^{n}\Big(\frac{|\alpha_i|}{\sigma_i}\Big)^2\Big)^{1/2} \ge \frac{|\alpha_n|}{\sigma_n} \ge \frac{|\alpha_n|}{(\xi+\eta)\|A\|_2}.$$

Setzt man dies in (4.2.13) ein, so wird mit (4.2.10)

$$\|r\|_2 \le \Big(\frac{\xi+\eta}{|\alpha_n|}\,\|x_o\|_2+\eta\Big)\,\|A\|_2.$$

Falls nun $|\alpha_n|$ nicht zufällig sehr klein ist, d.h. falls der Startvektor x_o nicht zufällig fast senkrecht auf u_n steht, so ist $\|r\|_2/\|A\|_2$ von der Größenordnung ε.

Wendet man die inverse Iteration mit einer hinreichend guten Eigenwert-Näherung an, die man etwa aus einem passenden Verfahren zur Eigenwertberechnung erhalten hat, so hat man meist schon mit x_1 eine hinreichend gute Eigenvektornäherung. Dies gilt auch, wenn zum fraglichen Eigenwert λ_i der Matrix nichtlineare Elementarteiler gehören oder wenn es noch weitere Eigenwerte der Matrix dicht bei λ_i gibt, d.h. in den Fällen, in denen die inverse Iteration im allgemeinen schlecht konvergiert.

Der scheinbare Widerspruch löst sich auf, wenn man bedenkt, daß Aussagen über die Konvergenzgeschwindigkeit sich auf den Abstand der Näherungswerte zum gesuchten Wert beziehen, während die Tatsache, daß μ und x hinreichend gute Näherungen sind, bedeutet, daß der Abstand der gegebenen Matrix zu einer Matrix, die (μ,x) als Eigenpaar hat, klein ist. Wir hatten uns ja bereits überlegt, daß Aussagen dieser Art das beste sind, was wir bei Rechnung auf einer Maschine erwarten können.

BEISPIEL 4.2.13: Die symmetrische Matrix $A=\begin{bmatrix} 1+2.5\cdot 10^{-10} & 1.5\cdot 10^{-10} \\ 1.5\cdot 10^{-10} & 1+2.5\cdot 10^{-10}\end{bmatrix}$ hat die Eigenwerte $\lambda_1=1+4\cdot 10^{-10}$, $\lambda_2=1+10^{-10}$ mit zugehörigen normierten Eigenvektoren $z_1=\frac{1}{\sqrt{2}}(1,1)^T$ und $z_2=\frac{1}{\sqrt{2}}(1,-1)^T$. Offenbar ist $\mu=1$ eine hinreichend gute Näherung an einen Eigenwert von A bezüglich der Genauigkeit $\varepsilon=10^{-10}$ und $|\lambda_2-\mu|=10^{-10}$. Mit dem Startvektor $x_o=(1,0)^T$ erhält man im ersten Schritt der inversen Iteration bei exakter Rechnung (also F=0) $y=\frac{1}{8}\cdot 10^{10}(5,-3)^T$ mit $\|y\|_2=\frac{\sqrt{34}}{8}10^{10}$ als Lösung von $(A-\mu I)y=x_o$.
Nach (4.2.12) ist dann $\|r\|=\frac{8}{\sqrt{34}}\cdot 10^{-10}$, und aus (4.2.14) ersieht man nun, daß μ und $x=\frac{1}{\|y\|_2}y$ eine hinreichend gute Näherung an ein Eigenpaar von A sind. Es ist aber $x=(0.857492926,\ -0.514495755)^T$ und $\|z_2-x\|_2>2.4\cdot 10^{-1}$ (!).

Man wird vielleicht vermuten, daß man für die nachfolgende Näherung x_2 ein noch kleineres Residuum erhält, falls das erste Residuum in der inversen Iteration schon klein ist. Für normale Matrizen ist dies für die Grundform der inversen Iteration auch richtig, denn man kann hierfür zeigen, daß bei der Verwendung der $\|\cdot\|_2$-Norm die Normen der Residuen $r_m=(A-\mu I)x_m$ monoton fallen.

SATZ 4.2.14: *Sei* $A\in M_n(\mathbb{C})$ *normal. Für den Startvektor* $x_o\in\mathbb{C}^n$ *mit* $\|x_o\|_2=1$ *und* $\mu\in\mathbb{C}$ *sei* $(x_m)_{m\in\mathbb{N}}$ *die in Algorithmus* 4.2.9 *definierte Vektorfolge der inversen Iteration, wobei stets bezüglich* $\|\cdot\|_2$ *normiert werde.*
Für die Residuen $r_m:=(A-\mu I)x_m$ *gilt dann* $\|r_{m+1}\|_2\le\|r_m\|_2$ *für alle* $m\in\mathbb{N}$.

BEWEIS: Mit A ist auch $A-\mu I$ normal, und daher ist $\|(A-\mu I)^H z\|_2=\|(A-\mu I)z\|_2$ für alle $z\in\mathbb{C}^n$. Aus den Beziehungen zwischen x_m, x_{m+1} und y_{m+1} (s. Schritt 2 von Algorithmus 4.2.9) folgt $r_{m+1}=(A-\mu I)x_{m+1}=\frac{1}{\|y_{m+1}\|_2}(A-\mu I)y_{m+1}=\frac{1}{\|y_{m+1}\|_2}x_m$, so daß mit $\|x_m\|_2=1$ gilt $|x_m^H r_{m+1}|=\|r_{m+1}\|_2$.
Mit Hilfe der Cauchy-Schwarzschen Ungleichung erhält man damit
$\|r_{m+1}\|_2=|x_m^H(A-\mu I)x_{m+1}|\le\|(A-\mu I)^H x_m\|_2\|x_{m+1}\|_2=\|(A-\mu I)x_m\|_2=\|r_m\|_2$. □

Für symmetrische Matrizen kann man auch für die modifizierte Form der inversen Iteration die Monotonie der Residuen in der $\|\cdot\|_2$-Norm zeigen, wenn man jeweils als neue Eigenwertnäherung μ_m den Rayleigh-Quotienten $x_m^T A x_m$ verwendet ($x_m^T x_m=1$).

Dieses Verfahren heißt Rayleigh-Quotienten-Iterationsverfahren. Die Eigenwertnäherungen des Rayleigh-Quotienten-Iterationsverfahrens konvergieren sogar kubisch.

KOROLLAR 4.2.15: *Sei* $A\in M_n(\mathbb{R})$ *symmetrisch. Für den Startvektor* $x_o\in\mathbb{R}^n$ *mit* $\|x_o\|_2=1$ *sei* $(x_m)_{m\in\mathbb{N}}$ *die in Algorithmus 4.2.11 definierte Vektorfolge der modifizierten inversen Iteration, bei der stets* $\mu_m:=x_m^T A x_m$ *gewählt werde und bezüglich* $\|\cdot\|_2$ *normiert werde. Für die Residuen* $r_m:=(A-\mu_m I)x_m$ *gilt dann* $\|r_{m+1}\|_2\leq\|r_m\|_2$ *für alle* $m\in\mathbb{N}$.

BEWEIS: Zu zeigen ist lediglich $\|r_{m+1}\|_2\leq\|(A-\mu_m I)x_{m+1}\|_2$; die restlichen Argumente erfolgen dann wie im Beweis von Satz 4.2.14.
Es gilt aber $\|r_{m+1}\|_2=\|(A-\mu_{m+1}I)x_{m+1}\|_2\leq\|(A-\mu_m I)x_{m+1}\|_2$, da das lineare Ausgleichsproblem $\|-x_{m+1}\mu+Ax_{m+1}\|_2=\min!$ (bezüglich μ), dessen zugehörige Normalgleichung $x_{m+1}^T x_{m+1}\mu=x_{m+1}^T A x_{m+1}$ ist, durch μ_{m+1} gelöst wird (vgl. Abschnitt 1.4; siehe auch Lemma 4.4.4. □

Für nichtnormale Matrizen besitzen die Residuen diese Monotonie-Eigenschaft nicht. Hat die Matrix A etwa einige nahe beieinanderliegende Eigenwerte mit fast parallelen Eigenvektoren und ist μ eine Näherung an einen dieser "schlecht konditionierten" Eigenwerte, so hat häufig die erste Näherung x_1 der Grundform der inversen Iteration ein sehr kleines Residuum, während die Residuen der nachfolgenden Näherungen $x_2,x_3,\ldots$ relativ groß sind.

BEISPIEL 4.2.16: Die Matrix $A=\begin{bmatrix} 1 & 1 \\ 10^{-10} & 1 \end{bmatrix}$ hat die Eigenwerte $1+10^{-5}$ und $1-10^{-5}$ mit zugehörigen Eigenvektoren $(1,10^{-5})^T$ bzw. $(1,-10^{-5})^T$. $\mu=1-2\cdot 10^{-5}$ ist ein Eigenwert der Matrix $\begin{bmatrix} 1 & 1 \\ 4\cdot 10^{-10} & 1 \end{bmatrix}$ und daher eine hinreichend gute Näherung an einen Eigenwert von A bzgl. der Genauigkeit $\varepsilon=10^{-10}$.
Die folgende Tabelle zeigt die in Algorithmus 4.2.9 mit $\|\cdot\|_\infty$ und dem Startvektor $x_o=(0,1)^T$ in den ersten drei Iterationen auftretenden Größen bei exakter Rechnung.

x_o	y_1	x_1	r_1	y_2	x_2	r_2	y_3	x_3	r_3
0	$-\frac{1}{3}\cdot 10^{10}$	-1	0	$-\frac{4}{3}\cdot 10^{5}$	-1	$-\frac{3}{4}\cdot 10^{5}$	$-\frac{13}{12}\, 10^{5}$	-1	$-\frac{12}{13}\cdot 10^{-5}$
1	$\frac{2}{3}\cdot 10^{5}$	$2\cdot 10^{-5}$	$3\cdot 10^{-10}$	$\frac{5}{3}$	$\frac{5}{4}\cdot 10^{-5}$	$\frac{3}{2}\cdot 10^{-10}$	$\frac{7}{6}$	$\frac{14}{13}\cdot 10^{-5}$	$-\frac{15}{13}\cdot 10^{-10}$

Das erste Residuum ist von der Größenordnung 10^{-10}, die beiden nachfolgenden nur noch von der Größenordnung 10^{-5}. Die Größe von r_2 und r_3 erlaubt daher keine Entscheidung darüber, ob μ und x_2 bzw. μ und x_3 hinreichend gute Näherungen an ein Eigenpaar von A sind.

Aus diesem Grund berechnet man für eine nichtnormale Matrix A, falls μ eine hinreichend gute Näherung an einen Eigenwert von A ist, nur die erste Näherung x_1 mit der inversen Iteration. Ist dabei $\|y_1\|$ von der Größenordnung $1/\varepsilon$, für die gewünschte Genauigkeit ε, so ist nach (4.2.13) ja das Residuum von der Größenordnung ε und (μ,x_1) hinreichend genau. Ist $\|y_1\|$ nicht groß genug, so wählt man einen neuen Startvektor, meist einen auf x_o senkrecht stehenden, und führt die Berechnungen hiermit durch. Man erhält also folgendes Verfahren.

<u>ALGORITHMUS 4.2.17</u> (Inverse Iteration mit hinreichend genauer Eigenwertnäherung zur Bestimmung des zugehörigen Eigenvektors z einer nichtsymmetrischen Matrix):

Sei $A\in M_n(\mathbb{C})$ und μ eine hinreichend genaue Näherung an einen Eigenwert von A.

Schritt 1: Wähle einen Startvektor $x_o\in\mathbb{C}^n\setminus\{0\}$, setze $m:=0$. Wähle eine Schranke $M\in\mathbb{N}_+$ für die maximale Anzahl der Iterationen und eine Schranke $\varepsilon\in\mathbb{R}_+$ für die verlangte Genauigkeit.

Schritt 2: Löse $(A-\mu I)y_{m+1}=x_m$.

Schritt 3: Ist $\|y_{m+1}\|\geq\frac{1}{\varepsilon}$, so setze $z:=\frac{1}{\|y_{m+1}\|}y_{m+1}$ und höre auf ((μ,z) ist hinreichend genau).

Schritt 4: Ist $m\leq M$, so wähle einen von $x_o,\ldots,x_m$ verschiedenen neuen Startvektor x_{m+1}, setze $m:=m+1$ und fahre fort mit Schritt 2; sonst höre auf.

Für symmetrische Matrizen benutzt man zur Eigenvektorberechnung einige Schritte der Grundform der inversen Iteration, bis das Residuum klein genug ist.

Häufig stammt die Eigenwertnäherung μ von einem Verfahren, bei dem die Matrix A zunächst auf eine verdichtete Gestalt (Hessenberg-Gestalt bzw. Tridiagonalgestalt) mit möglichst vielen Null-Elementen transformiert wird. Dann benutzt man diese Transformierte zur Verringerung des Rechenaufwands auch bei der inversen Iteration. Den gesuchten Eigenvektor von A berechnet man dann durch Rücktransformation.

<u>Deflation</u>

Mit der Potenzmethode (Algorithmus 4.2.6) und der inversen Iteration (Algorithmus 4.2.9 oder Algorithmus 4.2.11) läßt sich für eine gegebene Matrix A nur ein einzelner Eigenwert mit zugehörigem Eigenvektor ermitteln. Weitere Eigenpaare kann man mit diesen Methoden erhalten, wenn man A in eine Matrix B überführt, deren Spektrum alle Eigenwerte von A außer dem bereits errechneten enthält.

Eine solche Abänderung nennt man Deflation. Zwei Beispiele mögen die bei diesem Vorgehen zugrundeliegenden Überlegungen verdeutlichen.

1. Deflation durch Ähnlichkeitstransformation: $A\in M_n(\mathbb{C})$ besitze die Eigenwerte $\lambda_1,\dots,\lambda_n$ und x_1 sei ein Eigenvektor zu λ_1. Ist H eine nichtsinguläre Matrix mit $Hx_1=ke_1$, so ist $HAH^{-1}e_1=\frac{1}{k}HAx_1=\frac{\lambda_1}{k}Hx_1=\lambda_1 e_1$, und $B:=HAH^{-1}$ hat die Gestalt

$B=\begin{bmatrix}\lambda_1 & b^H\\ 0 & C\end{bmatrix}$ mit $b\in\mathbb{C}^{n-1}$ und $C\in M_{n-1}(\mathbb{C})$. Da B ähnlich ist zu A, hat diese Matrix ebenfalls die Eigenwerte $\lambda_1,\dots,\lambda_n$ und man sieht (durch Entwicklung von $\det(B-\mu I)$ nach der ersten Spalte), daß die Matrix C gerade die Eigenwerte $\lambda_2,\dots,\lambda_n$ hat.
Sei (μ,z) ein Eigenpaar von C.
Falls $\mu\neq\lambda_1$ ist, so setze $\alpha:=\frac{b^Hz}{\mu-\lambda_1}$ und $y:=\begin{bmatrix}\alpha\\ z\end{bmatrix}$. Dann ist $By=\mu y$.
Falls $\mu=\lambda_1$ und $b^Hz=0$ ist, so setze $y:=\begin{bmatrix}0\\ z\end{bmatrix}$. Dann ist wieder $By=\mu y$. In beiden Fällen ist $(\mu,H^{-1}y)$ ein neues Eigenpaar von A.
Falls $\mu=\lambda_1$ und $b^Hz\neq0$ ist, so gilt für jedes $\alpha\in\mathbb{R}$ mit $y=\begin{bmatrix}\alpha\\ z\end{bmatrix}$: $By=\mu y+(b^Hz)e_1$, d.h. y bzw. $H^{-1}y$ ist ein Hauptvektor von B bzw. A zum Eigenwert μ.

Hat man also mit einem der Verfahren 4.2.6, 4.2.9 oder 4.2.11 eine hinreichend gute Näherung (λ,x) an ein Eigenpaar von A gefunden, so berechnet man zunächst eine nichtsinguläre Matrix H mit $Hx=ke_1$. Wie man diese Eliminationsaufgabe für unitäres H löst, ist in Abschnitt 2.5 beschrieben worden, für untere Dreiecksmatrizen H in Abschnitt 1.3 und Abschnitt 2.2. Man berechnet dann die untere Hauptabschnittsmatrix $C\in M_{n-1}(\mathbb{C})$ von HAH^{-1} und wendet hierauf das iterative Verfahren wieder an.

2. Deflation nach Wielandt: Seien $\lambda_1,\dots,\lambda_n$ die Eigenwerte der Matrix $A\in M_n(\mathbb{C})$, sei x_1 ein Eigenvektor zu λ_1 und $u\in\mathbb{C}^n$ ein Vektor, für den $u^Hx_1\neq0$ ist.
Die Matrix $B:=A-x_1u^H$ hat dann die Eigenwerte $\lambda_2,\lambda_3,\dots,\lambda_n$ und $\lambda_1-u^Hx_1$. Ist nämlich X eine nichtsinguläre Matrix, die A auf Jordanform $J=X^{-1}AX$ transformiert und deren erste Spalte gerade der Vektor x_1 ist, so hat man ja $X^{-1}x_1=e_1$, und λ_1 ist das erste Diagonalelement von J. Es ist dann $X^{-1}B=X^{-1}A-X^{-1}x_1u^H=(J-e_1u^HX)X^{-1}$, d.h. B ist ähnlich zur oberen Dreiecksmatrix $J-e_1u^HX$, die sich von J nur in der ersten Zeile unterscheidet. Es wird dort nämlich gerade $(u^Hx_1,u^Hx_2,\dots,u^Hx_n)$ subtrahiert, wobei x_i jeweils der i-te Spaltenvektor von X ist.
Liefert also die Potenzmethode oder die inverse Iteration das Eigenpaar (λ_1,x_1) von A, so wendet man das entsprechende Verfahren nun auf die Matrix $B=A-x_1u^H$ an, wobei man den Vektor u so wählt, daß dabei ein weiterer Eigenwert von A berechnet wird. Bei der Potenzmethode zum Beispiel wird man u so wählen, daß $\lambda_1-u^Hx_1$ null ist, und speziell für reellsymmetrisches A und $\|x_1\|_2=1$ wird man $u=\lambda_1x_1$

wählen, denn dann ist $B=A-\lambda_1 x_1 x_1^T$ wieder symmetrisch, und es bleiben beim Übergang zu B alle Eigenvektoren erhalten. J ist dann ja eine Diagonalmatrix mit den Diagonalelementen $\lambda_1,\ldots,\lambda_n$, und die Spaltenvektoren von X sind gerade entsprechende Eigenvektoren, für die $x_1^T x_i=0$ ist für $i\neq 1$. Daher entsteht $J-e_1 u^H X$ aus J in diesem Fall dadurch, daß das erste Diagonalelement von J durch null ersetzt wird, und die Spaltenvektoren von X sind entsprechende Eigenvektoren.
Dieser Spezialfall geht auf einen früheren Vorschlag zur Deflation von Hotelling zurück.

Simultane Iteration

Sind p Eigenwerte einer Matrix $A\in M_n(\mathbb{C})$ mit zugehörigem Eigenraum gesucht (etwa die p größten, kleinsten oder einem gegebenen Wert σ am nächsten liegenden Eigenwerte), so ist es naheliegend, diese Werte gleichzeitig und nicht nacheinander zu ermitteln.
Startet man mit einer Matrix $X_o\in M_{n,p}(\mathbb{C})$ mit p linear unabhängigen Spaltenvektoren $x_1^{(o)},\ldots,x_p^{(o)}$ die Potenzmethode oder die inverse Iteration, so muß man natürlich dafür sorgen, daß die iterierten Vektoren $x_1^{(k)},\ldots,x_p^{(k)}$ nicht alle gegen ein Vielfaches des dominanten Eigenvektors konvergieren. Das kann man zum Beispiel dadurch erreichen, daß man sie stets mit dem modifizierten Gram-Schmidt-Verfahren orthonormiert. Da man in jedem Iterationsschritt einen p-dimensionalen Teilraum erzeugt (aufgespannt durch $x_1^{(k)},\ldots,x_p^{(k)}$), nennt man solche Methoden auch Unterraum-Iteration. Sie finden ihre Anwendung dann, wenn das betrachtete Eigenwertproblem so großdimensional ist, daß jeweils nur wenige Vektoren im Speicher des Rechners gehalten werden können, oder wenn es sich um nahe beieinanderliegende Eigenwerte handelt, die so gut von den restlichen getrennt sind, daß nur sehr wenige Schritte des Verfahrens nötig sind, um eine gute Näherung zu erhalten.

Hinweise

Neben den beiden Büchern von Householder [134] und Wilkinson [309], die eine Reihe von Aspekten der Potenzmethode behandeln, sind für dieses recht alte Verfahren der numerischen linearen Algebra (s. von Mises & Pollaczek-Geiringer [299]) die Bücher von Zurmühl [321] und Faddejew & Faddejewa [85] zu nennen. Letzteres behandelt ausführlich die möglichen Fälle, die für einen betragsgrößten Eigenwert auftreten können.
Die inverse Iteration wird häufig Wielandt [306] zugeschrieben; ein ALGOL-Programm enthält Peters & Wilkinson [215]. Das Verhalten der inversen Iteration bezüglich der auftretenden fast singulären Gleichungssysteme und eine Beziehung zum Newton-Verfahren wird von Peters & Wilkinson [219] beschrieben (s. auch Wilkinson [314], [315]). Ruhe & Wiberg [237] verwenden zur Lösung der auftretenden Gleichungssysteme das Verfahren der konjugierten Gradienten.

Die Rayleigh-Quotienten-Iteration geht auf Ostrowski [194] zurück; weitere Untersuchungen zur Konvergenz und zur Monotonie der Residuen finden sich bei Parlett & Kahan [208], Parlett [205] und Concer & Lambert [56], eine ausführliche Beschreibung bei Parlett [206] (u.a. ein Beweis des kubischen Konvergenzverhaltens).
Die Deflationstechniken werden in Wilkinson [309] beschrieben und analysiert; ältere Arbeiten sind Hotelling [131] und Householder [133]. Von Bauer [14] stammt der erste Beitrag zur simultanen Iteration; seit den Arbeiten von Rutishauser [240], [241] gibt es eine Reihe von Modifikationen und Verbesserungen: Stewart [266], [275], [277], Clint & Jennings [52], [53], Jennings & Stewart [142], Corr & Jennings [59] und McCormick & Noe [176].

4.3 JACOBI-VERFAHREN

Das Jacobi-Verfahren transformiert eine gegebene symmetrische Matrix mit einer unendlichen Folge von orthogonalen Ähnlichkeitsformationen in eine Diagonalmatrix. In einem Iterationsschritt wird jeweils ein Paar von Nichtdiagonalelementen annulliert; je nach Auswahl dieser Elemente unterscheidet man das klassische Verfahren, spezielle zyklische Verfahren und die Schwellenmethode. Durch die Verwendung der Technik der schnellen Givens-Rotationen läßt sich der Rechenaufwand etwa auf die Hälfte reduzieren.

Das Jacobi-Verfahren ist eines der ältesten numerischen Verfahren zur Lösung des vollständigen Eigenwertproblems bei symmetrischen Matrizen. Es war bis zur Einführung der heute meistgebrauchten Methode, des QR-Algorithmus, in seiner Anwendung weit verbreitet; es hat aber auch weiterhin wegen seiner Einfachheit und Zuverlässigkeit grundsätzliche Bedeutung und eignet sich für Matrizen kleiner Ordnung, insbesondere wenn auch alle Eigenvektoren gesucht sind.

Sei $A \in M_n(\mathbb{R})$ symmetrisch. Beim Jacobi-Verfahren wird eine orthogonale Matrix U, für die U^TAU Diagonalgestalt besitzt (vgl. Korollar 1.6.4), als (im allgemeinen unendliches) Produkt von Givens-Rotationen $G_{ij}(\alpha)$ aufgebaut (vgl. (2.5.9); $G_{ij}(\alpha)$ wird in diesem Zusammenhang auch Jacobi-Rotation genannt); die Matrix A wird dadurch iterativ in eine Diagonalmatrix übergeführt. Man setzt $A_o:=A$ und bestimmt für $k \in \mathbb{N}$ die sogenannten <u>Pivotindizes</u> i_k und j_k mit $i_k<j_k$ und einen Winkel α_k, so daß in der Matrix $G_{i_kj_k}(\alpha_k)A_kG_{i_kj_k}(\alpha_k)^T$ das Element in der Position (i_k,j_k), das sogenannte <u>Pivotelement</u>, verschwindet. Dann verschwindet wegen der Symmetrie auch das Element in der Position (j_k,i_k). Mit der Abkürzung $Q_k:=G_{i_kj_k}(\alpha_k)$ besteht ein Schritt des Jacobi-Verfahrens in der Bildung von $A_{k+1}=Q_kA_kQ_k^T$.
Verschiedene Varianten des Jacobi-Verfahrens unterscheiden sich in der Vorschrift zur Bestimmung des jeweiligen Pivotelementes:
a) Beim <u>klassischen Jacobi-Verfahren</u> wird in jedem Schritt ein betragsgrößtes Nichtdiagonalelement der aktuellen Matrix A_k als Pivotelement gewählt.

b) Bei den beiden <u>speziellen zyklischen Jacobi-Verfahren</u> werden zur Vermeidung der recht aufwendigen Suche nach einem jeweils maximalen Element zeilenweise oder spaltenweise nacheinander die Elemente oberhalb der Diagonalen als Pivotelemente gewählt, d.h. in der Reihenfolge
(1,2), (1,3),...,(1,n), (2,3),...,(n-2,n-1), (n-2,n), (n-1,n), (1,2), (1,3), usw., oder entsprechend spaltenweise.

c) Die <u>Schwellenmethode</u> (<u>"threshold"-Methode</u>) ist eine Variante von allgemeinen zyklischen Jacobi-Verfahren. Man gibt sich eine beliebige Reihenfolge (nicht notwendig zeilen- oder spaltenweise) vor, in der man die Positionen oberhalb der Diagonalen zyklisch durchlaufen will, sowie eine streng monoton fallende Nullfolge von Schranken. In der gewählten Reihenfolge werden nun die jeweiligen Elemente oberhalb der Diagonalen als Pivotelemente gewählt, sofern sie größer sind als die aktuelle Schranke. Ist in einem ganzen Zyklus keines der Nichtdiagonalelemente größer als die aktuelle Schranke, so geht man zur nächsten Schranke über.

Im folgenden verwenden wir den Ausdruck "das Jacobi-Verfahren", wenn eine weitergehende Unterscheidung zwischen diesen Varianten nicht erforderlich ist.

Die bei der Bildung von A_{k+1} in den Positionen (i_k,j_k) und (j_k,i_k) erzeugten Nullen bleiben im allgemeinen in den weiteren Schritten nicht erhalten. Es läßt sich jedoch für alle erwähnten Verfahren zeigen, daß die Matrizenfolge $(A_k)_{k\in\mathbb{N}}$ gegen eine Diagonalmatrix konvergiert und daß die Folge der orthogonalen Matrizen $(U_k)_{k\in\mathbb{N}}$, $U_k:=Q_kQ_{k-1}\ldots Q_o$, die man durch Aufmultiplizieren der Rotationsmatrizen erhält, gegen eine orthogonale Matrix U von Eigenvektoren konvergiert, falls die Eigenwerte verschieden sind (sonst findet man in den entsprechenden Spalten von U^T eine Orthonormalbasis für den zugehörigen Eigenraum).
Abschätzungen dafür, wie weit die Diagonalelemente einer Iterierten A_k von den Eigenwerten von A höchstens entfernt sind, erhält man leicht mit Hilfe des Satzes von Gerschgorin (s. Satz 1.8.16) und mit Satz 1.8.20. Hat man eine Abschätzung für die Trennung der Eigenwerte voneinander, so lassen sich Fehlerabschätzungen auch für die Eigenvektornäherungen angeben.
Bei üblichem Vorgehen sind bei der Berechnung von A_{k+1} aus A_k unter Ausnutzung der Symmetrie etwa 4n Multiplikationen erforderlich. Durch Anwendung der Technik der schnellen Givens-Rotationen (vgl. Abschnitt 2.5) läßt sich der Rechenaufwand etwa halbieren.

<u>Berechnungen in einem Schritt des Jacobi-Verfahrens</u>

Sind für einen Schritt des Verfahrens die Pivotindizes i und j festgelegt, so ist der Drehwinkel α zu bestimmen, und die Transformation $A_{k+1}=Q_kA_kQ_k^T$ ist auszuführen. Die Suche nach dem maximalen Element beim klassischen Verfahren kann man vereinfachen, indem man sich in zwei zusätzlichen Vektoren der Länge n für jede Zeile den Betrag des größten Elementes und seinen Spaltenindex notiert. Da bei einer Rotation sich jeweils nur zwei Zeilen und Spalten ändern, kann man dann mit wesentlich weniger Aufwand als den sonst üblichen $n(n-1)/2$ Vergleichen die beiden Vektoren aktualisieren.

Zur Vereinfachung schreiben wir A statt A_k, $\tilde{A}$ statt A_{k+1}, lassen für alle auftretenden Größen die Schrittindizierung k fort und setzen $c:=\cos\alpha$, $s:=\sin\alpha$. Damit ist $\tilde{A}=G_{ij}(\alpha)AG_{ij}(\alpha)^T$, und man erhält für die sich ändernden Elemente:

$$(4.3.1\ a)\quad \begin{aligned} \tilde{a}_{ip} &= ca_{ip}+sa_{jp} \\ \tilde{a}_{jp} &= -sa_{ip}+ca_{jp} \\ \tilde{a}_{qi} &= ca_{qi}+sa_{qj} \\ \tilde{a}_{qj} &= -sa_{qi}+ca_{qj} \end{aligned} \quad \text{für } p,q\in\{1,\ldots,n\}\setminus\{i,j\}$$

sowie

$$(4.3.1\ b)\quad \begin{aligned} \tilde{a}_{ii} &= c(ca_{ii}+sa_{ji})+s(ca_{ij}+sa_{jj}) \\ \tilde{a}_{jj} &= -s(-sa_{ii}+ca_{ji})+c(-sa_{ij}+ca_{jj}) \\ \tilde{a}_{ij} &= -s(ca_{ii}+sa_{ji})+c(ca_{ij}+sa_{jj}) \\ \tilde{a}_{ji} &= c(-sa_{ii}+ca_{ji})+s(-sa_{ij}+ca_{jj}) \end{aligned}$$

Die Forderung $\tilde{a}_{ij}=\tilde{a}_{ji}=0$ führt auf die Bedingung $a_{ij}(c^2-s^2)+sc(a_{jj}-a_{ii})=0$, bzw. nach Umformung mittels $\cos 2\alpha=c^2-s^2$ und $\sin 2\alpha=2sc$ auf

$$(4.3.2)\qquad \cot 2\alpha = \frac{a_{ii}-a_{jj}}{2a_{ij}},$$

sofern $a_{ij}\neq 0$ ist (falls $a_{ij}=0$ ist, so ist keine Drehung erforderlich; diesen Fall kann man daher ausschließen). Im Intervall $]-\frac{\pi}{4},\frac{\pi}{4}]$ gibt es genau einen Winkel α, der der Gleichung (4.3.2) genügt. Es ist jedoch nicht erforderlich, diesen Winkel explizit zu bestimmen, denn zur Berechnung von $\tilde{A}$ genügt es, die Größen c und s zu kennen. Diese erhält man folgendermaßen:

$$(4.3.3)\quad \begin{aligned} &\text{Bilde} && \tau := |a_{ii}-a_{jj}| \\ &\text{und} && \sigma := \begin{cases} 2a_{ij}\,\mathrm{sgn}(a_{ii}-a_{jj}), & \text{falls } a_{ii}\neq a_{jj} \\ 2a_{ij}\,\mathrm{sgn}(a_{ij}), & \text{falls } a_{ii}=a_{jj} \end{cases}, \\ &\text{Berechne} && c := \sqrt{\frac{1}{2}\left(1+\frac{\tau}{\sqrt{\tau^2+\sigma^2}}\right)} \\ &\text{und} && s := \frac{\sigma}{2c\sqrt{\tau^2+\sigma^2}}. \end{aligned}$$

Man verifiziert durch Einsetzen, daß $c^2+s^2=1$ ist und daß (4.3.2) erfüllt ist.

Ferner ist $c\geq\sqrt{\frac{1}{2}}$, und falls $c^2=s^2$ ist, so haben c und s gleiches Vorzeichen. Daher liegt der entsprechende Winkel α im Intervall $]-\frac{\pi}{4},\frac{\pi}{4}]$, abgesehen von 2π-periodischen Verschiebungen. Im folgenden wird stets diese Lösung verwendet, die auch gegen Rundungsfehler weitgehend unanfällig ist.

Konvergenz des Jacobi-Verfahrens

Wir zeigen nun, daß die beim klassischen Jacobi-Verfahren erzeugte Matrizenfolge $(A_k)_{k\in\mathbb{N}}$ gegen eine Diagonalmatrix konvergiert.

SATZ 4.3.1: *Sei* $A\in M_n(\mathbb{R})$ *symmetrisch. Sei* $(A_k)_{k\in\mathbb{N}}$ *die beim klassischen Jacobi-Verfahren erzeugte Folge, d.h.* $A_o:=A$ *und* $A_{k+1}:=Q_kA_kQ_k^T$ *für* $k\in\mathbb{N}$, *wobei in* $Q_k=Q_k(\alpha,i,j)$ *die Indizes* i *und* j *und der Winkel* $\alpha\in]-\frac{\pi}{4},\frac{\pi}{4}]$ *so gewählt werden, daß* $a_{ij}^{(k)}=\max\limits_{\substack{p,q\in\{1,\dots,n\}\\ p<q}}|a_{pq}^{(k)}|$ *und* $a_{ij}^{(k+1)}=0$ *ist. Dann konvergiert die Folge* $(A_k)_{k\in\mathbb{N}}$ *gegen eine Diagonalmatrix.*

BEWEIS: Es wird zunächst gezeigt, daß die Nichtdiagonalelemente gegen null konvergieren. Definiere dazu für eine Matrix C die Halbnorm

$G(C):=(\sum\limits_{p=1}^{n}\sum\limits_{\substack{q=1\\ p\neq q}}^{n}|c_{pq}|^2)^{1/2}$. Da die Frobenius-Norm $\|C\|_F:=(\sum\limits_{p=1}^{n}\sum\limits_{q=1}^{n}|c_{pq}|^2)^{1/2}$ gegenüber orthogonalen Transformationen invariant ist (vgl. Lemma 1.8.3), gilt für alle $k\in\mathbb{N}$

$$(4.3.4)\quad G^2(A_{k+1})+\sum_{\ell=1}^{n}|a_{\ell\ell}^{(k+1)}|^2=\|A_{k+1}\|_F=\|A_k\|_F=G^2(A_k)+\sum_{\ell=1}^{n}|a_{\ell\ell}^{(k)}|^2.$$

Es ist außerdem

$$(4.3.5)\quad |a_{ii}^{(k)}|^2+|a_{jj}^{(k)}|^2+2|a_{ij}^{(k)}|^2=|a_{ii}^{(k+1)}|^2+|a_{jj}^{(k+1)}|^2+2|a_{ij}^{(k+1)}|^2,$$

denn diese Elemente in A_k und A_{k+1} gehen durch orthogonale Ähnlichkeitstransformation mit $\begin{bmatrix} c & s\\ -s & c\end{bmatrix}$ auseinander hervor. Da sich die Diagonalen von A_k und A_{k+1} nur in den i-ten und j-ten Elementen unterscheiden und $a_{ij}^{(k+1)}=0$ ist, folgt aus (4.3.4) und 4.3.5)

$$(4.3.6)\quad G^2(A_{k+1})=G^2(A_k)-2|a_{ij}^{(k)}|^2.$$

Nun ist $|a_{ij}^{(k)}|^2$ stets größer als der durchschnittliche Betrag der Quadrate der Nichtdiagonalelemente von A_k, also $|a_{ij}^{(k)}|^2\geq G^2(A_k)/(n^2-n)$. Wegen (4.3.6) gilt somit für alle $k\in\mathbb{N}$

$$(4.3.7)\quad G^2(A_{k+1})\leq G^2(A_k)-\frac{2}{n^2-n}G^2(A_k)=\frac{n^2-n-2}{n^2-n}G^2(A_k)\leq(\frac{n^2-n-2}{n^2-n})^{k+1}G^2(A).$$

Da $d:=(n^2-n-2)/(n^2-n)$ unabhängig von k und kleiner als 1 ist, folgt die Konvergenz der Nichtdiagonalelemente gegen null.

Es bleibt zu zeigen, daß die Diagonalelemente gegen die Eigenwerte von A konvergieren. Bei einem Iterationsschritt ändern sich auf der Diagonalen nur die Elemente der Pivotzeile und -spalte. Seien also wieder i und j die Pivotindizes von A_k. Dann gilt nach (4.3.1 b) unter Berücksichtigung von $a_{ij}^{(k+1)}=0$ und $|\alpha|\le\frac{\pi}{4}$:

$$|a_{ii}^{(k+1)}-a_{ii}^{(k)}|=|c^2a_{ii}^{(k)}+2sc\,a_{ij}^{(k)}+s^2a_{jj}^{(k)}-a_{ii}^{(k)}|=|s^2(a_{jj}^{(k)}-a_{ii}^{(k)})+2sc\,a_{ij}^{(k)}|$$

$$=|s^2(a_{ij}^{(k)}\frac{s^2-c^2}{cs})+2sc\,a_{ij}^{(k)}|=|\frac{s}{c}|\,|a_{ij}^{(k)}|\le|a_{ij}^{(k)}|.$$

Analog erhält man $|a_{jj}^{(k+1)}-a_{jj}^{(k)}|\le|a_{ij}^{(k)}|$. Aus dem ersten Teil des Beweises hat man aber $|a_{ij}^{(k)}|\le(\sqrt{d})^kG(A)$.

Somit ist für beliebiges $m\in\mathbb{N}_+$ und $p\in\{1,\ldots,n\}$

$$|a_{pp}^{(k)}-a_{pp}^{(k+m)}|\le\sum_{\ell=0}^{m}(\sqrt{d})^{k+\ell}G(A)\le\frac{(\sqrt{d})}{1-\sqrt{d}}G(A),$$ d.h. $(a_{pp}^{(k)})_{k\in\mathbb{N}}$ ist eine Cauchy-Folge;

die Folge $(A_k)_{k\in\mathbb{N}}$ konvergiert also gegen eine Diagonalmatrix, die wegen der Ähnlichkeit aller A_k zu A die Eigenwerte von A enthält. □

Der Beweis zeigt, daß es zur Konvergenz genügt, das jeweilige $G^2(A_k)$ um einen festen Bruchteil $t\cdot G^2(A_k)$ mit $t\in]0,1[$ zu vermindern, z.B. durch Annullierung eines entsprechenden Elements. Er zeigt ferner, daß aus der Konvergenz der Nichtdiagonalelemente gegen null und der Restriktion des Rotationswinkels die Konvergenz der Diagonalelemente folgt. Bei einem Konvergenzbeweis für die beiden anderen Varianten, der speziellen zyklischen Verfahren und der Schwellenmethode, muß daher nur die Konvergenz der Nichtdiagonalelemente gezeigt werden. Für den Konvergenzbeweis der speziellen zyklischen Verfahren verweisen wir auf die Literatur. Es ist eine offene Frage, ob zyklische Verfahren mit einer beliebigen Reihenfolge der Pivotelemente konvergent sind.

Bei der Schwellenmethode ist jede Reihenfolge zulässig, weil für einen festen Schwellenwert wegen der Monotonie der G_k^2 sich diese jeweils um einen festen Bruchteil verringern. In der Praxis hat sich das zyklische Verfahren mit zeilenweisem Vorgehen, kombiniert mit der Schwellenmethode (ggf. nur in den ersten drei bis vier Zyklen) durchgesetzt.

Durch Aufmultiplikation der Rotationsmatrizen Q_k erhält man mit dem Jacobi-Verfahren auch Näherungen für die Eigenvektoren. Die Folge der Produktmatrizen $U_k=Q_kQ_{k-1}\cdots Q_o$, $k\in\mathbb{N}$, konvergiert zwar nicht notwendig gegen eine feste Matrix, der Abstand der Spalten der U_k^T zu entsprechenden Eigenräumen strebt jedoch gegen null.

<u>SATZ 4.3.2</u>: *Seit* $A\in M_n(\mathbb{R})$ *symmetrisch. Die beim Jacobi-Verfahren erzeugte Folge* $A_o:=A$, $A_{k+1}:=Q_kA_kQ_k^T$ *für* $k\in\mathbb{N}$, *konvergiere gegen die Diagonalmatrix* $\Lambda=\mathrm{diag}(\lambda_1,\ldots,\lambda_n)$. *Für* $k\in\mathbb{N}$ *sei* $U_k:=Q_kQ_{k-1}\cdots Q_1Q_o$ *das Produkt der verwendeten*

Rotationsmatrizen; für $j\in\{1,\dots,n\}$ *sei* $u_j^{(k)}$ *die j-te Spalte von* U_k^T, λ_j *sei ein Eigenwert von* A *der Vielfachheit* n_j, E_j *sei der von den zu* λ_j *gehörigen Eigenvektoren aufgespannte Raum. Dann gilt* $\lim_{k\to\infty}\inf_{v\in E_j}\|u_j^{(k)}-v\|_2=0$.

BEWEIS: Für alle $k\in\mathbb{N}$ gilt $AU_k^T=U_k^TA_{k+1}$. Für die j-te Spalte von U_k^T bedeutet dies $Au_j^{(k)}=u_j^{(k)}a_{jj}^{(k+1)}+r_j^{(k)}$, wobei $(r_j^{(k)})_i:=\sum_{\ell=1,\ell\neq j}^{n} a_{\ell j}^{(k+1)}(u_\ell^{(k)})_i$ für $i\in\{1,\dots,n\}$ ist. Da die Elemente $a_{\ell j}^{(k+1)}$ für $\ell\neq j$ gegen null konvergieren und die $u_\ell^{(k)}$ Vektoren der Länge 1 sind, gilt $\lim_{k\to\infty}(r_j^{(k)})_i=0$ für $i\in\{1,\dots,n\}$.

Außerdem ist ja $\lim_{k\to\infty}a_{jj}^{(k)}=\lambda_j$. Daher gibt es $k_o\in\mathbb{N}$ und $\delta\in\mathbb{R}_+$, so daß $|a_{jj}^{(k)}-\lambda|\geq\delta$ ist für alle $k\in\mathbb{N}$ mit $k\geq k_o$ und für alle Eigenwerte λ, die ungleich λ_j sind. Anwendung von Satz 1.8.18 ergibt daher für alle $k\in\mathbb{N}$ mit $k\geq k_o$

$$\inf_{v\in E_j}\|u_j^{(k)}-v\|_2\leq\frac{\|r_j^{(k)}\|_2}{\delta}. \tag{4.3.8}$$

Mit $\lim_{k\to\infty}\|r_j^{(k)}\|_2=0$ folgt die Behauptung. □

<u>Fehlerabschätzung für die Eigenwerte und Eigenvektoren beim Jacobi-Verfahren</u>

Zusammen mit einer Abschätzung für die Eigenwerte läßt sich Satz 1.8.18 auch zur Fehlerabschätzung für die Eigenvektornäherungen verwenden. Eine Abschätzung für die Eigenwerte erhält man leicht mit Hilfe des Satzes von Gerschgorin (s. Satz 1.8.16). Ist zum Beispiel ein Gerschgorinkreis um ein Diagonalelement $a_{jj}^{(k+1)}$ isoliert, ist also der entsprechende Eigenwert einfach, so steht ein passendes δ mit $|\lambda-\lambda_j|\geq\delta$ für alle Eigenwerte ungleich λ_j bereits zur Verfügung, und es gilt die Abschätzung (4.3.8) mit $r_j^{(k)}=Au_j^{(k)}-a_{jj}^{(k+1)}u_j^{(k)}$.

Diese letzte Größe läßt sich sogar für alle Spalten von U_k^T gleichzeitig abschätzen, ohne daß man U_k^T explizit berechnet. Bildet man nämlich die Matrix R_k aus den Spalten $r_j^{(k)}$ und bezeichnet D_{k+1} die mit der Diagonalen von A_{k+1} gebildete Diagonalmatrix, so gilt $R_k=AU_k^T-U_k^TD_{k+1}$ und somit $R_kU_k=A-U_k^TD_{k+1}U_k=$ $=U_k^TA_{k+1}U_k-U_k^TD_{k+1}U_k$. Wegen der Invarianz der Frobenius-Norm gegenüber orthogonalen Transformationen gilt daher

$$\|R_k\|_F=\|A_{k+1}-D_{k+1}\|_F=G(A_{k+1}),$$

so daß man in (4.3.8) $\|r_j^{(k)}\|_2$ global durch $G(A_{k+1})$ ersetzen kann.

Auch für die Eigenwerte erhält man solch eine globale Abschätzung. Für die Abweichung der Diagonalelemente von A_k von den Eigenwerten $\lambda_1,\dots,\lambda_n$ von A gilt nämlich nach Satz 1.8.20 bei geeigneter Numerierung der λ_i

$$|a_{ii}^{(k)}-\lambda_i|\leq G(A_k)\quad\text{für } i\in\{1,\dots,n\}.$$

Zur Konvergenzgeschwindigkeit beim Jacobi-Verfahren

Der Abschätzung (4.3.7) für das klassische Jacobi-Verfahren entnehmen wir, daß, ausgehend von einer Matrix A_M, nach $N=n(n-1)/2$ Rotationen, die einem vollen Zyklus des zyklischen Verfahrens entsprechen würden, sich die Beziehung

$$G(A_{M+N}) \leq (\sqrt{d})^N G(A_M)$$

ergibt. Es kann jedoch sowohl für das klassische wie für das zyklische Jacobi-Verfahren gezeigt werden, falls A n verschiedene Eigenwerte $\lambda_1,\ldots,\lambda_n$ besitzt und für $\delta := \min\limits_{i,j\in\{1,\ldots,n\},i\neq j} |\lambda_i-\lambda_j|$ und ein $M\in\mathbb{N}$ gilt $\delta-\sqrt{2}G(A_M)>0$, daß die Konvergenz quadratisch ist, d.h. daß gilt

$$G(A_{M+N}) \leq K\frac{1}{\delta-\sqrt{2}G(A_M)}G^2(A_M).$$

Dabei ist $K:=\sqrt{\frac{n}{2}-1}$ beim klassischen und $K:=\frac{n}{2}\sqrt{n-2}$ beim zyklischen Verfahren (siehe Schönhage [248], [249], Wilkinson [308] und van Kempen [289], [290]). Ähnliches gilt, wenn höchstens doppelte Eigenwerte auftreten. Die entsprechenden Diagonalelemente konvergieren sogar schneller, falls mehrfache Eigenwerte auftreten (siehe Schönhage [249] und Parlett [206]).

Schnelle Givens-Rotationen beim Jacobi-Verfahren

Ebenso wie bei der Berechnung des Faktors Q einer QR-Zerlegung als Produkt von Givens-Rotationen (vgl. Abschnitt 2.5, insbesondere Algorithmus 2.5.10) kann man auch zur Durchführung der Ähnlichkeitstransformationen beim Jacobi-Verfahren durch geeignete Faktorisierung der Rotationsmatrizen und der iterierten Matrizen den Rechenaufwand verringern.

Zur Faktorisierung $G_{ij}(\alpha)=\tilde{D}F_{ij}D^{-1}$ der Rotationsmatrizen (vgl. (2.5.12)) verwenden wir hier die Variante (2.5.13), a):

$$(4.3.9)\quad \begin{aligned} &\tilde{d}_i=cd_i,\ \tilde{d}_j=cd_j,\ \tilde{d}_k=d_k \text{ für } k\notin\{i,j\},\\ &f_{ii}=f_{jj}=1,\ f_{ij}=\frac{d_js}{d_ic},\ f_{ji}=\frac{-d_is}{d_jc}. \end{aligned}$$

Gegenüber dem Vorgehen in Abschnitt 2.5 ist hier lediglich die Bestimmung von i,j und α verschieden, und statt der einfachen Multiplikation wird eine Ähnlichkeitstransformation durchgeführt.

Zur Berechnung der Folge $A_0:=A$, $A_{k+1}:=Q_kA_kQ_k^T$ in faktorisierter Form bildet man die beiden Folgen $(D_k)_{k\in\mathbb{N}}$ und $(B_k)_{k\in\mathbb{N}}$ folgendermaßen:

Setze $D_0:=I$ und $B_0:=A$ (es ist also $A_0=D_0B_0D_0$);
berechne für $k\in\mathbb{N}$ aus B_k und D_k die Faktoren

$$D_{k+1} \text{ und } F_k$$

einer Zerlegung $Q_k=D_{k+1}F_kD_k^{-1}$ und bilde

$$B_{k+1}:=F_kB_kF_k^T.$$

Aus $A_k=D_kB_kD_k$ folgt dann

$$A_{k+1}=Q_kA_kQ_k^T=(D_{k+1}F_kD_k^{-1})(D_kB_kD_k)(D_{k+1}F_kD_k^{-1})^T$$
$$=D_{k+1}(F_kB_kF_k^T)D_{k+1}=D_{k+1}B_{k+1}D_{k+1}.$$

Die Aufmultiplikation der Rotationsmatrizen vereinfacht sich ebenfalls wieder; es ist $U_k:=Q_kQ_{k-1}\ldots Q_o=(D_{k+1}F_kD_k^{-1})(D_kF_{k-1}D_{k-1}^{-1})\ldots(D_1F_oD_o^{-1})$

$$=D_{k+1}F_kF_{k-1}\ldots F_1F_o.$$

Wir beschreiben nun genauer, wie die Matrizen $\tilde{D}$,D und F_{ij}, welche $G_{ij}=\tilde{D}F_{ij}D^{-1}$ erfüllen, berechnet werden (wir betrachten wieder wie in (4.3.1)-(4.3.3) den Übergang $A\to\tilde{A}=G_{ij}AG_{ij}^T$ bzw. $D\to\tilde{D}$ und $B\to\tilde{B}=F_{ij}BF_{ij}^T$). (4.3.3) beschreibt, wie die beiden wesentlichen Elemente c und s von G_{ij} in Abhängigkeit der Elemente von A berechnet werden können. Eine direkte Übertragung erhält man, indem man dort jeweils $a_{k\ell}$ durch $d_kb_{k\ell}d_\ell$ ersetzt und die Formeln (4.3.9) zur Bestimmung von D und F_{ij} verwendet.

Eine Modifikation erlaubt es aber wiederum, nur mit den Quadraten der Diagonalmatrizen zu rechnen: Es ist

$\tau = |d_i^2b_{ii}-d_j^2b_{jj}|$, und mit

$$\tilde{\sigma}:=\begin{cases}2b_{ij}\,\mathrm{sgn}(d_i^2b_{ii}-d_j^2b_{jj}), & \text{falls } d_i^2b_{ii}\neq d_j^2b_{jj}\\ 2b_{ij}\,\mathrm{sgn}(b_{ij}), & \text{falls } d_i^2b_{ii}=d_j^2b_{jj}\end{cases} \quad \text{gilt dann}$$

$c=\sqrt{\frac{1}{2}\left(1+\frac{\tau}{\sqrt{\tau^2+\tilde{\sigma}^2d_i^2d_j^2}}\right)}$. Definiert man

$\tilde{s}:=\frac{\tilde{\sigma}}{2c\sqrt{\tau^2+\tilde{\sigma}^2d_i^2d_j^2}}$, so folgt

$$\tilde{s}=\frac{s}{d_id_j},\quad f_{ij}=\frac{d_js}{d_ic}=d_j^2\frac{\tilde{s}}{c} \text{ und } f_{ji}=-\frac{d_is}{d_jc}=-d_i^2\frac{\tilde{s}}{c};\quad \tilde{d}_i^2=c^2d_i^2 \text{ und } \tilde{d}_j^2=c^2d_j^2.$$

Man benötigt also nur die beiden Faktoren

$$\text{(4.3.10)}\qquad \frac{\tilde{s}}{c}=\frac{\tilde{\sigma}}{\sqrt{\tau^2+\tilde{\sigma}^2d_i^2d_j^2}+\tau},\qquad c^2=\frac{1}{2}\left(1+\frac{\tau}{\sqrt{\tau^2+\tilde{\sigma}^2d_i^2d_j^2}}\right).$$

Da stets $c^2\geq\frac{1}{2}$ ist und während der fortgeschrittenen Rotationen c^2 annähernd 1 ist, ist die Gefahr einer zu starken Verkleinerung der Diagonalelemente der D_k^2 gering; gegebenenfalls muß man eine Skalierung vornehmen.

Durch die Technik der schnellen Givensrotationen verringert sich der Aufwand für eine Transformation also von etwa 4n Multiplikationen auf etwa 2n Multiplikationen. Falls man auch die Eigenvektormatrix berechnet, so tritt noch einmal dieselbe Ersparnis ein. Geht man von einer durch Beispielrechnungen ermittelten durchschnittlich erforderlichen Anzahl von sieben Zyklen aus (ε=eps,eps Maschinengenauigkeit), so benötigt man bei der schnelleren Methode etwa $14n^3$ Multiplikationen zur Lösung des vollständigen Eigenwertproblems.

ALGORITHMUS 4.3.3 (Jacobi-Verfahren zur Bestimmung der Eigenwerte und Eigenvektoren einer symmetrischen Matrix (Schwellenmethode, unter Verwendung schneller Givens-Rotationen)):

Sei $A \in M_n(\mathbb{R})$ symmetrisch.

Schritt 1: Setze $B:=A$, $D^2:=\text{diag}(d_1^2,\ldots,d_n^2):=I$, $U:=I$, $k:=0$ und wähle eine Genauigkeitsschranke $\varepsilon \in \mathbb{R}_+$. Sei $N:=n(n-1)/2$.

Schritt 2: Berechne $g:=\sum_{i=1}^{n} \sum_{j=i+1}^{n} b_{ij}^2$ und $S:=g/N$.

Ist $g<\varepsilon$, so fahre fort mit Schritt 5.

Schritt 3: Setze $k:=k+1$ (Anzahl der Zyklen).

Für $i=1,\ldots,n$:

Für $j=i+1,\ldots,n$:

Falls $b_{ij}^2 d_i^2 d_j^2 < S$ ist, führe keine Transformation durch.

Sonst: Berechne $h_1:=\frac{\tilde{s}}{c}$ und $h_2:=c^2$ gemäß (4.3.10).

Bilde $f_{ij}:=d_j^2 h_1$, $f_{ji}:=-d_i^2 h_1$, $d_j^2:=d_j^2 h_2$, $d_i^2:=d_i^2 h_2$.

a) Berechne $b_{ii}:=b_{ii}+f_{ij}(2b_{ij}+f_{ij}b_{jj})$

und $b_{jj}:=b_{jj}+f_{ji}(2b_{ij}+f_{ji}b_{ii})$.

Berechne $g \; :=g-b_{ij}^2$

und $S \; :=G/N$.

Setze $b_{ij}:=0$.

b) Für $p=1,\ldots,i-1$:

Berechne $h_1:=b_{pi}+f_{ij}b_{pj}$

und $h_2:=b_{pj}+f_{ji}b_{pi}$

und ersetze b_{pi} durch h_1

und b_{pj} durch h_2.

Für $p=i+1,\ldots,j-1$:

Berechne $h_1:=b_{ip}+f_{ij}b_{jp}$

und $h_2:=b_{pj}+f_{ji}b_{ip}$

und ersetze b_{ip} durch h_1

und b_{pj} durch h_2.

Für $p=j+1,\ldots,n$:

Berechne $h_1:=b_{ip}+f_{ij}b_{jp}$

und $h_2:=b_{jp}+f_{ji}b_{ip}$

und ersetze b_{ip} durch h_1

und b_{jp} durch h_2.

c) (Aufmultiplikation der Eigenvektormatrix)

Für $p=1,\ldots,n$:

Setze $h:=u_{pi}$

$u_{pi}:=h+f_{ij}u_{pj}$

$u_{pj}:=u_{pj}+f_{ji}h$.

Ist $g<\varepsilon$, so fahre fort mit Schritt 5.

Schritt 4: Fahre fort mit Schritt 3 (d.h. beginne einen neuen Zyklus).

Schritt 5: a) (Bestimmung der Eigenwerte)

Für $i=1,\ldots,n$:

Berechne $\lambda_i:=b_{ii}d_i^2$.

b) (Bestimmung der Eigenvektormatrix)

Für $i=1,\ldots,n$:

Für $j=1,\ldots,n$:

Berechne $u_{ij}:=d_i u_{ij}$.

Der Algorithmus beschreibt nur die wesentlichen Operationen; unter dem Gesichtspunkt der Speicherplatzminimierung und der Erhöhung der Stabilität sind einige zusätzliche Maßnahmen erforderlich.

Wegen der Symmetrie von A (bzw. B) wird nur die Information aus der oberen Hälfte einschließlich der Diagonalen benötigt (Schritt 3 b) ist entsprechend aufgebaut). Startet man mit dem n×n-Feld A (bzw. B), so kann man bei Verwendung eines zusätzlichen n-Feldes eine Kopie der Originalmatrix unverändert beibehalten.

In Schritt 3 b) und c) sind Hilfsgrößen auf zwei unterschiedliche Arten für die gleichen Operationen verwendet worden.

In Schritt 3 a) werden eventuell sehr kleine Größen zu den Diagonalelementen addiert. Die daraus entstehenden Ungenauigkeiten lassen sich korrigieren durch zusätzliche separate Aufsummation der Änderungen in einem Zyklus und anschließende gemeinsame Addition zum Wert der Diagonalelemente vor Beginn des Zyklus. - Eine ähnliche Maßnahme ist auch möglich für die Änderung der Diagonalelemente d_i^2, falls im Rahmen der erreichbaren Genauigkeit $c^2=1$ wird, obwohl $b_{ij}d_i d_j \neq 0$ ist.

Bei Matrizen großer Dimension ist sicherheitshalber eine zusätzliche Skalierung der Diagonalelemente d_i^2 vorzunehmen.

Für die Auswahl der Schwellen sind andere Strategien denkbar. Die nach jeder Rotation aktualisierte Schwelle g (g entspricht $G^2/2$ im Beweis von Satz 4.3.1) ist auch gut für das Abbrechkriterium verwendbar (vgl. den Abschnitt über Fehlerabschätzung).
Soll keine Bestimmung der Eigenvektoren erfolgen, so sind die entsprechenden Schritte (3 c) und 5 b)) auszulassen.

Hinweise

ALGOL-Programme für das klassische und für das zyklische Verfahren findet man in Schwarz, Rutishauser & Stiefel [258]. Algorithmus 4.3.3 ist angelehnt an ein Programm von Rath [221] (s. auch Rath [222]); dieses entspricht in seinem Aufbau weitgehend einem Programm von Rutishauser [242] in Wilkinson & Reinsch [316]; dort findet man auch Jacobi-ähnliche Verfahren für reelle und komplexe nichtsymmetrische Matrizen (Eberlein & Boothroyd [80], Eberlein [79]). Jacobi-ähnliche Verfahren für nichtsymmetrische Matrizen werden ebenfalls von Veselic [294], [295], [296] behandelt. Für Hermitesche Matrizen kann man das Jacobi-Verfahren leicht übertragen, die entsprechenden unitären elementaren Matrizen haben die Gestalt $G_{ij}=I+(e^{-i\varphi}\cos\alpha-1)(e_ie_i^T+e_je_j^T)+\sin\alpha(e_ie_j^T-e_je_i^T)$.
Für die beiden speziellen zyklischen Verfahren, die in dem Sinne äquivalent sind, daß sie nach jeweils vollen Zyklen identische Ergebnisse erzielen, ist von Henrici [126] und von Forsythe & Henrici [87] die Konvergenz gezeigt worden; für eine beliebige Reihenfolge der Pivotelemente ist die Frage der Konvergenz nicht geklärt. Die Klasse der zu konvergenten Verfahren führenden Anordnungen in einem Zyklus ist aber erweitert worden in einem Aufsatz von Nazareth [186]; Hansen [125] demonstriert eine Reihe von Schwierigkeiten, die einem allgemeinen Konvergenzbeweis entgegenstehen. Diese Fragen sind jedoch nur von theoretischem Interesse, da in der Praxis mit der Schwellenmethode eine zufriedenstellende Variante zur Verfügung steht.

4.4 MATRIXREDUKTIONEN

Ähnlichkeitstransformationen, welche beliebige Matrizen in obere Hessenberg-Gestalt und symmetrische Matrizen in Tridiagonalgestalt überführen, bilden einen Vorbereitungsschritt für eine Reihe von Verfahren zur Eigenwertberechnung, in deren Verlauf diese Gestalt beibehalten wird. Zur Berechnung der reduzierten Matrizen betrachten wir das mit Householder-Matrizen operierende Verfahren und skizzieren Verfahren, die elementare untere Dreiecksmatrizen und schnelle Givens-Rotationen verwenden.

Verfahren zur Berechnung von Eigenwerten und Eigenvektoren einer Matrix sind im allgemeinen recht arbeitsaufwendig, wenn man sie auf eine vollbesetzte n×n-Matrix anwendet. So erfordert zum Beispiel beim QR-Algorithmus, den wir im nachfolgenden Abschnitt behandeln werden, in diesem Fall jeder Iterationsschritt einen Rechenaufwand in der Größenordnung von n^3 wesentlichen Operationen. Um diesen hohen Rechenaufwand zu verringern, reduziert man für einige Eigenwertverfahren vorab die vollbesetzte Matrix in einem direkten Verfahren mittels Ähnlichkeitstransformationen auf eine einfachere Form, die möglichst viele Nullelemente enthält und die während des nachfolgenden iterativen Verfahrens beibehalten werden kann.

Eine solche Matrix von einfacherer Gestalt kann natürlich weder eine obere noch eine untere Dreiecksmatrix, also auch keine Diagonalmatrix sein, denn dann hätte man ja bereits alle Eigenwerte der Matrix zur Verfügung, was sich bekanntlich im allgemeinen nicht mit einem direkten Verfahren erreichen läßt. Günstigstenfalls kann man erwarten, soviele Nullen zu erreichen wie in einer tridiagonalen Matrix, und es gibt in der Tat direkte Verfahren, die eine beliebige $n \times n$-Matrix ähnlich auf Tridiagonalgestalt transformieren.

Alle diese Verfahren sind für nichthermitesche Matrizen jedoch numerisch instabil, so daß man im allgemeinen nur Hermitesche bzw. symmetrische Matrizen auf Tridiagonalgestalt reduziert. Für nichthermitesche Matrizen beschränkt man sich meist auf eine Vorabtransformation auf obere Hessenberg-Form. Diese Form kann in allen in Abschnitt 4.5 beschriebenen Verfahren beibehalten werden.

In Kapitel 2 haben wir direkte Verfahren kennengelernt, die eine Matrix A in ein Produkt $A=XR$ zerlegen, wobei R eine obere Dreiecksmatrix ist und X eine unitäre Matrix (QR-Zerlegung) oder eine untere Dreiecksmatrix (LR-Zerlegung) oder ein Produkt aus einer Permutationsmatrix und einer unteren Dreiecksmatrix (LR-Zerlegung von PA).

Betrachtet man nun zur Matrix $A \in M_n(\mathbb{K})$ und zu einem Vektor $x \in \mathbb{K}^n$ die Matrix $K(A,x,n)=[x,Ax,A^2x,\dots,A^{n-1}x]$, und ist diese nichtsingulär und zerlegbar in ein solches Produkt $K(A,x,n)=XR$, so transformiert X, wie wir in folgendem Satz zeigen, die Matrix A auf nichtzerfallende obere Hessenberg-Form. Dabei bedeutet <u>nichtzerfallend</u> für eine obere Hessenberg-Matrix, daß die Nebendiagonalelemente der Positionen $(2,1),(3,2),\dots,(n,n-1)$ sämtlich von null verschieden sind.

<u>SATZ 4.4.1</u>: *Sei* $A \in M_n(\mathbb{K})$, *seien* $X,Y \in M_n(\mathbb{K})$ *nichtsinguläre Matrizen und bezeichne* x_1 *bzw.* y_1 *jeweils den ersten Spaltenvektor von* X *bzw.* Y. *Sei* $K(A,x_1,n)=[x_1,Ax_1,A^2x_1,\dots,A^{n-1}x_1]$.

i) *Ist die Matrix* $K(A,x_1,n)$ *nichtsingulär und hat sie die Zerlegung* $K(A,x_1,n)=XR$ *mit einer nichtsingulären oberen Dreiecksmatrix* R, *so ist* $H:=X^{-1}AX$ *eine nichtzerfallende obere Hessenberg-Matrix.*

ii) *Ist* $H:=X^{-1}AX$ *eine obere Hessenberg-Matrix, so hat* $K(A,x_1n)$ *die Zerlegung* $K(A,x_1,n)=XR$, *wobei* R *die obere Dreiecksmatrix* $R=K(H,e_1,n)$ *ist. Ist* H *nichtzerfallend, so ist* R *nichtsingulär.*

iii) *Sind* $H:=X^{-1}AX$ *und* $\widetilde{H}:=Y^{-1}AY$ *obere Hessenberg-Matrizen, wobei* H *nichtzerfallend ist, und sind* x_1 *und* y_1 *linear abhängig, so ist* $J:=X^{-1}Y$ *eine obere Drei-*

ecksmatrix, also $\tilde{H}=J^{-1}HJ$.

BEWEIS: zu i): Sei $K(A,x_1,n)$ nichtsingulär und seien $c_0,c_1,\ldots,c_{n-1}$ die Koeffizienten der Entwicklung von A^nx_1 nach den Spalten von $K(A,x_1,n)$, also
$A^nx_1=\sum_{i=0}^{n-1} c_iA^ix_1$.

Mit $C:=\begin{bmatrix} 0 & 0 & \ldots & 0 & c_0 \\ 1 & 0 & \ldots & 0 & c_1 \\ 0 & 1 & \ldots & 0 & c_2 \\ \vdots & \vdots & \ddots & \vdots & \vdots \\ 0 & 0 & \ldots & 1 & c_{n-1} \end{bmatrix}$ ist dann $K(A,x_1,n)C=[Ax_1,A^2x_1,\ldots,A^nx_1]=AK(A,x_1,n)$.

Ist nun $K(A,x_1,n)=XR$, so erhält man aus obiger Gleichung gerade $XRC=AXR$. Da mit $K(A,x_1,n)$ auch die obere Dreiecksmatrix R nichtsingulär ist, folgt $AX=XRCR^{-1}$. $H=RCR^{-1}$ ist aber offensichtlich eine nichtzerfallende obere Hessenberg-Matrix.
zu ii): Sei nun $H:=X^{-1}AX$ eine obere Hessenberg-Matrix. Wegen $A=XHX^{-1}$ ist dann $A^ix_1=XH^iX^{-1}x_1=XH^ie_1$ für alle $i\in\mathbb{N}$. Daher erhält man
$K(A,x_1,n)=[x_1,Ax_1,A^2x_1,\ldots,A^{n-1}x_1]=X[e_1,He_1,H^2e_1,\ldots,H^{n-1}e_1]=XK(H,e_1,n)$. Da H eine obere Hessenberg-Matrix ist, hat die Matrix $K(H,e_1,n)$ obere Dreiecksgestalt. Ihr i-tes Diagonalelement ist für $i\geq 2$ gerade $\prod_{j=1}^{i-1} h_{j+1,j}$, so daß diese Matrix für nichtzerfallendes H nichtsingulär ist.
zu iii): Seien schließlich $H:=X^{-1}AX$ und $\tilde{H}:=Y^{-1}AY$ obere Hessenberg-Matrizen, und sei H nichtzerfallend. Ist $y_1=\lambda x_1$ mit $\lambda\neq 0$, so hat man nach ii) die Zerlegungen $K(A,x_1,n)=XR$ und $K(A,\lambda x_1,n)=Y\tilde{R}$ mit oberen Dreiecksmatrizen R und $\tilde{R}$. Wegen $K(A,\lambda x_1,n)=\lambda K(A,x_1,n)$ hat man also auch $K(A,x_1,n)=Y\cdot\frac{1}{\lambda}\tilde{R}=XR$. Da H nichtzerfallend ist, ist R und damit $\tilde{R}$ invertierbar, so daß man $X^{-1}Y=\lambda R\tilde{R}^{-1}$ erhält. □

Ist in i) $K(A,x_1,n)$ singulär, d.h. hat für ein k<n die n×k-Matrix $K(A,x_1,k)=[x_1,Ax_1,\ldots,A^{k-1}x_1]$ vollen Rang und ist $A^kx_1=\sum_{i=0}^{k-1} c_iA^ix_1$, so erhält man mit einer Zerlegung von $K(A,x_1,k)$ zumindest eine Transformationsmatrix, die eine teilweise Reduzierung von A erreicht. Ist nämlich $K(A,x_1,k)=XR$ mit einer nichtsingulären n×n-Matrix X und einer oberen Dreiecksmatrix $R=\begin{bmatrix} R_1 \\ 0 \end{bmatrix}\in M_{n,k}(\mathbb{K})$, so zeigt man wie in obigem Beweis, daß dann $X^{-1}AX=\begin{bmatrix} H_1 & H_2 \\ 0 & A_2 \end{bmatrix}$ ist, wobei $H_1\in M_k(\mathbb{K})$ eine nichtzerfallende obere Hessenberg-Matrix ist. Für eine vollständige Reduktion auf obere Hessenberg-Gestalt ist dann nur noch das kleinerdimensionale Reduktionsproblem für A_2 zu betrachten.

Wie in Kapitel 2 gezeigt wurde, läßt sich zu jeder Matrix mit einem endlichen Verfahren eine QR-Zerlegung und eine modifizierte LR-Zerlegung berechnen. Für jedes $A\in M_n(\mathbb{K})$, jedes $x_1\in\mathbb{K}^n$ und jedes $k\in\{1,\ldots,n\}$ kann man also mit einer direkten Methode eine entsprechende Zerlegung $K(A,x_1,k)=QR$ oder $PK(A,x_1,k)=LR$ ermitteln. Nach obigen Überlegungen kann man daher auch jedes $A\in M_n(\mathbb{K})$ in einem endlichen Verfahren durch Ähnlichkeitstransformation mit einer unitären bzw. orthogonalen Matrix oder mit einem Produkt aus Permutationsmatrizen und einer unteren Dreiecksmatrix auf obere Hessenberg-Gestalt reduzieren. Dabei ist der erste Spaltenvektor x_1 der Transformationsmatrix X frei wählbar.

Teil iii) des obigen Satzes besagt für den Fall der Transformation mit unitären bzw. orthogonalen Matrizen gerade, daß diese Reduktion auf obere Hessenberg-Gestalt im wesentlichen eindeutig ist, wenn man den ersten Spaltenvektor der Transformationsmatrix festlegt. Sind nämlich dort X und Y unitär bzw. orthogonal, so ist $J=X^{-1}Y$ eine unitäre bzw. orthogonale obere Dreiecksmatrix, d.h. $J=\mathrm{diag}(e^{i\varphi_1},e^{i\varphi_2},\ldots,e^{i\varphi_n})$ bzw. $J=\mathrm{diag}(\pm 1,\ldots,\pm 1)$.

Mit Hilfe des Satzes 4.4.1 kann man zeigen, daß sich eine beliebige Matrix $A\in M_n(\mathbb{K})$ in einem direkten Verfahren sogar auf Tridiagonalgestalt transformieren läßt. Dabei betrachten wir hier nur nichtzerfallende Tridiagonalmatrizen, wobei eine Tridiagonalmatrix <u>nichtzerfallend</u> heißt, wenn sowohl die erste obere als auch die erste untere Nebendiagonale keine Nullen enthalten.

<u>KOROLLAR 4.4.2</u>: *Sei* $A\in M_n(\mathbb{K})$ *und seien* $x,y\in\mathbb{K}^n$. *Seien* $K(A,x,n)=[x,Ax,A^2x,\ldots,A^{n-1}x]$ *und* $K(A^H,y,n)=[y,A^Hy,\ldots,(A^H)^{n-1}y]$ *nichtsingulär.*
i) *Hat die komplex-symmetrische bzw. reell-symmetrische Matrix* $K(A^H,y,n)^HK(A,x,n)$ *die Zerlegung* $K(A^H,y,n)^HK(A,x,n)=LDL^T$ *mit einer unteren Dreiecksmatrix* $L\in M_n(\mathbb{K})$ *mit Einheitsdiagonale und einer nichtsingulären Diagonalmatrix* D, *so ist mit* $X:=K(A,x,n)L^{-T}$ *die Matrix* $T:=X^{-1}AX$ *eine nichtzerfallende Tridiagonalmatrix.*
ii) *Seien* $X,Y\in M_n(\mathbb{K})$ *nichtsingulär, seien die ersten Spaltenvektoren von* X *und* Y *linear abhängig und die ersten Zeilenvektoren von* X^{-1} *und* Y^{-1} *linear abhängig. Sind* $T:=X^{-1}AX$ *und* $\tilde{T}:=Y^{-1}AY$ *nichtzerfallende Tridiagonalmatrizen, so existiert eine nichtsinguläre Diagonalmatrix* D, *für die* $X=YD$ *und* $T=D^{-1}\tilde{T}D$ *ist.*

<u>BEWEIS</u>: zu i): Wegen $X=K(A,x,n)L^{-T}$ ist einerseits $K(A,x,n)=XL^T$ und andererseits $K(A^H,y,n)=K(A,x,n)^{-H}\bar{L}D^HL^H=X^{-H}D^HL^H$ (dabei ist $\bar{L}$ wie üblich die zu L konjugierte Matrix). L^T und D^HL^H sind obere Dreiecksmatrizen, und nach Satz 4.4.1 i) müssen damit $X^{-1}AX$ und $X^HA^HX^{-H}$ nichtzerfallende obere Hessenberg-Matrizen sein, also $T=X^{-1}AX=(X^HA^HX^{-H})^H$ eine nichtzerfallende Tridiagonalmatrix.
zu ii): Da T und $\tilde{T}$ nichtzerfallende obere Hessenberg-Matrizen sind und die ersten Spalten von X und Y linear abhängig, so muß nach Satz 4.4.1 iii) $D=X^{-1}Y$ eine obere Dreiecksmatrix sein. Da aber auch $T^H=X^HA^HX^{-H}$ und $\tilde{T}^H=Y^HA^HY^{-H}$ nichtzerfallende obere Hessenberg-Matrizen sind und die ersten Spalten von X^{-H} und Y^{-H} linear abhängig, so ist nach Satz 4.4.1 iii) $D^H=Y^HX^{-H}$ ebenfalls eine obere Dreiecksmatrix. Daher muß D diagonal sein. □

Da eine nichtzerfallende Tridiagonalmatrix mindestens vom Rang n-1 ist, kann sie und jede zu ihr ähnliche Matrix nur Eigenwerte der geometrischen Vielfachheit eins haben. Habe nun die Matrix A diese Eigenschaft (siehe Hinweise). Die Zerlegung $K(A^H,y,n)^H K(A,x,n)=LDL^T$ wie in obigem Satz existiert genau dann, wenn alle Hauptabschnittsdeterminanten von $K(A^H,y,n)^H K(A,x,n)$ von null verschieden sind (siehe Abschnitt 2.2). Diese sind aber ganzrationale Funktionen der Komponenten von x und y, und es läßt sich zeigen, daß keine dieser Funktionen identisch verschwindet. $K(A^H,y,n)^H K(A,x,n)$ hat also nur dann keine Zerlegung der obigen Art, wenn x und y zu einer der Nullstellenmengen dieser Funktionen gehören. Ist A Hermitesch bzw. symmetrisch und x=y, so ist hier $K(A^H,y,n)^H K(A,x,n)$ reellsymmetrisch und positiv definit und hat daher stets eine Zerlegung LDL^T.

Die praktische Durchführung der Reduktion einer Matrix auf Tridiagonalgestalt nimmt üblicherweise nicht den Umweg über die Berechnung der Matrix $K(A^H,y,n)^H K(A,x,n)$ und deren Zerlegung, sondern erfolgt durch Rechnungen mit den Elementen von A selbst, wie wir im folgenden sehen werden.
Hinsichtlich unseres Zieles, den Rechenaufwand für die Eigenwert- bzw. Eigenvektorberechnung zu reduzieren, wäre es natürlich ideal, die gegebene Matrix tatsächlich zunächst auf Tridiagonalgestalt zu transformieren und im Anschluß ein Iterationsverfahren zu wählen, bei dem diese Bandgestalt beibehalten wird. In einem solchen Verfahren wären dann stets höchstens die 3n-2 nichtverschwindenden Elemente einer Tridiagonalmatrix zu behandeln. Für symmetrische bzw. Hermitesche Matrizen ist dies auch das übliche Vorgehen (falls es sich nicht gerade um große, schwach besetzte Matrizen handelt). Im allgemeinen Fall ist die Tridiagonalisierung jedoch numerisch problematisch, und wir wollen dies am Beispiel des folgenden Verfahrens veranschaulichen.

Sei $A\in M_n(\mathbb{K})$ und $x\in\mathbb{K}^n$ mit $\|x\|_2=1$. Die Hauptabschnittsdeterminanten von $K(A^H,x,n)^H K(A,x,n)$ seien sämtlich von null verschieden. Dann gibt es nach Korollar 4.4.2 genau eine nichtsinguläre Matrix $X\in M_n(\mathbb{K})$, deren erste Spalte x ist, deren Inverse X^{-1} als erste Zeile den Vektor x^H hat und für die gilt

$$(4.4.1)\quad X^{-1}AX=T=\begin{bmatrix}\alpha_1 & \gamma_1 & & 0\\ \beta_1 & \ddots & \ddots & \\ & \ddots & \ddots & \gamma_{n-1}\\ 0 & & \beta_{n-1} & \alpha_n\end{bmatrix}\quad \text{mit } \beta_i\in\mathbb{R},\ \beta_i>0 \text{ und } |\gamma_i|=\beta_i \text{ für alle } i\in\{1,\dots,n-1\}.$$

(Die nach Satz 4.4.2 iii) noch wählbare Diagonalmatrix D wurde hier benutzt, um $|\gamma_i|=\beta_i$ zu erreichen).
Das folgende Verfahren bestimmt schrittweise die Spalten $x_1,\dots,x_n$ dieser Matrix X (falls sie existiert), die Spalten $y_1,\dots,y_n$ von X^{-H} und damit jeweils

γ_i, β_i und α_{i+1} durch sukzessives, spaltenweises Auswerten der Gleichungen

(4.4.2) $AX=XT$, $A^H X^{-H} = X^{-H} T^H$ und $(X^{-H})^H X = I$.

<u>Verfahren zur Reduktion einer Matrix $A \in M_n(\mathbb{K})$ auf Tridiagonalgestalt</u>

Definiere die Hilfsgrößen $\gamma_o := \beta_o := 0$

und die Hilfsvektoren $x_o := y_o := 0$.

Wähle $x_1 \in \mathbb{K}^n$ mit $\|x_1\|_2 = 1$, setze $y_1 := x_1$ und $\alpha_1 := y_1^H A x_1$.

Für $k=1,2,\ldots,n-1$:

Berechne $r_{k+1} := (A - \alpha_k I) x_k - \gamma_{k-1} x_{k-1}$,

$z_{k+1} := (A^H - \bar{\alpha}_k I) y_k - \beta_{k-1} y_{k-1}$

und $\beta_k := \sqrt{|(r_{k+1}, z_{k+1})|}$, $\gamma_k := \operatorname{sgn}(r_{k+1}, z_{k+1}) \beta_k$.

Setze $x_{k+1} := \frac{1}{\beta_k} r_{k+1}$,

$y_{k+1} := \frac{1}{\gamma_k} z_{k+1}$, falls $\beta_k \neq 0$ ist,

und $\alpha_{k+1} := y_{k+1}^H A x_{k+1}$.

Bestimmung von $\beta_k, \gamma_k, x_{k+1}$ und y_{k+1} in Sonderfällen:

1. Fall: $r_{k+1} = 0$, $z_{k+1} = 0$.
   Setze $\beta_k := \gamma_k := 0$ und wähle x_{k+1}, $y_{k+1} \in \mathbb{K}^n$ mit $(x_{k+1}, y_{k+1}) = 1$, so daß $(x_{k+1}, y_i) = 0$ und $(x_i, y_{k+1}) = 0$ ist für alle $i \in \{1,\ldots,k\}$.

2. Fall: $r_{k+1} = 0$, $z_{k+1} \neq 0$.
   Setze $\beta_k := 0$, $\gamma_k := \|z_{k+1}\|_2$ und $y_{k+1} := \frac{1}{\gamma_k} z_{k+1}$.
   Wähle $x_{k+1} \in \mathbb{K}^n$ mit $(x_{k+1}, y_{k+1}) = 1$, so daß für alle $i \in \{1,\ldots,k\}$ $(x_{k+1}, y_i) = 0$ ist.

3. Fall: $r_k \neq 0$, $z_{k+1} = 0$.
   Setze $\beta_k := \|r_{k+1}\|_2$, $\gamma_k := 0$ und $x_{k+1} := \frac{1}{\beta_k} r_{k+1}$.
   Wähle $y_{k+1} \in \mathbb{K}^n$ mit $(x_{k+1}, y_{k+1}) = 1$, so daß für alle $i \in \{1,\ldots,k\}$ $(x_i, y_{k+1}) = 0$ ist.

4. Fall: $r_{k+1} \neq 0$, $z_{k+1} \neq 0$ und $(r_{k+1}, z_{k+1}) = 0$.
   Wähle einen neuen, vom aktuellen x_1 verschiedenen Startvektor und beginne das Verfahren erneut.

Der Sonderfall 2 tritt auf, wenn $K(A,x_1,k)$ den Rang $k-1$ hat; Sonderfall 3, wenn $K(A^H,x_1,k)$ den Rang $k-1$ hat und Sonderfall 1, wenn beides gleichzeitig eintritt. In diesen Fällen kann man, wie oben beschrieben, das Verfahren fortsetzen (vgl. die Bemerkungen zu diesem Fall für die Reduktion auf obere Hessenberg-Gestalt). Der Sonderfall 4 tritt auf, wenn $K(A,x_1,k)$ und $K(A^H,x_1,k)$ zwar beide Rang k haben, aber $\det(K(A^H,x_1,k)^H K(A,x_1,k)) = 0$ ist und somit $K(A^H,x_1,n)^H K(A,x_1,n)$ keine verallgemeinerte Cholesky-Zerlegung besitzt. In diesem Fall existiert nach

Korollar 4.4.2 keine Transformationsmatrix X mit erster Spalte x_1, für die (4.4.1) gilt. Wir müssen also einen neuen Startvektor $\tilde{x}_1$ wählen und damit das Verfahren erneut starten.

Unter dem Gesichtspunkt der numerischen Stabilität ist es allerdings auch nötig, das Verfahren für diesen Startvektor x_1 abzubrechen, wenn $\beta_k=(r_{k+1},z_{k+1})$ sehr klein gegenüber $\|r_{k+1}\|_2\|z_{k+1}\|_2$ ist. β_k kann dann nämlich nur durch Auslöschung klein werden, und bei der Berechnung dieses Wertes ist daher ein großer relativer Fehler zu erwarten (vgl. Abschnitt 1.7), und die Vektoren x_{k+1} und y_{k+1} werden wegen des Faktors $1/\beta_k$ außerordentlich große Komponenten haben. Numerisch praktikable Auswahlkriterien für die Bestimmung eines günstigen Startvektors x_1, für den keines der β_k zu klein gegenüber $\|r_{k+1}\|_2\|z_{k+1}\|_2$ wird, sind aber nicht bekannt.

Für Hermitesche bzw. symmetrische Matrizen hat man dieses Problem nicht. Der Sonderfall 4 kann nicht auftreten, da $K(A^H,x_1,k)^H K(A,x_1,k)$ für Hermitesche A ja positiv definit ist. In diesem Fall sind die Vektoren r_{k+1} und z_{k+1} stets gleich, so daß $\beta_k=(r_{k+1},z_{k+1})=\|r_{k+1}\|_2^2$ nur klein werden kann, wenn auch $\|r_{k+1}\|_2$ klein ist. Das obige Verfahren ist dann gerade das Lanczos-Verfahren zur Reduktion einer Hermiteschen Matrix $A\in M_n(\mathbb{C})$ auf reellsymmetrische Tridiagonalgestalt, das wir in Abschnitt 4.6 in einem anderen Zusammenhang noch ausführlicher behandeln werden. Hier sei nur noch festgestellt, daß es für die vollständige Reduktion von A auf Tridiagonalgestalt nicht geeignet ist. Denn eine weitere Quelle für Auslöschungserscheinungen bleibt auch bei Hermiteschem A bestehen, nämlich die Berechnung von r_{k+1} selbst. In Abschnitt 4.6 werden wir sehen, daß dieses Verfahren für die Hermitesche Matrix A gerade das Gram-Schmidt-Orthogonalisierungsverfahren für die Vektoren $x_1,Ax_1,\ldots,A^{n-1}x_1$ ist, und in Abschnitt 2.5 hatten wir bereits gezeigt, daß dabei erhebliche Schwierigkeiten bei der Durchführung auf dem Rechner auftreten können.

Wegen der gerade dargestellten Probleme hinsichtlich der numerischen Stabilität bei Tridiagonalisierungsverfahren für nichthermitesche Matrizen beschränkt man sich in diesem Fall meist darauf, die gegebene Matrix auf obere Hessenberg-Gestalt zu reduzieren. Man verwendet dann im Anschluß ein iteratives Verfahren zur Eigenwertberechnung, bei dem diese Gestalt erhalten bleibt.

Im folgenden beschreiben wir nun einige gebräuchliche Methoden zur Durchführung einer solchen Anfangstransformation.

Ähnlichkeitstransformation auf obere Hessenberg-Gestalt mit Householder-Matrizen

Wir hatten mit Hilfe von Satz 4.4.1 festgestellt, daß sich jede Matrix in einem endlichen Verfahren durch Ähnlichkeitstransformation mit einer unitären bzw. orthogonalen Matrix auf obere Hessenberg-Gestalt reduzieren läßt, wobei die erste Spalte der Transformationsmatrix frei wählbar ist.

Wie bei der Berechnung der QR-Zerlegung einer Matrix läßt sich eine solche unitäre bzw. orthogonale Transformationsmatrix als Produkt von Householder-Matrizen aufbauen, die hier jeweils die Elemente einer Spalte unterhalb der Nebendiagonalen der Ausgangsmatrix eliminieren. Die frei wählbare erste Spalte der Transformationsmatrix setzt man hier als e_1. Ausgehend von $A^{(1)}:=A$ bildet man

$$A^{(i+1)}:=Q_iA^{(i)}Q_i \quad \text{für } i=1,2,\ldots,n-2,$$

wobei $Q_i=Q_i^H$ folgendermaßen bestimmt wird:
Sind in $A^{(i)}$ bereits in den ersten i-1 Spalten die Elemente unterhalb der Nebendiagonalen annulliert, also

(4.4.3) $$A^{(i)}=\left[\begin{array}{c|c|c} i\left\{\begin{matrix} x & \cdots & \cdots & x\\ x & x & & \\ 0 & x & x & \\ \vdots & \ddots & \ddots & \\ \vdots & & \ddots\; x & x\\ 0 & \cdots & 0 & x\end{matrix}\right. & \begin{matrix}x\\x\\x\\ \vdots\\ x\\x\end{matrix} & \begin{matrix} x & \cdots & x\\ \vdots & & \vdots\\ \vdots & & \vdots\\ \vdots & & \vdots\\ \vdots & & \vdots\\ x&\cdots & x\end{matrix} \\ \hline \underbrace{\begin{matrix} \\ \quad 0 \quad \\ \\ \end{matrix}}_{i-1} & \begin{matrix} a^{(i)}_{i+1,i}\\ \vdots \\ a^{(i)}_{ni}\end{matrix} & \begin{matrix} x&\cdots&x\\ \vdots&&\vdots\\ x&\cdots&x\end{matrix}\end{array}\right] = \left[\begin{array}{c|c|c} A^{(i)}_{11} & a^{(i)}_1 & A^{(i)}_{13}\\ \hline 0 & a^{(i)}_2 & A^{(i)}_{23}\end{array}\right],$$

so sei $\tilde{Q}_i\in M_{n-i}(\mathbb{C})$ die elementare Spiegelung, welche die Eliminationsgrundaufgabe $\tilde{Q}_ia_2^{(i)}=\operatorname{sgn} a_{i+1,i}^{(i)}\|a_2^{(i)}\|_2e_1, e_1\in\mathbb{R}^{n-i}$, löst; bilde damit die unitäre Matrix $Q_i=\begin{bmatrix} I_i & 0\\ 0 & \tilde{Q}_i\end{bmatrix}$. Durch die Multiplikation $Q_iA^{(i)}$ werden die gewünschten Nullen unterhalb von $a_{i+1,i}^{(i)}$ in der i-ten Spalte erzeugt; diese werden durch die Multiplikation mit Q_i von hinten nicht wieder zerstört, da dabei nur die Spalten i+1 bis n verändert werden. Insgesamt bleiben bei der Transformation $A^{(i)}\to A^{(i+1)}=Q_iA^{(i)}Q_i$ die Elemente von $A_{11}^{(i)}$, $a_1^{(i)}$ und des Nullblocks unverändert. In $A^{(i+1)}$ besitzen dann die Spalten 1 bis i+1 die gewünschte Gestalt. In weitgehender Analogie zu Teilen von Algorithmus 2.5.4 (QR-Zerlegung nach Householder) ergibt sich somit der folgende Algorithmus; die Multiplikationen beschreiben wir hier detaillierter (elementweise).

ALGORITHMUS 4.4.3 (Householder-Reduktion einer Matrix auf obere Hessenberg-Gestalt):

Sei $A\in M_n(\mathbb{K})$.

Schritt 1: Setze $A^{(1)}:=A$ und $i:=1$.

Schritt 2: (Bestimmung der Transformation)

a) Berechne $\mu_i:=\left(\sum_{j=i+1}^{n}|a_{ji}^{(i)}|^2\right)^{1/2}$.

Falls $\mu_i=0$ ist, setze $A^{(i+1)}:=A^{(i)}$ und fahre fort mit Schritt 5.

b) Berechne $k_i := \begin{cases} -\text{sgn}(a_{i+1,i}^{(i)})\mu_i, & \text{falls } a_{i+1,i}^{(i)} \neq 0 \\ -\mu_i & \text{, falls } a_{i+1,i}^{(i)}=0 \end{cases}$

und $\quad K_i:=\mu_i(\mu_i+|a_{i+1,i}^{(i)}|)$.

Bilde $u_j^{(i)} := \begin{cases} a_{i+1,i}^{(i)}-k_i & \text{für } j=i+1 \\ a_{ji}^{(i)} & \text{für } j\in\{i+2,\dots,n\}. \end{cases}$

Schritt 3: a) (Vormultiplikation)

Für $j=i+2,\dots,n$: Berechne $h:=\frac{1}{K_i}\sum_{\ell=i+1}^{n} u_\ell^{(i)} a_{\ell j}^{(i)}$.

Für $\ell=i+1,\dots,n$: Bilde $a_{\ell j}^{(i)}:=a_{\ell j}^{(i)}-u_\ell^{(i)}h$.

b) (Nachmultiplikation)

Für $\ell=1,\dots,n$: Berechne $h:=\frac{1}{K_i}\sum_{j=i+1}^{n} a_{\ell j}^{(i)}u_j^{(i)}$.

Für $j=i+1,\dots,n$: Bilde $a_{\ell j}^{(i+1)}:=a_{\ell j}^{(i)}-hu_j^{(i)}$.

Schritt 4: Setze $a_{i+1,i}^{(i+1)}:=k_i$ und für $\ell=i+2,\dots,n$: $a_{\ell i}^{(i+1)}:=0$;

setze für alle noch nicht veränderten Elemente, d.h. für

$\ell=1,\dots,n$ und $j=1,\dots,i$: $a_{\ell j}^{(i+1)}:=a_{\ell j}^{(i)}$.

Schritt 5: Falls $i<n-2$ ist, so setze $i:=i+1$ und fahre fort mit Schritt 2.

Der Rechenaufwand, der im wesentlichen in der Ausführung der Transformation besteht (Schritt 3), beträgt etwa $5n^3/3$ Multiplikationen. Weitgehend ähnlich wie bei der Berechnung einer QR-Zerlegung mit Householder-Matrizen kann man hier zeigen, daß das berechnete Ergebnis exakt unitär ähnlich ist zu einer leicht gestörten Matrix A+E, wobei für E die Abschätzung $\|E\|_F\leq Kn^2\text{eps}\|A\|_F$ gilt (K in der Größenordnung von 1, eps die Maschinengenauigkeit).
Eine ALGOL-Prozedur zur Reduktion einer Matrix auf Hessenberg-Gestalt findet man bei Martin & Wilkinson [174].

Ähnlichkeitstransformation einer symmetrischen Matrix auf Tridiagonalgestalt mit Householder-Matrizen

Eine Ähnlichkeitstransformation mit unitären Matrizen stellt stets auch eine Kongruenztransformation dar und erhält somit die Symmetrie. Ist also A Hermitesch, so ist die mit Algorithmus 4.4.3 berechnete obere Hessenberg-Matrix

$A^{(n-1)}$ sogar tridiagonal. Der Algorithmus kann zudem in einigen Punkten verändert werden, um die Symmetrie optimal auszunutzen. Abgesehen von den vereinfachten Speichermöglichkeiten, auf die wir aber auch in Algorithmus 4.4.3 nicht näher eingegangen sind, kann man die eigentlichen Transformationen (in Schritt 3) einfacher gestalten.

Dort wird ja im wesentlichen $A_{13}^{(i)}-\frac{1}{K_i}[A_{13}^{(i)}u^{(i)}]u^{(i)H}$ und

$$\begin{aligned}\tilde{A}_{23}&=A_{23}^{(i)}-\frac{1}{K_i}u^{(i)}(u^{(i)H}A_{23}^{(i)})-[[A_{23}^{(i)}-\frac{1}{K_i}u^{(i)}(u^{(i)H}A_{23}^{(i)})]\frac{1}{K_i}u^{(i)}]u^{(i)H}\\&=A_{23}^{(i)}-\frac{1}{K_i}u^{(i)}u^{(i)H}A_{23}^{(i)}-\frac{1}{K_i}A_{23}^{(i)}u^{(i)}u^{(i)H}+\frac{1}{K_i^2}u^{(i)}u^{(i)H}A_{23}^{(i)}u^{(i)}u^{(i)H}\end{aligned}$$

gebildet. Im symmetrischen Fall wird nur $A_{23}^{(i)}$ verändert, $A_{13}^{(i)}$ wird zu null. Wegen der Symmetrie von $A_{23}^{(i)}$ vereinfacht sich aber auch die letztere Rechnung (wir lassen der Einfachheit halber die Indizes fort): Definiert man $v:=\frac{1}{K}Au$, so gilt $\tilde{A}=A-uv^H-vu^H+\frac{1}{K}(u^Hv)uu^H$. Den letzten Term, der stets reell ist, kann man auf die beiden vorhergehenden "verteilen", indem man $w:=v-\frac{1}{2}(\frac{1}{K}u^Hv)u$ setzt. Dann gilt $\tilde{A}=A-uw^H-wu^H$.

Wegen dieser Vereinfachungen reduziert sich der Rechenaufwand auf etwa $2n^3/3$ Multiplikationen. Die Details eines entsprechenden Algorithmus kann man Martin, Reinsch & Wilkinson [170] entnehmen.

Ähnlichkeitstransformation auf obere Hessenberg-Gestalt mit Givens-Rotationen

Eine unitäre bzw. orthogonale Transformationsmatrix, die auf obere Hessenberg-Gestalt bzw. Tridiagonalgestalt bei symmetrischen Matrizen reduziert, kann man auch als Produkt aus Rotationen erhalten, wie wir es entsprechend bei der Berechnung der QR-Zerlegung in Abschnitt 2.5 gesehen haben. Wurde dort ein Element in Position (j,i) durch eine Rotation G_{ij} annulliert, so benutzt man hier zu diesem Zweck $G_{i+1,j}$, um durch die anschließende Multiplikation von hinten, die Null in Position (j,i) nicht wieder zu zerstören (zur Erinnerung: Beim Jacobi-Verfahren wurde G_{ij} so bestimmt, daß das Element in Position (j,i) erst nach Ausführung der Multiplikation von vorn und von hinten zu null wurde; hier erzeugt bereits die Multiplikation von vorn eine entsprechende Null).

Es sei wieder $A\in M_n(\mathbb{R})$. Eine geeignete Reihenfolge der durch Vormultiplikation mit $G_{i+1,j}$ zu annullierenden Elemente in Position (j,i) ist gegeben durch (3,1), (4,1),...,(n,1); (4,2),...,(n,2); (5,3),...,(n,n-2) (spaltenweise von oben nach unten unterhalb der unteren Nebendiagonalen).

Beim Übergang $A\to\tilde{A}=G_{i+1,j}A$ werden die wesentlichen Elemente $s=\sin\alpha$ und $c=\cos\alpha$ von $G_{i+1,j}$ bestimmt durch die Forderung $\tilde{a}_{ji}=-sa_{i+1,i}+ca_{ji}=0$; das führt auf

$$c=\frac{a_{i+1,i}}{\sqrt{a_{i+1,i}^2+a_{ji}^2}} \quad\text{und}\quad s=\frac{a_{ji}}{\sqrt{a_{i+1,i}^2+a_{ji}^2}}\,.$$

Der Rechenaufwand beträgt hierbei im wesentlichen $10n^3/3$ Multiplikationen bei Reduktion einer nichtsymmetrischen Matrix auf obere Hessenberg-Gestalt bzw. $4n^3/3$ Multiplikationen bei Reduktion einer symmetrischen Matrix auf Tridiagonalgestalt und ist damit doppelt so hoch wie bei der Benutzung von Householder-Matrizen.
Man kann jedoch auch hier wieder die schnellen Givens-Rotationen verwenden. Wie Ähnlichkeitstransformationen mit schnellen Givens-Rotationen durchgeführt werden, ist ja bereits vom Jacobi-Verfahren her bekannt (s. Abschnitt 4.3). Es ist wieder möglich, nur die Quadrate der Folge der Diagonalmatrizen mitzuführen; wird das QR-Verfahren mit schnellen Givens-Rotationen angeschlossen (s. Abschnitt 4.5), so ist es nicht einmal zum Schluß der Reduktion erforderlich, die reduzierte Matrix explizit zu bilden, sondern die faktorisierte Gestalt kann sogleich beim Start des QR-Verfahrens weiter verwendet werden.
Der Rechenaufwand für die Reduktion auf obere Hessenberg-Gestalt mit schnellen Givens-Rotationen beträgt $5n^3/3$ Multiplikationen und $2n^3/3$ im symmetrischen Fall bei Reduktion auf Tridiagonalgestalt. Gegenüber dem Verfahren mit Householder-Transformationen, welches im wesentlichen denselben Rechenaufwand erfordert, sind dennoch in Beispielrechnungen Rechenzeitersparnisse von ca. 20% beobachtet worden; dies beruht auf der einfacheren Möglichkeit, bereits vorhandene Nullelemente zu berücksichtigen. Dadurch ist dieses Verfahren insbesondere für schwach besetzte Matrizen interessant.

Wir wollen noch bemerken, daß in einer oberen Hessenberg-Matrix H, die unitär bzw. orthogonal ähnlich zur gegebenen Matrix $A\in M_n(\mathbb{K})$ ist, das Nebendiagonalelement $h_{j+1,j}$ genau angibt, wie weit der Spann der ersten j Spalten der Transformationsmatrix von einem invarianten Unterraum von A entfernt ist, gemessen in der Frobeniusnorm (dabei heißt der von den Spalten der Matrix $Q_j\in M_{n,j}(\mathbb{C})$ aufgespannte Unterraum <u>invarianter Unterraum</u> von A, wenn für eine Matrix $X\in M_j(\mathbb{C})$ gilt $AQ_j=Q_jX$). Dazu zeigen wir folgendes einfache Lemma.

<u>LEMMA 4.4.4</u>: *Sei* $A\in M_n(\mathbb{K})$, $Q_j\in M_{n,j}(\mathbb{K})$ *mit* $Q_j^HQ_j=I_j$ *und* $H_j=Q_j^HAQ_j$. *Dann ist*

$$\min_{X\in M_j(\mathbb{K})} \|AQ_j-Q_jX\|_F=\|AQ_j-Q_jH_j\|_F.$$

<u>BEWEIS</u>: Da das Quadrat der Frobeniusnorm einer Matrix die Summe der Quadrate der $\|\cdot\|_2$-Norm ihrer Spalten ist und für $e_i\in\mathbb{R}^j$ mit $i\leq j$ die Minimierungsaufgabe $\|Q_jx-AQ_je_i\|_2=\min!$ jeweils eindeutig durch $Q_j^+(AQ_je_i)=(Q_j^HQ_j)^{-1}Q_j^HAQ_je_i=Q_j^HAQ_je_i$ gelöst wird (vgl. Satz 1.5.6 iv)), ist $X_o=Q_j^HAQ_j=H_j$ die eindeutige Lösung von $\|AQ_j-Q_jX\|_F=\min!$ (Der Spezialfall j=1, in dem X_o gerade ein Rayleigh-Quotient ist, wurde bereits in Korollar 4.2.15 betrachtet.) □

Ist also $Q^H AQ=H$ eine obere Hessenberg-Matrix, und ist Q_j die Matrix, die aus den ersten j Spalten von Q besteht, so hat man ja

$$AQ_j=Q\begin{bmatrix} & H_j & \\ 0 & \dots & 0h_{j+1,j} \\ 0 & \dots & 0 \quad 0 \\ \vdots & & \vdots \quad \vdots \\ 0 & \dots & 0 \quad 0 \end{bmatrix} = Q_jH_j+h_{j+1,j}q_{j+1}e_j^T,$$ wobei e_j der j-te Einheitsvektor

aus $\mathbb{R}^j$ ist. Also ist nach diesem Lemma $\min\limits_{X\in M_j(\mathbb{K})} \|AQ_j-Q_jX\|_F=|h_{j+1,j}|$.

Ähnlichkeitstransformation auf obere Hessenberg-Gestalt mit elementaren unteren Dreiecksmatrizen

Auch mit einem Produkt einer Permutationsmatrix und einer unteren Dreiecksmatrix läßt sich, wie wir gesehen haben, jede Matrix auf obere Hessenberg-Gestalt reduzieren. Eine solche Transformationsmatrix kann man erzeugen als Produkt aus Permutationsmatrizen und elementaren unteren Dreiecksmatrizen, die jeweils die Elemente einer Spalte unterhalb der Nebendiagonalen der betrachteten Matrix eliminieren. Diese Eliminationsaufgabe ist dabei so zu lösen, daß bei anschließender Multiplikation von hinten mit der Inversen der elementaren unteren Dreiecksmatrix die bereits erreichten Nulleinträge in der Matrix nicht wieder zerstört werden.

Hierbei geht man wie beim Algorithmus von Parlett, Reid und Aasen (s. Abschnitt 2.3) vor, mit dem man eine symmetrische Matrix mittels Kongruenztransformation auf Tridiagonalgestalt reduziert. Der einzige Unterschied zu diesem Verfahren besteht darin, daß man hier jeweils mit der Inversen der elementaren Matrix von hinten multiplizieren muß, wodurch eine etwaige Symmetrie der gegebenen Matrix zerstört wird und daher stets nur eine Reduktion auf Hessenberg-Gestalt erreicht werden kann.

Ausgehend von $A^{(o)}:=A$ bildet man

$$A^{(i)}:=L_{i+1}P_{i+1}A^{(i-1)}P_{i+1}^TL_{i+1}^{-1} \quad \text{für } i=1,2,\dots,n-2,$$

wobei die Permutationsmatrix P_{i+1} und die elementare untere Dreiecksmatrix genau so bestimmt werden wie im Algorithmus von Parlett, Reid und Aasen (s. Abschnitt 2.3). Die Matrix $A^{(n-2)}:=L_{n-1}P_{n-1}L_{n-2}\dots L_2P_2AP_2^TL_2^{-1}\dots L_{n-2}^{-1}P_{n-2}^TP_{n-1}^TL_{n-1}^{-1}$ besitzt dann obere Hessenberg-Gestalt.

Die Rundungsfehlerabschätzungen für diese Methode enthalten wie die für das Gaußsche Eliminationsverfahren einen ungünstigen Wachstumsfaktor, der jedoch im allgemeinen eine grobe Überschätzung darstellt. Daher ist dieses Verfahren für nichtsymmetrische Matrizen, für die es etwa halb so viele Multiplikationen benötigt wie das Householder-Reduktionsverfahren, ebenfalls gut geeignet.

Eine entsprechende ALGOL-Prozedur wird in Martin & Wilkinson [174] beschrieben; dort wird der Gebrauch dieser Methode insbesondere für komplexe Matrizen empfohlen.

Hinweise

Für $A\in M_n(\mathbb{K})$ und $x\in\mathbb{K}^n$ bezeichnet man $x,Ax,A^2x,\ldots,A^{j-1}x$ häufig als Krylov-Folge der Länge j bzw. die Matrix K(A,x,j), die aus diesen Spalten besteht, als Krylov-Matrix. Von Krylov [149] wurde diese Folge eigentlich dazu benutzt, um die Koeffizienten des charakteristischen Polynoms von A zu bestimmen. Die Beziehung zwischen der Reduktion einer Matrix auf obere Hessenberg-Form und der Zerlegung einer zugehörigen Krylov-Matrix aus Satz 4.4.1 ist für spezielle, insbesondere unitäre, Transformationsmatrizen in etlichen Darstellungen, wenn auch meist implizit, beschrieben; so etwa in Golub & Van Loan [113], wo man eine sehr ausführliche Betrachtung von Methoden zur Reduktion auf Hessenberg-Gestalt und Tridiagonalgestalt findet.
Einzelheiten zur Benutzung von schnellen Givens-Rotationen bei der Reduktion auf obere Hessenberg-Gestalt gibt Rath [221], [222].
Die Aussagen von Korollar 4.4.2 sind im wesentlichen schon von Rutishauser [238] gezeigt. Daß wir hier nur Matrizen betrachtet haben, deren Eigenwerte alle die geometrische Vielfachheit eins haben, ist keine wesentliche Einschränkung. Hat man nämlich Eigenwerte mit größerer geometrischer Vielfachheit, so kann man zeigen, daß sich entsprechende Teilreduktionen erreichen lassen und man mit der Betrachtung kleinerdimensionaler Probleme fortfahren kann (siehe Rutishauser [238]). Man erhält hierbei entsprechende Ähnlichkeitstransformationen auf zerfallende Tridiagonalform. Verfahren zur Tridiagonalisierung behandelten unter anderem Lanczos [154], Rutishauser [238], Schwarz [252], Strachey & Francis [279], Wilkinson [309] und Bauer [15]. Bei allen vorgeschlagenen Verfahren zur Tridiagonalisierung handelt es sich um verschiedene Arten, die im wesentlichen eindeutige Transformationsmatrix zu bestimmen, nachdem man deren erste Spalte und die erste Zeile ihrer Inversen beliebig vorgegeben hat. Das hier beschriebene Verfahren 4.4.3 ist eine leichte Modifikation des Verfahrens von Lanczos. Die dabei aufgezeigte numerische Instabilität tritt bei allen diesen Tridiagonalisierungsverfahren auf (siehe Bunse-Gerstner [46]).

4.5 ZERLEGUNGSALGORITHMEN

Bei den Zerlegungsalgorithmen zur Lösung des Eigenwertproblems für eine gegebene Matrix A_o erzeugt man eine Folge von zu A_o ähnlichen Matrizen $A_{i+1}=G_i^{-1}A_iG_i$, die gegen obere Dreiecksgestalt konvergiert. Dabei stammen die Transformationsmatrizen G_i aus einer Zerlegung von A_i-k_iI in das Produkt von G_i und einer oberen Dreiecksmatrix. Die spezielle Wahl der Zerlegungsart bestimmt entscheidend den Rechenaufwand sowie die numerische Stabilität des Verfahrens. Die bekanntesten Verfahren dieser Art sind das LR- und das QR-Verfahren. Nach der Darstellung der grundlegenden Eigenschaften von Zerlegungsalgorithmen betrachten wir hauptsächlich Aspekte der praktischen Durchführung beim QR-Verfahren, das wegen seiner numerischen Stabilität von herausragender Bedeutung ist. Mit geeigneten Shift- und Deflationstechniken ist es das effizienteste allgemeine Verfahren zur Berechnung aller Eigenwerte reeller Matrizen mit nicht zu großer Dimension.

Es bezeichne $GL_n(\mathbb{C})$ die multiplikative Gruppe der nichtsingulären Matrizen aus $M_n(\mathbb{C})$, $T_n(\mathbb{C})$ die Gruppe der oberen Dreiecksmatrizen in $GL_n(\mathbb{C})$.
Sei V eine Untergruppe von $GL_n(\mathbb{C})$ und U eine Untergruppe von $T_n(\mathbb{C})$. V und U mögen den folgenden vier Bedingungen genügen:

(Z 1): Die Menge $V\cdot U=\{M\in GL_n(\mathbb{C})\mid M=GR, G\in V, R\in U\}$ sei offen in $GL_n(\mathbb{C})$ und ihr Abschluß sei $GL_n(\mathbb{C})$.

(Z 2): Der Durchschnitt von V und U bestehe nur aus der Einheitsmatrix.

(Z 3): Der Durchschnitt W von V und $T_n(\mathbb{C})$ bestehe aus Diagonalmatrizen, die gleichmäßig beschränkt sind, d.h. es gibt ein $K\in\mathbb{R}$ mit $\|D\|\leq K$ für alle $D\in W$.

(Z 4): Die Abbildung, die einer Matrix $X\in V\cdot U$ den ersten Faktor G ihrer Zerlegung $X=GR$ mit $G\in V$, $R\in U$ zuordnet, sei stetig.

BEMERKUNG 4.5.1: Die Bedingung (Z 2) ist äquivalent dazu, daß eine Zerlegung $X=GR$ mit $G\in V$ und $R\in U$ eindeutig ist. Ist nämlich $X=\widetilde{G}\widetilde{R}$ eine weitere Zerlegung mit $\widetilde{G}\in V$ und $\widetilde{R}\in U$, so hat man wegen $GR=\widetilde{G}\widetilde{R}$ ja $G^{-1}\widetilde{G}=R\widetilde{R}^{-1}\in U\cap V$.

BEISPIEL 4.5.2: 1. Ist V die Gruppe der unitären Matrizen in $GL_n(\mathbb{C})$ und U die Gruppe der oberen Dreiecksmatrizen mit reellen positiven Diagonalelementen, so hat nach Satz 2.5.3 jede Matrix $X\in GL_n(\mathbb{C})$ eine eindeutige Zerlegung $X=QR$ mit $Q\in V$ und $R\in U$. Es ist hier also $V\cdot U=GL_n(\mathbb{C})$, d.h. (Z 1) ist erfüllt, und wegen der Eindeutigkeit dieser Zerlegung hat man auch (Z 2). Der Durchschnitt von V und $T_n(\mathbb{C})$ besteht gerade aus den unitären Diagonalmatrizen (vgl. Satz 2.5.3), und anhand der Konstruktion der QR-Zerlegung sieht man, daß der unitäre Faktor der QR-Zerlegung einer Matrix $X\in GL_n(\mathbb{C})$ stetig von den Elementen der Matrix X abhängt. Also sind auch (Z 3) und (Z 4) erfüllt.
2. Sei V die Gruppe der unteren Dreiecksmatrizen mit Einheitsdiagonale in $GL_n(\mathbb{C})$ und $U=T_n(\mathbb{C})$. Eine Matrix $X\in GL_n(\mathbb{C})$ hat genau dann eine LR-Zerlegung, wenn die führenden Hauptabschnittsdeterminanten der Matrix X ungleich null sind (vgl. Satz 2.2.5). Da die Hauptabschnittsdeterminanten ganzrationale Funktionen in den Elementen von X sind, sieht man sofort, daß (Z 1) erfüllt ist. Der Durchschnitt von V und $T_n(\mathbb{C})$ besteht hier nur aus der Einheitsmatrix, und anhand der Konstruktion sieht man wieder, daß die untere Dreiecksmatrix L der LR-Zerlegung einer Matrix $X\in V\cdot U$ stetig von den Elementen von X abhängt. U und V genügen also auch den Bedingungen (Z 2) - (Z 4).

Mit Zerlegungen bezüglich V und U läßt sich nun zu einer Matrix A eine Folge von zu A ähnlichen Matrizen konstruieren, die die Grundlage für ein Verfahren zur

Berechnung der Eigenwerte von A bilden: Setze A_o:=A und berechne für i=1,2,3,... , solange $A_i \in V \cdot U$ ist,

(4.5.1) $A_{i+1}=G_i^{-1}A_iG_i$,

wobei G_i der erste Faktor der Zerlegung

(4.5.2) $A_i=G_iR_i$ mit $G_i \in V$ und $R_i \in U$

ist.

Wir werden sehen, daß unter gewissen Voraussetzungen über A, falls alle A $\in V \cdot U$ sind, diese A_i gegen obere Dreiecksgestalt streben und die Diagonalelemente der A_i gegen die Eigenwerte von A konvergieren. Mit einem geeigneten Beendigungskriterium ist obige Konstruktionsvorschrift die Grundform des Zerlegungsalgorithmus bezüglich V und U.

Durch Vorabtransformation von A auf reduzierte Form (vgl. Abschnitt 4.4), die für alle A_i erhalten bleibt, läßt sich der Rechenaufwand für ein solches Verfahren erheblich reduzieren.

Ersetzt man (4.5.2) durch $A_i-k_iI=G_iR_i$ mit $G_i \in V$ und $R_i \in U$, so läßt sich durch geeignete Wahl dieser sogenannten Shifts oder Shiftparameter k_i im allgemeinen eine beträchtliche Konvergenzbeschleunigung erreichen, so daß diese Verfahren die im allgemeinen schnellsten Verfahren zur Berechnung aller Eigenwerte kleindimensionaler Matrizen sind.

Das erste Verfahren dieser Art war das LR-Verfahren, bei dem V und U wie im Beispiel 4.5.1, 2) gewählt werden. Modifiziert man das Verfahren dahingehend, daß man bei der Zerlegung zusätzlich Zeilenpermutationen benutzt, d.h. daß man Zerlegungen $A_i=P_iL_iR_i$ zugrundelegt (vgl. Satz 2.2.3), so existieren diese Zerlegungen für alle A_i. Häufig bezeichnet man diese Erweiterung als LR-Verfahren bzw. LR-Algorithmus. A_{i+1} berechnet sich hierbei besonders einfach aus A_i, und daher wird dieses Verfahren oft benutzt, wenn die Ausgangsmatrix A komplexe Elemente enthält.

Wählt man V und U wie im Beispiel 4.5.1, 1), so erhält man das QR-Verfahren bzw. den QR-Algorithmus. Wegen seiner Schnelligkeit, numerischen Stabilität und damit einhergehenden Verläßlichkeit der Ergebnisse ist es das wohl am häufigsten verwendete Verfahren zur Berechnung aller Eigenwerte reeller Matrizen, deren Dimension so bemessen ist, daß sie ohne weiteres im Hauptspeicher gehalten werden können. Besonders günstig arbeitet das QR-Verfahren für symmetrische Matrizen, die man durch eine Vorabtransformation auf symmetrische Tridiagonalform reduziert. Wir geben hier je einen entsprechenden Algorithmus zur Berechnung der Eigenwerte einer reellen oberen Hessenberg-Matrix und zur Berechnung der Eigenwerte einer symmetrischen Tridiagonalmatrix an.

Wenig betrachtet sind bisher Zerlegungsalgorithmen, die auf anderen Zerlegungen als der LR- und der QR-Zerlegung basieren. Eine andere Wahl von V und U kann jedoch nützlich sein, um spezielle Strukturen der Ausgangsmatrix A_o, zum Beispiel Nullmuster oder Symmetrieeigenschaften, für alle Matrizen A_i des Zerlegungsalgorithmus beizubehalten. Als Beispiel für solche Verfahren geben wir das SR-Verfahren und in einer Erweiterung des obigen allgemeinen Ansatzes das HR-Verfahren an.

<u>Konvergenz der Matrizenfolge des Zerlegungsalgorithmus</u>

Seien V und U Untergruppen von $GL_n(\mathbb{C})$ bzw. $T_n(\mathbb{C})$, die den Bedingungen (Z 1) bis (Z 4) genügen. Sei $A\in V\cdot U$ und für alle $i\in\mathbb{N}$ gelte für die nach (4.5.1) und (4.5.2) gebildeten Matrizen A_i, daß $A_i\in V\cdot U$ ist. In diesem Fall nennt man die Folge $(A_i)_{i\in\mathbb{N}}$ <u>konstruierbar</u>.

Aus (4.5.1) und (4.5.2) leitet man nun sehr leicht die folgenden Beziehungen für alle $i\in\mathbb{N}$ her.

(4.5.3) $A_{i+1}=R_iG_i$,

denn $A_{i+1}=G_i^{-1}A_iG_i=G_i^{-1}G_iR_iG_i$;

(4.5.4) $A_{i+1}=R_iA_iR_i^{-1}$,

denn $A_{i+1}=R_iG_i$ und $G_i=A_iR_i^{-1}$.

Für $\tilde{G}_i:=G_oG_1\ldots G_i$ und $\tilde{R}_i:=R_iR_{i-1}\ldots R_o$ erhält man mit (4.5.3) und (4.5.4) nun:

(4.5.5) $A_{i+1}=\tilde{R}_iA\tilde{R}_i^{-1}=\tilde{G}_i^{-1}A\tilde{G}_i$

und daher auch

(4.5.6) $A\tilde{G}_i=\tilde{G}_iA_{i+1}$.

Schließlich ergibt sich

(4.5.7) $A^{i+1}=\tilde{G}_i\tilde{R}_i$,

denn $A=G_oR_o=\tilde{G}_o\tilde{R}_o$, und falls für $k\in\mathbb{N}$ $A^{k+1}=\tilde{G}_k\tilde{R}_k$ ist, so gilt mit (4.5.6) und (4.5.2) auch $A^{k+2}=AA^{k+1}=A\tilde{G}_k\tilde{R}_k=\tilde{G}_kA_{k+1}\tilde{R}_k=\tilde{G}_kG_{k+1}R_{k+1}\tilde{R}_k=\tilde{G}_{k+1}\tilde{R}_{k+1}$.

Einen ersten Eindruck vom Konvergenzverhalten der Folge $(A_i)_{i\in\mathbb{N}}$ erhält man, wenn man ihre enge Beziehung zur <u>Potenzmethode</u> betrachtet (vgl. Abschnitt 4.2). Nach (4.5.6) ist nämlich für alle $i\in\mathbb{N}$ wegen (4.5.2) und wegen der Dreiecksgestalt von R_{i+1} $A\tilde{G}_ie_1=\tilde{G}_iA_{i+1}e_1=\tilde{G}_iG_{i+1}R_{i+1}e_1=(e_1^TR_{i+1}e_1)\tilde{G}_{i+1}$, so daß für alle $i\in\mathbb{N}$ gilt

(4.5.8) $\tilde{G}_{i+1}e_1=(e_1^TR_{i+1}e_1)^{-1}A\tilde{G}_ie_1$.

Die Folge $(\tilde{G}_ie_1)_{i\in\mathbb{N}}$ stimmt also mit der Folge (4.2.2) der Potenzmethode mit dem Startvektor e_1 bis auf die hier spezielle Normierung überein. Sind zum Beispiel die Matrizen $\tilde{G}_i$ unitär, so werden hier die Vektoren $A\tilde{G}_ie_1$ bzgl. $\|\cdot\|_2$ auf eins normiert; sind die $\tilde{G}_i$ untere Dreiecksmatrizen mit Einheitsdiagonale, so werden die Vektoren $A\tilde{G}_i e_1$ stets so normiert, daß die erste Komponente eins ist. Der folgende Satz zeigt, daß die Matrizen A_i gegen obere Dreiecksgestalt streben und ihre Diagonalelemente gegen die Eigenwerte von A konvergieren, wenn diese Eigenwerte betragsmäßig getrennt sind.

<u>SATZ 4.5.3</u>: *Sei* V *eine Untergruppe von* $GL_n(\mathbb{C})$ *und* U *eine Untergruppe von* $T_n(\mathbb{C})$, *so daß die Bedingungen* (Z 1) *bis* (Z 4) *erfüllt sind. Für* $A \in GL_n(\mathbb{C})$ *sei die durch* (4.5.1) *und* (4.5.2) *gegebene Folge* $(A_i)_{i\in\mathbb{N}}$ *konstruierbar.*
A *besitze* n *betragsmäßig verschiedene Eigenwerte* $\lambda_1,\ldots,\lambda_n$, *die gemäß* $|\lambda_1|>|\lambda_2|>\ldots>|\lambda_n|$ *angeordnet seien. In der Zerlegung* $A=XDX^{-1}$ *mit* $D=\mathrm{diag}(\lambda_1,\ldots,\lambda_n)$ *habe* X^{-1} *eine Zerlegung* $X^{-1}=L_1U_1$ *mit einer unteren Dreiecksmatrix* L_1 *mit Einheitsdiagonale und einer oberen Dreiecksmatrix* U_1. *Die Matrix* X *besitze eine Zerlegung* $X=GR$ *mit* $G\in V$ *und* $R\in U$.
Dann konvergieren die Folgen der Subdiagonalelemente der A_i *gegen null und für die Diagonalelemente* $a_{jj}^{(i)}$ *von* A_i *gilt* $\lim_{i\to\infty} a_{jj}^{(i)}=\lambda_j$.

<u>BEWEIS</u>: Aus $A=XDX^{-1}$, $X=GR$ und $X^{-1}=L_1U_1$ folgt für alle $i\in\mathbb{N}$

(4.5.9) $\quad A^i=XD^iX^{-1}=GRD^iL_1U_1=GR(D^iL_1D^{-i})D^iU_1$.

$D^iL_1D^{-i}$ ist eine untere Dreiecksmatrix, deren (j,k)-tes Element für $j\geq k$ gerade $\ell_{jk}(\lambda_j/\lambda_k)^i$ ist. Sei $E_i:=I-D^iL_1D^{-i}$ für alle $i\in\mathbb{N}$. Aus $|\lambda_j|/|\lambda_k|<1$ für $j>k$ folgt $\lim_{i\to\infty}(D^iL_1D^{-i})=I$, bzw. $\lim_{i\to\infty}E_i=0$. Definiert man $F_i:=RE_iR^{-1}$, so ist $RE_i=F_iR$ und wegen (4.5.9) ist $A^i=GR(I+E_i)D^iU_1=G(I+F_i)RD^iU_1$, außerdem gilt $\lim_{i\to\infty}F_i=0$. Da die Menge $V\cdot U$ offen ist und I enthält (denn $I\in V$ und $I\in U$, also ist $I=II$ die eindeutige Zerlegung von I), besitzen für alle genügend großen $i\in\mathbb{N}$ alle Matrizen $I+F_i$ ebenfalls eine Zerlegung $I+F_i=\hat{G}_i\hat{R}_i$ mit $\hat{G}_i\in V$ und $\hat{R}_i\in U$. Wegen der stetigen Abhängigkeit der Zerlegung (siehe (Z 4)) folgt hierfür $\lim_{i\to\infty}\hat{G}_i=\lim_{i\to\infty}\hat{R}_i=I$. Daher hat man für alle genügend großen $i\in\mathbb{N}$ nun $A^i=G(\hat{G}_i\hat{R}_i)RD^iU_1$. Außerdem ist nach (4.5.7) $A^i=\tilde{G}_{i-1}\tilde{R}_{i-1}$, so daß gilt $(G\hat{G}_i)^{-1}\tilde{G}_{i-1}=\hat{R}_iRD^iU_1\tilde{R}_{i-1}^{-1}$. $D_i:=(G\hat{G}_i)^{-1}\tilde{G}_{i-1}$ ist daher aus dem Durchschnitt von V und $T_n(\mathbb{C})$ und damit nach (Z 3) eine Diagonalmatrix. Also hat man nun für alle genügend großen $i\in\mathbb{N}$, daß $\tilde{G}_{i-1}=G\hat{G}_iD_i$ ist und nach (4.5.5) daher $A_i=\tilde{G}_{i-1}^{-1}A\tilde{G}_{i-1}=D_i^{-1}\hat{G}_i^{-1}G^{-1}AG\hat{G}_iD_i$. Zusammen mit $A=XDX^{-1}=GRDR^{-1}G^{-1}$ ergibt sich schließlich $A_i=D_i^{-1}\hat{G}_i^{-1}RDR^{-1}\hat{G}_iD_i$ bzw. $D_iA_iD_i^{-1}=\hat{G}_i^{-1}RDR^{-1}\hat{G}_i$ für alle genügend großen $i\in\mathbb{N}$. Wegen $\lim_{i\to\infty}\hat{G}_i=I$ erhält man also $\lim_{i\to\infty}D_iA_iD_i^{-1}=RDR^{-1}$. Da der Durchschnitt von V und $T_n(\mathbb{C})$ selbst wieder eine Gruppe ist, sind mit den D_i auch die D_i^{-1} in dieser Menge enthalten. Nach (Z 3) sind $(D_i)_{i\in\mathbb{N}}$ und $(D_i^{-1})_{i\in\mathbb{N}}$ daher beschränkte Folgen, so daß aus der letzten Gleichung gerade die Behauptung folgt. □

Die Voraussetzungen über die Zerlegbarkeit von X und X^{-1} stellen im Hinblick auf die praktische Durchführung keine wesentliche Einschränkung der Allgemeinheit dar. Haben X oder X^{-1} keine Zerlegung wie in obigem Satz, so hat nach (Z 1) bzw. Beispiel 4.5.2, 2) im allgemeinen ein etwa durch Rundungsfehler verfälschtes $\tilde{A}=A+E$ eine Zerlegung $\widetilde{XDX^{-1}}$ mit den geforderten Eigenschaften. Diese Bedingungen sind in ihrer Bedeutung vergleichbar mit der bei der Potenzmethode geforderten "genügend allgemeinen Lage" des Startvektors (vgl. Bemerkung 4.2.4, 2)).
Wie man in diesem Beweis gesehen hat, ist die Geschwindigkeit, mit der die Subdiagonalelemente der A_i gegen null konvergieren, im wesentlichen gerade die Konvergenzgeschwindigkeit der Folgen $((\lambda_j/\lambda_k)^i)_{i\in\mathbb{N}}$, die auch bei der Potenzmethode die Konvergenz bestimmen (siehe Bemerkung 4.2.4, 1)). Bei geringer betragsmäßiger Trennung der Eigenwerte von A werden sehr viele Iterationsschritte nötig sein, bis die Subdiagonalelemente der Iterierten vernachlässigbar klein sind.
Darüber hinaus ist der Rechenaufwand für die Konstruktion einer neuen Iterierten recht hoch (in der Größenordnung von n^3 Operationen bei den in diesem Abschnitt betrachteten Zerlegungen), wenn man in der bisher angegebenen Weise vorgeht.
Die Effizienz der Zerlegungsalgorithmen wird durch eine Reihe zusätzlicher Maßnahmen bewirkt, die den Rechenaufwand verringern und die Konvergenzgeschwindigkeit erhöhen: Man transformiert die gegebene Matrix vorab auf obere Hessenberg-Gestalt, setzt Shifts ein und führt Deflation durch.

Verwendung von Shifts

Die durch (4.5.1) und (4.5.2) gegebene Konstruktionsvorschrift für die Matrizenfolge $(A_i)_{i\in\mathbb{N}}$ des Zerlegungsalgorithmus ändern wir auf folgende Weise ab:

Setze $A_o:=A$ und berechne mit der Shiftfolge $(k_i)_{i\in\mathbb{N}}\in\mathbb{C}^{\mathbb{N}}$
für $i=1,2,3...$, solange $A_i-k_iI\in V\cdot U$ ist,

(4.5.9) $A_{i+1}=G_i^{-1}A_iG_i$,

wobei G_i der erste Faktor der Zerlegung

(4.5.10) $A_i-k_iI=G_iR_i$ mit $G_i\in V$ und $R_i\in U$

ist.

Wir nennen wieder die Folge $(A_i)_{i\in\mathbb{N}}$ konstruierbar, wenn für alle $i\in\mathbb{N}$ die nach (4.5.1) und (4.5.10) gebildeten Matrizen $A-k_iI$ aus $V\cdot U$ sind. Man erhält dann aus (4.5.1) und (4.5.10) den Gleichungen (4.5.3) bis (4.5.7) entsprechende Beziehungen, nämlich für alle $i\in\mathbb{N}$

(4.5.3') $A_{i+1}=R_iG_i+k_iI$,

denn $A_{i+1}=G_i^{-1}A_iG_i=G_i^{-1}(G_iR_i+k_iI)G_i$,

(4.5.4') $A_{i+1}=R_iA_iR_i^{-1}$,

denn $A_{i+1}=R_iG_i+k_iI$ und $G_i=(A_i-k_iI)R_i^{-1}$.

Für $\tilde{G}_i:=G_oG_1\dots G_i$ und $\tilde{R}_i:=R_iR_{i-1}\dots R_o$ erhält man mit (4.5.3') und (4.5.4') nun:

(4.5.5') $\quad A_{i+1}=\tilde{R}_iA\tilde{R}_i^{-1}=\tilde{G}_i^{-1}A\tilde{G}_i$

und daher auch

(4.5.6') $\quad A\tilde{G}_i=\tilde{G}_iA_{i+1}$.

Schließlich ergibt sich noch entsprechend der Gleichung (4.5.7)

(4.5.7') $\quad \prod_{j=0}^{i}(A-k_jI)=\tilde{G}_i\tilde{R}_i$,

denn $(A-k_oI)=\tilde{G}_o\tilde{R}_o$, und falls für $\ell\in\mathbb{N}$ $\prod_{j=0}^{\ell}(A-k_jI)=\tilde{G}_\ell\tilde{R}_\ell$ ist, so wird mit (4.5.6') und (4.5.10) auch $\prod_{j=0}^{\ell+1}(A-k_jI)=(A-k_{\ell+1}I)\prod_{i=0}^{\ell}(A-k_jI)=A\tilde{G}_\ell\tilde{R}_\ell-k_{\ell+1}\tilde{G}_\ell\tilde{R}_\ell=$

$=\tilde{G}_\ell A_{\ell+1}\tilde{R}_\ell-k_{\ell+1}\tilde{G}_\ell\tilde{R}_\ell=\tilde{G}_\ell(G_{\ell+1}R_{\ell+1}+k_\ell I)\tilde{R}_\ell-k_{\ell+1}\tilde{G}_\ell\tilde{R}_\ell=\tilde{G}_{\ell+1}\tilde{R}_{\ell+1}$.

Die so gebildeten A_i und $\tilde{G}_i$ stehen nun in enger Beziehung zur inversen Iteration für die Matrix A^H (vgl. Abschnitt 4.2). Setzt man noch $\tilde{G}_{-1}:=I$, so ist nach (4.5.6') und (4.5.10) nämlich $(A-k_iI)\tilde{G}_{i-1}=\tilde{G}_{i-1}(A_i-k_iI)=\tilde{G}_iR_i$ für alle $i\in\mathbb{N}$. Ist nun $(A_i-k_iI)\in V\cdot U$, so ist insbesondere k_i kein Eigenwert von A_i bzw. A, und daher ist $(A-k_iI)$ invertierbar. Aus der letzten Gleichung erhält man also $(A^H-k_iI)^{-1}\tilde{G}_{i-1}^{-H}=\tilde{G}_i^{-H}R_i^{-H}$. Da R_i eine obere Dreiecksmatrix ist, hat man $R_i^{-H}e_n=(e_n^TR_i^{-H}e_n)e_n$ und $e_n^TR_i^{-H}e_n=1/(e_n^TR_ie_n)$. Damit wird nun wegen $(A^H-k_iI)^{-1}\tilde{G}_{i-1}^{-H}e_n=\tilde{G}_i^{-H}R_i^{-H}e_n=(e_n^TR_i^{-H}e_n)\tilde{G}_i^{-H}e_n$ gerade

(4.5.11) $\quad \tilde{G}_i^{-H}e_n=(e_n^TR_ie_n)(A^H-k_iI)^{-1}\tilde{G}_{i-1}^{-H}e_n$.

Die Folge $(\tilde{G}_i^{-H}e_n)_{i\in\mathbb{N}}$ stimmt also mit der Vektorfolge der inversen Iteration in Algorithmus 4.2.11 für die Matrix A^H und den Startvektor e_n überein bis auf die hier spezielle Normierung und auf die Tatsache, daß die Shifts k_i hier noch nicht näher spezifiziert worden sind. Sind zum Beispiel die $\tilde{G}_i$ unitär, so bewirkt der Faktor $e_n^TR_ie_n$ gerade jeweils eine Normierung des Vektors $(A^H-k_iI)^{-1}\tilde{G}_{i-1}e_n$ auf eins bzgl. $\|\cdot\|_2$. Sind die $\tilde{G}_i$ untere Dreiecksmatrizen mit Einheitsdiagonale, so wird $(A^H-k_iI)\tilde{G}_{i-1}^{-H}e_n$ durch den Faktor $e_n^TR_ie_n$ jeweils so normiert, daß die letzte Komponente des Vektors eins wird.

Wie man in Abschnitt 4.2 gesehen hat, konvergiert die durch (4.5.11) gegebene Folge umso schneller, je besser die k_i einen Eigenwert von A^H approximieren. Am gebräuchlichsten bei den Zerlegungsalgorithmen sind die beiden folgenden Shiftwahl-Strategien. Für $A_i=(a_{j\ell}^{(i)})_{j,\ell\in\{1,\dots,n\}}$ wählt man

(4.5.12a) $k_i = a_{nn}^{(i)}$,

oder

(4.5.12b) k_i als den Eigenwert der Matrix $\begin{bmatrix} a_{n-1,n-1}^{(i)} & a_{n-1,n}^{(i)} \\ a_{n,n-1}^{(i)} & a_{nn}^{(i)} \end{bmatrix}$, der $a_{nn}^{(i)}$ am nächsten ist (Wilkinson-Shift).

Mit diesen Shiftwahl-Strategien werden wir uns im Zusammenhang mit dem QR-Algorithmus noch weiter beschäftigen.

Obere Hessenberg-Gestalt und Deflation

Ist die Matrix A_o eine obere Hessenberg-Matrix, so sieht man anhand von (4.5.4) bzw. (4.5.4'), daß alle gemäß (4.5.1) und (4.5.2) bzw. (4.5.10) gebildeten Matrizen A_i ebenfalls wieder obere Hessenberg-Matrizen sind. Wie später am Beispiel des QR-Algorithmus gezeigt wird, verringert sich damit der Rechenaufwand pro Iterationsschritt auf die Größenordnung von n^2 Operationen.

Man führt daher die gegebene Matrix A zunächst wie in Abschnitt 4.4 beschrieben durch Ähnlichkeitstransformation in eine obere Hessenberg-Matrix H über. Dabei kann man ohne Beschränkung der Allgemeinheit annehmen, daß H nichtzerfallend ist, d.h. daß alle Elemente der ersten unteren Nebendiagonale ungleich null sind. Ist nämlich in H etwa das Element der Position $(\ell+1,\ell)$ für $\ell<n$ gleich null, so zerfällt H in Blöcke $H=\begin{bmatrix} H_{11} & H_{12} \\ 0 & H_{22} \end{bmatrix}$ mit $H_{11}\in M_\ell(\mathbb{C})$ und $H_{22}\in M_{n-\ell}(\mathbb{C})$, und daher "zerfällt" das Eigenwertproblem in die beiden kleinerdimensionalen Probleme für H_{11} und H_{22}, die man nun getrennt behandeln kann.

Mit der nichtzerfallenden oberen Hessenberg-Matrix H als Startmatrix berechnet man nun nach (4.5.1) und (4.5.10) mit einer geeigneten Shiftwahl-Strategie eine Folge von oberen Hessenberg-Matrizen $(H_i)_{i\in\mathbb{N}}$. Wiederum mit (4.5.4') sieht man, daß alle H_i nichtzerfallend sind. Konvergenz im Sinne von Satz 4.5.3 bedeutet dann hier, daß die Elemente der ersten unteren Nebendiagonale der H_i gegen null konvergieren.

Ist schließlich in einem $H_i=(h_{jk})_{j,k\in\{1,\dots,n\}}$ das Element $h_{\ell+1,\ell}$ hinreichend klein, so wird es als null angesehen, und man spaltet wie oben beschrieben entsprechend kleinere Eigenwertprobleme ab. Als Kriterium für eine solche Vernachlässigbarkeit von $h_{\ell+1,\ell}$ benutzt man in der Praxis zum Beispiel

(4.5.13a) $|h_{\ell+1,\ell}|\leq eps(|h_{\ell+1,\ell+1}|+|h_{\ell\ell}|)$ oder

(4.5.13b) $|h_{\ell+1,\ell}|\leq eps\,\min(|h_{\ell+1,\ell+1}|,|h_{\ell\ell}|)$,

wobei eps die Maschinengenauigkeit ist.

Dieses Vorgehen ist gerechtfertigt, da man ja in der Matrix H bereits Rundungsfehler der Größenordnung $eps\|H\|$ hat. Ein solches Abspalten von kleinerdimensionalen Eigenwertproblemen bezeichnet man in diesem Zusammenhang häufig als <u>Deflation</u>, insbesondere wenn $\ell=n-1$ oder $\ell=n-2$ ist und man die Eigenwerte des rechten unteren Blocks in H_i explizit berechnen kann.

<u>Singuläre Matrizen im Zerlegungsalgorithmus</u>

Betrachten wir weiterhin die nichtzerfallende obere Hessenberg-Matrix H und die mit H als Startmatrix gemäß (4.5.1) und (4.5.10) gebildete Folge $(H_i)_{i\in\mathbb{N}}$. Für die Konstruktion der H_i wurde vorausgesetzt, daß alle H_i-k_iI in $V\cdot U$ enthalten und damit auch nichtsingulär sind. Die Zerlegungsart, d.h. V und U, wählt man jedoch stets so, daß auch für alle oder fast alle singulären Matrizen eine Zerlegung in ein Produkt GR möglich ist, wobei $G\in V$ und R eine obere Dreiecksmatrix ist, so wie wir es von der QR- und LR-Zerlegung bereits kennen.

Ist nun die Matrix H_i-k_iI singulär, d.h. ist k_i ein Eigenwert von H_i und damit von H , und ist $H_i-k_iI=G_iR_i$ mit $G_i\in V$ und einer oberen Dreiecksmatrix R_i, so ist $H_{i+1}=G_i^{-1}H_iG_i$ eine obere Hessenberg-Matrix und in H_{i+1} ist das letzte untere Nebendiagonalelement schon gleich null und das letzte Diagonalelement gerade k_i. Dies sieht man folgendermaßen: Mit H_i ist auch H_i-k_iI eine nichzerfallende obere Hessenberg-Matrix. Die ersten n-1 Spalten von H_i-k_iI sind daher linear unabhängig. Weil G_i nichtsingulär ist, müssen auch die ersten n-1 Spalten der oberen Dreiecksmatrix $R_i=G_i^{-1}(H_i-k_iI)$ linear unabhängig sein, insbesondere sind also ihre ersten n-1 Diagonalelemente ungleich null. Mit Hilfe von $H_i-k_iI=G_iR_i$ sieht man daher, daß G_i eine obere Hessenberg-Matrix ist. Außerdem ist mit H_i-k_iI auch R_i singulär, also muß das letzte Diagonalelement von R_i verschwinden. Nun ist ja $H_{i+1}=G_i^{-1}H_iG_i=G_i^{-1}(H_i-k_iI)G_i+k_iI=R_iG_i+k_iI$, und alle Elemente der letzten Zeile von R_i und damit auch von R_iG_i sind gleich null. Da R_i eine obere Dreiecksmatrix und G_i eine obere Hessenberg-Matrix ist, ist auch H_{i+1} eine obere Hessenberg-Matrix und ihre letzte Zeile ist gerade $k_ie_n^T$.

Shiftet man also mit einem Eigenwert, so kann man nach einem Schritt eine Abspaltung vornehmen.

<u>Der QR-Algorithmus</u>

Wir betrachten nun speziell das bekannteste und wichtigste Verfahren aus der Klasse der Zerlegungsalgorithmen, den QR-Algorithmus; zugrundegelegt wird also die QR-Zerlegung einer Matrix in das Produkt einer unitären bzw. orthogonalen Matrix und einer oberen Dreiecksmatrix (vgl. Beispiel 4.5.2, 1) und Abschnitt 2.5).

Selbst mit den rechenzeitsparenden Maßnahmen Reduktion auf obere Hessenberg-Gestalt, Shift und Deflation ist das bisher beschriebene Vorgehen noch nicht ganz zufriedenstellend. Denn für eine reelle Ausgangsmatrix und reelle Shifts verläuft die Berechnung der Iterationsmatrizen nach (4.5.1) und (4.5.10) vollständig im Reellen. Für reelle Matrizen, die nichtreelle Eigenwerte besitzen, ist es aber mit der Shiftwahl (4.5.12a) im allgemeinen nicht möglich, genügend gute Näherungen an die Eigenwerte zu erhalten, und mit der Strategie (4.5.12b) ist es im allgemeinen erforderlich, im Komplexen zu rechnen. Aus diesem Grund verzichten wir darauf, einen solchen Algorithmus detaillierter zu betrachten. Wir werden vielmehr zunächst nur symmetrische Matrizen betrachten, deren Eigenwerte ja sämtlich reell sind, und danach für nichtsymmetrische obere Hessenberg-Matrizen einen Algorithmus mit Doppelschritten beschreiben, bei dem man die komplexe Rechnung vermeiden kann.

Der QR-Algorithmus für reellsymmetrische Matrizen

Anhand von (4.5.1) sieht man sofort, daß speziell bei der Verwendung orthogonaler Transformationsmatrizen G_i für eine symmetrische Ausgangsmatrix A_o alle nach (4.5.1) und (4.5.10) gebildeten Matrizen A_i symmetrisch sind. Wie wir in Abschnitt 4.4 gezeigt haben, kann jede reellsymmetrische Matrix durch eine orthogonale Ähnlichkeitstransformation in eine symmetrische Tridiagonalmatrix übergeführt werden. Da hier nun für alle A_i sowohl die obere Hessenberg-Gestalt als auch die Symmetrie erhalten bleibt, sind bei einer symmetrischen tridiagonalen Ausgangsmatrix alle Iterierten ebenfalls symmetrische Tridiagonalmatrizen. In diesem Fall hat man für einen Iterationsschritt nur noch einen Rechenaufwand in der Größenordnung von n Operationen.

Bevor wir uns mit der praktischen Durchführung beschäftigen, werden wir noch das Konvergenzverhalten dieser Folge symmetrischer Tridiagonalmatrizen bei der Shiftwahl (4.5.12a) und (4.5.12b) untersuchen.

Den Zusammenhang zwischen Zerlegungsalgorithmen, der Potenzmethode und der inversen Iteration können wir speziell für den QR-Algorithmus mit Shift für reellsymmetrische Tridiagonalmatrizen weiter präzisieren. Wir betrachten dazu also die folgenden drei Verfahren für eine vorgegebene Folge $(k_i)_{i\in\mathbb{N}}$ von Shifts, die keine Eigenwerte von A enthält.

1. QR-Verfahren:

   $A_o := A$,

   $A_{i+1} := Q_i^T A_i Q_i$, wobei Q_i aus der QR-Zerlegung $A_i - k_i I = Q_i R_i$ stammt.

2. Potenzmethode (vgl. Algorithmus 4.2.6, hier zusätzlich mit Shift):

   $x_o \in \mathbb{R}^n$ gegeben,

   $$x_{i+1} := \frac{(A-k_i I)x_i}{q_i}, \quad q_i := \|(A-k_i I)x_i\|_2 .$$

3. Inverse Iteration (vgl. Algorithmus 4.2.11):

   $z_o \in \mathbb{R}^n$ gegeben,

   $$z_{i+1} := \gamma_i (A-k_i I)^{-1} z_i, \quad \gamma_i := \frac{1}{\|(A-k_i I)^{-1} z_i\|_2} .$$

Wir zeigen nun: Wählt man $x_o=e_1$ und $z_o=e_n$, so gilt mit $\tilde{G}_i:=Q_o\ldots Q_i$

(4.5.14) $x_{i+1}=\tilde{G}_i e_1$,

(4.5.15) $z_{i+1}=\tilde{G}_i e_n$.

Die allgemein für Zerlegungsalgorithmen gültigen Beziehungen (4.5.6') und (4.5.10) führen mit $\tilde{G}_{-1}:=I$, wie wir schon einmal gesehen hatten, auf $(A-k_iI)\tilde{G}_{i-1}=\tilde{G}_{i-1}(A_i-k_iI)=\tilde{G}_iR_i$ für alle $i\in\mathbb{N}$.

Also ist $(A-k_iI)\tilde{G}_{i-1}e_1=(e_1^TR_ie_1)\tilde{G}_ie_1$. Durch einen einfachen Induktionsschluß folgt daraus mit $x_o=e_1$ $(A-k_iI)x_i/(e_1^TR_ie_1)=\tilde{G}_ie_1$, so daß wegen $\|\tilde{G}_ie_1\|_2=1$ zunächst $e_1^TR_ie_1=\|(A-k_iI)x_i\|_2$ und somit auch $x_{i+1}=\tilde{G}_ie_1$ folgt.

Die allgemeine Aussage (4.5.11) über die Beziehung zur inversen Iteration vereinfacht sich hier wegen der Symmetrie von A und der Orthogonalität von $\tilde{G}_i$. Man erhält $\tilde{G}_ie_n=(e_n^TR_ie_n)(A-k_iI)^{-1}\tilde{G}_{i-1}e_n$, so daß man mit $z_o=e_n$, Normvergleich und einem entsprechenden Induktionsschluß das Bildungsgesetz für die inverse Iteration wiedergewinnt.

Bei der praktischen Durchführung dieser drei Verfahren ist nun allerdings die Folge der Shifts nicht vorgegeben, sondern wird sukzessiv in Abhängigkeit von der jeweils letzten Iterierten bestimmt. Es stellt sich jedoch heraus, daß die nach (4.5.12a) bestimmten Shifts $k_i=a_{nn}^{(i)}=e_n^TA_ie_n$ für den QR-Algorithmus und die Rayleigh-Quotienten-Shiftwahl $\mu_i=z_i^TAz_i$ für die inverse Iteration (vgl. Algorithmus 4.2.11 und Korollar 4.2.15) übereinstimmen: Da man nämlich die inverse Iteration hier mit $z_o=e_n$ startet, ist $\mu_o=e_n^TAe_n=e_n^TA_oe_n=k_o$. Ist nun für $i\in\mathbb{N}$ $\mu_j=k_j$ für alle $j\in\{0,\ldots,i\}$, so folgt aus (4.5.15) $\tilde{G}_ie_n=z_{i+1}$ und daher wegen (4.5.5') $k_{i+1}=e_n^TA_{i+1}e_n=e_n^T\tilde{G}_i^TA\tilde{G}_ie_n=z_{i+1}^TAz_{i+1}=\mu_{i+1}$.

Die Konvergenzeigenschaften des Rayleigh-Quotienten-Iterationsverfahrens übertragen sich damit auf Aussagen über das QR-Verfahren mit dieser Shiftwahl. Insbesondere hatten wir in Korollar 4.2.15 gezeigt, daß im Rayleigh-Quotienten-Iterationsverfahren für die Residuen $r_i=(A-\mu_iI)z_i$ die Folge $(\|r_i\|_2)_{i\in\mathbb{N}}$ monoton fallend ist. $\|r_i\|_2$ ist aber gerade der Betrag des letzten Nebendiagonalelements der symmetrischen Tridiagonalmatrix A_i. Denn nach (4.5.6') ist ja mit $\tilde{G}_{-1}:=I$ für alle $i\in\mathbb{N}$ $(A-k_iI)\tilde{G}_{i-1}=\tilde{G}_{i-1}(A_i-k_iI)$. Mit (4.5.15), wegen $k_i=\mu_i$ und der Symmetrie von A erhält man daher $\|r_i\|_2^2=r_i^Tr_i=z_i^T(A-k_iI)(A-k_iI)z_i=e_n^T\tilde{G}_{i-1}^T(A-k_iI)(A-k_iI)\tilde{G}_{i-1}e_n=$ $=e_n^T(A_i-k_iI)(A_i-k_iI)e_n$. Dies ist aber das Quadrat des letzten Nebendiagonalelementes von A_i, da k_i gerade das n-te Diagonalelement von A_i ist.

Die Folge der letzten Nebendiagonalelemente konvergiert also monoton und fast stets gegen null. Es können jedoch Ausnahmefälle auftreten, in denen diese Folge stationär bleibt. Das einfachste Beispiel ist $A=\begin{bmatrix}0&1\\1&0\end{bmatrix}$. Mit der Shiftwahl (4.5.12b) konvergiert die Folge der letzten Nebendiagonalelemente der Iterierten jedoch in jedem Fall gegen null, und wir leiten im folgenden den entsprechenden Konvergenzsatz her. Sei dazu

(4.5.16) $$T=\begin{bmatrix} \alpha_1 & \beta_1 & & 0 \\ \beta_1 & \ddots & \ddots & \\ & \ddots & \ddots & \beta_{n-1} \\ 0 & & \beta_{n-1} & \alpha_n \end{bmatrix}.$$

Der gemäß (4.5.12b) als Shift gewählte, am nächsten zu α_n gelegene Eigenwert σ von $\begin{bmatrix} \alpha_{n-1} & \beta_{n-1} \\ \beta_{n-1} & \alpha_n \end{bmatrix}$ ist mit $\delta=\frac{\alpha_{n-1}-\alpha_n}{2}$ gegeben durch

(4.5.17) $$\sigma=\alpha_n+\delta-\operatorname{sgn}(\delta)\sqrt{\delta^2+\beta_{n-1}^2}.$$

Dann ist also

(4.5.18) $$|\alpha_n-\sigma|\le|\alpha_{n-1}-\sigma|,\ (\alpha_n-\sigma)(\alpha_{n-1}-\sigma)=\beta_{n-1}^2 \text{ und } |\alpha_n-\sigma|\le|\beta_{n-1}|.$$

<u>LEMMA 4.5.4</u>: *Sei* $T\in M_n(\mathbb{R})$ *die symmetrische Tridiagonalmatrix* (4.5.16) *und* σ *aus* (4.5.17) *sei kein Eigenwert von* T. *Sei* $Q\in M_n(\mathbb{R})$ *mit den Spalten* $q_1,\dots,q_n$ *erster Faktor der* QR-*Zerlegung von* $T-\sigma I$ *und* $\hat{T}:=Q^T TQ$ *(die Elemente dieser symmetrischen Tridiagonalmatrix seien entsprechend bezeichnet). Definiere* $\gamma:=\|(T-\sigma I)q_n\|_2$. *Dann gilt:*

i) $\gamma^2\le\min\{2\beta_{n-1}^2,\beta_{n-2},\frac{|\beta_{n-1}\beta_{n-2}|}{\sqrt{2}}\}$,

ii) $|\hat{\beta}_{n-1}|\le\gamma$ *und* $|\hat{\beta}_{n-1}\hat{\beta}_{n-2}|\le\gamma|\beta_{n-1}|$.

<u>BEWEIS</u>: zu i): Setzt man $p:=(T-\sigma I)^{-1}e_n$, so ist $z_1:=\frac{1}{\|p\|_2}$ der Vektor, den man nach einem Schritt inverser Iteration mit dem Startvektor e_n und dem Shift σ erhält. Nach (4.5.15) ist dann $\frac{1}{\|p\|_2}p=q_n$ und daher $(T-\sigma I)q_n=\frac{1}{\|p\|_2}e_n$. Also ist $\gamma=1/\|p\|_2$. Betrachtet man für $p=(p_1,\dots,p_n)^T$ die letzten beiden Gleichungen von $(T-\sigma I)p=e_n$, so erhält man mit $\tilde{\alpha}_n:=\alpha_n-\sigma$ und $\tilde{\alpha}_{n-1}:=\alpha_{n-1}-\sigma$

$$\begin{bmatrix} \beta_{n-2} & \tilde{\alpha}_{n-1} & \beta_{n-1} \\ 0 & \beta_{n-1} & \tilde{\alpha}_n \end{bmatrix}\begin{bmatrix} p_{n-2} \\ p_{n-1} \\ p_n \end{bmatrix}=\begin{bmatrix} 0 \\ 1 \end{bmatrix}.$$ Hieraus läßt sich eine Abschätzung von $\|p\|_2$ nach unten herleiten. Die allgemeine Lösung dieses Gleichungssystems ist nämlich

$$z(\lambda)=\begin{bmatrix} -\frac{\tilde{\alpha}_{n-1}}{\beta_{n-2}\beta_{n-1}} \\ \frac{1}{\beta_{n-1}} \\ 0 \end{bmatrix}+\lambda\begin{bmatrix} 0 \\ -\frac{\tilde{\alpha}_n}{\beta_{n-1}} \\ 1 \end{bmatrix},\ \lambda\in\mathbb{R} \text{ (vgl. Abschnitt 1.3).}$$

Somit ist $\|z(\lambda)\|_2^2=\left(\frac{\tilde{\alpha}_{n-1}}{\beta_{n-2}\beta_{n-1}}\right)^2+\left(\frac{1-\lambda\tilde{\alpha}_n}{\beta_{n-1}}\right)^2+\lambda^2$ und für $\lambda_o=\frac{\tilde{\alpha}_n}{\beta_{n-1}^2+\tilde{\alpha}_n^2}$ ist

$\|z(\lambda_o)\|_2^2=\min\limits_{\lambda\in\mathbb{R}}\|z(\lambda)\|_2^2$ und

$$\|z(\lambda_o)\|_2^2=\frac{\tilde{\alpha}_{n-1}^2}{\beta_{n-1}^2\beta_{n-2}^2}+\frac{\beta_{n-1}^2}{(\beta_{n-1}^2+\tilde{\alpha}_n^2)^2}+\frac{\tilde{\alpha}_n^2}{(\beta_{n-1}^2+\tilde{\alpha}_n^2)^2}=\frac{\tilde{\alpha}_{n-1}}{\beta_{n-1}^2\beta_{n-2}^2}+\frac{1}{\beta_{n-1}^2+\tilde{\alpha}_n^2}\geq\begin{cases}\max\{\frac{1}{\beta_{n-2}^2},\frac{1}{2\beta_{n-1}^2}\}\\ \frac{\sqrt{2}}{|\beta_{n-1}\beta_{n-2}|}\end{cases}.$$

Bei der ersten Abschätzung wurde $|\tilde{\alpha}_n|\leq|\beta_{n-1}|$ (s. (4.5.18)) verwendet und bei der zweiten, daß das arithmetische Mittel mindestens so groß ist wie das geometrische Mittel. Damit gilt also nun

$$p_{n-2}^2+p_{n-1}^2+p_n^2\geq\|z(\lambda_o)\|_2^2\geq\max\{\frac{1}{\beta_{n-2}^2},\frac{1}{2\beta_{n-1}^2},\frac{\sqrt{2}}{|\beta_{n-1}\beta_{n-2}|}\}\text{ und}$$

$$\gamma^2=\frac{1}{\|p\|_2^2}\leq\frac{1}{p_{n-2}^2+p_{n-1}^2+p_n^2}\leq\min\{\beta_{n-2}^2,2\beta_{n-1}^2,\frac{|\beta_{n-1}\beta_{n-2}|}{\sqrt{2}}\}.$$

zu ii): Wegen $\hat{T}=Q^TTQ$ ist $\tilde{\alpha}_n=q_n^TTq_n$ und $Tq_n=\tilde{\alpha}_nq_n+\hat{\beta}_{n-1}q_{n-1}$. Damit gilt aber (vgl. Lemma 4.4.4 für j=1 und j=2)

$$|\hat{\beta}_{n-1}|=\min_{\lambda\in\mathbb{R}}\|(T-\lambda I)q_n\|_2=\|(T-\hat{\alpha}_nI)q_n\|_2\leq\|(T-\sigma I)q_n\|_2=\gamma\text{ und}$$

$$\begin{aligned}|\hat{\beta}_{n-2}|^2&=\min_{X\in M_2(\mathbb{R})}\|T[q_{n-1}\ q_n]-[q_{n-1}\ q_n]X\|_F^2\\
&=\|T[q_{n-1}\ q_n]-[q_{n-1}\ q_n]\begin{bmatrix}\hat{\alpha}_{n-1}&\hat{\beta}_{n-1}\\ \hat{\beta}_{n-1}&\hat{\alpha}_n\end{bmatrix}\|_F^2\\
&=\|Tq_{n-1}-\hat{\alpha}_{n-1}q_{n-1}-\hat{\beta}_{n-1}q_n\|_2^2+\|Tq_n-\hat{\beta}_{n-1}q_{n-1}-\hat{\alpha}_nq_n\|_2^2\\
&=\|(T-\hat{\alpha}_{n-1}I)q_{n-1}-\hat{\beta}_{n-1}q_n\|_2^2\\
&=\|(T-\hat{\alpha}_{n-1}I)(T-\hat{\alpha}_nI)q_n/\hat{\beta}_{n-1}-\hat{\beta}_{n-1}q_n\|_2^2\\
&\leq\frac{1}{|\hat{\beta}_{n-1}|^2}\|(T-\alpha_nI)(T-\sigma I)q_n\|_2^2=\frac{1}{|\hat{\beta}_{n-1}|^2}\|(T-\alpha_nI)\gamma e_n\|_2^2\\
&=\frac{1}{|\hat{\beta}_{n-1}|^2}\gamma^2\|\beta_{n-1}e_{n-1}\|_2^2=\frac{1}{|\hat{\beta}_{n-1}|^2}\gamma^2|\beta_{n-1}|^2.\end{aligned}$$

□

Damit sind wir nun in der Lage, für den QR-Algorithmus für symmetrische Tridiagonalmatrizen die globale Konvergenz des letzten Nebendiagonalelements zu zeigen, wenn man stets den Shift (4.5.12b) wählt.

SATZ 4.5.5: *Sei $T \in M_n(\mathbb{R})$ eine symmetrische nichtzerfallende Tridiagonalmatrix. Dann konvergiert beim QR-Algorithmus mit Wilkinson-Shift (s. (4.5.12b)) die Folge $(\beta_{n-1}^{(k)})_{k \in \mathbb{N}}$ der letzten Nebendiagonalelemente gegen null.*

BEWEIS: Nach Lemma 4.5.4 folgt für $k \in \mathbb{N}_+$ (mit entsprechender Indizierung)

$$\begin{aligned}
|\beta_{n-1}^{(k+1)}|^3 &= |\beta_{n-1}^{(k+1)}|\,|\beta_{n-1}^{(k+1)}|^2 \le (\sqrt{2}|\beta_{n-1}^{(k)}|)(|\beta_{n-1}^{(k)}\beta_{n-2}^{(k)}|/\sqrt{2}) \\
&= |\beta_{n-1}^{(k)}|^2|\beta_{n-2}^{(k)}| \le \gamma_k(\gamma_k|\beta_{n-1}^{(k-1)}|) \le (|\beta_{n-1}^{(k-1)}\beta_{n-2}^{(k-1)}|/\sqrt{2})|\beta_{n-1}^{(k-1)}| \\
&= |\beta_{n-1}^{(k-1)}|^2|\beta_{n-2}^{(k-1)}|/\sqrt{2}
\end{aligned}$$

und somit durch einen einfachen Induktionsschluß $|\beta_{n-1}^{(k+1)}|^3 \le |\beta_{n-1}^{(o)}|^2|\beta_{n-2}^{(o)}|/(\sqrt{2})^k$. □

Dieser Satz garantiert die Konvergenz des QR-Verfahrens mit Wilkinson-Shift für symmetrische Tridiagonalmatrizen und sichert, daß sie in jedem Fall von Anfang an mindestens linear ist. Tatsächlich ist die Konvergenzrate jedoch wesentlich besser als durch diesen Satz angezeigt wird. Es läßt sich zeigen (siehe etwa Wilkinson [309] oder Parlett [206]), daß beim QR-Verfahren für symmetrische Tridiagonalmatrizen mit Shiftwahl (4.5.12a) oder (4.5.12b) das letzte Nebendiagonalelement im allgemeinen schließlich kubisch gegen null konvergiert, d.h. für genügend große ℓ ist $|\beta_{n-1}^{(k+1)}|$ von der Größenordnung $|\beta_{n-1}^{(k)}|^3$.

Praktische Durchführung des QR-Algorithmus

Wir geben im folgenden zunächst für symmetrische Tridiagonalmatrizen und dann für obere Hessenberg-Matrizen je eine Version des QR-Algorithmus an, welche die betrachteten rechenzeitsparenden Maßnahmen Shift und Deflation inkorporiert. Beides sind Versionen des QR-Algorithmus mit implizitem Shift, die sich im wesentlichen auf Satz 4.4.1 und Korollar 4.4.2 gründen. Man hat damit in einigen Fällen bei Tridiagonalmatrizen günstigere numerische Eigenschaften, und für reelle obere Hessenberg-Matrizen läßt sich hierdurch bei Verwendung von Doppelschritten die komplexe Rechnung vermeiden.

Wir beschreiben zunächst den Algorithmus für symmetrische Tridiagonalmatrizen. Der wesentliche Teil des QR-Algorithmus besteht nach den vorbereitenden Maßnahmen wie der Suche nach kleinen Nebendiagonalelementen und der Bestimmung des Shifts in der Ausführung einer Transformation der nichtzerfallenden symmetrischen Tridiagonalmatrix T, also $T \to \hat{T}$, genauer: $T-\sigma I = QR \to \hat{T} = Q^T TQ = RQ + \sigma I$.

Als erstes ist daher der Faktor Q der QR-Zerlegung von $T-\sigma I$ zu bestimmen. Da in jeder Spalte von T nur ein Element zu eliminieren ist, führt man die Zerlegung im allgemeinen mit Givens-Rotationen durch (s. Algorithmus 2.5.9). Im ersten Schritt wird also eine Givens-Matrix G_{12} so bestimmt, daß das Element in Position (2,1) eliminiert wird. Da die restlichen Rotationsmatrizen nur die Spalten 2 bis n betreffen, ist die erste Spalte von G_{12} dieselbe wie die erste Spalte von Q. Ist nun σ kein Eigenwert von T, so ist $\hat{T}=Q^TTQ$ nach (4.5.4') ebenfalls eine nichtzerfallende Tridiagonalmatrix. Nach Satz 4.4.1, iii) ist dann aber die Matrix Q durch ihre erste Spalte und die Eigenschaft, T auf nichtzerfallende Tridiagonalform zu transformieren, bis auf Multiplikation mit einer orthogonalen Diagonalmatrix eindeutig bestimmt.

Dies ist die Grundidee der <u>impliziten Shift-Technik</u>: Ein Schritt des QR-Algorithmus wird aufgefaßt als Tridiagonalisierung einer Tridiagonalmatrix T durch eine orthogonale Ähnlichkeitstransformation mit einer Matrix Q, deren erste Spalte durch die Eliminationsforderung bezüglich der ersten Spalte von $T-\sigma I$ festgelegt ist. Nach der Bestimmung der ersten Spalte von Q verlaufen die weiteren Schritte nun wie bei einem Tridiagonalisierungsverfahren (vgl. Abschnitt 4.4). Es ist also nicht erforderlich, zuerst die gesamte Matrix Q als Produkt von Givens-Matrizen zu bestimmen und zu speichern und sodann die Transformation auszuführen; diese wird vielmehr direkt durch sukzessive elementare Ähnlichkeitstransformationen ausgeführt.

Wir hatten bei den Verfahren zur Reduktion auf obere Hessenberg-Gestalt bzw. auf Tridiagonalgestalt in Abschnitt 4.4 stets den Einheitsvektor e_1 als erste Spalte der Transformationsmatrix festgelegt. Man kann die entsprechenden Algorithmen so modifizieren, daß man vorab zusätzlich eine Ähnlichkeitstransformation mit einer orthogonalen Matrix ausführt, die eine anders gewählte erste Spalte besitzt. Führt man anschließend für die so abgeänderte Matrix die Reduktion wie in Abschnitt 4.4 durch, so hat die Gesamttransformationsmatrix die gewählte erste Spalte.

Hier berechnet man daher zunächst $G_{12}^TTG_{12}$. Diese Matrix weicht nur in den Positionen (3,1) und (1,3) von der Tridiagonalgestalt ab, so daß die Reduktion dieser Matrix auf Tridiagonalgestalt besonders einfach durchzuführen ist. Im folgenden beschreiben wir diese Reduktion im Detail:

Das Element in Position (3,1) wird mittels einer Givens-Matrix G_{23} eliminiert; durch diese Transformation entsteht ein Element ungleich null in Position (4,2), usw., letztlich wird das Element in Position (n,n-2) eliminiert. Die an den Transformationen beteiligten Elemente sind aus den folgenden Skizzen ersichtlich, wobei jeweils nur der zu verändernde Abschnitt der Matrix dargestellt wird ($\ominus$ bezeichnet ein eliminiertes Element, $\boxed{x}$ die Abweichung von der Tridiagonalgestalt; die bei der jeweiligen Transformation beteiligten Elemente sind umrandet):

Anfangstransformation auf $G_{12}^T T G_{12}$:

$$\begin{array}{c|ccc} & 1 & 2 & 3 \\ \hline 1 & x & x & 0 \\ 2 & x & x & x \\ 3 & 0 & x & x \end{array} \quad \rightarrow \quad \begin{array}{ccc} x & x & \boxed{x} \\ x & x & x \\ \boxed{x} & x & x \end{array}$$

Transformation für $i=3,\dots,n-1$:

Das Element in Position $(i,i-2)$ wird durch Transformation mittels $G_{i-1,i}$ annulliert; dabei wird ein neues Nichtnullelement in Position $(i+1,i-1)$ erzeugt.

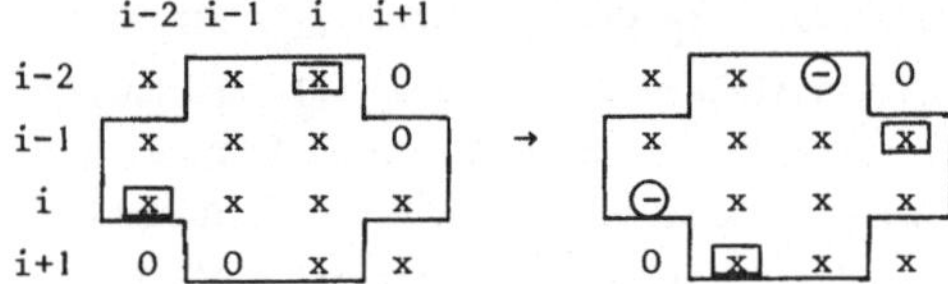

Schlußtransformation:

$$\begin{array}{c|ccc} & n-2 & n-1 & n \\ \hline n-2 & x & x & \boxed{x} \\ n-1 & x & x & x \\ n & \boxed{x} & x & x \end{array} \quad \rightarrow \quad \begin{array}{ccc} x & x & \ominus \\ x & x & x \\ \ominus & x & x \end{array}$$

Wie sich die beteiligten Elemente bei einer Ähnlichkeitstransformation mit Givens-Rotationsmatrizen ändern, wurde bereits beim Jacobi-Verfahren (s. (4.3.1)) beschrieben (man beachte aber, daß dort $A \rightarrow G_{ij} A G_{ij}^T$ betrachtet wurde und nicht $A \rightarrow G_{ij}^T A G_{ij}$).

Wir können nun also den entsprechenden Algorithmus angeben.

<u>ALGORITHMUS 4.5.6</u> (QR-Algorithmus mit implizitem Wilkinson-Shift für symmetrische Tridiagonalmatrizen):

Sei $A \in M_n(\mathbb{R})$ symmetrisch und tridiagonal, sei eps die Maschinengenauigkeit und $k:=n$.

Schritt 1 (Suche nach kleinen Nebendiagonalelementen):

Falls $k=1$ ist, setze $\lambda_1 = a_{11}$ und höre auf.

Für $m=k,k-1,\dots,2$:

Falls $|a_{m,m-1}| \leq \text{eps}(|a_{m-1,m-1}|+|a_{mm}|)$ ist:

Setze $a_{m,m-1} := a_{m-1,m} := 0$.

a) Falls $m=k$ ist, setze $\lambda_m := a_{mm}$, $k:=k-1$ und fahre fort mit Schritt 1.

b) Falls $m<k$ ist, fahre fort mit Schritt 2.

Setze $m:=1$.

Schritt 2 (Impliziter QR-Schritt für $A[m,k]:=\begin{bmatrix} a_{mm} & a_{m,m+1} & & 0 \\ a_{m+1,m} & a_{m+1,m+1} & \ddots & \\ & \ddots & \ddots & a_{k-1,k} \\ 0 & & a_{k,k-1} & a_{kk} \end{bmatrix}$):

Bestimmung des Shifts:

Berechne $\delta:=(a_{k-1,k-1}-a_{kk})/2$

und $\sigma:=a_{kk}+\delta-\text{sgn}(\delta)\sqrt{\delta^2+a_{k,k-1}^2}$.

Setze $h_1:=a_{mm}-\sigma$

und $h_2:=a_{m+1,m}$.

Für $i=m,m+1,\ldots,k-1$:

Berechne $t:=\frac{1}{\sqrt{h_1^2+h_2^2}}$, $s:=th_2$ und $c:=th_1$

und führe für $A[m,k]$ die Transformation

$A[m,k]\to G_{i,i+1}(c,s)^T A[m,k]G_{i,i+1}(c,s)$ aus.

Falls $i>k-1$ ist, setze $h_1:=a_{i+1,i}$

und $h_2:=a_{i+2,i}$.

Fahre fort mit Schritt 1.

Für eine gegebene Tridiagonalmatrix sind bei diesem Algorithmus im allgemeinen nur größenordnungsmäßig n Operationen zur Bestimmung aller Eigenwerte erforderlich (pro Eigenwert etwa zwei QR-Schritte, pro QR-Schritt etwa $14(k-m+1)$ Operationen). Gegenüber dem Aufwand von $2n^3/3$ wesentlichen Operationen allein zur Reduzierung einer symmetrischen Matrix auf Tridiagonalgestalt ist dies sehr wenig. Multipliziert man jedoch die Transformationsmatrizen zur Bestimmung der Eigenvektoren auf, so erhöht sich der Rechenaufwand um etwa n^3 Operationen. Sind nur wenige Eigenvektoren gesucht, so ist es im allgemeinen günstiger, diese nicht durch Aufmultiplizieren zu berechnen, sondern sie im Anschluß an die Bestimmung der Eigenwerte durch inverse Iteration zu berechnen (s. Abschnitt 4.2). Die mit Algorithmus 4.5.6 <u>berechneten</u> Eigenwerte sind die <u>exakten</u> Eigenwerte einer leicht gestörten symmetrischen Matrix A+E mit $\|E\|_2 \approx eps\|A\|_2$, so daß mit dem Satz von Weyl (s. Satz 1.8.20) folgt, daß auch die <u>berechneten</u> Eigenwerte nur um $\|E\|_2$ von den <u>exakten</u> Eigenwerten abweichen.

Der QR-Algorithmus für reelle obere Hessenberg-Matrizen

Für reelle obere Hessenberg-Matrizen betrachten wir nur Aspekte der praktischen Durchführung des QR-Algorithmus. Die soeben beschriebene implizite Shift-Technik

bringt für symmetrische Tridiagonalmatrizen nur in einigen Fällen, in denen sonst große Shifts von kleinen Diagonalelementen subtrahiert wurden, einen Stabilitätsgewinn. Darüber hinaus ergibt sich kein Vorteil gegenüber der expliziten Shift-Technik, bei der die Transformationsmatrix Q tatsächlich als Faktor einer QR-Zerlegung berechnet wird. Denn auch dabei ist es möglich, ohne Zwischenspeicherung aller elementaren Rotationsmatrizen abwechselnd von vorn und hinten zu multiplizieren in der Reihenfolge $A \to G_{12}A \to G_{23}G_{21}A \to G_{23}G_{21}AG_{21}^T \to \dots$.
Für reelle obere Hessenberg-Matrizen ermöglicht es die implizite Shift-Technik jedoch, durch Zusammenfassen zweier QR-Schritte zu einem Doppelschritt die Rechnung mit komplexen Zahlen zu vermeiden. Besitzt die gegebene Matrix nichtreelle Eigenwerte, so liefert die Shiftwahl-Strategie (4.5.12b) nichtreelle Shifts, und die entsprechenden, auf der Diagonalen erscheinenden Eigenwerte sind ebenfalls nichtreell. Da die nichtreellen Eigenwerte jedoch stets als konjugiert-komplexes Paar auftreten und die Eigenwerte von 2×2-Matrizen leicht zu bestimmen sind, genügt es, als Ziel eines entsprechenden Algorithmus eine Transformation auf eine Blockgestalt

$$\text{(4.5.19)} \qquad \begin{bmatrix} R_{11} & R_{12} \dots R_{1k} \\ & R_{22} \dots R_{2k} \\ & \ddots \\ 0 & \quad R_{kk} \end{bmatrix} \in M_n(\mathbb{R})$$

anzustreben, bei der die Diagonalblöcke 1×1- oder 2×2-Matrizen sind und die Eigenwerte der gegebenen Matrix enthalten. Eine solche Transformation ist aber vollständig im Reellen durchführbar.
Man faßt dazu jeweils zwei Iterationsschritte des QR-Verfahrens zusammen und wählt dabei als Shifts die beiden konjugiert-komplexen Eigenwerte des letzten 2×2-Diagonalblocks der aktuellen Matrix A (den Iterationsindex lassen wir hier und im folgenden zu unserer Entlastung weg).
Sind σ_o und σ_1 die Eigenwerte von $\begin{bmatrix} a_{n-1,n-1} & a_{n-1,n} \\ a_{n,n-1} & a_{nn} \end{bmatrix}$, so ist

$$\text{(4.5.20)} \qquad (A-\sigma_o I)(A-\sigma_1 I) = A^2 - (\sigma_o+\sigma_1)A + \sigma_o\sigma_1 I =$$
$$= A^2 - (a_{n-1,n-1}+a_{nn})A + (a_{n-1,n-1}a_{nn} - a_{n,n-1}a_{n-1,n})I.$$

Wegen $\sigma_o+\sigma_1 = 2\mathrm{Re}(\sigma_o)$ und $\sigma_o\sigma_1 = |\sigma_o|^2$ ist also $(A-\sigma_o I)(A-\sigma_1 I)$ reell.
Eine explizite Rechnung würde aus folgenden Schritten bestehen:
$A \to A-\sigma_o I = Q_oR_o \to Q_o^TAQ_o = R_oQ_o+\sigma_o I \to Q_o^TAQ_o - \sigma_1 I = Q_1R_1 \to Q_1^TQ_o^TAQ_oQ_1 = R_1Q_1+\sigma_1 I.$
Dann gilt (vgl. (4.5.7'))

$$\text{(4.5.21)} \qquad (A-\sigma_o I)(A-\sigma_1 I) = Q_oQ_1R_1R_o = \tilde{Q}_1\tilde{R}_1 \text{ mit } \tilde{Q}_1 = Q_oQ_1 \text{ und } \tilde{R}_1 = R_1R_o.$$

$\tilde{Q}_1$ und $\tilde{R}_1$ sind reelle Matrizen und nach (4.5.5') ist $\tilde{Q}_1^TA\tilde{Q}_1$ die übernächste Iterierte im Verfahren. Diese ist also auch wieder reell. Man muß aber auch hier die QR-Zerlegung von $(A-\sigma_o I)(A-\sigma_1 I)$ nicht explizit berechnen.

Sind nämlich σ_o, σ_1 keine Eigenwerte von A, so ist $\tilde{Q}_1^T A \tilde{Q}_1$ wieder nach (4.5.5') eine nichtzerfallende reelle obere Hessenberg-Matrix. Die Matrix $\tilde{Q}_1$ ist daher nach Satz 4.4.1 iii) eindeutig bestimmt durch ihre erste Spalte und die Eigenschaft, A auf nichtzerfallende obere Hessenberg-Form zu transformieren. Wie man an (4.5.21) sieht, ist die erste Spalte von $\tilde{Q}_1$ ein Vielfaches der ersten Spalte a von $(A-\sigma_o I)(A-\sigma_1 I)$.

Bei der Reduktion einer reellen Matrix auf obere Hessenberg-Gestalt mit Householder-Matrizen (Algorithmus 4.4.3) hat die Gesamttransformationsmatrix den Vektor e_1 als ersten Spalten- und Zeilenvektor. Erweitert man daher mit dem ersten Spaltenvektor a von $(A-\sigma_o I)(A-\sigma_1 I)$ die Matrix A zu $\hat{A}=\begin{bmatrix} 1 & 0 \\ a & A \end{bmatrix} \in M_{n+1}(\mathbb{R})$ und transformiert diese nach Algorithmus 4.4.3, so erhält man eine obere Hessenberg-Matrix

$$\begin{bmatrix} 1 & 0 \\ 0 & U^T \end{bmatrix} \begin{bmatrix} 1 & 0 \\ a & A \end{bmatrix} \begin{bmatrix} 1 & 0 \\ 0 & U \end{bmatrix} = \begin{bmatrix} 1 & 0 \\ U^T a & U^T A U \end{bmatrix}, \tag{4.5.22}$$

wobei U eine orthogonale Matrix ist. Insbesondere ist $U^T a = \lambda e_1$ mit einem $\lambda \in \mathbb{R} \setminus \{0\}$ und daher $a = \lambda U e_1$. Die erste Spalte von U ist also ein Vielfaches von a, und $U^T A U$ ist eine obere Hessenberg-Matrix. Nach Satz 4.4.1 iii) unterscheiden sich U und $\tilde{Q}_1$ höchstens um eine orthogonale Diagonalmatrix J, d.h. $UJ=\tilde{Q}_1$ (für die Konvergenz der unteren Nebendiagonalelemente der Iterierten gegen null im QR-Verfahren spielen solche zusätzlich eingeschleppten orthogonalen Diagonalmatrizen natürlich keine Rolle). Auf diese Weise erhält man also im wesentlichen, d.h. bis auf Ähnlichkeitstransformation mit orthogonalen Diagonalmatrizen, jede zweite Iterierte des QR-Verfahrens mit der angegebenen konjugiert-komplexen Shiftwahl.

Wir beschreiben nun die Berechnungen für diesen impliziten Doppelschritt (4.5.22) im Detail. Bei der Darstellung lassen wir jeweils die hier unwesentliche erste Zeile von (4.5.22) weg.

Anfangsschritt:

Es ist zunächst der Vektor $a=(A-\sigma_o I)(A-\sigma_1 I)e_1$ zu berechnen. Seine Komponenten sind nach (4.5.20)

$$a_1 = a_{11}^2 + a_{12}a_{21} - (a_{n-1,n-1} + a_{nn})a_{11} + (a_{nn}a_{n-1,n-1} - a_{n-1,n}a_{n,n-1}),$$

$$a_2 = a_{21}(a_{11} + a_{22} - a_{n-1,n-1} - a_{nn}),$$

$$a_3 = a_{21}a_{32},$$

$$a_i = 0 \quad \text{für} \quad i \in \{4,\dots,n\}.$$

Falls kleine Subdiagonalelemente auftreten, ist die Berechnung nach folgenden äquivalenten Formeln vorteilhafter:

$$a_1=a_{21}\left[\frac{(a_{nn}-a_{11})(a_{n-1,n-1}-a_{11})-a_{n,n-1}a_{n-1,n}}{a_{21}}+a_{12}\right]$$

$$a_2=a_{21}[a_{22}-a_{11}-(a_{nn}-a_{11})-(a_{n-1,n-1}-a_{11})]$$

$$a_3=a_{21}a_{32},$$

bei denen die gemeinsamen Faktoren a_{21} auch weggelassen werden können, da nur die Richtung der ersten Spalte ausschlaggebend ist.
Dann ist $H_o=I-2uu^T$ so zu bestimmen, daß $H_o a$ ein Vielfaches von e_1 ist.
An den folgenden Skizzen wird ersichtlich, welche Elemente von $\hat{A}$ von den jeweiligen Transformationen betroffen sind. Dabei wird jeweils nur der zu verändernde Abschnitt der aktuellen Matrix dargestellt (⊖ bezeichnet ein eliminiertes Element, [x] die Abweichung von der oberen Hessenberg-Gestalt, die bei der Transformation beteiligten Elemente sind umrandet).

Transformation $\hat{A}\rightarrow H_o^T\hat{A}H_o$:

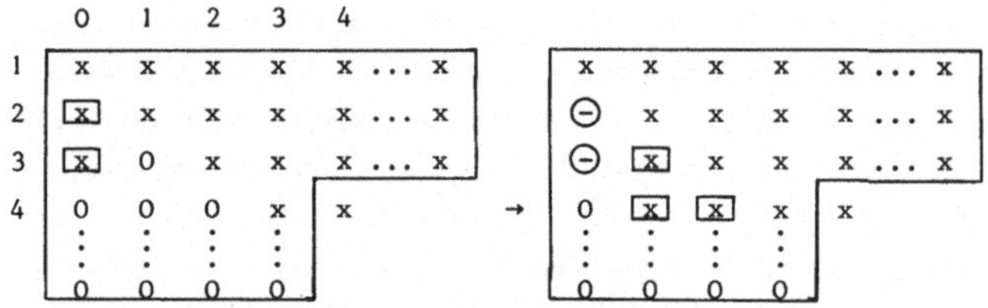

	0	1	2	3	4			→						
1	x	x	x	x	x	...	x		x	x	x	x	x ...	x
2	[x]	x	x	x	x	...	x		⊖	x	x	x	x ...	x
3	[x]	0	x	x	x	...	x		⊖	[x]	x	x	x ...	x
4	0	0	0	x	x			→	0	[x]	[x]	x	x	
	:	:	:	:					:	:	:	:		
	0	0	0	0					0	0	0	0		

allgemeiner Schritt (für i=1,...,n-4):

In einer Spalte sind jeweils nur zwei Elemente zu eliminieren, somit enthält der Vektor u in der entsprechenden Householder-Matrix $H=I-2uu^T$ nur drei Nichtnullelemente, H besitzt also einen 3×3-Diagonalblock, der von der Einheitsmatrix abweicht. In den einzelnen Transformationsschritten werden wie beim QR-Algorithmus für symmetrische Tridiagonalmatrizen die Nichtnullelemente, die die Abweichung von der Hessenberg-Gestalt bewirken, sukzessiv jeweils eine Spalte weiter nach hinten "transportiert", bis sie letztlich aus der Matrix "herausgedrängt" werden.

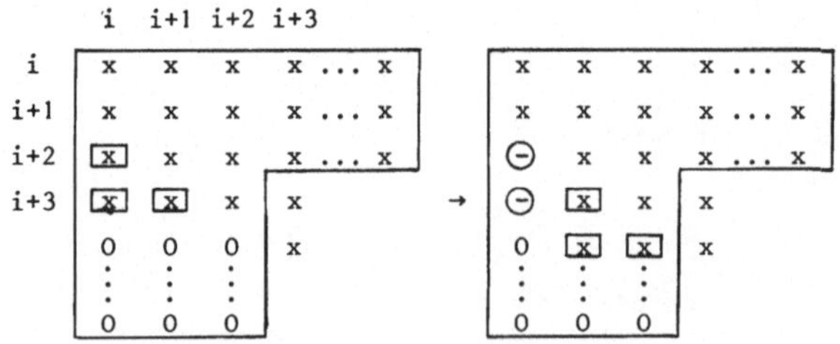

	i	i+1	i+2	i+3			→						
i	x	x	x	x	...	x		x	x	x	x	...	x
i+1	x	x	x	x	...	x		x	x	x	x	...	x
i+2	[x]	x	x	x	...	x		⊖	x	x	x	...	x
i+3	[x]	[x]	x	x			→	⊖	[x]	x	x		
	0	0	0	x				0	[x]	[x]	x		
	:	:	:					:	:	:			
	0	0	0					0	0	0			

vorletzter Schritt:

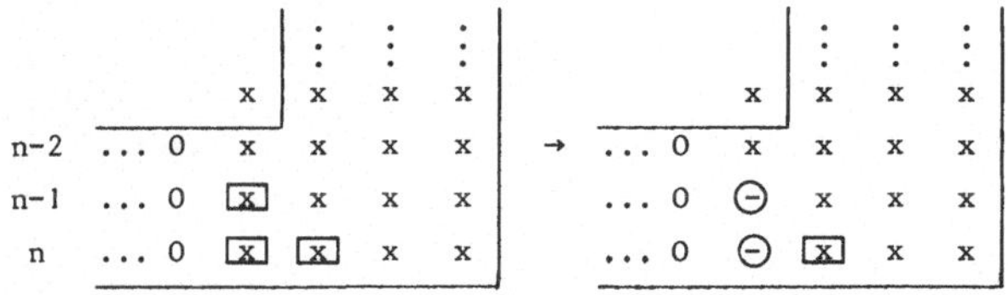

$$\begin{array}{l|ccccc|}
 & & & \vdots & \vdots & \vdots \\
 & & x & x & x & x \\
n-2 & \ldots 0 & x & x & x & x \\
n-1 & \ldots 0 & \boxed{x} & x & x & x \\
n & \ldots 0 & \boxed{x} & \boxed{x} & x & x \\
\hline
\end{array}
\quad\rightarrow\quad
\begin{array}{|ccccc|}
 & & \vdots & \vdots & \vdots \\
 & x & x & x & x \\
\ldots 0 & x & x & x & x \\
\ldots 0 & \ominus & x & x & x \\
\ldots 0 & \ominus & \boxed{x} & x & x \\
\hline
\end{array}$$

letzter Schritt:

$$\begin{array}{l|cccc|}
 & & \vdots & \vdots & \vdots \\
n-2 & & x & x & x \\
n-1 & \ldots 0 & x & x & x \\
n & \ldots 0 & \boxed{x} & x & x \\
\hline
\end{array}
\quad\rightarrow\quad
\begin{array}{|cccc|}
 & \vdots & \vdots & \vdots \\
 & x & x & x \\
\ldots 0 & x & x & x \\
\ldots 0 & \ominus & x & x \\
\hline
\end{array}$$

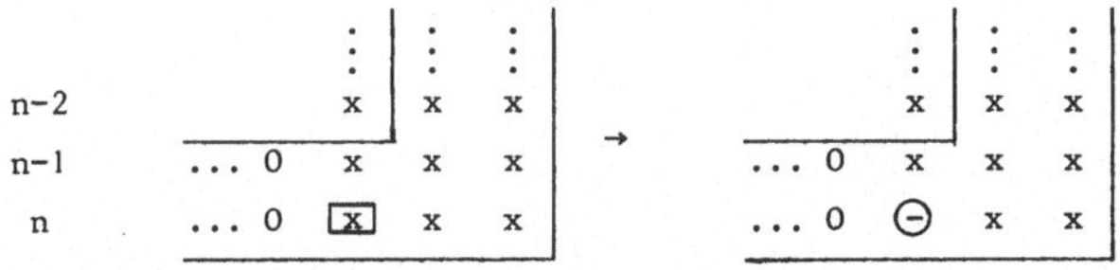

<u>ALGORITHMUS 4.5.7</u> (QR-Algorithmus mit Doppelshift für reelle obere Hessenberg-Matrizen):

Sei $A \in M_n(\mathbb{R})$ eine obere Hessenberg-Matrix, sei eps die Maschinengenauigkeit und $k:=n$.

Schritt 1 (Suche nach kleinen Nebendiagonalelementen):

Falls $k=0$ ist, so höre auf.

Falls $k=1$ ist, so setze $\lambda_1:=a_{11}$ und höre auf.

Für $m=k,k-1,\ldots,2$:

Falls $|a_{m,m-1}| \leq eps(|a_{m-1,m-1}|+|a_{mm}|)$ ist:

Setze $a_{m,m-1}:=0$.

a) Falls $m=k$ ist, setze $\lambda_m:=a_{mm}$, $k:=k-1$ und fahre fort mit Schritt 1.

b) Falls $m=k-1$ ist, berechne die Eigenwerte λ_m und λ_{m-1} von $\begin{bmatrix} a_{k-1,k-1} & a_{k-1,k} \\ a_{k,k-1} & a_{kk} \end{bmatrix}$, setze $k:=k-2$ und fahre fort mit Schritt 1.

c) Falls $m<k-1$ ist, fahre fort mit Schritt 2.

Setze $m:=1$.

Schritt 2 (impliziter QR-Doppelschritt für A[m,k]:= 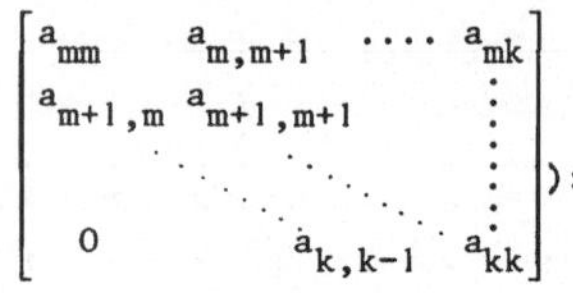):

Bestimmung der Shifts:

Setze $s:=a_{k-1,k-1}+a_{kk}$

und $d:=a_{kk}a_{k-1,k-1}-a_{k,k-1}a_{k-1,k}$.

Berechne $x=a_{mm}^2+a_{m,m+1}a_{m+1,m}-sa_{mm}+d$,

$y:=a_{m+1,m}(a_{mm}+a_{m+1,m+1}-s)$,

$z:=a_{m+1,m}a_{m+2,m+1}$.

Für $i=m,m+1,\dots,k-2$:

Falls $i\neq k-2$ ist: Bestimme eine Householder-Matrix

$\tilde{H}_3^{(i)}\in M_3(\mathbb{R})$, so daß $\tilde{H}_3^{(i)}\begin{bmatrix}x\\y\\z\end{bmatrix}=\alpha e_1\in\mathbb{R}^3$ ist mit $\alpha=\operatorname{sgn} x\|(x,y,z)^T\|_2$

und führe mit $H_i:=\operatorname{diag}(I_{i-m},\tilde{H}_3^{(i)},I_{k-i-2})$ die Transformation $A[m,k]:=H_iA[m,k]H_i$ aus.

Falls $i=k-2$ ist: Bestimme eine Householder-Matrix

$\tilde{H}_2^{(k-2)}\in M_2(\mathbb{R})$, so daß $\tilde{H}_2^{(k-2)}\begin{bmatrix}x\\y\end{bmatrix}=\alpha e_1\in\mathbb{R}^2$ ist mit $\alpha=\operatorname{sgn} x\|(x,y)^T\|_2$

und führe mit $H_{k-2}:=\operatorname{diag}(I_{k-m-1},\tilde{H}_2^{(k-2)})$ die Transformation $A[m,k]:=H_{k-2}A[m,k]H_{k-2}$ aus.

Setze $x:=a_{i+2,i+1}$,

und $y:=a_{i+3,i+1}$,

und falls $i<k-3$ ist

$z:=a_{i+4,i+1}$.

Fahre fort mit Schritt 1.

Für eine n×n-Hessenberg-Matrix benötigt man für einen QR-Doppelschritt etwa $5n^2$ wesentliche Operationen, und zur Bestimmung eines Eigenwerts sind in der Regel etwa zwei Iterationen erforderlich; wegen der Deflation sind die Schritte aber größtenteils nur für Matrizen kleinerer Dimension auszuführen. Für eine Matrix, die bereits in oberer Hessenberg-Gestalt vorliegt, sind zur Bestimmung aller Eigenwerte insgesamt etwa $7n^3$ wesentliche Operationen erforderlich und noch einmal so viele, wenn die Transformationsmatrizen für die Bestimmung der Eigenvektoren aufmultipliziert werden.

Der Rundungsfehlereinfluß ist, wie man es bei Verwendung orthogonaler Transformationen erwartet, gemäßigt. Die berechnete Block-Dreiecksmatrix R ist orthogonal ähnlich zu einer leicht gestörten Ausgangsmatrix, d.h. es gibt eine orthogonale Matrix Q mit $Q^T(A+E)Q=R$ und $\|E\|_2$ ist von der Größenordnung $eps\|A\|_2$, wobei eps die Maschinengenauigkeit ist.

In Ausnahmefällen, zum Beispiel bei einer Matrix der Gestalt $\begin{bmatrix} 0 & \cdots & 1 \\ 1 & \ddots & \vdots \\ & \ddots & \vdots \\ 0 & 1 & 0 \end{bmatrix}$, kann es vorkommen, daß keine Konvergenz eintritt. Dann schafft im allgemeinen ein willkürlich gewähltes Shift-Paar Abhilfe.

Neben dem im Algorithmus verwendeten Abspaltungskriterium besteht noch eine weitere Deflationsmöglichkeit, nämlich dann, wenn das Produkt zweier benachbarter Subdiagonalelemente klein genug ist, obwohl die Elemente einzeln noch nicht klein genug sind. Diese Möglichkeit wird bei Wilkinson [309] näher beschrieben und wird im ALGOL-Programm von Martin, Peters & Wilkinson [169] verwendet.

BEMERKUNG 4.5.8 (Verwendung von Givens-Rotationen im QR-Verfahren):
Selbstverständlich läßt sich das gerade beschriebene Verfahren auch mit Givens-Rotationen anstelle von Householder-Matrizen durchführen. Eine vollständige Beschreibung dieses Vorgehens für obere Hessenberg-Matrizen findet man zum Beispiel bei Stewart [273].

Wie nach den Ausführungen im Zusammenhang mit den Methoden zur QR-Zerlegung zu erwarten ist, kann man die Givens-Rotationen auch hier in faktorisierter Form ausführen. Da wir diese Technik sowohl für die QR-Zerlegung (s. Abschnitt 2.5) als auch prinzipiell für Ähnlichkeitstransformationen (s. Abschnitt 4.3) schon beschrieben haben, wollen wir dies hier nicht mit ausführen, sondern verweisen dazu noch einmal auf die Arbeiten von Rath [221], [222]. Insbesondere kann man auch hier wieder die Berechnung der Quadratwurzeln vermeiden und die Eigenwertberechnungsphase an eine eventuell nötige vorherige Reduktionsphase, bei der auch schnelle Givens-Rotationen verwendet werden, lückenlos anschließen (d.h. ohne die faktorisierte Form zu verlassen).

Der LR-Algorithmus

Der LR-Algorithmus ist der Zerlegungsalgorithmus, der als erster entwickelt wurde. Er basiert auf Zerlegungen der Matrizen in ein Produkt aus einer unteren Dreiecksmatrix mit Einheitsdiagonale und einer oberen Dreiecksmatrix. In Beispiel 4.5.2, 2) hatten wir bereits gesehen, daß diese Zerlegungsart den Bedingungen (Z 1)-(Z 4) genügt.

Die Konstruktionsvorschrift für die Matrizenfolge des LR-Algorithmus mit Shift für die Matrix A, wie sie mit (4.5.1) und (4.5.10) allgemein gegeben wurde, lautet hier speziell:

Setze $A_o := A$ und berechne mit der Shiftfolge $(k_i)_{i\in\mathbb{N}} \in \mathbb{C}^{\mathbb{N}}$

für $i=0,1,2,\ldots$, solange A_i-k_iI eine LR-Zerlegung besitzt,

(4.5.23) $A_{i+1}=L_i^{-1}A_iL_i$,

wobei L_i der erste Vektor der Zerlegung

(4.5.24) $A_i-k_iI=L_iR_i$

mit einer unteren Dreiecksmatrix L_i mit Einheitsdiagonale und einer oberen Dreiecksmatrix R_i ist.

<u>BEMERKUNG 4.5.9</u>: 1. Falls die Ausgangsmatrix A eine (m,k)-Bandmatrix ist, so sind hier alle Iterierten A_i ebenfalls (m,k)-Bandmatrizen. Denn aus (4.5.4') folgt für Zerlegungsalgorithmen allgemein, daß alle Iterierten die untere Bandgestalt beibehalten, also (m,n-1)-Bandmatrizen sind. Aus (4.5.23) erhält man außerdem für diese spezielle Konstruktion, daß alle Iterierten auch die obere Bandgestalt beibehalten, also auch (n-1,k)-Bandmatrizen sind.

2. a) Anders als beim QR-Verfahren kann es hier nun sein, daß ein A_j-k_jI keine LR-Zerlegung hat und obige Konstruktion abbricht. Es gibt jedoch nur endlich viele $z\in\mathbb{C}$, für die A_j-zI keine LR-Zerlegung hat. Denn A_j-zI hat eine LR-Zerlegung genau dann, wenn alle führenden Hauptabschnittsdeterminanten dieser Matrix von null verschieden sind, und die Hauptabschnittsdeterminanten sind Polynome in z. Hat also A_j-k_jI keine LR-Zerlegung, so wird für einen willkürlich gewählten Shift $\tilde{k}_j$ die Matrix $A_j-\tilde{k}_jI$ fast immer eine LR-Zerlegung haben, so daß man mit einem solchen <u>Ausnahmeshift</u> $\tilde{k}_j$ im allgemeinen die Konstruktion der Matrizenfolge fortsetzen kann.

b) Konvergieren die unteren Nebendiagonalelemente der A_i gegen null, so ist ab einem genügend großen Iterationsindex i kein Ausnahmeshift mehr nötig, da wegen (Z1) mit jeder oberen Dreiecksmatrix auch alle in einer gewissen Umgebung liegenden Matrizen LR-Zerlegungen haben.

c) Daß A_j-k_jI keine LR-Zerlegung besitzt, äußert sich ja darin, daß die Konstruktion der Zerlegung in einem Teilschritt abbricht, weil das Pivotelement, durch das jeweils dividiert werden müßte, hier null ist. Ist ein solches Pivotelement zwar nicht null aber betragsmäßig sehr klein im Vergleich zu den zu eliminierenden Elementen der betreffenden Spalte, so wird die Matrix L_i^{-1} der Zerlegung Elemente von sehr großem Betrag enthalten und A_{i+1} hat dann im allgemeinen entsprechend betragsmäßig viel größere Einträge als A_i (vgl. Abschnitt 2.4). Rundungsfehler hat man aber, auch wenn nachfolgend die zu berechnenden Größen wieder betragsmäßig abnehmen, im allgemeinen von der Größenordnung "Maschinengenauigkeit mal Betrag der größten in der Gesamtrechnung auftretenden Elemente".

Die Größe der Pivotelemente bei den LR-Zerlegungen des Verfahrens muß also unbedingt kontrolliert werden. Wird ein Pivotelement betragsmäßig zu klein, so muß auch dann ein Ausnahmeshift eingesetzt werden. Anhaltspunkte für eine geeignete

Wahl eines solchen Ausnahmeshifts, bei dem alle Pivotelemente der entsprechenden Zerlegung hinreichend groß werden, kennt man aber leider nicht.
Aus Stetigkeitsgründen treten analog zu b) im Falle von Konvergenz diese zu kleinen Pivotelemente ab einem genügend großen Iterationsindex nicht mehr auf.

Wegen der gerade dargestellten numerischen Probleme modifiziert man das Verfahren dahingehend, daß man die LR-Zerlegung jeweils durch die modifizierte LR-Zerlegung mit Spaltenpivotisierung ersetzt, d.h. eine Zerlegung $A_i-k_iI=P_i^TL_iR_i$ mit einer Permutationsmatrix P_i errechnet (vgl. Abschnitt 2.2) und die nächste Iterierte gemäß $A_{i+1}:=L_i^{-1}P_iA_iP_iL_i$ bildet.
Passend zu dieser Zerlegung läßt sich, wie in Abschnitt 4.4 beschrieben, auch hier eine gegebene Matrix durch Ähnlichkeitstransformation mit Permutations- und elementaren unteren Dreiecksmatrizen in eine obere Hessenberg-Matrix A_o überführen. Obwohl diese modifizierte Zerlegung nicht mehr den am Anfang des Abschnitts gestellten Bedingungen genügt, hat dieses Verfahren fast alle Eigenschaften der Zerlegungsverfahren. Insbesondere gilt (4.5.4) bzw. (4.5.4'), so daß die Hessenberg-Gestalt von A_o für alle Iterierten erhalten bleibt (eine etwaige Bandgestalt von A_o oberhalb der Diagonalen geht bei Benutzung der Permutationen allerdings verloren). Shiftwahl und Deflation läßt sich wie beim QR-Algorithmus durchführen. Da die Berechnungen bei Eliminationen mit elementaren unteren Dreiecksmatrizen besonders einfach sind, die Transformation mit diesen Matrizen aber nicht eine so große numerische Stabilität wie diejenigen mit orthogonalen Matrizen garantieren, wird dieses Verfahren meist nur für komplexe obere Hessenberg-Matrizen vorgeschlagen (siehe etwa Martin & Wilkinson [175]).
Ist die zugrundegelegte Matrix A symmetrisch und positiv definit, so ist eine Pivotisierung nicht erforderlich, und es besteht ein interessanter Zusammenhang zwischen einer symmetrischen Version des LR-Algorithmus und dem QR-Algorithmus, jeweils ohne Shifts.
Wir verwenden beim LR-Algorithmus eine LL^T-Zerlegung, bei der L eine positive Diagonale besitzt. Dann bleibt die Symmetrie der Iterierten erhalten, und mit A_o sind die Iterierten ebenfalls positiv definit. Die akkumulierten Transformationsmatrizen für einen solchen LR-Algorithmus seien mit $\overline{G}_i$ bezeichnet, die Iterierten mit $\overline{A}_i$. Dann ist also (vgl. (4.5.5) und (4.5.7))

$\overline{A}_{2i}=\overline{G}_{2i-1}^{-1}A\overline{G}_{2i-1}=\overline{G}_{2i-1}^{T}A\overline{G}_{2i-1}^{-T}$ und

(4.5.25) $A^{2i}=\overline{G}_{2i-1}\overline{G}_{2i-1}^{T}$.

Kennzeichnet man die entsprechenden beim QR-Algorithmus auftretenden Matrizen durch $\tilde{\cdot\cdot}$, so erhält man $\tilde{A}_i=\tilde{G}_{i-1}^{-1}A_{i-1}=\tilde{R}_{i-1}A\tilde{R}_{i-1}^{-1}$, $A^i=\tilde{G}_{i-1}\tilde{R}_{i-1}$ und somit

(4.5.26) $A^{2i}=(A^i)^T A^i=\tilde{R}^T_{i-1}\tilde{G}^T_{i-1}\tilde{G}_{i-1}\tilde{R}_{i-1}=\tilde{R}^T_{i-1}\tilde{R}_{i-1}$.

Ein Vergleich von (4.5.25) und (4.5.26) liefert wegen der Eindeutigkeit der LR-Zerlegung $\tilde{R}_{i-1}=\tilde{G}^T_{2i-1}$, und somit gilt

$$\tilde{A}_i=\tilde{R}_{i-1}A\tilde{R}^{-1}_{i-1}=\tilde{G}^T_{2i-1}A\overline{G}_{2i-1}=\overline{A}_{2i}.$$

Die i-te Iterierte des QR-Algorithmus ohne Shift stimmt also mit der 2i-ten des symmetrischen LR-Algorithmus ohne Shift überein.

Beim LR-Algorithmus für Tridiagonalmatrizen sind die expliziten Berechnungsformeln für die Zerlegung recht übersichtlich, und man kann ein Schema für die Berechnung der Iterierten entwickeln, welches aus abwechselnder Quotienten- und Differenzenbildung besteht. Der entsprechende Algorithmus wird QD-Algorithmus genannt und findet Verwendung bei der Nullstellenberechnung von Polynomen (das Problem wird dazu vorab in ein äquivalentes Problem der Eigenwertbestimmung für eine Tridiagonalmatrix transformiert).

Der SR-Algorithmus

Häufig haben die Matrizen, für die das Eigenwertproblem zu lösen ist, aufgrund gewisser Eigenschaften des Anwendungsproblems, dem sie entstammen, spezielle Strukturen. So ist zum Beispiel bei sehr vielen physikalischen Problemen die resultierende Matrix symmetrisch. Wie wir gesehen haben, kann die spezielle Wahl der Transformationsmatrizen, d.h. die Wahl der Zerlegungsart für das Eigenwertverfahren, bewirken, daß solche Strukturen der Ausgangsmatrizen für alle Iterierten erhalten bleiben und sich dadurch der Rechenaufwand stark verringert. Durch Erhaltung der Symmetrie beim QR-Algorithmus zum Beispiel kann man den Rechenaufwand pro Iterationsschritt für eine n-dimensionale Matrix größenordnungsmäßig von n^2 bei nichtsymmetrischen Matrizen auf n bei symmetrischen Matrizen verringern.

Bei etlichen Anwendungsproblemen kann man Matrizen erhalten, die zwar selbst nicht symmetrisch sind, aber einfache Symmetrie-Eigenschaften haben. Durch geeignete Wahl der Zerlegungsart für das Eigenwertverfahren läßt sich diese Struktur häufig völlig analog zum QR-Verfahren ausnutzen, um den Rechenaufwand pro Iterationsschritt um eine Größenordnung, d.h. von n^2 auf n, zu verringern.

Zwei Beispiele dieser Art wollen wir hier grob skizzieren, das SR-Verfahren und in einer Erweiterung des allgemeinen Ansatzes das HR-Verfahren. In beiden Fällen hat man keine solch globale numerische Stabilitätsgarantie wie bei dem QR-Verfahren; ganz ähnlich wie im LR-Verfahren (vgl. Bemerkung 4.9.2, 2)) muß man auch hier die Größe gewisser Ausdrücke kontrollieren. Werden sie zu klein, so setzt man das Verfahren mit einem Ausnahmeshift fort. Zwar ist auch hier kein Kriterium für eine geeignete Wahl eines solchen Ausnahmeshifts bekannt. Jedoch erweist sich in der Praxis, daß sich mit willkürlich gewählten Ausnahmeshifts sehr gut arbeiten läßt. Möglicherweise werden sich auch noch Modifikationen dieser Verfahren finden lassen, bei denen Ausnahmeshifts unnötig sind.

Zunächst wollen wir die dem SR-Verfahren zugrundeliegende Zerlegung einführen. Bei der Lösung von sogenannten Kontrollproblemen tritt oft das Eigenwertproblem für eine Matrix $\tilde{M}\in M_{2n}(\mathbb{R})$ der folgenden Gestalt auf: $\tilde{M}=\begin{bmatrix} A & K \\ N & -A^T \end{bmatrix}$ mit $A,K,N\in M_n(\mathbb{R})$, wobei K und N symmetrisch sind. Ist I die n-dimensionale Einheitsmatrix und $\tilde{J}:=\begin{bmatrix} 0 & I \\ -I & 0 \end{bmatrix}$, so wird $\widetilde{JM}=\begin{bmatrix} K & -A^T \\ -A & -N \end{bmatrix}$ eine symmetrische Matrix. Für die Permutationsmatrix $P\in M_{2n}(\mathbb{R})$, die durch ihre Spaltenvektoren gegeben ist als $P=[e_1,e_3,e_5,\dots,e_{2n-1},e_2,e_4,e_6,\dots,e_{2n}]$, wird $J:=P\tilde{J}P^T$ eine $2n\times 2n$-Blockdiagonalmatrix mit 2×2-Diagonalblöcken $\begin{bmatrix} 0 & 1 \\ -1 & 0 \end{bmatrix}$, also

$$(4.5.27)\qquad J:=\begin{bmatrix} 0 & 1 & & & & & 0 \\ -1 & 0 & & & & & \\ & & 0 & 1 & & & \\ & & -1 & 0 & & & \\ & & & & \ddots & & \\ & & & & & 0 & 1 \\ 0 & & & & & -1 & 0 \end{bmatrix}.$$

Da $\widetilde{JM}$ symmetrisch ist, ist nun für $M:=P\tilde{M}P^T$ die Matrix $JM=P\tilde{J}P^TP\tilde{M}P^T=P\widetilde{JM}P^T$ ebenfalls symmetrisch. Wir können nun ebenso gut das Eigenwertproblem für die zu $\tilde{M}$ ähnliche Matrix M lösen.

Eine Matrix $A\in M_{2n}(\mathbb{R})$, für die JA symmetrisch ist, wollen wir <u>J-symmetrisch</u> nennen. Eine Matrix $S\in M_{2n}(\mathbb{R})$, für die $S^TJS=J$ gilt, nennen wir <u>symplektisch</u>. Die symplektischen Matrizen bilden eine Untergruppe von $GL_{2n}(\mathbb{R})$.

<u>BEISPIEL 4.5.10</u>: 1. Für n=3 hat eine J-symmetrische Matrix A die Gestalt

$$A=\begin{bmatrix} a_{11} & a_{12} & a_{13} & a_{14} & a_{15} & a_{16} \\ a_{21} & -a_{11} & a_{23} & a_{24} & a_{25} & a_{26} \\ -a_{24} & a_{14} & a_{33} & a_{34} & a_{35} & a_{36} \\ a_{23} & -a_{13} & a_{43} & -a_{33} & a_{45} & a_{46} \\ -a_{26} & a_{16} & -a_{46} & a_{36} & a_{55} & a_{56} \\ a_{25} & -a_{15} & a_{45} & -a_{35} & a_{65} & -a_{55} \end{bmatrix}.$$

Ist A zusätzlich eine obere Hessenberg-Matrix, so hat A also die Gestalt

$$(4.5.28)\qquad A=\begin{bmatrix} a_{11} & a_{12} & 0 & a_{14} & 0 & 0 \\ a_{21} & -a_{11} & 0 & 0 & 0 & 0 \\ 0 & a_{14} & a_{33} & a_{34} & 0 & a_{36} \\ 0 & 0 & a_{43} & -a_{33} & 0 & 0 \\ 0 & 0 & 0 & a_{36} & a_{55} & a_{56} \\ 0 & 0 & 0 & 0 & a_{65} & -a_{55} \end{bmatrix}.$$

2. Elementare symplektische Matrizen sind spezielle der in (2.5.9) definierten Rotationsmatrizen. Für alle $i\in\{1,\dots,n\}$ ist

$$(4.5.29)\quad G_{2i-1,2i}=\begin{bmatrix} 1 & & & & & & & 0 \\ & \ddots & & & & & & \\ & & 1 & & & & & \\ & & & c & s & & & \\ & & & -s & c & & & \\ & & & & & 1 & & \\ & & & & & & \ddots & \\ 0 & & & & & & & 1 \end{bmatrix}\begin{matrix} \\ \\ \\ -(2i-1)\text{-te Zeile} \\ -\ (2i)\text{-te Zeile} \\ \\ \\ \\ \end{matrix}$$

mit $c=\cos\alpha$ und $s=\sin\alpha$ eine symplektische und orthogonale Matrix.

Weitere, besonders einfache orthogonale und zugleich symplektische Matrizen sind für alle $i\in\{1,\ldots,n-1\}$

$$(4.5.30)\quad E_{2i-1,2i+2}=\begin{bmatrix} 1 & & & & & & & & & 0 \\ & \ddots & & & & & & & & \\ & & 1 & & & & & & & \\ & & & c & 0 & s & 0 & & & \\ & & & 0 & c & 0 & s & & & \\ & & & -s & 0 & c & 0 & & & \\ & & & 0 & -s & 0 & c & & & \\ & & & & & & & 1 & & \\ & & & & & & & & \ddots & \\ 0 & & & & & & & & & 1 \end{bmatrix}\begin{matrix} \\ \\ \\ -(2i-1)\text{-te Zeile} \\ \\ \\ -(2i+2)\text{-te Zeile} \\ \\ \\ \\ \end{matrix}$$

mit $c=\cos\alpha$ und $s=\sin\alpha$.

Schließlich seien noch besonders einfache nichtorthogonale symplektische Matrizen erwähnt, nämlich für alle $i\in\{1,\ldots,n-1\}$

$$(4.5.31)\quad F_{2i-1,2i+2}=\begin{bmatrix} 1 & & & & & & & & & 0 \\ & \ddots & & & & & & & & \\ & & 1 & & & & & & & \\ & & & d & 0 & 0 & f & & & \\ & & & 0 & d^{-1} & 0 & 0 & & & \\ & & & 0 & f & d & 0 & & & \\ & & & 0 & 0 & 0 & d^{-1} & & & \\ & & & & & & & 1 & & \\ & & & & & & & & \ddots & \\ 0 & & & & & & & & & 1 \end{bmatrix}\begin{matrix} \\ \\ \\ -(2i-1)\text{-te Zeile} \\ \\ \\ -(2i+2)\text{-te Zeile} \\ \\ \\ \\ \end{matrix}$$

mit $d,f\in\mathbb{R}$, $d\neq 0$.

Der QR-Algorithmus kann die Matrizen M und $\tilde{M}$ nur wie allgemeine nichtsymmetrische Matrizen behandeln mit dem entsprechenden Rechenaufwand. Transformiert man hingegen die J-symmetrische Matrix M nur mit symplektischen Matrizen, so erhält man stets wieder J-symmetrische Matrizen. Denn für eine symplektische Matrix $S\in M_{2n}(\mathbb{R})$ ist die Inverse wegen $J^{-1}=-J$ und $S^TJS=J$ gerade

$$(4.5.32)\quad S^{-1}=-JS^TJ.$$

Für ein J-symmetrisches $A\in M_{2n}(\mathbb{R})$ ist daher $JS^{-1}AS=S^TJAS$ wieder symmetrisch, d.h. $S^{-1}AS$ ist wieder eine J-symmetrische Matrix. Ein Zerlegungsalgorithmus, der auf Zerlegungen der Matrizen in das Produkt einer symplektischen und einer oberen Dreiecksmatrix basiert, würde also die J-Symmetrie einer Ausgangsmatrix für alle Iterierten beibehalten. Solche Zerlegungen, die dazu den Eigenschaften (Z 1) - (Z 4) (hier für $\mathbb{R}$ statt $\mathbb{C}$) genügen, gibt es in der Tat. Der folgende Satz beschreibt die auf diese Weise zerlegbaren Matrizen.

SATZ 4.5.11: $A \in GL_{2n}(\mathbb{R})$ *besitzt eine Zerlegung* $A=SR$, *wobei* S *eine symplektische Matrix und* R *eine obere Dreiecksmatrix ist, genau dann, wenn für alle* $i \in \{1,\dots,n\}$ *die 2i-te führende Hauptabschnittsdeterminante von* A^TJA *ungleich null ist.*

BEWEIS: Es läßt sich analog zu Satz 2.2.5 zeigen: Für ein $X \in M_{2n}(\mathbb{R})$ ist für alle $i \in \{1,\dots,n\}$ die 2i-te führende Hauptabschnittsdeterminante von null verschieden genau dann, wenn es eine Zerlegung $X=LD_BR$ gibt, wobei D_B eine nichtsinguläre Blockdiagonalmatrix mit ausschließlich 2×2-Diagonalblöcken ist und L bzw. R eine untere bzw. obere Dreiecksmatrix ist, deren entsprechende 2×2-Diagonalblöcke gerade $\begin{bmatrix} 1 & 0 \\ 0 & 1 \end{bmatrix}$ sind. Ist speziell $X:=A^TJA=LD_BR$, so hat man außerdem noch $(A^TJA)^T=-A^TJA=R^TD_B^TL^T$. Also gilt $-LD_BR=R^TD_B^TL^T$ und daher $-D_BRL^{-T}=L^{-1}R^TD_B^T$. Wegen der speziellen Gestalt von L, B und D_B folgt hieraus zunächst $R=L^T$, und hiermit aus der letzten Gleichung auch $D_B^T=-D_B$. Für jeden 2×2-Diagonalblock $\begin{bmatrix} a & b \\ c & d \end{bmatrix}$ von D_B gilt also $-\begin{bmatrix} a & b \\ c & d \end{bmatrix}=\begin{bmatrix} a & c \\ b & d \end{bmatrix}$. Das heißt aber, daß jeder Diagonalblock von D_B die Gestalt $\begin{bmatrix} 0 & b \\ -b & 0 \end{bmatrix}$ hat. Mit $c=\sqrt{|b|}$ läßt sich diese 2×2-Matrix nun schreiben als

$\begin{bmatrix} c & 0 \\ 0 & c \end{bmatrix}\begin{bmatrix} 0 & 1 \\ -1 & 0 \end{bmatrix}\begin{bmatrix} c & 0 \\ 0 & c \end{bmatrix}$, falls b positiv ist, und als $\begin{bmatrix} c & 0 \\ 0 & -c \end{bmatrix}\begin{bmatrix} 0 & 1 \\ -1 & 0 \end{bmatrix}\begin{bmatrix} c & 0 \\ 0 & -c \end{bmatrix}$, falls b negativ ist. A^TJA hat also dann eine Zerlegung

$$(4.5.33) \quad A^TJA=\tilde{L}J\tilde{L}^T,$$

wobei $\tilde{L}$ eine untere Dreiecksmatrix ist.
Dann ist aber wegen $J^{-1}=-J=J^T$ nun

$$(4.5.34) \quad A=-JA^{-T}\tilde{L}J\tilde{L}^T,$$

und für $S:=-JA^{-T}\tilde{L}J$ gilt $S^TJS=J\tilde{L}^TA^{-1}JA^{-T}\tilde{L}J$. Aus (4.5.33) erhält man aber $A^{-1}JA^{-T}=-(A^TJA)^{-1}=\tilde{L}^{-T}J\tilde{L}^{-1}$, so daß $S^TJS=J$ folgt, d.h. S ist symplektisch, und mit (4.5.34) hat man die geforderte Zerlegung von A. Ist andererseits $A=SR$ mit einer oberen Dreiecksmatrix R und einer Matrix S, für die $S^TJS=J$ gilt, so wird $A^TJA=R^TS^TJSR=R^TJR$. Dieses Produkt läßt sich natürlich wiederum durch $\tilde{R}^TD_B\tilde{R}$ darstellen, wobei D_B eine Blockdiagonalmatrix mit ausschließlich 2×2-Diagonalblöcken ist und $\tilde{R}$ eine untere Dreiecksmatrix, deren entsprechende 2×2-Diagonalblöcke gerade $\begin{bmatrix} 1 & 0 \\ 0 & 1 \end{bmatrix}$ sind. Die 2i-ten führenden Hauptabschnittsdeterminanten von A^TJA sind also für alle $i \in \{1,\dots,n\}$ von null verschieden. □

BEMERKUNG 4.5.12: Für komplexe Matrizen gilt ein entsprechender Satz nicht. Ist nämlich $S \in M_{2n}(\mathbb{C})$ eine Matrix mit $S^HJS=J$, $R \in M_{2n}(\mathbb{C})$ eine obere Dreiecksmatrix und $A=SR$, so hat man ja $A^HJA=R^HS^HJSR=R^HJR$. Es läßt sich leicht zeigen, daß alle (2i-1)-ten Hauptabschnittsdeterminanten von R^HJR wegen der oberen Dreiecksgestalt von R gerade null sind.

Für ein $B\in M_{2n}(\mathbb{C})$ ist jede führende Hauptabschnittsmatrix von $B^H JB$ schiefhermitesch, da J schiefhermitesch ist. ($X\in M_\ell(\mathbb{C})$ heißt schiefhermitesch, falls $X^H = -X$ ist. Für eine solche Matrix ist $\overline{\det(X)}=\det(X^H)=\det(-X)=(-1)^\ell \det X$.) Die (2i-1)-ten Hauptabschnittsdeterminanten von $B^H JB$ sind also rein imaginär (einschließlich null). Die oben aufgeführte notwendige Bedingung für die Existenz der Zerlegung in SR ist daher im allgemeinen in Komplexen nicht erfüllt. Ist B reell, so sind diese Hauptabschnittsdeterminanten natürlich alle gleich null.

Für eine Erweiterung auf den Fall komplexer Matrizen ist es zumindest erforderlich, die oberen Dreiecksmatrizen der Zerlegung durch Blockdreiecksmatrizen mit vollbesetzten 2×2-Diagonalblöcken zu ersetzen. Dieser Weg soll hier nicht weiter verfolgt werden, da sich der komplexe Fall auch mit dem HR-Verfahren behandeln läßt.

Eine Zerlegung A=SR, wobei S eine symplektische Matrix und R eine obere Dreiecksmatrix ist, heißt <u>SR-Zerlegung</u> von A. Wie man in obigem Beweis schon sehen kann, ist eine SR-Zerlegung von A nicht eindeutig bestimmt. Der Schnitt der nichtsingulären oberen Dreiecksmatrizen der Dimension 2n mit den symplektischen Matrizen entsprechender Dimension besteht gerade aus allen Blockdiagonalmatrizen mit ausschließlich 2×2-Diagonalblöcken der Gestalt $\begin{bmatrix} d & c \\ 0 & d^{-1} \end{bmatrix}$ mit $d,c\in\mathbb{R}$, $d\neq 0$. Eine solche frei wählbare Blockdiagonalmatrix D_B in einer Zerlegung $A=SD_B D_B^{-1}R$ kann man nun so bestimmen, daß die Spaltensummen der symplektischen Matrix SD_B alle gerade gleich eins sind. Ist $S^1_{2n}(\mathbb{R})$ die Menge der symplektischen Matrizen der Dimension 2n, deren Spaltensummen alle gleich eins sind, so genügen $S^1_{2n}(\mathbb{R})$ und $T_{2n}(\mathbb{R})$, die Menge der nichtsingulären oberen Dreiecksmatrizen entsprechender Dimension, den Bedingungen (Z 1) - (Z 4) (hier jedoch stets mit $\mathbb{R}$ anstelle von $\mathbb{C}$).

Man verifiziert sofort, daß $S^1_{2n}(\mathbb{R})$ eine Gruppe ist. Außerdem läßt sich zeigen, daß die führenden 2i-ten Hauptabschnittsdeterminanten von $A^T JA$ nicht identisch verschwindende ganzrationale Funktionen in den Elementen von A sind, woraus man schließen kann, daß (Z 1) erfüllt ist. (Z 2) und (Z 3) sind erfüllt, da $S^1_{2n}(\mathbb{R})$ gerade so gewählt war, daß $S^1_{2n}(\mathbb{R})$ mit $T_{2n}(\mathbb{R})$ nur die Identität gemeinsam haben. Daß auch (Z 4) gilt, kann man sich mit Hilfe der Konstruktion der Matrix S im Beweis von Satz 4.5.11 und der Stetigkeit der LR-Zerlegung klarmachen, oder der nachfolgenden <u>Konstruktion einer SR-Zerlegung</u> entnehmen.

Man kann für $A\in M_{2n}(\mathbb{R})$ eine SR-Zerlegung bestimmen, indem man A schrittweise von vorn mit geeigneten der elementaren symplektischen Matrizen aus Beispiel 4.5.11 multipliziert. Dabei eliminiert, analog zum Vorgehen bei der QR-Zerlegung nach Givens, jede dieser elementaren Matrizen ein Element unterhalb der Diagonalen der aktuellen Matrix. Das Produkt dieser elementaren symplektischen Matrizen ist dann eine symplektische Matrix S^{-1}, für die $S^{-1}A=:R$ eine obere Dreiecksmatrix ist.

Betrachten wir zunächst die Elimination der Elemente von A unterhalb der Diagonalen für die beiden ersten Spalten. Die Elemente lassen sich annullieren in der Reihenfolge:

(2n,1),(2n-2,1),(2n-4,1),...,(2,1) und (2n-1,1),(2n-3,1),...,(3,1)

und in der zweiten Spalte

(2n,2),(2n-2,2),(2n-4,2),...,(4,2) und (2n-1,2),(2n-3,2),...,(5,1)

und schließlich (3,1).

Für die Elimination eines Elements der Position (2i,1) benutzt man dabei die Matrix $G_{2i-1,2i}$ aus (4.5.29), wobei man in bekannter Weise $s:=a_{2i,1}/\sqrt{a_{2i,1}^2+a_{2i-1,1}^2}$ und $c:=a_{2i-1,1}/\sqrt{a_{2i,1}^2+a_{2i-1,1}^2}$ setzt, wenn $a_{2i-1,1}$ und $a_{2i,1}$ die aktuellen Einträge der Matrix in den Positionen (2i-1,1) und (2i,1) sind.

Für die Elimination eines Elements der Position (2i+1,1) benutzt man die Matrix $E_{2i-1,2i+2}$ aus (4.5.30), wobei $s:=a_{2i+1,1}/\sqrt{a_{2i+1,1}^2+a_{2i-1,1}^2}$ und $c:=a_{2i-1,1}/\sqrt{a_{2i+1,1}^2+a_{2i-1,1}^2}$ für die aktuellen Einträge $a_{2i+1,1}$ und $a_{2i-1,1}$ der Matrix gewählt werden. Die in den Zeilen mit geradem Index bereits erzeugten Nullen werden bei Multiplikation mit $E_{2i-1,2i+2}$ nicht zerstört. Die Eliminationen für die erste Spalte lassen sich also durch Multiplikation mit orthogonalen symplektischen Matrizen durchführen.

In der zweiten Spalte kann man wieder die aktuellen Elemente $a_{2i,2}$ mit Hilfe von $G_{2i-1,2i}$ annullieren und die aktuellen $a_{2i+1,2}$ für $i\neq 1$ mit $E_{2i-1,2i+2}$. Lediglich für die Elimination des aktuellen a_{32} muß man nun eine nichtorthogonale symplektische Matrix einsetzen. Eine Multiplikation mit einem $E_{1,4}$ würde nämlich in Position (3,1) die bereits erzeugte Null zerstören. Zur Elimination des aktuellen a_{32} multipliziert man die Matrix von vorn mit $F_{1,4}$ aus (4.5.31), wobei man $f=-a_{32}/\sqrt{a_{32}^2+a_{22}^2}$ und $d=a_{22}/\sqrt{a_{32}^2+a_{22}^2}$ wählt. Ist hierbei das aktuelle a_{22} jedoch gleich null, so kann diese Elimination nicht ausgeführt werden. Die Matrix A besitzt dann keine SR-Zerlegung.

Analog eliminiert man nun die Elemente unterhalb der Diagonalen für k=2,...,n in den Spalten 2k-1 und 2k. In der Reihenfolge

(2n,2k-1),(2n-2,2k-1),...,(2k,2k-1),(2n-1,2k-1),(2n-3,2k-1),...,(2k+1,2k-1), (2n,2k),(2n-2,2k),...,(2k+2,2k),(2n-1,2k),(2n-3,2k),...,(2k+3,2k) und schließlich (2k+1,2k) eliminiert man die Elemente mit geradzahligem Zeilenindex mit passenden der Rotationen aus (4.5.29) und die mit ungeradzahligem Zeilenindex mit passenden der orthogonalen Matrizen aus (4.5.30), ausgenommen das Element der Position (2k+1,2k), das wieder mit einem $F_{2k-1,2k+2}$ annulliert wird. Das

Produkt all dieser symplektischen Eliminationsmatrizen ist eine symplektische Matrix S^{-1}, für die $S^{-1}A$ eine obere Dreiecksmatrix ist.
Die Spaltensummenbedingung für S, die Inverse der Gesamtreduktionsmatrix S^{-1}, läßt sich nun nachträglich durch Multiplikation mit einer symplektischen Blockdiagonalmatrix mit passenden 2×2-Blöcken $\begin{bmatrix} d & 0 \\ 0 & d^{-1} \end{bmatrix}$ erreichen.

Für die Zerlegungen bezüglich $S^1_{2n}(\mathbb{R})$ und $T_{2n}(\mathbb{R})$ erhält man als Spezialfall von (4.5.1) und (4.5.10) die Konstruktionsvorschrift für die Matrizenfolge des SR-Algorithmus mit Shift:
Setze A_o:=A und berechne mit der Shiftfolge $(k_i)_{i\in\mathbb{N}}\in\mathbb{C}^{\mathbb{N}}$
für $i=0,1,2,\ldots$, solange A_i-k_iI eine SR-Zerlegung hat.

(4.5.35) $A_{i+1}=S_i^{-1}A_iS_i$,

wobei S_i der erste Faktor der Zerlegung

(4.5.36) $A_i-k_iI=S_iR_i$

mit $S_i\in S^1_{2n}(\mathbb{R})$ und einer oberen Dreiecksmatrix R_i ist.
Die Durchführbarkeitsbedingungen "solange A_i-k_iI eine SR-Zerlegung hat" sind nach Satz 4.5.11 Determinantenbedingungen wie beim unmodifizierten LR-Algorithmus. Die dortigen Bemerkungen 4.5.9, 2) zur Durchführbarkeit und numerischen Stabilität sowie zum Einsatz von Ausnahmeshifts gelten hier analog.
Mit der SR-Zerlegungsmöglichkeit für fast alle $A\in M_{2n}(\mathbb{R})$ hat man, wie Satz 4.4.1 zeigt, auch die Möglichkeit zur Vorabtransformation auf obere Hessenberg-Gestalt mittels symplektischer Ähnlichkeitstransformationen. Für die praktische Durchführung dieser Transformation benutzt man wieder die Eliminationsmatrizen (4.5.29) - (4.5.31):
Die Elemente unterhalb der ersten unteren Nebendiagonale der gegebenen Matrix $A\in M_{2n}(\mathbb{R})$ annulliert man für $k=1,2,\ldots,n-1$ in den Spalten 2k-1,2k jeweils in der Reihenfolge (2n,2k-1),(2n-2,2k-1),...,(2k+2,2k-1),
(2n-1,2k-1),(2n-3,2k-1),...,(2k+1,2k-1) und (2n,2k),(2n-2,2k),...,(2k+2,2k),
(2n-1,2k),(2n-3,2k),...,(2k+3,2k).
In bekannter Weise führt man dabei die Elimination eines Elementes der Position (2m,2k-1) oder (2m,2k) mit $G_{2m-1,2m}$ aus. Die Elimination eines Elementes der Position (2m-1,2k-1) oder (2m-1,2k) führt man mit $E_{2m-3,2m}$ aus, mit Ausnahme von (2k+1,2k-1). Das Element dieser Position muß mit $F_{2k-1,2k+2}$ eliminiert werden, damit bereits erzeugte Nullen nicht wieder zerstört werden. Man multipliziert dazu die aktuelle Matrix jeweils zunächst von vorn mit der entsprechenden elementaren Eliminationsmatrix und anschließend von hinten mit der Inversen dieser elementaren Matrix. Man überzeugt sich leicht davon, daß in keinem Fall durch diese Nachmultiplikation die bereits erzeugten Nullen in der aktuellen Matrix betroffen werden.

Die Gesamttransformationsmatrix S ist symplektisch und hat als ersten Spaltenvektor ein Vielfaches des ersten Einheitsvektors, also de_1 mit $d\in\mathbb{R}, d\neq 0$. Es ist möglich, daß die Elimination mit einem $F_{2k-1,2k+2}$ nicht durchführbar ist, bzw. daß in $F_{2k-1,2k+2}$ das Element d sehr klein und damit d^{-1} sehr groß ist (vgl. die Konstruktion der SR-Zerlegung). In diesem Fall hat die Krylov-Matrix $K(A,de_1,2n)$ (vgl. Satz 4.4.1) keine SR-Zerlegung bzw. ist nahe einer Matrix, die keine SR-Zerlegung hat. Man führt dann eine Ähnlichkeitstransformation der aktuellen Matrix durch mit einer symplektischen Matrix, deren erster Spaltenvektor kein Vielfaches von e_1 ist, zum Beispiel mit einer symplektischen Matrix $I-Jvv^T, v\in\mathbb{R}^n$. Die so entstandene Matrix transformiert man wie oben wieder auf Hessenberg-Gestalt. Es läßt sich nämlich zeigen, daß für fast alle Vektoren x die Krylov-Matrix $K(A,x,2n)$ eine SR-Zerlegung hat, bzw. Teilreduktionen möglich sind (vgl. Abschnitt 4.4).

Ist bei dieser Reduktion $S^{-1}AS$ eine nichtzerfallende obere Hessenberg-Matrix, so ist diese Transformation nach Satz 4.4.1 durch die erste Spalte von S eindeutig bestimmt bis auf Ähnlichkeitstransformation mit einer Blockdiagonalmatrix mit 2×2-Blöcken der Form $\begin{bmatrix} d & c \\ 0 & d^{-1} \end{bmatrix}$.

War die Ausgangsmatrix A bereits J-symmetrisch, so haben wir nach einer solchen Vorabtransformation eine fast tridiagonale Matrix der Form (4.5.28) vorliegen. Diese Gestalt bleibt während des SR-Algorithmus für alle Iterierten A_i erhalten, da sowohl die obere Hessenberg-Form als nun auch die J-Symmetrie erhalten bleibt. Bei der praktischen Durchführung des Verfahrens orientiert man sich weitgehend am Vorgehen beim QR-Verfahren. Eine Besonderheit der J-symmetrischen Matrizen ist dabei noch zu berücksichtigen. Ist A J-symmetrisch, d.h. ist $JA=A^TJ^T$, und ist $Ax=\lambda x$, so gilt ja auch $x^TA^T=\lambda x^T$. Also erhält man wegen $J^T=J^{-1}=-J^T$ gerade $(Jx)^TA=x^TJ^TA=-x^TA^TJ^T=-\lambda(Jx)^T$. Mit λ ist also immer auch $-\lambda$ ein Eigenwert der J-symmetrischen Matrix A. Ist λ nicht reell und nicht rein imaginär, so müssen neben $-\lambda$ auch noch $\bar\lambda$ und $-\bar\lambda$ Eigenwerte von A sein, da A reell ist. Man hat damit vier verschiedene Eigenwerte vom selben Betrag, wobei wegen der J-Symmetrie im Verfahren λ und $\bar\lambda$ von $-\lambda$ und $-\bar\lambda$ nicht getrennt werden. Falls λ reell oder rein imaginär ist, so werden λ und $-\lambda$ wegen der J-Symmetrie nicht getrennt und treten nach Konvergenz im selben Diagonalblock auf.

Man muß also damit rechnen, daß man im Verfahren auch 4×4-Hauptabschnittsmatrizen erhält, die im folgenden nicht weiter zerfallen. Die Eigenwerte einer J-symmetrischen oberen Hessenberg-Matrix der Dimension 4 lassen sich allerdings leicht berechnen: Die Matrix

$\begin{bmatrix} a_{11} & a_{12} & 0 & a_{14} \\ a_{21} & -a_{11} & 0 & 0 \\ 0 & a_{14} & a_{33} & a_{34} \\ 0 & 0 & a_{43} & -a_{33} \end{bmatrix}$ hat mit $a:=a_{11}^2+a_{33}^2+a_{12}a_{21}+a_{34}a_{43}$ und

$b:=a_{12}a_{21}a_{33}^2+a_{34}a_{43}a_{11}^2+a_{34}a_{43}a_{12}a_{21}-a_{21}a_{43}a_{14}^2$ die Eigenwerte $\pm\sqrt{\frac{a}{2}\pm\sqrt{\frac{a^2}{4}-b}}$.

Das Verfahren führt man daher analog zum Vorgehen beim QR-Verfahren im nichtsymmetrischen Fall in Vierfachschritten mit impliziten Shifts durch, wobei man als Shiftparameter $k_1,\ldots,k_4$ jeweils die vier Eigenwerte des rechten unteren 4×4-Diagonalblocks der aktuellen Matrix A_i wählt. Man hat also die erste Spalte a_1 der reellen Matrix $(A_i-k_1I)(A_i-k_2I)(A_i-k_3I)(A_i-k_4I)$ zu bestimmen, sowie eine symplektische Matrix S_o, für die S_oa_1 ein Vielfaches des ersten Einheitsvektors ist. Man berechnet nun $S_oA_iS_o^{-1}$ und transformiert diese Matrix mit symplektischen Matrizen wieder auf J-symmetrische obere Hessenberg-Gestalt (vgl. die entsprechenden Ausführungen für den QR-Doppelschritt). Man verzichtet hierbei darauf, die Spaltensummen der symplektischen Transformationsmatrizen durch nachträgliche Multiplikation mit symplektischen Blockdiagonalmatrizen auf 1 zu normieren, wie es für die Erzeugung der mit (4.5.35) und (4.5.36) gegebenen Matrizen eigentlich erforderlich wäre, da das Fallenlassen dieser Forderung keinen Einfluß auf die Konvergenz gegen die Blockdiagonalgestalt hat.

Deflation führt man durch, sobald ein Nebendiagonalelement der aktuellen Matrix klein genug geworden ist, wobei man Kriterien wie beim QR-Verfahren verwendet. Es ist hierbei lediglich zu beachten, daß die durch die Deflation entstehenden Teilmatrizen wieder gerade Dimension haben, da sie ja ebenfalls J-symmetrisch sein sollen. Insbesondere spaltet man in der rechten unteren Ecke jeweils nur 2×2- und 4×4-Diagonalblöcke ab.

Für die Transformation auf J-symmetrische Hessenberg-Gestalt benötigt man $\frac{5}{6}(2n)^3$ Multiplikationen und $\frac{3}{4}(2n)^2$ Wurzeln und in jedem Iterationsschritt 20(2n) Multiplikationen und $\frac{3}{2}(2n)$ Wurzeln, falls keine Deflation vorgenommen wurde und kein Ausnahmeshift nötig war. Dies ist im wesentlichen vergleichbar mit dem Rechenaufwand des QR-Algorithmus für eine 2n-dimensionale symmetrische Matrix.

Der HR-Algorithmus

Wir betrachten nun die bei der Herleitung des SR-Algorithmus erwähnte Matrix $\tilde{M}$ im Komplexen, nämlich $\tilde{M}=\begin{bmatrix} A & K \\ N & -A^H \end{bmatrix}$ mit $A,K,N\in M_n(\mathbb{C})$, wobei K und N Hermitesch sind. Mit der unitären Matrix $X:=\frac{1}{\sqrt{2}}\begin{bmatrix} I & iI \\ iI & I \end{bmatrix}$ erhält man dann $X^{-1}\begin{bmatrix} 0 & I \\ -I & 0 \end{bmatrix}X=\begin{bmatrix} I & 0 \\ 0 & -I \end{bmatrix}$ und

$X^{-1}\tilde{M}X=\begin{bmatrix} A-A^H+i(K-N) & K+N+i(A+A^H) \\ K+N-i(A+A^H) & A-A^H-i(K-N) \end{bmatrix}$.

Für die Matrix $M:=iX^{-1}\tilde{M}X$ ist nun $\begin{bmatrix} I & 0 \\ 0 & -I \end{bmatrix}$ M eine Hermitesche Matrix, d.h. M ist "fast Hermitesch".

Eine Matrix $A \in M_n(\mathbb{C})$ heißt pseudo-Hermitesch, wenn es eine orthogonale Diagonalmatrix J gibt, d.h. $J=\mathrm{diag}(j_1,\dots,j_n)$ mit $j_k \in \{+1,-1\}$, für die JA Hermitesch ist. Will man die Abhängigkeit von J betonen, so nennt man A in diesem Fall auch J-Hermitesch. Ist A reell, so heißt A entsprechend pseudo-symmetrisch bzw. J-symmetrisch. Mit diag(±1) wollen wir im folgenden wieder die Menge der orthogonalen Diagonalmatrizen bezeichnen.

Auf Eigenwertprobleme für pseudo-symmetrische Matrizen stößt man auch auf folgende Weise: Hat man das allgemeine Eigenwertproblem $Ax=\lambda Bx$ für zwei reellsymmetrische Matrizen A und B zu lösen (s. Abschnitt 4.7), so kann man zunächst einmal eine der beiden Matrizen, etwa B, auf Diagonalgestalt reduzieren, d.h. man führt mit einer nichtsingulären Matrix M das Problem über in $M^TAMz=\lambda M^TBMz$, wobei M^TBM eine Diagonalmatrix ist. Dazu kann man zum Beispiel das Verfahren von Bunch, Kaufman und Parlett (vgl. Abschnitt 2.3) verwenden, um B zunächst auf Blockdiagonalgestalt mit 1×1- oder 2×2-Diagonalblöcken zu reduzieren. Die verbleibenden 2×2-Diagonalblöcke reduziert man dann mittels orthogonaler Ähnlichkeitstransformation auf Diagonalgestalt. Man hat nun also ein allgemeines Eigenwertproblem der Gestalt $Sz=\lambda Dz$, wobei S symmetrisch ist und $D=\mathrm{diag}(d_1,\dots,d_n)$. Ist D nichtsingulär, so reduziert man nun noch mit $C:=\mathrm{diag}(\sqrt{|d_1|},\dots,\sqrt{|d_n|})$ auf $C^{-1}SC^{-1}y=\lambda Jy$, wobei $J\in\mathrm{diag}(\pm1)$ nur noch die Vorzeichen der d_i enthält und $C^{-1}SC^{-1}$ symmetrisch ist. Damit hat man das Ausgangsproblem reduziert auf das Standardeigenwertproblem für die Matrix $JC^{-1}SC^{-1}$, die offensichtlich J-symmetrisch ist. Für ein $J\in\mathrm{diag}(\pm1)$, das nicht I oder -I ist, kann der QR-Algorithmus eine J-symmetrische oder J-Hermitesche Matrix nur wie eine beliebige nichtstrukturierte Matrix behandeln mit dem entsprechenden Rechenaufwand. Auch in diesem Fall läßt sich aber eine Zerlegungsart und damit eine Klasse von Transformationsmatrizen für den darauf basierenden Zerlegungsalgorithmus finden, so daß die pseudo-Hermitesche Gestalt für alle Iterierten beibehalten werden kann.

Ist $J\in\mathrm{diag}(\pm1)$ und A eine J-Hermitesche Matrix, so sieht man sofort, daß $H^{-1}AH$ wieder J-Hermitesch wird, wenn $H^HJH=J$ ist. Der folgende Satz wird jedoch zeigen, daß die Gruppe der Matrizen mit dieser Eigenschaft zusammen mit den oberen Dreiecksmatrizen keine Grundlage für einen Zerlegungsalgorithmus bilden kann. Diese Menge ist nämlich zu klein in dem Sinne, daß (Z 1) nicht erfüllt ist.

SATZ 4.5.13: *Sei* $A\in GL_n(\mathbb{C})$ *und seien* $J_1,J_2\in\mathrm{diag}(\pm1)$. *Es gibt eine Zerlegung* $A=HR$ *mit* $H^HJ_1H=J_2$ *und einer oberen Dreiecksmatrix* R *genau dann, wenn für alle* $i\in\{1,\dots,n\}$ *die i-te führende Hauptabschnittsdeterminante der Hermiteschen Matrix* A^HJ_1A *ungleich null ist und ihr Vorzeichen mit dem i-ten Diagonalelement von* J_2 *übereinstimmt.*

BEWEIS: Sind die führenden Hauptabschnittsdeterminanten von A^HJ_1A von null verschieden und genügen sie der oben angegebenen Vorzeichenbedingung, so hat $A^H J_1 A$ eine Zerlegung $A^H J_1 A = L J_2 L^H$ mit einer unteren Dreiecksmatrix L mit positiven Diagonalelementen (s. Abschnitt 2.2). Dann gilt für $H := J_1 A^{-H} L J_2$ gerade $H^H J_1 H = J_2 L^H A^{-1} J_1 J_1 J_1 A^{-H} L J_2 = J_2 L^H (A^H J_1 A)^{-1} L J_2 = J_2 L^H (L J_2 L^H)^{-1} L J_2 = J_2$ sowie $A = H L^H$.

Ist andererseits $A = HR$ mit $H^H J_1 H = J_2$, so wird $A^H J_1 A = R^H H^H J_1 H R = R^H J_2 R$. Also erfüllen die führenden Hauptabschnittsdeterminanten die oben angegebene Bedingung. □

Die Menge der Matrizen $A \in GL_n(\mathbb{C})$, für die $A^H J A$ lauter nichtverschwindende führende Hauptabschnittsdeterminanten hat, ist sicher offen und dicht in $GL_n(\mathbb{C})$. Schreibt man aber zusätzlich noch die Vorzeichen dieser Hauptabschnittsdeterminanten vor, so ist eine solche Menge natürlich nicht mehr dicht in $GL_n(\mathbb{C})$.

BEISPIEL 4.5.14: Ist $J = \mathrm{diag}(-1,1,1)$ und $A = \begin{bmatrix} 0 & 1 & -1 \\ 1 & 0 & 0 \\ 0 & 1 & 1 \end{bmatrix}$, so ist $A^T J A = \begin{bmatrix} 1 & 0 & 0 \\ 0 & 0 & 2 \\ 0 & 2 & 0 \end{bmatrix}$ mit den führenden Hauptabschnittsdeterminanten 1,0,-4. Man sieht sofort, daß man durch beliebig kleine Störung von A erreichen kann, daß alle diese Determinanten von null verschieden sind. Für eine Störungsmatrix $E \in M_3(\mathbb{R})$ ist das erste Diagonalelement von $(A+E)^H J (A+E)$ gerade $1 + 2e_{21} - e_{11}^2 + e_{21}^2 + e_{31}^2$ und man sieht, daß diese Größe positiv bleibt für alle E mit $|e_{ij}| < \frac{1}{2}$.

Nach Satz 4.5.13 kann man höchstens versuchen, für die Eigenwertberechnung eine Zerlegung zugrundezulegen, die bei gegebenem J die Form A=HR hat, wobei $H^H J H = \tilde{J}$ ist und R eine obere Dreiecksmatrix. Die Diagonalelemente von $\tilde{J}$ sind dabei jeweils die Vorzeichen der entsprechenden führenden Hauptabschnittsdeterminante von $A^H J A$. Nach dem Trägheitssatz von Sylvester (s. Satz 1.6.8) müssen dann aber wenigstens die Anzahl der positiven und die Anzahl der negativen Einträge in $\tilde{J}$ und J übereinstimmen, d.h. es gibt eine Permutationsmatrix P, für die $P^T J P = \tilde{J}$ ist.

Eine Zerlegung A=HR mit $H^H J H = \tilde{J}$, $J, \tilde{J} \in \mathrm{diag}(\pm 1)$ und einer oberen Dreiecksmatrix R nennen wir HR-Zerlegung von A bzgl. J. Eine Matrix $H \in GL_n(\mathbb{C})$, für die es $J_1, J_2 \in \mathrm{diag}(\pm)$ gibt, so daß $H^H J_1 H = J_2$ gilt, nennen wir pseudo-unitär bzw. pseudo-orthogonal, falls H reell ist. Die pseudo-unitären Matrizen bilden keine Gruppe, da das Produkt pseudo-unitärer Matrizen nicht pseudo-unitär sein muß. Legen wir also HR-Zerlegungen für das Eigenwertverfahren zugrunde, so paßt dies nicht mehr genau in den anfangs des Abschnitts abgesteckten allgemeinen Rahmen. Es stellt sich jedoch heraus, daß trotz dieser Erweiterung bei geeigneter Definition der Matrizenfolge des Zerlegungsalgorithmus alle Aussagen gültig bleiben, die wir im Fall zweier Gruppen verifizieren konnten.

BEISPIEL 4.5.15: 1. Eine pseudo-Hermitesche Matrix ist Hermitesch bis auf Multiplikation einiger ihrer Elemente mit -1. Andererseits ist aber nicht jede Matrix, die Hermitesch ist bis auf Multiplikation einiger ihrer Elemente mit -1, auch pseudo-Hermitesch.

$A=\begin{bmatrix} 4 & 3+i & -1+2i \\ -3+i & -4 & -i \\ -1-2i & -i & 1 \end{bmatrix}$ ist $\mathrm{diag}(1,-1,1)$-Hermitesch,

$B=\begin{bmatrix} 4 & 3+i & -1+2i \\ -3+i & -4 & i \\ -1-2i & -i & 1 \end{bmatrix}$ ist nicht pseudo-Hermitesch.

2. Jede nichtzerfallende reelle Tridiagonalmatrix kann durch Ähnlichkeitstransformation mit einer Diagonalmatrix auf pseudo-symmetrische Form gebracht werden.

Ist $T=\begin{bmatrix} \alpha_1 & \gamma_1 & & 0 \\ \beta_1 & \ddots & \ddots & \\ & \ddots & \ddots & \gamma_{n-1} \\ 0 & & \beta_{n-1} & \alpha_n \end{bmatrix}$ und $D=\mathrm{diag}(d_1,\dots,d_n)$ mit $d_1=1$ und $d_{\ell+1}=\left(\prod_{k=1}^{\ell} \left|\frac{\gamma_k}{\beta_k}\right|\right)^{\frac{1}{2}}$ für $\ell\in\{1,\dots,n-1\}$, so ist DTD^{-1} eine J-symmetrische Matrix mit $J=\mathrm{diag}(j_1,\dots,j_n)$, wobei $j_1=1$ und $j_{\ell+1}=\prod_{k=1}^{\ell} \mathrm{sgn}(\gamma_k\beta_k)$ für $\ell\in\{1,\dots,n-1\}$ ist.

3. Sei $J=\mathrm{diag}(j_1,\dots,j_n)\in\mathrm{diag}(\pm 1)$.

a) Falls $j_k j_\ell=+1$ ist für $k<\ell$, so hat die unitäre Matrix $G_{k,\ell}\in M_n(\mathbb{C})$, definiert durch

$$(4.5.37)\qquad G_{k,\ell}:=\begin{bmatrix} 1 & & & & & & 0 \\ & \ddots & & & & & \\ & & 1 & & & & \\ & & & c \cdots\cdots s & & & \\ & & & \vdots\; 1 \ddots \;\vdots & & & \\ & & & \vdots \quad \ddots 1 \vdots & & & \\ & & & -s \cdots\cdots c & & & \\ & & & & 1 & & \\ & & & & & \ddots & \\ 0 & & & & & & 1 \end{bmatrix}\begin{matrix} \\ \\ \\ \text{-k-te Zeile} \\ \\ \\ \text{-}\ell\text{-te Zeile} \\ \\ \\ \\ \end{matrix}$$

mit $c=\frac{a}{\sqrt{|a|^2+|b|^2}}$ und $s=\frac{b}{\sqrt{|a|^2+|b|^2}}$ für $a,b\in\mathbb{C}$ mit $|a|+|b|\neq 0$ auch die Eigenschaft $G_{k,\ell}^H J G_{k,\ell}=J$.

b) Falls $j_k j_\ell=-1$ ist für $k<\ell$, so hat die Matrix

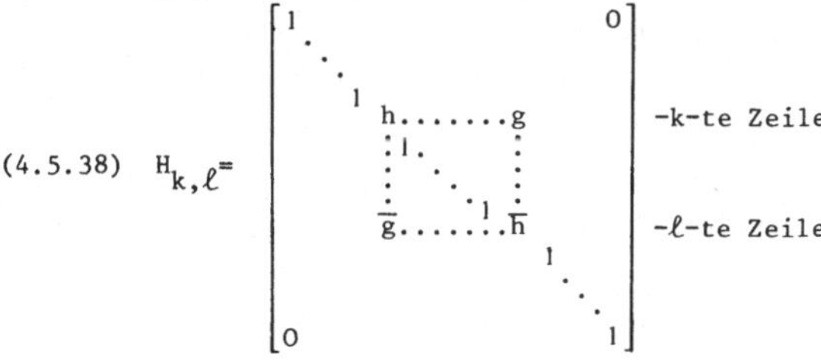

mit $h=\frac{a}{\sqrt{|a|^2-|b|^2}}$ und $g=-\frac{a}{\sqrt{|a|^2-|b|^2}}$ für $a,b\in\mathbb{C}$ mit $|a|>|b|$ die Eigenschaft

$H^H_{k,\ell}JH_{k,\ell}=J$.

Im Reellen sind die Matrizen $G_{k,\ell}$ die schon mehrfach zur Elimination verwendeten Givens-Matrizen, die ja Rotationen der (k,ℓ)-Ebene um den Winkel α beschreiben, wobei $\cos\alpha=c$ und $\sin\alpha=s$ ist. Für $H_{k,\ell}$ ist dann für einen geeigneten Winkel β stets $h=\cosh\beta$ und $g=\sinh\beta$.
Mit diesen elementaren Matrizen läßt sich eine HR-Zerlegung einer Matrix konstruieren. Die Bezeichnung H wurde gewählt, um auf die dabei nötige Verwendung der Hyperbelfunktionen cosh und sinh hinzuweisen.
Es wurde ja bereits als Folge von Satz 4.5.13 bemerkt, daß (Z 1) für HR-Zerlegungen erfüllt ist. Der Schnitt der Menge der pseudo-unitären Matrizen mit den oberen Dreiecksmatrizen besteht gerade aus den unitären Diagonalmatrizen, ist also gleichmäßig beschränkt. Dann ist $R\in GL_n(\mathbb{C})$ eine obere Dreiecksmatrix und sind $J,\tilde{J}\in\text{diag}(\pm1)$, so daß $R^HJR=\tilde{J}$ gilt, so ist ja wegen $R^H=\tilde{J}R^{-1}J$ die Matrix R offenbar eine Diagonalmatrix, und für jedes ihrer Diagonalelemente r_{kk} muß außerdem $|\bar{r}_{kk}r_{kk}|=1$ gelten.
Fordert man zusätzlich von der HR-Zerlegung von A bzgl. J, daß die obere Dreiecksmatrix reelle positive Diagonalelemente hat, so ist eine solche Zerlegung eindeutig, d.h. (Z 2) ist erfüllt.
Daß diese HR-Zerlegung schließlich auch der Bedingung (Z 4) genügt, kann man sich mit Hilfe der Konstruktion der Matrix H im Beweis von Satz 4.5.13 und der Stetigkeit der LR-Zerlegung klarmachen, oder der nachfolgenden Konstruktion einer HR-Zerlegung entnehmen.
Man kann für $A\in M_n(\mathbb{C})$ und $J\in\text{diag}(\pm1)$ eine HR-Zerlegung von A bzgl. J bestimmen, indem man A schrittweise von vorn mit geeigneten der elementaren pseudo-unitären Matrizen aus Beispiel 4.5.15, 3.) multipliziert. Dabei eliminiert, analog zum Vorgehen bei der QR-Zerlegung nach Givens, jede dieser elementaren Matrizen ein Element unterhalb der Diagonalen der aktuellen Matrix. Während dieser Elimination wird auch J schrittweise aktualisiert.
Für $k=1,2,\dots,n-1$ eliminiert man die Elemente der Position $(k+1,k),(k+2,k),\dots,(n,k)$ auf folgende Weise:
Sind die aktuellen Einträge $j_k,j_{k+1},\dots,j_n$ der orthogonalen Diagonalmatrix alle gleich, so wird für $m=k+1,k+2,\dots,n$ das Element der Position (m,k) annulliert durch Vormultiplikation mit $G_{k,m}$ aus (4.5.37), wobei $c:=a_{kk}/\sqrt{|a_{kk}|^2+|a_{mk}|^2}$ und $s:=a_{mk}/\sqrt{|a_{kk}|^2+|a_{mk}|^2}$ gewählt wird für die aktuellen Einträge a_{kk} und a_{mk} der Matrix. In diesem Fall wird die orthogonale Diagonalmatrix nicht verändert.
Sind $j_k,j_{k+1},\dots,j_n$ nicht alle gleich, so bezeichne j_ℓ dasjenige Element unter

ihnen mit dem kleinsten Index, so daß $j_k j_\ell = -1$ ist. Für $m=k+1,k+2,\dots,n$ wird für $m \neq \ell$ das Element der Position (m,k) annulliert durch $G_{k,m}$ wie oben, falls $j_m = j_k$ ist, und durch $G_{\ell,m}$, falls $j_m = j_\ell$ ist. Im zweiten Fall bestimmt man $c := a_{\ell k}/\sqrt{|a_{\ell k}|^2 + |a_{m,k}|^2}$ und $s := a_{mk}/\sqrt{|a_{\ell k}|^2 + |a_{mk}|^2}$ für die aktuellen Einträge $a_{\ell k}$ und a_{mk} der Matrix. Lediglich für die letzte Elimination in dieser Spalte müssen wir nun eine nicht unitäre Matrix verwenden.

Ist $|a_{\ell k}| < |a_{kk}|$ für die aktuellen Einträge $a_{\ell k}$ und a_{kk} der Matrix, so annulliert man $a_{\ell k}$ durch Vormultiplikation mit $H_{k,\ell}$ aus (4.5.38), wobei hier $h = a_{kk}/\sqrt{|a_{kk}|^2 - |a_{\ell k}|^2}$ und $g = -a_{\ell k}/\sqrt{|a_{kk}|^2 - |a_{\ell k}|^2}$ zu wählen ist. Auch in diesem Fall wird die orthogonale Diagonalmatrix nicht verändert.

Ist $|a_{\ell k}| > |a_{kk}|$, so annulliert man mit $H_{k,\ell}$ zunächst das Element a_{kk}. Dazu wählt man $h = -a_{\ell k}/\sqrt{|a_{\ell k}|^2 - |a_{kk}|^2}$ und $g = a_{kk}/\sqrt{|a_{\ell k}|^2 - |a_{kk}|^2}$. Anschließend vertauscht man die k-te mit der ℓ-ten Zeile der Matrix. Nur in diesem Fall wird nun auch die orthogonale Matrix verändert, nämlich durch Vertauschung des k-ten mit dem ℓ-ten Diagonalelement.

Ist $|a_{\ell k}| = |a_{kk}|$ (und $a_{\ell k} \neq 0$), so bricht die Konstruktion ab. Die Matrix A besitzt dann keine HR-Zerlegung bzgl. J.

Multipliziert man alle verwendeten elementaren Eliminationsmatrizen sowie die benötigten Permutationsmatrizen in der Reihenfolge ihres Auftretens auf, so erhält man eine pseudo-unitäre Matrix H^{-1}, für die $H^{-1}A$ eine obere Dreiecksmatrix ist. Die Diagonalmatrix J ist während der Konstruktion durch die auftretenden Permutationen in eine Diagonalmatrix $\tilde{J}$ übergeführt worden, und es gilt $H^H J H = \tilde{J}$. Die Vorzeichenbedingung für die Diagonalelemente der oberen Dreiecksmatrix $R = H^{-1}A$ kann man nun durch nachträgliche Multiplikation mit einer unitären Diagonalmatrix erfüllen.

Auf der Grundlage von HR-Zerlegungen erhält man nun als Spezialfall von (4.5.1) und (4.5.10) die Konstruktionsvorschrift für die <u>Matrizenfolge des HR-Algorithmus</u> mit Shift für eine gegebene Matrix $A \in M_n(\mathbb{C})$ und ein gegebenes $J \in \text{diag}(\pm 1)$.

Setze $A_0 := A$ und $J_0 := J$ und berechne mit der Shiftfolge $(k_i)_{i \in \mathbb{N}} \in \mathbb{C}^{\mathbb{N}}$ für $\ell = 0,1,2,\dots$, solange $A_\ell - k_\ell I$ eine HR-Zerlegung bzgl. J_ℓ hat,

(4.5.39) $A_{\ell+1} = H_\ell^{-1} A_\ell H_\ell$ und $J_{\ell+1} = H_\ell^H J_\ell H_\ell$,

wobei H_ℓ der erste Faktor der HR-Zerlegung

(4.5.40) $A_\ell - k_\ell I = H_\ell R_\ell$

bzgl. J_ℓ ist mit einer oberen Dreiecksmatrix R_ℓ mit positiven reellen Diagonalelementen.

Die Durchführbarkeitsbedingungen "solange $A_\ell - k_\ell I$ eine HR-Zerlegung bzgl. J_ℓ hat" sind nach Satz 4.5.13 Determinantenbedingungen wie beim SR-Algorithmus und beim unmodifizierten LR-Algorithmus. Die dortigen Bemerkungen 4.5.9, 2.) zur Durchführbarkeit und numerischen Stabilität sowie zum Einsatz von Ausnahmeshifts gelten hier analog.

Die Zerlegungen (4.5.40) werden gerade so gewählt, daß die Matrizen $H_o, H_1, H_2, \ldots$ in dieser Reihenfolge "aneinanderpassen". Es gilt nämlich für die durch (4.5.39) und (4.5.40) gegebenen Matrizen

(4.5.41) $(H_oH_1 \ldots H_\ell)^H J_o (H_oH_1 \ldots H_\ell) = J_{\ell+1}$ für alle $\ell \in \mathbb{N}$.

Diese Eigenschaft ersetzt hier für die pseudo-unitären Matrizen die Abgeschlossenheit der Multiplikation, die man im Fall einer zugrundeliegenden Gruppe hat. Alle für den allgemeinen Fall getroffenen Aussagen am Anfang des Abschnitts übertragen sich nun auch auf die durch (4.5.39) und (4.5.40) gegebene Folge $(A_\ell)_{\ell \in \mathbb{N}}$, insbesondere der Konvergenzsatz 4.5.3, sowie die Beziehungen zur Potenzmethode und zur inversen Iteration.

Mit der Möglichkeit, für fast alle $A \in M_n(\mathbb{C})$ eine HR-Zerlegung zu konstruieren, hat man, wie Satz 4.4.1 zeigt, auch die Möglichkeit zur <u>Vorabtransformation auf obere Hessenberg-Gestalt</u> mittels pseudo-unitärer Ähnlichkeitstransformationen. Für die Durchführung dieser Transformation kann man wieder die elementaren Matrizen aus (4.5.37) und (4.5.38) benutzen.

Ist $A \in M_n(\mathbb{C})$ und $J \in \text{diag}(\pm 1)$ vorgegeben, so eliminiert man in A für $k=1,2,\ldots,n-2$ die Elemente der Positionen $(k+2,k),(k+3,k),\ldots,(n,k)$ analog zum Vorgehen bei der Reduktion auf Hessenberg-Gestalt mit Givens-Rotationen:

Sind die aktuellen Einträge $j_k, j_{k+1}, \ldots, j_n$ der orthogonalen Diagonalmatrix alle gleich, so wird für $m=k+2,k+3,\ldots,n$ die aktuelle Matrix von vorn mit $G_{m,k+1}$ aus (4.5.37) und von hinten mit $G^H_{m,k+1}$ multipliziert, wobei die Vormultiplikation mit $G_{m,k+1}$ das aktuelle Element a_{mk} annulliert. Die Nachmultiplikation mit $G^H_{m,k+1}$ betrifft nur die Spalten k+1 bis n und zerstört daher bereits erzeugte Nullen nicht. In diesem Fall wird die orthogonale Diagonalmatrix nicht verändert.

Sind nicht alle $j_{k+1}, j_{k+2}, \ldots, j_n$ gleich, so sei j_ℓ dasjenige Element unter ihnen mit dem kleinsten Index, so daß $j_\ell j_{k+1} = -1$ ist. Für $m=k+2,k+3,\ldots,n$ multipliziert man die aktuelle Matrix mit $G_{m,k+1}$ von vorn und $G^H_{m,k+1}$ von hinten, falls $j_m = j_k$ ist, wobei das aktuelle $a_{m,k}$ annulliert wird. Falls $j_m = j_\ell$ ist, annulliert man $a_{m,k}$ entsprechend mit $G_{m,\ell}$.

Nur für die letzte Elimination in dieser Spalte benötigt man eine nicht unitäre Transformation. Man multipliziert die aktuelle Matrix mit $H_{k+1,\ell}$ aus (4.5.38) von vorn und $H^{-1}_{k+1,\ell}$ von hinten.

Ist $|a_{\ell k}| < |a_{k+1,k}|$ für die aktuellen Einträge $a_{\ell k}$ und $a_{k+1,k}$, so wird $H_{k+1,\ell}$ zur Elimination von $a_{\ell k}$ benutzt. Ist $|a_{\ell k}| > |a_{k+1,k}|$, so wird $H_{k+1,\ell}$ zur Annullierung von $a_{k+1,k}$ verwendet. In diesem Fall vertauscht man anschließend die (k+1)-te Zeile mit der ℓ-ten und die (k+1)-te Spalte mit der ℓ-ten in der Matrix, und nur

in diesem Fall wird auch die Diagonalmatrix aktualisiert, nämlich durch Vertauschung des (k+1)-ten mit den ℓ-ten Diagonalelement.
Ist $|a_{\ell k}|=|a_{k+1,\ell}|\neq 0$, so unterwirft man die aktuelle Matrix einer Ähnlichkeitstransformation mit einer pseudo-unitären Matrix der Form $I-2\tilde{J}vv^H/(v^H\tilde{J}v)$, wobei $v\in\mathbb{C}^n$ mit $v_1\neq 0$ und $v^H\tilde{J}v=0$ beliebig wählbar ist und $\tilde{J}$ die aktuelle, d.h. möglicherweise bereits veränderte orthogonale Diagonalmatrix ist. Für die so transformierte Matrix beginnt man mit $\tilde{J}$ als Ausgangsdiagonale die Reduktion wieder mit k=1.
Die Gesamttransformationsmatrix H^{-1} führt die Ausgangsmatrix A in die obere Hessenberg-Matrix $H^{-1}AH$ über und die Ausgangsdiagonalmatrix J in die durch die obige Konstruktion veränderte Diagonalmatrix $\tilde{J}$, d.h. es ist $H^HJH=\tilde{J}$. Die erste Spalte von H ist der erste Einheitsvektor, falls das Reduktionsverfahren ohne zwischenzeitliches Zurücksetzen auf k=1 durchgeführt wurde.
Ist am Ende des k-ten Schrittes der obigen Reduktion $|a_{\ell k}|=|a_{k+1,k}|$ (aber $a_{\ell k}\neq 0$), so kann keine Elimination von $a_{\ell k}$ oder $a_{k+1,k}$ mit einem $H_{k+1,\ell}$ durchgeführt werden. Die Krylov-Matrix $K(A,e_1,n)$ (vgl. Satz 4.4.1) hat dann keine HR-Zerlegung bzgl. J. Mit der oben angegebenen Transformation mit $I-2\tilde{J}vv^H/(v^H\tilde{J}v)$ geht man über zu einer Krylov-Matrix K(A,x,n) mit $x\neq e_1$. Es läßt sich nämlich zeigen, daß für fast alle Vektoren y die Krylov-Matrix K(A,y,n) eine HR-Zerlegung bzgl. J hat, bzw. Teilreduktionen möglich sind (vgl. Abschnitt 4.4). Einen solchen Schritt nimmt man natürlich auch dann vor, wenn $\||a_{\ell k}|-|a_{kk}|\|$ sehr klein ist. In diesem Fall würde sonst $H_{k+1,\ell}$ sehr große Einträge erhalten und sich damit sehr ungünstig auf die Rundungsfehlereinflüsse auswirken.
Ist bei der obigen Reduktion $H^{-1}AH$ eine nichtzerfallende obere Hessenberg-Matrix, so ist diese Transformation nach Satz 4.4.1 bis auf eine unitäre Diagonalmatrix eindeutig bestimmt durch die erste Spalte von H, d.h. ist $\tilde{H}^{-1}A\tilde{H}$ ebenfalls eine obere Hessenberg-Matrix; ist $\tilde{H}^HJ\tilde{H}=\hat{J}$ und ist die erste Spalte von $\tilde{H}$ ein Vielfaches der ersten Spalte von H, so existiert eine unitäre Diagonalmatrix U mit $\tilde{H}=UH$.
War die Ausgangsmatrix J bereits J-Hermitesch, so hat man mit einer solchen Vorabtransformation nun eine Reduktion auf $\tilde{J}$-Hermitesche obere Hessenberg-Gestalt erreicht. Eine pseudo-Hermitesche Hessenberg-Matrix kann aber nur tridiagonal sein. Für unseren HR-Algorithmus haben wir dann also eine $\tilde{J}$-Hermitesche, tridiagonale Ausgangsmatrix T. Erzeugt man nun mit $A_o:=T$ und $J_o:=J$ die Matrizenfolge des HR-Algorithmus gemäß (4.5.39) und (4.5.40), so ist wegen (4.5.41) jede Iterierte A_ℓ wieder J_ℓ-Hermitesch. Da aber alle Zerlegungsalgorithmen stets die obere Hessenberg-Gestalt einer Ausgangsmatrix für alle Iterierten erhalten, ist jedes A_ℓ sogar eine J_ℓ-Hermitesche Tridiagonalmatrix. Man hat daher für jeden Iterationsschritt auch nur einen Rechenaufwand in der Größenordnung von n Ope-

rationen, wie beim QR-Algorithmus für symmetrische Tridiagonalmatrizen. Wie für letzeres Verfahren, so läßt sich auch hier für das HR-Verfahren zeigen (s. Steinhoff [264]), daß im Falle von Konvergenz das letzte Nebendiagonalelement der Iterierten sogar kubisch gegen null konvergiert, wenn stets das letzte Diagonalelement der aktuellen Matrix als Shiftparameter gewählt wird.
Für die praktische Durchführung kann man sich weitestgehend am Vorgehen beim QR-Algorithmus orientieren. Da eine reelle pseudo-symmetrische Matrix auch komplexe Eigenwerte haben kann, ist es sinnvoll, in Doppelschritten mit impliziten konjugiert komplexen Shifts zu arbeiten, wie wir es vom QR-Algorithmus bereits kennen.
Man hat also im ℓ-ten Schritt die beiden Eigenwerte k_1, k_2 des letzten 2×2-Diagonalblocks der noch zu bearbeitenden J_ℓ-symmetrischen Tridiagonalmatrix A_ℓ zu berechnen, sowie a_1, die erste Spalte der reellen Matrix $(A_\ell - k_1 I)(A_\ell - k_2 I)$.
a_1 hat nur in den ersten drei Positionen Einträge ungleich null. Ist H_o^{-1} die aus zwei elementaren Matrizen der Gestalt (4.5.37) und (4.5.38) und eventuell einer Permutation zusammengesetzte reelle Matrix, für die $H_o^{-1} a_1$ ein Vielfaches des ersten Einheitsvektors ist und $H_o^T J_\ell H_o = \tilde{J}_\ell \in \mathrm{diag}(\pm 1)$, so berechnet man die $\tilde{J}_\ell$-symmetrische Matrix $H_o^{-1} A_\ell H_o$. Diese Matrix ist tridiagonal bis auf Einträge in den Positionen (3,1), (3,3), (4,1), (1,4) und (4,2), (2,4); sie wird wie vorher beschrieben wieder auf pseudo-symmetrische Tridiagonalgestalt reduziert.
Die Deflation läßt sich durchführen nach den beim QR-Algorithmus angegebenen Kriterien.

Hinweise

Die Entwicklung der Zerlegungsalgorithmen hatte ihren Ausgangspunkt in der grundlegenden Arbeit von Rutishauser [239] über den LR-Algorithmus. Der QR-Algorithmus wurde gleichzeitig von Kublonovskaya [150] und Francis [92] entwickelt, wobei die Arbeit von Francis schon die Verwendung der Doppelschritt-Shifttechnik beschreibt. Über die Entstehungsgeschichte gibt Parlett [201] Aufschluß.
Mit Konvergenzfragen beim QR-Algorithmus für obere Hessenberg-Matrizen, Beziehungen zur Potenzmethode und zur inversen Iteration oder Shiftwahl-Strategien befassen sich u.a. die folgenden Arbeiten: Wilkinson [310], Parlett [202], [203], [204], [205], Parlett & Kahan [208], Lebaud [157], Parlett & Poole [209] und Saad [243]. Der QR-Algorithmus für symmetrische Matrizen wird u.a. betrachtet von Ortega & Kaiser [193], Wilkinson [311], Boothroyd [30], Stewart [268], [269], Dekker & Traub [67] und Hoffman & Parlett [130]. Auf letztere Arbeit stützt sich der Beweis von Satz 4.5.5 (s. auch Parlett [206]). Stewart [269] enthält ein FORTRAN-Programm, eine Reihe von ALGOL-Programmen für Varianten des QR- und LR-Verfahrens enthält das "Handbook" von Wilkinson & Reinsch [316]: Bowdler, Martin, Reinsch & Wilkinson [33], Dubrulle, Martin & Wilkinson [70],

Reinsch & Bauer [228], Martin, Reinsch & Wilkinson [171], Martin, Peters & Wilkinson [169], Peters & Wilkinson [217] und Martin & Wilkinson [175]. In einigen Versionen wird dabei einer QL-Zerlegung (vgl. Korollar 2.5.2) der Vorzug gegeben, weil damit die Eigenwerte von Matrizen, deren kleinste Elemente in der linken oberen Ecke auftreten und in Richtung der rechten unteren Ecke immer größer werden, stabiler berechnet werden können und solche Matrizen angeblich häufiger auftreten.

Beim ELR-Verfahren von Dax & Kaniel [66] wird das unmodifizierte LR-Verfahren mit einer Stabilitätskontrolle versehen; dadurch wird es auch bei nichtsymmetrischen Matrizen nach einer Vorabtransformation möglich, mit Tridiagonalmatrizen zu rechnen.

Die Erweiterung der Klasse der Zerlegungsalgorithmen über den QR- und LR-Algorithmus hinaus basiert auf der Arbeit von Della-Dora [68], aus der der allgemeine Konvergenzsatz Satz 4.5.3 stammt. Daß nur eingeschränkte Möglichkeiten bestehen, Klassen von Matrizen anzugeben, die insbesondere (Z 1) erfüllen, zeigt Elsner [82] (s. auch den Übersichtsartikel Elsner [83]). Über den LR-Algorithmus ist nur die Diplomarbeit von Mehrmann [177] zu nennen, der HR-Algorithmus wird behandelt von Brebner & Grad [34], Bunse-Gerstner [43], [44], [45] und Steinhoff [264].

Die Berechnung von Eigenvektoren mit den Zerlegungsalgorithmen haben wir in diesem Abschnitt nicht näher behandelt. Es ist klar, daß man bei Algorithmen, die eine gegen eine Diagonalmatrix konvergierende Matrizenfolge liefern, die Eigenvektoren durch Aufmultiplikation der Transformationsmatrizen erhält und daß man inverse Iteration verwenden sollte, wenn nur einige Eigenvektoren gesucht sind (Faustregel: bis zu 25%). Für eine eingehendere Diskussion und Übersicht über die Berechnung von Eigenvektoren und von invarianten Unterräumen verweisen wir auf Golub & Van Loan [113], Sec. 7.6.

4.6 LANCZOS-VERFAHREN

Die sukzessive Tridiagonalisierung einer symmetrischen Matrix nach dem Lanczos-Verfahren kombiniert mit einer Methode zur Bestimmung von Eigenwerten und Eigenvektoren symmetrischer Tridiagonalmatrizen ist ein geeignetes iteratives Verfahren zur Lösung des symmetrischen Eigenwertproblems, wenn die gegebene Matrix sehr groß und schwach besetzt ist und nur einige der Eigenwerte und Eigenvektoren gesucht sind. Bei den Berechnungen wird nämlich jeweils nur das Produkt dieser Matrix mit einem Vektor benötigt; die Matrix selbst wird nicht verändert und kann auf einem Hintergrundspeicher gehalten werden. Je nachdem, welche Maßnahmen man ergreift, um in der praktischen Rechnung annähernd Orthogonalität für die Lanczos-Vektoren zu erhalten, unterscheidet man das einfache Lanczos-Verfahren, das Lanczos-Verfahren mit bedingter Nachorthogonalisierung und das Lanczos-Verfahren mit vollständiger Nachorthogonalisierung.

In Abschnitt 4.4 hatten wir gezeigt, daß sich zu einer symmetrischen Matrix $A \in M_n(\mathbb{R})$ in einem endlichen Verfahren eine orthogonale Matrix Q bestimmen läßt, so daß $Q^TAQ=T$ eine symmetrische Tridiagonalmatrix ist. Dabei ist der erste Spaltenvektor q_1 von Q frei wählbar. Satz 4.4.1 besagt, daß dann die Krylov-Matrix $K(A,q_1,n)$, bestehend aus den Spalten $q_1, Aq_1, A^2q_1, \ldots, A^{n-1}q_1$, die Zerlegung $K(A,q_1,n)=QR$ mit einer oberen Dreiecksmatrix R hat.
In Abschnitt 2.5 hatten wir gesehen, daß sich eine QR-Zerlegung einer Matrix auch mit Hilfe des Gram-Schmidt-Verfahrens berechnen läßt. Eine orthogonale Matrix Q, die A auf Tridiagonalgestalt transformiert, ließe sich also auch dadurch bestimmen, daß man einen Vektor $q_1 \in \mathbb{R}^n$ mit $\|q_1\|_2=1$ wählt und aus den Vektoren der Krylov-Folge $q_1, Aq_1, A^2q_1, \ldots, A^{n-1}q_1$ (falls diese linear unabhängig sind) mit dem Gram-Schmidt-Verfahren ein System orthonormaler Vektoren $q_1, q_2, \ldots, q_n$ erzeugt, die dann die Spalten der Matrix Q bilden. Die Gleichungen (2.5.6) des Gram-Schmidt-Verfahrens für die $q_2, \ldots, q_n$ sind dann

$$\tilde{q}_i := A^{i-1}q_1 - \sum_{j=1}^{i-1} (A^{i-1}q_1, q_j)q_j, \quad q_i := \tilde{q}_i / \|\tilde{q}_i\|_2, \quad i \in \{2, \ldots, n\}.$$

Nach Konstruktion der $q_1, \ldots, q_n$ ist $\operatorname{span}\{q_1, \ldots, q_\ell\} = \operatorname{span}\{q_1, Aq_1, \ldots, A^{\ell-1}q_1\}$ für alle $\ell \in \{1, \ldots, n\}$ und daher $Aq_\ell \in \operatorname{span}\{q_1, Aq_1, \ldots, A^\ell q_\ell\} = \operatorname{span}\{q_1, \ldots, q_{\ell+1}\}$ für alle $\ell \in \{1, \ldots, n-1\}$. Für $i \in \{2, \ldots, n\}$ erhält man damit, daß

$$A^{i-1}q_1 = A(A^{i-2}q_1) = A\Big(\sum_{k=1}^{i-1} c_k q_k\Big) = c_{i-1}Aq_{i-1} + \sum_{k=1}^{i-2} c_k Aq_k \text{ für geeignete Koeffizienten}$$

$c_1, \ldots, c_{i-1}$ gilt, wobei $c_{i-1} \neq 0$ und $z = \sum_{k=1}^{i-2} c_k Aq_k \in \operatorname{span}\{q_1, \ldots, q_{i-1}\}$ ist. Dann ist

aber $\frac{1}{c_{i-1}}\tilde{q}_i = Aq_{i-1} - \sum_{j=1}^{i-1} (Aq_{i-1}, q_j)q_j$ und $q_i = \left(\frac{1}{c_{i-1}}\tilde{q}_i\right) / \left\| \frac{1}{c_{i-1}}\tilde{q}_i \right\|_2$.

In der Rekursionsformel des Gram-Schmidt-Verfahrens kann man also jeweils $A^{i-1}q_1$ durch Aq_{i-1} ersetzen. Außerdem ist $(Aq_{i-1}, q_j)=0$ für alle $j<i-2$. Denn man hat $Aq_j \in \operatorname{span}\{q_1, \ldots, q_{j+1}\}$, und für $i-1>j+1$ ist q_{i-1} orthogonal zu diesem Raum. Wegen

der Symmetrie von A ist daher $(Aq_{i-1},q_j)=(q_{i-1},Aq_j)=0$.
Die obige Gram-Schmidt-Gleichung vereinfacht sich also zu

(4.6.1) $\hat{q}_i=Aq_{i-1}-\alpha_{i-1}q_{i-1}-\beta_{i-2}q_{i-2},\ q_i:=\hat{q}_i/\|\hat{q}_i\|_2,\ i\in\{2,\dots,n\}$,

wenn man $q_o:=0$, $\alpha_{i-1}:=q_{i-1}^TAq_{i-1}$ und $\beta_{i-2}:=q_{i-2}^TAq_{i-1}$ setzt. Außerdem ist dann wegen (4.6.1) für alle $i\in\{2,\dots,n\}$

$q_{i-1}^TA^T\hat{q}_i=\hat{q}_i^TAq_{i-1}=(\hat{q}_i^T+\alpha_{i-1}q_{i-1}^T+\beta_{i-2}q_{i-2}^T)\hat{q}_i=\|\hat{q}_i\|_2^2$, also

(4.6.2) $\beta_{i-1}=q_{i-1}^TAq_i=q_{i-1}^TA\hat{q}_i/\|\hat{q}_i\|_2=\|\hat{q}_i\|_2$.

Das Gram-Schmidt-Verfahren für die linear unabhängigen Vektoren $q_1,Aq_1,\dots,A^{n-1}q_1$ reduziert sich mit diesen Vereinfachungen auf das folgende Verfahren:

Definiere $\beta_o:=0$ und $q_o:=0$.

Wähle $q_1\in\mathbb{R}^n$ mit $\|q_1\|_2=1$ und setze $\alpha_1:=q_1^TAq_1$.

Für $i=2,3,\dots,n$:

Berechne $\hat{q}_i:=(A-\alpha_{i-1}I)q_{i-1}-\beta_{i-2}q_{i-2}$,

$\beta_i:=\|\hat{q}_i\|_2$,

$q_i:=\frac{1}{\beta_i}\hat{q}_i$

und $\alpha_i:=q_i^TAq_i$.

Das ist aber genau das in Abschnitt 4.4 angegebene Verfahren zur Reduktion einer Matrix auf Tridiagonalgestalt angewandt auf die symmetrische Matrix A mit dem Startvektor q_1. Ein β_i aus obigem Verfahren ist nur dann gleich null, wenn der Vektor $\hat{q}_i$ der Nullvektor ist. Das heißt aber, $q_1,Aq_1,\dots,A^{i-1}q_1$ sind linear abhängig, oder mit anderen Worten: $q_1,q_2,\dots,q_{i-1}$ spannen einen invarianten Unterraum $X\subseteq\mathbb{R}^n$ von A auf, d.h. $AX\subseteq X$.

In diesem Fall kann man, wie in Abschnitt 4.4 für diesen Fall angegeben, das Verfahren fortsetzen mit einem beliebig wählbaren Vektor $q_i\in\mathbb{R}^n$ mit $\|q_i\|_2=1$, der orthogonal zu $q_1,\dots,q_{i-1}$ ist. Faßt man die Vektoren $q_1,\dots,q_n$ zur Matrix Q

zusammen, so ist $Q^TAQ=T=\begin{bmatrix}\alpha_1 & \beta_1 & & 0\\ \beta_1 & \ddots & \ddots & \\ & \ddots & \ddots & \beta_{n-1}\\ 0 & & \beta_{n-1} & \alpha_n\end{bmatrix}$.

Die Eigenwerte des i-ten Hauptabschnitts T_i der Tridiagonalmatrix T kann man jeweils als Näherung an Eigenwerte von A auffassen. Insbesondere erhält man dabei mit $\lambda_{max}(T_i)$ und $\lambda_{min}(T_i)$, dem größten bzw. kleinsten Eigenwert von T, eine monoton steigende bzw. fallende Folge von Näherungen an $\lambda_{max}(A)$ bzw. $\lambda_{min}(A)$. Denn nach der Min-Max-Charakterisierung der Eigenwerte einer symmetrischen Matrix (s. Abschnitt 1.8) ist ja

$$\lambda_{max}(T_{i+1}) = \max_{y\in\mathbb{R}^{i+1}\setminus\{0\}} \frac{y^T T_{i+1} y}{y^T y} \geq \max_{\substack{y\in\mathbb{R}^{i+1}\setminus\{0\}\\ y_n=0}} \frac{y^T T_{i+1} y}{y^T y} = \max_{z\in\mathbb{R}^{i}\setminus\{0\}} \frac{z^T T_i z}{z^T z} = \lambda_{max}(T_i),$$

und entsprechend erhält man $\lambda_{min}(T_{i+1}) \leq \lambda_{min}(T_i)$.

Lemma 4.4.4 und seine Folgerung für obere Hessenberg-Matrizen haben gezeigt, daß die Differenz $AQ_j - Q_j T_j = \beta_j q_{j+1} e_j^T$ ein geeignetes Maß dafür liefert, wie gut man global mit der Gesamtheit der Spalten von Q_j Eigenwerte und Eigenvektoren von A annähern kann: Ein kleines β_j signalisiert die Nähe zu einem invarianten Unterraum von A.

Man kann aber nun auch ein Kriterium über die Güte einzelner Eigenwert- und Eigenvektornäherungen betrachten. Ist $T_j = S_j D_j S_j^T$ Spektralzerlegung der symmetrischen Matrix T ($S_j = [s_1^{(j)}, \ldots, s_j^{(j)}]$ orthogonal, $D_j = \text{diag}(d_j^{(i)})$), so verwenden wir $y_i^{(j)} := Q_j s_i^{(j)}$ als Eigenvektornäherung für A zur Eigenwertnäherung $d_i^{(j)}$. Nach Satz 1.8.14 stellt das zugehörige Residuum jeweils ein Kriterium für die Güte der Näherungen dar.

Es gilt nun

$$(4.6.3) \quad \|Ay_i^{(j)} - d_i^{(j)} y_i^{(j)}\|_2 = \|AQ_j s_i^{(j)} - d_i^{(j)} Q_j s_i^{(j)}\|_2 = \|(AQ_j - Q_j T_j) s_i^{(j)}\|_2 = \|\beta_j q_{j+1} e_j^T s_i^{(j)}\|_2 = |\beta_j (s_i^{(j)})_j|,$$

so daß die letzte Zeile der Eigenvektormatrix S_j einen Hinweis darauf gibt, welche Eigenwerte und Eigenvektoren von T_j gute Näherungen für die Eigenwerte und Eigenvektoren von A liefern. Die Transformation $s \to y = Q_j s$ ist nur dann erforderlich, wenn man bereits weiß, daß y eine genügend gute Näherung an einen Eigenvektor ist.

Die bisher beschriebenen Eigenschaften des Lanczos-Verfahrens gelten unter der Voraussetzung rundungsfehlerfreier exakter Rechnung. Über das tatsächliche Verhalten angesichts von Rundungsfehlern geben wir nun einen Überblick, ohne auf die dazu erforderliche umfangreiche Analyse einzugehen.

Es zeigt sich, daß das Lanczos-Verfahren sogar bei vollständigem Verlust der Orthogonalität ein geeignetes Iterationsverfahren zur Bestimmung von Eigenwerten und Eigenvektoren ist. Der Begriff Iterationsverfahren ist hier so zu verstehen, daß nicht nach n Reduktionsschritten eine zu A ähnliche Tridiagonalmatrix gefunden wird, sondern je nach Zielvorstellung weniger oder mehr Iterationen durchgeführt werden. Bei den Reduktionsschritten (Schritt 2 a) im folgenden Algorithmus) wird der Rechenaufwand im wesentlichen durch die Matrix-Vektor-Multiplikation Aq_j bestimmt; ist A schwach besetzt, so schlägt sich dies direkt in einer Verringerung des Speicher- und Rechenaufwands nieder. Der Aufwand zur Lösung der auftretenden Eigenwertprobleme (s. Schritt 2 b)) ist nicht so groß, da die Koeffizientenmatrizen tridiagonal und symmetrisch sind.

ALGORITHMUS 4.6.1 (einfaches Lanczos-Verfahren zur Bestimmung von Eigenwerten und Eigenvektoren einer symmetrischen Matrix):

Sei $A\in M_n(\mathbb{R})$ symmetrisch.

Schritt 1: Wähle einen Startvektor $r_o\in\mathbb{R}^n\setminus\{0\}$; setze $\beta_o:=\|r_o\|_2$, $q_o:=0$ und $j:=1$.

Schritt 2: a) Berechne $q_j:=\frac{r_{j-1}}{\beta_{j-1}}$,

$$u_j:=Aq_j-\beta_{j-1}q_{j-1},$$

$$\alpha_j:=q_j^Tu_j,$$

$$r_j:=u_j-\alpha_jq_j,$$

$$\beta_j:=\|r_j\|_2.$$

b) Sei $Q_j:=[q_1,\ldots,q_j]$ und $T_j:=\begin{bmatrix}\alpha_1 & \beta_1 & & 0\\ \beta_1 & \ddots & \ddots & \\ & \ddots & \ddots & \beta_{j-1}\\ 0 & & \beta_{j-1} & \alpha_j\end{bmatrix}$

Berechne die Spektralzerlegung $T_j=S_jD_jS_j^T$, $S:=[s_1^{(j)},\ldots,s_j^{(j)}]$ orthogonal, $D_j:=\operatorname{diag}(d_1^{(j)},\ldots,d_j^{(j)})$ (ersatzweise: Berechne die Näherungen für die größten oder kleinsten oder die durch Angabe eines Intervalls o.ä. spezifizierten gesuchten Eigenwerte und die zugehörigen Eigenvektoren).

Falls für die zu allen gesuchten Eigenwerten gehörigen Eigenvektoren $s_i^{(j)}$ gilt:

$$|\beta_j(s_i^{(j)})_j| \text{ ist genügend klein,}$$

so bilde jeweils

$$y_i^{(j)}:=Q_js_i^{(j)}$$

und höre auf ($d_i^{(j)}$ und $y_i^{(j)}$ sind gesuchte Eigenwert- und Eigenvektornäherungen für A).

Ist $\beta_j=0$, so sind sämtliche Eigenwerte von T_j Eigenwerte von A. Falls weitere Eigenwerte bestimmt werden sollen, beginne mit einem neuen Startvektor.

Schritt 3: Setze $j:=j+1$ und fahre fort mit Schritt 2.

Soll jeweils eine Nachorthogonalisierung durchgeführt werden, so muß nach Bildung von r_j der zusätzliche Schritt

$$r_j := r_j - \sum_{k=1}^{j-1} (q_k^T r_j) q_k$$

ausgeführt werden. Diese Variante des Verfahrens heißt Lanczos-Verfahren mit vollständiger Nachorthogonalisierung. Jedoch auch ohne eine solche Nachorthogonalisierung führt der Verlust der Orthonormalität ($Q_j^T Q_j = I$) nicht dazu, daß die Näherungen sehr schlecht werden. Vielmehr werden einige - bereits hinreichend genau berechnete - Eigenpaare mehrfach berechnet. Selbst wenn q_{j+1} auch nicht annähernd orthogonal zu $q_1,\ldots,q_j$ ist, so gilt doch häufig, daß q_{j+1} zu den bereits (nicht unbedingt explizit) berechneten Eigenvektoren $y_i^{(j)}$ orthogonal ist. Man kann nämlich herleiten, daß gilt

$$q_{j+1}^T y_i^{(j)} \le \frac{eps\|A\|_2}{|\beta_j (s_i^{(j)})_j|}$$

(eps die Maschinengenauigkeit). Damit erfolgt der Verlust der Orthogonalität, wenn $\beta_j (s_i^{(j)})_j$ klein ist, d.h. aber nach (4.6.3), wenn $y_i^{(j)}$ bereits eine gute Näherung an einen Eigenvektor von A ist.

Auf diesem Verhalten beruht eine weitere Variante, das Lanczos-Verfahren mit bedingter Nachorthogonalisierung. Dabei wird q_{j+1} gegenüber den Eigenvektornäherungen $y_i^{(j)}$ nachorthogonalisiert, für die $\beta_j s_i^{(j)}$ klein ist. Als gut geeignet zur Entscheidung über eine erforderliche Nachorthogonalisierung hat sich die Bedingung

$$|\beta_j s_i^{(j)}| < \sqrt{eps}\|T_j\|_2$$

herausgestellt. Eine solche Nachorthogonalisierung, für die ja zunächst $y_i^{(j)}$ berechnet werden muß, ist zwar ebenfalls recht aufwendig, sie wird aber im Verlauf des gesamten Verfahrens nicht so oft erforderlich. Die aus möglicherweise recht vielen Spalten bestehende Matrix Q_j wird dann ebenfalls nicht so oft benötigt und kann gegebenenfalls länger im Sekundärspeicher verbleiben.

Zur Bestimmung der Eigenwerte der symmetrischen Tridiagonalmatrizen T_j ist das QR-Verfahren gut geeignet, wenn man an allen Eigenwerten von T_j interessiert ist. Zur Berechnung einiger Eigenwerte (die größten, die kleinsten oder solche in einem vorgegebenen Intervall) kann man das Bisektionsverfahren für tridiagonale Matrizen verwenden, welches wir im nächsten Abschnitt als Spezialfall vorstellen.

Hinweise

Es hat relativ lange gedauert, bis das Verfahren von Lanczos (Lanczos [154]) zur Tridiagonalisierung symmetrischer Matrizen, welches zunächst für tatsächliche Rechnungen wegen der beschriebenen Instabilität nicht geeignet erschien, rehabilitiert wurde. Großen Anteil daran hatte die Dissertation von Paige (1971), die sich in den veröffentlichten Arbeiten [195], [196] und [197] niederschlug. In den letzten Jahren entstand eine Vielzahl von Varianten, die alle den iterativen Charakter betonten und je nach Zielsetzung entweder weniger als n Iterationen oder sogar 2n bis 3n Iterationsschritte vorschlugen. Die entsprechenden Programme sind meist nur in Reports veröffentlicht; in Zeitschriften findet man unter anderem die folgenden Artikel: Kahan & Parlett [145], Parlett & Scott [212], Scott [259], Edwards, Licciardello & Thouless [81], Cullum & Willoughby [61], [62], Paige [198], Saad [245], Parlett & Reid [211].

Eine ausführliche Beschreibung sämtlicher Aspekte enthalten die Kapitel 7 und 11-13 in Parlett [206]. Block-Versionen des Lanczos-Verfahrens werden in Cullum & Donath [60] und Golub & Underwood [112] beschrieben. Zur Lösung linearer Gleichungssysteme ist das Lanczos-Tridiagonalisierungsverfahren ebenfalls verwendbar; stellvertretend seien hier die Arbeiten Paige & Saunders [199] und Parlett [207] angeführt, sowie der Überblick in Golub & Van Loan [113]. Die Interpretation des Lanczos-Verfahrens als Rayleigh-Ritz-Verfahren (Approximation der Eigenvektoren aus dem von $q_1, Aq_1, \dots, A^{j-1}q_1$ aufgespannten Unterraum; siehe hierzu Parlett [206]) ermöglicht eine Verallgemeinerung für nichtsymmetrische Matrizen. Der Tridiagonalisierung nach Lanczos entspricht dabei eine sukzessive Transformation auf obere Hessenberg-Gestalt nach Arnoldi (s. Saad [244], [246]).

4.7 DAS ALLGEMEINE EIGENWERTPROBLEM $Ax=\lambda Bx$

Das allgemeine Eigenwertproblem $Ax=\lambda Bx$ besitzt ähnliche Eigenschaften wie das symmetrische Standard-Eigenwertproblem, wenn A symmetrisch ist und B symmetrisch und positiv definit. Für diesen Fall sind die Cholesky-Reduktion und die Fix & Heiberger-Reduktion geeignet zur Bestimmung aller Eigenwerte, während das Bisektionsverfahren, das Rayleigh-Quotienten-Verfahren und die Koordinatenüberrelaxation einzelne Eigenwerte bestimmen. Für nichtsymmetrische Matrizen stellt das QZ-Verfahren eine Methode dar, mit der man sämtliche Eigenwerte berechnen kann.

Das allgemeine Eigenwertproblem besteht darin, zu gegebenen Matrizen $A,B \in M_n(\mathbb{C})$ Eigenwerte $\lambda \in \mathbb{C}$ mit zugehörigen Eigenvektoren $x \in \mathbb{C}^n \setminus \{0\}$ zu bestimmen, d.h. Lösungen (λ,x) der Gleichung

(4.7.1) $Ax=\lambda Bx$.

Wir bezeichnen die Lösungen (λ,x) auch als Eigenpaare des Matrizenpaares (A,B); $(A-\lambda B)_{\lambda \in \mathbb{C}}$ heißt Matrizenschar. Die Eigenwerte sind die Nullstellen des charakteristischen Polynoms $\det(A-\lambda B)$.

Grundlegend für die Berechnungen ist die gleichzeitige Reduzierbarkeit von A und B durch Äquivalenztransformationen mit nichtsingulären Matrizen $E,F \in M_n(\mathbb{C})$ auf einfachere Gestalt: $A \to \tilde{A} := EAF$, $B \to \tilde{B} := EBF$.

Dabei verändern sich die Eigenwerte nicht, und ein Eigenvektor x zum Eigenwert λ von (A,B) geht über in einen Eigenvektor Fx von $(\tilde{A},\tilde{B})$ zum selben Eigenwert.

Es läßt sich stets erreichen, daß $\tilde{A}$ und $\tilde{B}$ obere Dreiecksmatrizen sind. Dann sind die Quotienten entsprechender Diagonalelemente die Eigenwerte, wenn man die folgenden Sonderfälle berücksichtigt und zuläßt:

a) Die Matrizenschar $A-\lambda B$ ist singulär, d.h. es gilt $\det(A-\lambda B)=0$ für alle $\lambda\in\mathbb{C}$; 0/0 ist ein zugehöriger Quotient.

b) ∞ ist ein Eigenwert mit einem zugehörigen Eigenvektor; ein Quotient besitzt einen verschwindenden Nenner und nichtverschwindenden Zähler.

Diese beiden Fälle können zwar nicht auftreten, wenn A symmetrisch ist und B symmetrisch und positiv definit (ein solches Paar nennen wir positiv definit). Für fast singuläre Scharen, oder falls B fast singulär ist, können jedoch Probleme bei der Berechnung auftreten. Positiv definite Paare sind durch Kongruenztransformationen gleichzeitig diagonalisierbar.

SATZ 4.7.1: *Sei* $A\in M_n(\mathbb{R})$ *symmetrisch und* $B\in M_n(\mathbb{R})$ *symmetrisch und positiv definit. Dann existiert eine nichtsinguläre Matrix* $F\in M_n(\mathbb{R})$, *so daß* F^TAF *und* F^TBF *reelle Diagonalmatrizen sind.*

BEWEIS: B besitzt nach Korollar 1.6.4 eine Spektralzerlegung $B=QD^2Q^T$, bei der $D^2=\operatorname{diag}(\mu_1,\dots,\mu_n)\in M_n(\mathbb{R})$ mit positiven $\mu_1,\dots,\mu_n$ ist und $Q\in M_n(\mathbb{R})$ orthogonal. Daher ist $D^{-1}Q^TBQD^{-1}=I$, und $\tilde{A}:=D^{-1}Q^TAQD^{-1}$ besitzt ebenfalls eine Zerlegung $\tilde{A}=P\tilde{D}P^T$ mit einer orthogonalen Matrix P und einer reellen Diagonalmatrix $\tilde{D}$. Definiert man $F:=QD^{-1}P$, so ist $F^TAF=\tilde{D}$ und $F^TBF=I$. □

Wie in diesem konstruktiven Beweis führen einige Algorithmen eine Reduktion durch auf ein Standard-Problem $\tilde{A}x=\lambda x$ und nach dessen Lösung somit auf das (triviale) Problem $\tilde{D}x=\lambda x$. Die Reduktion auf ein Standard-Eigenwertproblem besitzt den Vorteil, daß sie die Anwendung sämtlicher Verfahren für ein solches Problem ermöglicht. Die Reduktion auf das für eine nichtsinguläre Matrix B naheliegendste Standard-Problem $B^{-1}Ax=\lambda x$ ist aber nur zufriedenstellend durchführbar, wenn B bezüglich der Invertierung gut konditioniert ist. Ist dies nicht der Fall, so gibt es im allgemeinen einige große Eigenwerte von (A,B), die sehr empfindlich gegenüber Störungen sind. Solche schlecht konditionierten Eigenwerte, die aber nicht groß zu sein brauchen, treten auch auf, wenn die Schar $A-\lambda B$ singulär ist. Häufig ist eine Schar singulär, weil für die Nullräume von A und B gilt $N(A)\cap N(B)\neq\{0\}$; ein guter Algorithmus sollte möglichst in der Lage sein, eine solche Situation zu entdecken.
Werden A und B auf obere Dreiecksgestalt $\tilde{A}$ und $\tilde{B}$ transformiert, so signalisiert ein kleines Diagonalelement $\tilde{b}_{ii}$ von $\tilde{B}$ eine große Störungsanfälligkeit des Quotienten $\tilde{a}_{ii}/\tilde{b}_{ii}$ gegenüber kleinen Änderungen in den Matrixelementen, doch diese Tatsache allein rechtfertigt es nicht, diesen Eigenwert als schlecht konditioniert zu bezeichnen. Der reziproke Quotient, der ein Eigenwert für das reziproke

Eigenwertproblem $(\lambda A-B)x=0$ ist, kann durchaus gut konditioniert sein. Es ist daher grundsätzlich vorteilhafter, die explizite Quotientenbildung zu vermeiden und die Eigenwerte von (A,B) als Paare entsprechender Diagonalelemente anzugeben. Für Aussagen der Störungstheorie ist dann statt des betragsmäßigen Abstands zwischen Eigenwerten die <u>chordale Metrik</u> geeigneter, die durch

$$d(\lambda,\mu):=\frac{|\lambda-\mu|}{\sqrt{1+\lambda^2}\,\sqrt{1+\mu^2}} \quad \text{für } \lambda,\mu\in\mathbb{C}$$

definiert ist und die Eigenschaft besitzt, daß sie auch für die reziproken Werte $1/\lambda$ und $1/\mu$ für $\lambda,\mu\neq 0$ denselben Wert liefert.

Auf die Störungstheorie für das allgemeine Eigenwertproblem wollen wir nicht näher eingehen, wir erwähnen nur, daß ein schlecht konditionierter Eigenwert daran zu erkennen ist, daß für bezüglich $\|\cdot\|_2$ auf 1 normierte Vektoren x mit $Ax=\lambda Bx$ und y mit $y^HA=\lambda y^HB$ die Zahl $(y^HAx)^2+(y^HBx)^2$ klein wird (vgl. auch Korollar 1.8.17).

Manchmal ist das Auftreten numerischer Instabilitäten auch nur eine Frage der entsprechenden Skalierung, wie das folgende Beispiel zeigt.

<u>BEISPIEL</u> (Stewart [270], Parlett [206], pp. 304 f.): Sei $A:=\mathrm{diag}(1,\ 10^{-8})$ und $B:=\mathrm{diag}(1,\ 2\cdot 10^{-8})$. Das Paar (A,B) besitzt die Eigenpaare $(1,\ e_1)$ und $(1/2,\ e_2)$. Eine Störung von $\sqrt{2}\cdot 10^{-8}$ in den Nichtdiagonalelementen von A bewirkt eine Änderung der Lösungen zu näherungsweise $(1+10^{-4},\ e_2-10^{-4}e_1)$ und $(1-10^{-4},\ e_2+10^{-4}e_1)$. Daß der Eigenwert 1/2 so empfindlich gegenüber Störungen ist, liegt aber hauptsächlich an der Skalierung des Problems, denn bei dem äquivalenten Problem mit $\tilde{A}:=\mathrm{diag}(1,\ 1)$ und $\tilde{B}:=\mathrm{diag}(1,\ 2)$ tritt obiges Phänomen nicht auf.

Der Eigenwert 1/2 im obigen Beispiel heißt <u>schlecht disponiert</u> (engl. <u>ill-disposed</u>). Auch das Auftreten solcher Eigenwerte sollte von einem Algorithmus möglichst aufgedeckt werden.

Bevor wir einige Algorithmen für das allgemeine Eigenwertproblem beschreiben, geben wir einen dem Satz von Schur (s. Satz 1.6.2) entsprechenden Satz über die gleichzeitige Transformation eines Matrizenpaares auf obere Dreiecksgestalt an.

<u>SATZ 4.7.2</u>: *Zu* $A,B\in M_n(\mathbb{C})$ *existieren unitäre Matrizen* $U,V\in M_n(\mathbb{C})$, *so daß* U^HAV *und* U^HBV *obere Dreiecksmatrizen sind.*

<u>BEWEIS</u>: Der Beweis wird durch vollständige Induktion über $n\in\mathbb{N}_+$ geführt. Für $n=1$ gilt die Behauptung mit $U:=V:=I$.

Gelte die Behauptung für festes $n\in\mathbb{N}_+$, $n\geq 2$, für alle Matrizen aus $M_{n-1}(\mathbb{C})$. Seien $A,B\in M_n(\mathbb{C})$; sei λ_1 ein Eigenwert des Paares (A,B) und v_1 ein zugehöriger Eigenvektor mit der Eigenschaft $\|v_1\|_2=1$ (falls $A-\lambda B$ für alle $\lambda\in\mathbb{C}$ nichtsingulär ist, so wähle $v_1\in N(B)\setminus\{0\}$).

Ergänze $\{v_1\}$ zu einem vollständigen Orthonormalsystem, d.h. wähle $V_1\in M_{n,n-1}(\mathbb{C})$

so, daß $[v_1\ V_1]$ unitär ist. Wähle eine Matrix $U_1 \in M_{n,n-1}(\mathbb{C})$ mit orthonormalen Spalten, die orthogonal zu $\{c_1Av_1+c_2Bv_1|c_1,c_2\in\mathbb{C}\}$ sind und ergänze sie durch $u_1\in\mathbb{C}^n$ zu einem vollständigen Orthonormalsystem. Dann gilt $U_1^HAv_1=U_1^HBv_1=0$ und somit

$$[u_1\ U_1]^HA[v_1\ V_1]=\begin{bmatrix} u_1^HAv_1 & u_1^HAV_1 \\ 0 & U_1^HAV_1 \end{bmatrix} \quad \text{und} \quad [u_1\ U_1]^H\,B[v_1\ V_1]=\begin{bmatrix} u_1^HBv_1 & u_1^HBV_1 \\ 0 & U_1^HBV_1 \end{bmatrix}.$$

Nach Induktionvoraussetzung existieren zu $U_1^HAV_1$ und $U_1^HBV_1$ unitäre Matrizen $U_2,V_2\in M_n(\mathbb{C})$, so daß $U_2^HU_1^HAV_1V_2$ und $U_2^HU_1^HBV_1V_2$ obere Dreiecksmatrizen in $M_{n-1}(\mathbb{C})$ sind. $U:=[u_1\ U_1]\begin{bmatrix} 1 & 0 \\ 0 & U_2 \end{bmatrix}$ und $V:=[v_1\ V_1]\begin{bmatrix} 1 & 0 \\ 0 & V_2 \end{bmatrix}$ bewirken dann die angestrebte Transformation von A und B auf obere Dreiecksgestalt. □

Cholesky-Reduktion auf ein Standard-Eigenwertproblem

Sei $A\in M_n(\mathbb{R})$ symmetrisch und sei $B\in M_n(\mathbb{R})$ symmetrisch und positiv definit. Ist $B=LL^T$ die Cholesky-Zerlegung von B (s. Abschnitt 2.3), so ist das Problem $Ax=\lambda Bx$ äquivalent zu

(4.7.2) $L^{-1}AL^{-T}y=\lambda y.$

Dieses symmetrische Eigenwertproblem kann dann mit einem Verfahren für das Standard-Eigenwertproblem gelöst werden.

Gegenüber der Transformation auf $B^{-1}Ax=\lambda x$ hat diese Methode den Vorteil, daß die Symmetrie erhalten bleibt und eine eventuelle schwache Besetzung von B (z.B. Bandgestalt) ausgenutzt werden kann. Ist B fast singulär, so spiegelt sich das auch in L wider, so daß Stabilitätsprobleme zu erwarten sind.

Treten bei einem Verfahren zur Lösung von (4.7.2) nur Matrix-Vektor-Multiplikationen $L^{-1}AL^{-T}x$ auf, so ist die explizite Bildung von L^{-1} nicht erforderlich, wenn man sukzessive die folgenden drei Schritte durchführt:

1. Löse $L^Tv = x$,
2. bilde $u := Av$,
3. löse $Lw = u$.

Das Ergebnis ist $w=L^{-1}AL^{-T}x$.

Die Cholesky-Reduktion wird ausführlich und mit einem entsprechenden ALGOL-Programm von Martin & Wilkinson [173] beschrieben.

Bisektionsverfahren

Sei $A\in M_n(\mathbb{R})$ symmetrisch und sei $B\in M_n(\mathbb{R})$ symmetrisch und positiv definit. Eine Anwendung des Trägheitssatzes von Sylvester (s. Satz 1.6.8) ermöglicht es, Intervalle beliebig kleiner Größe zu konstruieren, welche Eigenwerte von (A,B) enthalten.

Für festes $\mu\in\mathbb{R}$ gibt der Trägheitsindex von $A-\mu B$ an, wieviel Eigenwerte von (A,B) kleiner als, gleich oder größer als μ sind. Ist nämlich $F\in M_n(\mathbb{R})$ eine Matrix, die A und B gleichzeitig diagonalisiert (vgl. Satz 4.7.1), so ist

$F^T(A-\mu B)F=D_A-\mu D_B$ kongruent zu $A-\mu B$, wenn man $D_A:=F^TAF$ und $D_B:=F^TBF$ setzt. Die Quotienten $(D_A)_{ii}/(D_B)_{ii}$, $i\in\{1,\ldots,n\}$, sind die Eigenwerte von (A,B), und aus $(D_A)_{ii}-\mu(D_B)_{ii}$ kleiner als, gleich bzw. größer als 0 folgt $(D_A)_{ii}/(D_B)_{ii}$ kleiner als, gleich bzw. größer als μ.
Ein Vergleich der entsprechenden Zahlen für zwei verschiedene Werte μ_1 und μ_2 mit $\mu_1<\mu_2$ gibt Aufschluß darüber, wieviel Eigenwerte im Intervall $[\mu_1,\mu_2]$ enthalten sind. Beim Bisektionsverfahren verändert man die Intervallgrenzen dann iterativ, etwa durch fortwährende Halbierung des Intervalls.
Die Bestimmung des Trägheitsindexes kann jeweils durch Bildung der Cholesky-Zerlegung $A-\mu B=LDL^T$ mit einer unteren Dreiecksmatrix L mit Einheitsdiagonale und einer reellen Diagonalmatrix D erfolgen; die Vorzeichen der Diagonalelemente von D bestimmen den Trägheitsindex, da D kongruent zu $A-\mu B$ ist.
$A-\mu B$ besitzt genau dann eine LDL^T-Zerlegung, wenn alle Hauptabschnittsdeterminanten ungleich null sind; es gibt also maximal $\sum_{i=1}^{n} i=n(n+1)/2$ Werte für μ, für die eine solche Zerlegung nicht möglich ist. In einer kleinen Umgebung um diese μ wird bei der Zerlegung ein großes Anwachsen der Elemente von L zu beobachten sein. Eine geringfügige Abänderung eines solchen μ wird im allgemeinen die zufriedenstellende Durchführbarkeit der Zerlegung ermöglichen.

ALGORITHMUS 4.7.3 (Bisektionsverfahren für das allgemeine positiv definite Eigenwertproblem):

Sei $A\in M_n(\mathbb{R})$ symmetrisch und sei $B\in M_n(\mathbb{R})$ symmetrisch und positiv definit.
Sei $\varepsilon\in\mathbb{R}_+$ eine vorgegebene Schranke für die gewünschte Größe des Intervalls, das einen Eigenwert des Paares (A,B) enthalten soll.
Vorbereitender Schritt: Bestimme ein Intervall $[\mu_1,\mu_2]$, welches genau einen Eigenwert von (A,B) enthält.
Es bezeichne ν_1 die Anzahl der Eigenwerte, die kleiner als μ_1 sind, ν_2 die Anzahl der Eigenwerte, die kleiner als μ_2 sind.

Schritt 1: Setze $\mu:=\dfrac{\mu_1+\mu_2}{2}$.

Schritt 2: Konstruiere die Zerlegung $A-\mu B=LDL^T$ mit einer unteren Dreiecksmatrix L mit Einheitsdiagonale und einer Diagonalmatrix D.
Ist die Zerlegung nicht zufriedenstellend durchführbar, so ersetze μ durch $\min((1+10^{-5})\mu,\mu+\dfrac{\mu_1+\mu_2}{2})$ und wiederhole diesen Schritt.

Schritt 3: Ist die Anzahl der negativen Elemente von D gleich ν_1, so setze $\mu_1:=\mu$, sonst (Anzahl gleich ν_2) setze $\mu_2:=\mu$.
Ist $|\mu_2-\mu_1|>\varepsilon$, so fahre fort mit Schritt 1.

Der vorbereitende Schritt kann in der Konstruktion der LDL^T-Zerlegung von $A-\mu B$ für verschiedene Werte von μ bestehen.
Sind alle Eigenwerte in einem vorgegebenen Intervall gesucht, kann man ein weiteres Bisektionsverfahren vorschalten, um zum Startpunkt von Algorithmus 4.7.3 für jeden Eigenwert zu gelangen (mit der Einschränkung von eventuell mehrfachen Eigenwerten, die eine offensichtliche Modifikation des Algorithmus erfordern). Weitere Modifikationen bei der Bisektion der Intervalle sind je nach Aufgabenstellung denkbar.
Der Rechenaufwand wird im wesentlichen durch die Zerlegungen bestimmt; die erforderliche Anzahl von Zerlegungen wird durch die Genauigkeitsschranke ε und die Größe des Startintervalls $[\mu_1,\mu_2]$ festgelegt.
Die Methode ist besonders vorteilhaft, wenn A und B schwach besetzte Bandmatrizen sind, wenn keine hohe Genauigkeit verlangt wird oder wenn nur sehr wenige Eigenwerte in einem vorgegebenen Intervall gesucht sind.

BEMERKUNG 4.7.4: Dieses recht allgemein anwendbare Bisektionsverfahren hatte seinen Ausgangspunkt in dem Spezialfall, daß A symmetrisch und tridiagonal ist und B=I. Dann sind die Hauptabschnittsdeterminanten durch eine dreigliedrige Formel rekursiv berechenbar und bilden eine sogenannte Sturmsche Kette. Insbesondere sind die Nullstellen aufeinanderfolgender charakteristischer Polynome ineinander verschränkt, und anhand der Vorzeichenwechsel in der (endlichen) Folge der Werte der charakteristischen Polynome an einer Stelle μ kann man den Trägheitsindex bestimmen.
Die für das allgemeine Eigenwertproblem beschriebene Methode ist jedoch auch für diesen Spezialfall vorteilhafter. Der Rechenaufwand für die Zerlegung ist dabei sehr gering, denn aus der Matrizengleichung

$$\begin{bmatrix} \alpha_1-\mu & \gamma_1 & & 0 \\ \gamma_1 & \alpha_2-\mu & \ddots & \\ & \ddots & \ddots & \gamma_{n-1} \\ 0 & & \gamma_{n-1} & \alpha_n-\mu \end{bmatrix} = \begin{bmatrix} 1 & & & 0 \\ \beta_1 & \ddots & & \\ & \ddots & \ddots & \\ 0 & & \beta_{n-1} & 1 \end{bmatrix} \begin{bmatrix} d_1 & & 0 \\ & \ddots & \\ 0 & & d_n \end{bmatrix} \begin{bmatrix} 1 & \beta_1 & & 0 \\ & \ddots & \ddots & \\ & & \ddots & \beta_{n-1} \\ 0 & & & 1 \end{bmatrix}$$

erhält man mit $d_1=\alpha_1-\mu$ für $i=1,\ldots,n-1$ die Rekursion

$$\beta_i=\frac{\gamma_i}{d_i} \text{ und } d_{i+1}=\alpha_i-\mu-\gamma_i\beta_i=\alpha_i-\mu-\frac{\gamma_i^2}{d_i}$$

Da man nur an der Anzahl ν der negativen d_i interessiert ist, kann man den Algorithmus so organisieren, daß nur zur Aufnahme von ν ein zusätzliches Speicherelement benötigt wird.

ALGORITHMUS 4.7.5 (Bestimmung der Anzahl ν der negativen Eigenwerte einer symmetrischen Tridiagonalmatrix $A-\mu I$):

Sei $A\in M_n(\mathbb{R})$ symmetrisch und tridiagonal und sei $\mu\in\mathbb{R}$.

$$\text{Sei } A-\mu I=\begin{bmatrix} \alpha_1-\mu & \gamma_1 & & 0 \\ \gamma_1 & \alpha_2-\mu & \ddots & \\ & \ddots & \ddots & \gamma_{n-1} \\ 0 & & \gamma_{n-1} & \alpha_n-\mu \end{bmatrix}.$$

Schritt 1: Setze $d:=\alpha_1-\mu$

und $\nu:=\begin{cases} 1, & \text{falls } d<0 \\ 0, & \text{sonst} \end{cases}$.

Schritt 2: Für $k=2,\ldots,n$:

Berechne $d:=\alpha_k-\mu-\frac{\gamma_{k-1}^2}{2}$.

Ist $d=0$, so wähle einen neuen Wert für μ: $\mu:=(1+10^{-5})\mu$ und fahre fort mit Schritt 1.

Ist $d<0$, so setze $\nu:=\nu+1$.

Der QZ-Algorithmus

Der QZ-Algorithmus berechnet die Eigenwerte beliebiger Matrizenpaare (A,B), $A,B\in M_n(\mathbb{R})$. Ist B nichtsingulär, so entspricht er einer impliziten Ausführung des QR-Algorithmus für das Problem $AB^{-1}x=\lambda x$; doch auch für singuläres B ist die entsprechende Konstruktion durchführbar.

Basierend auf Satz 4.7.2 werden A und B mit orthogonalen Transformationen gleichzeitig in obere Dreiecksgestalt übergeführt.

Wie bei vielen Verfahren für das Standard-Eigenwertproblem (z.B. dem QR-Algorithmus) wird zunächst eine Reduktion der gegebenen Matrizen auf eine kondensierte Gestalt durchgeführt: A wird in eine obere Hessenberg-Matrix transformiert und B in eine obere Dreiecksmatrix. Sodann wird durch eine Folge von Iterationen A in eine obere Dreiecksmatrix so transformiert, daß B seine (obere Dreiecks-) Gestalt beibehält.

Der Vorbereitungsschritt:

Ziel des Vorbereitungsschritts ist es, A auf obere Hessenberg-Gestalt und B auf obere Dreiecksgestalt zu transformieren. Man reduziert zunächst B (z.B. mit einem der Algorithmen 2.5.4, 2.5.9 oder 2.5.10) auf obere Dreiecks-Gestalt U^TB mit einer orthogonalen Matrix U; U^TA hat dann weiterhin keine spezielle Gestalt. Auf U^TA und U^TB wird nun abwechselnd von vorn und von hinten eine Folge von Givens-Rotationen angewendet: Die Elimination eines Elements in U^TA (Multiplikation von vorn) erzeugt ein neues Element ungleich null in $U^T B$, welches sofort wieder (durch Multiplikation von hinten) so annulliert wird, daß sich die bereits erreichte Struktur von $U^T A$ nicht wieder verändert.

Wir bezeichnen die Matrizen stets mit A und B und verstehen darunter dynamisch die bereits veränderten, jeweils aktuellen Matrizen.

Die Annullierung der Elemente von A erfolgt spaltenweise von links nach rechts und von unten nach oben. Ein Element a_{ik}, $i\geq 3$ und $i>k+1$, wird annulliert durch eine Rotation $G_{i-1,i}(\alpha)$, welche die Zeilen i-1 und i kombiniert.

Die Zeilen i-1 und i von $\tilde{A}:=G_{i,i-1}(\alpha)A$ sind dann (vgl. (2.5.11))

$$\left.\begin{aligned} \tilde{a}_{i-1,j} &= \cos\alpha\, a_{i-1,j} + \sin\alpha\, a_{ij} \\ \tilde{a}_{ij} &= -\sin\alpha\, a_{i-1,j} + \cos\alpha\, a_{ij} \end{aligned}\right\} \text{ für } j\in\{1,\dots,n\}.$$

Die Bedingung $\tilde{a}_{ik}=0$ führt zu (vgl. (2.5.12))

$$(4.7.3) \qquad \sin\alpha = \frac{a_{ik}}{\sqrt{a_{ik}^2+a_{i-1,k}^2}}, \quad \cos\alpha = \frac{a_{i-1,k}}{\sqrt{a_{ik}^2+a_{i-1,k}^2}}, \quad \text{falls } a_{ik}\neq 0$$

($\sin\alpha = 0$, $\cos\alpha = 1$, falls $a_{ik}=0$).

In B wird dadurch im allgemeinen in Position (i,i-1) ein Element ungleich null erzeugt. Dieses wird durch eine Multiplikation von hinten mit einer Rotationsmatrix $Z_{i-1,i}(\beta)$, welche die Spalten i-1 und i kombiniert, wieder annulliert:

Die Spalten i-1 und i von $\tilde{B}:=BZ_{i-1,i}(\beta)$ sind dann

$$\left.\begin{aligned} \tilde{b}_{j,i-1} &= \cos\beta\, b_{j,i-1} - \sin\beta\, b_{ji} \\ \tilde{b}_{ji} &= \sin\beta\, b_{j,i-1} + \cos\beta\, b_{ji} \end{aligned}\right\} \text{ für } j\in\{1,\dots,n\}.$$

Aus $\tilde{b}_{i,i-1}=0$ erhält man

$$(4.7.4) \qquad \sin\beta = \frac{b_{i,i-1}}{\sqrt{b_{i,i-1}^2+b_{ii}^2}}, \quad \cos\beta = \frac{b_{ii}}{\sqrt{b_{i,i-1}^2+b_{ii}^2}}, \quad \text{falls } b_{i,i-1}\neq 0$$

($\sin\beta = 0$, $\cos\beta = 1$, falls $b_{i,i-1}=0$).

In A werden dadurch ebenfalls nur Elemente in den Spalten i-1 und i verändert; für alle bereits annullierten Elemente $a_{\ell j}$ gilt aber $j\leq k\leq i-2$, so daß sie nicht wieder verändert werden.

Die folgende Skizze veranschaulicht noch einmal die Elimination der Elemente und das Auftreten der neuen Nichtnullelemente in einem typischen Schritt (⊖ bezeichnet ein eliminiertes Element, ☒ die Abweichungen von der angestrebten Gestalt; die beteiligten Elemente sind umrandet):

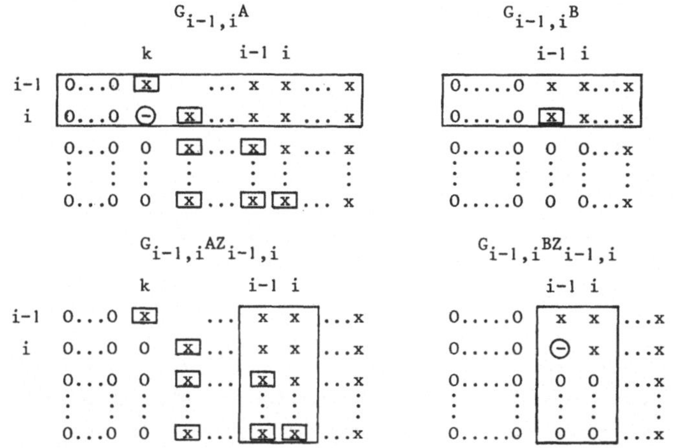

$$G_{i-1,i}A \qquad\qquad\qquad\qquad G_{i-1,i}B$$

$$\begin{array}{c|cccccccc|}
 & & k & & i-1 & i & & \\
\hline
i-1 & 0\ldots 0 & \boxed{x} & & \ldots x & x & \ldots & x \\
i & 0\ldots 0 & \ominus & \boxed{x}\ldots & x & x & \ldots & x \\
\hline
 & 0\ldots 0 & 0 & \boxed{x}\ldots & \boxed{x} & x & \ldots & x \\
 & \vdots & \vdots & \vdots & \vdots & \vdots & & \vdots \\
 & 0\ldots 0 & 0 & \boxed{x}\ldots & \boxed{x} & \boxed{x} & \ldots & x
\end{array}
\qquad
\begin{array}{|cccc|}
 & i-1 & i & \\
\hline
0\ldots\ldots 0 & x & x & \ldots x \\
0\ldots\ldots 0 & \boxed{x} & x & \ldots x \\
\hline
0\ldots\ldots 0 & 0 & 0 & \ldots x \\
\vdots & \vdots & \vdots & \vdots \\
0\ldots\ldots 0 & 0 & 0 & \ldots x
\end{array}$$

$$G_{i-1,i}AZ_{i-1,i} \qquad\qquad\qquad\qquad G_{i-1,i}BZ_{i-1,i}$$

$$\begin{array}{cccc|cc|c}
 & & k & & i-1 & i & \\
i-1 & 0\ldots 0 & \boxed{x} & \ldots & x & x & \ldots x \\
i & 0\ldots 0 & 0 & \boxed{x}\ldots & x & x & \ldots x \\
 & 0\ldots 0 & 0 & \boxed{x}\ldots & \boxed{x} & x & \ldots x \\
 & \vdots & \vdots & \vdots & \vdots & \vdots & \vdots \\
 & 0\ldots 0 & 0 & \boxed{x}\ldots & \boxed{x} & \boxed{x} & \ldots x
\end{array}
\qquad
\begin{array}{c|cc|c}
 & i-1 & i & \\
0\ldots\ldots 0 & x & x & \ldots x \\
0\ldots\ldots 0 & \ominus & x & \ldots x \\
0\ldots\ldots 0 & 0 & 0 & \ldots x \\
\vdots & \vdots & \vdots & \vdots \\
0\ldots\ldots 0 & 0 & 0 & \ldots x
\end{array}$$

<u>ALGORITHMUS 4.7.6</u> (gleichzeitige Reduktion von zwei Matrizen auf obere Hessenberg-Gestalt bzw. obere Dreiecks-Gestalt):

Seien $A,B\in M_n(\mathbb{R})$.

Schritt 1: Verwende einen der Algorithmen 2.5.4, 2.5.9 oder 2.5.10 zur Transformation von B mittels einer orthogonalen Matrix U^T auf obere Dreiecksgestalt; transformiere gleichzeitig A. Überspeichere (sukzessiv) A mit U^TA und B mit U^TB.

Schritt 2: Für $k=1,2,\ldots,n-2$:

Für $i=n,n-1,\ldots,k+2$:

a) Bestimme eine Givens-Rotation $G_{i-1,i}$, welche bei Multiplikation von vorn das Element a_{ik} annulliert (s. (4.7.3)). Bilde $G_{i-1,i}A$ und $G_{i-1,i}B$ und überspeichere damit A und B.

b) Bestimme eine Givens-Rotation $Z_{i-1,i}$, welche bei Multiplikation von hinten das Element $b_{i,i-1}$ annulliert (s. (4.7.4)). Bilde $AZ_{i-1,i}$ und $BZ_{i-1,i}$ und überspeichere damit A und B.

Sei also nun A eine obere Hessenberg-Matrix und sei B eine obere Dreiecksmatrix. Zur Motivation des weiteren Vorgehens setzen wir voraus, daß B nichtsingulär ist und betrachten den QR-Algorithmus für das Standard-Problem $AB^{-1}x=\lambda x$. Die Matrix $C:=AB^{-1}$ ist dabei eine obere Hessenberg-Matrix.

Ein Schritt des QR-Algorithmus mit explizitem Shift $k\in\mathbb{R}$ wird dann beschrieben durch

(4.7.5) $\tilde{C}:=Q^TCQ$,

wobei Q der orthogonale Faktor der QR-Zerlegung

(4.7.6) $C-kI=QR$

ist. $\widetilde{C}$ ist ebenfalls wieder eine obere Hessenberg-Matrix, wie auch Q (vgl. Abschnitt 4.5).

Beim QZ-Algorithmus soll vermieden werden, AB^{-1} explizit zu bilden, daher muß Q auf andere Weise bestimmt werden, und das Zusammensetzen gemäß (4.7.5) muß ebenfalls anders erfolgen; ebenso wie beim vorbereitenden Reduktionsschritt werden die entsprechenden Transformationen für A und B getrennt ausgeführt.

Q kann ohne explizite Bildung von AB^{-1} als der orthogonale Faktor der QR-Zerlegung von $A-kB$ berechnet werden. Denn aus (4.7.6) folgt

(4.7.7) $A-kB=QRB=QS$,

wobei $S=RB$ als Produkt oberer Dreiecksmatrizen eine obere Dreiecksmatrix ist. Betrachtet man A und B getrennt, so entspricht das bisherige Vorgehen der Bildung von Q^TA und Q^TB; nach Abschluß eines Iterationsschritts $(A\to\widetilde{A},B\to\widetilde{B})$ sollen $\widetilde{A}$ und $\widetilde{B}$ wieder in oberer Hessenberg- bzw. Dreiecksgestalt vorliegen. Um die Dreiecksgestalt für B wiederherzustellen, bilden wir eine "RQ"-Zerlegung von Q^TB (vgl. Korollar 2.5.2, iii)),

(4.7.8) $Q^TB=\widetilde{B}Z^T$,

bei der $\widetilde{B}$ eine obere Dreiecksmatrix und die orthogonale Matrix Z eine obere Hessenberg-Matrix ist. Denn an der faktorisierten Form von Q^T,

$$Q^T=Q_{n-1}Q_{n-2}\cdots Q_2Q_1,$$

$Q_i=G_{i,i+1}$ Givens-Rotation zur Elimination des Elements $(i+1,i)$, erkennt man, daß Z sukzessiv aus Givens-Rotationen $Z_i=\widetilde{G}_{i,i+1}$ aufgebaut werden kann, welche jeweils das Element $(i+1,i)$ von $Q_kQ_{k-1}\cdots Q_1BZ_1\cdots Z_{k-1}$ eliminieren; $Q_kQ_{k-1}\cdots Q_2Q_1BZ_1Z_2\cdots Z_{k-1}Z_k$ ist dann stets obere Dreiecksmatrix (genauer beschreiben wir die praktische Ausführung der abwechselnden Multiplikationen von vorn und von hinten für den entsprechenden Doppelshift-Algorithmus). Das Produkt solcher Z_i ist aber eine obere Hessenberg-Matrix (ebenso wie das Produkt der Q_i - wegen der umgekehrten Reihenfolge - eine untere Hessenberg-Matrix ist).

$\widetilde{B}=Q^TBZ$ ist somit nach Konstruktion eine obere Dreiecksmatrix. Daß aber auch $\widetilde{A}=Q^TAZ$ wieder eine obere Hessenberg-Matrix ist, erkennt man an der Darstellung (vgl. (4.7.7))

(4.7.9) $Q^TAZ=SZ+kQ^TBZ$;

der erste Summand ist das Produkt einer oberen Dreiecksmatrix mit einer oberen Hessenberg-Matrix, der zweite Summand ist eine obere Dreiecksmatrix. Man beachte, daß bei diesen Konstruktionen nicht mehr vorausgesetzt werden mußte, daß B nichtsingulär ist.

Ist B, und somit auch $\widetilde{B}$, nichtsingulär, so gilt

$$AB^{-1}=Q^TAZZ^TB^{-1}Q=Q^TAB^{-1}Q,$$

so daß wie in (4.7.5) ein Schritt des QR-Algorithmus ausgeführt wurde. Basierend auf (4.7.7) - (4.7.9) besteht ein solcher Schritt also aus folgenden Berechnungen:

1. Bestimme einen Shift $k\in\mathbb{R}$ und eine orthogonale obere Hessenberg-Matrix Q, so daß $S:=Q^T(A-kB)$ eine obere Dreiecksmatrix ist.
2. Bestimme eine orthogonale obere Hessenberg-Matrix Z, so daß $\widetilde{B}:=Q^TBZ$ eine obere Dreiecksmatrix ist.
3. Bilde $\widetilde{A}:=SZ+k\widetilde{B}$ (dann gilt $\widetilde{A}=Q^TAZ$, und $\widetilde{A}$ ist eine obere Hessenberg-Matrix).

Bei der tatsächlichen Berechnung ergeben sich nun wieder gegenüber der theoretischen Herleitung einige Unterschiede. Nach den Überlegungen beim QR-Algorithmus ist klar, daß mit reellen Shifts allein auch bei reellen Matrizen keine Konvergenz gegen obere Dreiecksgestalt erwartet werden kann, und auch, wenn man nur eine spezielle Blockdreiecksgestalt wie in (4.5.19) für A anstrebt, wird die Konvergenzgeschwindigkeit nicht ausreichend groß sein. Daher verwendet man auch hier Doppelschritte; ebenso kann man das Problem wieder in kleinere Probleme aufspalten, wenn Subdiagonalelemente von A genügend klein werden.

Da bei der praktischen Rechnung die Matrizen Q^T und Z sukzessiv aufgebaut werden und die entsprechenden Multiplikationen abwechselnd ausgeführt werden, beschreiben wir einen gesamten Iterationsschritt noch einmal detailliert.

Wir können ohne Einschränkung voraussetzen, daß A eine nichtzerfallende obere Hessenberg-Matrix ist und B eine nichtsinguläre obere Dreiecksmatrix. Ein verschwindendes Subdiagonalelement von A bewirkt direkt ein Aufspalten in kleinere Teilprobleme, während man das Auftreten eines Nullelements in der Diagonalen von B dazu ausnutzen kann, die letzten Zeilen und Spalten abzuspalten. Man kann nämlich mit den im folgenden beschriebenen Transformationen erreichen, daß die Elemente $a_{n-1,n}$ und b_{nn} verschwinden.

Sei dazu $b_{ii}=0$ für ein $i\in\{1,\dots,n\}$ (ist $i\geq n-1$, so ist folgender Prozeß sinngemäß abzukürzen). Bestimme dann eine Givens-Rotationsmatrix $G_{i,i+1}$ so, daß in $G_{i,i+1}B$ ein zusätzliches Nullelement in Position (i+1,i+1) erzeugt wird; dadurch entsteht in $G_{i,i+1}A$ ein Nichtnullelement in Position (i+1,i-1). Dieses wird durch Multiplikation von hinten mit einer Givens-Matrix $Z_{i-1,i}$ annulliert, und dabei ändert sich das Nullenmuster in $G_{i,i+1}BZ_{i-1,i}$ nicht (die entsprechenden Matrizen werden nach Ausführung einer Multiplikation im folgenden stets wieder A und B genannt).

Als nächstes wird eine Null in Position (i+2,i+2) von $G_{i+1,i+2}B$ erzeugt und ein Element ungleich null in Position (i+2,i) von $G_{i+1,i+2}A$. Letzteres wird durch Multiplikation von hinten mit $Z_{i,i+1}$ wieder annulliert, wodurch das Element (i,i) in $BZ_{i,i+1}$ ungleich null wird, usw. Zum Schluß hat A obere Hessenberg-Gestalt, und es ist $b_{n-1,n-1}=b_{nn}=0$. Dann annulliert man durch Multiplikation von hinten mit $Z_{n-1,n}$ das Element $a_{n,n-1}$, wodurch $b_{n-1,n-1}$ ungleich null wird.

Wir veranschaulichen die typischen Schritte noch einmal durch eine Skizze

($\ominus$ bezeichnet ein annulliertes Element, $\boxed{x}$ ein erzeugtes Nichtnullelement; die beteiligten Elemente sind umrandet):

Ausgangssituation:

A

	i-1	i	i+1	i+2
i	x	x	x	x
i+1	0	x	x	x
i+2	0	0	x	x

→ $A = G_{i,i+1}A$

	i-1	i	i+1	i+2
i	x	x	x	x
i+1	$\boxed{x}$	x	x	x
i+2	0	0	x	x

B

	i-1	i	i+1	i+2
i	0	0	x	x
i+1	0	0	x	x
i+2	0	0	0	x

→ $B = G_{i,i+1}B$

	i-1	i	i+1	i+2
i	0	0	x	x
i+1	0	0	$\ominus$	x
i+2	0	0	0	x

↓ $A = AZ_{i-1,i}$

	i-1	i	i+1	i+2
i	x	x	x	x
i+1	$\ominus$	x	x	x
i+2	0	0	x	x

↓ $B = BZ_{i-1,i}$

	i-1	i	i+1	i+2
i	0	0	x	x
i+1	0	0	0	x
i+2	0	0	0	x

↓ $A = G_{i+1,i+2}A$

	i-1	i	i+1	i+2
i	x	x	x	x
i+1	0	x	x	x
i+2	0	$\boxed{x}$	x	x

← $A = AZ_{i,i+1}$

	i-1	i	i+1	i+2
i	x	x	x	x
i+1	0	x	x	x
i+2	0	$\ominus$	x	x

↓ $B = G_{i+1,i+2}B$

	i-1	i	i+1	i+2
i	0	0	x	x
i+1	0	0	0	x
i+2	0	0	0	$\ominus$

← $B = BZ_{i,i+1}$

	i-1	i	i+1	i+2
i	0	$\boxed{x}$	x	x
i+1	0	0	0	x
i+2	0	0	0	0

Die drei letzten Diagramme beschreiben einen repräsentativen Schritt. Der letzte Schritt geht dann vom letzten Diagramm mit $i+2=n$ aus, und Multiplikation von hinten mit $Z_{n-1,n}$ ergibt

	n-3	n-2	n-1	n
n-2	x	x	x	x
n-1	0	x	x	x
n	0	0	$\ominus$	x

	n-3	n-2	n-1	n
n-2	0	x	x	x
n-1	0	0	$\boxed{x}$	x
n	0	0	0	0

,

so daß die Dimension der zu betrachtenden Matrizen verringert werden kann.

Wir beschreiben nun einen Doppelschritt beim QZ-Algorithmus. Dieser besteht darin, eine obere Hessenberg-Matrix $\tilde{A}=Q^TAZ$ und eine obere Dreiecksmatrix $\tilde{B}=Q^TBZ$ mit orthogonalen Matrizen Q und Z zu berechnen, so daß $\tilde{A}\tilde{B}^{-1}$ im wesentlichen dieselbe Matrix ist, die mit einem QR-Doppelschritt für die Matrix $C=AB^{-1}$ entstehen würde (vgl. Algorithmus 4.5.7). Die erste Spalte von Q ist daher als Vielfaches der ersten Spalte von $(C-k_1I)(C-k_2I)$ zu wählen, wobei k_1 und k_2 die Eigenwerte des letzten 2×2-Diagonalblocks von C sind bzw. die Lösungen von

$\det\left(\begin{bmatrix} a_{n-1,n-1} & a_{n-1,n} \\ a_{n,n-1} & a_{nn} \end{bmatrix} - k\begin{bmatrix} b_{n-1,n-1} & b_{n-1,n} \\ 0 & b_{nn} \end{bmatrix}\right)=0$. Diese Eigenwerte brauchen aber nicht explizit berechnet zu werden. Für die erste Spalte a von $(C-k_1I)(C-k_2I)$ ergibt sich

$$a_1=\left[\left(\frac{a_{n-1,n-1}}{b_{n-1,n-1}}-\frac{a_{11}}{b_{11}}\right)\left(\frac{a_{nn}}{b_{nn}}-\frac{a_{11}}{b_{11}}\right)-\frac{a_{n-1,n}}{b_{nn}}\cdot\frac{a_{n,n-1}}{b_{n-1,n-1}}+\right.$$

$$\left.+\frac{a_{n,n-1}}{b_{n-1,n-1}}\cdot\frac{b_{n-1,n}}{b_{nn}}\cdot\frac{a_{11}}{b_{11}}\right]\left(\frac{b_{11}}{a_{21}}\right)+\frac{a_{12}}{b_{22}}-\left(\frac{a_{11}}{b_{11}}\right)\left(\frac{b_{12}}{b_{22}}\right),$$

$$(4.7.10)\quad a_2=\left(\frac{a_{22}}{b_{22}}-\frac{a_{11}}{b_{11}}\right)-\left(\frac{a_{21}}{b_{11}}\right)\left(\frac{b_{12}}{b_{22}}\right)-\left(\frac{a_{n-1,n-1}}{b_{n-1,n-1}}-\frac{a_{11}}{b_{11}}\right)-\left(\frac{a_{nn}}{b_{nn}}-\frac{a_{11}}{b_{11}}\right)+$$

$$+\left(\frac{a_{n,n-1}}{b_{n-1,n-1}}\right)\left(\frac{b_{n-1,n}}{b_{nn}}\right),$$

$$a_3=\frac{a_{32}}{b_{22}}\text{ und } a_i=0 \text{ für } i\in\{4,\ldots,n\}.$$

Man wählt also eine Householder-Matrix $Q_o=I-2uu^T$ so, daß Q_oa ein Vielfaches von e_1 ist; in u sind dann nur die ersten drei Komponenten ungleich null.

Wir veranschaulichen die Erzeugung von Nichtnullelementen und die Eliminierung wieder durch Skizzen (unter Verwendung der üblichen Symbole), zunächst für Q_oA und Q_oB mit i=1:

Q_oA

	i	i+1	i+2	i+3
i	x	x	x	x
i+1	x	x	x	x
i+2	[x]	x	x	x
i+3	0	0	x	x

Q_oB

	i	i+1	i+2	i+3
i	x	x	x	x
i+1	[x]	x	x	x
i+2	[x]	[x]	x	x
i+3	0	0	0	x

Dies ist auch schon die Ausgangssituation für einen allgemeinen Schritt. Die Elimination der unerwünschten Elemente in B erfolgt durch Multiplikation von hinten mit zwei Householder-Matrizen, welche von der Einheitsmatrix abweichende Blöcke der Größe 3 bzw. 2 besitzen; die erste betrifft die Spalten i bis i+2 und eliminiert die Elemente in Position (i+2,i) und (i+2, i+1), die zweite betrifft die Spalten i und i+1 und eliminiert das Element in Position (i+1,i). In A entstehen dadurch Nichtnullelemente in den Positionen (i+3,i) und (i+3,i+1):

	i	i+1	i+2	i+3
i	x	x	x	x
i+1	x	x	x	x
i+2	x	x	x	x
i+3	[x]	[x]	x	x

	i	i+1	i+2	i+3
i	x	x	x	x
i+1	⊖	x	x	x
i+2	⊖	⊖	x	x
i+3	0	0	0	x

Multiplikation von vorn mit einer Householder-Matrix Q^T mit einem wesentlichen Block der Größe 3, die Zeilen i+1 bis i+3 betreffend, eliminiert in A die Elemente in den Positionen (i+2,i) und (i+3,i), wodurch in B wieder drei zusätzliche Nichtnullelemente in den Positionen (i+2,i+1), (i+3,i+1) und (i+3,i+2) entstehen:

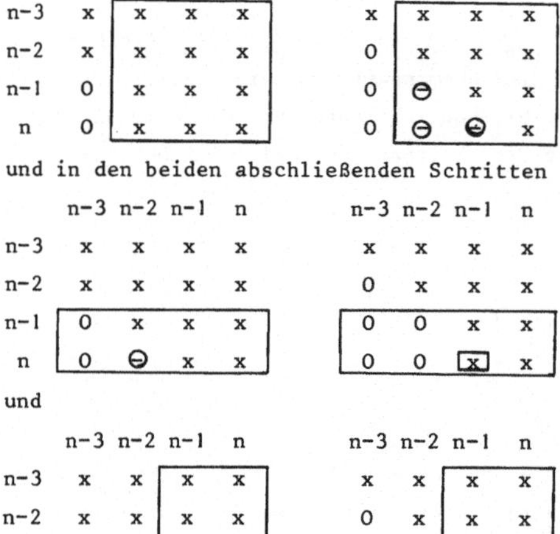

Damit sind die von der angestrebten Gestalt abweichenden Elemente eine Zeile und eine Spalte weiter transportiert worden.

Ist in der letzten Skizze i+3=n, so ergibt sich im nächsten Schritt, der noch genauso aufgebaut ist,

und in den beiden abschließenden Schritten

und

Damit können wir nun den QZ-Algorithmus formulieren, der die Eigenwerte eines Matrizenpaares (A,B) bestimmt, bei dem A eine obere Hessenberg-Matrix und B eine obere Dreiecksmatrix ist.

ALGORITHMUS 4.7.7 (QZ-Algorithmus mit Doppelshift für eine obere Hessenberg-Matrix A und eine obere Dreiecksmatrix B):

Sei $A \in M_n(\mathbb{R})$ eine obere Hessenberg-Matrix und $B \in M_n(\mathbb{R})$ eine obere Dreiecksmatrix; sei eps die Maschinengenauigkeit, $\delta := \text{eps}\|B\|_\infty$ und $k:=n$.

Schritt 1 (Suche nach kleinen Subdiagonalelementen in A):

Falls $k \le 1$ ist, so höre auf.

Für $m=k,k-1,\dots,2$:

Falls $|a_{m,m-1}| \le eps(|a_{m-1,m-1}|+|a_{mm}|)$ ist:
Setze $a_{m,m-1}:=0$.

a) Falls $m=k$ ist, setze $k:=k-1$ und fahre fort mit Schritt 1.

b) Falls $m=k-1$ ist, setze $k:=k-2$ und fahre fort mit Schritt 1.

c) Falls $m<k-1$ ist, fahre fort mit Schritt 2.

Setze $m:=1$.

Schritt 2 (Suche nach kleinen Diagonalelementen in B):

Für $i=k,k-1,\dots,m$:

Falls $|b_{ii}| \le \delta$ ist, setze $b_{ii}:=0$ und annulliere mit der beschriebenen Prozedur das Element $a_{k,k-1}$ und fahre fort mit Schritt 1.

Schritt 3 (impliziter QZ-Doppelschritt für $A[m,k]=\begin{bmatrix} a_{mm} \dots a_{mk} \\ \vdots \quad \vdots \\ a_{km} \dots a_{kk} \end{bmatrix}$ und

$B[m,k]=\begin{bmatrix} b_{mm} \dots b_{mk} \\ \vdots \quad \vdots \\ b_{km} \dots b_{kk} \end{bmatrix}$):

Bestimme x,y und z wie a_1,a_2 und a_3 in (4.7.10).

Für $i=m,m-1,\dots,k-2$:

Bestimme eine Householder-Matrix $H^{(i)} \in M_3(\mathbb{R})$, so daß

$H^{(i)} \begin{bmatrix} x \\ y \\ z \end{bmatrix} = \alpha e_1 \in \mathbb{R}^3$ ist mit $\alpha = \operatorname{sgn} x \|(x,y,z)^T\|_2$ und bilde

mit $H_i = \operatorname{diag}(I_{i-m}, H^{(i)}, I_{k-i-2})$
$A[m,k]:=H_i A[m,k]$ und $B[m,k]:=H_i B[m,k]$.

Setze $x:=b_{i+2,i}$, $y:=b_{i+2,i+1}$ und $z:=b_{i+2,i+2}$.
Bestimme eine Householder-Matrix $X_1^{(i)} \in M_3(\mathbb{R})$, so daß
$(x,y,z)X_1^{(i)} = (0,0,\operatorname{sgn} z \|(x,y,z)^T\|_2)$ ist und bilde
mit $X_{i1} := \operatorname{diag}(I_{i-m}, X_1^{(i)}, I_{k-i-2})$
$A[m,k]:=A[m,k]X_{i1}$ und $B[m,k]:=B[m,k]X_{i1}$.

Setze $x:=b_{i+1,i}$ und $y:=b_{i+1,i+1}$.
Bestimme eine Householder-Matrix $X_2^{(i)} \in M_2(\mathbb{R})$, so daß
$(x,y)X_2^{(i)} = (0,\operatorname{sgn} y \|(x,y)^T\|_2$ ist und bilde

mit $X_{i2}:=\mathrm{diag}(I_{i-m},X_2^{(i)},I_{k-i-1})$
$A[m,k]:=A[m,k]X_{i2}$ und $B[m,k]:=B[m.k]X_{i2}$.

Setze $x:=a_{i+1,i}$ und $y:=a_{i+2,i}$ und, falls $i<k-2$ ist, $z:=a_{i+3,i}$.

Bestimme eine Householder-Matrix $H^{(k-1)}\in M_2(\mathbb{R})$, so daß $H^{(k-1)}\begin{bmatrix}x\\y\end{bmatrix}=\alpha e_1\in\mathbb{R}^2$ ist mit $\alpha=\mathrm{sgn}\,x\|(x,y)^T\|_2$ und bilde

mit $H_{k-1}:=\mathrm{diag}(I_{k-m+1},H^{(k-1)})$
$A[m,k]:=H_{k-1}A[m,k]$ und $B[m,k]:=H_{k-1}B[m,k]$.

Setze $x:=b_{k,k-1}$ und $y:=b_{kk}$.
Bestimme eine Householder-Matrix $X^{(k-1)}\in M_2(\mathbb{R})$, so daß $(x,y)X^{(k-1)}=(0,\mathrm{sgn}\,y\|(x,y)^T\|_2)$ ist und bilde
mit $X_{k-1}:=\mathrm{diag}(I_{m-k+1},X^{(k-1)})$
$A[m,k]:=A[m,k]X_{k-1}$ und $B[m,k]:=B[m,k]X_{k-1}$.
Fahre fort mit Schritt 1.

Die gegebene obere Hessenberg-Matrix A wird also durch Algorithmus 4.7.7 in eine Blockmatrix in oberer Dreiecksgestalt übergeführt, bei der die Diagonalblöcke 1×1- oder 2×2-Matrizen sind (vgl. (4.5.19)), und die Gestalt der gegebenen Dreiecksmatrix B bleibt erhalten.
Zur Bestimmung der Eigenwerte sind also noch die Quotienten $\lambda_i=\frac{a_{ii}}{b_{ii}}$ von Diagonalelementen zu bilden, oder die entsprechenden 2×2-Eigenwertprobleme sind zu lösen. Im Originalaufsatz von Moler & Stewart [182] werden hierzu noch Ausführungen darüber gemacht, daß es im allgemeinen günstiger ist, diese 2×2-Probleme (mit eventuell komplexer Rechnung) weiter zu reduzieren als konventiell ihre Eigenwerte zu bestimmen. Die Angabe der Paare (a_{ii},b_{ii}) von Diagonalelementen ist in jedem Fall der ausschließlichen Angabe ihrer Quotienten λ_i vorzuziehen, da sie zusätzlich Anhaltspunkte über die Störungsanfälligkeit der berechneten Eigenwerte bieten.
Der Rechenaufwand für den Algorithmus beträgt größenordnungsmäßig etwa $15n^3$ Operationen, wenn man davon ausgeht, daß durchschnittlich zwei Iterationen pro Eigenwert erforderlich sind; falls man Q akkumuliert, sind noch einmal $8n^3$ Operationen erforderlich. Die Konvergenzeigenschaften sind dieselben wie beim QR-Algorithmus für obere Hessenberg-Matrizen, ebenso die Rundungsfehlereigenschaften: Die berechneten Eigenwerte sind die exakten Eigenwerte eines nur leicht gestörten Matrizenpaares $(A+E,B+F)$ ($\|E\|_2\lesssim eps\|A\|_2$ und $\|F\|_2\lesssim eps\|B\|_2$). Auch wenn B singulär oder fast singulär ist, bleiben diese guten Eigenschaften erhalten. Schlecht disponierte Eigenwerte erkennt man an kleinen Diagonalelementen der

resultierenden oberen Dreiecksmatrizen.
Ein Nachteil des QZ-Algorithmus ist es, daß die eventuell vorhandene Symmetrie von A und B verlorengeht und man daher einen entsprechend größeren Speicherbedarf und Rechenaufwand hat.
Wir beschreiben im folgenden eine Methode, die ebenfalls die beiden Matrizen A und B getrennt behandelt unter sorgfältiger Beachtung von Stabilitätsgesichtspunkten. Vorausgesetzt wird aber, daß A und B symmetrisch sind und daß B positiv semidefinit ist.

Das Reduktionsverfahren von Fix und Heiberger

Wir beschreiben die wesentlichen Schritte des Verfahrens. Die Idee besteht darin, Eigenwerte von B, die sehr klein sind, rechtzeitig abzuspalten, d.h. als null aufzufassen, und mit einem System kleinerer Dimension weiterzurechnen. Auf diese Weise sollen störende Auswirkungen auf die gut disponierten Eigenwerte des Paares (A,B) vermieden werden.
$\varepsilon\in\mathbb{R}_+$ sei eine vorgegebene Toleranzschranke.

1. Berechne die Spektralzerlegung von B,

$$B=Q\ \mathrm{diag}(D_1^2,D_2^2)Q^H,$$

bei der in der Diagonalmatrix $\mathrm{diag}(D_1^2,D_2^2)$ die kleineren Elemente so angeordnet sind, daß $\|D_2\|_2^2<\varepsilon\|D_1\|_2^2$ ist. Ersetze dann D_2^2 durch 0. Partitioniere $\tilde{A}:=Q^HAQ$ entsprechend, $\tilde{A}=\begin{bmatrix}\tilde{A}_{11} & \tilde{A}_{12}\\ \tilde{A}_{12}^H & \tilde{A}_{22}\end{bmatrix}$, und setze $\tilde{B}:=\begin{bmatrix}D_1^2 & 0\\ 0 & 0\end{bmatrix}$.

2. Berechne die Spektralzerlegung von $\tilde{A}_{22}$,

$$\tilde{A}_{22}=P\ \mathrm{diag}(E_1,E_2)P^H,$$

$\|E_2\|<\varepsilon\|E_1\|_2$, und ersetze E_2 durch 0.

Bilde $A:=\mathrm{diag}(D_1^{-1},P^H)\ A\ \mathrm{diag}(D_1^{-1},P)=:\begin{bmatrix}\hat{A}_{11} & \hat{A}_{12} & \hat{A}_{13}\\ \hat{A}_{12}^H & E_1 & 0\\ \hat{A}_{13}^H & 0 & 0\end{bmatrix}$

und $\hat{B}:=\mathrm{diag}(D_1^{-1},P^H)\ B\ \mathrm{diag}(D_1^{-1},P)=\begin{bmatrix}I & 0 & 0\\ 0 & 0 & 0\\ 0 & 0 & 0\end{bmatrix}$.

3. Berechne nun die Singulärwertzerlegung von $\hat{A}_{13}$,

$$\hat{A}_{13}=U\begin{bmatrix}\Sigma\\ 0\end{bmatrix}V^H=U\begin{bmatrix}\mathrm{diag}(\Sigma_1,\Sigma_2)\\ 0\end{bmatrix}V^H$$

(zur Theorie s. Abschnitt 1.6, zur praktischen Berechnung s. Abschnitt 4.8); die Unterteilung sei wieder so gewählt, daß $\|\Sigma_2\|_2<\varepsilon\|\Sigma_1\|_2$ gilt.
Ersetze Σ_2 durch 0 und bilde

$$A':=\mathrm{diag}(U^H,I,V^H)\hat{A}\ \mathrm{diag}(U,I,V)=\begin{bmatrix} A_{11} & A_{12} & A_{13} & E_1 & 0 \\ A_{12}^H & A_{22} & A_{23} & 0 & 0 \\ A_{13}^H & A_{23}^H & E_1 & 0 & 0 \\ E_1 & 0 & 0 & 0 & 0 \\ 0 & 0 & 0 & 0 & 0 \end{bmatrix}$$

und $B':=\hat{B}=\mathrm{diag}(I,I,0,0,0)$ (die Position von E_1 erklärt die Blockstruktur). Die letzte Zeile und Spalte tritt auf, wenn $\Sigma\neq\Sigma_1$ ist; dann ist das Paar (A,B) (fast) singulär, und man betrachtet das (Block-) 4×4-Unterproblem zur Bestimmung der "echten" Eigenwerte, ebenso wie in dem Fall, daß $\Sigma=\Sigma_1$ ist.

Dieses Standard-Eigenwertproblem kann folgendermaßen gelöst werden: Partitioniere einen Eigenvektor x entsprechend den Blöcken in A' in $x=(x_1^T\ x_2^T\ x_3^T\ x_4^T)^T$. (Block-) Zeilenweise von unten beginnend erhält man dann

$$\begin{aligned} x_1 &= 0, \\ x_3 &= -E_1^{-1}A_{23}^H x_2, \\ (A_{22}-A_{23}E_1^{-1}A_{23}^H-\lambda I)x_2 &= 0, \\ x_4 &= -\Sigma_1^{-1}(A_{12}x_2+A_{13}x_3). \end{aligned}$$

Im wesentlichen ist also das Standard-Eigenwertproblem $(A_{22}-A_{23}E_1^{-1}A_{23}^H-\lambda I)x_2=0$ zu lösen. Treten irgendwelche der Teilmatrizen D_2, E_2 oder Σ_2 nicht auf, so verkürzt sich die Darstellung sinngemäß. Entfällt insbesondere schon D_2, so entspricht die Konstruktion einschließlich Schritt 2 dem ersten Teil des konstruktiven Beweises von Satz 4.7.1. Tritt E_2 nicht auf, so entfällt Schritt 3 ebenfalls.

Wir beschreiben nun kurz die Grundzüge zweier Verfahren, die eine Folge von Eigenvektor-Näherungen erzeugen.

Rayleigh-Quotienten-Iterationsverfahren

Dieses Verfahren stellt eine Übertragung des Verfahrens der inversen Iteration mit Rayleigh-Quotienten-Shift dar (s. Bemerkung 4.2.7).

Für das symmetrische allgemeine Eigenwertproblem (A symmetrisch, B symmetrisch und positiv definit) ist der zugehörige Rayleigh-Quotient für $x\in\mathbb{R}^n\setminus\{0\}$ definiert als $R(x):=\frac{x^TAx}{x^TBx}$. Ist $B=LL^T$ die Cholesky-Zerlegung von B, so gilt

$$\min_{x\in\mathbb{R}^n\setminus\{0\}}\frac{x^TAx}{x^TBx}=\min_{x\in\mathbb{R}^n\setminus\{0\}}\frac{x^TAx}{x^TLL^Tx}=\min_{y\in\mathbb{R}^n\setminus\{0\}}\frac{y^TL^{-1}AL^{-T}y}{y^Ty}$$

(entsprechend für das Maximum).

Es gilt also (vgl. Satz 1.8.19) für die gemäß $\lambda_1\geq\lambda_2\geq\ldots\geq\lambda_n$ angeordneten Eigenwerte von (A,B) ($(L^{-1}AL^{-T},I)$ ist ein dazu äquivalentes Paar)

(4.7.11) $\quad\lambda_n\leq R(x)\leq\lambda_1$

und $\lambda_1 = \max_{x\in\mathbb{R}^n\setminus\{0\}} \frac{x^TAx}{x^TBx}$, $\lambda_n = \min_{x\in\mathbb{R}^n\setminus\{0\}} \frac{x^TAx}{x^TBx}$; Minimum und Maximum werden nur von den entsprechenden Eigenvektoren angenommen. Aus dem Rayleigh-Quotienten-Iterationsverfahren für $L^{-1}AL^{-T}x=\lambda x$ ergeben sich für das Problem $Ax=\lambda Bx$ die folgenden Berechnungen (die "passende" Norm für diesen Zweck ist $\|x\|_{B^{-1}} := (x^TB^{-1}x)^{1/2}$):
Gib einen Startvektor $x_o\in\mathbb{R}^n\setminus\{0\}$ vor.

Berechne $\rho_k := \frac{x_k^TAx_k}{x_k^TBx_k}$ für $k\in\mathbb{N}$ und bestimme $\tilde{x}_{k+1}$ als Lösung von

(4.7.12) $(A-\rho_kB)\tilde{x}_{k+1}=Bx_k$.

Normiere $\tilde{x}_{k+1}$, d.h. bilde $x_{k+1} := \frac{\tilde{x}_{k+1}}{\|Bx_k\|_{B^{-1}}} = \frac{\tilde{x}_{k+1}}{(x_k^TBx_k)^{1/2}}$.

Zur Lösung von (4.7.12) ist eine der Methoden zur Lösung linearer Gleichungssysteme anzuwenden. Falls die Dimension der Matrizen so groß ist, daß eine Faktorisierung nicht mehr möglich ist, so muß in jedem Schritt ein zusätzliches "inneres" Iterationsverfahren angewendet werden.
Die Potenzmethode ist in diesem Fall nicht von wesentlich einfacherer Gestalt, da in ihrem Verlauf stets Gleichungssysteme der Art $Bx_{k+1}=(A-\sigma_kB)x_k$ gelöst werden müssen (die Koeffizientenmatrix ist allerdings stets dieselbe).
Eine Reihe der Ergebnisse über die Rayleigh-Quotienten-Iteration für das symmetrische Standard-Eigenwertproblem übertragen sich auf den Fall des allgemeinen symmetrischen Eigenwertproblems (bei Verwendung der Norm $\|\cdot\|_{B^{-1}}$). Eine übersichtliche Darstellung, welche die wesentlichen Punkte zusammenfaßt, findet man in Parlett [206], pp. 317-321.

Koordinatenüberrelaxation

Dieses Verfahren für das allgemeine symmetrische Eigenwertproblem ist ein Minimierungsverfahren für den Rayleigh-Quotienten, berechnet also den kleinsten Eigenwert von (A,B). Sein Vorteil liegt darin, daß bei den Rechnungen keine linearen Gleichungssysteme gelöst werden müssen, sondern nur Matrix-Vektor-Multiplikationen auftreten und daher eine schwache Besetzung oder eine regelmäßige Struktur der Koeffizienten gut ausgenutzt werden können. Sein Nachteil ist die im allgemeinen nicht sehr große Konvergenzgeschwindigkeit.
In einem Iterationsschritt wird ein Vektor $x\in\mathbb{R}^n\setminus\{0\}$, für dessen Rayleigh-Quotienten ja $R(x)\geq\lambda_n$ gilt (vgl. (4.7.11)), in einer Komponente j (j durchläuft zyklisch $\{1,\ldots,n\}$) so verändert, daß der neue Vektor y den Rayleigh-Quotienten über der Menge $\{\alpha x+\beta e_j \mid (\alpha,\beta)\in\mathbb{R}^2\setminus\{(0,0)\}\}$ minimiert.
Setzt man

(4.7.13) $a:=x^TAx$, $b:=x^TBx$,

(4.7.14) $f:=e_j^TAx=(Ax)_j$, $g:=e_j^TBx=(Bx)_j$,

(4.7.15) $p:=e_j^TAe_j=a_{jj}$, $q:=e_j^TBe_j=b_{jj}$,

so ist also

$$R(\alpha,\beta):=\frac{(\alpha x+\beta e_j)^TA(\alpha x+\beta e_j)}{(\alpha x+\beta e_j)^TB(\alpha x+\beta e_j)}=\frac{a\alpha^2+2f\alpha\beta+p\beta^2}{b\alpha^2+2g\alpha\beta+q\beta^2}$$

bezüglich $(\alpha,\beta)\in\mathbb{R}^2\setminus\{(0,0)\}$ zu minimieren.

Der Quotient der rechten Seite ist aber der Rayleigh-Quotient des Matrixpaares $\left(\begin{bmatrix} a & f \\ f & p \end{bmatrix}, \begin{bmatrix} b & g \\ g & q \end{bmatrix}\right)$ bezüglich des Vektors $\begin{bmatrix} \alpha \\ \beta \end{bmatrix}$. Sein Minimum r ist also der kleinste Eigenwert, und ein zugehöriger Eigenvektor ist die gesuchte Lösung, welche man somit aus den Gleichungen

(4.7.16) $(a-rb)\alpha+(f-rg)\beta=0$

(4.7.17) $(f-rg)\alpha+(p-rq)\beta=0$

erhält.

1. Fall: Ist $p-rq\neq 0$, so ist $\alpha:=1$, $\beta:=-\frac{f-rg}{p-rq}$ eine Lösung. Der nächste Vektor ist also $y=x+\beta e_j$.

2. Fall: Ist $p-rq=0$, so gilt wegen $(a-rb)(p-rq)=(f-rg)^2$ auch $f-rg=0$. Die verbleibende Gleichung $(a-rb)\alpha=0$ wird gelöst durch

a) $\alpha=0$, $\beta=1$ und somit $y=e_j$, falls $a-rb\neq 0$ ist,

b) $\alpha=1$, $\beta=0$ und somit $y=x$, falls $a-rb=0$ ist.

Wie bei den Relaxationsverfahren zur Lösung linearer Gleichungssysteme führt man im 1. Fall eine "Überkorrektur" durch, indem man $y=x+\omega\beta e_j$ für $\omega\in]1,2[$ bildet. Zähler und Nenner der verwendeten Rayleigh-Quotienten kann man rekursiv berechnen, wie im folgenden Algorithmus beschrieben. Man bricht das Verfahren ab, sobald die Verringerung des Rayleigh-Quotienten über einen vollen Zyklus sehr gering ist.

<u>ALGORITHMUS 4.7.8</u> (Koordinatenüberrelaxation zur Bestimmung des kleinsten Eigenwerts des symmetrischen allgemeinen Eigenwertproblems $Ax=\lambda Bx$):

Sei $A\in M_n(\mathbb{R})$ symmetrisch und $B\in M_n(\mathbb{R})$ symmetrisch und positiv definit.

Schritt 1: Wähle einen Relaxationsfaktor $\omega\in[1,2[$, Toleranzschranken $\delta,\varepsilon\in\mathbb{R}_+$ und einen Startvektor $x\in\mathbb{R}^n\setminus\{0\}$.
Bilde $a:=x^TAx$, $b:=x^TBx$ und $r:=\frac{a}{b}$.

Schritt 2: Setze $R_{max}:=R_{min}:=r$.

Für $j=1,2,\dots,n$:

Bilde $f:=\sum_{k=1}^{n} a_{jk}x_k$, $g:=\sum_{k=1}^{n} b_{jk}x_k$,

$p:=a_{jj}$, $q:=b_{jj}$.

Bestimme den kleinsten Eigenwert r_1 von $\left(\begin{bmatrix} a & f \\ f & p \end{bmatrix} - \lambda \begin{bmatrix} b & g \\ g & q \end{bmatrix}\right)\begin{bmatrix} \alpha \\ \beta \end{bmatrix}=0$.

a) Ist $|p-r_1q|>\varepsilon$, so setze

$$\beta := -\omega\frac{f-r_1g}{p-r_1q},$$
$$x_j := x_j+\beta,$$
$$a := a+2\beta f+\beta^2p,$$
$$b := b+2\beta g+\beta^2q,$$
$$r := \frac{a}{b}.$$

b) Ist $|p-r_1q|\leq\varepsilon$ und $|a-r_1b|>\varepsilon$, so setze

$$x := e_j,\ a := p,\ b := q,\ r := \frac{a}{b}.$$

c) Ist $|p-r_1q|\leq\varepsilon$ und $|a-r_1b|\leq\varepsilon$, so fahre fort.

Setze $R_{max}:=\max(r,R_{max})$ und $R_{min}:=\min(r,R_{min})$.

Schritt 3: Ist $\frac{R_{min}}{R_{max}}\leq 1-\delta$, so fahre fort mit Schritt 2.

Ohne näher auf die genauen Voraussetzungen und Einzelheiten der Konvergenztheorie einzugehen, erwähnen wir, daß in der Praxis stets Konvergenz gegen den kleinsten Eigenwert eintritt.

Eine zur simultanen Vektoriteration analoge Variante des Koordinaten-Überrelaxationsverfahren stellt die simultane Gruppenkoordinatenüberrelaxation dar. Dabei werden mehrere Vektoren gleichzeitig behandelt, und Veränderungen werden jeweils in mehreren Komponenten zugelassen.

Hinweise

Die Theorie des allgemeinen Eigenwertproblems wird von Gantmacher [95] ausführlich dargestellt, die geschichtliche Entwicklung insbesondere der gleichzeitigen Diagonalisierbarkeit eines Matrizenpaares von Uhlig [285]. Die für die numerische Behandlung wichtigen Grundlagen findet man in Parlett [206], dort wird auch die Fix-Heiberger-Reduktion (Originalarbeit: Fix & Heiberger [86]) und die Rayleigh-Quotienten-Iteration beschrieben, sowie weitere Verallgemeinerungen von Verfahren für das Standardproblem (z.B. Jacobi-Verfahren und Lanczos-Verfahren). Der Beweis von Satz 4.7.2 basiert auf Stewart [270]. Die Cholesky-Reduktion auf

ein Standard-Eigenwertproblem wird in Wilkinson [309] dargestellt, ein entsprechendes ALGOL-Programm in Martin & Wilkinson [173]. Erfahrungsberichte über verschiedene Algorithmen auf dem Stand von 1970 enthält Peters & Wilkinson [218].
Das Bisektionsverfahren für das Standard-Eigenwertproblem mit symmetrischer Tridiagonalmatrix wird meistens mit Hilfe der Sturmschen Ketten beschrieben. Darauf basiert auch das ALGOL-Programm in Barth, Martin & Wilkinson [12]. Für das allgemeine Eigenwertproblem, insbesondere wenn A und B Bandmatrizen sind, werden Varianten beschrieben von Peters & Wilkinson [214], Gupta [118], [119] und Schwarz [256] (siehe auch [257]). Letztere Arbeit verwendet ebenfalls eine LDL^T-Zerlegung, zur Vermeidung eines Zusammenbruchs und zur Erhöhung der Stabilität jedoch mit einer speziellen partiellen Pivotisierung versehen.
Der QZ-Algorithmus wurde von Moler & Stewart [182] entwickelt. Ein verwandtes Verfahren ist der LZ-Algorithmus von Kaufman [147], der in ähnlicher Beziehung zum LR-Verfahren steht wie der QZ-Algorithmus zum QR-Verfahren. In enger Verwandtschaft mit den Zerlegungsalgorithmen steht der MDR-Algorithmus von Bunse-Gerstner [47] zur Lösung des symmetrischen Eigenwertproblems. Er berücksichtigt Stabilitätsgesichtspunkte und nutzt die Symmetrie des Problems aus.
Weitergehendes über das Verfahren der Koordinatenüberrelaxation wird in Schwarz [253], [254], [255] beschrieben (siehe auch [257]), insbesondere zur Konvergenztheorie und zum Gruppenkoordinatenüberrelaxationsverfahren. Dem in diesem Abschnitt beschriebenen Algorithmus liegen diese Arbeiten zugrunde.
Als nützliche Quelle für weitere Literaturhinweise und einen guten Überblick über sehr viele Arbeiten über das allgemeine Eigenwertproblem auf dem Stand von 1975 ist der Artikel Stewart [276] zu empfehlen, als Übersicht über den aktuellen Stand der Forschung der Tagungsband Kågström & Ruhe [143]. Dort findet man u.a. auch neuere Ergebnisse aus dem Gebiet der Störungstheorie (Sun [281]). Zu diesem Thema erwähnen wir ferner die Arbeiten von Stewart [270], [272], [274], [278], Sun [282] und Elsner & Sun [84].

4.8 BERECHNUNG DER SINGULÄRWERTZERLEGUNG

Die Singulärwertzerlegung einer Matrix A kann durch Anwendung des QR-Algorithmus für die Matrix A^TA bestimmt werden. Die explizite Bildung von A^TA kann jedoch vermieden werden, indem man durch geschickte Organisation die Matrix A orthogonal äquivalent so in eine Diagonalmatrix transformiert, daß die Rechnung einer impliziten Durchführung des QR-Algorithmus entspricht. Mit Hilfe der Singulärwertzerlegung kann dann das lineare Ausgleichsproblem leicht gelöst werden.

Ebenso wie es beim allgemeinen Eigenwertproblem $Ax=\lambda Bx$ nicht günstig ist, AB^{-1} explizit zu bilden und dann den QR-Algorithmus anzuwenden (s. Abschnitt 4.7), ist es für die Berechnung der singulären Werte einer Matrix A nicht empfehlenswert, die Matrix A^TA explizit zu bilden und deren Eigenwerte mit dem QR-Algorithmus (oder einem anderen Verfahren zur Eigenwertberechnung) zu bestimmen. Satz 1.8.22 läßt nämlich vermuten, daß eine Störung von $10^{-t}\|A\|_2$ (z.B. durch

Rundung von A) für einen singulären Wert der Größe $10^{-p}\|A\|_2$ schlimmstenfalls zu einer Genauigkeit von nur t-p Dezimalstellen führen könnte. Der entsprechende Eigenwert von A^TA ist dann von der Größenordnung $10^{-2p}\|A\|_2^2$ und eine Störung von $10^{-t}\|A\|_2^2$ durch Rundung von A^TA ließe gegebenenfalls nur eine Genauigkeit von t-2p Dezimalstellen für den Eigenwert übrig. Ist etwa $p<t<2p$, so könnte die erreichbare Genauigkeit von t-p Stellen für das ursprüngliche Problem durch die Bildung von A^TA völlig verloren gehen; keine Stelle wäre mehr exakt (vgl. auch die einführenden Bemerkungen in Abschnitt 2.6 zur Problematik der Berechnung von A^TA).

Das Vorgehen zur Herleitung einer Berechnungsmethode für die Singulärwertzerlegung ist ähnlich wie bei der Herleitung des QZ-Algorithmus: Man verwendet orthogonale Transformationen, die die erreichbare Genauigkeit in der Lösung erhalten, um eine kompakte Form des Problems zu erreichen. Dann untersucht man den QR-Algorithmus für dieses reduzierte Problem und strebt eine implizite Formulierung an, die die Bildung von A^TA bzw. von AB^{-1} vermeidet.

Sei $A\in M_{m,n}(\mathbb{R})$, $m\geq n$ (sonst, d.h. im Fall $m<n$, betrachte man A^T oder man füge entsprechende Nullzeilen zu A hinzu). Orthogonal äquivalente Transformationen lassen die singulären Werte von A unverändert, das heißt: Sind $P\in M_m(\mathbb{C})$ und $Q\in M_n(\mathbb{C})$ orthogonal, so besitzt PAQ dieselben singulären Werte wie A (vgl. Korollar 1.6.12).

1. Orthogonal äquivalente Transformation auf obere Bidiagonalgestalt

Man führt abwechselnd Spalten- und Zeilenelimination mit Householder-Matrizen (oder Givens-Rotationen) durch in der durch das folgende Diagramm skizzierten Reihenfolge:

(4.8.1)

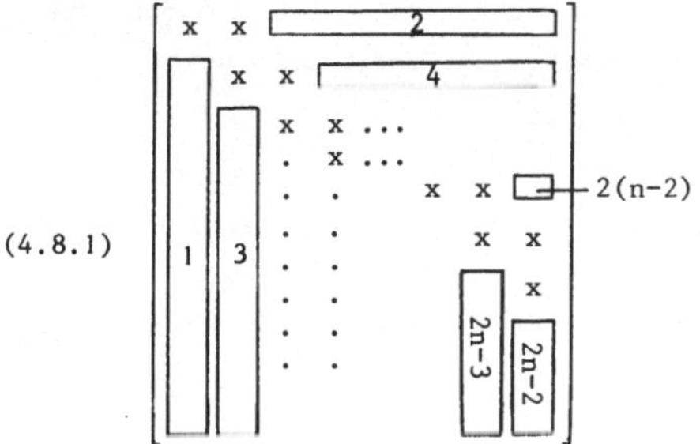

Das Ergebnis sei $B=\begin{bmatrix} B_o \\ 0 \end{bmatrix}=P_nP_{n-1}\cdots P_1AQ_1\cdots Q_{n-2}=PAQ$, $B_o\in M_n(\mathbb{R})$, ($P_n=I$, falls $m=n$ ist). P_i eliminiert die Elemente an den Positionen (k,i), $k\in\{i+1,\dots,m\}$, Q_i eliminiert die Elemente an den Positionen (i,k), $k\in\{i+2,\dots,n\}$, und Multiplikation mit Q_i ändert die bereits eliminierten i Spalten von $P_i\cdots P_1AQ_1\cdots Q_{i-1}$ nicht.

Es genügt nun, mit der quadratischen Bidiagonalmatrix B_o weiter zu rechnen. Ist nämlich $B_o=U\Sigma_oV^T$ eine Singulärwertzerlegung von B_o, so ist $\begin{bmatrix} U & 0 \\ 0 & I \end{bmatrix} \begin{bmatrix} \Sigma_o \\ 0 \end{bmatrix} V^T$ eine Singulärwertzerlegung von B, und $A=P^T \begin{bmatrix} U & 0 \\ 0 & I \end{bmatrix} \begin{bmatrix} \Sigma_o \\ 0 \end{bmatrix} V^TQ^T$ ist eine Singulärwertzerlegung von A.

2. Berechnung der Singulärwertzerlegung einer quadratischen Bidiagonalmatrix

Sei $B_o=\begin{bmatrix} q_1 & e_2 & & 0 \\ & \ddots & \ddots & \\ & & \ddots & e_n \\ 0 & & & q_n \end{bmatrix} \in M_n(\mathbb{R})$. Wir beschreiben einen (typischen) Iterationsschritt $B_o \to B_1$, der einem Schritt $B_o^TB_o \to B_1^TB_1$ des QR-Algorithmus für symmetrische Tridiagonalmatrizen entspricht.

Sei $B_o^TB_o-kI=\tilde{Q}R$ die QR-Zerlegung von $B_o^TB_o-kI$. Ein Schritt des QR-Algorithmus erzeugt die Matrix $R\tilde{Q}+kI=\tilde{Q}^TB_o^TB_o\tilde{Q}=:\tilde{B}$. Gesucht ist eine obere Bidiagonalmatrix B_1, für die $B_1^TB_1=\tilde{B}$ gilt.

a) Bestimme eine Matrix Q_o, deren erste Spalte mit der von $\tilde{Q}$ übereinstimmt.

b) Verwende die unter 1. beschriebene Technik, um die Matrix B_oQ_o auf obere Bidiagonalgestalt zu transformieren; die entsprechenden Matrizen werden wieder mit $P_1,\dots,P_{n-1}(P_n=I)$ und $Q_1,\dots,Q_{n-2}$ bezeichnet. Die entstehende obere Bidiagonalmatrix sei $B_1:=P_{n-1}\dots P_1B_oQ_oQ_1\dots Q_{n-2}$. Da $Q_1,\dots,Q_{n-2}$ die erste Spalte nicht verändern, besitzt $Q:=Q_o\dots Q_{n-2}$ dieselbe erste Spalte wie $\tilde{Q}$, und es gilt

$B_1^TB_1=Q^TB_o^T(P_{n-1}\dots P_1)^T(P_{n-1}\dots P_1)B_oQ=Q^TB_o^TB_oQ.$

Da die beiden Matrizen $Q^TB_o^TB_oQ$ und $\tilde{Q}^TB_o^TB_o\tilde{Q}$ tridiagonal sind, stimmen nach Korollar 4.4.2 Q und $\tilde{Q}$ bis auf Multiplikation mit einer Diagonalmatrix diag(±1) überein, falls die Nebendiagonalelemente von $B_o^TB_o$ nicht verschwinden (s. dazu die Ausführungen über die praktische Durchführung dieses Schrittes).

Praktische Durchführung eines Iterationsschritts

a) Bestimmung des Shifts k: k wird als derjenige Eigenwert des rechten unteren 2×2-Blocks von $T:=B_o^TB_o$ gewählt, der am nächsten an t_{nn} liegt. Dieser Block ist $\begin{bmatrix} q_{n-1}^2+e_{n-1}^2 & q_{n-1}e_n \\ q_{n-1}e_n & q_n^2+e_n^2 \end{bmatrix}$ (vgl. die Ausführungen beim QR-Algorithmus für symmetrische Tridiagonalmatrizen).

Allgemein sind die Elemente von T gegeben durch

$$(4.8.2)\quad \begin{aligned} t_{j+1,j} &= t_{j,j+1}=q_je_{j+1}, \\ t_{j+1,j+1} &= q_{j+1}^2+e_{j+1}^2, \end{aligned} \quad \text{für } j\in\{1,\dots,n-1\}$$
$$t_{11} = q_1^2.$$

Q_o wird so gewählt, daß die erste Spalte von $B_o^TB_o-kI$ unterhalb der Diagonalen eliminiert wird; diese Spalte ist $(q_1^2-k,e_2q_1,0,\dots,0)^T$. Zur Elimination von e_2q_1 ist eine Givens-Rotationsmatrix $Q_o=G_{12}$ geeignet; der Ähnlichkeitstransformation $B_o^TB_o-kI\to Q_o^T(B_o^TB_o-kI)Q_o$ entspricht für B_o die Transformation $B_o\to B_oQ_o$.

b) Die Matrix B_oQ_o hat in ihrer Besetzung gegenüber B_o nur einen zusätzlichen Eintrag in Position (2,1); die Transformation auf Bidiagonalgestalt vereinfacht sich dadurch beträchtlich. Die Reihenfolge der Elimination bleibt wie im Reduktionsschritt (s. (4.8.1)), es tritt jedoch jeweils nur ein zusätzliches Element auf, welches mit einer entsprechenden Givens-Rotation eliminiert wird.

Die folgende Skizze (mit den üblichen Symbolen) veranschaulicht noch einmal das Auftreten und die Elimination von neuen Nichtnullelementen für diesen Fall:

	A					$A=G_{j,j+1}A$					$A=AG_{j+1,j+2}$			
	j	j+1	j+2	j+3		j	j+1	j+2	j+3		j	j+1	j+2	j+3
j	x	x	0	0		x	x	[x]	0		x	x	⊖	0
j+1	[x]	x	x	0	→	⊖	x	x	0	→	0	x	x	0 .
j+2	0	0	x	x		0	0	x	x		0	[x]	x	x
j+3	0	0	0	x		0	0	0	x		0	0	0	x

Ein Element in Position (j+1,j) wird eliminiert durch eine Givens-Rotation $G_{j,j+1}$ von vorn, dadurch tritt ein neues Element in Position (i,j+2) auf (bis auf j=n-1, für welches kein neues Element auftritt). Ein Element in Position (j,j+2) wird eliminiert durch eine Givens-Rotation $G_{j+1,j+2}$ von hinten, dadurch tritt ein neues Element in Position (j+2,j+1) auf.

Wenn die Nebendiagonalelemente von $T=B_o^TB_o$ nicht verschwinden, so verschwinden nach (4.8.2) die Nebendiagonalelemente $e_2,\dots,e_n$ und die Diagonalelemente $q_1,\dots,q_{n-1}$ nicht.

Wir zeigen nun, daß das Verschwinden eines Nebendiagonalelementes von T, welches beim QR-Algorithmus zu einem Aufspalten in kleinere Probleme führt, auch an der Bidiagonalmatrix B_o ersichtlich ist und zur selben Aufspaltung ausgenutzt werden kann.

Ist $t_{j,j+1}=0$ für ein $j\in\{1,\dots,n-1\}$, so ist entweder $e_{j+1}=0$ oder $q_j=0$. Ist $e_{j+1}=0$, so spaltet man die Bidiagonalmatrix ebenfalls an der entsprechenden Stelle auf; ist $q_j=0$, so führen wir einen zusätzlichen Zwischenschritt durch.

Ausnahmeschritt: Sei $j\in\{1,\dots,n-1\}$ mit $|q_j|\le\delta$ für eine vorgeschriebene Toleranzschranke δ (z.B. $\delta=\|B_o\|_\infty$eps, eps Maschinengenauigkeit); für $k\in\{j+1,\dots,n\}$ gelte $q_k\neq 0$, $e_k\neq 0$.

Mit Givens-Rotationsmatrizen $G_{j,j+1},\dots,G_{j,n}$ bilden wir

$$\tilde{B}_o := G_{j,n} \cdots G_{j,j+1} B_o = \left[\begin{array}{cccc|cccc} q_1 & e_2 & & & & & & \\ & \ddots & \ddots & & & & & \\ & & q_{j-1} & e_j & & & & \\ & & & \tilde{q}_j & 0 & & & \\ \hline & & & \delta_{j+1} & \tilde{q}_{j+1} & \tilde{e}_{j+2} & & \\ & & & \vdots & & \ddots & \ddots & \\ & & & \vdots & & & \ddots & \tilde{e}_n \\ & & & \delta_n & & & & \tilde{q}_n \end{array}\right].$$

$G_{j,k}$ eliminiert an Position (j,k) und erzeugt neue Elemente an den Positionen (k,j) und (j,k+1).

Die folgende Skizze veranschaulicht wieder das Auftreten und die Elimination von Nichtnullelementen ($\ominus$ bezeichnet ein eliminiertes Element, $\boxed{x}$ ein neu aufgetretenes Nichtnullelement; die beteiligten Elemente sind umrandet):

$$\begin{array}{c|cccc} B_o & j & j+1 & j+2 & j+3 \\ \hline j & x & x & 0 & 0 \\ j+1 & 0 & x & x & 0 \\ j+2 & 0 & 0 & x & x \\ j+3 & 0 & 0 & 0 & x \end{array} \rightarrow \begin{array}{cccc} \multicolumn{4}{c}{B_o = G_{j,j+1}B_o} \\ j & j+1 & j+2 & j+3 \\ \hline x & \ominus & \boxed{x} & 0 \\ \boxed{x} & x & x & 0 \\ 0 & 0 & x & x \\ 0 & 0 & 0 & x \end{array} \rightarrow \begin{array}{cccc} \multicolumn{4}{c}{B_o = G_{j,j+2}B_o} \\ j & j+1 & j+2 & j+3 \\ \hline x & 0 & \ominus & \boxed{x} \\ x & x & x & 0 \\ \boxed{x} & 0 & x & x \\ 0 & 0 & 0 & x \end{array}$$

und schließlich

$$\begin{array}{c|cccc} B_o = G_{j,n-1}B_o & j & j+1 \ldots & n-1 & n \\ \hline j & x & 0 \ldots & \ominus & \boxed{x} \\ j+1 & x & x \ldots & 0 & 0 \\ \vdots & \vdots & \vdots & \vdots & \vdots \\ n-1 & \boxed{x} & 0 \ldots & x & x \\ n & 0 & 0 \ldots & 0 & x \end{array} \rightarrow \begin{array}{cccc} \multicolumn{4}{c}{B_o = G_{j,n}B_o} \\ j & j+1 \ldots & n-1 & n \\ \hline x & 0 \ldots & 0 & \ominus \\ x & x \ldots & 0 & 0 \\ \vdots & \vdots & \vdots & \vdots \\ x & 0 \ldots & x & x \\ \boxed{x} & 0 \ldots & 0 & x \end{array}.$$

Wegen der normerhaltenden Eigenschaft der orthogonalen Transformationen gilt $\tilde{q}_j^2+\delta_{j+1}^2+\ldots+\delta_n^2=q_j^2\leq\delta^2$, so daß die Transformierte $\tilde{B}_o$ (im Rahmen der Rechengenauigkeit) in eine Blockdiagonalmatrix mit bidiagonalen Diagonalblöcken zerfällt. Der obere Diagonalblock enthält dann als letztes Element $\tilde{q}_j$ mit der Eigenschaft $\tilde{q}_j^2\leq\delta^2$, so daß ein singulärer Wert im Rahmen der Rechengenauigkeit gleich null ist. Das Element e_j wird durch Multiplikation von hinten mit Givens-Rotationen $G_{k,j}, k=j-1,\ldots,1$ eliminiert. Die Reihenfolge der Elimination wird durch folgende Skizze veranschaulicht:

$$B_o \quad\quad B_o = B_o G_{j-1,j} \quad\quad B_o = B_o G_{j-2,j}$$

$$\begin{array}{c|cccc} & j-3 & j-2 & j-1 & j \\ j-3 & x & x & 0 & 0 \\ j-2 & 0 & x & x & 0 \\ j-1 & 0 & 0 & x & x \\ j & 0 & 0 & 0 & x \end{array} \rightarrow \begin{array}{cc|cc|} j-3 & j-2 & j-1 & j \\ x & x & 0 & 0 \\ 0 & x & x & \boxed{x} \\ 0 & 0 & x & \ominus \\ 0 & 0 & 0 & x \end{array} \rightarrow \begin{array}{c|c|c|c|} j-3 & j-2 & j-1 & j \\ x & x & 0 & \boxed{x} \\ 0 & x & x & \ominus \\ 0 & 0 & x & 0 \\ 0 & 0 & 0 & x \end{array}$$

und schließlich im letzten Schritt

$$B_o = B_o G_{2,j} \quad\quad B_o = B_o G_{1,j}$$

$$\begin{array}{c|c|c|ccc|c|} & 1 & 2 & \dots & j-1 & j \\ 1 & x & x & \dots & 0 & \boxed{x} \\ 2 & 0 & x & \dots & 0 & \ominus \\ \vdots & \vdots & \vdots & & \vdots & \vdots \\ j-1 & 0 & 0 & \dots & x & 0 \\ j & 0 & 0 & \dots & 0 & x \end{array} \rightarrow \begin{array}{|c|cccc|c|} 1 & 2 & \dots & j-1 & j \\ x & x & \dots & 0 & \ominus \\ 0 & x & \dots & 0 & 0 \\ \vdots & \vdots & & \vdots & \vdots \\ 0 & 0 & \dots & x & 0 \\ 0 & 0 & \dots & 0 & x \end{array} .$$

Damit ist auch der Fall behandelt, daß das letzte Diagonalelement verschwindet.

Es ergeben sich so die folgenden wesentlichen Schritte bei der Bestimmung der singulären Werte einer Matrix.

ALGORITHMUS 4.8.1 (Berechnung der singulären Werte):

Sei $A \in M_{m,n}(\mathbb{R})$, $m \geq n$.

Schritt 1: Reduziere A durch abwechselnde Spalten- und Zeilentransformationen mit Householder-Matrizen auf obere Bidiagonalgestalt:

$$B := \begin{bmatrix} B_o \\ 0 \end{bmatrix} := P_n P_{n-1} \dots P_1 A Q_1 \dots Q_{n-2},\ B_o := \begin{bmatrix} q_1 & e_2 & & 0 \\ & \ddots & \ddots & \\ & & \ddots & e_n \\ 0 & & & q_n \end{bmatrix}.$$

Setze $\delta := eps \|B_o\|_\infty$, eps die Maschinengenauigkeit oder eine selbstgewählte Toleranzschranke; setze $k := n$.

Schritt 2: Falls $k=1$ ist, setze $\sigma_1 = |q_1|$ und höre auf.

a) (Suche nach kleinen Nebendiagonalelementen)

Für $m=k,k-1,\dots,2$:

Falls $|e_m| \leq eps(|q_{m-1}|+|q_m|)$ ist:

Setze $e_m := 0$.

i) Falls $m=k$ ist, setze $\sigma_m := |q_m|$, $k := k-1$ und fahre fort mit Schritt 2.

ii) Falls $m<k$ ist, fahre fort mit Schritt 3.

b) (Suche nach kleinen Diagonalelementen)

Für $m=k,k-1,\dots,1$:

Falls $|q_m|\leq\delta$ ist:

i) Falls $m=k$ ist, so bilde $B_o:=B_oG_{j,m}$ für $j=m-1,\dots,1$ mit Givens-Matrizen $G_{j,m}$, die das jeweilige Element in Position (j,m) eliminieren.
Setze $\sigma_m:=0$, $k:=k-1$ und fahre fort mit Schritt 2.

ii) Falls $m<k$ ist, so bilde $B_o:=G_{m,j}B_o$ für $j=m+1,\dots,k$ mit Givens-Matrizen $G_{m,j}$, die das jeweilige Element in Position (m,j) eliminieren. Fahre fort mit Schritt 3.

Setze $m:=1$.

Schritt 3 (Iterationsschritt für $B_o[m,k]:=\begin{bmatrix} q_m & e_{m+1} & & 0 \\ & \ddots & \ddots & \\ & & \ddots & e_k \\ 0 & & & q_k \end{bmatrix}$):

Bestimmung des Shifts:
Setze $d:=(q_{k-1}^2+e_{k-1}^2+q_k^2+e_k^2)/2$ und $\mu:=q_k^2+e_k^2+d-\sqrt{d^2+e_k^2q_{k-1}^2}$.
Bestimme die Givens-Matrix G_{12}, welche bei Multiplikation von hinten das zweite Element der Spalte $(q_m^2-\mu,q_me_{m+1},0,\dots,0)^T$ eliminiert; bilde damit $B_o[m,k]:=B_o[m,k]G_{12}$.

Für $i=m,\dots,k-1$:
Eliminiere durch Multiplikation von vorn mit einer geeigneten Givens-Matrix $G_{i,i+1}$ das Element in Position $(i+1,i)$, d.h. bilde $B_o[m,k]:=G_{i,i+1}B_o[m,k]$.
Falls $i<k-1$ ist: Eliminiere durch Multiplikation von hinten mit einer geeigneten Givens-Matrix $G_{i+1,i+2}$ das Element in Position $(i,i+2)$, d.h. bilde $B_o[m,k]:=B_o[m,k]G_{i+1,i+2}$.

Fahre fort mit Schritt 2.

Die Fälle a), i) und b), i) in Schritt 2 entsprechen dem Eintreten der Konvergenz für ein Element. Ist man nicht nur an den singulären Werten, sondern an der Singulärwertzerlegung $A=U\Sigma V^T$ interessiert (wie z.B. bei der Lösung des linearen Ausgleichsproblems), so müssen sämtliche orthogonalen Transformationen aufmultipliziert werden.
Der Rechenaufwand wird bestimmt durch das Konvergenzverhalten, welches sich vom QR-Algorithmus für symmetrische Tridiagonalmatrizen ableitet; er beträgt etwa $2mn^2-2n^3/3$ Operationen zur Bestimmung der singulären Werte, sowie weitere $2(m^2n+mn^2)+16n^3/3$, wenn man die orthogonalen Matrizen akkumuliert. Die Rundungsfehlereigenschaften sind ähnlich wie beim QR-Algorithmus, die berechneten singu-

lären Werte sind die exakten singulären Werte einer in der Größenordnung $\text{eps}\|A\|_2$ gestörten Matrix.

Berechnung der Minimum-Norm-Lösung des linearen Ausgleichsproblems

Sei $A\in M_{m,n}(\mathbb{R})$ und $b\in\mathbb{R}^m$. Aus Satz 1.5.6 iv) ist bekannt, daß A^+b die Lösung des linearen Ausgleichsproblems $\|Ax-b\|_2=\min!$ ist, welche minimale Norm besitzt. Ist $A=U\Sigma V^T$ eine Singulärwertzerlegung von A, so ist $A^+=V\Sigma^+U^T$ (s. Satz 1.6.11). Damit ist offensichtlich, wie man mit Hilfe einer Singulärwertzerlegung die Minimum-Norm-Lösung des linearen Ausgleichsproblems bestimmt.

ALGORITHMUS 4.8.2 (Bestimmung der Minimum-Norm-Lösung $x=A^+b$ des linearen Ausgleichsproblems $\|Ax-b\|_2=\min!$):

Sei $A\in M_{m,n}(\mathbb{R})$ und $b\in\mathbb{R}^m$; sei r=rg A. Sei $A=U\begin{bmatrix}\Sigma_r & 0\\ 0 & 0\end{bmatrix}V^T$ eine Singulärwertzerlegung von A mit $\Sigma_r=\text{diag}(\sigma_1,\ldots,\sigma_r)$, $U\in M_n(\mathbb{R})$ und $V\in M_m(\mathbb{R})$ orthogonal. U bestehe aus den Spalten $u_1,\ldots,u_n$; V bestehe aus den Spalten $v_1,\ldots,v_m$.

Schritt 1: Berechne $c_i:=\frac{1}{\sigma_i}u_i^Tb_i$ für $i=1,\ldots,r$.

Schritt 2: Bilde $x:=\sum_{i=1}^{r} c_iv_i$.

Kombiniert man die Algorithmen 4.8.1 und 4.8.2, so kann man U^Tb durch sukzessive Aufmultiplikation berechnen und anschließend mit V und Σ^+ multiplizieren.

Hinweise

Die Reduktion auf Bidiagonalgestalt wird von Golub & Kahan [110] beschrieben. Ein ALGOL-Programm für den hier beschriebenen Algorithmus enthält der Artikel Golub & Reinsch [111], ein FORTRAN-Programm Businger & Golub [50], Lawson & Hanson [156] und Garbow, Boyle, Dongarra & Moler [97]. Über die für viele Anwendungen günstigen Eigenschaften der Singulärwertzerlegung gibt der Artikel Lawson [155] Aufschluß, über die Verwendung der Singulärwertzerlegung zur Lösung des linearen Ausgleichsproblems findet man ausführliches Material in Lawson & Hanson [156]. Übersichtsartige Beschreibungen geben die beiden Artikel Wilkinson [314], [315].

Allgemeine Literaturhinweise

Bei den in den einzelnen Abschnitten meist zu speziellen Themen aufgeführten Literaturstellen haben wir einerseits weitgehend darauf verzichtet, schwer zugängliche Reports oder ähnliches zu erwähnen, andererseits aber auch Bücher mit weiterem Spektrum als dem gerade behandelten Spezialgebiet nicht immer genannt, obwohl sich in ihnen zu vielen Themen ebenfalls Ausführungen finden. Wir möchten daher noch einige erwähnenswerte Bücher nennen, die sich ausschließlich mit der numerischen linearen Algebra befassen: Fox [91], Gastinel [98], Gourlay &

Watson [115], Gregory & Karney [117], Jennings [140], Marcus & Minc [166], Rice [230], Schendel [247] und Todd [284]. Darüber hinaus enthalten natürlich alle in die numerische Mathematik einführenden Lehrbücher einen Anteil an numerischer linearer Algebra.

Für die Umsetzung der Verfahren in effiziente Programme ist, wie bereits mehrfach erwähnt, die Sammlung der ALGOL-Programme in Wilkinson & Reinsch [316] grundlegend. Sie hatte auch ihren Einfluß auf die in Dongarra, Bunch, Moler & Stewart [69], Smith, Boyle, Dongarra, Garbow, Ikebe, Klema & Moler [262] und Garbow, Boyle, Dongarra & Moler [97] dokumentierten amerikanischen LINPACK- und EISPACK-Softwarepakete mit FORTRAN-Programmen und die britischen NAG-Bibliotheksprogramme.

LITERATURVERZEICHNIS

[1] AASEN, J.O.: *On the reduction of a symmetric matrix to tridiagonal form.* BIT 11(1973) 233-242

[2] ALEFELD, G.: *On the convergence of the symmetric SOR method for matrices with red-black ordering.* Numer. Math. 39(1982) 113-117

[3] ALEFELD, G.; HERZBERGER, J.: *Einführung in die Intervallrechnung.* Mannheim, Bibliographisches Institut 1974 (revidierte und erweiterte englische Ausgabe: *Introduction to interval computations.* New York-London, Academic Press 1983)

[4] ALEFELD, G.; VARGA, R.S.: *Zur Konvergenz des symmetrischen Relaxationsverfahrens.* Numer. Math 25(1976) 291-295

[5] APOSTOLATOS, N.; KULISCH, U.: *Über die Konvergenz des Relaxationsverfahrens bei nicht-negativen und diagonaldominanten Matrizen.* Computing 2(1967) 17-24

[6] AXELSSON, O.: *A generalized SSOR method.* BIT 13(1972) 443-467

[7] AXELSSON, O.: *Solution of linear systems of equations: Iterative methods.* in [11] 1-51

[8] AXELSSON, O.: *Conjugate gradient type methods for unsymmetric and inconsistent systems of linear equations.* Lin. Alg. Appl. 24(1980) 1-16

[9] AXELSSON, O.: *On conjugate gradient methods for large sparse systems of linear equations.* in [129] 310-322

[10] AXELSSON, O.; BARKER, A.V.: *Finite element methods for boundary value problems. Theory and computation.* New York-London, Academic Press 1984

[11] BARKER, V.A. (ed.): *Sparse matrix techniques.* Berlin-Heidelberg-New York, Springer 1977

[12] BARTH, W.; MARTIN, R.S.; WILKINSON, J.H.: *Calculation of the eigenvalues of a symmetric tridiagonal matrix by the method of bisection.* Numer. Math. 9(1967) 386-393 (s. auch [316] 249-256)

[13] BARWELL, V.; GEORGE, A.: *A comparison of algorithms for solving symmetric indefinite systems of linear equations.* ACM Transactions on Mathematical Software 3(1976) 242-251

[14] BAUER, F.L.: *Das Verfahren der Treppeniteration und verwandte Verfahren zur Lösung algebraischer Eigenwertprobleme.* Z. Angew. Math. Phys. 8(1957) 214-235

[15] BAUER, F.L.: *Sequential reduction to tridiagonal form.* J. Soc. Indust. Appl. Math. 5(1959) 246-257

[16] BAUER, F.L.: *Optimally scaled matrices.* Numer. Math. 5(1963) 73-87

[17] BAUER, F.L.: *Genauigkeitsfragen bei der Lösung linearer Gleichungssysteme.* Zeitschr. Angew. Math. Mech. 46(1966) 409-421

[18] BAUER, F.L.: *Remarks on optimally scaled matrices.* Numer. Math. 13(1969) 1-3

[19] BAUER, F.L.; FIKE, C.T.: *Norms and exclusion theorems.* Numer. Math. 2(1960) 137-141

[20] BEN-ISRAEL, A.; GREVILLE, T.N.E.: *Generalized matrix inverses: Theory and applications.* New York, John Wiley 1974

[21] BERMAN, A.; PLEMMONS, R.J.: *Nonnegative matrices in the mathematical sciences.* New York, Academic Press 1979

[22] BJÖRCK, Å.: *Solving linear least squares problems by Gram-Schmidt orthogonalization.* BIT 7(1967) 1-21

[23] BJÖRCK, Å.: *Iterative refinement of linear least squares solutions I.* BIT 7(1967) 257-278

[24] BJÖRCK, Å.: *Iterative refinement of linear squares solutions II.* BIT 8(1968) 8-30

[25] BJÖRCK, Å.: *Methods for sparse linear least squares problems.* in [40] 177-199

[26] BJÖRCK, Å.; DUFF, I.S.: *A direct method for the solution of sparse linear least squares problems.* Lin. Alg. Appl. 34(1980) 43-67

[27] BJÖRCK, Å.; GOLUB, G.H.: *Iterative refinement of linear least squares solutions by Householder transformation.* BIT 7(1967) 322-337

[28] BJÖRCK, Å.; PLEMMONS, R.J.; SCHNEIDER, H. (eds.): *Large scale matrix problems.* (Sonderdruck von Lin. Alg. Appl. 34(1980)). New York-Oxford, North Holland 1981

[29] BOHL, E.: *Monotonie: Lösbarkeit und Numerik bei Operatorgleichungen.* Berlin-Heidelberg-New York, Springer 1974

[30] BOOTHROYD, J.: *The QR algorithm for symmetric tridiagonal matrices using a semi-implicit shift of origin.* Austral. Comput. J. 2(1970) 55-60

[31] BOULLION, T.L.; ODELL, P.L.: *Generalized inverse matrices.* New York, John Wiley 1971

[32] BOWDLER, H.; MARTIN, R.S.; PETERS, G.; WILKINSON, J.H.: *Solution of real and complex systems of linear equations.* Numer. Math. 8(1966) 217-234 (s. auch [316] 93-110)

[33] BOWDLER, H.; MARTIN, R.S.; REINSCH, C.; WILKINSON, J.H.: *The QR and QL algorithms for symmetric matrices.* Numer. Math. 11(1968) 293-306 (s. auch [316] 227-240)

[34] BREBNER, M.A.; GRAD, J.: *Eigenvalues of* Ax=λBx *for real symmetric matrices* A *und* B *computed by reduction to a pseudosymmetric form and the HR process.* Lin. Alg. Appl. 43(1982) 99-118

[35] BROYDEN, C.G.: *Error analysis.* in [135] 149-177

[36] BUNCH, J.R.: *Analysis of the diagonal pivoting method.* SIAM J. Numer. Anal. 8(1971) 656-680

[37] BUNCH, J.R.; KAUFMAN, L.: *Some stable methods for calculating inertia and solving symmetric linear systems.* Math. Comp. 31(1977) 163-179

[38] BUNCH, J.R.; KAUFMAN, L.; PARLETT, B.N.: *Decomposition of a symmetric matrix.* Numer. Math. 27(1976) 95-109

[39] BUNCH, J.R.; PARLETT, B.N.: *Direct methods for solving symmetric indefinite systems of linear equations.* SIAM J. Numer. Anal. 8(1971) 639-655

[40] BUNCH, J.R.; ROSE, D.J. (eds.): *Sparse matrix computations.* New York-London, Academic Press 1976

[41] BUNSE, W.: *A class of diagonal transformation methods for the computation of the spectral radius of a nonnegative irreducible matrix.* SIAM J. Numer. Anal. 18(1981) 693-704

[42] BUNSE, W.; BUNSE-GERSTNER, A.: *Computation of bounds for the positive eigenvector of a nonnegative irreducible matrix by monotone iteration.* Math. Comp. 39(1982) 125-131

[43] BUNSE-GERSTNER, A.: *Der HR-Algorithmus zur numerischen Bestimmung der Eigenwerte einer Matrix.* Bielefeld, Dissertation 1978

[44] BUNSE-GERSTNER, A.: *Berechnung der Eigenwerte einer Matrix mit dem HR-Verfahren.* in: Albrecht, J.; Collatz, L. (Hrsg.): *Numerische Behandlung von Eigenwertaufgaben, Band 2.* Basel, Birkhäuser 1979, 26-39

[45] BUNSE-GERSTNER, A.: *An analysis of the HR algorithm for computing the eigenvalues of a matrix.* Lin. Alg. Appl. 35(1981) 155-173

[46] BUNSE-GERSTNER, A.: *On the similarity transformation to tridiagonal form.* Linear and Multilinear Algebra 12(1982) 51-56

[47] BUNSE-GERSTNER, A.: *An algorithm for the symmetric generalized eigenvalue problem.* Lin. Alg. Appl. 58(1984) 43-68

[48] BUSINGER, P.A.: *Matrices which can be optimally scaled.* Numer. Math. 12(1968) 346-348

[49] BUSINGER, P.A.; GOLUB, G.H.: *Linear least squares solutions by Householder transformations.* Numer. Math. 7(1965) 269-276

[50] BUSINGER, P.A.; GOLUB, G.H.: *Algorithm 358, singular value decomposition of a complex matrix.* Comm. ACM 12(1969) 564-565

[51] BUZBEE, B.L.; GOLUB, G.H.; NIELSEN, C.W.: *On direct methods for solving Poisson's equations.* SIAM J. Numer. Anal. 7(1970) 627-656

[52] CLINT, M.; JENNINGS, A.: *The evaluation of eigenvalues and eigenvectors of real symmetric matrices by simultaneous iteration.* Computer J. 13(1970) 76-80

[53] CLINT, M.; JENNINGS, A.: *A simultaneous iteration method for the unsymmetric eigenvalue problem.* J. Inst. Math. Appl. 8(1971) 111-121

[54] COLGAN, L.H.: *Iterative methods for solving large sparse linear systems.* in [190] 367-396

[55] COLLATZ, L.: *Einschließungssatz für die characteristischen Zahlen von Matrizen.* Math. Z. 47(1942) 221-226

[56] CONCER, R.S.; LAMBERT, R.J.: *Inverse iteration: An alternative form.* Appl. Math. Comput. 4(1978) 265-275

[57] CONCUS, P.; GOLUB, G.H.: *A generalized conjugate gradient method for nonsymmetric systems of linear equations.* in: Glowinski, R.; Lions, J.L. (eds.): *Computing methods in applied sciences and engineering.* Berlin-Heidelberg-New York, Springer 1976, 56-65

[58] CONCUS, P.; GOLUB, G.H.; O'LEARY, D.R.: *A generalized conjugate gradient method for the numerical solution of elliptic partial differential equations.* in [40] 309-332

[59] CORR, R.B.; JENNINGS, A.: *A simultaneous iteration algorithm for symmetric eigenvalue problems.* Int. Num. Math. in Engng. 9(1976) 647-663

[60] CULLUM, J.; DONATH, W.E.: *A block Lanczos algorithm for computing the q algebraically largest eigenvalues and a corresponding eigenspace of large, sparse real symmetric matrices.* Proc. 1974 IEEE conference on decision and control, Phoenix, 1974, 505-509

[61] CULLUM, J.; WILLOUGHBY, R.A.: *Computing eigenvectors (and eigenvalues) of large, symmetric matrices using Lanczos tridiagonalization.* in: Watson, G.A. (ed.): *Numerical analysis, Proceedings, Dundee 1979.* Berlin-Heidelberg-New York, Springer 1980, 46-63

[62] CULLUM, J.; WILLOUGHBY, R.A.: *Lanczos and the computation in specified intervals of the spectrum of large, sparse, real symmetric matrices.* in [78] 220-255

[63] CUTHILL, E.: *Several strategies for reducing the bandwidth of matrices.* in [235] 157-166

[64] CUTHILL, E.; McKEE, J.: *Reducing the bandwidth of sparse symmetric matrices.* in: Proc. 24th ACM Nat. Conf., New York, ACM Publ. 1969, 157-172

[65] DANIEL, J.W.; GRAGG, W.B.; KAUFMAN, L.; STEWART, G.W.: *Reorthogonalization and stable algorithms for updating the Gram-Schmidt QR factorization.* Math. Comp. 30(1976) 772-795

[66] DAX, A.; KANIEL, S.: *The ELR method for computing the eigenvalues of a general matrix.* SIAM J. Numer. Anal. 18(1981) 597-605

[67] DEKKER, T.J.; TRAUB, J.F.: *The shifted QR algorithm for Hermitian matrices.* Lin. Alg. Appl. 11(1971) 137-154

[68] DELLA-DORA, J.: *Numerical linear algorithms and group theory.* Lin. Alg. Appl. 10(1975) 267-283

[69] DONGARRA, J.J.; BUNCH, J.R.; MOLER, C.B.; STEWART, G.W.: *LINPACK users' guide.* Philadelphia, Society for Industrial and Applied Mathematics 1979

[70] DUBRULLE, A.; MARTIN, R.S.; WILKINSON, J.H.: *The implicit QL algorithm.* Numer. Math. 12(1968) 377-383 (s. auch [316] 241-248)

[71] DUFF, I.S.: *A survey of sparse matrix research.* Proc. IEEE 65(1977) 500-535

[72] DUFF, I.S.: Practical comparisons of codes for the solution of sparse linear systems. in [78] 107-134

[73] DUFF, I.S.: *Sparse matrices and their uses.* New York & London, Academic Press 1981

[74] DUFF, I.S.: *Sparse matrix software for elliptic PDE's.* in [122] 410-426

[75] DUFF, I.S.; REID, J.K.: *A comparison of sparsity orderings for obtaining a pivotal sequence in Gaussian elimination.* J. Inst. Math. Appl. 14(1974) 281-291

[76] DUFF, I.S.; REID, J.K.: *A comparison of some methods for the solution of sparse overdetermined systems of linear equations.* J. Inst. Math. Appl. 7(1976) 267-280

[77] DUFF, I.S.; REID, J.K.; MUNKSGAARD, N.; NIELSEN, H.B.: *Direct solution of sets of linear equations whose matrix is sparse, symmetric and indefinite.* J. Inst. Math. Appl. 23(1979) 235-250

[78] DUFF, I.S.; STEWART, G.W. (eds.): *Sparse matrix proceedings 1978.* Philadelphia, Society for Industrial and Applied Mathematics 1979

[79] EBERLEIN, P.J.: *Solution to the complex eigenproblem by a norm reducing Jacobi type method.* Numer. Math. 14(1970) 232-245 (s. auch [316] 404-417)

[80] EBERLEIN, P.J.; BOOTHROYD, J.: *Solution to the eigenproblem by a norm reducing Jacobi type method.* Numer. Math. 11(1968) 1-12 (s. auch [316] 327-338)

[81] EDWARDS, J.T.; LICCIARDELLO, D.C.; THOULESS, D.J.: *Use of the Lanczos method for finding complete sets of eigenvalues of large sparse matrices.* J. Inst. Math. Appl. 23(1979) 277-283

[82] ELSNER, L.: *On some algebraic problems in connection with general eigenvalue algorithms.* Lin. Alg. Appl. 26(1979) 123-138

[83] ELSNER, L.: *Neuere Verfahren zur Bestimmung der Eigenwerte von Matrizen.* in: Ansorge, R.; Glashoff, K.; Werner, B. (Hrsg.): *Numerische Mathematik.* Basel, Birkhäuser Verlag 1979, 91-96

[84] ELSNER, L.; SUN, J.: *Perturbation theorems for the generalized eigenvalue problem.* Lin. Alg. Appl. 48(1982) 341-357

[85] FADDEJEW, D.K.; FADDEJEWA, W.N.: *Numerische Methoden der linearen Algebra, 2. Auflage.* Berlin, VEB Deutscher Verlag der Wissenschaften 1970 (Lizenzausgabe: München, Oldenburg 1970; Originalausgabe: Moskau 1960)

[86] FIX, G.; HEIBERGER, R.: *An algorithm for the ill-conditioned generalized eigenvalue problem.* SIAM J. Numer. Anal. 9(1972) 78-88

[87] FORSYTHE, G.E.; HENRICI, P.: *The cyclic Jacobi method for computing the principal values of a complex matrix.* Trans. Amer. Math. Soc. 94(1960) 1-23

[88] FORSYTHE, G.E.; MOLER, C.B.: *Computer-Verfahren für lineare algebraische Systeme.* München, Oldenburg 1971 (Originalausgabe: *Computer solutions of linear algebraic systems.* Englewood Cliffs, Prentice-Hall 1967)

[89] FORSYTHE, G.E.; STRAUS, E.G.: *On best conditioned matrices.* Proc. Amer. Math. Soc. 6(1955) 340-345

[90] FORSYTHE, G.E.; WASOW, W.R.: *Finite difference methods for partial differential equations.* New York-London, John Wiley 1960

[91] FOX, L.: *An introduction to numerical linear algebra.* Oxford, Clarendon Press 1964

[92] FRANCIS, J.G.F.: *The QR transformation, Part I.* Computer J. 4(1961) 265-271

[93] FRANCIS, J.G.F.: *The QR transformation, Part II.* Computer J. 4(1962) 332-345

[94] FRANKLIN, J.N.: *Matrix theory.* Englewood Cliffs, Prentice-Hall 1968

[95] GANTMACHER, F.R.: *Matrizenrechnung Teil I (Allgemeine Theorie).* Berlin, VEB Deutscher Verlag der Wissenschaften 1965

[96] GANTMACHER, F.R.: *Matrizenrechnung Teil II (Spezielle Fragen und Anwendung).* Berlin, VEB Deutscher Verlag der Wissenschaften 1966

[97] GARBOW, B.S.; BOYLE, J.M.; DONGARRA, J.J.; MOLER, C.B.: *Matrix eigensystem routines - EISPACK guide extension.* Berlin-Heidelberg-New York, Springer 1977

[98] GASTINEL, N.: *Lineare numerische Analysis.* Braunschweig, Vieweg 1972 (Originalausgabe: *Analyse numérique linéaire.* Paris, Hermann 1966)

[99] GENTLEMAN, W.M.: *Least squares computations by Givens transformation without square roots.* J. Inst. Math. Appl. 12(1973) 329-336

[100] GEORGE, A.: *Computer implementation of the finite element method.* Tech. Rept. STAN-CS-208, Stanford University 1971

[101] GEORGE, A.; HEATH, M.T.: *Solution of sparse linear least squares problems using Givens rotation.* Lin. Alg. Appl. 34(1980) 69-83

[102] GEORGE, A.; LIU, J.W.: *An implementation of a pseudo-peripheral node finder.* Trans. on Math. Software 5(1979) 286-295

[103] GEORGE, A.; LIU, J.W.: *Computer solution of large sparse definite systems.* Englewood Cliffs, Prentice-Hall 1981

[104] GIBBS, N.E.; POOLE, W.G.; STOCKMEYER, P.K.: *A comparison of several bandwidth and profile reduction algorithms.* Trans. on Math. Software 2(1976) 322-330

[105] GIBBS, N.E.; POOLE, W.G.; STOCKMEYER, P.K.: *An algorithm for reducing the bandwidth and profile of a sparse matrix.* SIAM J. Numer. Anal. 13(1976) 236-250

[106] GINSBURG, T.: *The conjugate gradient method.* in [316] 57-69

[107] GIVENS, J.W.: *Numerical computation of the characteristic values of a real symmetric matrix.* Oak Ridge, Oak Ridge National Laboratory Report - 1574, 1954

[108] GIVENS, J.W.: *Computation of plane unitary rotations transforming a general matrix to triangular form.* J. Soc. Ind. Appl. Math. 6(1958) 26-50

[109] GOLUB, G.H.: *Numerical methods for solving linear least squares problems.* Numer. Math. 7(1965) 206-216

[110] GOLUB, G.H.; KAHAN, W.: *Calculating the singular values and pseudo-inverse of a matrix.* SIAM J. Numer. Anal. 2(1965) 205-224

[111] GOLUB, G.H.; REINSCH, C.: *Singular value decomposition and least squares solutions.* Numer. Math. 14(1970) 403-420

[112] GOLUB, G.H.; UNDERWOOD, R.R.: *The block Lanczos method for computing eigenvalues.* in: Rice, J.R. (ed.): *Mathematical software III.* New York-San Francisco-London, Academic Press 1977, 361-377

[113] GOLUB, G.H.; VAN LOAN, C.F.: *Matrix computations.* Oxford, North Oxford Academic 1983

[114] GOLUB, G.H.; WILKINSON, J.H.: *Note on the iterative refinement of least squares solution.* Numer. Math. 9(1966) 139-148

[115] GOURLAY, A.R.; WATSON, G.A.: *Computational methods for matrix eigenproblems.* London-New York-Sydney-Toronto, John Wiley 1973

[116] GREENBAUM, A.: *Comparisons of splittings used with the conjugate gradient algorithm.* Numer. Math. 33(1979) 181-194

[117] GREGORY, R.T.; KARNEY, D.L.: *A collection of matrices for testing computational algorithms.* New York-London, John Wiley 1969

[118] GUPTA, K.K.: *Solution of eigenvalue problems by Sturm sequence method.* Int. J. Numer. Math. Eng. 4(1972) 379-404

[119] GUPTA, K.K.: *Eigenproblem solution by a combined Sturm sequence and inverse iteration technique.* Int. J. Numer. Math. Eng. 7(1973) 17-42

[120] GUSTAFSSON, I.: *On modified incomplete factorization methods.* in [129] 334-351

[121] GUSTAVSON, F.G.: *Some basic techniques for solving sparse systems of linear equations.* in [235] 41-52

[122] HACKBUSCH, W.; TROTTENBERG, U.(eds.): *Multigrid methods.* Berlin-Heidelberg-New York, Springer 1982

[123] HAGEMAN, L.A.; YOUNG, D.M.: *Applied iterative methods.* New York, Academic Press 1981

[124] HAMMARLING, S.: *A note on modifications to the Givens plane rotation.* J. Inst. Math. Appl. 13(1974) 215-218

[125] HANSEN, E.R.: *On cyclic Jacobi methods.* J. Soc. Industr. Appl. Math. 11(1963) 448-459

[126] HENRICI, P.: *On the speed of convergence of cyclic and quasi-cyclic Jacobi methods for computing eigenvalues of Hermitian matrices.* J. Soc. Industr. Appl. Math. 6(1958) 144-162

[127] HESTENES, M.R.: *Conjugate direction methods in optimization.* Berlin, Springer-Verlag 1980

[128] HESTENES, M.R.; STIEFEL, E.: *Methods of conjugate gradients for solving linear systems.* J. Res. Nat. Bur. Standards 49(1952) 409-436

[129] HINZE, J. (ed.): *Numerical integration of differential equations and large linear systems.* Berlin-Heidelberg-New York, Springer 1982

[130] HOFFMANN, W.; PARLETT, B.N.: *A new proof of global convergence for the tridiagonal QL algorithm.* SIAM J. Numer. Anal. 15(1978) 929-937

[131] HOTELLING, H.: *Some new methods in matrix calculations.* Ann. Math. Stat. 14(1943) 1-34

[132] HOUSEHOLDER, A.S.: *Unitary triangularization of a nonsymmetric matrix.* J. of the ACM 5(1958) 339-342

[133] HOUSEHOLDER, A.S.: *On deflating matrices.* J. Soc. Industr. Appl. Math. 9(1961) 89-93

[134] HOUSEHOLDER, A.S.: *The theory of matrices in numerical analysis.* New York-Toronto-London, Blaisdell 1964

[135] JACOBS, D. (ed.): *The state of the art in numerical analysis.* New York, Academic Press 1977

[136] JACOBS, D. (ed.): *Numerical software - needs and availability.* New York, Academic Press 1978

[137] JANKOWSKI, M.; WOZNIAKOWSKI, H.: *Iterative refinement implies numerical stability.* BIT 17(1977) 303-311

[138] JEA, K.C.; YOUNG, D.M.: *On the simplification of generalized conjugate-gradient methods for nonsymmetrizable linear systems.* Lin. Alg. Appl. 52(1983) 159-194

[139] JENNINGS, A.: *A compact storage scheme for the solution of symmetric linear simultaneous equations.* Comput. J. 9(1966) 281-285

[140] JENNINGS, A.: *Matrix computation for engineers and scientists.* London-New York-Sydney-Toronto, John Wiley 1977

[141] JENNINGS, A.: *Influence of the eigenvalue spectrum on the convergence rate of the conjugate gradient method.* J. Inst. Math. Appl. 20(1977) 61-72

[142] JENNINGS, A.; STEWART, G.W.: *Simultaneous iteration for partial eigensolution of real matrices.* J. Inst. Math. Appl. 15(1975) 351-361

[143] KÅGSTRÖM, B; RUHE, A. (eds.): *Matrix pencils.* Berlin-Heidelberg-New York, Springer 1983

[144] KAHAN, W.: *A survey of error analysis.* in: Information processing 71. Amsterdam, North Holland 1971, 1214-1239

[145] KAHAN, W.; PARLETT, B.N.: *How far should you go with the Lanczos process?* in [40] 131-144

[146] KATO, T.: *A short introduction to perturbation theory for linear operators.* New York-Heidelberg-Berlin, Springer 1982

[147] KAUFMAN, L.: *The LZ-algorithm to solve the generalized eigenvalue problem.* SIAM J. Numer. Anal. 11(1974) 997-1024

[148] KERSHAW, D.S.: *The incomplete Cholesky-conjugate gradient method for the iterative solution of systems of linear equations.* J. Comp. Phys. 26(1978) 43-65

[149] KRYLOV, A.N.: *On the numerical solution of equations which in technical questions are determined by the frequency of small vibrations of material systems.* Izv. Akad. Nauk S.S.S.R. Otd. Mat. Estest. 1(1931) 491-539

[150] KUBLANOVSKAYA, V.N.: *On some algorithms for the solution of the complete eigenvalue problem.* USSR Comp. Math. Math. Phys. 1(1962) 637-657 (Original: Zh. Vych. Mat. 1(1961) 555-570)

[151] KULISCH, U.: *Über reguläre Zerlegungen von Matrizen und einige Anwendungen.* Numer. Math. 11(1968) 444-449

[152] KULISCH, U.W.; MIRANKER, W.L.: *Computer arithmetic in theory and practice.* New York-London, Academic Press 1981

[153] LANCASTER, P.: *Theory of matrices.* New York-London, Academic Press 1969

[154] LANCZOS, C.: *An iteration method for the solution of the eigenvalue problem of linear differential and integral operators.* J. Res. Nat. Bur. Standards 45(1950) 255-282

[155] LAWSON, C.L.: *Applications of singular value analysis.* in: Rice, J. (ed.): *Mathematical Software.* New York-London, Academic Press 1971

[156] LAWSON, C.L.; HANSON, R.J.: *Solving least squares problems.* Englewood Cliffs, Prentice-Hall 1974

[157] LEBAUD, C.: *L'algorithme double QR avec "shift".* Numer. Math. 16(1970) 163-180

[158] LEON, S.J.: *Linear algebra with applications.* New York, Macmillan 1980

[159] LIU, W.H.; SHERMAN, A.H.: *Comparative analysis of the Cuthill-McKee and the reverse Cuthill-McKee ordering algorithms for sparse matrices.* SIAM J. Numer. Anal. 13(1976) 198-213

[160] LUENBERGER, D.G.: *Introduction to linear and nonlinear programming.* Reading, Addison-Wesley 1973

[161] MANN, K.J.: *Inversion of large sparse matrices: Direct methods.* in [190] 313-366

[162] MANTEUFFEL, T.A.: *Shifted incomplete Cholesky factorization.* in [78] 41-61

[163] MANTEUFFEL, T.A.: *The Tchebychev iteration for nonsymmetric linear systems.* Numer. Math. 28(1977) 307-327

[164] MANTEUFFEL, T.A.: *Adaptive procedure for estimating parameters for the nonsymmetric Tchebychev iteration.* Numer. Math. 31(1978) 183-208

[165] MANTEUFFEL, T.A.: *An incomplete factorization technique for positive definite linear systems.* Math. Comp. 34(1980) 473-497

[166] MARCUS, M.; MINC, H.: *A survey of matrix theory and matrix inequalities.* Boston-London-Sydney, Prindle, Weber & Schmidt 1964

[167] MARTIN, R.S.; PETERS, G.; WILKINSON, J.H.: *Symmetric decomposition of a positive definite matrix.* Numer. Math. 7(1965) 362-383 (s. auch [316] 9-30)

[168] MARTIN, R.S.; PETERS, G.; WILKINSON, J.H.: *Iterative refinement of the solution of a positive definite system of equations.* Numer. Math. 8(1966) 203-216 (s. auch [316] 31-44)

[169] MARTIN, R.S.; PETERS, G.; WILKINSON, J.H.: *The QR algorithm for real Hessenberg matrices.* Numer. Math. 14(1970) 219-231 (s. auch [316] 359-371)

[170] MARTIN, R.S.; REINSCH, C.; WILKINSON, J.H.: *Householder tridiagonalization of a real symmetric matrix.* Numer. Math. 11(1968) 181-195 (s. auch [316] 212-226

[171] MARTIN, R.S.; REINSCH, C.; WILKINSON, J.H.: *The QR algorithm for band symmetric matrices.* Numer. Math. 16(1970) 85-92 (s. auch [316] 266-272)

[172] MARTIN, R.S.; WILKINSON, J.H.: *Symmetric decomposition of positive definite band matrices.* Numer. Math. 7(1965) 335-361 (s. auch [316] 50-56)

[173] MARTIN, R.S.; WILKINSON, J.H.: *Reduction of the symmetric eigenproblem* $Ax=\lambda Bx$ *and related problems to standard form.* Numer. Math. 11(1968) 99-110 (s. auch [316] 303-314)

[174] MARTIN, R.S.; WILKINSON, J.H.: *Similarity reduction of a general matrix to Hessenberg form.* Numer. Math. 12(1968) (s. auch [316] 339-358)

[175] MARTIN, R.S.; WILKINSON, J.H.: *The modified LR algorithm for complex Hessenberg matrices.* Numer. Math. 12(1968) 369-376 (s. auch [316] 396-403)

[176] McCORMICK, S.F.; NOE, T.: *Simultaneous iteration for the matrix eigenvalue problem.* Lin. Alg. Appl. 16(1977) 43-56

[177] MEHRMANN, V.: *Der SR-Algorithmus.* Bielefeld, Diplomarbeit 1979

[178] MEIJERINK, J.A.; VAN DER VORST, H.A.: *An iterative solution method for linear systems of which the coefficient matrix is a symmetric M-matrix.* Math. Comp. 31(1977) 148-162

[179] MEIS, T.; MARCOWITZ, U.: *Numerische Behandlung partieller Differentialgleichungen.* Berlin-Heidelberg-New York, Springer 1978

[180] MILLER, J.J.H. (ed.): *Topics in numerical analysis II.* New York, Academic Press 1975

[181] MILLER, W.; WRATHALL, C.: *Software for roundoff analysis of matrix algorithms.* New York-London, Academic Press 1980

[182] MOLER, C.B.; STEWART, G.W.: *An algorithm for generalized matrix eigenvalue problems.* SIAM J. Numer. Anal. 10(1973) 241-256

[183] MUNKSGAARD, N.: *Solving sparse symmetric sets of linear equations by preconditioned conjugate gradients.* Trans. on Math. Software 6(1980) 206-219

[184] NAHRGANG, C.: *Ein Beitrag zum Problem der Kondition linearer Gleichungssysteme.* Bielefeld, Dissertation 1980

[185] NASHED, M.Z. (ed.): *Generalized inverses and applications.* New York-San Francisco-London, Academic Press 1976

[186] NAZARETH, L.: *On the convergence of the cyclic Jacobi method.* Lin. Alg. Appl. 12(1975) 151-164

[187] NICKEL, K.: *Interval-analysis.* in [135] 193-215

[188] NOBLE, B.: *Methods for computing the Moore-Penrose generalized inverse, and related matters.* in [185] 245-301

[189] NOBLE, B.; DANIEL, J.W.: *Applied linear algebra, 2nd edition.* Englewood Cliffs, Prentice-Hall 1977

[190] NOYE, J. (ed.): *Numerical solutions of partial differential equations.* Amsterdam, North Holland 1982

[191] O'LEARY, D.P.: *The block conjugate gradient algorithm and related methods.* Lin. Alg. Appl. 29(1980) 293-322

[192] ORTEGA, J.M.: *Numerical analysis.* New York-London, Academic Press 1972

[193] ORTEGA, J.M.; KAISER, H.F.: *The* LL^T *and QR methods for symmetric tridiagonal matrices.* Comput. J. 6(1963) 99-101

[194] OSTROWSKI, A.M.: *On the convergence of the Rayleigh quotient iteration for the computation of characteristic roots and vectors, I-VI.* Arch. Rat. Mech. Anal. 1(1958) 233-241, 2(1959) 423-428, 3(1959) 325-340, 341-347, 472-481, 4(1959) 153-165

[195] PAIGE, C.C.: *Practical use of the symmetric Lanczos process with re-orthogonalization.* BIT 10(1970) 183-195

[196] PAIGE, C.C.: *Computational variants of the Lanczos method for the eigenproblem.* J. Inst. Math. Appl. 10(1972) 373-381

[197] PAIGE, C.C.: *Error analysis of the Lanczos algorithm for tridiagonalizing a symmetric matrix.* J. Inst. Math. Appl. 18(1976) 341-349

[198] PAIGE, C.C.: *Accuracy and effectiveness of the Lanczos algorithm for the symmetric eigenproblem.* Lin. Alg. Appl. 34(1980) 235-258

[199] PAIGE, C.C.; SAUNDERS, M.A.: *Solution of sparse systems of linear equations.* SIAM J. Numer. Anal. 12(1975) 617-629

[200] PARLETT, B.N.: *Convergence of the QR algorithm.* Numer. Math. 7(1965) 187-193 (Korr. in Numer. Math. 10(1967) 163-164)

[201] PARLETT, B.N.: *The origin and development of methods of LR type.* SIAM Review 6(1964) 275-295

[202] PARLETT, B.N.: *Singular and invariant matrices under the QR-transformation.* Math. Comp. 20(1966) 611-615

[203] PARLETT, B.N.: *Canonical decomposition of Hessenberg matrices.* Math. Comp. 21(1967) 223-227

[204] PARLETT, B.N.: *Global convergence of the basic QR algorithm on Hessenberg matrices.* Math. Comp. 22(1968) 803-817

[205] PARLETT, B.N.: *The Rayleigh quotient iteration and some generalizations for nonnormal matrices.* Math. Comp. 28(1974) 679-693

[206] PARLETT, B.N.: *The symmetric eigenvalue problem.* Englewood Cliffs, Prentice-Hall 1980

[207] PARLETT, B.N.: *A new look at the Lanczos algorithm for solving symmetric systems of linear equations.* Lin. Alg. Appl. 29(1980) 323-346

[208] PARLETT, B.N.; KAHAN, W.: *On the convergence of a practical QR algorithm.* in: Information processing 68. Amsterdam, North Holland 1969, 114-118

[209] PARLETT, B.N.; POOLE, W.G.: *A geometric theory for the QR, LU, and power iterations.* SIAM J. Numer. Anal. 10(1973) 389-412

[210] PARLETT, B.N.; REID, J.K.: *On the solution of a system of linear equations whose matrix is symmetric but not definite.* BIT 10(1970) 386-397

[211] PARLETT, B.N.; REID, J.K.: *Tracking the progress of the Lanczos algorithm for large symmetric eigenproblems.* IMA Journal of Numerical Analysis 1(1981) 135-155

[212] PARLETT, B.N.; SCOTT, D.S.: *The Lanczos algorithm with selective orthogonalization.* Math. Comp. 33(1979) 217-238

[213] PARTER, S.V.: *The use of linear graphs in Gauss elimination.* SIAM Review 3(1961) 119-130

[214] PETERS, G.; WILKINSON, J.H.: *Eigenvalues of* $Ax=\lambda Bx$ *with band symmetric* A *and* B. Computer J. 12(1969) 398-404

[215] PETERS, G.; WILKINSON, J.H.: *The calculation of specified eigenvectors by inverse iteration.* in [316] 418-439

[216] PETERS, G.; WILKINSON, J.H.: *The least squares problem and pseudoinverses.* Computer J. 13(1970) 309-316

[217] PETERS, G.; WILKINSON, J.H.: *Eigenvectors of real and complex matrices by LR and QR triangularizations.* Numer. Math. 16(1970) 181-204 (s. auch [316] 372-395)

[218] PETERS, G.; WILKINSON, J.H.: Ax=λBx *and the generalized eigenproblem.* SIAM J. Numer. Anal. 7(1970) 479-492

[219] PETERS, G.; WILKINSON, J.H.: *Inverse iteration, ill-conditioned equations and Newton's method.* SIAM Review 21(1979) 339-360

[220] RAO, C.R.; MITRA, S.K.: *Generalized inverse of matrices and its applications.* New York, John Wiley 1971

[221] RATH, W.: *Orthogonale Ähnlichkeitstransformationen mit schnellen Givensrotationen und ihre Anwendung für das Jacobiverfahren und den QR-Algorithmus.* Bielefeld, Diplomarbeit 1980

[222] RATH, W.: *Fast Givens rotations for orthogonal similarity transformations.* Numer. Math. 40(1982) 47-56

[223] REID, J.K. (ed.): *Large sparse sets of linear equations.* New York-London, Academic Press 1971

[224] REID, J.K.: *On the method of conjugate gradients for the solution of large sparse systems of linear equations.* in [223] 231-254

[225] REID, J.K.: *Solution of linear systems of equations: Direct methods.* in [11] 102-129

[226] REID, J.K.: *Sparse matrices.* in [135] 85-146

[227] REINSCH, C.: *Die Behandlung von Rundungsfehlern in der numerischen Analysis.* in: Jahrbuch Überblicke Mathematik 1979, Mannheim, Bibliographisches Institut 1979, 43-62

[228] REINSCH, C.; BAUER, F.L.: *Rational QR transformation with Newton shift for symmetric tridiagonal matrices.* Numer. Math. 11(1968) 264-272 (s. auch [316] 257-265)

[229] RICE, J.R.: *Experiments on Gram-Schmidt orthogonalization.* Math. Comp. 20(1966) 325-328

[230] RICE, J.R.: *Matrix computations and mathematical software.* New York, McGraw-Hill 1981

[231] ROBERT, F.: *Algorithmes tronqués de découpe linéaire.* Revue française d'automatique et recherche operationelle 6-R2(1972) 45-64

[232] ROSE, D.J.: *A graph-theoretic study of the numerical solution of sparse positive definite systems of linear equations.* in: Read, R. (ed.): *Graph theory and computing.* New York, Academic Press 1973, 183-217

[233] ROSE, D.J.; TARJAN, R.E.: *Algorithmic aspects of vertex elimination on directed graphs.* SIAM J. Appl. Math. 34(1978) 176-197

[234] ROSE, D.J.; TARJAN, R.E.; LUEKER, G.S.: *Algorithmic aspects of vertex elimination on graphs.* SIAM J. Computing 5(1976) 266-283

[235] ROSE, D.J.; WILLOUGHBY, R.A. (eds.): *Sparse matrices and their applications.* New York, Plenum Press 1972

[236] RUHE, A.: *Computation of eigenvalues and eigenvectors.* in [11] 130-184

[237] RUHE, A.; WIBERG, T.: *The method of conjugate gradients used in inverse iteration.* BIT 12(1972) 543-554

[238] RUTISHAUSER, H.: *Beiträge zur Kenntnis des Biorthogonalisierungs-algorithmus von Lanczos.* Z. Angew. Math. Physik 4(1953) 35-56

[239] RUTISHAUSER, H.: *Solution of eigenvalue problems with the LR-transformation.* Nat. Bur. Standards Appl. Math. Ser. 49(1958) 47-81

[240] RUTISHAUSER, H.: *Computational aspects of F.L. Bauer's simultaneous iteration method.* Numer. Math. 13(1969) 4-13

[241] RUTISHAUSER, H.: *Simultaneous iteration method for symmetric matrices.* Numer. Math. 16(1970) 205-223

[242] RUTISHAUSER, H.: *The Jacobi method for real symmetric matrices.* Numer. Math. 9(1966) 1-10 (s. auch [316] 202-211)

[243] SAAD, Y.: *Shifts of origin for the QR algorithm.* Information Processing 74, North Holland 1974, 527-531

[244] SAAD, Y.: *Variations on Arnoldi's method for computing eigenelements of large unsymmetric matrices.* Lin. Alg. Appl. 34(1980) 269-295

[245] SAAD, Y.: *On the rates of convergence of the Lanczos and the block-Lanczos methods.* SIAM J. Numer. Anal. 17(1980) 687-706

[246] SAAD, Y.: *Krylov subspace methods for solving large unsymmetric linear systems.* Math. Comp. 37(1981) 105-126

[247] SCHENDEL, U.: *Sparse Matrizen.* München, Oldenbourg 1977

[248] SCHÖNHAGE, A.: *Zur Konvergenz des Jacobi-Verfahrens.* Numer. Math. 3(1961) 374-380

[249] SCHÖNHAGE, A.: *Zur quadratischen Konvergenz des Jacobi-Verfahrens.* Numer. Math. 6(1964) 410-412

[250] SCHRÖDER, J.; TROTTENBERG, U.: *Reduktionsverfahren für Differenzengleichungen bei Randwertaufgaben I.* Numer. Math. 22(1973) 37-68

[251] SCHRÖDER, J.; TROTTENBERG, U.; REUTERSBERG, H.: *Reduktionsverfahren für Differenzengleichungen bei Randwertaufgaben II.* Numer. Math. 26(1976) 429-459

[252] SCHWARZ, H.R.: *Tridiagonalization of a symmetric band matrix.* Numer. Math. 12(1968) 231-241 (s. auch [316] 273-283

[253] SCHWARZ, H.R.: *The eigenvalue problem* $(A-\lambda B)x=0$ *for symmetric matrices of high order.* Comp. Math. Appl. Mech. Eng. 3(1974) 11-28

[254] SCHWARZ, H.R.: *The method of coordinate overrelaxation for* $(A-\lambda B)x=0$. Numer. Math. 23(1974) 135-151

[255] SCHWARZ, H.R.: *Praktische Erfahrungen mit Varianten der Koordinatenüberrelaxation zur Lösung von Eigenwertaufgaben.* in: Albrecht, J.; Collatz, L. (Hrsg.): *Numerische Behandlung von Differentialgleichungen, Band 2.* Basel-Stuttgart, Birkhäuser 1976, 199-222

[256] SCHWARZ, H.R.: *Two algorithms for treating* $Ax=\lambda Bx$. Comp. Math. Appl. Mech. Eng. 12(1977) 181-199

[257] SCHWARZ, H.R.: *Methode der finiten Elemente.* Stuttgart, Teubner 1980

[258] SCHWARZ, H.R.; RUTISHAUSER, H.; STIEFEL, E.: *Numerik symmetrischer Matrizen, 2. Auflage.* Stuttgart, Teubner 1972

[259] SCOTT, D.S.: *How to make the Lanczos algorithm converge slowly.* Math. Comp. 33(1979) 239-247

[260] SKEEL, R.D.: *Scaling for numerical stability in Gaussian elimination.* J. of the ACM 26(1979) 494-526

[261] SKEEL, R.D.: *Iterative refinement implies numerical stability for Gaussian elimination.* Math. Comp. 35(1980) 817-832

[262] SMITH, B.T.; BOYLE, J.M.; DONGARRA, J.J.; GARBOW, B.S.; IKEBE, Y.; KLEMA, V.C.; MOLER, C.B.: *Matrix eigensystem routines - EISPACK guide, 2nd edition.* Berlin-Heidelberg-New York, Springer 1976

[263] STEIN, P.; ROSENBERG, R.L.: *On the solution of linear simultaneous equations by iteration.* J. London Math. Soc. 23(1948) 111-118

[264] STEINHOFF, C.: *Ein Beitrag zur Lösung des pseudosymmetrischen Eigenwertproblems.* Hagen, Dissertation 1983

[265] STETTER, H.J.: *Numerik für Informatiker.* München-Wien, Oldenbourg 1976

[266] STEWART, G.W.: *Accelerating the orthogonal iteration for the eigenvalues of a Hermitian matrix.* Numer. Math. 13(1969) 362-376

[267] STEWART, G.W.: *On the continuity of the generalized inverse.* SIAM Appl. Math. 17(1969) 33-45

[268] STEWART, G.W.: *Incorporating origin shifts into the QR algorithm for symmetric tridiagonal matrices.* Comm. ACM 13(1970) 365-367

[269] STEWART, G.W.: *Algorithm 382, eigenvalues and eigenvectors of a real symmetric matrix.* Comm. ACM 13(1970) 369-371, 750

[270] STEWART, G.W.: *On the sensitivity of the eigenvalue problem* $Ax=\lambda Bx$. SIAM J. Numer. Anal. 9(1972) 669-686

[271] STEWART, G.W.: *Conjugate direction methods for solving systems of linear equations.* Numer. Math. 21(1973) 285-297

[272] STEWART, G.W.: *Error and perturbation bounds for subspaces associated with certain eigenvalue problems.* SIAM Review 15(1973) 727-764

[273] STEWART, G.W.: *Introduction to matrix computations.* New York-London, Academic Press 1973

[274] STEWART, G.W.: *Gershgorin theory for the generalized eigenvalue problem* $Ax=\lambda Bx$. Math. Comp. 29(1975) 600-606

[275] STEWART, G.W.: *Methods of simultaneous iteration for calculating eigenvectors of matrices.* in [180] 185-196

[276] STEWART, G.W.: *A bibliographic tour of the large, sparse generalized eigenvalue problem.* in [40] 113-130

[277] STEWART, G.W.: *Simultaneous iteration for computing invariant subspaces of non-Hermitian matrices.* Numer. Math. 25(1976) 123-136

[278] STEWART, G.W.: *Perturbation bounds for the definite generalized eigenvalue problem.* Lin. Alg. Appl. 23(1979) 69-85

[279] STRACHEY, C.; FRANCIS, J.G.F.: *The reduction of a matrix to codiagonal form by eliminations.* Computer J. 4(1961/62) 168-176

[280] STRANG, G.: *Linear algebra and its applications.* New York, Academic Press 1976

[281] SUN, J.: *Perturbation analysis for the generalized eigenvalue and the generalized singular value problem.* in [143] 221-224

[282] SUN, J.: *The perturbation bounds for eigenspaces of a definite matrix pair.* Numer. Math. 41(1983) 321-343

[283] TARJAN, E.T.: *Graph theory and Gaussian elimination.* in [40] 3-20

[284] TODD, J.: *Basic numerical mathematics, Vol. 2, Numerical Algebra.* Basel-Stuttgart, Birkhäuser 1977

[285] UHLIG, F.: *A recurring theorem about pairs of quadratic forms and extensions: A survey.* Lin. Alg. Appl. 25(1979) 219-238

[286] VAN DER SLUIS, A.: *Condition numbers and equilibration of matrices.* Numer. Math. 14(1969) 14-23

[287] VAN DER SLUIS, A.: *Condition, equilibration, and pivoting in linear algebraic systems.* Numer. Math. 15(1970) 74-86

[288] VAN DER SLUIS, A.: *Stability solutions of linear least squares problems.* Numer. Math. 23(1975) 241-254

[289] VAN KEMPEN, H.P.M.: *On the convergence of the classical Jacobi method for real symmetric matrices with non-distinct eigenvalues.* Numer. Math. 9(1966) 11-18

[290] VAN KEMPEN, H.P.M.: *On the quadratic convergence of the special cyclic Jacobi-method.* Numer. Math. 9(1966) 19-22

[291] VARGA, R.S.: *Matrix iterative analysis.* Englewood Cliffs, Prentice-Hall 1962

[292] VARGA, R.S.: *On recurring theorems on diagonal dominance.* Lin. Alg. Appl. 13(1976) 1-9

[293] VARGA, R.S.; SAFF, E.B.; MEHRMANN, V.: *Incomplete factorizations of matrices and connections with H-matrices.* SIAM J. Numer. Anal. 17(1980) 787-793

[294] VESELIĆ, K.: *A convergent Jacobi method for solving the eigenproblem of arbitrary real matrices.* Numer. Math. 25(1976) 179-184

[295] VESELIĆ, K.: *Some convergent Jacobi-like procedures for diagonalising J-symmetric matrices.* Numer. Math. 27(1976) 67-75

[296] VESELIĆ, K.: *On a class of Jacobi-like procedures for diagonalising arbitrary real matrices.* Numer. Math. 33(1979) 157-172

[297] VESELIĆ, K.: *Constructive linear algebra.* Basel-Stuttgart, Birkhäuser (erscheint demnächst)

[298] VOEVODIN, V.V.: *On methods of conjugate direction.* U.S.S.R. Comput Maths. Math. Phys. 19,5(1980) 228-233

[299] VON MISES, R.; POLLACZEK-GEIRINGER, H.: *Praktische Verfahren der Gleichungsauflösung.* Z. Angew. Math. Mech. 9(1929) 58-77, 152-164

[300] WACHSPRESS, E.L.: *Iterative solution of elliptic systems and application to the neutron diffusion equations of reactor physics.* Englewood Cliffs, Prentice-Hall 1966

[301] WEDIN, P.: *Perturbation bounds in connection with singular value decomposition.* BIT 12(1972) 99-111

[302] WEDIN, P.: *Perturbation theory for pseudo-inverses.* BIT 13(1973) 217-232

[303] WEDIN, P.: *On the almost rank deficient case of the least squares problem.* BIT 13(1973) 344-354

[304] WERNER, H.: *Praktische Mathematik I (Methoden der linearen Algebra), 3. Auflage.* Berlin-Heidelberg-New York, Springer 1982

[305] WESTLAKE, J.R.: *A handbook of numerical matrix inversions and solution of linear equations.* New York, John Wiley 1968 (Nachdruck: Huntington, Krieger 1975)

[306] WIELANDT, H.: *Das Iterationsverfahren bei nicht selbstadjungierten linearen Eigenwertaufgaben.* Math. Z. 50(1944) 93-143

[307] WIELANDT, H.: *Unzerlegbare, nicht negative Matrizen.* Math. Z. 52(1950) 642-648

[308] WILKINSON, J.H.: *Note on the quadratic convergence of the cyclic Jacobi process.* Numer. Math 4(1962) 296-300

[309] WILKINSON, J.H.: *The algebraic eigenvalue problem.* Oxford, Clarendon Press 1965

[310] WILKINSON, J.H.: *Convergence of the LR, QR, and related algorithms.* Comput. J. 8(1965) 77-84

[311] WILKINSON, J.H.: *Global convergence of tridiagonal QR algorithm with origin shifts.* Lin. Alg. Appl. 1(1968) 409-420

[312] WILKINSON, J.H.: *Rundungsfehler.* Berlin-Heidelberg-New York, Springer 1969 (Originalausgabe: *Rounding errors in algebraic processes.* Englewood Cliffs, Prentice-Hall 1964)

[313] WILKINSON, J.H.: *Modern error analysis.* SIAM Review 13(1971) 548-568

[314] WILKINSON, J.H.: *Some recent advances in numerical linear algebra.* in [135] 3-53

[315] WILKINSON, J.H.: *Singular-value decomposition - Basic aspects.* in [136] 109-135

[316] WILKINSON, J.H.; REINSCH, C.: *Linear Algebra (Handbook for automatic computation, Volume II).* Berlin-Heidelberg-New York, Springer 1971

[317] YOUNG, D.M: *Iterative solution of large linear systems.* New York-London, Academic Press 1971

[318] YOUNG, D.M.: *On the accelerated SSOR method for solving large linear systems.* Advances in Mathematics 23(1977) 215-271

[319] YOUNG, D.M.; JEA, K.C.: *Generalized conjugate gradient acceleration of nonsymmetrizable iterative methods.* Lin. Alg. Appl. 34(1980) 159-194

[320] ZIELKE, G.: *Motivation und Darstellung von verallgemeinerten Matrixinversen.* Beitr. Numer. Math. 7(1979) 177-218

[321] ZURMÜHL, R.: *Matrizen und ihre technischen Anwendungen, 4. Auflage.* Berlin-Heidelberg-New York, Springer 1964 (1. Auflage 1950)

SACHVERZEICHNIS

Leitfäden der angewandten Informatik

Bauknecht / Zehnder: **Grundzüge der Datenverarbeitung**
Methoden und Konzepte für die Anwendungen
2. Aufl. 344 Seiten. Kart. DM 28,80

Beth / Heß / Wirl: **Kryptographie**
205 Seiten. Kart. DM 24,80

Gorny/Viereck: **Interaktive grafische Datenverarbeitung**
256 Seiten. Geb. DM 52,–

Hofmann: **Betriebssysteme: Grundkonzepte und Modellvorstellungen**
253 Seiten. Kart. DM 34,–

Hultzsch: **Prozeßdatenverarbeitung**
216 Seiten. Kart. DM 22,80

Kästner: **Architektur und Organisation digitaler Rechenanlagen**
224 Seiten. Kart. DM 23,80

Mresse: **Information Retrieval – Eine Einführung**
280 Seiten. Kart. DM 36,–

Müller: **Entscheidungsunterstützende Endbenutzersysteme**
253 Seiten. Kart. DM 26,80

Mußtopf / Winter: **Mikroprozessor-Systeme**
Trends in Hardware und Software
302 Seiten. Kart. DM 29,80

Retti et al.: **Artificial Intelligence – Eine Einführung**
X, 214 Seiten. Kart. DM 32,–

Schicker: **Datenübertragung und Rechnernetze**
222 Seiten. Kart. DM 25,80

Schmidt et al.: **Digitalschaltungen mit Mikroprozessoren**
2. Aufl. 208 Seiten. Kart. DM 23,80

Schmidt et al.: **Mikroprogrammierbare Schnittstellen**
223 Seiten. Kart. DM 32,–

Schneider: **Problemorientierte Programmiersprachen**
226 Seiten. Kart. DM 23,80

Schreiner: **Systemprogrammierung in UNIX**
Teil 1: Werkzeuge. 315 Seiten. Kart. DM 48,–

Singer: **Programmieren in der Praxis**
2. Aufl. 176 Seiten. Kart. DM 24,–

Specht: **APL-Praxis**
192 Seiten. Kart. DM 22,80

Vetter: **Aufbau betrieblicher Informationssysteme**
300 Seiten. Kart. DM 29,80

Weck: **Datensicherheit**
326 Seiten. Geb. DM 42,–

Wingert: **Medizinische Informatik**
272 Seiten. Kart. DM 23,80

Wißkirchen et al.: **Informationstechnik und Bürosysteme**
255 Seiten. Kart. DM 26,80

Preisänderungen vorbehalten

B. G. Teubner Stuttgart

Teubner Studienbücher

Informatik

Berstel: **Transductions and Context-Free Languages**
278 Seiten. DM 38,– (LAMM)

Beth: **Verfahren der schnellen Fourier-Transformation**
316 Seiten. DM 34,– (LAMM)

Bolch/Akyildiz: **Analyse von Rechensystemen**
Analytische Methoden zur Leistungsbewertung und Leistungsvorhersage
269 Seiten. DM 29,80

Dal Cin: **Fehlertolerante Systeme**
206 Seiten. DM 24,80 (LAMM)

Ehrig et al.: **Universal Theory of Automata**
A Categorical Approach. 240 Seiten. DM 24,80

Giloi: **Principles of Continuous System Simulation**
Analog, Digital and Hybrid Simulation in a Computer Science Perspective
172 Seiten. DM 25,80 (LAMM)

Kandzia/Langmaack: **Informatik: Programmierung**
234 Seiten. DM 24,80 (LAMM)

Kupka/Wilsing: **Dialogsprachen**
168 Seiten. DM 21,80 (LAMM)

Maurer: **Datenstrukturen und Programmierverfahren**
222 Seiten. DM 26,80 (LAMM)

Oberschelp/Wille: **Mathematischer Einführungskurs für Informatiker**
Diskrete Strukturen. 236 Seiten. DM 24,80 (LAMM)

Paul: **Komplexitätstheorie**
247 Seiten. DM 26,80 (LAMM)

Richter: **Betriebssysteme**
Eine Einführung. 152 Seiten. DM 25,80 (LAMM)

Richter: **Logikkalküle**
232 Seiten. DM 24,80 (LAMM)

Schlageter/Stucky: **Datenbanksysteme: Konzepte und Modelle**
2. Aufl. 368 Seiten. DM 32,– (LAMM)

Schnorr: **Rekursive Funktionen und ihre Komplexität**
191 Seiten. DM 25,80 (LAMM)

Spaniol: **Arithmetik in Rechenanlagen**
Logik und Entwurf. 208 Seiten. DM 24,80 (LAMM)

Vollmar: **Algorithmen in Zellularautomaten**
Eine Einführung. 192 Seiten. DM 23,80 (LAMM)

Weck: **Prinzipien und Realisierung von Betriebssystemen**
299 Seiten. DM 32,– (LAMM)

Wirth: **Compilerbau**
Eine Einführung. 3. Aufl. 117 Seiten. DM 17,80 (LAMM)

Wirth: **Systematisches Programmieren**
Eine Einführung. 4. Aufl. 160 Seiten. DM 22,80 (LAMM)

Preisänderungen vorbehalten

Teubner Studienbücher Fortsetzung

Mathematik

Hilbert: **Grundlagen der Geometrie**
12. Aufl. VII, 271 Seiten. DM 26,80

Jeggle: **Nichtlineare Funktionalanalysis**
Existenz von Lösungen nichtlinearer Gleichungen. 255 Seiten. DM 26,80

Kall: **Analysis für Ökonomen**
238 Seiten. DM 28,80 (LAMM)

Kall: **Lineare Algebra für Ökonomen**
184 Seiten. DM 24,80 (LAMM)

Kall: **Mathematische Methoden des Operations Research**
Eine Einführung. 176 Seiten. DM 25,80 (LAMM)

Kohlas: **Stochastische Methoden des Operations Research**
192 Seiten. DM 25,80 (LAMM)

Krabs: **Optimierung und Approximation**
208 Seiten. DM 26,80

Müller: **Darstellungstheorie von endlichen Gruppen**
IX, 211 Seiten. DM 24,80

Rauhut/Schmitz/Zachow: **Spieltheorie**
Eine Einführung in die mathematische Theorie strategischer Spiele
400 Seiten. DM 32,– (LAMM)

Schwarz: **FORTRAN-Programme zur Methode der finiten Elemente**
208 Seiten. DM 23,80

Schwarz: **Methode der finiten Elemente**
2. Aufl. 346 Seiten. DM 36,– (LAMM)

Stiefel: **Einführung in die numerische Mathematik**
5. Aufl. 292 Seiten. DM 32,– (LAMM)

Stiefel/Fässler: **Gruppentheoretische Methoden und ihre Anwendung**
Eine Einführung mit typischen Beispielen aus Natur- und Ingenieurwissenschaften
256 Seiten. DM 29,80 (LAMM)

Stummel/Hainer: **Praktische Mathematik**
2. Aufl. 368 Seiten. DM 36,–

Topsøe: **Informationstheorie**
Eine Einführung. 88 Seiten. DM 16,80

Uhlmann: **Statistische Qualitätskontrolle**
Eine Einführung. 2. Aufl. 292 Seiten. DM 38,– (LAMM)

Velte: **Direkte Methoden der Variationsrechnung**
Eine Einführung unter Berücksichtigung von Randwertaufgaben bei partiellen Differentialgleichungen. 198 Seiten. DM 26,80 (LAMM)

Vogt: **Grundkurs Mathematik für Biologen**
224 Seiten. DM 21,80

Walter: **Biomathematik für Mediziner**
2. Aufl. 206 Seiten. DM 22,80

Winkler: **Vorlesungen zur Mathematischen Statistik**
276 Seiten. DM 26,80

Witting: **Mathematische Statistik**
Eine Einführung in Theorie und Methoden. 3. Aufl. 223 Seiten. DM 26,80 (LAMM)

Preisänderungen vorbehalten